中国石油天然气集团公司统编培训教材

勘探开发业务分册

油气田地面建设
标准化设计技术与管理

《油气田地面建设标准化设计技术与管理》编委会　编著

石 油 工 业 出 版 社

内 容 提 要

本书在全面总结标准化设计生产实践的基础上，涵盖了地面建设技术与管理的各个环节，对标准化设计的基本方法、具体做法、工程实践等进行了较全面的论述。内容包括油气田地面建设标准化设计的背景及历程、标准化设计的概念内涵及方法体系、标准化工程设计技术与定型图、一体化集成装置研发与应用、模块化建设技术、信息化管理等。

本书可作为从事油气田地面建设与生产管理的相关技术和管理人员的培训教材，也可供高等院校石油天然气地面工程类专业师生学习使用。

图书在版编目（CIP）数据

油气田地面建设标准化设计技术与管理 /《油气田地面建设标准化设计技术与管理》编委会编著 .—北京：石油工业出版社，2016.9

（中国石油天然气集团公司统编培训教材）

ISBN 978-7-5183-1422-5

Ⅰ . 油…

Ⅱ . 油…

Ⅲ . 油气田 – 地面工程 – 建筑工程 – 标准化管理 – 技术培训 – 教材

Ⅳ . TE4-65

中国版本图书馆 CIP 数据核字（2016）第 187516 号

出版发行：石油工业出版社

（北京安定门外安华里 2 区 1 号　100011）

网　址：www.petropub.com

编辑部：（010）64251613

图书营销中心：（010）64523633

经　销：全国新华书店

印　刷：北京中石油彩色印刷有限责任公司

2016 年 9 月第 1 版　2016 年 9 月第 1 次印刷

710×1000 毫米　开本：1/16　印张：40

字数：700 千字

定价：150.00 元

《中国石油天然气集团公司统编培训教材》
编 审 委 员 会

《勘探开发业务分册》
编　委　会

《油气田地面建设标准化设计技术与管理》
编著人员

主　编：汤　林

副主编：李　庆　班兴安

撰写人：（按姓氏笔画排序）

丁建宇　马　刚　王　博　云　庆

宁永乔　汤　林　牟永春　李　庆（规划总院）

李　庆（大庆油田）　　　　李秋忙

李俊华　肖秋涛　宋成文　张效羽

张维智　张德元　陈雨晖　陈朝明

苗新康　庞永莉　胡玉涛　班兴安

谈文虎　崔新村　谢卫红　薛　岗

审定人：（按姓氏笔画排序）

汤晓勇　孙铁民　李　勇　李　群

李玉春　李时宣　宋　彬　杨清民

陈彰兵　夏　政

序

企业发展靠人才，人才发展靠培训。当前，集团公司正处在加快转变增长方式，调整产业结构，全面建设综合性国际能源公司的关键时期。做好“发展”“转变”“和谐”三件大事，更深更广参与全球竞争，实现全面协调可持续，特别是海外油气作业产量“半壁江山”的目标，人才是根本。培训工作作为影响集团公司人才发展水平和实力的重要因素，肩负着艰巨而繁重的战略任务和历史使命，面临着前所未有的发展机遇。健全和完善员工培训教材体系，是加强培训基础建设，推进培训战略性和国际化转型升级的重要举措，是提升公司人力资源开发整体能力的一项重要基础工作。

集团公司始终高度重视培训教材开发等人力资源开发基础建设工作，明确提出要“由专家制定大纲、按大纲选编教材、按教材开展培训”的目标和要求。2009 年以来，由人事部牵头，各部门和专业分公司参与，在分析优化公司现有部分专业培训教材、职业资格培训教材和培训课件的基础上，经反复研究论证，形成了比较系统、科学的教材编审目录、方案和编写计划，全面启动了《中国石油天然气集团公司统编培训教材》(以下简称“统编培训教材”)的开发和编审工作。“统编培训教材”以国内外知名专家学者、集团公司两级专家、现场管理技术骨干等力量为主体，充分发挥地区公司、研究院所、培训机构的作用，瞄准世界前沿及集团公司技术发展的最新进展，突出现场应用和实际操作，精心组织编写，由集团公司“统编培训教材”编审委员会审定，集团公司统一出版和发行。

根据集团公司员工队伍专业构成及业务布局，“统编培训教材”按“综合管理类、专业技术类、操作技能类、国际业务类”四类组织编写。综合管理类侧重中高级综合管理岗位员工的培训，具有石油石化管理特色的教材，以自编方式为主，行业适用或社会通用教材，可从社会选购，作为指定培训教材；专业技术类侧重中高级专业技术岗位员工的培训，是教材编审的主体，按照《专业培训教材开发目录及编审规划》逐套编审，循序推进，计划编审300余门；操作技能类以国家制定的操作工种技能鉴定培训教材为基础，侧重主体专业（主要工种）骨干岗位的培训；国际业务类侧重海外项目中外员工的培训。

“统编培训教材”具有以下特点：

一是前瞻性。教材充分吸收各业务领域当前及今后一个时期世界前沿理论、先进技术和领先标准，以及集团公司技术发展的最新进展，并将其转化为员工培训的知识和技能要求，具有较强的前瞻性。

二是系统性。教材由“统编培训教材”编审委员会统一编制开发规划，统一确定专业目录，统一组织编写与审定，避免内容交叉重叠，具有较强的系统性、规范性和科学性。

三是实用性。教材内容侧重现场应用和实际操作，既有应用理论，又有实际案例和操作规程要求，具有较高的实用价值。

四是权威性。由集团公司总部组织各个领域的技术和管理权威，集中编写教材，体现了教材的权威性。

五是专业性。不仅教材的组织按照业务领域，根据专业目录进行开发，且教材的内容更加注重专业特色，强调各业务领域自身发展的特色技术、特色经验和做法，也是对公司各业务领域知识和经验的一次集中梳理，符合知识管理的要求和方向。

经过多方共同努力，集团公司首批39门、第二批28门“统编培训教材”已按计划编审出版，与各企事业单位和广大员工见面了，将成为首批集团公司统一组织开发和编审的中高级管理、技术、技能骨干人员培训的基本教材。首批“统编培训教材”的出版发行，对于完善建立起与综合性国际能源公司形象和任务相适应的系列培训教材，推进集团公司培训的标准化、国际化建设，具有划时代意义。希望各企事业单位和广大石油员工用好、用活本套教材，为持续推进人才培训工程，激发员工创新活力和创造智慧，加快建设综合性国际能源公司发挥更大作用。

《中国石油天然气集团公司统编培训教材》

编审委员会

2016年5月31日

前 言

油气田地面建设标准化设计自2008年在中国石油全面开展以来，经过不断的发展和完善，在油气田地面工程建设的各个环节中发挥了重要的作用，取得了显著的成效，已经成为地面建设和管理加快转变发展方式、实现低成本发展战略的重要举措。

本教材主要包括油气田地面建设标准化设计的背景及历程、油气田地面建设标准化设计的内容与方法、标准化工程设计、一体化集成装置研发与应用、模块化建设以及信息化管理等方面内容，全面总结了标准化设计研究和生产实践经验，涵盖了油气田地面建设技术与管理的各个环节。本教材为从事油气田地面工程建设和管理的技术人员和管理人员提供了一本“系统全面、先进科学、实用有效”的工具书。

本教材第一章由汤林撰写；第二章由汤林、李庆（规划总院）、班兴安撰写；第三章由汤林、李庆（规划总院）、班兴安、李秋忙、云庆、肖秋涛、薛岗、牟永春、谢卫红、张效羽、张维智、宋成文、庞永莉、陈雨晖、李庆（大庆油田设计院）、陈朝明撰写；第四章由汤林、李庆（规划总院）、班兴安、张德元、王博、李秋忙撰写；第五章由汤林、李庆（规划总院）、班兴安、陈朝明、李俊华（巨涛公司）、谈文虎、宁永乔、李秋忙、胡玉涛、苗新康、崔新村撰写；第六章由汤林、班兴安、马刚、丁建宇、李庆（规划总院）撰写。本教材在编写过程中得到了孟宪杰、曹广仁、赵玉华、纪红等专家的悉心指导，谨向他们表示衷心的感谢。

由于知识、经验有限，难免有不尽人意之处，恳请广大读者批评指正。

本书编委会

2016年5月

说　明

本教材可作为中国石油天然气集团公司所属各油气田公司、设计单位、施工单位开展油气田地面建设标准化设计学习培训的专用教材。随着油气田地面建设标准化设计工作的全面、深入开展，各单位的从业人员，包括从地面建设管理人员、设计人员、施工人员到生产运行人员，需要进行不同内容、不同层次的标准化设计技术专业培训。培训对象的划分及其应掌握和了解的内容在本教材中的章节分布，做如下说明，供参考。培训对象的划分如下：

（1）地面建设管理人员，包括：油气田分公司地面建设主管领导、规划计划处、基建工程处、地面建设项目经理部、采油（气）厂基建管理部门的人员。

（2）工程设计技术和管理人员，包括：设计单位的技术人员及管理人员。

（3）工程施工技术和管理人员，包括：施工单位的技术人员及管理人员。

（4）生产运行管理人员，包括：生产运行单位的技术人员及管理人员。

针对不同级别人员的教学内容，可参照如下要求：

（1）地面建设管理人员，要求掌握第一章、第二章，熟悉第三章、第四章、第五章和第六章内容。

（2）工程设计技术和管理人员，要求掌握第一章、第二章、第三章和第四章，熟悉第五章、第六章内容。

（3）工程施工技术和管理人员，要求掌握第一章、第二章和第五章，熟悉第三章、第四章，了解第六章内容。

（4）生产运行管理人员，要求掌握第一章、第二章和第六章，熟悉第四章，了解第三章、第五章内容。

目 录

第一章　标准化设计的背景及历程

第一节　油气田地面建设面临的挑战

我国的油气田地面建设发展至今，经历了规模从无到有并由小到大、工艺由单一到系统配套、技术由低级到较高水平的发展历程。随着社会和科学技术的发展，油气田地面建设各阶段在技术手段、方式方法等方面与发展之初已经有了天壤之别，给油气田地面建设带来了革命性的影响。在一定时期内，油气田地面建设的发展满足了油气田勘探开发和生产管理的需要。

“十一五”以来，中国石油天然气集团公司（以下简称中国石油）油气储量进入新的增长高峰期，油气储量、产量保持高位运行，年度探明石油地质储量超过 6×10^8t，探明天然气地质储量 $3000\times10^8m^3$ 以上。“十一五”后期及“十二五”期间，原油产量持续增长，天然气业务跨越式发展。随着勘探、开发节奏加快，开发建设的难度、投资和成本控制压力上升，油气田地面工程建设和生产管理面临的形势和挑战，主要体现在以下五个方面。

一、储量增长高峰期带来的产能建设高峰期

中国石油每年新增石油探明地质储量 6×10^8t，每年新增探明天然气地质储量 $3000\times10^8m^3$。年均新建原油产能规模在 1500×10^4t 以上，年均新建天然气产能规模（100 ~ 150）$\times10^8m^3$，油气田年新钻井约 20000 口。大规模的油气产能建设，必然带来大规模的油气田地面建设。地面系统每年需要新建各

类站场1300多座，致使地面工程设计、物资采购和施工建设工作量巨大，地面建设任务非常艰巨。

另一方面，随着天然气业务快速发展，确保安全平稳供气面临极大的挑战。中国石油已决定加大储气库的建设力度，根据储气库建设规划，2010年启动了辽河、华北、大港、西南、新疆和长庆等6个油气田、10个储气库的建设，大部分储气库当年要建成投产，建设工作量大、时间紧、任务重，未来根据供气规模还要加大储气库的建设力度。同时，中国石油已确定煤层气、页岩气等非常规和新能源业务为主营业务的重要组成部分和战略发展的经济增长点，我国煤层气、页岩气资源丰富，在给我们带来经济效益的同时，必将带来工程建设工作量成倍增长的新任务。

二、地下、地面客观条件变化给地面建设带来的新挑战

"十一五"以来，新开发油田以低渗透储量为主，动用储量、新投产油水井数和新建产能分别占年度总量的70%、70%和55%。当年新井单井日产已低于3t，多井低产格局进一步加剧。在单井日产不断下降的情况下，为确保原油年产量在1×10^8t以上并略有增长，年度新钻产能井总数逐年增多，导致投资规模扩大，控制新增工作量和投资成本的压力进一步加大，常规地面建设模式难以适应。另外，中国石油油气田大都处于北方，冬季严寒，有效施工期短。有些油气田地处沙漠和滩海；有些油气田沟壑纵横、梁峁密布；有些油气田地面水系发达，林木、建筑等密布；有些油气田位于山丘或山前地带；还有些油气田地处偏远、分布较零散，社会依托差。这些特殊的地理环境对地面工程建设的组织、实施也提出了更高的要求。

三、安全环保压力增加给工程建设管理带来的更大难度

项目建设原有的程序和节奏与国家日益严格的监管要求存在诸多不适应，对其生产组织提出新的挑战。自然资源是国民经济与社会发展的重要物质基础。以最低的环境成本完成好项目建设，确保自然资源的可持续利用，已经成为当前经济社会发展过程中面临的一大难题。国家高度重视这个问题，要求贯彻落实可持续发展战略，转变发展方式，走循环经济发展模式。这种模式对生态平衡、环境保护要求越来越高，对土地资源、水资源保护的标准也越来越高。在工程建设过程中要坚持"环保优先、安全第一、质量至上、以

人为本”的 HSE 理念，加强建设过程控制，保证本质安全环保。很多地面工程都临近或地处自然保护区、生态脆弱区、江河湖海及水源等安全环保敏感区，工作面临较大的困难和挑战。地面建设项目进度要求快与工程质量要求高，工程建设任务重与设计、施工、监理及物资供应能力相对不足的矛盾将在一定时期内继续存在，工程“质量、工期、投资、安全”四要素的控制要求会更高，安全环保难度也会更大。

四、已建油气田地面系统庞大对创新管理模式的要求

经过多年的持续建设，中国石油已经形成十分庞大的油气田地面建设系统，同时配套建设有供电、道路、通信等工程，整个地面系统资产总额巨大。同时每年新增各类站场上千座，管线 2 万多千米，系统越来越庞大。为了维持这个庞大系统的安全平稳运行，地面系统必须加强生产运行管理和系统运行控制，认真按照规程操作，确保油气水产品达标和地面系统安全平稳运行。同时，主力油气田“老化”问题日益显现。根据油气田开发的动态变化及已建成的设施腐蚀老化等问题，需要不断加强技术管理，科学掌握已建系统的状态，从而进行必要的改造，以适应油气田生产的需要。

五、越来越大的投资和成本控制压力

面对地质条件变差、原材料价格上涨、土地和人工费用增长、企地关系复杂、安全环保要求提高等诸多因素，投资和成本控制压力越来越大。

第二节　传统建设方式的局限性和标准化设计的必要性

传统的油气田地面建设受环境、技术、发展规模等因素的制约和影响，工程单项设计、材料分散采购、井站分散施工的“小作坊”建设方式，在中国石油油气田地面工程建设中沿用多年。不仅建设周期长，投入大，而且安全系数低。就建一座天然气处理厂而言，过去需要两年甚至更长时间，建一

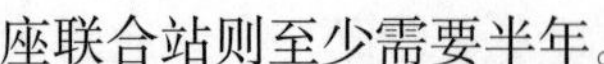

座联合站则至少需要半年。

20 世纪 90 年代以前，油气田每年新建产能少，上产量小，管理较粗放，特别是从勘探到开发建成一座油田需要 5 至 8 年的时间，传统建设方式并没有显现出明显的不适应性。

进入 21 世纪，随着中国石油油气田上产速度逐年加快，有些油气田每年新增油气产能由原来的几十万吨，增长到四五百万吨，进而使每年产建、打井从千余口增长到近万口，新建井站也由每年数十座增长到数百座。原来“零敲碎打”式的作业方式，无论在工业设计、材料供给、生产组织还是人力资源等方面，都出现了“力不从心”的窘状。

传统的地面工程建设理念和组织、建设方式已经不能很好地适应油气田地面建设任务越来越繁重的局面，不能满足油气快速上产和提高效益的需要，油气田地面建设亟待探索出一套全新的建设理念和组织方法，建立一种良性的工作运行机制。

一、传统的工程建设和管理方式的局限性

传统的工程建设理念是针对具体的工程建设对象，结合具体的环境条件，为实现特定目标，具体开展设计和建设，强调量体裁衣，确保实现项目的最优化。在过去很长的一段时间里，这种理念较好地满足了油气田开发和地面建设的需要。但由于传统工程建设理念对油气田公司、油气田或整个区块的共性统筹考虑不足，在工程建设任务繁重、建设节奏快的形势下，注重个性化的传统工程建设理念在工程设计和工程施工方面，都难以满足高质量、高速度、高效益的要求。

（一）传统工程建设技术的局限性

1. 工程设计

传统的工程设计及计价方式工作量大、效率低、水平不统一，难以满足油气田地面建设节奏和速度的高要求，具体体现在以下四个方面：

（1）每个项目的设计都是“从零开始”，仅有部分小型设施采用复用设计。

所有的工程项目的设计均是重新设计，仅有个别设备、少量小型定型设施等采用复用设计或通用设计。往往出现不同的设计人员或不同的时期，针对基本相同或相似的站场设计，设计成果形式、质量、水平差异较大的情况，

同时耗费大量的人力和时间等资源。

（2）设计手段落后，基本以二维平面设计为主，完全人工校核和开料。

广泛采用的二维平面设计手段，无法进行自动碰撞检查，设计图校对及审核完全需要人工进行。开料通常采用尺子量、人工计数、估计以及打系数的方式，不能准确开料（常出现不足、遗漏、过多等现象），给后续的施工阶段留下较多的隐患。

（3）概预算编制复杂，每项工程均由大量的最基本元素加和而成。

概预算从最基本元素开展编制，没有整体或模块观念，即便是完全相同的设计，也要从最基本的设备、材料开始重新计算。

（4）同类项目设计水平和质量差异较大。

不同的设计单位和不同的设计人员在设计水平、设计风格和设计手段等方面有着各自的特点，设计同类项目时在总体布局和工艺流程的确定上往往存在较大的差异性，设备和材料选型种类繁多，设计思想和做法也难以统一。

由上可见，传统的工程设计及计价方式工作量大、效率低、水平不统一，难以满足当前油气田地面建设节奏和速度要求。

2. 工程施工

传统的建设方式现场施工工作量大、作业环境差、效率低、施工质量保证困难，难以满足建设进度和质量控制的要求，具体体现在以下四个方面：

（1）每个建设项目一般独立采购设备材料。

每个建设项目设备材料均是分散采购、分散管理，地面站场建设分散施工。

（2）施工效率低。

施工以现场人工作业为主，预制水平低，仅有非常简单的管件预制，施工效率低、劳动强度大。

（3）工程建设受环境条件影响大。

施工期间，人员安全保障难度大，对环境影响较大。

（二）传统运行管理方式的局限性

传统的运行管理手段落后、管理效率低（层级多、用工多、成本高），具体体现在以下四个方面：

（1）传统的油气田建设标准低，信息化管理水平低。

不同油气田公司信息化管理技术水平差异大、管理平台不统一，大部分建设标准较低。

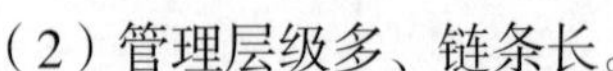

（2）管理层级多、链条长。

不同油气田公司管理模式差异较大，大部分管理层级多、链条长，管理层次不明确。

（3）管理成本高。

中小型站场有人值守，大型站场分岗值守，大部分生产运行数据人工采集，用工量大，生产成本高。

（4）保障水平低。

安全环保保障水平相对较低，油气田站场事故工况需人工操作。

地面建设面临的形势严峻，亟待探索出一套全新的地面建设与管理方法满足自身发展的需求。

二、标准化设计的必要性

在地面建设各阶段中，影响最大、时间最长的工作是工程设计和施工。而市场化运作对工程造价、工期的保证也发挥至关重要的作用。地面建设投产之后油气田生产的运行管理则持续更长的时间，决定了生产运行成本。因此，油气田地面建设标准化设计在全面统筹各阶段工作的同时，着重针对工程设计、工程施工、运行管理和采购四个方面工作开展攻关，即开展标准化工程设计转变传统的设计方式，开展工厂模块预制转变传统的施工方式，开展规模化采购转变传统的采购方式，开展信息化建设促进转变传统的管理方式。

实践证明，标准化设计能够加快设计进度和建设进度，提高工程质量，实现降本增效。

（一）提高设计效率，缩短建设周期

标准化设计创新了工程设计理念、手段和方法。由原来“一对一”的设计方式转变为从整个区块、油气田公司甚至中国石油整体出发，总结共性条件，开展定型化设计方式，实现了工程设计图纸由模型数据库直接生成，同类站场重复应用，从而提高了图纸重复利用率；通过三维设计，使原来的人工开料转变为计算机自动开料，提高了工程设计的效率，有效缩短了设计工期，促进了规模化采购。

模块化预制由过去大量的现场作业改为工厂批量化流水作业、现场组装化安装，提高了预制和安装效率，缩短了施工工期。同时，工厂化预制作业

条件好，减少了恶劣天气和施工环境的影响；预制与组装在时间、空间和组织上彻底分离，改变了传统的施工流程，消除了施工的“淡季”，实现了四季均衡生产。即便是现场不具备开工条件，也可开展预制施工，最大限度地缩短了施工工期。

（二）提高工程质量，促进本质安全

标准化工程设计通过采用三维设计，大幅度降低了错、漏、碰、缺等设计缺陷，提高了工程设计效率和质量，促进了工程质量的本质安全。同时，三维设计为工厂化预制创造了条件。

通过工厂模块化预制，降低了现场安装强度，改善了施工环境，强化了质量和安全控制，保证了施工质量和安全。

（三）注重环保，促进节能减排

在标准化工程设计中，通过优化地面工艺、丛式布井，推广应用一体化高效节能环保设备等多项措施，达到了节约土地、保护环境、节能减排的目的。

通过工厂模块化预制，减少了现场施工工作面，降低了对施工现场环境的影响程度；实现降低施工现场噪声，减少散装物料和废物及废水排放，有利于环境保护。

（四）加强信息化建设，提高管理水平

通过建立数字化生产管理系统，实现油气田生产和管理模式向自动化、智能化和扁平化的转变，从而优化劳动组织、控制用工总量、强化安全环保、提升管理水平、降低运行成本。

（五）强化投资成本控制，提高经济效益

油气田地面建设标准化设计特别注重设计方案的优化。在优选建设模式、优化技术方案的基础上，固化了一批先进的工艺、技术和设备材料，与传统设计相比，投资更省、运行成本更低。

同时，标准化设计制定统一的建设标准，易于控制投资；统一设备、材料选型，实现规模化采购和供应商优选，为降低物资采购成本、提高采购质量、缩短采购周期创造了条件。

第三节　标准化设计的基础条件

油气田地面建设经过多年的发展，特别是计算机辅助设计的发展、预制加工技术的提升、管理方式的转变以及“十五”以来的“优化、简化”工作，在理念和技术上均已取得了较大的突破，为开展标准化设计奠定了基础条件。

一、大庆油田等“三化”设计和“三化”施工的经验

在20世纪60年代，国外在油气田地面建设中逐渐应用了具有标准化设计思想的组装化建设技术，这一技术是在工厂将油气田大型装置与设施，整体或分片组装成一个特殊模块，拉运到现场进行组装、连接施工。20世纪70年代，在苏联的秋明油田、美国的普鲁德霍湾油田和英国的北海油田等处于特殊地带油田的开发与建设中，这种综合技术在工期、质量、效益和环境适应性等方面显示出了突出的优势，大大减少了现场施工工作量，解决了特殊地带劳动力紧张、材料缺乏及施工困难等问题，加快了油气田建设速度，取得显著的社会经济技术效果。促进了油田地面工程的模块组装化技术的发展。

我国自从油田开发以来，大庆油田、胜利油田、辽河油田等国内各油气田都以不同的方式推广过类似的标准化设计工作。大庆油田在开发初期就设计应用了组装化采油树，定型了单管密闭油气混输的“萨尔图油气集输流程”。

到20世纪70、80年代，大庆油田提出了“三化”（系列化、通用化和标准化）设计和“三化”（预制化、装配化和机械化）施工，涵盖到油水井场、计量站、转油站、联合站等各种站场，对提高建设速度、生产时率起到了重要作用。1985年，大庆“油田地面建设装配化技术”获国家科技进步二等奖。

油水井井场（包括自喷井、抽油机井、电潜泵井、螺杆泵井和注水井等）建设数量大、重复工作量大、工艺相对简单，这些井场全部实现“三化”设计、“三化”施工。

每年计量站的建设数量大，为了加快建设速度，减少现场施工工程量，进行了大庆装配式计量站“DZJ-78-I型、DZJ-78-II型”的“三化”设计，到1988年为止，所有建设的计量站均为车厢式。

对转油站进行“三化”设计是从1978年开始，形成了2种工艺模式、7种生产规模的设计系列。建筑结构主要以工艺装置橇装化和厂房车厢式装配化为主，最大限度地实现装配化、预制化。20世纪80年代末，为解决设备振动大、钢底盘及厢体外铁皮易腐蚀、保温性能差等问题，厂房结构逐渐由大板组装化向砖混结构替代。1978年至1990年，共建设转油站317座。其中采用“三化”设计的有288座，覆盖率达到91%。

1987年，大庆油田开始了“三化”设计引领的联合站装配化研究和实践。最早采用组装化施工的“葡一联”“葡三联”等联合站，厂房采用了轻板钢结构，联合站内的35/6kV变电所采用模块式全装配化变电所。随后设计建设了“杏十-1”“升一联”“南Ⅱ-2”等联合站，不仅加快了建设速度，而且减少了占地面积、节约了建设投资，取得了较好的技术经济效果。

从20世纪70年代中期开始，大庆油田对注水系统相继开展了高压离心泵注水站、多井配水间、注水井口安装的“三化”设计。车厢式多井配水间采用工厂预制、整体吊装拉运、现场连头的方式，较好适应了油田产能建设需要。D100-150、D155-170、D300-150系列注水泵站“三化”设计，已广泛应用于萨尔图、喇嘛甸、杏树岗油田的注水工程中。

20世纪90年代，在塔里木油田的塔中4沙漠油田地面工程建设中，鉴于沙漠油田环境特点，为减少恶劣条件下的施工工程量，缩短现场施工作业时间，全面采用了预制化、橇装化、组装化的设计和施工模式。通过简化工艺流程、采用多功能组合设备、打破专业界限、单元橇装、全面采用预制化的轻型建筑等技术措施，使联合站的预制化、组装化程度达90%以上，整体橇装化程度达70%以上，大大减少了现场施工作业人员，加快了现场施工进度，缩短了现场施工周期。建成了国内一流且具有当时国际先进水平的沙漠油田地面工程。

“三化”设计和“三化”施工的开展，促进了油气田的规范化设计，提高了工厂化预制水平，为后来开展标准化设计积累了一定的经验。

二、苏里格气田的标准化设计初步探索

苏里格气田勘探面积$4.0\times10^4km^2$，总资源量$3.8\times10^{12}m^3$，面积大、储量大，是中国目前第一特大型气田，但苏里格气田的气藏多为低孔、低渗、致密天然气藏，具有低压、低丰度等特点，地质情况复杂，非均质性强；单井产量低、压力递减速度快、稳产能力差、开发建设难度大。

按照气田开发计划，最终产能将达 $300\times10^8m^3/a$，每年新建生产井 8200 多口，新建集气站 20 座以上，地面工程建设工作量大，建设速度、质量要求高。

2005 年以来，长庆油田在苏里格气田采取了“5+1”合作开发模式，把苏里格气田划分成若干个相对独立的区块，其中道达尔公司获得苏里格南区块的开发权，而其余几个区块则由中国石油集团内部 5 家未上市的企业通过竞标实现了与长庆油田公司合作开发，模式中的“5”是指集团公司参与苏里格气田开发的 5 家未上市企业，模式中的“1”指长庆油田公司。由于各合作方不同的开发建设理念，如果没有一个统一的建设和管理模式，必然带来地面建设和管理的较大差异，增加建设和管理的难度。如何提高场站的建设水平、建设质量和建设速度成为该气田大规模开发建设的技术难题。

为适应苏里格气田大规模建设，针对苏里格气田井、站数量多、工艺流程基本一致、规模变化不大、设备布局相同的实际情况，长庆油田公司提出了全新的标准化设计理念。苏里格气田标准化设计的总体思路是按照“统一工艺流程、统一平面布局、统一模块划分、统一设备选型、统一三维配管、统一建设标准”的原则，针对地面建设内容，以工艺技术优化、简化和定型为核心，以模块化设计为关键手段，对批量性、通用性、重复性的产建内容进行标准化设计，并根据设计进行规模化采购，然后进行模块化的施工建设。

在苏里格气田标准化设计的具体实施中，主要采用了 16 项技术，其中工程设计 10 项技术，包括：站场规模标准化；工艺流程通用化；井站平面标准化；工艺设备定型化；安装、预配模块化；管阀配件规范化；建设标准统一化；安全设计人性化；设备材料国产化；生产管理数字化。

工程施工 6 项技术，包括：组件工厂预制；工序流水作业；过程程序控制；模块成品出厂；现场组件安装；施工管理可控。

2007 年，在苏里格气田 12 座场站、295 口井的建设中实施了标准化设计，取得了良好的效果。油田开发建设达到了“两适应”（适应大规模建产的需要、适应滚动开发的需要）、“两提高”（提高生产效率、提高建设质量）、“两降低”（降低安全风险、降低综合成本）、“三有利”（有利于均衡组织生产、有利于坚持以人为本、有利于 EPC 模式的推广）的目标。通过采用标准化设计，缩短了工程建设周期，实现了建设大气田的目标。

苏里格气田的标准化设计探索，为标准化设计在中国石油范围内全面开展起到了先导和示范的作用。

三、油气田地面设计、建设和管理技术的积累和提升

（一）持续优化、简化，积累了工作经验

2004 年至 2007 年，中国石油全面开展了油田地面工程“老油田简化，新油田优化”工作，在新油气田建设和老油气田改造方面做了大量优化、简化工作，在节约投资、降低能耗、减少生产运行成本、保证安全清洁生产等方面取得了显著成效。在这段时期，初步形成了以“西峰模式”、“港西模式”等为代表的适应于不同类型油气田开发的地面建设模式。

长庆油田在低产低渗西峰油田的建设中，采用以“单、短、简、小、串”为主要特征的优化建设模式。形成了以“井口功图计量、井丛单管集油、油气密闭集输、原油三相分离、气体综合利用、稳流阀组配水”为主要内容，以丛式井单管不加热密闭集输为主要流程，以“井口（增压点）→接转站→联合站”为主要布站方式的“西峰油田地面建设模式”。全面推广了功图法软件量油技术，取消了单井计量站，使单井平均地面投资节约 3×10^4 元；丛式井单管集输使每口井平均管线由 850m 减少到 430m 左右，仅此一项，万吨产能建设可节约投资 20×10^4 元；稳流配水技术的推广，使每口注水井节约建设投资 1.95×10^4 元；系统优化技术的创新，使每座接转站的转油能力达到 20×10^4t 至 25×10^4t。百万吨产能建设所需站、库由 27 座减少到 5 座。

大港油田在对老油田港西油田的整体改造中，通过技术创新和集成应用，采用新型单井远传在线计量技术、单管常温集输技术、水井数据远程及恒流配水计量技术、油井计量校准技术、数字信息传输技术、计算机网络技术等关键技术，取消了计量站和配水间，停运了转油站，形成了“港西模式”。港西油田通过优化、简化取得了很好的效果：取消 48 座计量间、47 座配水间，停运 2 座接转站，节省大量工程改造投资和运行维护费用，同时减少二次开发重复征地近 70 亩；油水管网减少了 63.4%，总长度减少 209km；停运掺水系统，实现油井单管常温集输；产能井地面工程工作量减少，单井地面配套工程投资与往年相比平均降低了 24%。

其他在大庆敖南油田、吉林扶余油田、新疆九区稠油油田等的建设中，通过优化、简化，取得了节约建设投资、降低能耗、运行成本的显著效果。总计节省建设投资约 23×10^8 元；节省运行费用约 8.9×10^8 元/a。

在典型的低丰度、低渗透、低产气田长庆苏里格气田建设中，探索形成了“井下节流、井口不加热、不注醇、中低压集气、带液计量、井间串接、常温分离、二级增压、集中处理”的“苏里格模式”。不仅简化、优化了地面工艺流程，提高了安全等级，单井地面投资降低近50%，气井开井时率由60%提高到96.3%。

2003年克拉2气田投入开发，是我国典型的高压高产气田，气田规模大、单井产量高（$300\times10^4m^3/d$）、井数较少，并且地处沙漠，自然环境恶劣，采用了高压常温不加热气液混输的单井集气工艺，高压天然气在井口节流计量后气液混输至天然气处理厂，集输系统实现了无人值守。

“老油气田简化，新油气田优化”的深入开展，探索并初步形成了适宜的标准化设计建设模式，使新建油气田地面工艺流程更加优化，老油气田地面工艺流程更加简化，地面建设总体布局更加合理，提高了技术水平和生产管理水平。特别是新技术、新工艺、新设备、新材料的广泛应用，达到了提高建设质量，缩短建设工期，降低综合成本的目的，为地面建设的革命性变革提供了技术支持和保障。

（二）技术突破与应用，提供了有力支撑

随着油气田勘探开发的发展，油气田地面建设技术有了长足的进步，设计、施工水平不断提高，具有了探索地面设计与施工模式的新技术、新装备等有利条件。

油井软件计量技术取得突破，不仅取消了计量站、简化了集油流程、方便了生产管理，而且也节省了投资，该技术在各油田近5000口井得以推广应用，单井地面投资下降3×10^4元；单管不加热技术不断发展，在长庆、大港港西、吉林扶余、青海尕斯等低渗透油田得到大规模应用，减少了集输管线、降低了能耗；井下节流技术的应用，简化了低渗透气田地面工艺流程，该技术在苏里格气田规模应用后，地面投资下降了近一半；污水生化处理技术不断进步，实现了外排污水全面达标；稠油污水实现了污水的循环利用，不但节约了水资源而且充分利用了污水的热能，该技术在新疆、辽河等油田年创造经济效益达2.6×10^8元；注水配套技术不断发展，增效明显；适宜的自动化技术规模应用，提高了生产管理水平；油气水高效设备逐成系列，进一步简化了流程。近年来，各油田大力推广了高效三相分离器、高效热化学沉降脱水器、多功能合一设备、新型相变加热炉、一体化含油污水过滤器、横向流聚结除油器、改性纤维球过滤器等7种技术先进、节能高效设备2560多台

（套），共创造经济效益约 4.2×10^8 元。

自动化技术经过多年的发展，已经从无到有、从简单到复杂、从初级到高级、从就地控制到遥控（遥测）以及全面采用 SCADA 系统集中调度和控制，并逐步向数字化油气田发展，对油气田平稳、安全的生产和高效管理起到了巨大作用。

这些工艺技术和设备的进步，为标准化设计模式的确定奠定了基础，为实现高水平的标准化设计提供了强有力的技术支撑。

（三）创新管理方式，奠定了工作基础

“十一五”以来，油气田地面建设管理工作日趋规范化、科学化，形成了一套科学的建设和管理模式，在规划制定、科研编制、工程设计、设备采购、工程实施、竣工验收等方面都形成了明确的操作程序，并得到有效执行。同时，地面工程技术人员的素质和管理水平也不断提高。这些管理的创新对于促进标准化设计的开展起到了积极的作用。

从今后油气田开发建设的形势以及目前的技术和管理水平看，开展标准化设计的内外部条件已经具备，时机已经成熟。

第四节　标准化设计的历程

自从 2008 年中国石油开展标准化设计工作以来，历经策划准备、启动、示范工程实施、全面铺开和持续推进，标准化设计从当初的理念、要求变成了一整套体系成果和做法，从示范工程引路变成了全面铺开，从学习长庆油田的经验变为各油气田全面推广，到 2014 年，标准化设计已经进入了规范化、常态化发展阶段。回顾标准化设计的发展历程，归纳起来主要经历了以下几个阶段。

一、策划准备阶段

2008 年初，长庆油田在苏里格气田和姬塬油田地面建设中开展标准化设计工作的探索并取得了成效。中国石油提出全面推广油气田地面建设标准化设计工作。

中国石油勘探与生产分公司在对大庆、长庆、新疆等主要油田调研的基础上，组织部分油气田公司和设计单位于 2008 年 8 月召开了“油气田地面工程标准化设计工作研讨会”，达成共识，一致认为标准化设计工作是必要的，也是可行的。会议进一步确定了“明确分类、规范标准、示范先行、统一部署、分层管理、稳步推进”的工作思路。在此基础上，组织制定了系列管理和技术文件，包括：《油气田地面工程标准化设计工作指导意见》《油气田地面工程标准化设计示范工程管理规定》《油气田开发地面建设模式分类导则》《中国石油油气田地面设施标识设计规定》。制定了标准化设计实施总体方案，并对有关工作进行了安排和要求。随后，中国石油各油气田落实责任单位，建立工作组，快速启动标准化设计工作。

二、启动阶段

2008 年 10 月，通过认真准备，中国石油在长庆油田召开了“油气田地面工程标准化设计现场会”（第一次推进会），标志标准化设计工作正式启动。各油气田公司交流了工作成果和认识，与会代表参观了苏里格气田和姬塬油田地面标准化设计现场。会议阐释了标准化设计的重要意义，明确了标准化设计的内涵，即“标准化设计、模块化建设、市场化运作、信息化管理”，其中，标准化设计是龙头，是带动后续工作的基础；模块化建设是标准化设计的延伸和落脚点；信息化管理是转变管理方式、提升油气田开发效益的必然选择和有效手段；市场化运作是高效开展标准化设计的必要条件。会议提出了“一年示范引路，三年全面铺开”的工作路线，在具体工作中要处理好六个方面的关系，即“标准化设计共性与个性的关系，不搞一刀切”“标准化设计与技术进步的关系”“标准化设计与设计系列化的关系”“标准化设计与模块化（橇装化）建设的关系”“标准化设计与标准化理念的关系”“标准化设计与预算管理的关系”。会议确立了 2009 年重点开展的 20 项示范工程，明确提出了示范工程六个方面的量化工作目标，包括：小型站场标准化设计覆盖率超过 90%，中型站场标准化设计覆盖率超过 60%，设计工期缩短 30%，建设工期缩短 10%，油气井当年贡献率提高 5%，地面建设投资降低 3% 等。此次会议，进一步统一了思想，加深了对标准化设计重要性的认识，明确了工作思路，部署了下一步重点工作，为全面开展标准化设计工作奠定了良好的基础。

三、示范工程实施阶段

2009年，中国石油勘探与生产分公司和各油气田公司全力开展20项标准化设计示范工程的实施。示范工程涉及13个油气田公司，既有整装油田的规模建设，又有小断块油田的开发，既有新建产能的建设，又有老油气田改造工程，既有陆上项目，又有滩海项目，既有酸性气田，又有非酸性气田，既有中高渗透油气田，又有低渗透油气田，几乎覆盖了所有油气田类型，代表了多种建设模式。

在示范工程实施过程中，中国石油勘探与生产分公司组织了示范工程方案的编制与审查，并组织专家现场检查指导示范工程的开展。各油气田精心组织，结合自身实际，制定了相应的管理细则，建立了一批规章制度，定型了一批标准化图纸，做了大量深入细致的工作。

2010年3至4月，中国石油勘探与生产分公司组织对20项示范工程进行了检查验收。经共同努力，示范工程各项指标均达到或超过了设定的工作目标，取得了明显成效，起到了示范引领作用。20项示范工程平均缩短设计工期37%，缩短建设工期14%，油井当年贡献率提高6%，气井当年贡献率提高7%，地面建设投资节省5%。示范工程成功探索了标准化设计促进地面建设整体水平提高和可持续发展能力的新路，证实了能够按新的管理要求，将传统的设计和建设方式转变成标准化设计方式，具有普遍指导意义。也证明了地面系统管理能力、技术能力具备全面深入开展标准化设计的条件，坚定了全面推进标准化设计工作的信心。

四、全面铺开阶段

为总结示范工程经验、成果，持续有效推进标准化设计工作，2010年5月在长庆油田召开了“油气田地面工程标准化设计工作推进会”（第二次推进会）。会议对各油气田以示范工程为载体开展的标准化设计阶段工作及实施效果进行了总结评价，会议在充分肯定成绩的基础上，提出了下一步工作部署，要求进一步转变观念、统一认识，完整理解标准化设计内涵，做到整体协调、全面推进，并强调了要推广一体化集成装置等重点工作，提出充分发挥集团公司的整体优势，采取直接引进、联合改造、独立研发等多种方式研发推广一体化集成装置。

第二次推进会的召开，标志标准化设计进入了全面铺开阶段。会后，各油气田公司认真落实会议精神，理顺了有关的管理体制，制定了一批配套文件，定型了一批设计图纸，研发了一批一体化集成装置，规范了站场视觉形象，推进了数字化油气田建设，加大了规模化采购和预制化力度，各项工作指标及效果指标均实现了预期的工作目标。

2010 年，小型站场标准化设计覆盖率达到 92.2%，中型场站标准化设计覆盖率达到 86.5%，预制化率 75%，规模化采购率 80%，油井当年贡献率提高 6.3%，气井当年贡献率提高 6.9%，地面建设投资平均下降 5.7%，共节约投资 10.48×10^8 元。同时，通过优化地面工艺、推广一体化集成装置等多项措施，2010 年标准化设计减少定员 6568 人、节约土地 1.57×10^4 亩（1 亩 $\approx 666.7m^2$），节能 34×10^8MJ，折合 14.3×10^4tce（1tce=293×10^8J），效果非常显著。

2011 年 7 月，在新疆油田召开了“油气田地面工程标准化设计工作第三次推进会”，会议全面总结了标准化设计工作成果，对下一步重点工作进行了安排。会议要求各单位进一步解放思想、开拓进取，全面推进地面建设标准化设计再上新台阶。会议要求把一体化集成装置研发推广当作地面建设标准化设计头等重要工作，向更大的范围、更宽的领域、更高的层次全面推进，并要求提高集成度、实现系列化、实现无人值守。

各油气田认真落实第三次推进会的各项要求，全面实施了标准化设计，比 2010 年范围更广、深度更深、效益更好。站场覆盖率、预制化率、规模化采购率进一步提高，设计工期、建设工期进一步缩短，油气井当年贡献率保持较高水平，地面投资明显降低。

五、持续推进阶段

2012 年标准化设计坚持全面推进各项工作、重点突出一体化集成装置的研发和推广，初步实现了从研发试验到规模推广的迈进。2012 年 7 月，在西南油气田召开了“油气田地面建设标准化设计工作第四次推进会”，会议在总结、表彰已取得成绩的同时，严格界定、清晰定义了一体化集成装置五个方面的内容，即“要能替代中小型场站或大型场站的主要生产单元，要做到远程自动控制、无人值守，要做到安全环保、节能高效，要运行稳定、维修方便，要实现橇装化、小型化、系列化、商业化”，提出了要覆盖主要油气田类型和各个生产领域的总体工作目标，提出了要做到提高装置集成度、提高自动化程度、提高安全稳定系数、降低建设造价、降低运行成本、统筹新区产能建设和老区改造应用的“三提、两降、一统筹”的工作要求。会议还提出了采用一体化集成装置解决现场火炬放空问题、定期发布一体化集成装置推荐清单等要求。

以第四次推进会为标志，标准化设计工作进入了持续推进阶段。2012 年各油气田规模推广了共 1523 套一体化集成装置；装置水平进一步提高，已经由替代小型站场向替代中型站场和大型站场复杂生产单元推进。共替代常规中小型站场 1105 座、替代站场生产单元 418 套。

六、常态化开展阶段

2013 年 8 月，在长庆油田召开了“油气田地面建设标准化设计工作第五次推进会”。会议充分肯定了 2012 年以来各油气田、相关设计科研、加工制造单位在一体化集成装置和标准化设计方面所做的卓有成效的工作。会议提出继续按照“三提、两降、一统筹”的总体要求，强力推动一体化集成装置研发推广工作向更大范围、更宽领域、更高水平发展。会议认为经过五年的持续推进，工作理念深入人心，管理体系基本形成，运行机制初步配套，技术进步取得实效，标准化设计已经走上了规范化、常态化的路子，成为上游业务转变发展方式的重要抓手。以第五次推进会为标志，标准化设计工作从 2014 年起进入常态化开展阶段。

2014 年以来，各油气田公司进一步解放思想、转变观念，持续全面推进标准化设计各项工作，促进了常态化条件下标准化设计工作向更大范围、更宽领域、更高层次的发展。

第二章　标准化设计及其方法体系

油气田地面建设发展至今，已经远远超出了经济与技术范畴，成为一项复杂的综合性活动，立足于现阶段及未来的发展高度，需要从更高的维度对油气田地面建设进行考量，以辩证的思维方式解决油气田地面建设中的问题，推动油气田地面建设理念与技术的提升。

第一节　标准化设计的概念及内涵

一、标准化设计的概念

油气田地面建设标准化设计是结合油气田地面建设的特点，运用唯物辩证法引领地面建设的全过程，分清工程建设中的主要矛盾和次要矛盾，以及矛盾发生与解决的循环逻辑关系，从而根本解决现阶段油气田地面建设面临的主要矛盾。

油气田地面建设标准化设计指的是针对不同类型油气田的特点，进行科学分类，对地面工程建设中同类型站场、装置和配套设施进行系统分析、总结共性、优化简化，按照“统一工艺流程、统一平面布局、统一模块划分、统一设备选型、统一三维配管、统一建设标准”原则，设计形成技术先进、通用性强、可重复使用的标准化、模块化、系列化设计文件。在此基础上，把现场施工转变为工厂流水作业、批量预制、现场装配。应用数据采集与监控、网络传输和生产管理平台技术，建设数字化油气田，实现信息化管理并通过市场化运作高效实施。

二、标准化设计的内涵

油气田地面建设标准化设计的内涵包括标准化工程设计、模块化建设、市场化运作和信息化管理四个方面。其中，标准化工程设计是龙头，是带动后续所有工作的基础；模块化建设是标准化设计的延伸和落脚点；市场化运作是高效开展标准化设计的必要条件；信息化管理是转变管理方式、提升油气田开发效益的必然选择和有效手段。

可见，油气田标准化地面工程标准化设计已经扩大了传统标准化的范畴。标准化设计中的“标准化”并不仅限于制定标准，也包括制定其他的管理文件和工程设计文件以及相关的规定、技术要求、定型图文件等。标准化设计中的“设计”也是广义的设计，不仅仅指常规狭义的工程设计，而是泛指油气田地面工程的整体设计，包括油气田地面工程的建设和生产运行管理整个过程。

第二节　标准化设计的方法体系

系统工程的理论方法和标准化的理论方法是油气田地面建设标准化设计的两个重要理论方法基础。

油气田开发是一个大系统，油藏工程、钻井工程、采油工程、地面工程都是油气田开发的子系统。油气田开发的系统工程的最终目的是达到油气田开发、产能建设的整体优化，取得整体的最佳效益。油气田地面工程又是一个复杂而庞大的系统，是一个涵盖油、气、水、电、信、路、管道、建筑、防腐、暖通、自动化等各专业和规划、设计、施工、运行管理多个环节的综合系统。地面工程不仅与社会、自然环境紧密相关，而且要依靠人的管理与参与。地面工程建设的目标就是要寻求总体效益最优的方法。油气田地面工程建设的整体性、相关性、目的性、环境适应性都充分显示其系统工程的特点。标准化设计本身也同样是一个自身完整的体系，每一项标准化设计工作也是一个系统。因此，油气田地面建设标准化设计必然遵循系统工程的理论

和方法。

纵观油气田地面建设的发展历程，随着社会的发展和技术的进步，油气田地面建设始终都在制订标准、实施标准、完善标准、提升标准的过程中，油气田地面建设技术也在不断的优化、简化、统一化、通用化的过程中得到提升，这些都遵守标准化理论和思想的指导，采用标准化的基本方法。

油气田地面建设标准化设计方法体系的提出是在油气田地面工程技术的发展及广泛的标准化设计生产实践基础上，坚持系统工程理论并加以具体化，坚持标准化思想并加以扩展，结合油气田地面建设的范围、特点、本质及发展规律，开展深入的系统研究，总结升华形成具有油气田地面建设特色的标准化设计方法体系。

油气田地面建设标准化设计主要包括 8 项一般原理及方法，即系统分析、统一化、简化、最优化、通用化、模块化、系列化、组合化等。这 8 项原理及方法是在油气田地面建设各领域、阶段开展标准化设计具体工作的基础。

一、系统分析

（一）系统分析的概念

系统分析是 20 世纪 50 年代美国兰德公司提出的。广义上讲，系统分析是系统工程的同义词，狭义上讲，系统分析是霍尔三维结构中逻辑维的一个步骤。

系统分析或系统方法是一种根据客观事物所具有的系统特征，从事物的整体出发，着眼于整体与部分、整体与结构及层次、结构与功能、系统与环境等的相互联系和相互作用，求得优化的整体目标的现代科学方法以及政策分析方法。

贝塔朗菲将系统方法描述为：提出一定的目标，为寻找实现目标的方法和手段就要求系统专家或专家组在极复杂的相互关系网中按最大效益和最小费用的标准去考虑不同的解决方案并选出可能的最优方案。我国学者汪应洛在《系统工程导论》一书中则认为，系统分析是一种程序，运用科学的分析工具和方法，对系统的目的、功能、费用、效益等问题进行充分调查研究，在收集、分析处理所获得的信息基础上，提出各种备选方案，通过模型进行仿真实验和优化分析，并对各种方案进行综合研究，从而为系统设计、系统决策、系统实施提出可靠的依据。

根据系统的本质及其基本特征，可以将系统分析的内容划分为系统的整体分析、结构分析、层次分析、相关分析和环境分析等几个方面。

（二）系统分析步骤

系统分析方法的具体步骤包括：限定问题、确定目标、调查研究收集数据、提出备选方案和评价标准、备选方案评估和提出最可行方案。

1. 限定问题

所谓问题，是现实情况与计划目标或理想状态之间的差距。系统分析的核心内容有两个：一是进行“诊断”，即找出问题及其原因；二是“开处方”，即提出解决问题的最可行方案。所谓限定问题，就是要明确问题的本质或特性、问题存在范围和影响程度、问题产生的时间和环境、问题症状和原因等。限定问题是系统分析中关键的一步，如果“诊断”出错，开的“处方”就不可能对症下药。在限定问题时，要注意区别症状和问题，探讨问题原因不能先入为主，要判别哪些是局部问题，哪些是整体问题，问题的最后确定应该在调查研究之后。

2. 确定目标

系统分析目标应该根据要求和对需要解决问题的理解加以确定，如有可能应尽量通过指标表示，以便进行定量分析。对不能定量分析的目标应尽量用文字说明清楚，以便进行定性分析并评价系统分析的成效。

3. 调查研究，收集数据

对系统所涉及的范围以及影响系统的各个因素，进行深入详细的调查，收集有关资料，这是对系统的模型进行定量、定性分析的基础。

4. 提出方案和评价标准

通过深入调查研究，使真正有待解决的问题得以最终确定，使产生问题的主要原因得到明确，在此基础上有针对性地提出解决问题的备选方案。备选方案是解决问题和达到目标可供选择的建议或设计，应提出两种以上的备选方案，以便进一步评估和筛选。为了对备选方案进行评估，要根据问题的性质和具备的条件。提出约束条件或评价标准供下一步应用。

5. 方案评估

根据上述约束条件或评价标准，对解决问题的备选方案进行评估，评估应该是综合性的，不仅要考虑技术因素，也要考虑社会经济等因素，根据评估结果确定最可行方案。

6. 提出最可行方案

最可行方案并不一定是最佳方案，它是在约束条件之内，根据评价标准筛选出的最现实可行的方案。如果满足生产需要，则系统分析达到目标。如果不满足生产需要，则要调整约束条件或评价标准，甚至重新限定问题，开始新一轮系统分析，直到满足生产需要为止。

二、统一化原理及方法

统一化是指两种或两种以上同类事物的表现形态归并为一种或限定在一定范围内的标准化形式。在油气田地面建设中，统一化原理的应用就是对油气田地面建设的内容、形式、功能或其他特性，确定适合于一定时期、一定条件的一致规范，并使这种一致规范与被替代的对象在功能上达到等效，保证油气田地面建设所必须的秩序和效率。

统一化包括以下三种方式：

（1）选择性统一。在需要统一的对象中选择并确定一个，以此来统一其余对象的方式。选择统一适合于相互独立、相互排斥的被统一对象，如设备选型的统一。

（2）融合性统一。在被统一对象中博采众长、取长补短，融合成一种新的更好的形式，以代替原来的不同方式。适合于融合统一的对象都具有互补性，如对工艺流程的优化统一。

（3）创新统一。用完全不同于被统一对象的崭新形式来统一的方式。

统一是相对的，确定的一致规范只适用于一定时期、一定条件，随着时间的推移和条件的改变，旧的统一就要由新的统一所代替。同时，也应该认识到，任何“统一”往往都需要以牺牲局部利益为代价的。

三、简化原理及方法

简化原理是为了经济有效地满足需要，对油气田地面建设标准化设计对象的结构、型式、规格或其他性能进行筛选提炼，剔除其中多余、低效能、可替换的环节，精炼并确定能满足全面需要所必要的环节，保持整体构成精简合理，使之功能效率最高。

四、最优化原理及方法

最优化是为了以尽可能少的综合成本获取尽可能大的经济效益和社会效益。以科学、技术和生产实践经验的综合成果为基础，对生产实践活动中的一切因素、条件及其相互之间的关系进行全面、系统的分析，并在此基础上制定出多种可供选择的方案，通过比较、论证，选择其中最能实现管理目的的方案，进行充实、优化后形成实施方案。

优化的一般程序是：

（1）界定时间、范围及客观条件。

（2）确定目标或指标。

（3）分析评价。

（4）对比择优。

五、通用化原理及方法

通用化是在互换性的基础上，尽可能扩大同一对象的使用范围的一种标准化形式。或者说，通用化是指在互相独立的系统中，选择和确定具有功能互换性或规格互换性的子系统或功能单元的标准化形式。

推行通用化是为了最大限度地减少重复劳动，广泛地重复利用现有的技术成果，所以，要在新开发的产品中推行通用化，必须先建立起可供重复利用的通用资源，以供新产品开发时利用，如标准化设计的通用图、定型图、通用设备等。通用化的一般方法有：

（1）进行现状和需求分析及总结。

（2）开发新的通用单元。

（3）在产品开发中推行通用化。

六、模块化原理及方法

模块化是标准化设计工作的核心方法，是上述思想和方法的综合运用，体现在标准化设计的整个过程。

（一）模块的含义及特征

模块是可组成系统的、具有某种确定功能和接口结构的、典型的通用独立单元。从定义中可以看出，模块具有如下含义：

（1）模块是系统的组成部分。

模块是系统分解的产物。用模块可以组成新系统，也可以从系统分离、拆卸和更换。

（2）模块是具有确定功能的单元。

模块不是对系统任意分割的产物，它具有明确的特定功能。没有确定功能的单元不能算作模块。

（3）模块是一种标准单元。

模块结构具有典型性、通用性或兼容性，并可构成系列。这是模块与一般部件的区别。

（4）模块是具有能构成系统的接口。

模块具有能传递功能、能组成系统的接口结构。设计和制造模块的目的是为了用它来组合成系统。

因此，模块是模块化设计和制造的功能单元，具有三大特征：

（1）相对独立性。可以对模块单独进行设计、制造、调试、修改和存储，便于由不同的专业化企业分别进行生产。

（2）互换性。模块接口部位的结构、尺寸和参数标准化，容易实现模块间的互换，从而使模块满足更大数量的不同产品的需要。

（3）通用性。有利于实现横、纵系列产品间的模块通用，实现跨系列产品间的模块通用。

（二）模块化的定义

模块化是以模块为基础，综合了通用化、系列化、组合化的特点，解决复杂系统类型多样化、功能多变的一种标准化形式。在各个领域各有不同的内容和含义，至今尚无确切的定义。

模块化通常包括：模块化设计、模块化制造和模块化装配。

（1）模块化的设计步骤包括以下几个方面：

①在生产实践调查研究的基础上明确目标要求（性能和结构等）。

②确定拟覆盖的产品种类和规格范围（确定参数范围和系列型谱）。

③进行基型产品设计（确定基型产品的结构和功能，提出对高层模块的要求）。

④进行分系统设计（确定分系统的结构和功能，对构成分系统的模块提出要求）。

⑤模块设计（根据分系统的要求，确定模块的结构和功能，对构成模块的元件提出要求）。

⑥元件设计（根据模块的要求设计或选用元件，按尺寸、性能、材料等形成系列并尽量标准化）。

模块化设计的管理。在基型设计的基础上根据需要发展变型。变型设计虽然可以基型为基础（尽量通用），但仍不能脱离功能分析。完成设计的各级、各类模块要建立编码系统，将其按功能、品种、结构、尺寸等特点分类编码，进行管理。

（2）模块化制造和组装。

这是由模块组装成所需产品的过程。有些产品是在工厂里完成装配之后运送到用户，如分离器模块、泵模块等；有些产品或工程由于规模过于庞大，无法整体运输，可将各类模块在预制厂进行预制、组装和检验之后，经拆卸分别运到现场装配，如模块化建造的大型天然气处理厂、LNG 厂等。

（三）模块化的目的

提高生产效率，取得质量、品种和效益的有机统一是模块化的基本目的。具体而言，就是系统的简化、结构的规范化、生产的社会化及专业化、综合效益的最大化。

七、系列化原理及方法

（一）系列化的概念

系列化是指根据同一类产品的发展规律和使用需求，将其性能参数按照一定数列作合理安排和规划，并且对其型式和结构进行规定或统一，从而有目的地指导同类产品发展的一种标准化形式。系列化是实现标准化设计个性化的具体表现，系列化使标准化设计的内容更加丰富。

（二）系列化的方法

系列设计是以基型产品或代表品种为基础对整个系列产品所开展的设计。系列设计的方法是：

（1）以系列内最有代表性、规格适中、用量较大、生产较普遍、结构较先进、性能较可靠，经过长期生产和使用考验并具有发展前途的品种及部件

为基型，根据系列型谱中的参数系列及其发展状况，设计全系列的各种规格。

（2）在充分考虑系列内产品之间以及与变型产品之间通用化的基础上，对基型产品加以精心改进，使之趋于完美。

（3）横向扩展，设计全系列的各个规格。这时要充分利用结构典型化和零部件通用化等方法，扩大系列产品的通用化程度。由此形成的系列通常叫基型系列。

（4）以基型为基础纵向扩展，设计变型产品和变型系列。变型与基型之间要最大限度地通用，尽量做到在基型基础上，只增加或变化少数零部件即可发展一个变型产品或变型系列。

八、组合化原理及方法

（一）组合化的概念

组合化是按照标准化的原则，设计并制造出一系列通用性较强的单元，根据需要拼合成不同用途的物品的一种标准化形式。

组合化是建立在系统的分解与组合的理论基础上。把一个具有某种功能的产品看做是一个系统，这个系统可以分解为若干功能单元。由于某些功能单元不仅具备特定的功能，而且与其他系统的某些功能单元可以通用、互换，于是这类功能单元便可分离出来，以标准单元或通用单元的形式独立存在，这就是分解。为了满足一定的要求，把若干个事先准备的标准单元、通用单元和个别的专用单元按照新系统的要求有机地结合起来，组成一个具有新功能的新系统，这就是组合。组合化的过程，既包括分解也包括组合，是分解与组合的统一。

组合化同时又建立在统一化成果多次重复利用的基础上。组合化的优越性和效益均取决于组合单元或零部件构成物品的一种标准化形式。通过改变这些单元的联接方法和空间组合，使之适用于各种变化的条件和要求，创造出具有新功能的物品。

（二）组合化的方法

在设计新产品时，不是将其全部组成部分都重新设计，而是根据功能要求，尽量从现有的标准模块、通用模块和其他可继承的结构和功能单元中选择。即使重新设计模块，也要尽量选用标准的结构要素，实现原有技术和新技术的反复组合，扩大标准化成果的重复作用。

在油气田地面建设标准化设计中，可以按照图 2–1 描述组合的过程。

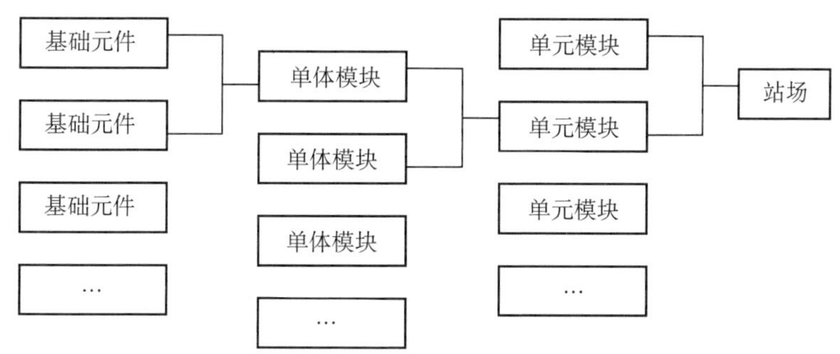

图 2–1　油气田地面建设标准化设计组合的过程

九、标准化设计原理及方法体系的结构模型

油气田地面工程标准化设计的开展是分阶段、分层次、逻辑有序进行的，借鉴霍尔在 1969 年针对系统工程方法提出的三维结构（简称 Hall 三维结构）形式，将油气田地面工程标准化设计的开展分为前后紧密衔接的 5 个阶段和 8 个步骤，以及所设计的各个专业领域。它由互相垂直的三个坐标组成的一个方法论空间，分别代表时间、逻辑和领域三项方法论内容。

油气田地面工程系统发展的合理时间顺序是规划、设计、采购、施工和运行管理 5 个大阶段；油气田地面工程标准化设计原理及方法的逻辑序列是系统分析、统一化、简化、最优化、通用化、模块化、系列化、组合化 8 个步骤；油气田地面工程系统的领域维是指上述各阶段、步骤所涉及的各专业领域。

油气田地面工程标准化设计原理及方法结构模型概括地表示出油气田地面工程标准化设计方法论的逻辑程序、时间顺序以及涉及到的领域，它们组成一个方法论空间。

三维结构体系形象地描述了框架结构，对其中任一阶段和每一个步骤又可进一步展开，形成了分层次的树状体系。典型的结构模型如图 2–2、图 2–3 所示。

图 2–2 中实线小长方体表示在油气田地面建设的规划阶段，按逻辑程序正进行到对油气集输专业进行系统分析阶段。

图 2–3 中的实线小长方体表示在油气田地面工程的设计阶段，按逻辑程

序正进行到对水处理系统进行模块化阶段。由于在任一阶段原则上都应按逻辑程序走一遍，故对于任何一项具体的系统工程项目来说，理论上在整个工作过程中应该走遍整个空间以获得最佳结果。其中，除了施工阶段是严格按照先后顺序开展，其他均可重叠交叉。

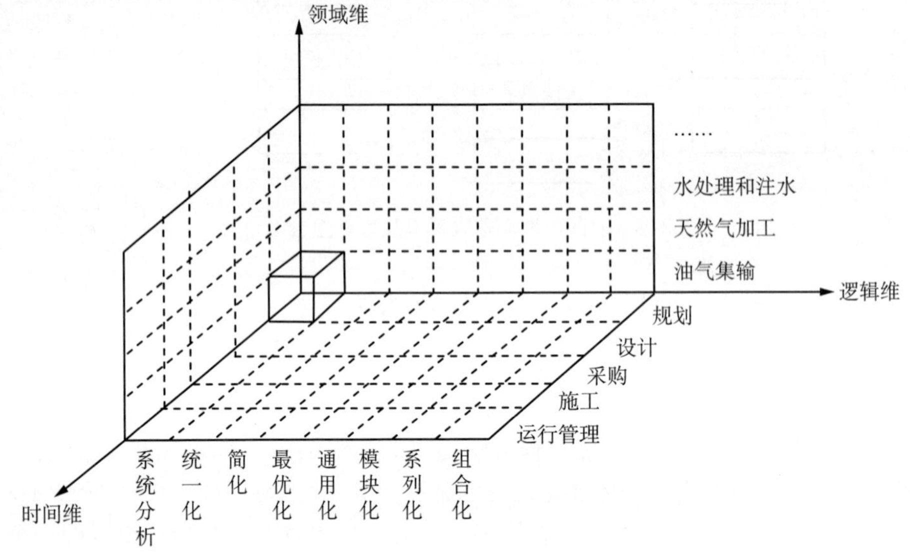

图 2–2　典型的结构模型 1

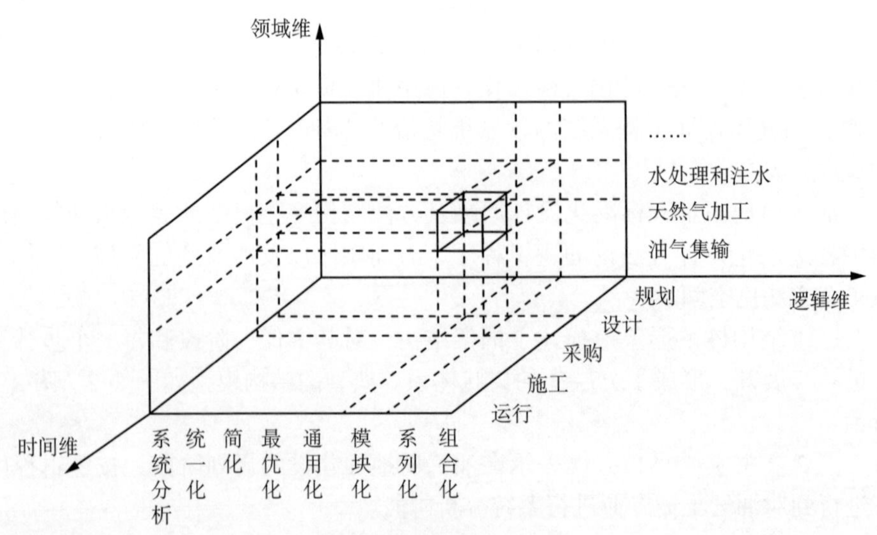

图 2–3　典型的结构模型 2

十、标准化设计的发展模式

根据标准化设计的自身开展特色，油气田地面工程标准化设计的开展在各个阶段和领域，采用以 SDEIE 循环为显著特征的一体化建设、管理体系和流程，见图 2-4。

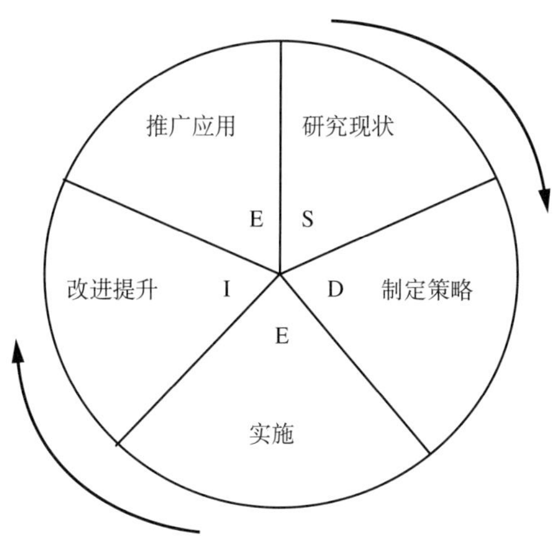

图 2-4 SDEIE 循环

SDEIE 分别是 Study、Development、Execution、Improvement 和 Expansion 的首字母，SDEIE 循环就是按照这样的顺序开展工作，并且循环不止地进行下去的科学程序。

（1）S（Study 研究），研究对象、分析问题。

（2）D（Development 制定策略），制定具体的方法、方案。

（3）E（Execution 实施），按照方案具体实施。

（4）I（Improvement 改进提升），总结实施效果，对不足之处进行改进提升。

（5）E（Expansion 推广应用），改进提升后，予以标准化，推广应用。

随着技术进步、环境条件变化等，SDEIE 不断循环，在标准化设计的工程设计阶段、施工阶段以及运行管理等阶段，采用 SDEIE 循环可以有效地提升工作质量。推动油气田地面工程标准化设计总体水平的不断提升。

在油气田地面工程标准化设计开展过程中，SDEIE 的表现为大环套小环，环环紧扣，把前后各项工作紧密结合起来，形成一个系统。如油气田公司构

成一个大环，而设计、施工等各部门都有自己的控制循环，直至落实到项目组（班组）及个人，见图 2–5。上一级循环是下一级循环的根据。一环扣一环，都朝着共同的目标方向转动，形成相互促进，共同提高的良性循环。

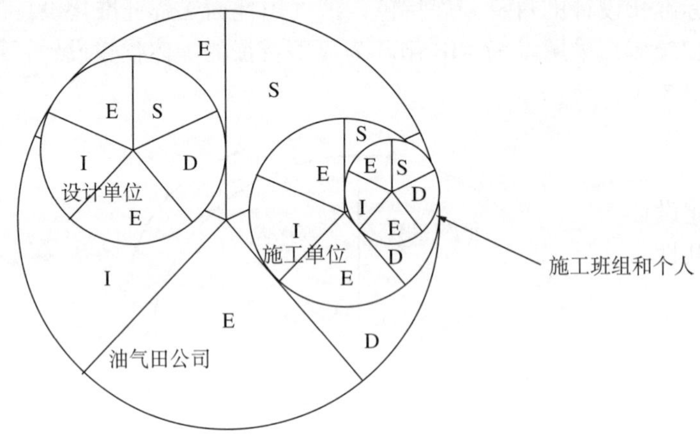

图 2–5　全范围的 SDEIE 循环

在生产实践中，针对当前开展的工作，SDEIE 循环每转动一次，均解决一定的问题，并将工作扩大到更大的范围，同时使工作水平提高一个台阶；新暴露的问题在下一次循环中加以解决，再转动一次，再提高一个台阶，见图 2–6。

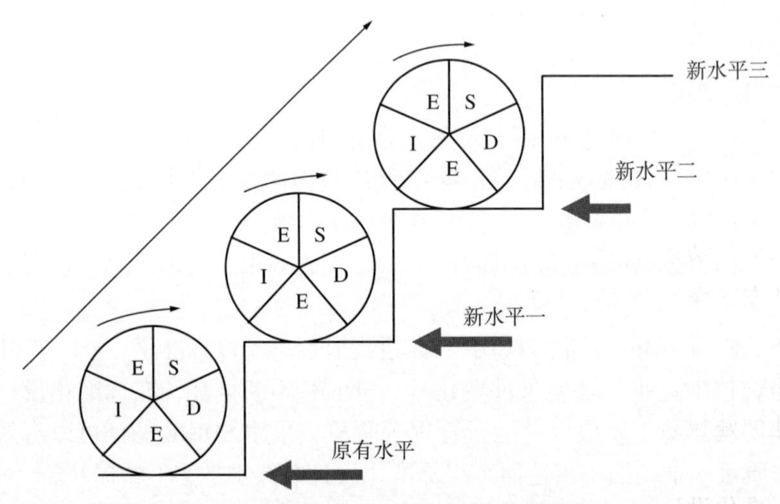

图 2–6　通过 SDEIE 循环不断提升

第三节　标准化设计的原则及总体工作思路

一、标准化设计的原则

标准化设计是根据不同类型油气田的特点，找出在设计、采购、建设和管理中的共性，然后对这些共性进行归纳总结，形成标准化并进行更大范围的推广应用。标准化设计应遵循以下 3 项原则。

（一）系统性原则

系统性能有效地保证标准化设计整体目标的实现。系统性是由标准化设计的整体性和目地性决定的。整体性是指油气田地面建设标准化设计的对象不是一个孤立的个体，而是一个整体。即一个在标准化设计的目标指引下形成的有特定功能的系统。

（二）先进性原则

先进性是标准化设计存在和发展的根本前提。标准化设计集中了先进的设计技术、施工技术、组织和管理技术等。同时注重节能、节水，安全环保，经济指标先进。

标准化设计注重地面系统的整体优化、简化。在优选建设模式、优化技术方案的基础上，积极采用并固化一批先进、高效的工艺、技术、设备和材料，节省投资、节约成本、提高生产系统效率，实现油气田高效益、高水平开发。

（三）动态适应性原则

动态适应性原则包括两个方面：一是因地制宜，二是持续改进。

标准化设计不是搞一刀切，而是在科学、规范、高效的前提下，根据各个油气田特点，包括油气藏类型、开发方式、生产参数、技术水平、生产管理和地面建设条件，找出共性并确定适宜的标准化设计模式，开展标准化设计工作。

标准化设计在一定时期是固定不变的，但其最重要的理念就是持续改进。环节条件改变，那么标准化设计的相关规定就要随之改变；技术进步、理念

更新，标准化设计也需要进行修改完善、适应变化。

二、标准化设计工作的总体思路

油气田地面建设标准化设计的总体思路总结为三十二字方针：明确分类、规范标准、统一部署、分层管理、突出重点、示范先行、注重效果、稳步推进。

（一）明确分类、规范标准

由于地面工程受油气物性、地理环境、开发方式影响大，使得地面工艺流程、总体布局、场站设置呈现多样性和复杂性。在实际工作中，寻找相同类型油气田的共性规律，对地面工艺类型进行分类，在此基础上对建设规模、平面布置、工艺流程、设备及管阀件等进行优化、简化、分类、规范，是推行标准化设计的前提与基础。

（二）统一部署、分层管理

标准化设计需要各方共同努力予以推动，既需要总部层面统一部署，明确统一的工作标准、工作原则、工作目标，也需要明确各油气田的责任与管理程序，使各方既明确各自的职责与目标，又相互协作支持，同时调动各方的积极性，避免出现多头管理、多头决策的现象，这是推动标准化设计工作迅速、有效展开的重要保证。

（三）突出重点、示范先行

面对标准化设计的重要性和工作难点，要突出重点、开展示范。突出重点就是针对批量性、通用性、重复性的设计项目，重点开展标准化设计工作，尽快形成工作成果，为进一步推广奠定基础。

选定具有典型代表性的油气田区块，开展标准化设计示范工作，培育标准化设计示范工程，并确定先进、合理、可行的降低造价、缩短建设工期、提高综合时率与综合效益等攻关目标及工作计划。

（四）注重效果、稳步推进

推行标准化设计工作是一项系统工程，要结合实际情况、因地制宜、循序渐进、由简单到复杂地逐渐展开。开展标准化设计工作，要始终围绕降低工程造价、提高综合时率与综合效益、满足安全环保要求等目标，解放思想、实事求是，以科学发展观为动力，以科技创新为基础，积极稳妥地予以推进。

第三章　标准化工程设计

在油气田地面建设标准化设计内涵中提到，标准化工程设计是龙头，是带动后续所有工作的基础。标准化工程设计是在油气田地面建设标准化设计的原理和方法，在工程设计和造价环节的具体应用。

概括起来讲，标准化工程设计的主要内容和方法是在系统分析的基础上，根据油气藏类型和地面建设特点，对油气田进行科学分类，确定适宜的地面建设模式和定型配套的工艺技术；各类油气田站场经优化、简化，在统一站场工艺流程、平面布置、设备选型、建筑风格、站场标识以及建设标准等内容的基础上，以三维软件为手段开展模块化设计，形成模块定型图；通过模块组合的方式开展站场三维定型图设计，形成标准化工程设计的通用化成果，即站场定型图；根据不同的生产需求，对模块和站场开展系列化设计，形成模块定型图系列和站场定型图系列；在实际工作中，具备条件时可直接从定型图系列中选用。为便于定型图的管理和应用，建立定型图库和管理平台。

本章将具体讨论标准化工程设计的基本方法以及油气田大中型厂站、公用工程、综合公寓、视觉形象等的标准化设计，同时，对大型复杂厂站的模块化设计进行详细的论述。

第一节　标准化工程设计的方法与定型图

一、标准化工程设计的方法

（一）科学分类

对近年油气田地面建设设计文件进行全面总结。根据油气田类型、工艺类型、站场规模、关键设备等重要参数对各种类型地面设施的设计文件进行归纳和分类，系统综合分析各类设计文件的共性和个性，在此基础上进行统一化、优化和简化，为后续的定型化奠定基础。

油气田地面建设模式分类就是一个典型的系统总结、综合分析的实例。

开展油气田地面建设模式分类的目的是为规范油田地面工程标准化设计工作，根据不同类型油田特点，确定适宜的标准化地面建设模式，统一技术要求，进而形成相应的标准化、系列化的设计文件，是开展标准化设计工作的基础。

模式是对一个不断重复出现的问题及对该问题解决方案的核心概括和总结，具有代表性和通用性。油气田地面建设模式是指符合同类油气田特点的油气田地面建设的解决方案。油气田地面建设模式应技术成熟、先进，通用性强，能体现该类油气田的地面建设主要特点，适宜广泛推广。

由于不同类型的油气田具有不同的特点，所以地面建设模式不同，模式内容的侧重点也不同，主要体现在对油气田的工艺技术和建设方式两个方面的不同侧重。为进行科学的、可操作性强的分类，确定了以下分类原则：

（1）地面建设模式应根据油气田类型进行分类。

（2）油气田类型应以油气藏类型、油气物性、地理环境条件以及开发方式等对地面建设模式产生重要影响的因素进行分类。

1. 油田分类及油田地面建设模式

油田分为整装油田、分散小断块油田、低渗透油田、稠油油田、沙漠油田、滩海油田、三采油田 7 种油田类型。在对油田进行分类的基础上，对不同类型油田的建设模式进行总结、系统分析、优化、简化、统一化，形成推荐的建设模式。

1）整装油田

一次建成产能规模大，单井产量较高、井站多、管网系统复杂、生产期较长的整装油田，地面建设模式宜为整体建设且功能齐全、系统配套。

2）分散小断块油田

地面建设产能规模较小，产建区域较分散的小断块油田，地面建设模式宜为短小串简、配套就近。

3）低渗透油田

井数多、单井产量低、注水水质要求较高、注水压力高、生产成本较高的低渗油田，地面建设模式宜为单管集油、软件计量、恒流配水。

4）稠油油田

原油中沥青质和胶质含量较高、黏度较大、热采开采、生产成本高的稠油油田，地面建设模式宜为高温密闭集输，注汽锅炉分散布置与集中布置相结合，软化水集中处理、污水回用锅炉。

5）沙漠油田

处于沙漠或戈壁荒原的油田，自然环境条件恶劣，社会依托条件差的沙漠油田，地面建设模式宜为优化前端、功能适度，完善后端、集中处理。

6）滩海油田

靠近陆地、水深较浅的油田。具有潮差、风暴潮、海流、冰情、海床地貌和工程地质复杂等特点的滩海油田，地面建设模式宜为简化海上、气液混输，完善终端、陆岸集中处理。

7）三次采油油田

通过采用各种物理、化学方法改变原油的粘度和对岩石的吸附性，以增加原油的流动能力，进一步提高原油采收率的三次采油，地面建设模式宜为集中配制、分散注入、多级布站、单独处理。

2. 气田分类及油田地面建设模式

气田分为高压气田、中压气田、低压气田、凝析气田、含 H_2S 气田、高含 CO_2 气田、煤层气田七种气田类型。在对气田进行分类的基础上，对不同类型气田的建设模式进行总结、分析、优化、简化、统一化，形成推荐的建设模式。

1）高压气田

井少、单井产量高、压力高的高压气田，地面建设模式宜为高压集气、采用 J–T 阀节流制冷，实现烃水露点控制和凝液回收。

2）中压气田

介于高压和低压气田之间的中压气田，地面建设模式宜为多井集气、中压湿气集输、集中处理。

3）低压气田

生产压力低、单井产量低的低压气田，地面建设模式宜为井下节流、井间串接、湿气集输、集中处理。

4）凝析气田

介于油藏和天然气藏之间的凝析气田，因开发过程中，气相中重烃会发生相态变化，在地层中析出凝析油，地面建设模式宜采用油气水三相混输、加热与注醇统筹优选、集中处理轻烃深度回收工艺；对采用循环注气开发方

式的凝析气田，注气装置与处理装置宜合建。

5）含 H_2S 气田

天然气中 H_2S 含量超过有关质量指标要求，需经脱除才能符合管输商品气的气质要求的含 H_2S 气田，地面建设模式宜为多井集气、碳钢 + 注缓蚀剂防腐、集中净化处理。

6）高含 CO_2 气田

CO_2 含量高、腐蚀性强、压力递减快、气井分布不均的高含 CO_2 气田，地面建设模式宜为湿气集输、碳钢 + 注缓蚀剂防腐或双金属复合管防腐、集中净化处理。

7）煤层气田

甲烷含量高、井口压力低、单井产量低、稳产期长的煤层气田，地面建设模式宜为排水采气、井间串接、增压集输、集中处理。

（二）工艺技术定型

油气田工艺以实用、经济为原则。在油气田地面建设模式的基础上，针对不同油气田类型，结合油气田的地质、开发和环境等特点，以优化、简化为要求进行统一和技术定型。在技术定型中，标准化工程设计应优选有利于实现工艺集成、一体化集成、信息化的技术。下面以油田工艺技术为例，说明对不同类型油田工艺技术的定型。

1. 整装油田工艺技术定型

集油工艺定型采用“单管不加热集油、集中量油或软件量油、油气混输”和“双管掺水、集中量油或软件量油”工艺。

原油处理工艺定型采用“一段高效脱水”或“两段脱水、原油稳定、轻烃回收”工艺。

采出水处理工艺定型采用“采出水两级除油两级过滤”工艺。

注水工艺定型采用“注水站集中增压（分压）供水，单干管多井配注”工艺。

2. 分散小断块油田工艺技术定型

集油工艺定型采用“单管、环状和双管，枝状串接、混输增压、集中处理”工艺。

原油处理工艺定型采用“三相分离、管输或车拉外运”工艺。

注水工艺定型采用“就地打水源井、就地回注”和“合一装置处理含油污水、处理后回注”工艺。

3. 低渗油田工艺技术定型

集油工艺定型采用“单管不加热（加热）串接（枝状）集油、软件量油、油气混输”和“小环掺水集油、软件量油、油气混输”工艺。

原油处理工艺定型采用“高效三相分离器”或“热化学沉降脱水”工艺。

注水工艺定型采用“注水站集中增压（分压）供水，稳流阀组配水”工艺。

4. 稠油油田工艺技术定型

集油工艺定型普通稠油采用“单管加热集输”，特、超稠油采用“掺液（蒸汽）集输”工艺。

原油处理工艺定型普通稠油采用“两段热化学沉降脱水”工艺，特、超稠油采用“一段动沉二段静沉脱水”工艺。

注汽工艺定型采用“固定注汽和移动注汽相结合，枝状分配和辐射状分配相结合”工艺。

稠油污水深度处理工艺定型采用“水质稳定与净化工艺＋过滤＋软化、缓冲调节、沉降、气浮三段工艺＋过滤＋软化”工艺。

5. 沙漠油田工艺技术定型

集油工艺定型采用“单管不加热油气混输集油、集中计量”工艺。

原油处理工艺定型采用“二段热化学脱水沉降”工艺。

注水工艺定型采用“注水站集中增压（分压）供水，单干管多井配注”工艺。

采出水处理工艺定型采用“水质稳定与净化工艺＋过滤”工艺，“两级沉降除油两级过滤”工艺；清水处理采用“一段除铁（氧），二段精细过滤”工艺。

6. 滩海油田工艺技术定型

集油工艺定型采用“不加热、集中计量混输集油”工艺。

原油处理工艺定型采用“中心平台预脱水，低含水油混输上岸、陆上终端集中处理”工艺。

注水工艺定型采用“中心平台就地预脱水就地回注，陆上集中增压供高压水至平台或人工岛进行注水”工艺。

7. 三次采油油田工艺技术定型

配制及注入工艺定型采用“集中配制、分散注入”总体布局，“分散—熟化—过滤”的母液配制工艺及“一泵多站、一管两站”的外输工艺，“一泵多井”的聚驱注入站工艺。

集油工艺定型采用“双管掺热水、集中计量”的集油工艺。

原油处理工艺定型采用“一段热化学沉降、二段电化学”的两段脱水处理工艺。

采出水处理工艺定型采用“一段缓冲沉降+横向流聚结（气浮选）除油，二段压力过滤”处理工艺。

（三）平面布局定型

站场平面布局遵循工艺流程顺畅、安全、管理维护方便、合理节约用地的基本原则，做到布局定型、风格统一。站场布局中注意以下几点：

（1）严格控制用地面积，原则上不建围墙。

（2）站场设施尽量露天化、布置流程化。实现露天布置，采取有效防护措施，有利于按流程紧凑布置工艺设备，节省占地、减少建筑物，有利于防爆、便于消防。

（3）努力实现中小型站场无人值守，大型站场少人值守的生产管理模式。站场集中控制和管理。取消传统的分散岗管理模式，推行在控制室内集中监控、轮回巡检模式。将控制室、办公室、化验室和高低压配电间等公用设施联合布置，组成全站的控制管理中心区，并与生产区保持足够的安全距离。

（4）考虑到地形限制、进出站流向、进站道路方向、流行风向、建筑朝向等因素的影响，站场平面可进行旋转、镜像翻转或局部调整。

（四）建设标准统一

针对不同的油气田地面设施，结合实际情况，制定技术、管理规定，对工艺、配管、自控、通信、电气、建筑结构、总图、消防、暖通、防腐保温、道路、安全、环保、标识等的设计内容和建设标准进行统一规定。

（五）设备材料定型

油气田地面设施是大量设备和材料组成的，就设备而言，实现同一功能的设备存在多个种类和形式，因此，设备定型是开展标准化工程设计的基础。

广泛开展设备筛选和评价研究工作，选择性能好、高效、节能设备和材料，统一站场设备和管阀配件标准以及技术参数，实现设备和材料选型定型化。对非标设备，需要统一外形尺寸和接口方位。在设备材料定型的基础上，形成标准化、规模化采购目录和相应的设备材料技术规格书。建设单位根据标准化工程设计批量提交物资采购需求计划，物资采购管理部门按照规定实施规模化招标采购。

（六）三维配管设计

应用三维配管设计软件，建立全面的管道等级数据库和设备模型库，实现直观、精确的配管设计，大幅度提高设计的准确性和设计精度。借助三维辅助设计实现管道安装的自动检查，能够发现管道碰撞、管道接口不对应、管道漏缺等管道安装二维设计中常见的问题。而且安装图的表示方式由以往的平立剖面图转变为单线的轴测图，每一条管道上的设备、管材、管件乃至管段的长度、焊缝的数量均可精确表示、自动统计，极大地方便了预制和组装。因此三维配管设计不仅是提高设计质量和效率的重要手段，也是支撑施工建设的有力保证。

同时，三维配管设计在模块化预制、功能集成（如一体化集成装置的研发）、大型厂站模块化建设等方面，发挥出无可比拟的作用。通过三维软件的优势，可以实现多专业、高度系统集成作业。还可以通过接口，为后期深度分析做基础，包括应力分析、吊装、震动脉动等。

应用三维配管设计软件，建立全面的管道等级数据库和设备模型库，建设数字化工厂，为站场完整性管理奠定基础。

（七）定型图设计

1. 标准化设计定型图

为了减少大量的重复工作，加快工程设计的速度，减少工程设计的失误，提高工程设计的质量，针对油气田地面建设所可能面对的工程项目类型，将某些可重复利用的图纸在对其进行综合技术、经济分析的基础上，确保其可行性和实用性，设计成定型图。在条件具备时候，设计人员可根据需要直接选用。通过设计产品的系列化、组合化、模块化，提高其通用化、标准化的程度，使工程设计环节的效率和效益最大化。

标准化定型设计的最终目的是：

（1）在新项目的前期分析中，可以以成熟的设计成果进行规划设计、经济、技术可行性分析，确保分析和决策的准确性。

（2）在实际项目操作中，必要时可以用成熟的定型图成果直接进入施工图设计，节省设计的周期。

2. 标准化设计定型图的作用

1）加快地面建设速度，提高新井时率

采用标准化设计可以提高图纸重复利用率从而提高设计效率。在地面产能建设方案编制中的整体开发、站场布局、规模选定等方面，可直接套用标准化设计站场定型图，对应确定站场关键设备，根据站场定型图配套的计价指标可快速完成方案投资估算；在施工图设计中，对于地形等外部条件允许的站场施工图设计可以直接套用站场定型图的平面布局与流程设计，不能直接套用的可根据条件将基础模块拼接形成站场平面，区域安装图设计直接复用模块定型图，连接各个模块的管线完成管网设计，再配合工程设计说明、汇总模块定型图与管网的设备材料表，即可完成施工图设计。

比如长庆油田，在加快发展时期，油田地面产能建设任务达到 500×10^4 ~ 650×10^4t/a，人均完成 15×10^4 ~ 25×10^4t/a 油田产能建设设计工作，气田产能建设任务为 70×10^8 ~ 105×10^8m^3/a，人均完成 3×10^8 ~ 5×10^8m^3/a 气田产能建设设计工作，包括方案编制、施工图设计、校审、现场服务等各个方面，标准化设计所形成的定型图起到了提高设计效率、提高设计质量的重要作用。

设计单位根据站场规模与工艺，选用相应的标准化设计定型图，施工预制单位在冬季现场施工淡季可以提前开展生产单元的预制，与现场组装化施工有机结合，大幅度提高了工程建设速度。

2）确保先进性、引领技术创新

定型图都是经过周密设计、严格设计审查后发布应用的，在制定过程中，对工艺方案、工艺流程、设备材料等进行了全面的优化，体现了阶段的最佳水平。

3）提高工程质量，保障本质安全

在设计手段上，标准化设计采用三维立体配管设计代替常规的二维平面设计，实现计算机自动纠错、自动开料，大幅度降低了错、漏、碰、缺等设计差错。在设计内容上，标准化设计是经过反复优化、精雕细刻形成的高质量设计产品，并在不断重复利用的过程中扩大了标准化设计的质量效应，设计质量自然得到提高。

4）促进规模化采购

标准化设计定型图对设备、材料等进行了全面的优化和定型。依据标准化设计确定的定型化设备、材料，形成标准化、规模化采购目录和相应的设备材料技术规格书。建设单位根据标准化工程设计批量提交物资采购需求计划，物资采购管理部门按照规定实施规模化招标采购，降低采购成本，保证采购质量。

3. 标准化设计定型图的设计方法

油气田地面建设是由油气集输与处理、采出水处理与注水、供水、供电、矿建等构成的复杂系统，受开发方式和地形环境的影响大，使得站场种类多、站场规模和工艺参数变化大，各类不同参数、不同种类的站场在设计内容上有着多样的组合。

为应对规模化和多样性的挑战，标准化工程设计采用了基于模块化设计的方式，也就是模块拼接组合的设计方法。

模块化工程设计是在系统分析的指导下，将站场、生产单元或装置进行科学拆分，把某些功能要素组合在一起，形成具有特定功能和规格的通用性模块，通过不同功能、不同规格模块的多种组合，形成多种不同功能或相同功能、不同性能的系列化、标准化设计站场定型图。

模块化工程设计的优点在于模块分解的独立性、模块组合的灵活性和模块接口的标准化。在标准化工程设计中引入模块化设计方法，首先是为了解决油气田站场规格较多的问题；其二是为了提高设计对滚动调整变化的应变能力；其三是为了支持后续的模块化建设，模块化设计是模块化建设成功的关键。

因此，在实际生产中，标准化设计定型图包括标准化设计站场定型图和标准化设计模块定型图，站场定型图由模块定型图拼接形成。

（八）完善系列

采用系列化方法，根据不同类型油气田的特点及开发方案，对不同类型的设施进行系列化研究。确定规模系列和参数系列，要求做到优化、合理。首先要覆盖全面，满足生产需要；同时要实现整合，规模系列不宜过多。

对于油田站场来说，主要针对工艺和规模实现系列化。系列化取决于站场工艺和设备定型化的程度，关键的工艺设备如泵、容器、压缩机、储罐等直接决定了站场的种类和能力。因此以具有代表性的关键设备的规格系列作为规模确定的基准，形成基准系列。同时通过调整关键设备的数量组合以及参数变化，形成不同的衍生系列，满足不同的需求。

对于气田站场来说，由于设计压力这个生产参数对气田站场具有重要的影响，因此，在标准化设计系列化中，除了要考虑油田站场的因素外，设计压力也是一个重点参数。注水站场也同样。

以处理量 1500m^3/d、注水压力等级为 PN25MPa 的以柱塞泵为典型工艺设备的注水站为例，该标准化设计注水站设置有 3 台五柱塞注水泵，通过增减注水泵模块的数量，可横向扩展出 2000m^3/d、1000m^3/d 两种规模。通过调整注水泵的泵压，可纵向扩展出 PN20MPa、PN16MPa 两种压力等级。通过增减纤维球过滤器模块，可形成带预处理、不带预处理的两种模式，组合起来形成注水站的系列型谱表。

二、标准化设计定型图的编制

标准化工程设计的最终成果，即标准化工程设计站场定型图是由标准化设计模块定型图拼接而成，而标准化设计模块定型图的建立是基于各种标准元件、非标准元件、单体设备等不同组合而形成的，因此，需要建立完善标准化设计定型图库来支持标准化设计站场定型图的完成。

在实际生产中，为开展基于三维配管的标准化设计定型图设计，需要建立基础数据库、单体定型图库、单元定型图库、站场定型图库等。

（一）基础数据库

基础数据库是开展各类标准化定型图设计的基础，主要包括以下四方面内容：

（1）制定《标准化设计统一技术规定》，建立设计、采购、预制、施工的标准数据体系；对站内配管设计做出统一规定，如设计压力规定、管线规格的系列、管件、法兰、阀门、阀门的选用标准、配管设计规定等。

（2）按照专业分工、管线介质等不同，制定管线、材料的编码原则，建立有条理、成系统的配管设计体系，为后续各类定型图设计奠定基础。

（3）建立标准元件库，根据《标准化设计统一技术规定》，结合油气田地面建设的实际情况，编制管道等级表，在三维设计软件中选用相应的标准，即可建立适用于一定介质、压力、温度等工况的各类管线、管件、阀件、基础元件的规格及系列。标准化设计管道等级表示例见表 3–1。

（4）建立非标准元件库。三相分离器、加热炉、闪蒸分液罐、分离器、储罐、机泵等独具特色的设备是油气田标准化设计的生产元件，由设计、采购、预制、施工、用户及管理部门根据工艺模式与站场规模共同确定适用于油气田生产的设备元件并进行定型定价，规划设备类型及规格系列，统一外形尺寸及管口位置，在三维软件中利用自定义功能建立各类非标准元件的三维模型，形成定型化、系列化的设备元件库。输油泵元件模型示例见图 3–1。同样建立电仪、结构等元件库。

（二）单体定型图库

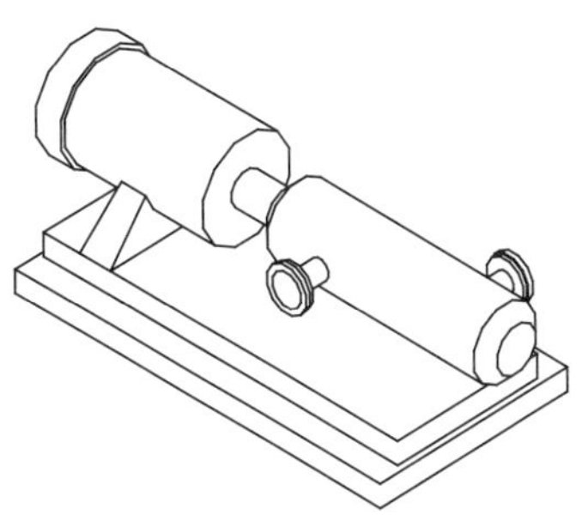

图 3-1 输油泵元件模型

单体定型图库主要包括两个方面的内容：

（1）单体模块。是在软件中建立由单个设备与其进出口管阀件、基础、仪表器件等构成的三维模型，多个单体模型的组合可以形成一定功能与规模的生产单元模块，是后续标准化设计模块建立与定型图生成的基础。

（2）单体定型图。由单体模块生成的管线轴测图中管阀、焊口和管线长度的精确表示，方便深度预制与组装工作的开展。随着工厂化预制、模块化建设工作的深入推进，设计与施工预制环节可进一步结合，归纳出油气田可预制的单体模块，生成相应的单体定型图，有效指导工厂预制工作的开展。

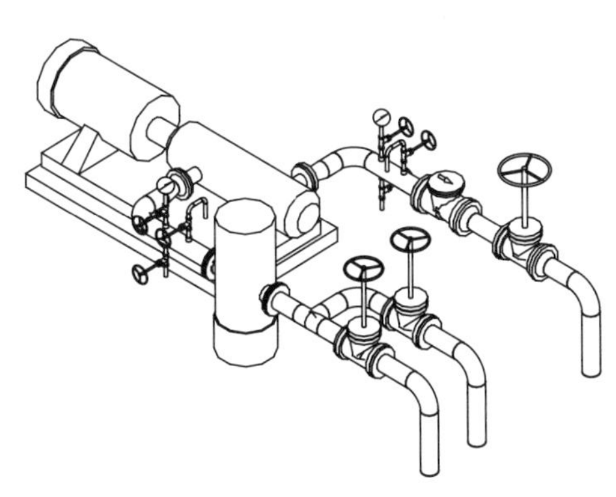

图 3-2 输油泵单体模型

建立单体定型图库首先应定型设备单体安装方式，形成同类设备的内部功能与布局定型，优化设备的外部接口方位，定型安装尺寸，建立单体模块；其次应根据设备的处理规模，满足不同生产要求形成单体模块的系列化，最终形成单体定型图库并配套形成单体定型图计价指标。单体模块定型图示例见图 3-2。

（三）单元定型图库

以装置安装区域为界，将多个单体模块进行组合，通过汇管将多个单体模块连接，形成具有一定功能、满足一定生产规模的单元模块，通过不同功能单元模块的组合拼接即可构成复杂站场。与单体定型图库类似，单元定型图库也包括单元模块与定型图两个方面内容，其中单元模块可用于构建标准化站场的三维模型，而根据单元模块生成的各类单元定型图可广泛应用于施工图设计中的重复使用。根据单元模块功能与规模的系列化，构建适用的单元定型图库，可广泛应用于油气田地面产能建设工作中。

表 3-1　标准化设计

管道材料等级号		4A1			法兰等级 PN4.0MPa			基本材质 碳钢			腐蚀裕度 1.5mm			适用介质		油品，油气，液化烃，溶剂，水蒸汽，凝结水			
DN，mm		15	20	25	32	40	50	65	80	100	125	150	200	250	300	350	400	450	500
管子	外径，mm	22	27	34	42	48	60	76	89	114	140	168	219	273	325	356	406	457	508
	壁厚号 Sch	80	80	80	80	80	60	40	40	40	40	40	40	40	40	40	40	40	40
	壁厚，mm	4.0	4.0	4.5	5.0	5.0	5.0	5.0	5.5	6.0	6.5	7.0	8.0	9.5	10.0	11.0	13.0	14.0	15.0
管件	型式和材料	SMLS-A1							无缝 20 号钢										
	制造标准	GB/T 8163—2008																	
	型式和材料	承插或螺纹 20 号钢（A1）							无缝 20 号钢（A1）										
	弯头，90°	ESW9 Sch.80（SH/T 3410—2012）							ELR9　ESR9　（SH/T 3408—2012）										
	弯头，45°	ESW4 Sch.80（SH/T 3410—2012）							ELR4　（SH/T 3408—2012）										
	三通	STSW RTSW SYTE RYTE Sch.80（SH/T 3410—2012）							STEE　RTEE　（SH/T 3408—2012）										
	管帽	CASW　Sch.80（SH/T 3410—2012）							CAPB　（SH/T 3408—2012）										
	大小头	CRED　ERED　（SH/T 3408—2012）																	
	螺纹管帽	CASC　Sch.160（GB/T 14383—2008）																	
	异径承口管箍	CPRW　Sch.80（SH/T 3410—2012）																	
	异径螺纹管箍	CPRS　Sch.160（GB/T 14383—2008）																	
	（单承口）管箍	CPHW　Sch.80（SH/T 3410—2012）																	
	（单头螺纹）管箍	CPHS　Sch.160（GB/T 14383—2008）																	
	单头螺纹短节	NPSHNPLH Sch.80（HGS04-04-01-1）																	
	双头螺纹短节	NPSFNPLF Sch.80（HGS04-04-02-1）																	
	光管短节	NIPS NIPF Sch.80（BCPD-0011）																	
法兰	对焊	WNFE/ME-PN4.0-A1-ϕ 管外径 X 壁厚 20 号锻钢（HG/T 20592 ~ 20635—2009）														WNFE/ME-PN4.0-A1-ϕ 管外径 X 壁厚 20 号锻钢（HG/T 20592 ~ 20635—2009）			
	法兰盖	BFFE/ME-PN4.0-A1　20 号锻钢　（HG/T 20592 ~ 20635—2009）																	
	盲板或 8 字盲板	SBFM/MM-PN4.0-A1　BLFM/MM-PN4.0-A1　20 号钢　（BCPD-0022/0023）																	
编制：												校对：							

管道等级

设计温度 T_d，℃	-20 ~ 100	150	200	250	300	350	400	
设计压力 P_d，MPa	4.0	3.6	3.2	2.8	2.4	2	1.4	

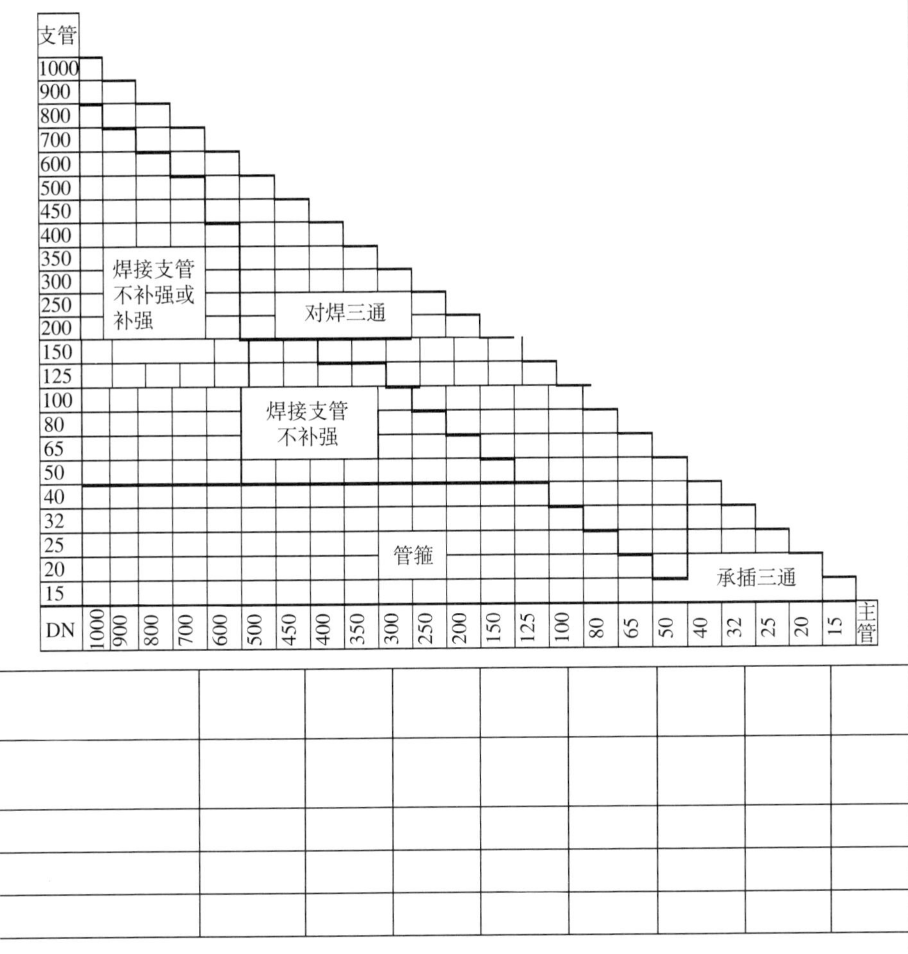

注：1. 配阀门和设备嘴子的法兰应与阀门和设备嘴子相匹配

2. 对焊管件的壁厚号与管子的壁厚号相同

3. 表中公称直径用于异径管件时指大端的公称直径

4.DN40 以下的阀门选择承插焊的阀门（压力表接口处阀用对焊阀）。

审核：

单元定型图库主要包括以下内容:

（1）以工艺专业为主线开展的单元模块工艺流程设计，建立三维设计模型，生成满足可在设计中广泛使用的生产单元说明书、管线平面图、三维消隐图、管线轴侧图、设备材料表等定型图纸，并配套与生产单元模块相关的辅助专业设计内容，如生产单元内的设备基础、仪表选型、供配电、防腐保温等定型设计图纸，最终形成功能独立、构成完整的生产单元定型图并配套形成该模块的计价指标。

（2）在工程施工图设计中，主办专业在进行设计资料委托时，可直接提交所采用已建立的生产单元模块编号，各专业即可调出该模块的设计图纸直接进行复用，在不同工程中存在相同生产单元时，采用这种方式可以有效减少重复进行资料交接与设计工作，大幅度提高了设计效率。

（3）配套形成的单元模块计价指标可有效提高工程设计概预算的编制效率，通过将已经形成的单元模块配套计价指标进行加和，再将工程实际产生的土方、征地等其他费用计算后即可完成施工图预算编制。

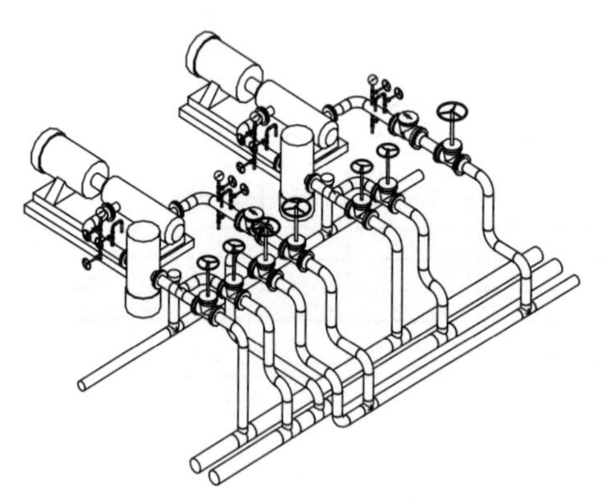

图 3-3　输油泵单元模型

单元模型示例见图 3-3。

（四）站场定型图库

油气田站场的标准化设计是在同类型站场平面布局统一、工艺流程统一的基础上开展，按照功能对复杂站场进行模块化拆分，利用已经建立的单体模块与单元模块拼接开展站场的定型设计，形成油气田常用站场的标准化设计定型图库。

对规模小、工艺简单、占地小的中小型站场（包括一体化集成装置站场），可直接由单体模块按照平面定位形成定型站场，不需拼接和组合的过程。对规模较大、工艺复杂、占地较大的复杂站场，需结合生产单元的划分情况，由工艺管网将生产单体模块或单元模块进行组合搭建，构成复杂站场的定型设计。

站场定型图的内容分两种：功能单一的油气田站场，定型图的内容主要包括站场的说明书、平面布置图、工艺流程图、计算书、生产单元模型图、工艺管网图、设备材料表及配套专业图纸；功能复杂、多站合建的站场，定型图中总平面布置图、综合管网及站场总说明书应统筹考虑，工艺流程、生产单元模块等应按照功能进行拆分，如联合站可拆分为脱水站、水处理站、变配电站、注水站等单一功能的站场，以各自的主要专业为主线，形成工艺流程图、设计计算书、生产单元模块、设备材料及配套专业设计图纸。

标准化站场需和标准化模块相互配合使用。在模块图集库中挑选和组合模块单体，通过标准化的站场平面母版，以插件的形式在综合管网间进行定位拼接，从而快速组合形成各类标准化站场。

按照站场的功能与规模进行站场标准化设计的统计与规划，选择符合油气田开发模式、满足产能建设需要的站场规模与站场类型，开展系列化设计，最终形成站场标准化设计的定型图库并配套形成计价指标。

三、标准化设计定型图的工程应用

在油气田产能建设地面系统的规划与方案编制中，充分结合已经形成的站场定型设计，在整体布局布站、站场规模的选择上可直接套用站场定型设计成果，同时利用已经形成的计价指标可高效完成地面产能建设规划方案的投资估算工作。

在具体工程的设计中，标准化设计定型图对提高设计效率、质量的作用十分明显，具体的设计过程如下：

（1）根据站场设计委托进行工艺计算与主要设备选型。

（2）进行初步平面布局与流程设计，确定各单元的主要设备选型与参数要求。

（3）比对标准化单元定型图库，当有可以直接利用的标准化单元定型图时，直接选用该定型图；当没有可以直接利用的标准化单元定型图时，需要根据工艺计算与设备选型结果开展新模块设计，形成新的单元定型图并完成定型图归档，再在工程设计中选用该定型图。

（4）利用单元平面图与平面布局相结合进行单元定位、组合拼接，完成站场平面布置图的设计。

（5）根据平面布置图与单元定型图完成管网绘制。

（6）汇总统计各单元定型图的设备材料，形成站场的设备材料汇总表。

（7）完善总图设计，编制设计说明、施工验收说明等。

（8）完成工程设计。

采用定型图进行站场设计的工作流程见图 3-4。运用单元定型图进行定位拼接完成联合站设计的工作流程见图 3-5。

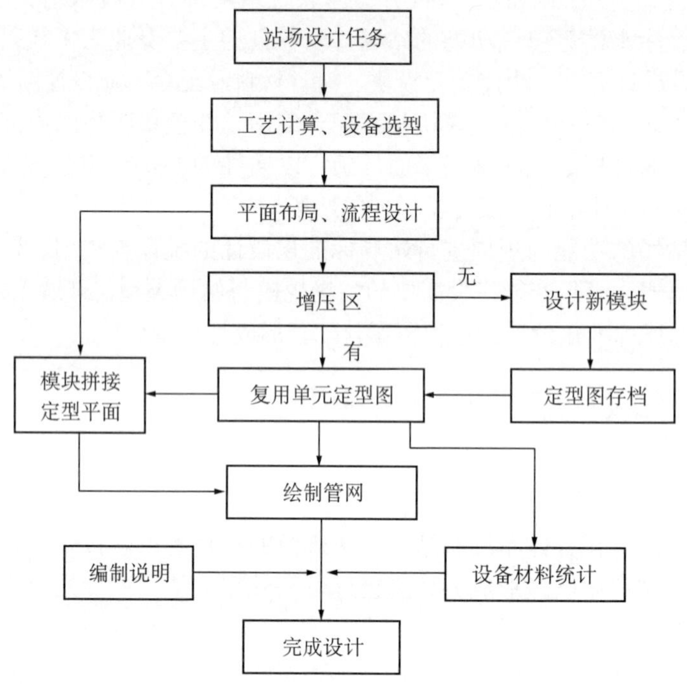

图 3-4　采用定型图进行站场设计的工作流程图

四、标准化设计定型图的管理

随着标准化设计工作的深入推进，站场定型图与模块定型图的不断丰富与完善，定型图的数量日益庞大，有必要建立标准化设计定型图库的管理平台，实现信息化管理，满足定型图的设计、调用、修订、管理等工作需要。

1. 标准化设计定型图库的总体框架

定型图库的框架是由小到大、由简单到复杂的树状结构，需要从建立标准化设计的基础数据、基本元件到开展单体设备安装定型设计，组合成具有一定功能与规模的生产单元设计，再到多个生产单元模块拼接成标准化站场的定型设计，因此标准化设计定型图库主要由基础数据库、单体定型图库、单元定型图库以及站场定型图库组成。标准化设计定型图库总体框架见图 3-6。

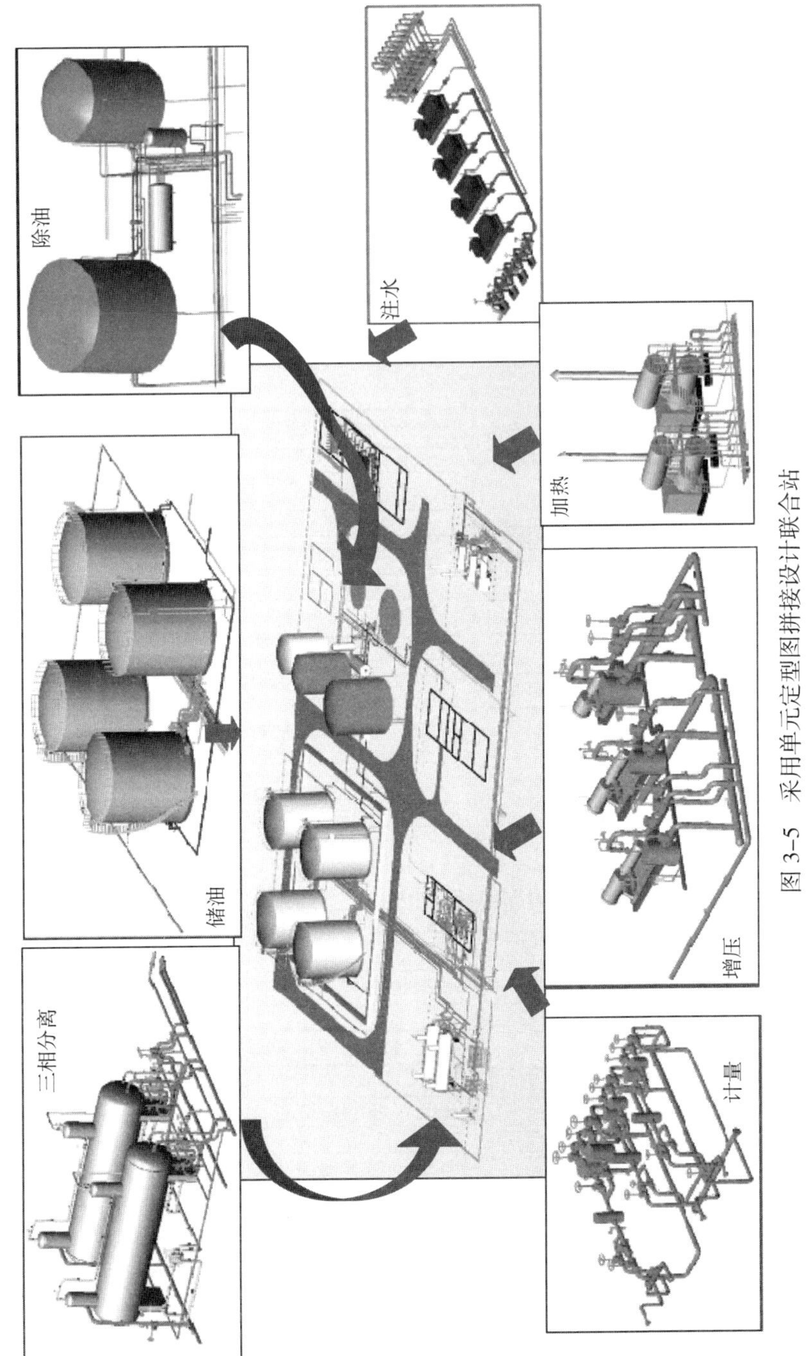

图 3-5 采用单元定型图拼接设计联合站

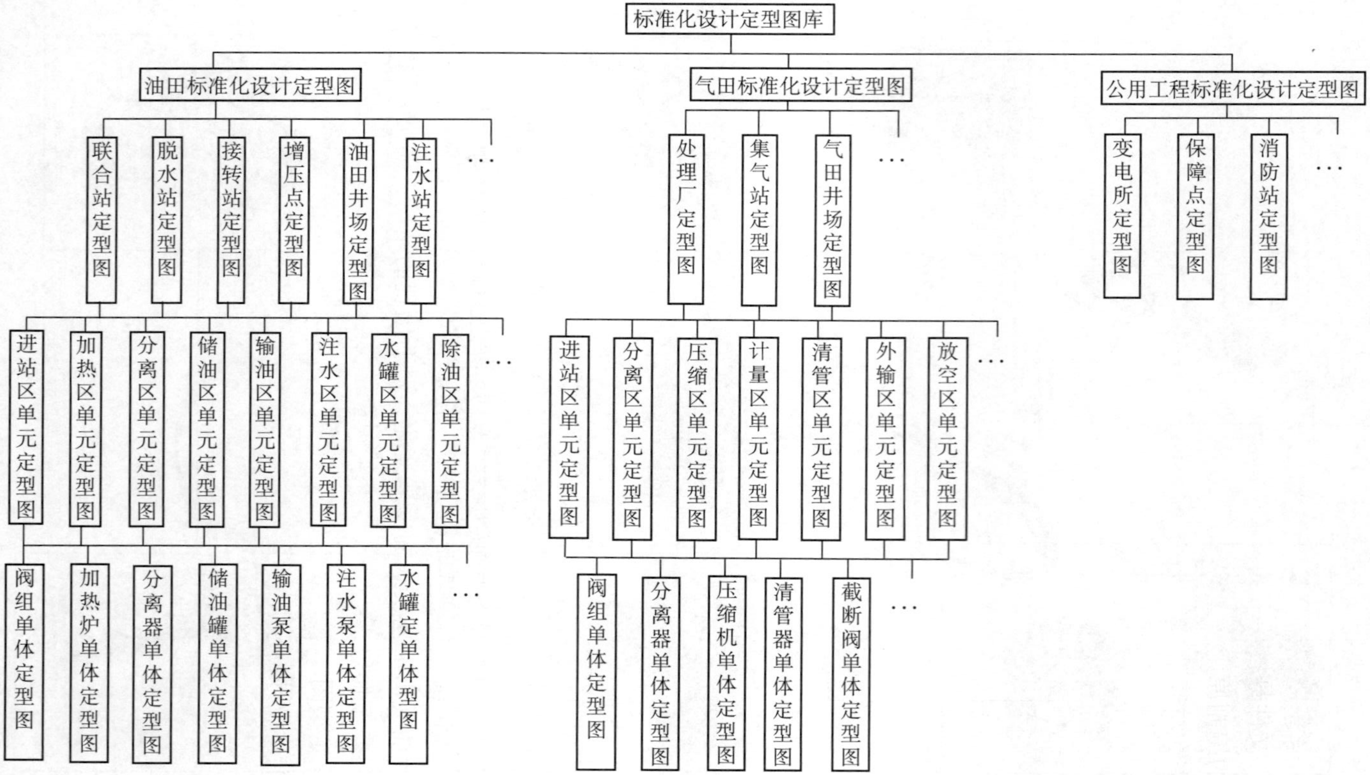

标准化设计定型图库

- 油田标准化设计定型图
  - 联合站定型图
  - 脱水站定型图
  - 接转站定型图
  - 增压点定型图
  - 油田井场定型图
  - 注水站定型图
  - …
    - 进站区单元定型图
    - 加热区单元定型图
    - 分离区单元定型图
    - 储油区单元定型图
    - 输油区单元定型图
    - 注水区单元定型图
    - 水罐区单元定型图
    - 除油区单元定型图
    - …
      - 阀组单体定型图
      - 加热炉单体定型图
      - 分离器单体定型图
      - 储油罐单体定型图
      - 输油泵单体定型图
      - 注水泵单体定型图
      - 水罐定单体型图
      - …
- 气田标准化设计定型图
  - 处理厂定型图
  - 集气站定型图
  - 气田井场定型图
  - …
    - 进站区单元定型图
    - 分离区单元定型图
    - 压缩区单元定型图
    - 计量区单元定型图
    - 清管区单元定型图
    - 外输区单元定型图
    - 放空区单元定型图
    - …
      - 阀组单体定型图
      - 分离器单体定型图
      - 压缩机单体定型图
      - 清管器单体定型图
      - 截断阀单体定型图
      - …
- 公用工程标准化设计定型图
  - 变电所定型图
  - 保障点定型图
  - 消防站定型图
  - …

图 3-6　标准化定型图库

2. 建立标准化设计定型图库的检索系统

统一定型图的文件名称编制与文件编号原则。文件名称按照统一规定进行编制，文件号按照专业、站场、模块等进行分类编制，文件按照文件名与文件号的编制原则录入定型图库的管理平台，设定检索的关键词，便于设计人员的查询与调用。长庆油田模块定型图编码示例见图 3–7。

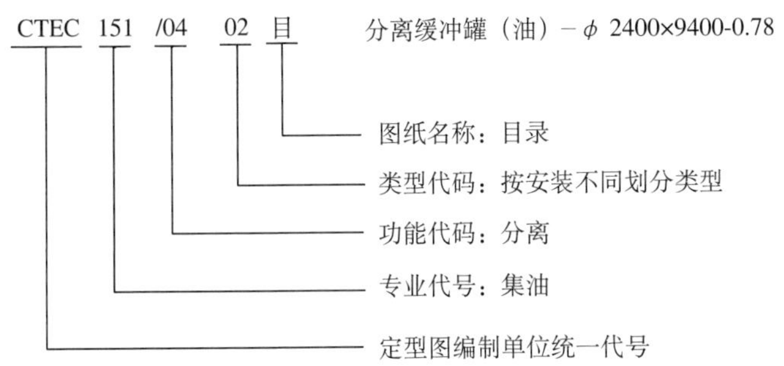

图 3–7 模块定型图编码示例

为保障设计人员能够正确、高效地运用标准化定型图开展工程设计工作，有必要制定标准化设计定型图的选用指南，说明定型图的关键内容，如设备规格、处理能力、压力等级等，提高设计人员的选用效率。

3. 标准化设计定型图的管理

建立标准化设计定型图的使用和修订等管理规定。定型图必须需经过设计，严格复核后才可直接用于具体工程。根据标准化设计成果在工程设计实践中的应用情况，对发现的定型图中存在的问题应及时进行修订。

结合油气田工艺模式的发展变化，对新出现的站场、模块、生产元件类型与系列要按照标准化要求开展设计，将每一项设计成果标准化、定型化，使标准化定型图不断充实完善，全面覆盖油田产能建设的各个方面。

标准化设计的定型图要充分结合科技创新及新技术成果，做到与时俱进，保障标准化设计的先进性与适用性。

对一些个性较强、应用规模不大的工程，不能整体开展标准化设计，但可以坚持标准化设计的理念，对其中的模块、小单元开展标准化设计。

第二节　油田站场标准化设计

一、油气集输及处理

（一）整装油田

整装油田地面建设的特点是连片开发、规模建产、功能齐全、系统完善配套。整装油田油气水主体系统和辅助配套系统均整体建设、功能完善。主要包括“三脱”（油气收集和输送过程中的原油脱水、原油脱天然气和天然气脱轻质油）、“三回收”（污水回收、天然气回收和轻质油回收），生产四种合格产品（净化油、净化天然气、净化污水和轻烃）。

在总体布局上，根据油田几何形状及布井规律，站厂布局形式多样，包括一级布站、一级半布站、二级布站和三级布站等。油田的地面设施通常配套建设计量站、接转站和原油处理站（包括油气分离、脱水、稳定）、天然气处理站、污水处理站等，注水开发的油田还设注水站、配水系统等。

根据油品性质的不同采用加热集油、常温集油或掺水集油；根据集油管线数量特点分为双管流程、单管流程；计量多采用集中计量或软件计量；接转站通常采用油气分输进联合站。

1. 主要工艺及工艺优选

1）集输工艺

集输工艺按是否需加热分为单管不加热集油工艺、双管掺水集油工艺和单管加热集油工艺。

（1）单管不加热集油工艺。

在集油管线中输送油气水混合物，采用不加热输送工艺。有单井进计量站和单井串接进接转站或脱水站两种形式。流程图见图 3–8 和图 3–9。

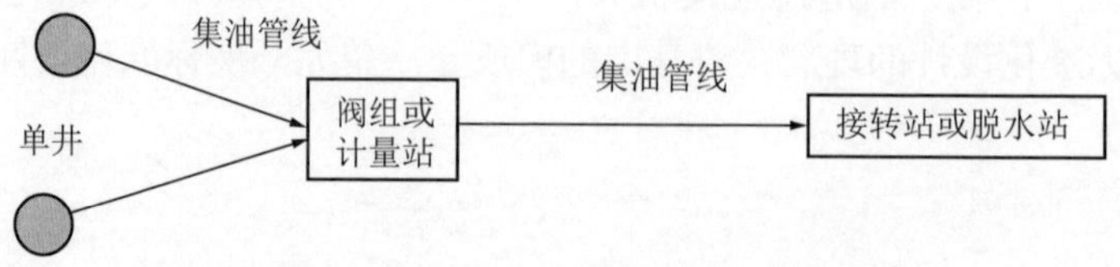

图 3–8　整装油田单管不加热集油流程图

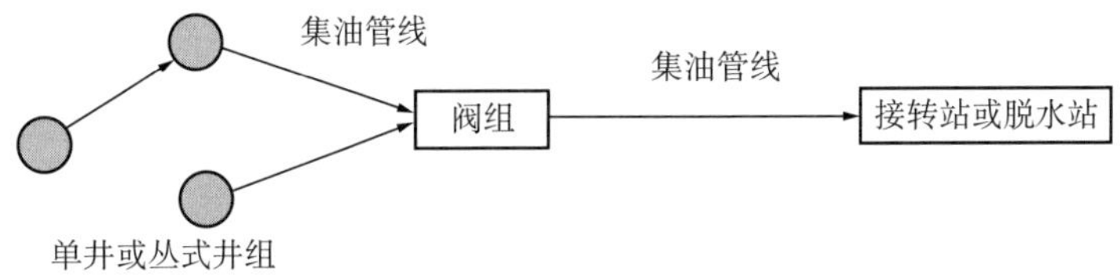

图 3-9　整装油田枝状不加热集油流程图

（2）双管掺水集油工艺。

双管掺水集油流程是由两条管线组成，一条为集油管线，另外一条为掺水管线。流程示意见图 3-10。

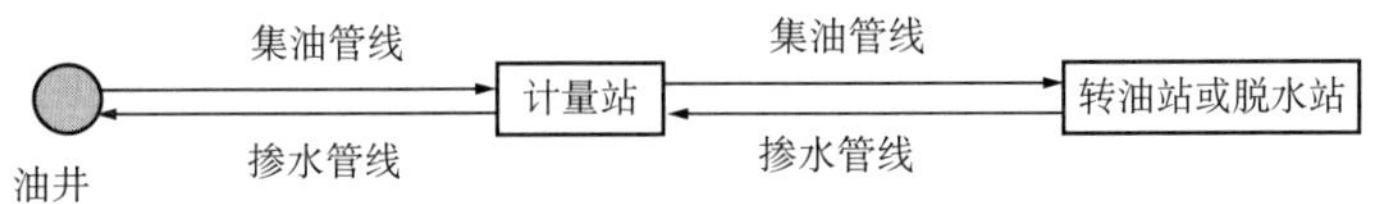

图 3-10　整装油田双管掺水流程图

（3）单管加热集油工艺。

单管加热集油工艺是对产液进行加热输送的工艺。包括单管放射状、单管串接、枝状等流程。井口加热单管集油流程见图 3-11。串接、枝状加热流程见图 3-12。

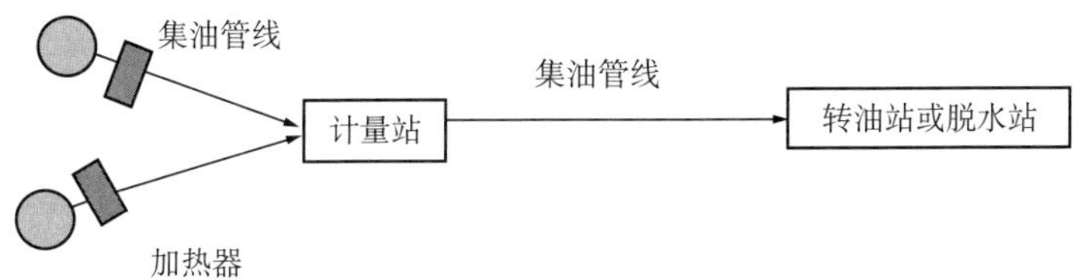

图 3-11　整装油田单管加热集油流程图

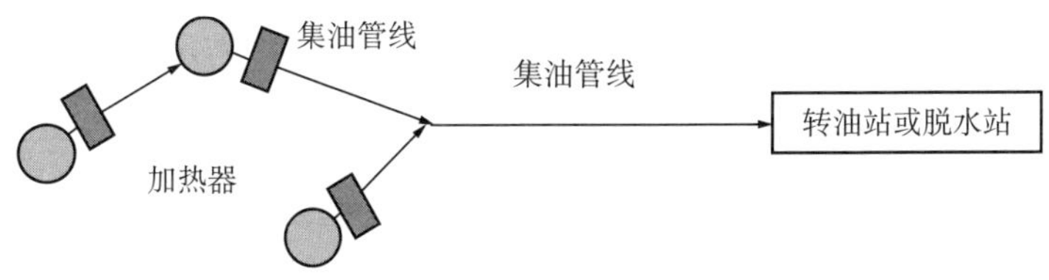

图 3-12　整装油田串接、枝状加热集油流程图

2）原油处理

目前国内稀油油田的分离、脱水工艺主要采用三相分离、热化学沉降脱水或电化学脱水。吉林、辽河等部分区块采用两相分离、大罐沉降脱水工艺，

占地面积大、原油损耗高，目前已不再推荐。目前国内外主要采用以下两种工艺：

（1）三相分离、热化学沉降脱水的一段或两段脱水工艺。

对高含水油田，采用三相分离器进行油气水三相分离，分离后的低含水油经加热到一定温度，在热化学沉降脱水器内经化学药剂（表面活性剂）和温度的共同作用，进一步脱水净化处理。脱除的气和污水分别进入气处理和污水处理系统。对低含水油田，可简化为三相分离器一段脱水。该工艺在长庆、大港、塔里木等油田应用比较广泛。

（2）三相分离、电化学脱水的两段脱水工艺。

采用三相分离器进行油气水三相分离，分离后的低含水油经加热加药进入电脱水器，在电场和破乳剂的作用下，进一步脱水净化处理。脱除的气和污水分别进入气处理和污水处理系统。该工艺在大庆、吉林等油田应用比较广泛。脱水站所辖接转站采用油气分输工艺的，三相分离器可简化成以脱水功能为主的游离水脱除器。

3）工艺优选

单井不加热集油流程是最简单的集油工艺形式，采用这样的集油流程，油井的出油温度应当比较高，在沿集油管线流动的过程中，不会因为温降而造成结蜡堵管或介质的流动性能变差使井口回压增加；或者是原油有较好的低温流动性，原油的密度、黏度、凝固点都比较低，不需要加热，即可保证正常的集油生产。

单井不加热集油流程在各个油田几乎都有应用，但高寒地区和高含蜡原油采用此种集油流程的较少，应用最多的是长庆油田。长庆油田的基本原油物性参数是：原油黏度 6.43mPa·s，凝固点 15 ~ 21℃，初馏点 58.94℃，地温 3℃。长庆油田油井井口回压最高控制在 2.5MPa，采用 ϕ60mm×3mm 集油管线，管线不保温，辅之以投球清蜡，集油距离达到了 4km。经过 30 多年的生产实践证明，对于原油物性较好的油田，投球清蜡单井不加热集油工艺是成功的。

单井不加热集油流程的适用范围可分为四种情况：

（1）单井产液量≥ 40t/d、出油温度≥ 60℃。

（2）原油相对密度≤ 0.83、凝固点≤ 5℃。

（3）原油含水率≥ 80%（或高于转相点）、单井产液量≥ 25t/d。

以上三种情况不需采用投球清蜡措施即可保证正常生产。

（4）采用投球清蜡措施的适用范围：单井产液量 5 ~ 10t/d、气油比

20 ~ 50m³/t、单井出油管线长度≤ 500m 的原油性质较好的油井。

单管不加热集油在常规的集油流程中不论投资还是运行费用都是最低的，应该优先选用。对于极端最低气温，大庆油田比长庆油田低了 17℃；最冷月平均气温，大庆油田比长庆油田低了近 12℃；冻土深度，大庆油田比长庆油田大了一倍多。而在单井集油工艺的选择上，大庆油田选择掺热水集油，而长庆油田采用单井不加热集油。可见，对于大庆油田高含蜡、高凝固点原油，在冬季寒冷的气候条件下，采用不加热集油工艺是很困难的。

我国东部油田已有 50 年的开发历程，大部分已进入高含水期。油田开发初期当原油含水率小于 30% 时，采用一段脱水流程。当原油含水率超过 30% 时，采用两段脱水流程。两段脱水工艺适合于高含水油田，一段进液含水较高，一段脱水时一般不加热，脱出游离水后再进行加热，避免了对污水的无效加热，有利于节能。

目前高效三相分离器处理原油物性一般的高含水原油，脱水效率达 99%，含水原油一次性处理原油含水率可达 0.5% 以下，污水含油 <1000mg/L，处理能力大，单台处理能力为 5000m³/d。当原油物性较好时，通过一段或两段热化学脱水，可以达到净化原油标准。对于处理黏度、凝固点较高的中高含水石蜡基原油，当采用热化学脱水时，沉降时间长、脱水温度高，也可采用两段电化学脱水，可以达到净化油含水率 <0.5% 的指标。

4）标准化设计流程

（1）集油流程。

根据整装油田的特征，结合国内技术现状，集油流程一般采用以下两种模式：

①单管不加热集油、油气混输。

对于油品物性好、气候条件不是极端严寒的油田，采用单管不加热集油、软件计量、油气混输的形式，可以使站场布局简化，最大程度地利用了地层能量，其节约投资的效果显而易见，具有适用性和工艺技术先进性，满足该类油田开发需要。

该工艺模式满足标准化设计的合理性、先进性，在一定程度上具备广泛的推广性。

②环形（双管）掺水、油气分输。

对于油品物性差、地处严寒、井口出油温度低的原油可采用此工艺流程。该流程对于地处严寒地区，高凝固点的原油适应性强，安全可靠。随着油田含水率的增高，单井产液量增加，在中高含水期可降低掺水温度或掺常温水。

此流程仅适用于具备加热集油条件的情况。

（2）原油脱水工艺。

原油脱水采用以下两种工艺：

①三相分离、两段热化学脱水。

井场来油与增压点、接转站来油混合，进入一段三相分离器进行游离水的脱除、脱气，低含水油进入真空加热炉升温至二段脱水要求温度后，进入三相分离器进行脱水、脱气，净化原油进至分离缓冲罐缓冲，再经过输油泵加压、加热炉加热后外输。

②一段游离水脱除、二段电化学脱水。

油井采出液输至接转站增压后，再输至脱水站进行处理，接转站将游离水放出后，加热升温、增压后掺至井口。脱水站采用两段脱水工艺，一段采用游离水脱除器放出 70% 左右污水，二段采用电脱水器处理，再经过输油泵加压后外输。

2. 标准化设计系列划分

目前国内的整装油田主要是指大庆油田和长庆油田。单管不加热集油、三相分离和两段热化学脱水工艺主要以长庆油田为代表。掺水集油和两段电化学脱水工艺主要以大庆油田为代表，其已建站场规模可以涵盖国内主要站场的规模系列。站场规模系列划分见表 3–2。

表 3–2　整装油田站场规模系列划分

序号	系列型号	处理能力
1	接转站（掺水）—5000–1.6—Ⅰ	5000t/d
2	接转站（掺水）—8000–1.6—Ⅰ	8000t/d
3	接转站（掺水）—10000–1.6—Ⅰ	10000t/d
4	接转站（掺水）—15000–1.6—Ⅰ	15000t/d
5	接转站（掺水）—20000–1.6—Ⅰ	20000t/d
6	脱水站（电化学）—30—Ⅰ	30×10^4t/a
7	脱水站（电化学）—50—Ⅰ	50×10^4t/a
8	脱水站（电化学）—100—Ⅰ	100×10^4t/a
9	脱水站（电化学）—200—Ⅰ	200×10^4t/a

3. 工程技术特点

接转站正常生产流程采用全密闭集输工艺，通过缓冲罐实现密闭外输，事故罐仅在事故状态下使用。

脱水站采用油气水三相分离技术，脱水流程密闭，油气损耗小；设备体积小，节省占地，同时热损失小，但管理和控制要求较高。脱水站正常生产流程采用全密闭集输工艺，通过缓冲罐实现密闭外输，事故罐仅在事故状态下使用。

4. 主要工艺流程和平面布置

1）工艺流程

（1）接转站。

集油系统采用双管掺水（热洗）集油工艺。接转站采用就地加热放水回掺工艺，采用分离缓冲游离水脱除器对来液进行油气水分离，含水油增压、计量后输至脱水站；脱除的游离水经加热、增压后，掺入至油井井口，分离出的伴生气一部分作为站内加热的燃料气使用，一部分输至集气站统一外输处理。接转站工艺原理流程见图 3-13。

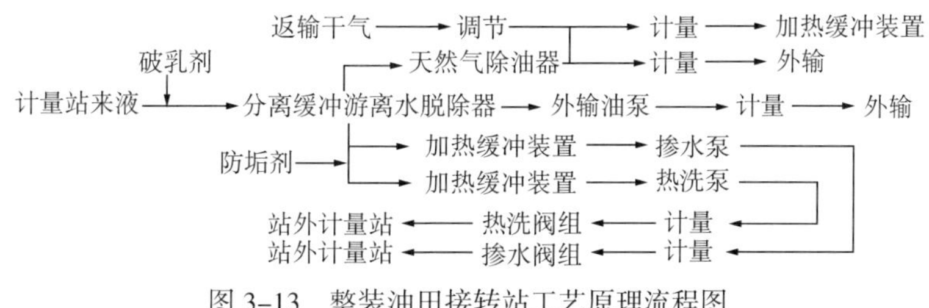

图 3-13　整装油田接转站工艺原理流程图

（2）脱水站。

脱水站采用两段电脱水工艺。来自接转站的高含水油进入游离水脱除器脱除游离水，放出的低含水油进入脱水炉，升温后进入电脱水器，净化油进入缓冲罐，通过外输泵外输。游离水脱除器和电脱水器脱除的含油污水输至含油污水处理站进行处理。脱水站工艺流程见图 3-14。

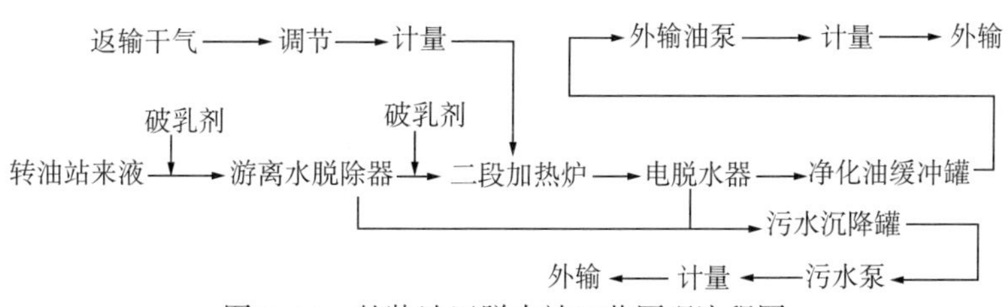

图 3-14　整装油田脱水站工艺原理流程图

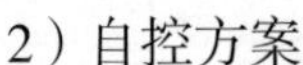

2）自控方案

为满足生产需要，保证装置安全可靠的运行并提高生产管理水平，在仪表值班室采用控制系统（PLC 或 DCS）进行集中监测控制过程工艺参数，操作站通过现场仪表实现生产过程的自动化检测和控制。操作站可以通过组态构成各种功能画面，借助于这些画面可以完成对生产过程监视及控制，并且控制系统可以储存一定时期内的历史数据。控制系统可以实现下列功能的显示：

（1）参数总貌显示。

（2）各工段显示。

（3）细目显示（以图形或汉字的形式详细显示某个回路的参数和组态数据）。

（4）报警显示。

（5）状态显示。

（6）趋势显示（可以将趋势组中的任一回路的变化趋势显示出来）。

（7）流程图画面显示。

（8）实现各种报表功能：日报、月报、班报、年报、报警报表以及随机打印的报表等。

3）平面布置

平面布置总体上考虑以物流流向为轴心，根据当地风频风向，确定各单元在总平面中的布置位置。平面布置力求整洁、美观，工艺流程顺畅，物流流向合理，各种工艺管线、电力线路进出方便，同时满足与外部系统的衔接。道路设置考虑满足基本的生产运行要求，各功能间至站内路、各功能间之间人行路满足生产人员巡检需要，同时站内路也满足在火灾、爆炸等事故情况下人员疏散及撤离的要求。

平面布置在满足基本功能的前提下做到了整洁、紧凑、美观，同时土地利用系数也满足油田建设用地的要求。

（1）接转站。

油水泵房与计量间、加药间及化药间邻近站内路合一布置，油气处理设备及加热装置按单元独立布置，形成容器区、加热装置区，布置于全站的边缘部位，以利于今后扩建。阀组间位于容器区、加热装置区中间，以利于流程的衔接和管网的统一布置。具体布置见图 3–15。

（2）脱水站。

游离水脱除器、电脱水器操作间与泵房合并建设，容器布置在泵房北

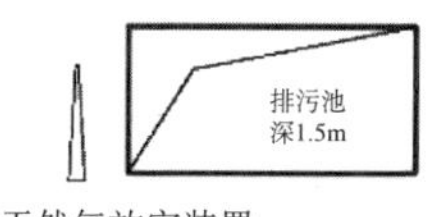

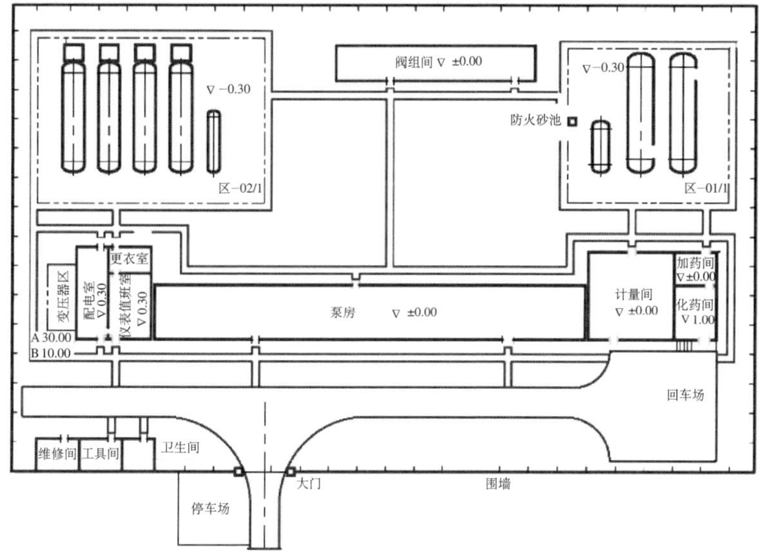

图 3-15 整装油田接转站平面布置图

侧，方便设备检修运输，厂房采光好；以泵房及容器操作间为核心轴线，罐区布置在北侧，方便管线布置；加热炉区布置在西南侧，为全年最小频率风向下风侧，安全系数高；油气阀组间及加药、化药间合并建设布置在东南侧，有利于与站外系统衔接与卸药，方便生产运行的管理。脱水站平面布置见图 3-16。

5. 设计参数

1）接转站

（1）进站压力：0.15 ~ 0.25 MPa（表压）。

（2）进站温度：30 ~ 40℃。

（3）掺水泵扬程：200m。

（4）掺水出站温度：≤ 70℃。

（5）热洗出站温度：80℃。

（6）热洗泵扬程：540m。

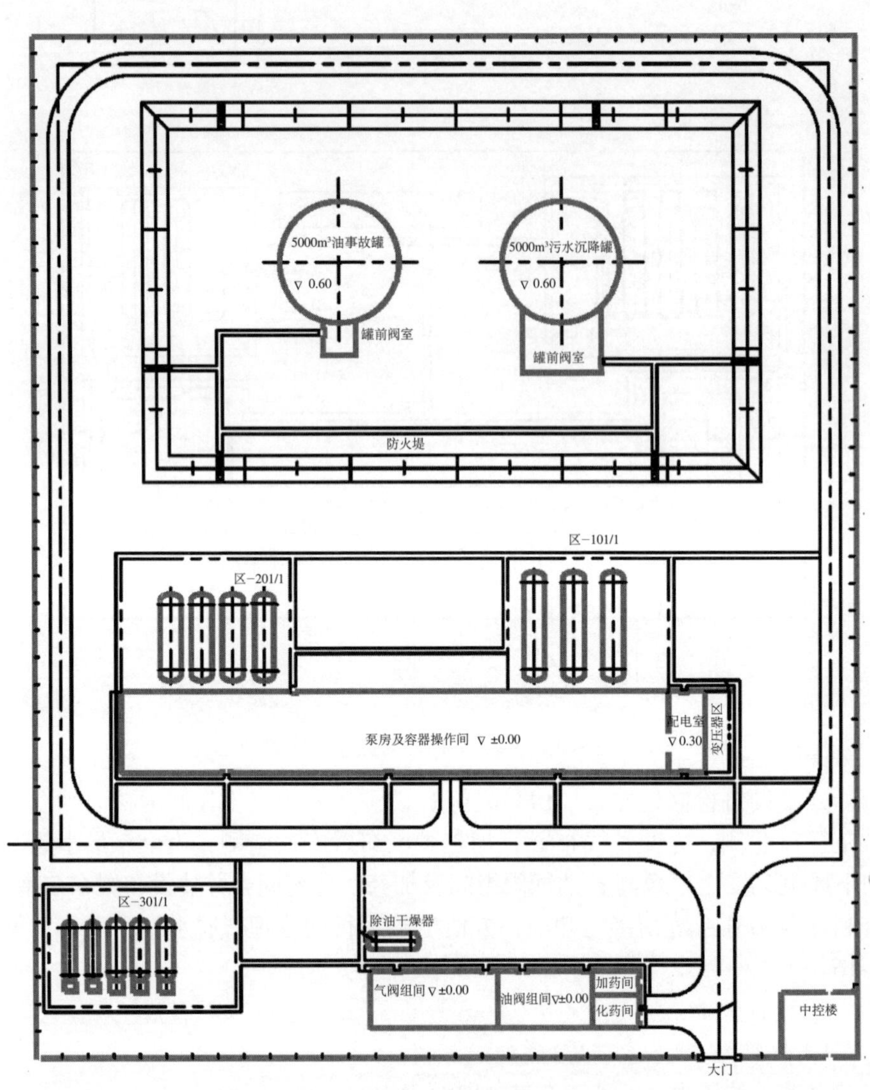

图 3-16 整装油田脱水站平面布置图

（7）热洗强度：15m³/（h·井）。

（8）分离缓冲游离水脱除器液相停留时间：15min。

（9）外输油压力：1.6MPa。

（10）平均单井掺水量：0.4 ~ 1.0m³/h。

2）脱水站

（1）游离水脱除器工作压力：0.30 ~ 0.40MPa。

（2）游离水脱除器操作温度：30 ~ 40℃。

（3）游离水脱除器沉降时间：15 ~ 20min（水驱、普通聚驱）。

（4）游离水脱除器沉降后原油含水：≤ 30%。

（5）电脱水器工作压力：0.20 ~ 0.30MPa（水驱）。

（6）电脱水器脱水温度：45 ~ 55℃。

（7）净化油缓冲罐工作压力：0.10 ~ 0.20MPa。

（8）外输油压力：1.6MPa。

（9）外输油含水率：0.3%。

6. 标准化模块选择

接转站的标准化设计包括阀组单元、油气处理单元、加热单元、外输单元和计量单元五个单元，每个单元分别由相应的单体模块组合形成（表 3–3）。

表 3–3 整装油田接转站标准化模块

序号	单元名称	数量	单体模块描述
1	阀组单元	1 套	阀组模块 1 套
2	油气处理单元	1 套	ϕ3600mm × 16128mm 分离缓冲游离水脱除器模块 2 台 ϕ2200mm × 7000mm 天然气除油器模块 1 台
3	加热单元	1 套	2.0MW 加热缓冲装置模块 3 台 0.29MW 加热缓冲装置模块 1 台
4	外输单元	1 套	输油泵模块 Q=150m^3/h，H=150m，2 台 输油泵模块 Q=100m^3/h，H=150m，1 台 掺水泵模块 Q=80m^3/h，H=200m，2 台 掺水泵模块 Q=60m^3/h，H=200m，1 台 热洗泵模块 Q=15m^3/h，H=550m，2 台
5	计量单元	1 套	计量模块 1 套

7. 设备及材料选择

1）阀门

使用的阀门主要包括平板闸阀、节流截止阀、止回阀等。站内闸阀选用开启力矩小、密闭性高、体积小的平板闸阀；在需要防止液体倒流的管路中设置止回阀，阀门的材质主要选择铸钢。

2）机泵

站内主要机泵为外输油泵、掺水泵、污水泵、采暖泵、收油泵、事故泵、及计量泵。外输油泵、掺水泵、采暖泵选用卧式多级离心泵，泵体、叶轮、泵轴材质选用铸钢，收油泵选用卧式罗茨泵，污水泵选用双吸泵。

8. 主要经济技术指标

典型站场主要技术指标详见表3–4。

表3–4　整装油田典型站场技术指标

序号	站场名称	建设规模	占地面积 m^2	土地利用系数 %	单位综合能耗 MJ/t
1	接转站（掺水）–8000–1.6– Ⅰ	8000t/d	6602	70	1248
2	脱水站（电化学）–100– Ⅰ	100×10^4t/a	29328	65	165.86

（二）三采油田

目前国内三次采油以化学驱油为主，按化学助剂类型可分为聚合物驱油及三元复合驱油等。三采油田由于化学助剂的注入，与常规水驱油田相比，地面建设注入工程增加了三采助剂配制和注入设施，系统以保持注入液黏度为核心，工艺相对复杂；同时，由于产出液理化性质发生变化，采出液脱水和污水处理工艺技术及参数与常规水驱油田也有较大差异，通常自成系统、单独处理。

1. 主要工艺及工艺优选

针对三采油田特点，地面建设主要采用以下工艺技术及做法：

（1）集油。

①计量站—接转站—脱水站的二级和三级布站的总体布局。

②双管掺水、集中计量。

③常温集油、集中计量。

（2）脱水处理。

采用两段电热化学压力沉降的两段脱水工艺。目前国内三采油田主要集中在大庆油田，也是国内唯一规模开展三次采油的油田。标准化设计主要参考了大庆油田开发的成功经验。三采油田原油集输地面系统处理工艺与整装油田相同，即集油系统采用掺水集油工艺，油井采出液输至接转站增压后，再输至脱水站进行处理，接转站将游离水放出后，加热升温、增压后掺至井口；脱水站采用两段脱水工艺，一段采用游离水脱除器放出80%左右污水，二段采用电脱水器处理，得到净化油输至油库后，经外输管道或火车外运，放出污水输至污水处理站统一处理。

2. 系列划分

参考近年来建设站场的规模、生产工艺和发展趋势，标准化设计推荐采用的规模和工艺流程划分系列见表3–5。

表3–5 三采油田站场规模系列划分

序号	系列型号	处理能力
1	接转站（掺水）–3000–1.6– Ⅰ	3000t/d
2	接转站（掺水）–5000–1.6– Ⅰ	5000t/d
3	接转站（掺水）–8000–1.6– Ⅰ	8000t/d
4	接转站（掺水）–10000–1.6– Ⅰ	10000t/d
5	接转站（掺水）–16000–1.6– Ⅰ	16000t/d
6	脱水站（电化学）–20– Ⅱ	20×10^4t/a
7	脱水站（电化学）–30– Ⅱ	30×10^4t/a
8	脱水站（电化学）–50– Ⅱ	50×10^4t/a
9	脱水站（电化学）–100– Ⅱ	100×10^4t/a

3. 工程技术特点

（1）接转站、脱水站均采用高效油气处理设备和成熟可靠的工艺技术。

（2）处理工艺全部为密闭流程。

（3）自动化控制有效保证了生产工艺的安全，同时具有足够的操作灵活性。

4. 主要工艺流程和平面布置

1）工艺流程

（1）接转站。

集油系统采用双管掺水（热洗）集油工艺。接转站采用就地加热放水回掺工艺，采用分离缓冲游离水脱除器对来液进行油、气、水分离，含水油增压、计量后输至脱水站；脱除的游离水经加热、增压后，掺入至油井井口，分离出的伴生气一部分作为站内加热的燃料气使用，一部分输至集气站统一外输处理。接转站工艺原理流程见图3–17。

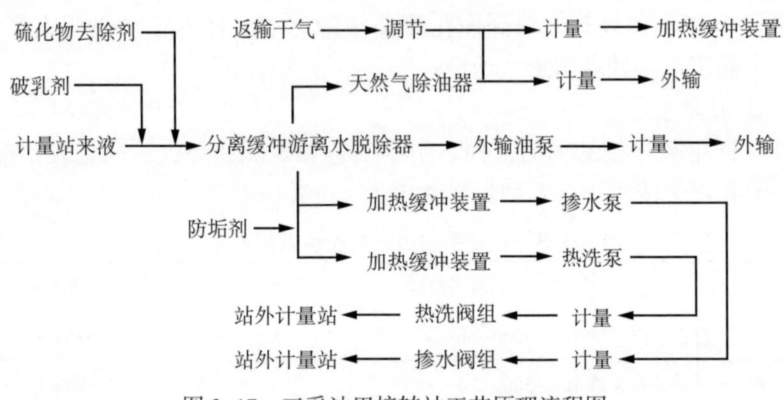

图 3-17　三采油田接转站工艺原理流程图

（2）脱水站。

脱水站采用两段电脱水工艺。来自接转站的高含水油进入游离水脱除器脱除游离水，放出的低含水油进入脱水炉，升温后进入电脱水器，净化油进入缓冲罐后，通过外输泵外输。游离水脱除器和电脱水器脱除的含油污水输至含油污水处理站进行处理。脱水站工艺原理流程见图 3-18。

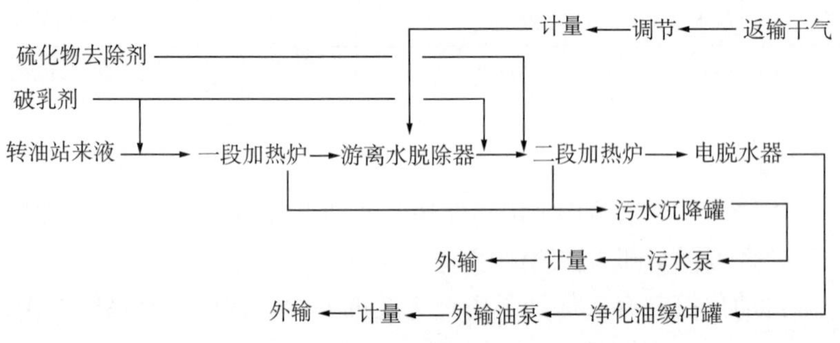

图 3-18　三采油田脱水站工艺原理流程图

2）平面布置

三采油田接转站、脱水站平面布置与整装油田基本一致，参见整装油田部分。

5. 设计参数

1）接转站

（1）进站压力：0.15 ~ 0.25MPa（表压）。

（2）进站温度：30 ~ 40℃。

（3）掺水泵杨程：200m。

（4）掺水出站温度：≤ 70℃。

（5）热洗出站温度：80℃。

（6）热洗泵杨程：540m。

（7）热洗强度：15（25）m^3/（h·井）。

（8）分离缓冲游离水脱除器液相停留时间：30min。

（9）外输油压力：1.6 ~ 2.5MPa。

（10）平均单井掺水量：1.0 ~ 2.0m^3/h。

2）脱水站

（1）游离水脱除器工作压力：0.30 ~ 0.40MPa。

（2）游离水脱除器操作温度：40℃。

（3）游离水脱除器沉降时间：40min。

（4）游离水脱除器沉降后原油含水：≤ 20%。

（5）电脱水器工作压力：0.20 ~ 0.30MPa（水驱）。

（6）电脱水器脱水温度：55 ~ 60℃。

（7）净化油缓冲罐工作压力：0.10 ~ 0.20MPa。

（8）脱除污水中含油：≤ 3000mg/L。

（9）外输油含水率：0.3%。

（10）外输油压力：1.6 ~ 2.5MPa。

（三）低渗透油田

低渗透油田一般具有井数多、生产压力低、单井产量低、气油比低、注水水质要求高、注水压力高、生产成本较高的特点。

1. 主要工艺及工艺优选

低渗透油田地面工艺一般采用短流程工艺，突出体现“短、小、简、优”的技术特点，即短流程、小设施、简化工艺、优化系统，含水原油集中脱水，采出水精细过滤，合理利用水资源，适用技术配套，提高整体开发效益。

对于比较整装的低渗透油田，简化地面生产系统，形成了以下几种主要工艺及做法：

（1）集油。

①单管不加热集油工艺。

同整装油田。主要采用单管串接、枝状集油流程。即丛式井平台集油工艺。

丛式井一般管辖 3 ~ 8 口采油井，站外井场全部设阀组，实现了井口阀组间、接转站、集中处理站二级布站流程。

丛式井平台流程的特点是：清蜡球可以从井口经阀组到接转站，管道深埋于土壤冰冻线以下，且井口定期通橡胶清蜡球。保证了井口回压小于2.0MPa，井口至阀组（或计量接转站）的集油半径小于3 ~ 4km。

②环形掺水集油工艺。

这是环形掺水流程的一种形式，最先应用在大庆外围油田。环状掺水流程与相同条件下的双管掺水流程相比，可节省吨油耗气约40%，小环掺水流程见图3–19。

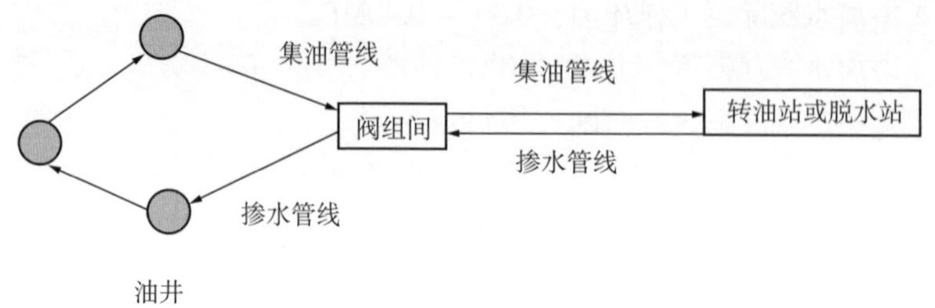

图3–19　低渗透油田小环掺水流程图

③加热单井环状（树状）集油工艺。

油井之间采用树状或环状串接的方式集油，在井口、阀组或干管设置加热装置给产液加热，保证集输条件。

（2）输送方式。

①油气混输。

集油系统中接转站以前的集油管网均采用油气混输的方式。对于边远井，为减少井口回压，可在集油管线的适当位置设置增压点，将油气混输至接转站或联合站。可以减少接转站的设置数量。为简化流程，增压点取消加热炉，不设缓冲罐，油气经总机关直接进混输泵外输，事故状态时，采取压力越站方式外输。

②油气分输。

接转站由于油气量大、输送距离远，采用油气分输方案比混输方案更加经济。接转站伴生气输送以低压（分离压力）集气工艺为主，一般伴生气管线与输油管线同沟敷设，可有效改善输送工况，减少建设投资。

（3）分离脱水。

低产低渗油田的原油脱水目前基本有两种类型，一种是采用大罐沉降脱水，另一种是采用高效三相分离器或多功能合一设备脱水。一般有一段脱水和两段脱水两种形式。

①大庆油田多功能处理装置。

大庆油田研制的多功能原油处理组合装置具有气液分离、游离水沉降脱除、原油加热、电脱水、油（水）缓冲功能。该装置是根据大庆外围油田分散，单井产量低和产品性质差的特点，为了简化流程、降低投资和提高效益而研制的。油井来液首先进入分气包进行气液预分离，气体从容器外导管进入容器后端缓冲室，经捕雾器二次捕雾后输出。含水原油由分气包进入火筒罩后减速降压，同时伴有油气分离，再进入火筒下部进行沉降分离。乳化液经水洗后上升，经火筒和烟管加热后溢过堰板进入电脱水段底部的布油槽。乳化液经二次水洗后进入电场进行脱水，脱水后的净化油流入收油槽后落入油缓冲室，经调油阀调节后进入净化油管线。脱出的污水经过可调堰板，流入水室，经水出口调节阀调节后进入污水管线。

多功能合一装置已在大庆外围的布木格、朝阳沟、徐家围子等油田采用。近几年已经在大庆油田和其他油田推广应用了近百台。

②高效三相分离器。

该设备是依靠油、气、水之间互不相容及各相间存在的密度差进行分离的装置，通过优化设备内部结构、流场和聚结材料使油、气、水达到高效分离的目的。其主要构件包括：预脱气室、流体流型自动调整装置、聚结元件、整流元件、加热元件、沉降室、油（水）缓冲室、清砂元件、污水抑制装置等部分组成。

（4）工艺优选。

①集油流程的优选。

对于原油油品性质稍好，凝固点与集油管线的敷设处最冷月地温的差值在20℃以内的油田，应优先考虑采用不加热集油工艺。采用单井串接或树枝状管网，辅之以投球或采用非金属管材等措施。对端点井和集油干线可考虑必要的加热设施。

对于凝固点高，气候严寒的地区，可考虑小环掺水流程。特别是对于产量很低，含水率也较低的井，单井管线流速过低、温降过大，如采用加热流程，每隔一段均需加热，而且加热温度也很高，能耗过大。对比单井加热流程，小环掺水流程也更适合间歇出油的油井。

电加热流程作为低气油比井和端点井的补充措施，目前不宜大规模采用。

对于低产油田，应尽量采用丛式井建井方式，把几口或十几口井的液量汇集起来集输，热力条件好转，可不采用掺水流程，只需在丛式井场建简易

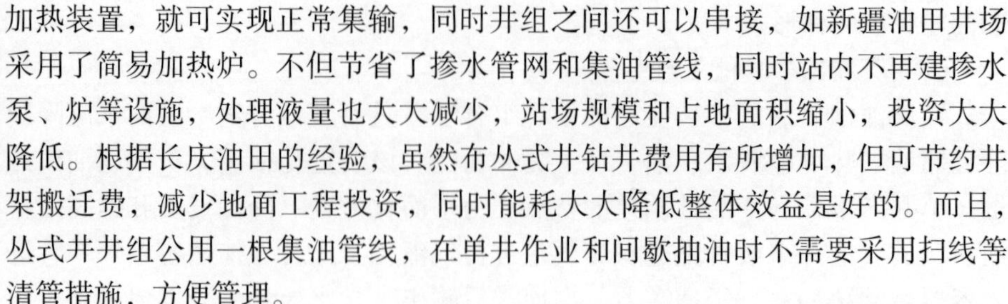

加热装置，就可实现正常集输，同时井组之间还可以串接，如新疆油田井场采用了简易加热炉。不但节省了掺水管网和集油管线，同时站内不再建掺水泵、炉等设施，处理液量也大大减少，站场规模和占地面积缩小，投资大大降低。根据长庆油田的经验，虽然布丛式井钻井费用有所增加，但可节约井架搬迁费，减少地面工程投资，同时能耗大大降低整体效益是好的。而且，丛式井井组公用一根集油管线，在单井作业和间歇抽油时不需要采用扫线等清管措施，方便管理。

②脱水工艺优选。

高效三相分离器最适合于高含蜡的石蜡基原油，在适宜的脱水温度和破乳剂的作用下一段脱水，一般有效沉降时间 40min 左右，可以达到原油含水 ≤ 0.5%，分出的污水含油 ≤ 1000mg/L。对于中间基原油和介于石蜡基和中间基之间的原油在适当提高脱水温度、选准破乳剂的条件下沉降 60min 左右，大部分原油含水也能达到 ≤ 0.5% 的指标。

一般来讲，在原油密度 ≤ 0.87g/cm^3、50℃原油黏度 <100mPa · s、含蜡量大于 15%、胶质沥青质含量 <10% 的原油，采用三相分离器比较容易达到净化油含水指标。物性条件更差一些的原油，要达到比较好的脱水效果，需要根据具体情况，采取相应的措施。

实践证明，高效三相分离器具有处理量大、分离质量好、自动化水平高、易于实现系统密闭、不产生油气损耗等优点，是值得重点推广的脱水设备。

多功能处理装置也叫多功能合一设备。实际中，多功能设备的具体功能内涵并不完全一样。有三合一、四合一、五合一之分。我们以大庆研制的五合一多功能处理器为例进行技术分析。

与高效三相分离器相比，他的主要技术特点在于，自带火筒加热，中间增加了电脱水段。电脱水段的油水界面可以平稳控制，并设有高、中、低测水位电极，防止液位过高或过低。

多功能合一设备由于自身带有加热和电脱水功能，对原油物性适应性强，对石蜡基、石蜡 - 中间基和中间 - 石蜡基原油等都有比较好的适应性。多功能合一装置的应用实践证明，在油井来液含水 10% ~ 95% 的条件下，经该装置处理后，出口净化油可达到含水 ≤ 0.3%，污水含油 ≤ 1000mg/L，与常规工艺相比，占地面积约减少了 69%，节省基建投资 38%。由于把多段油气水处理工艺过程简化成了一体化处理，从而缩短流程，减少了工程投资，也是值得推广的设备。低产低渗油田由于原油物性较好，处理量较低，采用多功能合一设备进行处理，均会取得比较好的效果。但是对于原油含水矿化度高的油田，采用多功能处理器应注意加热温度的控制，以避免严重结垢和设备腐蚀。

（5）标准化设计采用流程。

①集油。

a. 单管不加热（加热）串接（树状）集油、软件量油、油气混输。

b. 小环掺水集油、软件量油、油气混输。

②处理：高效三相分离器或热化学沉降脱水。

2. 系列划分

结合低渗透油田的建设现状、未来发展趋势、油田类型、采出液性质、设计规模及采用的流程，标准化设计推荐脱水站设计规模为：30×10^4t/a、50×10^4t/a、100×10^4t/a，接转站设计规模为：600m³/d、1000m³/d，压力等级均定为4.0MPa。具体规划的系列见表3–6。

表3–6 低渗透油田站场规模系列划分

序号	系列型号	处理能力
1	脱水站（热化学）–30	30×10^4t/a
2	脱水站（热化学）–50	50×10^4t/a
3	脱水站（热化学）–100	100×10^4t/a
4	接转站 –600–4.0	600m³/d
5	接转站 –1000–4.0	1000m³/d

3. 工程技术特点

接转站正常生产流程采用全密闭集输工艺，通过缓冲罐实现密闭外输，罐区仅在事故状态下应用。

脱水站采用油气水三相分离技术，脱水流程密闭，油气损耗小；设备体积小，节省占地，同时热损失小，但管理和控制要求较高。该设备是依靠油气水各相间存在的密度差进行分离的装置，通过优化设备内部结构、流场和聚结材料使油气水达到高效分离的目的。

分离技术指标：分离后原油含水≤0.5%（平均值），污水含油≤200～300mg/L，进出口压降≤0.05MPa。

脱水站正常生产流程采用全密闭集输工艺，通过缓冲罐实现密闭外输，罐区仅在事故状态下应用。同时若站内三相分离器脱出净化油不达标，采用沉降罐脱水技术，确保站内脱水工艺可以实现，使达标的部分净化油经储油罐外输。

4. 主要工艺流程及平面布置

1）接转站

（1）主要生产流程。

正常生产流程：接转站周围井场来油经总机关、收球装置后与增压点来油混合，经加热炉加热后至气液分离集成装置进行油气分离，分离后含水油再经过输油泵加压、加热炉加热，计量后外输。

辅助生产流程：含水原油经加热炉加热升温后至气液分离集成装置进行油、气分离，进入事故油罐，在经过加压、加热、计量后外输。生产流程见图 3–20。

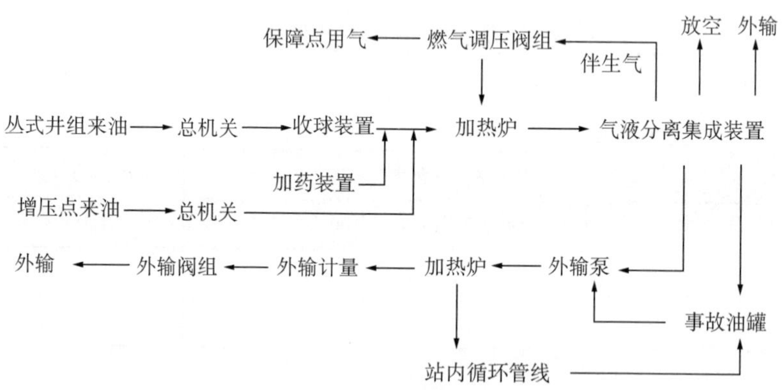

图 3–20　低渗透油田接转站工艺原理流程图

（2）平面布置。

以 600m³/d 接转站为例，主要由集输区、清水处理及回注区两部分组成，围墙内占地面积 5599.8m²。主要平面布置见图 3–21、图 3–22。

2）脱水站

（1）主要生产流程。

低含水原油主要生产流程：脱水站周围井场来油经阀组、收球装置后与增压点、接转站来油混合，进入真空加热炉升温至脱水要求温度（50 ~ 60℃），进入三相分离器进行脱水、脱气，净化原油（含水率≤ 0.5%）进至分离缓冲罐缓冲，再经过输油泵加压、加热炉加热，计量后外输。生产流程见图 3–23。

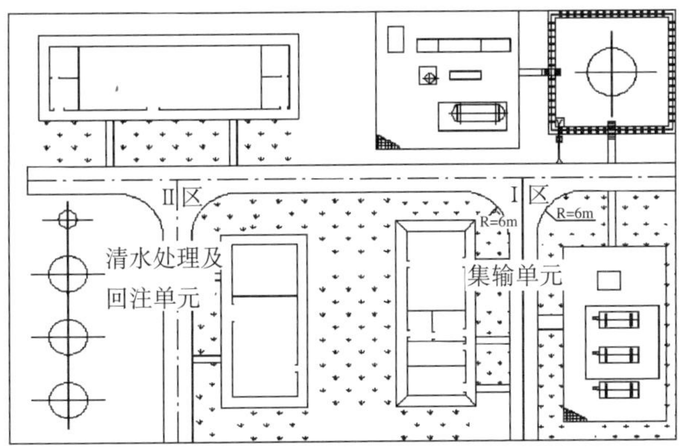

图 3-21　低渗透油田转油站平面布置图

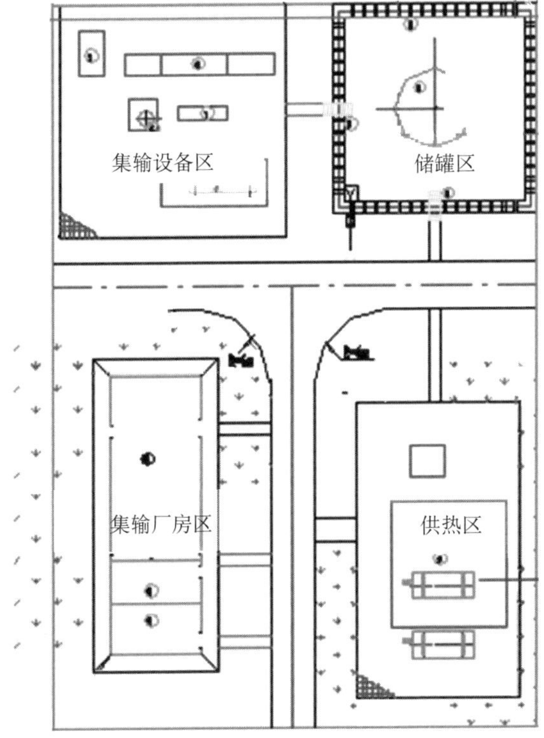

图 3-22　低渗透油田集输单元区域平面布置图

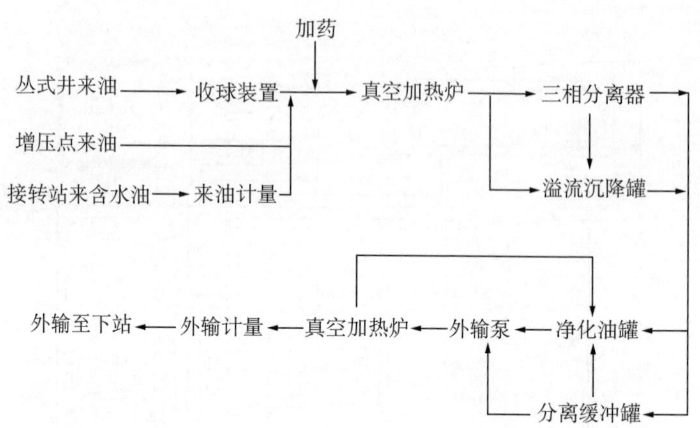

图 3–23　低渗透油田低含水脱水站工艺原理流程图

高含水原油主要生产流程：脱水站周围井场来油经总机关、收球装置后与增压点、接转站来油混合，进入一段三相分离器进行脱除游离水、脱气，低含水油（含水率≤ 0.5%）进真空加热炉升温至二段脱水要求温度（50 ~ 60℃），进入三相分离器进行脱水、脱气，净化原油（含水率≤ 0.5%）进至分离缓冲罐缓冲，再经过输油泵加压、加热炉加热，计量后外输。

辅助生产流程：含水原油经加热炉加热升温至沉降脱水要求温度，进入沉降脱水罐脱水，净化原油（含水率≤ 0.5%）进入 1000m³ 净化油罐，经过加压、加热、计量后外输。生产流程见图 3–24。

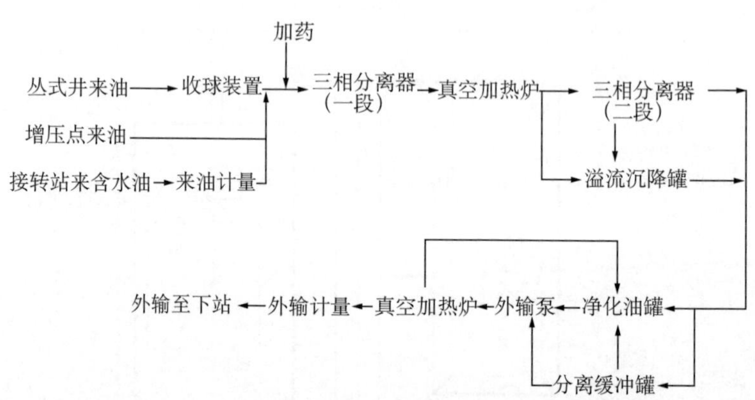

图 3–24　低渗透油田高含水原油脱水工艺原理流程图

（2）平面布置。

脱水站具有来油加热、油气分离、脱水、原油外输等功能，按不同的功能和特点分为工艺集输厂房及设备区、储罐区、加热区三个区块，见图 3–25。结合实际地形，选择交通便利、施工条件好的场地。

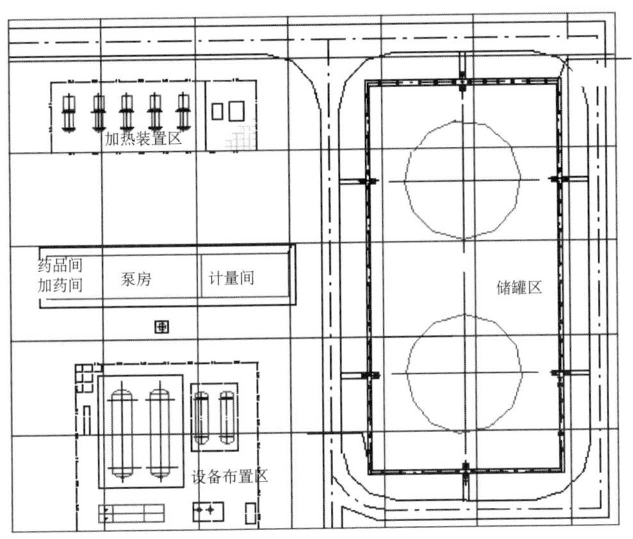

图 3–25　低渗透油田脱水站平面布置图

站内主要道路宽 6m，次要道路宽 4m，路面为城市型混凝土结构，主、次道路兼顾消防道路使用，转弯半径除注明外均为 15m。另外，设有宽度为 1.2m 的人行道与操作走道，采用水泥方砖铺砌，建筑物出入口的人行走道宽度可自行调整为与建筑物门同宽。场地进站道路为 6m 宽公路型混凝土结构。

5. 设计参数

1）接转站

（1）进站压力：0.1 ~ 0.3MPa（表压）。

（2）进站温度：增压点来油温度 25℃，井组来油温度 3℃。

（3）外输泵扬程：350m。

（4）出站温度：35℃。

2）脱水站

（1）进站压力：0.1 ~ 0.3MPa。

（2）进站温度：增压点来油温度 25℃，井组来油温度 3℃。

（3）一段三相分离器脱水温度：30℃。

（4）一段三相分离器工作压力：0.3 ~ 0.5MPa。

（5）二段三相分离器脱水温度：55℃。

（6）二段三相分离器工作压力：0.3 ~ 0.5MPa。

（7）分离缓冲罐的缓冲时间：20 ~ 40min。

（8）出站温度：35℃。

（9）外输油含水率：0.05%。

（10）污水中含油：≤ 200 ~ 300mg/L。

（四）分散小断块油田

分散小断块油田一般储量小、面积小，分布零散，投资效果较差。小断块油田基本上都属于低渗透储层、单井产量低、气油比低、油品性质差、稳产期短，而原油生产的成本高、总产能低，油水井数少，油井见水快，而且含水上升速度快，生产周期短。

鉴于分散小断块油田的油田分散、面积小，地面建设配套工程投资比例大、效益差。小断块油田地面建设一般不配套建设系统完整的油、气、水处理站及设施，而是因地制宜，根据生产需求设置简易的地面设施，小装置、短流程。

1. 建设模式及工艺流程优选

分散小断块油田地面工程主要采用以下建设方案：

（1）针对面积小、集油半径短的特点，实施一级布站。

（2）针对一般单井产量低的特点，采取串联进站、软件分散量油。

（3）单井回收套管气、站内分离伴生气，就地供热或发电。

（4）就地打水源井供水、就近使用地方电网、通信网，道路采用工农共建不征地方式。

（5）采取“先建井后建站，以拉油为主，适度完善”的地面建设程序。

根据小断块油田的特征，推荐的地面建设模式为：一级布站、短小串简、配套就近，重点推荐以下工艺：

（1）集油：单管、环状和双管，树状串接、混输增压、集中处理。

（2）处理：高效三相分离→管输或车拉外运。

2. 系列划分

依据现状和未来发展趋势对小断块油田站场设计分为：联合站、接转站、注水拉油站三类。

根据井数多少、产量大小和距离集中处理站远近程度，以及近年来华北油田新建站场设计规模，对站场类型进行划分：

（1）距已建集输油系统较近。一般小于 5km 的建输油管线、接转站，油气水直接进入已建系统进行处理；距已建集输油系统超过 5km，且产量低于 7×10^4t/a 的可建注水拉油站。

（2）根据不同的产能规模，注水拉油站的功能和规模也不同。对产能规模较小的区块，拉运含水油至大站处理；对产能规模中等的区块，拉运低含水油至大站处理；对产能规模较大的区块，可以拉运净化油。对于距集中处理站较近的区块建接转站，通过管输将含水油输至集中处理站进行处理。

参考近年来建设站场的规模、生产工艺和未来发展趋势，标准化设计推荐采用的规模和工艺流程划分系列如表 3-7。

表 3-7 分散小断块油田油气集输系统站场规模

站场类型	站场规模
联合站	20×10^4t/a（油）
	10×10^4t/a（油）
接转站	14×10^4t/a（液）
	10×10^4t/a（液）
	6×10^4t/a（液）
注水拉油站	14×10^4t/a（液）
	10×10^4t/a（液）

3. 工程技术特点

工艺选择上，针对油品性质，优选最佳的工艺技术，以较小的投资，获取较大的经济效益。采用组装化、一体化橇装装置，加快设计及建设速度，提高重复利用率。

1）联合站

联合站站内油气处理以油、气、水分离为主，不含原油稳定处理工艺。伴生气经分离除油后仅作为加热炉燃料，不考虑外输和轻油回收处理。

集输处理采用一级三相分离器将游离水及大部分伴生气分离，经脱水换热器升温后通过二级三相分离器进行油、气、水分离，原油进入储油罐，通过外输泵进行外输，伴生气进入加热炉燃烧，采出液进入掺水及采出水处理设备。

设计规模为 20×10^4t/a（油）的联合站掺水及原油外输采用双盘管水套式加热炉进行升温，设计规模为 10×10^4t/a（油）的联合站掺水及原油外输通过换热器进行升温，站内原油及采出液不通过加热炉直接加热，减少安全隐患。一级三相分离器自带干燥器，节省占地面积。

站外采用双管掺水集油流程，按照掺水比（热水：产液）1：2 进行设计。

2）接转站

设计规模分为 400m^3/d、300m^3/d、200m^3/d 三种。站外采用双管掺水集油工艺，掺水比为 1：2，集输处理设备采用一体化（升温、分离一体化）装置分离出伴生气及所需掺水量，剩余混合液通过离心泵外输至联合站进行油、水分离，接转站不设注水及采出水处理。

3）注水拉油站

设计规模为 400m^3/d 注水拉油站采用常规处理工艺（采出液通过换热升温，经三相分离器进行油、气分离），原油通过装车泵装车外运。站外采用单管集油、双管掺水集油两种集油工艺，掺水比为 1：2，站内设注水及采出水处理单元。

设计规模为 300m^3/d 的注水拉油站采用集输处理一体化（升温、分离一体化）装置进行油、气、水分离，原油通过高架罐自流装车外运，站外采用单管集油、双管掺水集油两种集油工艺，掺水比为 1：2，站内设注水及采出水处理单元。

设计规模为 200m^3/d 的注水拉油站采用集输处理一体化（升温、分离一体化）装置进行气、液分离，采出液通过高架罐自流装车外运，站外采用双管掺水集油工艺，掺水比为 1：2。站内仅设注水单元，不设采出水处理单元。

4. 主要工艺流程和平面布置

1）联合站

站外采用双管掺水集油流程，来液经三相分离器一级分离后进入换热器升温后进行二级分离。分离后的油进入大罐经泵升压后外输；分离出的部分采出水经换热器升温后进入掺水系统，剩余部分采出水进入污水处理系统；伴生气经分离除油后仅作为加热炉燃料，不做外输和轻油回收处理。油气处理以油、气、水分离为主，不含原油稳定处理工艺。本次标准化设计联合站油系统分为油、气分离单元、外输单元、加热单元。

主要工艺流程见图 3-26。

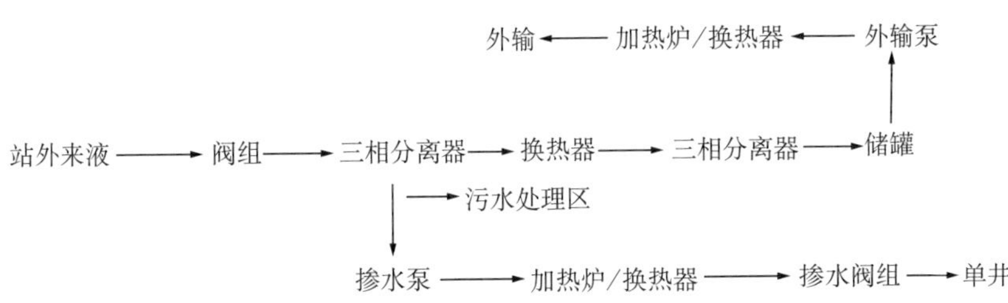

图 3-26 分散小断块油田联合站工艺原理流程图

平面布置见图 3-27。

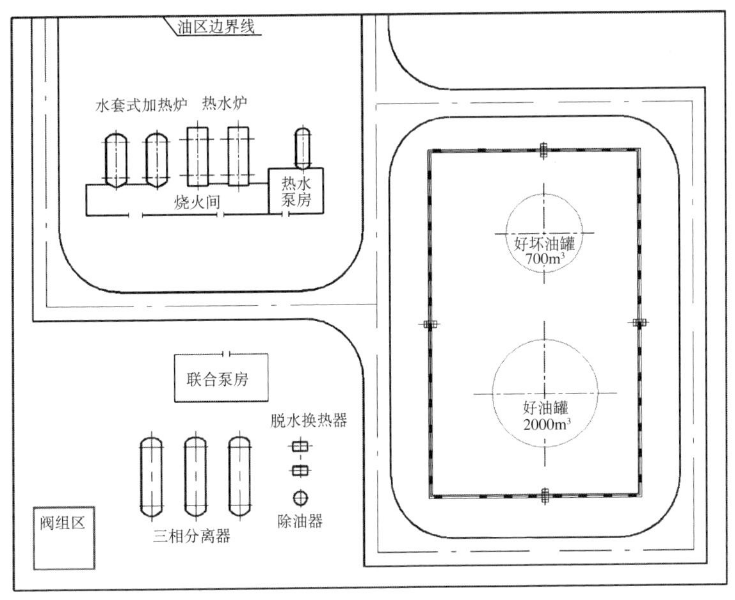

图 3-27 分散小断块油田联合站平面布置图

2）接转站

站外采用双管掺水集油流程，来液经油、气、水集输一体化装置分离后（含加热、分离功能），伴生气仅作为集输一体化装置燃料，分离部分采出水进入掺水系统，剩余油水混合物经管道外输至联合站进行处理。

平面布置见见图 3-28。

3）注水拉油站

（1）14×10^4t/a（液）注水拉油站采用常规处理工艺，站外集油采用单管集油和双管掺水集油两种集油方式。

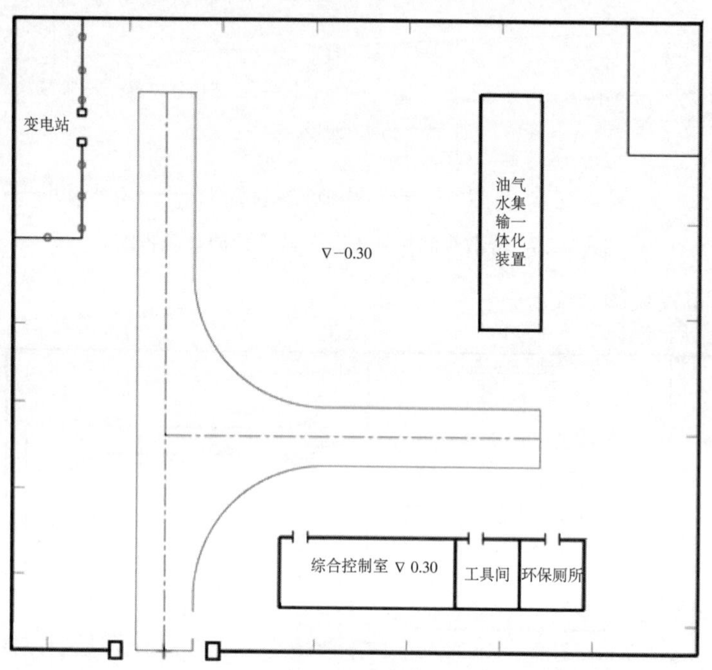

图 3–28　分散小断块油田接转站平面布置图

单管集油工艺流程：站外来液经换热器升温后进入三相分离器分离，分离出的油进入储油罐经装车泵装车外运，分离出的采出水进入污水处理系统。主要工艺流程见图 3–29。

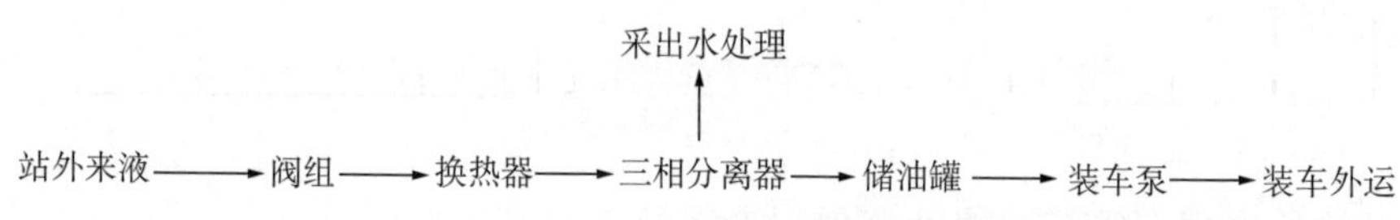

图 3–29　14×10^4t/a 注水拉油站单管集油工艺原理流程图

双管掺水集油工艺流程：站外来液经换热器升温后进入三相分离器分离，分离出的油进入储油罐经装车泵装车外运，部分水进入掺水系统，剩余部分水进入采出水处理系统。主要工艺流程见图 3–30。

平面布置见图 3–31。

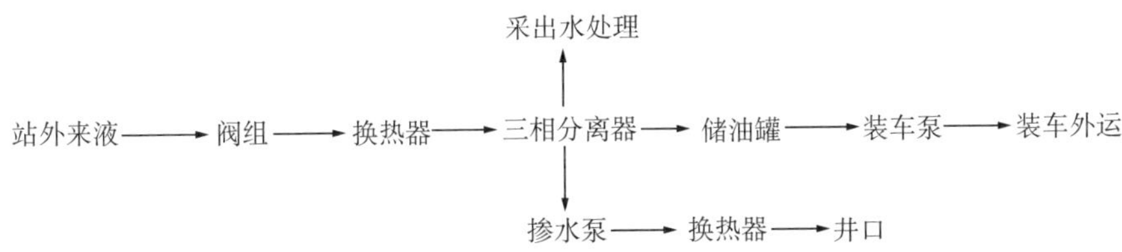

图 3-30 14×10⁴t/a 注水拉油站双管掺水工艺原理流程

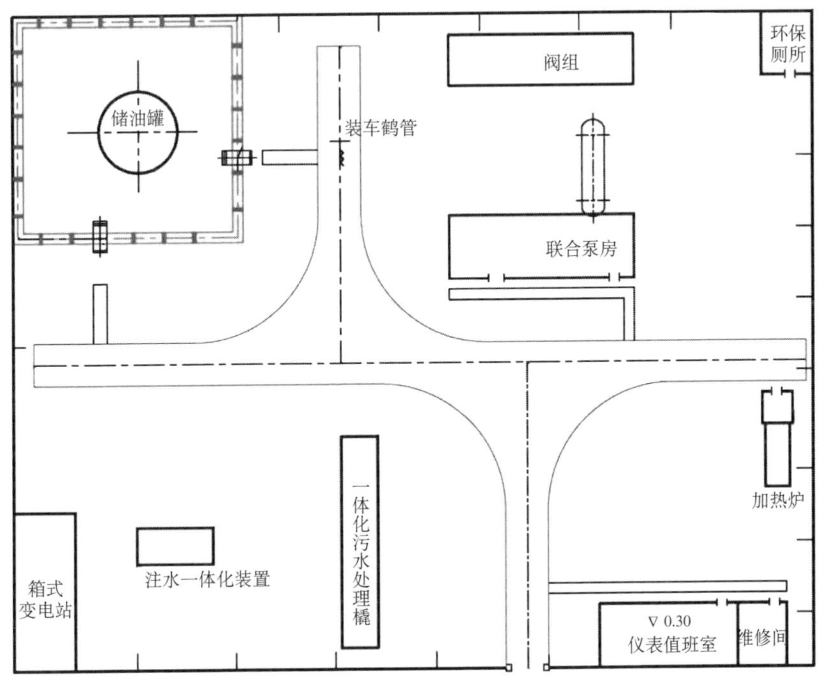

图 3-31 注水拉油站平面布置图

（2）设计规模为 10×10⁴t/a（液）的注水拉油站集输处理设备采用一体化装置。站外采用双管掺水集油和单管集油两种流程，来液经油、气、水集输一体化装置分离后（含加热、分离功能），伴生气仅作为集输一体化装置燃料，分离出的油进入高架罐装车外运，分离出部分采出水进入掺水系统，剩余部分采出水进入污水处理系统。

单管集油工艺流程见图 3-32。

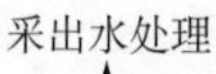

站外来液 → 阀组 → 换热器 → 三相分离器 → 储油罐 → 装车泵 → 装车外运

图 3-32　10 × 10⁴t/a 注水拉油站单管集油工艺原理流程图

双管掺水集油流程见图 3-33。

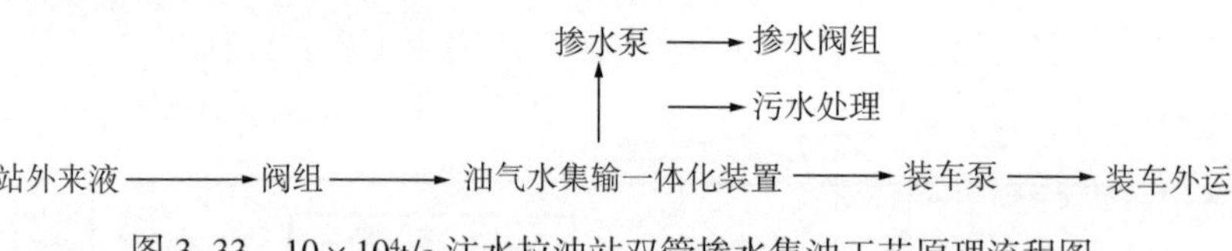

图 3-33　10×10^4t/a 注水拉油站双管掺水集油工艺原理流程图

（3）设计规模为 6×10^4t/a（液）的注水拉油站集输处理设备采用一体化装置。站外采用双管掺水集油流程，来液经油、气、水集输一体化装置分离后（含加热、分离功能），伴生气仅作为集输一体化装置燃料，分离出部分采出水进入掺水系统，剩余部分油水混合物进入高架罐装车外运。主要工艺流程见图 3-34。

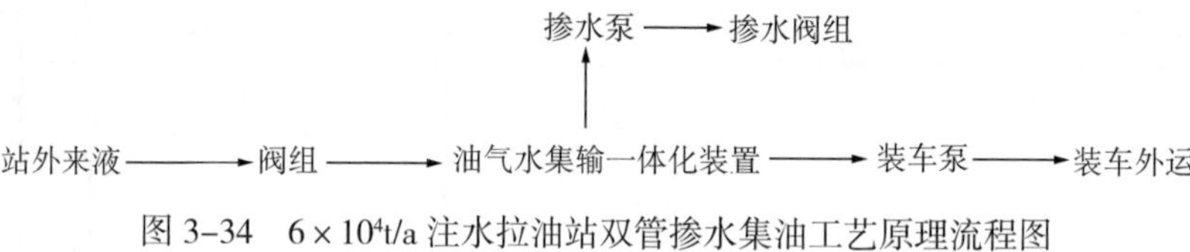

图 3-34　6×10^4t/a 注水拉油站双管掺水集油工艺原理流程图

（五）稠油油田

稠油是指沥青质和胶质含量较高、黏度较大的原油，用常规方法开采难度大，生产成本高。

注蒸汽开采是稠油油田主要的地面集输工艺，特点是集输半径短、集输温度高、注汽系统复杂、运行成本高、大罐沉降脱水时间长。污水需要深度处理，回用锅炉。

1. 主要工艺及工艺优选

稠油油田地面工艺通常采用以下工艺流程：

1）集输工艺

（1）单管加热集输工艺。

井口产出液利用井口回压进行输送，在井口附近设置单井加热炉，降低原油黏度和回压。集油管线采用低流速集输。井口产出液在计量站进行单井计量，在计量接转站进行油、气分离，脱气原油通过容积泵输往集中处理站。对于丛式井，单井计量装置布设在井口平台，多井产出液在井口平台混合后外输，井口平台设集中外输加热设施。

（2）掺液（蒸汽）集输工艺。

为提高井口产出液温度、降低介质黏度、井口回压，向井口产出液中掺入稀油、活性水或蒸汽。井口产出液在计量接转站进行油、气分离和单井计量，脱气原油通过容积泵输往集中处理站。

（3）单管不加热集输工艺。

当井口出油温度高，不再需要升温时，井口产出液利用井口回压输送到计量接转站。单井计量装置布设在计量接转站。井口产出液在计量接转站进行油、气分离和单井计量，脱气原油通过容积泵输往集中处理站。

单管不加热集输模式适用于蒸汽驱和SAGD开发的油田。

2）脱水工艺

（1）两段热化学动态连续沉降脱水工艺。

各站输来的含水稠油，经计量后升温，进入一段热化学沉降脱水罐脱水，使稠油含水达到30%以下，而后经增压、升温，进入二段热化学沉降罐沉降脱水，使净化油含水≤2%。

两段热化学沉降脱水工艺适用于普通稠油和特稠油的处理。

（2）一段热化学动态沉降脱水+二段热化学静态沉降脱水工艺。

管输原油进站升温后进入一段原油沉降罐进行脱水。经一段脱水后的原油经增压、升温后进入二段静止沉降罐内进行脱水处理。特、超稠油升温应选用换热器设备，宜选用导热油作为热介质。

一段热化学动态沉降脱水加二段热化学静态沉降脱水工艺适用于特、超稠油的处理。

3）标准化设计推荐流程

根据稠油油田的特征，推荐的地面建设模式为：高温集输、分散供热、污水回用，重点推荐下述工艺：

（1）普通稠油：单管加热、两段热化学沉降脱水。

（2）特、超稠油：掺液（蒸汽）集输、一段热化学动态沉降脱水+二段热化学静态沉降脱水。

2. 建设模式1（辽河模式）

1）设计规模系列划分

根据辽河油田常用的布站形式和站场设计规模，将以下规模的站场进行

标准化设计：

（1）脱水站。

辽河油田共有原油脱水站 31 座，其中具有稠油处理功能的 14 座，设计稠油脱水总规模 1390×10^4t/a，目前油田稠油总生产规模 600×10^4t/a。联合站和集中处理站担负收集处理矿场采出的原油、天燃气、水的分离、净化、提纯等处理任务，使原油、天然气达到商品化外输和外运的条件，根据现状和产量总递减的趋势，对脱水站的设计规模系列进行划分，见表 3–8。

表 3–8　辽河模式脱水站设计规模系列划分

序号	站名	设计规模 $\times 10^4$t/a	采用工艺
1	100×10^4t/a 普通稠油脱水站	100	一段动沉（热化学沉降）+ 二段动沉（热化学沉降）
2	50×10^4t/a 普通稠油脱水站	50	一段动沉（热化学沉降）+ 二段动沉（热化学沉降）
3	100×10^4t/a 特超稠油脱水站	100	一段动沉（热化学沉降）+ 二段静沉（热化学沉降）
4	50×10^4t/a 特超稠油脱水站	50	一段动沉（热化学沉降）+ 二段静沉（热化学沉降）

（2）计量接转站。

辽河油田近 10 年来新建蒸汽吞吐计量接转站规模在 500m^3/d 至 1600m^3/d 不等，从使用情况来看，1000m^3/d 使用较为频繁。

辽河油田曙一区超稠油进入吞吐后期、超稠油产量增长停滞、产量进入总递减阶段，SAGD 开采技术是辽河油田超稠油蒸汽吞吐开采后最有效的接替方式之一。辽河油田公司已于 2003 年开始了 SAGD 先导试验，并获得成功。2008 年已开始建设与 SAGD 开发工艺相匹配的地面设施，到目前为止已建 4 座 SAGD 计量接转站。

根据油田现状以及产量总递减的趋势，对计量接转站的设计规模系列进行划分，见表 3–9。

表 3–9　辽河模式计量接转站设计规模系列划分

序号	站名	设计规模 m^3/d	采用工艺
1	蒸汽吞吐计量接转站	1000	单井计量、分离缓冲、增压、加热、掺液分配
2	SAGD 计量接转站	2000	单井计量、分离缓冲、增压

2）工程技术特点

（1）脱水站。

普通稠油脱水站：取消一段加热炉，采用一段不加热脱水，减少能量损耗和占地面积。采用一段动沉 + 二段动沉，沉降罐采用浮动收油装置，脱水泵与沉降罐液位连锁，取消缓冲罐，减少能量损耗和占地面积，提高自动化水平。

特超稠油脱水站：为提高加热效率，采用导热油与油水混合液进行换热，降低能量损耗。采用一段动沉 + 二段静沉，沉降罐采用浮动收油装置，脱水泵与沉降罐液位连锁，取消缓冲罐和提升泵，减少能量损耗和占地面积，提高自动化水平。

（2）计量接转站。

1000m³/d 蒸汽吞吐计量接转站：单井计量和单井掺液装置组装成橇，分离缓冲罐、外输泵、分离器及污油回收装置组装成橇，掺水缓冲罐及掺水泵组装成橇，便于加工，减少占地面积。

2000m³/d SAGD 计量接转站：SAGD 计量接转站采用高温密闭集输工艺，实现了超稠油带压密闭输送。采用新型油气分离缓冲罐，配以自动控制系统，实现了密闭、平稳、安全输油。研发了适合 SAGD 产出液的高温输油泵，满足了 SAGD 高温（170℃）采出液集输要求。计量罐和多通阀组装成橇，分离缓冲罐、外输泵、分离器及污油回收装置组装成橇，取消旧工艺中的计量间、外输泵房、天然气处理区，精简工艺流程，便于加工，减少占地面积。

3）主要工艺流程和平面布置

（1）脱水站流程。

采用两段动态热化学沉降脱水工艺，主要流程图 3-35。

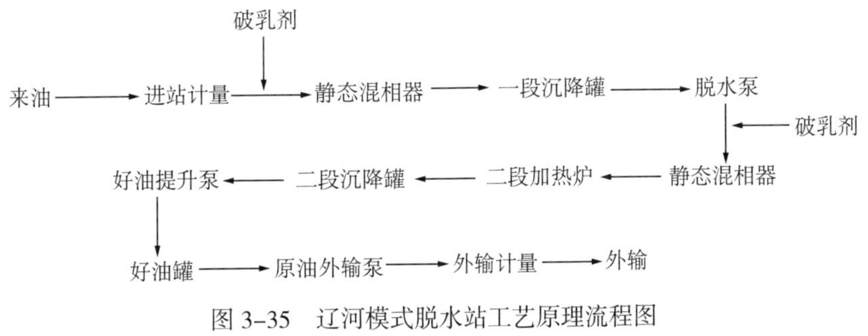

图 3-35 辽河模式脱水站工艺原理流程图

（2）平面布置。

典型脱水站的平面布置图见图 3-36。

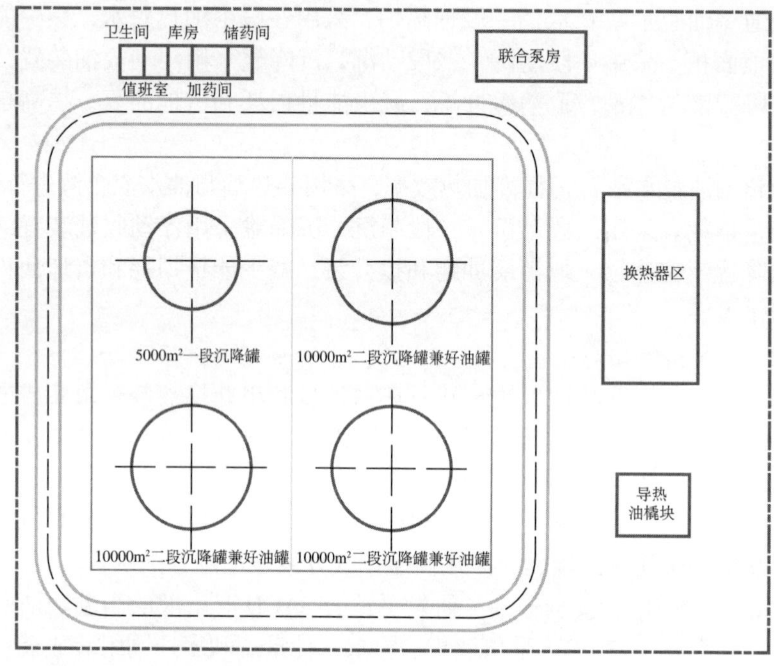

图 3-36　辽河模式脱水站平面布置图

（3）主要工艺参数。

①原油综合含水：50%。

②进站温度：85 ~ 90℃。

③进站压力：0.40MPa。

④一段加药浓度：200mg/L。

⑤一段脱水温度：90℃。

⑥一段沉降时间：≥ 18h。

⑦一段沉降脱水后原油含水：≤ 20%。

⑧二段加药浓度：500mg/L。

⑨二段沉降温度：95℃。

⑩二段沉降时间：≥ 80h。

⑪净化原油含水：≤ 2%。

⑫污水含油量：≤ 1000mg/L。

⑬导热油出炉温度：180℃。

⑭导热油回油温度：160℃。

⑮导热油出泵压力：1.25MPa。

3. 建设模式 2（新疆模式）

脱水站普通稠油采用两段动态热化学沉降脱水工艺，特稠油采用一段动态热化学沉降脱水 + 一段静态热化学沉降脱水工艺。

1）设计规模系列划分

本标准化设计立足稠油油田大、中型站场，在对油田各类大、中型站场充分调研的基础上，选择应用广泛的站型，采用国内油田成熟的集输处理工艺，根据采出液性质、设计规模及采用的流程，划分系列见表 3–10。

表 3–10 新疆模式油气集输系统站场规模系列划分

序号	系列型号	处理能力
1	接转注汽站 –1000–2 × 22.5/14	1000t/d
2	接转注汽站 –2000–3 × 22.5/14	2000t/d
3	脱水站（电化学）–50	50×10^4t/a
4	脱水站（电化学）–100	100×10^4t/a

2）工程技术特点

（1）接转注汽站、脱水站均采用高效油气处理设备和成熟可靠工艺技术。

（2）转油注汽联合建站，充分满足稠油集输模式由常规分散转油模式向较为集中的转液方式的转变的要求，保证了下游处理设施的平稳运行。将注汽半径缩短到 750m 以内，注汽管线热损失由 14.7% 降至 2.5% 以内，提高了注汽效率和注汽质量，同时便于集中管理。高压注汽锅炉采用半露天布置，减少了工程投资并便于搬迁。

（3）脱水站采用无动力热化学沉降脱水工艺，节约电能；采用掺蒸汽加热工艺，防止换热或加热设备结垢并减小流程系统压降。

（4）自动化控制有效保证了生产工艺的安全并具有足够的操作灵活性。

3）主要工艺流程及平面布置

（1）脱水站。

①二段动态热化学沉降脱水工艺流程。

集油区来液（0.25 ~ 0.30MPa，65℃）经脱水站进站管汇间，进入除砂间对原油携带的较大粒径的砂进行旋流除砂，分离出的原油进入 4000m³ 一段沉降脱水罐进行热化学沉降脱水，脱出的含油采出水靠液位差进入采出水预处理系统（采出水除油缓冲罐）进行处理，脱出的低含水油（含水≤30%）经3000kW相变掺热装置（加热器）升温至85～90℃，进入2000m³二段沉降脱水罐进行热化学沉降脱水，脱水合格后的净化油进入2000m³净化油罐储存，经罐内浮筒式收油装置收油，进入原油外输泵房，外输至炼油厂进行计量交油。二段沉降脱水罐脱出的含油采出水与采出水除油缓冲罐分离出的含水原油一同进入回掺罐，通过提升泵提升回掺至一段沉降脱水罐进行热能和化学能的再利用。净化油罐底的水经提升泵提升回掺至一段沉降脱水罐，净化油罐内的不合格回脱原油经提升泵提升，回掺至一段沉降脱水罐进油管道或一段沉降脱水罐出油管道，加药、加热后重新进行脱水处理。

加药流程：在脱水站设置破乳剂加药装置2套，正、反相破乳剂加药装置各1套。正相破乳剂加药点设置2处，分别位于2×4000m³一段沉降脱水罐原油进、出口管道上；反相破乳剂加药点设置1处，位于2×4000m³一段沉降脱水罐高出水管道上；利用液、液混药器使破乳剂在管道内与含水原油的充分混合，提高破乳剂药效。

生产流程框图见图3-37。

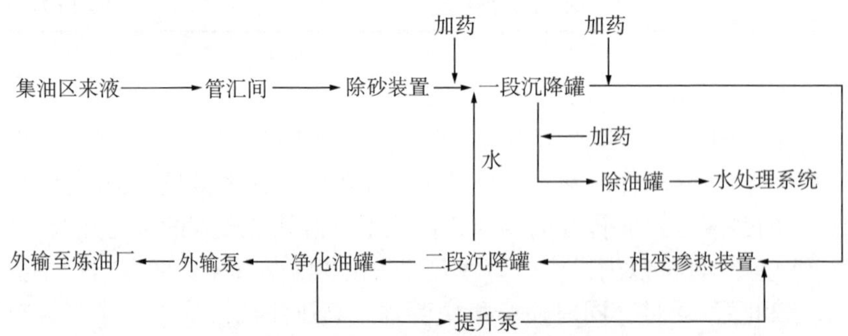

图3-37　新疆模式脱水站二段动态热化学沉降脱水工艺原理流程图

②一段动态热化学沉降+一段静态热化学沉降脱水工艺流程。

集油区来液（0.25～0.30MPa，70℃）经脱水站进站管汇间，进入除砂间对原油携带的较大粒径的砂进行旋流除砂，分离出的原油进入15000m³一段沉降脱水罐进行热化学沉降脱水，脱出的含油采出水靠液位差进入除油罐除油（≤4000mg/L）后进入采出水处理系统进行处理，脱出的低含水油（含水≤30%）经2座2000kW相变掺热装置（加热器）升温至90～95℃，进入10000m³二段沉降脱水兼净化罐进行热化学沉降脱水并储存，经罐内浮筒式收油装置收油，进入原油外输泵房，外输至炼油厂进行计量交油。二段沉降脱水罐脱出的含油采出水通过提升泵提升回掺至一段沉降脱水罐进行热能和化学能的再利用。净化油罐内的不合格回脱原油经提升泵提升，回掺至一段沉降脱水罐进油管道或一段沉降脱水罐出油管道，加药加热后重新进行脱水处理。生产流程框图见图 3–38。

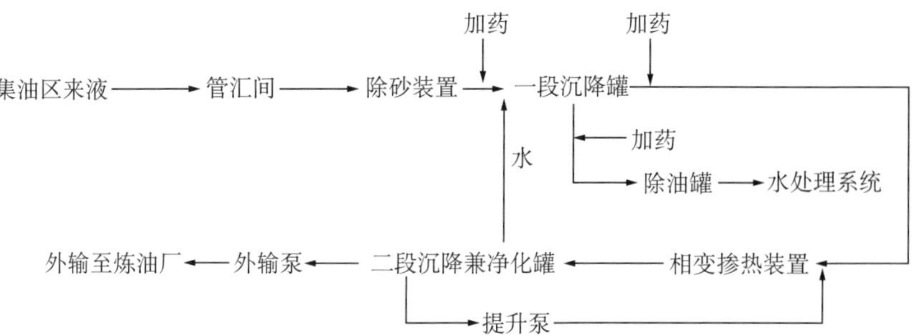

图 3–38　新疆模式脱水站一段动态热化学沉降 + 一段静态热化学沉降脱水工艺原理流程图

平面布置总体上考虑以物流流向为轴心，根据当地风频、风向布置。原油处理区平面布置见图 3–39，原油罐区位于原油处理区的北部，管汇间、除砂间、加药间、综合泵房、外输泵房布置在罐区南部。

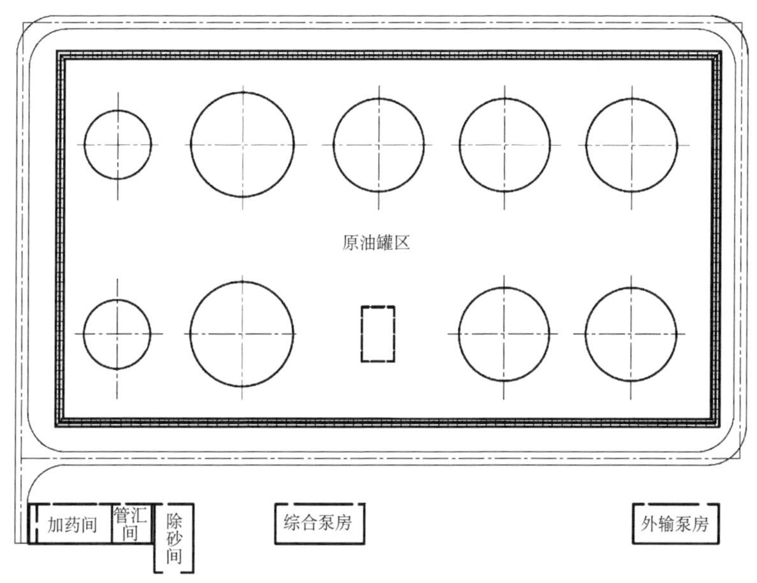

图 3–39　新疆模式脱水站平面布置图

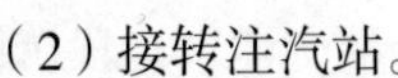

（2）接转注汽站。

①接转系统流程。

原油（采出液）集输工艺流程简述如下：

密闭流程：当集油及配汽管汇站来液量较稳定时，可从站内管汇直接进入转油泵提升后输至稠油处理站进行脱水处理。

进罐流程：当集油及配汽管汇站来液量波动较大时，可经站内管汇进入 2 座 100m³ 缓冲罐缓冲后进入转油泵提升，输至稠油处理站进行脱水处理。

越站、越罐流程：当集输半径、地形条件允许（满足稠油井口生产的回压要求），可通过越站流程，直接经站内管汇进入集油管道，管输至稠油处理站，生产流程框图见图 3–40。

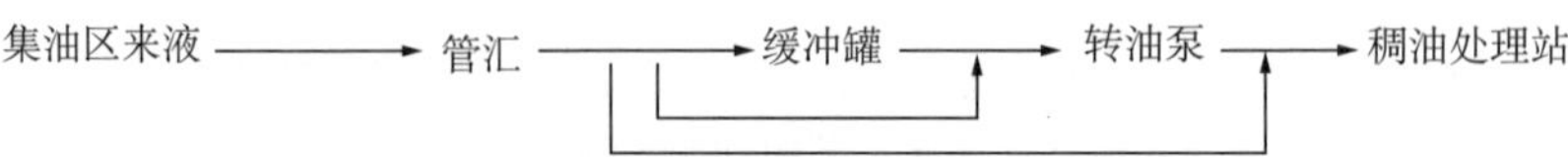

图 3–40　新疆模式接转工艺原理流程图

②注汽系统流程。

软化水来水进入注汽锅炉产生 12MPa 蒸汽，通过注汽管汇分配至各注汽井。锅炉排空通过减压孔板减压后进入扩容器变为水后进入 35m³ 缓冲水罐，再通过液下泵提升至原油缓冲罐进入原油系统。流程见图 3–41。

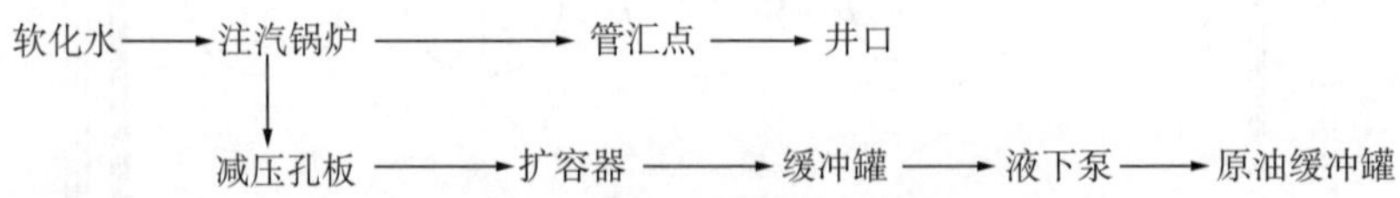

图 3–41　新疆模式注汽工艺原理流程图

接转注汽站属于四级站场。采用“同类设备相对集中的流程模式”布置，人行道上方为转油泵房及辅助间、原油缓冲罐区、箱式开关站 1 座，原油自左、右两侧进站，便于施工布管；人行道下方为 22.5/14 型注汽锅炉房。平面布置图见图 3–42。

（3）主要工艺参数。

主要工艺参数见表 3–11。

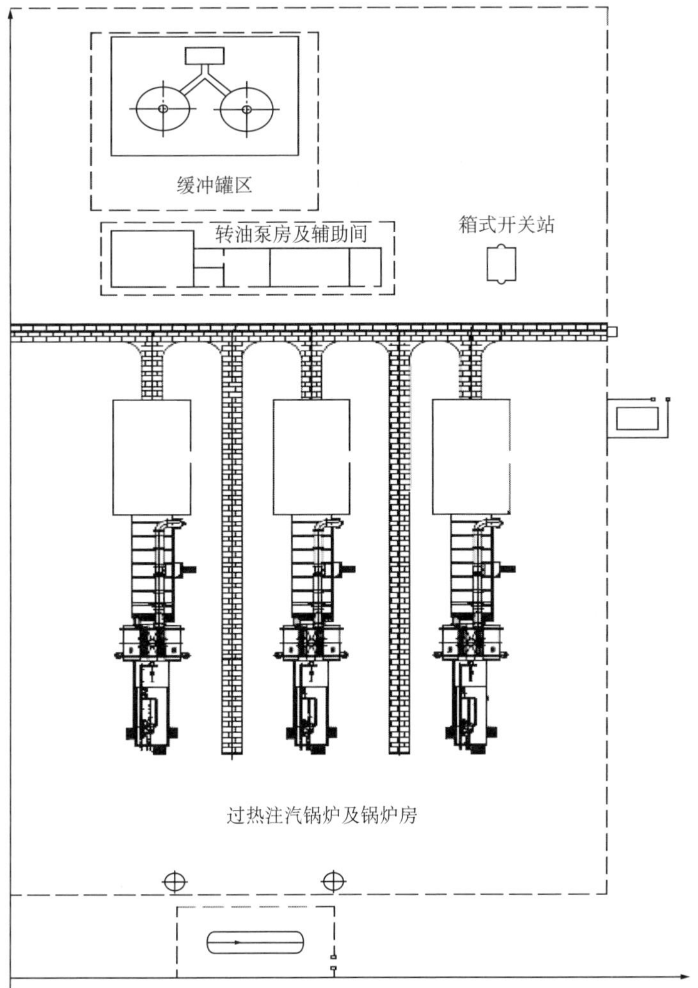

图 3-42 新疆模式注气接转站平面布置图

表 3-11 新疆模式主要工艺参数

站 名	参 数
接转注汽站 -1000-2×22.5/14	进站压力：0.05 ~ 0.15MPa（表压）； 进站温度：50 ~ 90℃； 转油泵杨程：1.8MPa； 事故缓冲罐停留时间：4h； 注汽压力：12MPa； 注汽量：30×10^4t/a

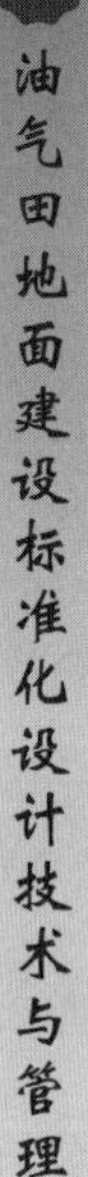

续表

站　名	参　数
接转注汽站 –2000–3 × 22.5/14	进站压力：0.05 ~ 0.15MPa（表压）； 进站温度：50 ~ 90℃； 转油泵杨程：1.8MPa； 事故缓冲罐停留时间：2h； 注汽压力：12MPa； 注汽量：45×10^4t/a
脱水站（热化学）–50	进站压力：0.25 ~ 0.30MPa（表压）； 进站温度：60 ~ 90℃； 含水率：≤ 85%； 原油沉降时间：一段 20h，二段 20h； 原油二段沉降温度：90℃； 原油出油含水指标：≤ 2%； 采出水出水含油指标：≤ 1000mg/L； 正相破乳剂投放量：200mg/L； 反相破乳剂投放量：40mg/L
脱水站（热化学）–100	进站压力：0.25 ~ 0.30MPa（表压）； 进站温度：70 ~ 90℃； 含水率：≤ 85%； 原油沉降时间：一段 15h，二段 100h； 原油二段沉降温度：95℃； 原油出油含水指标：≤ 2%； 采出水出水含油指标：≤ 4000mg/L； 正相破乳剂投放量：400mg/L； 反相破乳剂投放量：40mg/L

二、采出水处理及注水

（一）主要工艺及工艺优选

1. 油田采出水处理工艺技术现状

油田含油污水处理后的出路主要有三种。第一种是处理后用于回注，注水指标以不堵塞地层、控制注水压力为核心，要求必须对水中的油、悬浮固体、悬浮固体颗粒粒径中值以及细菌等指标进行控制；第二种是处理后用于热采锅炉的给水，水质标准以保障软化设施和锅炉正常、安全运行为基础；第三种是多余污水处理后排放，排放指标遵照我国综合污水排放标准，除对石油类和悬浮固体等指标进行控制外，还要对 COD 等排放指标进行控制。

回注用途的采出水处理流程根据水质的不同又分为回注中、高渗透地层常规稀油流程、回注低渗透地层常规稀油流程、聚驱采出水回注流程等。

1）用于油田注水的采出水处理工艺

（1）重力沉降工艺。

合理的水力设计和污水停留时间是影响除油效率的两个重要因素，停留时间越长，处理效果越好。其流程为：

自然沉降→混凝沉降→过滤→出水。

该流程是油田开发早期，通过不断地探索和现场试验研究最终确定的处理工艺。该工艺在国内首先于 1969 年应用在大庆油田东油库含油污水处理站并获得成功，先后在国内各油田推广应用，国外许多油田也在采用类似流程。原水经自然除油后可使污水中含油量由 5000mg/L 降至 500mg/L 以下，再投加混凝剂可使细小的乳化油滴聚结变大上浮去除，混凝沉降后一方面含油量可降至 50 ~ 100mg/L，另一方面悬浮物大幅度上浮、少部分下沉，再经石英砂压力过滤罐过滤，一般可使含油降至 20mg/L 以下，悬浮物降至 10mg/L。该工艺流程效果较好，对原水含油量变化适应性强，缺点是当设计规模超过 1.0×10^4 m^3/d 时，压力滤罐数量多，流程相对复杂。近几年各油田相继采用滤速较高的核桃壳滤罐、双滤料滤罐、改性纤维球滤罐替代石英砂滤罐。

目前已形成一套从理论到实践较为完整的处理技术，在除油罐内增加排泥设施，增加污泥浓缩和处理工艺，使该工艺具有除油效率高、出水水质稳定、维护管理方便等优点，因而得到广泛的应用。

随着需处理采出水水质的不断变化，各油田针对自身情况，相应地对三段处理工艺进行改进，形成以下几种处理流程：

①混凝除油→过滤→出水。

②粗粒化→混凝除油→过滤→出水。

（2）旋流分离工艺。

主要工艺流程为：采出水→旋流分离器→过滤→出水。

其机理是借助于离心力将密度较小的油滴从水中分离出去。旋流分离技术作为一种高新分离技术用于油、水分离的应用研究起源于英国 south-Hampton 大学。1985 年英国北海油田和巴是流峡油田安装了第一批永久性的去油型旋流分离器，1985 年底北海油田用旋流成功处理约 $900m^3/h$ 含油废水。1989 年我国南海东部油田首次用 Krebs 公司生产的水力旋流器处理含油污水，1993 年胜利油田引进一台 CONOCO 公司的 Vortoil 水力旋流器。此后国内部分油田和研究机构开始对水力旋流器进行深入的研究开发和现场实验，并开始陆续使用。目前大港、吉林和塔里木等油田都试验采用了旋流分离技术处理采出水。

（3）气浮工艺。

主要工艺流程为：采出水→气浮装置→过滤→出水。

气浮就是在含油污水中通入空气（或天然气）或设法使水中产生气体，使污水中颗粒粒径为0.25 ~ 25μm的乳化油和分散油或水中悬浮颗粒粘附在气泡上，随气泡一起上浮到水面上并加以回收，从而达到对含油污水除油、除悬浮物的目的。

我国早在60年代就开始研究应用该技术，1963年大庆率先在东油库污水实验站用自制的叶轮浮选机进行过浮选实验。1984年大港油田羊庄污水处理设计中采用了廊坊管道局生产的仿美（UEMCO公司）四级叶轮浮选机，经1986年投产试运，除油效率可达79.44%，出水含油为18.8mg/L，除油效果很好。

大庆油田于2000年8月竣工投产了$3.0\times10^4m^3/d$规模的北1-3含油污水处理试验站，该站首次在大规模的含油污水站中应用了气浮除油技术，从目前的运行情况来看效果良好。

目前国外油田在采出水处理中广泛应用了气浮除油技术，例如美国在新建的含油污水处理站中的处理工艺多采用气浮除油技术。

（4）膜分离工艺。

膜技术可以从根本上控制悬浮物的粒径，国外油田已有大量用于油田采出水处理方面的工程实例，虽然存在投资大、膜污染后清洗困难、运行费用高等缺点，但其技术潜力仍使其成为油田采出水处理研究的一个方向，特别对低渗透油田的开发具有十分重要的意义。目前国内已有部分采出水处理站采用膜处理工艺。

（5）水质净化与稳定工艺。

主要工艺流程为：采出水→沉降罐→反应罐→斜板除油罐→过滤→出水。

该流程的关键技术为江汉石油学院“水质改性技术”复配药剂的投加，药剂的投加点为一级提升泵的入口和反应罐的入口，投加过程可通过设置在一级提升泵前端和2座反应罐进口处的在线流量计检测到流量值的大小，由加药泵出口管线上的流量计反馈信号，通过微机变频调节药剂的投加浓度。加药泵与反应罐为一对一投加。处理工艺还采用了“小间距斜板强化絮体分离”“等面积集配水”“等摩阻穿孔管排泥”等多项技术。

水质净化与稳定技术主要有以下几方面的优点。

①抗冲击负荷能力强，处理效率很高，除油除悬浮物的效率可达95%以上。

②基本满足各类油藏注水水质的要求，还可作为稠油污水深度处理回用注汽锅炉的处理工艺。

目前，水质净化与稳定技术主要应用于新疆克拉玛依油田，其平均除油、除悬浮物效率达90%以上，采出水处理的主要控制指标基本达标。

2）用于达标外排的采出水处理工艺

外排污水重点是去除BOD5、COD等生化指标。目前外排污水处理工艺有以下几种。

（1）生物法外排污水处理工艺。

基本形式一（氧化塘法）：除油后采出水→曝气塘→兼性塘→好氧塘→外排。

此流程用于大港油田东二污水排放站和辽河欢三联污水排放站，适用一般含油污水达标排放处理。

基本形式二（厌氧—好氧法）：除油后采出水→集水池→厌氧消化池→二级生物接触氧化池→斜板沉淀池→砂滤池→外排。

此流程为冀东油田高一联排放站工艺流程。

（2）物化法达标外排污水处理工艺。

目前典型的物化法处理外排污水工艺为“微絮凝破乳+沉降过滤”物化法外排污水处理工艺。

工艺示意流程为：采出水→ 投加微絮剂、破乳剂→ 混合反应罐→斜管沉降罐→砂滤→出水。

大港油田孔一污采用该工艺。

3）用于稠油深度处理回用蒸汽锅炉的采出水处理工艺

基本形式一：污水来水→除油→气浮→（除硅）→两级过滤→两级软化→热采锅炉。

辽河油田欢三联、欢四联稠油污水深度处理站都采用的该处理工艺。

基本形式二：采出水→沉降罐→反应罐→斜板除油罐→两级过滤→两级软化→热采锅炉。

新疆六九区稠油污水深度处理站采用该处理工艺。

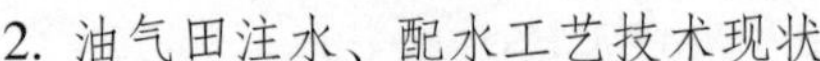

2. 油气田注水、配水工艺技术现状

1）常规注水工艺现状

油田注水工艺技术随着油田注水开发建设经历了近40年的发展历程，由最初单一的集中供水多井配注的注水模式发展到现在分质注水、分压和活动注水等多种模式。总体来说，降低注水单耗是推动不同注水工艺模式发展的重要原因，目前中石油的注水工艺主要分为以下几种方式。

（1）注水站集中增压供水方式。

由注水站注水泵集中提供高压水，单干管高压供水，配水间采用支线连接。

注水站集中供水，单干管多井配注模式是目前应用最多的注水工艺模式，适用于相对较为集中的区块集中注水，配注区块距联合站较近，在联合站内建注水站，采用集中注水方式，通过注水干线和注配间为注水井配水。

（2）供水站低压供水，注水站、配水间、井口增压方式。

在供水站设置低压单干管供水至注水站或注配间，由注水站或注配间内设置的注水泵为注水井增压注水。

适用于较为偏远的区块，注水井距注水站较远，采用低压供水、高压注水的方式可大大降低基建投资和运行费用。对于个别高压井可以采用井口增压方式。

吐哈油田对于个别注水压力为32 ~ 35MPa的高压注水井，采用单井增压注水工艺，利用已建25MPa的注水系统，在注水单井井场安装增压泵，将25MPa的来水增压至32 ~ 35MPa。充分利用了已建注水系统，节省工程投资，且增压泵可随地搬迁，适用于边远分散注水井增压。

（3）注水站分压供高压水方式。

在注水站设置不同压力系统，单干管分压供水输至配水间，配水间之间根据不同压力系统，采用支线连接。

适用于注水区块注入压力不同的情况，为降低能耗，注水系统采用分压注水方式，即不同压力等级的区块，在注水站建设不同压力系统，以降低注水能耗。

陆梁油田针对2个主力区块的注入压力不同，为降低能耗，注水系统采用分压注水方式，按2套压力系统建设，分别为16MPa和10MPa。实行高低压分注后，每年可节省181.4×10^4kW·h，按0.37元/（kW·h），年可节省电费67.1×10^4元。

新疆油田公司在北三台油田注水系统技术改造中，根据实际情况，采用分压注水，建设两套压力系统，其高压为25MPa，注水能力1000m³/d，满足北16井区注水需求；中压系统设计压力为20MPa，注水能力为1100m³/d，满足北31、北75和北20井区注水需求。同时中、高压系统均采用变频技术，在满足北三台油田注水需求的情况下，实现年节约电费360×10⁴元。

（4）可搬迁橇装注水方式。

针对局部独立开发的试验井和零散井，采用可搬迁橇装注水装置进行注水。适用于滚动开发油田开发初期，可避免规模不确定时造成的先期投资增加。

大庆呼伦贝尔油田对注水井较为集中的区块采用集中注水，如苏131区块和贝301区块，距联合站较近，在联合站内建注水站，采用集中注水方式；对较为偏远的区块，采用低压供水，配水间内注塞泵升压注水的方式，如苏102区块；针对局部独立开发的试验井和零散井，采用可搬迁橇装注水和水处理装置相结合的工艺措施。

2）配水工艺现状

（1）配水间集中配水工艺。

是目前应用最多的配水工艺模式，适用于相对较为集中的区块，配水间内集中为各注水单（多）井配水。

（2）井口恒（稳）流配水工艺。

注水站集中供水，取消注配间，在井口直接配水（如图3-43所示）。适用于注水井相对集中的区块或丛式井组。

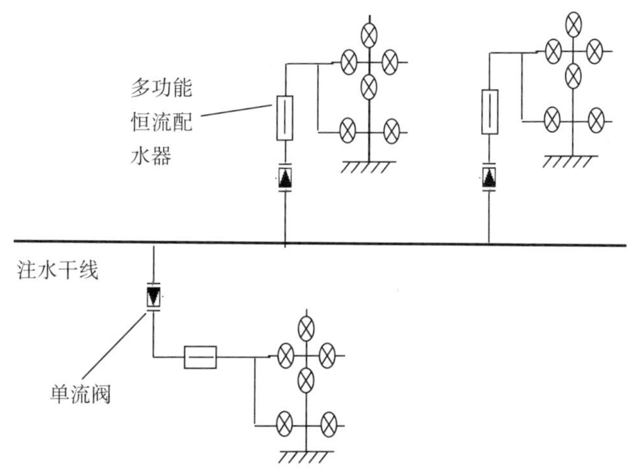

图3-43　注水井恒流配水流程图

长庆西峰油田采用“单干管稳流配水、活动洗井”注水工艺，取消了配水间，代之以稳流配水阀组，由配水间集中配注改为稳流阀组分散配注，使注水支线减少。经测算，平均每口注水井可节约投资 1.95×10^4 元。

稳流配水工艺技术克服了串管配注流程中单井注水量相互干扰的问题，解决了因注水压力波动而产生的注水量超、欠注的问题。

稳流配水阀组一般辖 3 ~ 5 口注水井。该装置结构简单、体积小、重量轻，在工厂预置，可整体搬迁且现场安装工作量小，建设周期短，适应了超前注水的需要；实现了无人值守，生产岗位减少，管理费用降低。

3. 标准化设计推荐工艺

1）整装油田

整装油田油、气、水主体系统和辅助配套系统均整体建设、功能完善。污水处理多采用重力沉降，二级过滤；注水系统多为集中注水，单干管多井配注。

（1）采出水处理。

①按除油方式分类。

a. 两段重力沉降除油工艺。

除油段采用两段沉降除油工艺，即一段自然沉降、二段混凝沉降，重力沉降通过加入化学药剂去除污油及部分悬浮固体。

b. 缓冲沉降＋水力旋流除油工艺。

缓冲罐用于原水的缓冲、均质和部分浮油的沉降，水力旋流器通过加入化学药剂去除污油及部分悬浮固体。

c. 水质稳定与净化除油工艺（缓冲调节、反应、沉降三段工艺）。

缓冲调节罐用于原水的缓冲、均质和部分浮油的沉降，通过加入以镁、锌、钙为主要成份的离子调整剂对污水进行处理，处理后污水进一步沉降去除污油及部分悬浮固体。

d. 缓冲沉降＋横向流聚结除油工艺。

缓冲罐用于原水的缓冲、均质和部分浮油的沉降，横向流聚结除油器通过加入化学药剂去除污油及部分悬浮固体。

e. 缓冲沉降＋气浮装置除油工艺。

缓冲罐用于原水的缓冲、均质和部分浮油的沉降，气浮装置通过加入化学药剂去除污油及部分悬浮固体。

②按过滤方式分类。

a. 一级核桃壳过滤、二级改性纤维球（束）过滤。

一级采用核桃壳过滤器，主要用于去除部分污油和大颗粒悬浮固体；二级采用改性纤维球（束）过滤器精细过滤去除小颗粒悬浮固体。

b. 一级核桃壳过滤、二级双层滤料过滤。

一级采用核桃壳过滤器，主要用于去除部分污油和大颗粒悬浮固体，二级采用双层滤料过滤器精细过滤去除小颗粒悬浮固体。

c. 两级双层滤料过滤。

按照功能不同，二级双层滤料粒径级配不同，一级主要用于去除部分污油和大颗粒悬浮固体，二级精细过滤去除小颗粒悬浮固体。

（2）清水处理。

①一段除铁，二段精细过滤工艺。

主要用于地下水处理，前段主要采用锰砂除铁滤罐＋曝氧的方式去除水中二价铁离子，过滤段采用纤维球（束）过滤器或烧结管过滤器去除悬浮固体。

②一段除氧，二段精细过滤工艺。

主要用于地表水处理，前段主要采用投加化学药剂的方式去除水中溶解氧，过滤段采用纤维球（束）过滤器或烧结管过滤器去除悬浮固体。

③一段精细过滤工艺。

主要用于地下水处理，直接采用烧结管过滤器去除悬浮固体。

（3）注水。

①按供水方式分。

a. 注水站集中增压供水方式。

由注水站注水泵集中提供高压水，单干管高压供水，配水间采用支线连接。

b. 供水站低压供水方式。

在供水站设置低压供水泵，采用低压供水管线为注水泵供水。

c. 注水站分压供高压水方式。

在注水站设置不同压力系统，单干管分压供水输至配水间，配水间之间根据不同压力系统，采用支线连接。

d. 配水间、井口增压方式。

对于个别高压井，采用在配水间、井口设置注水泵进行局部增压。

②按配水方式分。

a. 配水间集中配水方式。

在配水间内集中为各注水单（多）井配水。

b. 稳流阀分散配水方式。

在井口设置稳流配水阀进行配水。

2）三采油田

目前三次采油以化学驱油为主，按化学助剂类型可分为聚驱及三元复合驱等。三采油田由于化学助剂的注入，与常规水驱油田相比，地面建设注入工程增加了三采助剂配制和注入设施，系统以保持注入液黏度为核心，工艺相对复杂；同时，由于产出液理化性质发生变化，采出液脱水和污水处理工艺技术及参数与常规水驱油田也有较大差异，通常自成系统、单独处理。

（1）地面总体配注流程。

①集中配制、分散注入。

该工艺适用于大规模工业化应用，集中建设规模较大的聚合物母液配制站，在其周围卫星式分散布建多座聚合物或三元注入站，由配制站分别向各注入站供给母液，在注入站完成最终目的液的复配。

②配注合一。

即聚合物配制部分和注入部分合建在一起的配、注工艺。“配注合一”工艺，流程紧凑、即配即注，配注站聚合物分子量、体系配方、注入浓度等注入方案调整灵活，适用于小规模零散三次采油开发及现场试验。

（2）聚合物母液配制及输送。

①“分散—熟化—过滤—储存—外输”的长配制工艺。

聚合物干粉通过分散装置与清水按比例混合，由螺杆泵送至熟化罐，经过一定时间的搅拌熟化使聚合物干粉完全溶解，通过转输螺杆泵增压过滤后，进行储存；当注入站需要时，经外输螺杆泵升压外输至注入站。

②“分散—熟化—外输—过滤”的短配制工艺。

聚合物干粉通过分散装置与清水按比例混合，由螺杆泵送至熟化罐，经过一定时间的搅拌熟化使聚合物干粉完全溶解，通过外输螺杆泵增压过滤后，直接输送至注入站。

③“单泵、单管、单站”的母液外输工艺。

配制站外输泵、配制站至注入站母液管道采用一一对应，相对独立运行。

④“一泵多站”的母液外输工艺。

配制站外输泵联合运行；配制站母液外输采用一条母液管道同时为多座注入站输送母液，注入站来液自动控制。

（3）聚驱注入站工艺。

①“一泵多井”的注入工艺。

该注入站工艺与“单泵、单井”注入工艺不同的是聚合物母液增压部分采用一台大排量注入泵对 3 ~ 7 口注入井，通过低剪切流量调节器实现单井母液自动分配。

②“单泵单井”的注入工艺。

配制站聚合物母液进入高架缓冲罐，采取静压上供液方式喂入注入泵；聚合物母液经注入泵增压后，与来自注水站的高压水混合成聚合物目的液后外输至注入井。该注入工艺聚合物母液增压部分采用单台注入泵对单口注入井。

（4）三元注入站工艺。

三元注入采用“高压两元、低压三元、单泵单（多）井”三元配注工艺。该工艺三元体系配注分为高压部分和低压部分两路生产运行。

高压部分：将碱液和表活剂液分别升压后，与高压水各自按一定比例混合，形成含碱液和表活剂液的高压两元液，输送到高压注水阀组。

低压部分：将碱液和表活剂液分别升压后，与聚合物母液各自按一定比例注入三元调配罐混合，形成低压三元液，按“单泵单（多）井”模式，由三柱塞泵升压后，输送至高压注水阀组。在高压注水阀组处，将高压两元液与高压三元液按一定比例混合，形成合格的三元体系目的液输送至注入井口。

（5）建设情况。

目前，大庆聚合物驱地面工程形成了“集中配制、分散注入”的配注系统特色工艺技术。注入站主要采用“单泵单井”和“一泵多井”注入流程，其规模按辖井数划分，分别从辖井 20 口至 80 口不等，井数较少的注入站主要采用“单泵单井”流程，井数较多的采用“一泵多井”流程。配制站经历了从长流程（即熟化和储存分设）到短流程（熟储合一短流程）的发展过程，目前短流程应用普遍。

3）分散小断块油田

分散小断块油田油田分散、面积小，地面建设配套工程投资比例大、效益差。小断块油田地面建设一般不配套建设系统完整的油、气、水处理站及设施，而是因地制宜，根据生产需求设置简易的地面设施（小装置、短流程）。

目前小断块油田的采出水工艺有以下 8 种：①自然沉降→混凝沉降→过滤。②混凝沉降→过滤。③调节→气浮选机→过滤。④调节→横向流聚结除油器→过滤。⑤调节→一体化压力除油器→过滤。⑥调节→ SSF →过滤。⑦调节→水力旋流→过滤。⑧特种微生物 + 过滤等工艺。

集中脱水时，可采用“自然沉降→混凝沉降→过滤”、“调节→气浮选机→过滤”、“调节→横向流聚结除油器→过滤”、“调节→一体化压力除油器→过滤”以及“特种微生物 + 过滤”等工艺，推荐采用整体橇装方式。

当采用就地脱水方案时，采出水系统可以考虑采用压力式流程或橇装式小型油水分离装置就地除油，并将除油后的污水就地回注或回灌地层，以节省投资，减少拉运费用。对于集中脱水、集中注水的站场，注水方式与其它类型油田基本一致。

对于边远分散小断块油田，由于多为局部独立开发的零散井或试验井，系统不成规模，因此注水工艺应力求简易，可因地制宜地选择可搬迁橇装注水模式或可移动注水模式。

华北油田新区产能建设多为小断块油田。这些小断块均为低渗透储层；回注水水质要求高，注水压力高。华北油田根据自身情况，采用了三种采出水处理标准化流程，分别是“调节→气浮选机→过滤”流程、“调节→一体化压力除油器→过滤”流程、“特种微生物 + 过滤”流程。

4）低渗透油田

低渗透油田渗透率低、井数多、单井产量低，针对低渗透油田特点，地面采用短流程的工艺，突出体现“短、小、简、优”的技术特点。

目前低渗透油田的采出水工艺有以下 6 种：①自然沉降→混凝沉降→过滤。②混凝沉降→过滤。③调节→气浮选机→过滤。④调节→压力除油器→过滤。⑤调节→ SSF →过滤。⑥特种微生物 + 膜过滤等工艺。

低渗透油田的采出水处理工艺与整装油田相比，其处理规模较小、处理水质要求较高，因此采出水处理流程可采用压力除油工艺、悬浮污泥床工艺和“特种微生物 + 膜过滤”等，必要时应进行技术经济比选。过滤工艺可根据水质要求，因地制宜地选择核桃壳滤器、双层滤料过滤器、改性纤维球滤器和硅藻土过滤器等。

当注水要求严格，必须达到“含油不大于 5mg/L，悬浮固体不大于 1mg/L，粒径中值不大于 1μm”水质时，建议采用“特种微生物 + 膜过滤”工艺。

长庆油田的低渗透油田采出水处理工艺经历不同阶段发展完善，主要以“二级沉降 + 二级过滤”及“一级沉降除油 + 过滤”等为主，并引进试验了微生物、气浮工艺及一体化水处理工艺等多种水处理工艺。随着采出水处理工艺不断优化完善，适应了长庆油田的发展需求，基本满足采出水回注要求，其中尤以“二级沉降 + 过滤工艺”系统稳定性好、装机功率小、维护管理方便且不受矿化度高低影响，得到全面推广应用。

考虑到长庆油田的实际应用情况，本标准化设计以长庆油田的“二级沉降＋过滤工艺”处理流程为基础。

目前，注水工艺模式主要分为以下几种。

按站场布局分为：①高压集中供水模式。②低压集中供水、高压分散注水模式。③分散橇装注水站或局部增压模式。

按配水方式和注水管网分为：①单干管配水间多井配水模式。②单干管稳（恒）流配水工艺模式。③分质、分压注水管网模式。

对于滚动开发的低产低渗油田的开发初期，可通过简易注水模式，避免规模不确定时造成的先期投资增加。对于整装开发低产低渗油田，应以注水站高压集中供水，单干管稳（恒）流配水工艺模式为主，并与其它几种注水方式进行有机的结合。

长庆低渗透油田清水注水水源基本以白垩系宜君—洛河组承压水为主。埋藏浅、水量充沛，可作为大规模注水用水源。主要问题是细菌超标、机杂超标（2.5 ~ 3.8mg/L）。通过多年研究和实践，形成了“大罐胶膜隔氧＋PE烧结管过滤”的密闭注水工艺。针对水质含有微量泥砂问题，增加一级纤维球粗滤装置，满足了低渗透油藏的注水要求。

清水处理采用“纤维球粗过滤+PE烧结管精细过滤”二级过滤工艺，通过系统周期段塞式投加杀菌剂控制系统细菌滋生，连续投加防垢剂减缓注水地层结垢问题。该工艺可保持注水系统水质长期稳定，满足碎屑岩注水水质标准要求，实现油田注水的平稳进行。

5）稠油油田

注蒸汽开采的稠油油田地面集输工艺的主要特点是集输半径短、集输温度高、注汽系统复杂、运行成本高、大罐沉降脱水时间长。污水需要深度处理，回用锅炉。

（1）采出水处理。

①常规处理回注工艺。

a. 按除油方式分为：两段重力沉降除油工艺；缓冲沉降＋气浮装置除油工艺。

b. 按过滤方式分为：一级核桃壳过滤器过滤、二级双层滤料过滤器过滤；二级双层滤料过滤器过滤。

②深度处理回用锅炉工艺。

a. 按除油方式分为：水质稳定与净化除油工艺（缓冲调节、反应、沉降三段工艺）；机械压缩蒸发法（MVC）处理工艺。

三段工艺采用缓冲调节罐用于原水的缓冲、均质，出水采用沉降罐除油和悬浮固体，采用溶气浮选机进一步除油和悬浮固体。

MVC 处理工艺的污水经缓冲调节、沉降、气浮三段工艺处理后直接进入 MVC 装置进行处理，处理后污水直接进入汽包炉。该工艺主要为满足 SAGD 开发高干度蒸汽的需要，用于处理 SAGD 产生的采出水处理。

b. 按除硅方式分类。

一般采用投加镁盐的化学方法进行除硅，近年来，辽河油田在试验的基础上对直流锅炉的二氧化硅指标进行了调整，由原来的 50mg/L 调整为 150g/L。

c. 按过滤方式分为：一级核桃壳过滤器过滤、二级改性纤维球（束）过滤器过滤；两级精细过滤器过滤。

按照功能不同，二级精细过滤器滤料粒径级配不同，一级主要用于去除部分污油和大颗粒悬浮固体，二级进行精细过滤去除小颗粒悬浮固体。

d. 按软化方式分类。

软化站一般采用处理站集中布置和注汽站分散布置两种形式，主要用以软化深度处理后的污水和地下清水，软化工艺一般有以下两种方式：强酸软化；采用强酸树脂软化的方式；弱酸软化；采用大孔弱酸树脂软化的方式。

（2）注汽系统。

稠油油田注蒸汽系统分为分散和集中供热两种方式，宜根据注汽干度、温度、压力等参数，经过技术经济对比综合确定供热方式。汽管网采用枝状分配系统和辐射状系统。

（3）建设情况。

中国石油天然气股份有限公司（以下简称“股份公司”）的稠油污水主要分布在辽河油田和新疆油田，由于稠油主要是采用注饱和蒸汽开采，为防止热采锅炉结垢，对进入热采锅炉的水质要求很高，而稠油采出后分离出的稠油污水水质较复杂，是含有多种杂质且水质波动较大的工业废水，处理难度较大。但稠油污水本身具有水温高、含油量大的特点，从某种程度说，稠油污水实际是一种极具开发价值的“优质资源”，如果将稠油污水处理后，作为热采锅炉水源，可节省清水资源和电能、减少无效回注，又可以节省热能（稠油污水温度高于清水温度），污水资源的有效利用将产生很大的社会效益和经济效益。

20 世纪 90 年代，稠油污水一般采用隔油→浮选→过滤处理流程进行处理，产出的大量稠油污水处理后，部分回灌地层、部分少量外排，既浪费了大量的能源和资源又对环境造成了一定的污染。

随着工艺技术的发展，目前股份公司稠油采出水大部分处理后进行锅炉回用，充分利用稠油采出水的资源和热量，减少无效回灌和外排，取得了显著的经济和社会效益。

股份公司稠油采出水深度处理回用蒸汽锅炉的代表工艺主要有 2 种：一种是以辽河油田欢四联稠油污水处理厂为代表的高效气浮工艺，辽河油田自 2002 年以来共建 6 座稠油采出水处理站；另一种是以新疆油田六九区稠油污水处理厂为代表的水质稳定与净化工艺，从 2001 年至 2014 年，新疆油田已陆续建成了 7 座稠油采出水处理站，总设计处理规模达 $16.5\times10^4m^3/d$，处理后净化水指标全部达标后回用注汽锅炉，实现了水资源的循环利用，充分利用了采出水的热能。

实践证明这两种工艺分别适应各自的条件和环境，均满足工程目的要求，采用何种流程，应根据原水水质条件、所在区域环境条件、依托条件等进行综合经济技术比选后确定。

辽河油田自 2000 年以来新建注汽站 49 座，规模主要为 $1\times23t/h$ 及 $2\times23t/h$。目前辽河油田近 80% 注汽站已改造为燃烧天然气，并且稠油污水深度处理后的污水均达到注汽站使用要求，目前新建注汽站水源均采用污水处理厂处理后的软化污水。

（二）水系统标准化设计分类

本次采出水处理及注入系统的标准化设计涉及整装油田、低渗透油田、分散小断块油田、稠油油田和三采油田。

1. 整装油田

整装油田的采出水处理按一级沉降 + 压力除油 + 双滤料过滤处理工艺、两级沉降 + 一级过滤处理工艺和两级沉降 + 两级过滤处理工艺制定了 3 个工艺系列 10 种处理方案的标准化设计；注水系统针对离心式注水泵站形成了 6 种规模方案的标准化设计。

1）采出水处理站

（1）一级沉降 + 压力除油 + 双滤料过滤处理工艺。

①含油污水处理站（一级沉降 + 压力除油 + 双滤料过滤）-3000。

②含油污水处理站（一级沉降 + 压力除油 + 双滤料过滤）-5000。

（2）两级沉降 + 一级过滤处理工艺。

①含油污水处理站（两级沉降 + 一级过滤）-10000。

②含油污水处理站（两级沉降 + 一级过滤）–15000。

③含油污水处理站（两级沉降 + 一级过滤）–20000。

④含油污水处理站（两级沉降 + 一级过滤）–25000。

（3）两级沉降 + 两级过滤处理工艺。

①含油污水处理站（两级沉降 + 两级过滤）–10000。

②含油污水处理站（两级沉降 + 两级过滤）–15000。

③含油污水处理站（两级沉降 + 两级过滤）–20000。

④含油污水处理站（两级沉降 + 两级过滤）–25000。

2）注水（离心泵注水站）

（1）注水站（常规 / 离心泵）–2500–16.0。

（2）注水站（常规 / 离心泵）–5000–16.0。

（3）注水站（常规 / 离心泵）–10000–16.0。

（4）注水站（常规 / 离心泵）–15000–16.0。

（5）注水站（常规 / 离心泵）–20000–16.0。

（6）注水站（常规 / 离心泵）–25000–16.0。

2. 三采油田

针对三采油田注入站所辖井数制定了 5 套标准化设计，针对配制规模制定了 4 套聚合物配制站标准化设计，制定了 1 套三元配注站标准化设计图纸。

1）注入站

（1）注入站（三采）–20–16.0– Ⅱ。

（2）注入站（三采）–30–16.0– Ⅱ。

（3）注入站（三采）–40–16.0– Ⅱ。

（4）注入站（三采）–50–16.0– Ⅱ。

（5）注入站（三采）–60–16.0– Ⅱ。

2）配制站

（1）聚合物配制站（三采）–3500。

（2）聚合物配制站（三采）–7000。

（3）聚合物配制站（三采）–10000。

（4）聚合物配制站（三采）–14000。

3）配注站

三元配注站 –20–16。

3. 低渗透油田

针对低渗透油田制定了3种处理规模的采出水处理站标准化设计以及5种注水规模的注水站（注水橇）标准化设计。

1）采出水处理站

（1）1000m³/d采出水处理站。

（2）2000m³/d采出水处理站。

（3）3500m³/d采出水处理站。

2）注水站（注水橇）

（1）注水橇-300-25。

（2）注水橇-500-25。

（3）注水站-500-25。

（4）注水站-1000-25。

（5）注水站-1500-25。

4. 稠油油田

针对稠油油田2种常用建设规模的采出水深度处理工艺站和1种规模的清水软化处理站进行了标准化设计，并对2种规模的注汽站制定了标准化设计。

1）采出水"沉降—浮选—两级过滤—两级软化"工艺深度处理站

（1）20000m³/d稠油污水深度处理站。

（2）10000m³/d稠油污水深度处理站。

2）采出水"重力除油—高效反应—混凝沉降—两级过滤—两级树脂软化"工艺深度处理站

（1）20000m³/d稠油污水深度处理站。

（2）10000m³/d稠油污水深度处理站。

3）清水软化处理站

钠离子软化+真空除氧-5000。

4）注汽站

（1）1×23t/h注汽站。

（2）2×23t/h注汽站。

5. 分散小断块油田

针对分散小断块油田个别较大断块配套建设的联合站及注水拉油站配套注水系统和采出水处理系统进行了标准化设计，其中采出水按照生物处理工艺、气浮处理工艺和一体化装置处理工艺各制定了2种处理规模的标准化设

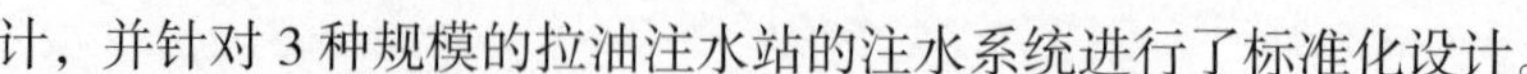

计，并针对3种规模的拉油注水站的注水系统进行了标准化设计。

1）采出水处理站

（1）20×10^4t/a联合站。

①生物处理工艺。

②气浮处理处理工艺。

③一体化装置处理工艺。

（2）10×10^4t/a联合站。

①生物处理工艺。

②气浮处理处理工艺。

③一体化装置处理工艺。

2）注水拉油站

（1）柱塞泵–400–25。

（2）柱塞泵–300–25。

（3）柱塞泵–200–25。

（三）整装油田采出水处理与注水系统标准化设计

针对整装油田，结合大庆油田近10年来的设计经验，中石油目前已对污水与注水系统制定了16套定型设计，见表3–12。

表3–12　整装油田水系统标准化设计划分

序号	系列型号	处理能力，m^3/d
1	含油污水处理站（一级沉降＋压力除油＋双滤料过滤）–3000	3000
2	含油污水处理站（一级沉降＋压力除油＋双滤料过滤）–5000	5000
3	含油污水处理站（两级沉降＋一级过滤）–10000	10000
4	含油污水处理站（两级沉降＋一级过滤）–15000	15000
5	含油污水处理站（两级沉降＋一级过滤）–20000	20000
6	含油污水处理站（两级沉降＋一级过滤）–25000	25000
7	含油污水处理站（两级沉降＋两级过滤）–10000	10000
8	含油污水处理站（两级沉降＋两级过滤）–15000	15000
9	含油污水处理站（两级沉降＋两级过滤）–20000	20000
10	含油污水处理站（两级沉降＋两级过滤）–25000	25000
11	注水站（常规／离心泵）–2500–16.0	2500

续表

序号	系列型号	处理能力，m^3/d
12	注水站（常规 / 离心泵）–5000–16.0	5000
13	注水站（常规 / 离心泵）–10000–16.0	10000
14	注水站（常规 / 离心泵）–15000–16.0	15000
15	注水站（常规 / 离心泵）–20000–16.0	20000
16	注水站（常规 / 离心泵）–25000–16.0	25000

1. 采出水处理站

1）采出水处理工艺

（1）两级沉降 + 一级过滤。

来水首先进入一级自然沉降罐，经沉降后进入二次混凝沉降罐，沉降后污水进入升压缓冲罐。缓冲罐内的污水经升压泵提升进入一级过滤器过滤，滤后水进入反冲洗及外输水罐，再经外输泵外输至站外管网。一、二次沉降罐顶部分离出的污油，经污油泵提升输送至附近转油站处理。

过滤器反冲洗时，由反冲洗泵从反冲洗缓冲罐吸水，升压后分别对每台滤罐进行反冲洗，反冲洗排水进入回收水池。回收水池中的水经回收水泵提升后送至一次沉降罐重新处理，流程如图 3–44。

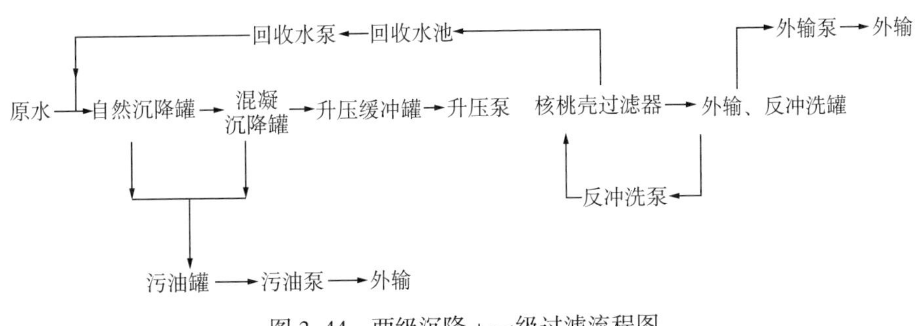

图 3–44　两级沉降 + 一级过滤流程图

（2）两级沉降 + 两级过滤流程。

在两级沉降 + 一级过滤流程基础上，增加二级过滤流程，其余流程一致。

（3）一级沉降 + 压力除油 + 双滤料过滤。

来水首先进入一级沉降罐，经升压泵提升后进入压力除油器，出水直接进入一级双层滤料过滤器，再进入二级双层滤料过滤器，滤后水进入注水罐和净化水罐，供注水站注水及滤罐反冲洗用水。

当过滤器经过一个过滤周期需要进行反冲洗时，启动反冲洗泵从净化水罐吸水，对过滤器进行反冲洗，反冲洗排水进入回收水罐。

回收水罐内的回收污水经回收水泵升压后，进入含油污水处理站的来水接收罐重新处理，对来水接收罐及回收水罐分离的污油进行回收，流程如图3-45所示。

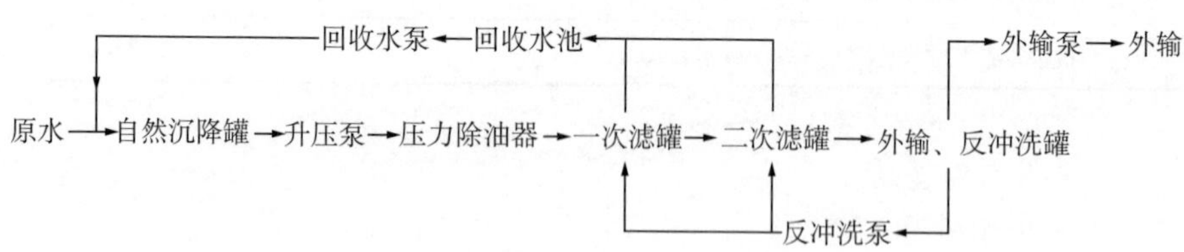

图3-45　一级沉降+压力除油+双滤料过滤流程图

2）技术特点

污水处理工艺除油效率高、出水水质稳定、维护管理方便、成熟可靠、应用广泛。采用沉降除油工艺成本低。沉降罐采用穿孔管排泥技术，及时有效排除污泥，避免了停产和污泥恶性循环对水质的影响。站内罐溢流排污及滤罐反冲洗水等全部实现回收，避免外排造成环境污染。站内采用化学和物理联合杀菌方式，杀菌效果明显且节约化学药剂。

3）设计参数

（1）“两级沉降+一级过滤”流程。

①来水水质。

来水含油量：≤1000mg/L；悬浮固体含量：≤300mg/L；水温：40～45℃。

②处理后水质。

含油量：≤20mg/L；悬浮固体含量：≤10mg/L；粒径中值：≤3μm。

③自沉时间：4h。

④混沉时间：2h。

⑤正常滤速：16m/h。

⑥反冲洗时间：15min+15min。

⑦反冲洗周期：24h。

⑧反冲洗强度：3+7L/（s·m²）。

⑨终期水头：10m。

⑩缓冲罐停留时间：0.5h。

⑪外输、反冲洗水罐停留时间：0.5h。

（2）“两级沉降＋两级过滤”流程。

①来水水质。

来水含油量：≤1000mg/L；悬浮固体含量：≤300mg/L；水温：40～45℃。

②处理后水质。

含油量≤10mg/L；悬浮固体含量≤5mg/L；粒径中值≤2μm。

③自沉时间：4h。

④混沉时间：2h。

⑤一级滤速：12m/h。

⑥二级滤速：8m/h。

⑦反冲洗时间：15min。

⑧反冲洗周期：24h。

⑨反冲洗强度：16L/（s·m^2）。

⑩终期水头：10m。

⑪缓冲罐停留时间：0.5h。

⑫外输、反冲洗水罐停留时间：0.5h。

（3）“一级沉降＋压力除油＋双滤料过滤”流程。

①来水水质。

来水含油量：≤1000mg/L；悬浮固体含量：≤100mg/L；水温：40～60℃。

②处理后水质。

含油量：≤10mg/L；悬浮固体含量：≤5mg/L；粒径中值：≤2μm。

③来水接收罐沉降时间：6h。

④压力除油器停留时间：1h。

⑤一次滤速：12m/h。

⑥二次滤速：8m/h。

⑦反冲洗强度：16L/（s·m^2）。

⑧反冲洗历时：15min。

⑨反冲洗周期：24h。

2. 离心泵注水站

1）注水工艺

来水进入站内来水缓冲罐，离心泵从缓冲罐吸水升压，经高压阀组至站外配水间。

冷却用清水进入冷却水罐，冷却水泵从冷却水罐吸水，升压后进入机组冷却器，利用冷却后的余压进入冷却塔冷却，冷却后水进入冷却水罐，重复循环冷却。

离心泵注水站内设稀油站为注水电机及注水泵轴承润滑，润滑后回油经稀油站换热器冷却后进入稀油站油箱，重复循环使用。

离心泵注水站工艺技术成熟可靠、维护管理工作量小，在各大油田应用广泛。站内采用大流量离心泵，泵效可达到82%。注水泵吸水管路、冷却循环水管路设静电防垢器，减缓注水泵腔体结构及注水电机冷却器内的结垢。

2）设计参数

（1）来水压力：0.15 ~ 0.25MPa。

（2）来水缓冲时间：4 ~ 6h。

（3）润滑方式：强制润滑。

（4）冷却方式：循环冷却。

（5）设计压力：16MPa。

3）自控系统

（1）自控方案。

自控方案内容可参考本章“油气集输及处理—整装油田”中自控方案内容。

（2）仪表要求。

①防爆、防护要求。

污水站沉降罐及其阀室、污油罐及其阀室、回收水池及其泵房属防爆场所，故安装在该场所的仪表防爆等级不低于ExdIIBT4。污水站内其余部分仪表和注水站仪表均按非防爆设计。仪表防护等级室外不低于IP65，室内不低于IP54。

②供电要求。

控制系统和现场仪表由不间断电源（UPS）供应。当电源出现故障，由备用蓄电池继续提供电源，其备用量为30min。24VDC由控制柜内电源箱提供。

③接地要求。

仪表控制系统的工作接地、保护接地、防雷接地、防静电接地共用接地系统，接地电阻 $R \leqslant 4\Omega$。

④防雷要求。

为避免因雷击造成的控制系统损坏，来自供电系统的电源和现场仪表信号电缆在控制室侧分别加装电源和信号电涌保护器。

3. 总体平面布置

1）污水处理站

平面布置总体上考虑以物流流向为轴心，按照流程总体走向依次有序布置储罐及各个功能间，保证工艺管道走向顺畅合理，尽量避免管线的交叉，方便与外部系统衔接。防爆厂房与非防爆厂房间距满足防爆要求。道路设置考虑满足基本的生产运行要求，力求不留死角，各功能间至站内路、各功能间之间人行路满足生产人员巡检需要，同时站内路也满足在火灾、爆炸等事故情况下人员疏散及撤离的要求。大门设置在值班室等辅助间附近，方便进出站场的人员管理。

平面布置在满足基本功能的前提下做到整洁、紧凑、美观，同时土地利用系数也满足油田建设用地的要求。

2）注水站

注水站平面布置要求同上污水处理站。

污水处理站、注水站平面布置见图 3–46 至图 3–49。

（四）三采油田聚合物注入系统标准化设计

结合大庆油田三采的经验，中石油针对聚合物配制以及注入系统设计制定了 10 套定型设计，见表 3–13。

表 3–13 三采油田聚合物注入系统规模系列划分

序号	系列型号	处理能力
1	聚合物配制站（三采）–3500	3500m³/d
2	聚合物配制站（三采）–7000	7000m³/d
3	聚合物配制站（三采）–10000	10000m³/d
4	聚合物配制站（三采）–14000	14000m³/d
5	注入站（三采）–20–16.0– Ⅱ	20 口井
6	注入站（三采）–30–16.0– Ⅱ	30 口井
7	注入站（三采）–40–16.0– Ⅱ	40 口井
8	注入站（三采）–50–16.0– Ⅱ	50 口井
9	注入站（三采）–60–16.0– Ⅱ	60 口井
10	三元配注站 –20–16	20 口井

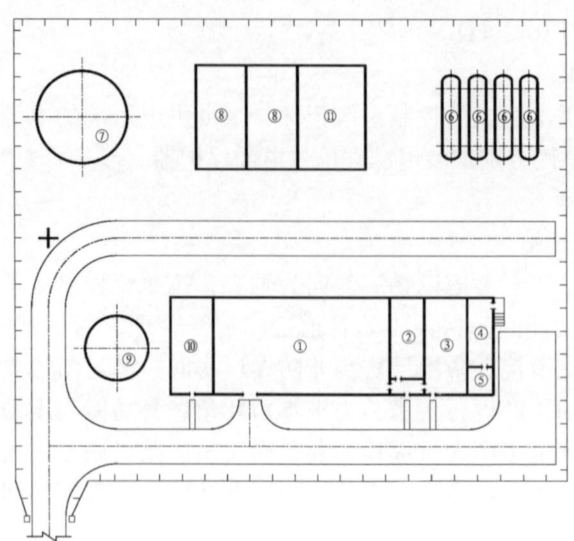

图 3-46　压力除油 + 双滤料过滤采出水处理站平面布置图

①一级滤罐操作间；②配电室；③加药间；④储药间；⑤加药平台；⑥压力除油器；⑦自然沉降罐；⑧回收水池；⑨净化水罐；⑩污水泵房；⑪污泥池

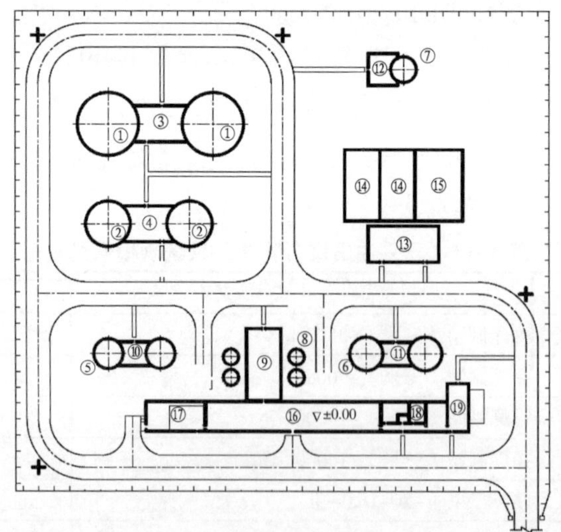

图 3-47　两级沉降 + 一级过滤采出水处理站平面布置图

①自然沉降罐；②混凝沉降罐；③自然沉降罐阀室；④混凝沉降罐阀室；⑤缓冲罐；⑥外输、缓冲水罐；⑦污油罐；⑧核桃壳过滤罐；⑨滤罐操作间；⑩缓冲罐阀室；⑪外输、缓冲水罐阀室；⑫污油罐阀室；⑬回收水泵房；⑭回收水池；⑮储泥池；⑯泵房；⑰药库及加药间；⑱生产辅助用房；⑲配电室

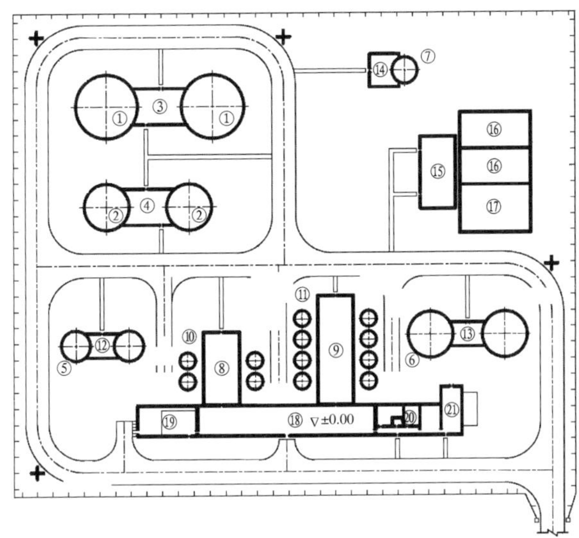

图 3-48 两级沉降 + 两级过滤采出水处理站平面布置图

①自然沉降罐；②混凝沉降罐；③自然沉降罐阀室；④混凝沉降罐阀室；⑤缓冲罐；⑥外输、缓冲水罐；⑦污油罐；⑧一级滤罐操作间；⑨二级滤罐操作间；⑩一级过滤罐；⑪二级过滤罐；⑫缓冲罐阀室；⑬外输、缓冲水罐阀室；⑭污油罐阀室；⑮回收水泵房；⑯回收水池；⑰储泥池；⑱泵房；⑲药库及加药间；⑳生产辅助用房；㉑配电室

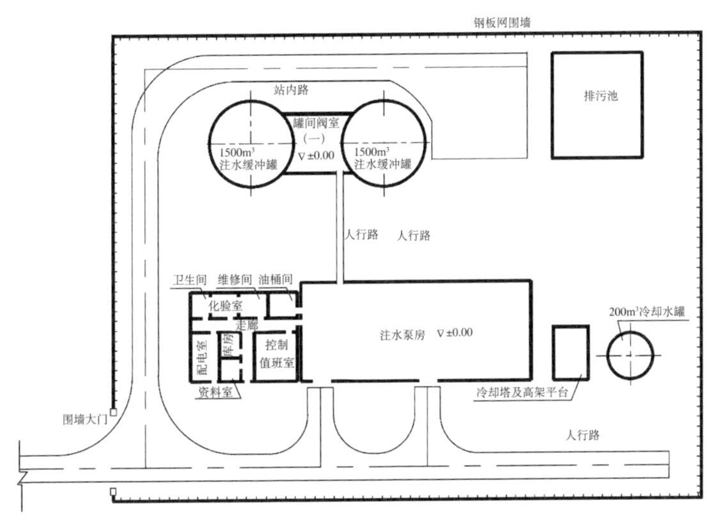

图 3-49 离心泵注水站平面布置图

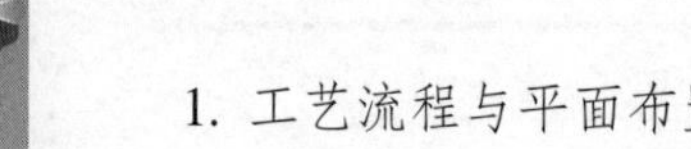

1. 工艺流程与平面布置

1）注入站

聚合物母液来液进入高架母液储箱，柱塞泵从储箱吸液，升压后进入高压母液汇管，经单井流量调节器根据单井注入量调节流量；单井高压水由高压水汇管经单井调节控制阀门调节流量，与单井母液按照一定比例混合后注入井口，流程如图 3–50 所示。

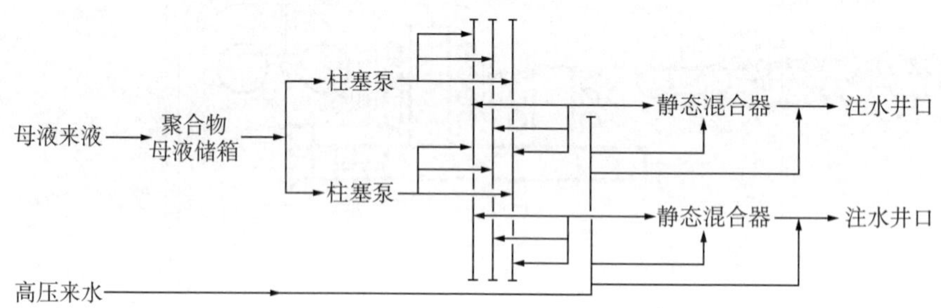

图 3–50　三采注入站流程图

注入站平面布置见图 3–51。

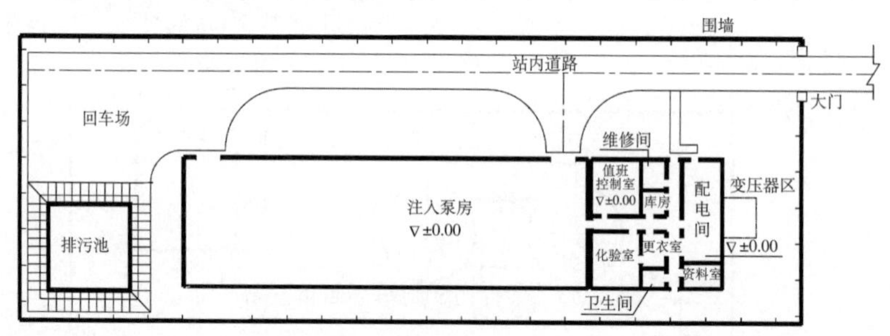

图 3–51　三采注入站平面布置图

2）配制站

配制用水进入站内缓冲罐，由离心泵升压并过滤后供给分散装置，固体粉状聚合物与水按比例进入分散装置，经分散装置充分混合后进入高架熟化罐进行储存和熟化，熟化后采取静压上供液方式经过泵前过滤器进入外输泵，母液升压后经粗、精过滤器过滤、计量后输至各注入站，流程如图 3–52 所示。

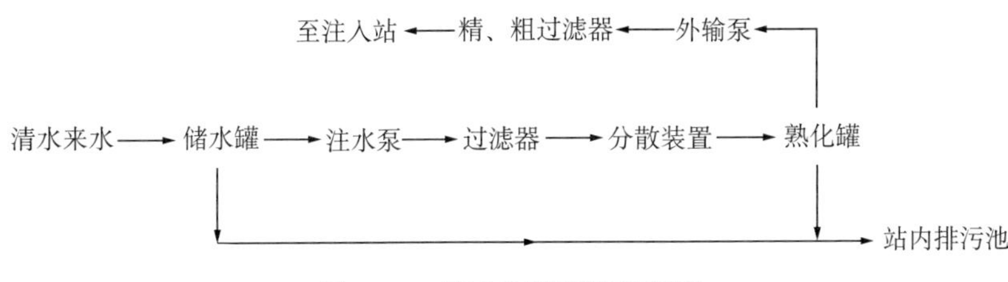

图 3–52　聚合物配制站流程图

聚合物配制站平面布置如图 3–53 所示。

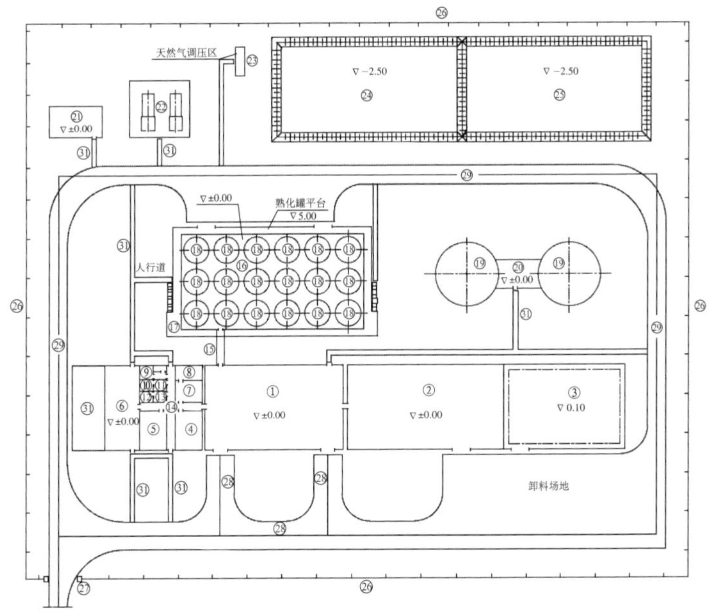

图 3–53　聚合物配制站平面布置图

①外输泵房；②配制间；③料库；④值班室；⑤化验室；⑥配电间；⑦维修间；⑧库房；⑨卫生间；⑩女淋浴间；⑪女更衣间；⑫男淋浴间；⑬男更衣间；⑭走廊；⑮连廊；⑯熟化罐阀室；⑰熟化罐平台；⑱熟化罐；⑲钢水罐；⑳罐间阀室；㉑采暖泵房；㉒加热炉区；㉓天然气调压区；㉔生产排污池；㉕生活排污池；㉖围墙；㉗大门；㉘站内路，宽 6.0m；㉙站内路，宽 4.0m；㉚变压器区

3）三元配注站

采用“低压二元和高压二元”配制工艺。三元注入部分采用“单泵单井”注入工艺。

PS（聚合物与表活剂）二元液部分：聚合物溶液与 50% 浓度的表活剂溶液按一定比例进入同一座调配罐搅拌、混合、熟化，熟化后的 PS 二元液由转输泵输至 PS 二元液储罐。

AS（碱和表活剂）二元液部分：碱（碳酸钠）通过分散装置配制成 1.25% 碱液，再与 50% 浓度的表活剂按照一定比例进入 AS 二元液储罐，混合成 AS 二元液，AS 二元液经喂液泵送至高压离心泵，再增压成 AS 高压二元液。

APS 三元液部分：AS 高压二元液与增压后的 PS 二元液按比例混合成目的液，输送到井口注入。

（1）PS 二元液配制流程。

配制用水经供水泵升压后进入分散装置，聚合物干粉通过射流分散装置分散混合后输至调配罐，由表活剂泵将 50% 浓度的表活剂原液按一定的混合比输至调配罐，充分搅拌、熟化后经转输泵输至 PS 二元液储罐。

（2）AS 二元液配制流程。

配制用污水经供水泵升压后进入分散装置，Na_2CO_3 干粉通过碱分散装置分散并充分溶解成 1.25% 浓度的碱溶液后输至 AS 二元液储罐，同时表活剂泵将 50% 浓度的表活剂原液按一定的混合比加至 AS 二元液储罐进口的管道中，经静态混合器将表活剂和碱溶液充分混合后进入 AS 二元液储罐。

（3）AS、PS 二元液升压混合。

AS 二元液通过离心式注水泵升压，PS 二元液通过柱塞泵升压，升压后的两种二元液在混配阀组混合后形成目的液输至注水井口，流程如图 3-54 所示。

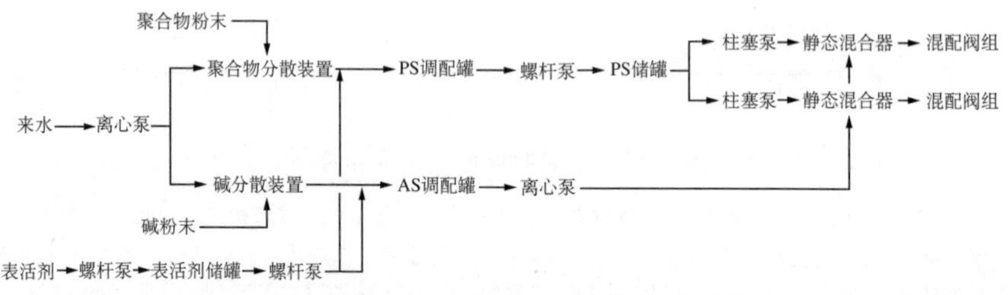

图 3-54　配注站流程图

配注站平面布置如图 3-55 所示。

2. 设计参数

1）注入站

（1）母液来液压力：大于 0.20MPa。

（2）母液储存时间：1h。

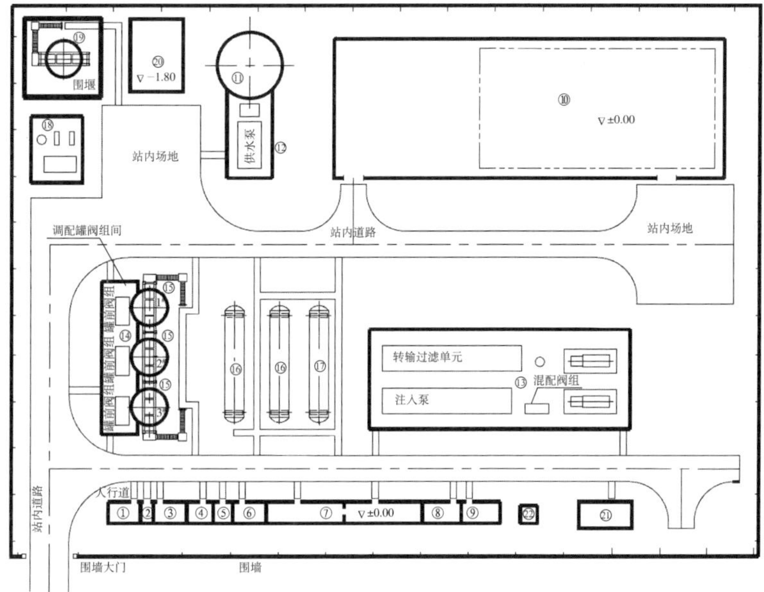

图 3-55　配注站平面布置图

①值班室；②卫生间；③休息室；④配电室；⑤更衣室；⑥控制室；⑦化验室；⑧库房；⑨维修间；⑩配制间及料库；⑪来水缓冲罐；⑫供水泵房；⑬注水泵房；⑭调配罐阀组间；⑮熟化罐；⑯ AS 储罐；⑰ PS 储罐；⑱表面活性剂泵房；⑲表面活性剂储罐；⑳环保排污池；㉑配电站；㉒高架水箱平台

（3）母液浓度：5000mg/L。

（4）高压来水压力：16MPa。

（5）目的液浓度：1000 ~ 3000mg/L。

2）配制站

（1）配制用水：清水或处理后含油污水。

（2）来水压力：大于 0.20MPa。

（3）配制用水过滤精度：25 μ m。

（4）母液配制浓度：5000mg/L。

（5）熟化时间：1.5 ~ 2.5h。

（6）母液过滤精度（粗）：100 目。

（7）母液过滤精度（精）：25 μ m。

（8）母液外输压力：2.4MPa。

3）三元配注站

（1）配制用水：清水或处理后含油污水。

（2）来水压力：大于0.20MPa。

（3）配制用水过滤精度：25μm。

（4）母液配制浓度：5000mg/L。

（5）熟化时间：1.5 ~ 2.5h。

（6）母液过滤精度（粗）：100目。

（7）母液过滤精度（精）：25μm。

（8）碱干粉储存时间：7 ~ 10d。

（9）聚合物干粉储存时间：7 ~ 10d。

（10）表活剂原液储存时间：7 ~ 10d。

（11）聚表二元液缓冲时间：4 ~ 6h。

（12）碱表二元液缓冲时间：4 ~ 6h。

（13）辖井数：20口。

（14）单井配注量：100m³/d。

（15）目的液浓度：1500 ~ 3000mg/L。

3. 自动化系统

1）自控方案

可参考本章“油气集输及处理—整装油田”中自控方案内容。

2）仪表要求

（1）防爆、防护要求。

三元配注站表活剂储罐及表活剂泵房为防爆场所，故安装在该场所的仪表要求防爆等级不低于ExdIIBT4。三元配注站内其余部分仪表、配制站和注入站仪表均按非防爆设计。仪表防护等级室外不低于IP65，室内不低于IP54。

（2）供电要求。

控制系统和现场仪表由不间断电源（UPS）供应。当电源出现故障，由备用蓄电池继续提供电源，其备用量为30min。24VDC由控制柜内电源箱提供。

（3）接地要求。

仪表控制系统的工作接地、保护接地、防雷接地、防静电接地共用接地系统，接地电阻R ≤ 4Ω。

（4）防雷要求。

为避免因雷击造成的控制系统损坏，来自供电系统的电源和现场仪表信号电缆在控制室侧分别加装电源和信号电涌保护器。

4. 技术特点

在配制站设计中，采用自主研制的具有称重计量、射流分散、旋流除气功能的聚合物分散装置，解决了超高分子量聚合物干粉的分散，保证了水粉混合效果，提高了母液配制精度，配制误差小于 ±2%；采用自主研发的双螺带螺杆搅拌器，缩短了超高分子量聚合物母液熟化时间，与螺旋推进式搅拌器相比，聚合物母液的溶解熟化时间可降低到 120min 以内，并且不会造成聚合物母液的黏度降解。

母液外输采用一管两站或多站技术，注入站内采用流量调节器控制流量，节省管道投资。注入站母液缓冲储罐（储箱）高架，注入泵的喂液采用高架静液压专利技术。母液储罐采用玻璃钢材质，避免因采用钢制罐对母液造成降解，最大限度控制母液的黏度损失。

（五）低渗透油田采出水处理与注水系统标准化设计

结合长庆油田低渗透油田的设计经验，中石油针对污水与注水系统制定了 8 套系列定型设计，见表 3–14。

含油污水处理站规模为：3500m³/d、2000m³/d 和 1000m³/d。

清水注水站设计规模为：500m³/d、1000m³/d、1500m³/d，压力系列分别为 16MPa、20MPa、25MPa。

表 3–14 低渗透油田水系统标准化设计划分

序号	站场类型	设计规模，m³/d
1	含油污水处理站	1000
2		2000
3		3500
4	橇装注水站	300
5		500
6	注水站	500
7		1000
8		1500

1. 采出水处理站

1）采出水处理工艺

采出水处理的目的主要是去除水中的悬浮物和油粒，以保证回注通道的通畅，避免堵塞地层孔隙，并调节水质，减缓腐蚀和稳定水质。含油污水处理站流程见图 3–56。三相分离器出水进入沉降除油罐和混凝沉降罐完成两级沉降分离，主要去除分散油、可浮油、部分溶解油以及大部分悬浮物。出水进泵增压，在过滤器内进行二级过滤处理，去除较难降解的溶解油和粒径极小的悬浮物，并最终达到低渗透油田回注水指标要求，回注地层。

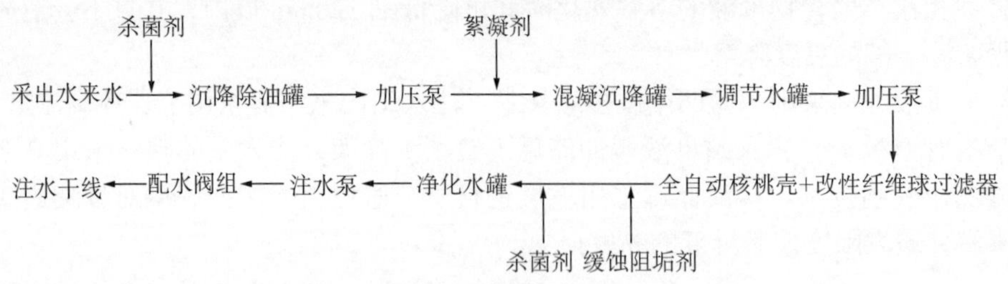

图 3-56 低渗透油田含油污水处理站流程图

2）设计水质

（1）进水水质。

①含油量≤ 200 ~ 300mg/L。

②悬浮物≤ 200 ~ 300mg/L。

③水温：30 ~ 45℃。

④矿化度：50 ~ 120g/L。

⑤ pH 值：6.5 ~ 8。

（2）出水水质。

①含油量≤ 10mg/L。

②悬浮物≤ 10mg/L。

3）主要设计参数

（1）自然沉降时间：6h。

（2）混凝沉降时间：4h。

（3）正常滤速：v=16m/h。

（4）阻力损失：≤ 0.15MPa。

（5）反冲洗强度：q=3.5 ~ 4L/s · m^2。

（6）反冲洗时间：t=10 ~ 20min。

（7）反冲洗周期：T=8 ~ 24h。

（8）调节罐停留时间：T=0.5h。

（9）净化水罐停留时间：T=4h。

4）主要技术特点

低渗透油田采出水矿化度较高、腐蚀性强，悬浮物和油分离性能较好，处理采用“二级沉降＋二级过滤”工艺。

采出水采用依靠油、水、泥各相间存在的密度差在沉降除油罐和混凝除油罐中沉降区进行油、水、泥分离的方法，通过优化设备内部结构，设置不同集配水方式，完成高效分离的目的。罐内采用了负压水利排泥装置，罐内污泥排除效果较好，污泥排放可靠、均匀，不存在排泥死角。

核桃壳过滤器采用经过高温加工处理脱脂核桃壳滤料作为过滤介质，利用滤料的亲水憎油特点，除油效率高，截污能力强。纤维束过滤器采用彗星状纤维束作为主要过滤滤层。过滤前调节好升降机构的行程，使罐内的纤维束进行压缩，从而形成合适的过滤滤床。

整体流程具有系统密闭、稳定性好、装机功率小、维护管理方便等特点，低压工艺管线均采用非金属管材，提升了系统使用年限。

2. 注水站（注水橇）

1）注水站工艺

（1）一体化集成装置注水站。

主要应用于油田开采前期超前注水和边远小区块注水，且注入水为地下水，主要工艺流程为：水源井来水→智能移动注水装置→站外系统。

注水一体化集成装置简介：水源来水经喂水泵加压、精细过滤处理后，通过注水泵升压，控制、计量后将达标注入水输送至站外注水管网，通过移动配水阀组配注至注水井。

（2）注水站。

低渗透油田常规注水站应用于整装油田开发区块，单独建设清水注水站或与集输站场合建。主要工艺流程如图 3–57 所示。

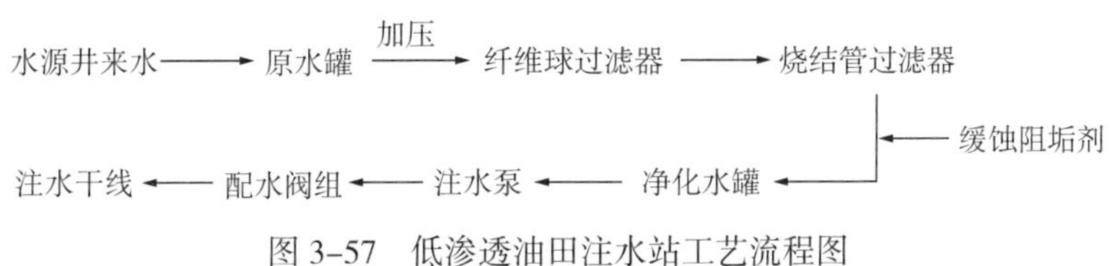

图 3–57　低渗透油田注水站工艺流程图

工艺流程说明：悬浮物超标的水源井来水，进入原水罐存储，出水经泵加压后经过纤维球和烧结管过滤后，出水水质达到 SY/T 5329—2012《碎屑岩油藏注水水质指标及分析方法》中相关指标后，进入清水罐内存储，再通过自压方式供给清水喂水泵，经清水喂水泵初次提压至清水注水泵，清水注水泵再次加压至清水高压阀组，通过清水高压阀组计量、调节输送至各清水型稳流配水阀组回注地层。

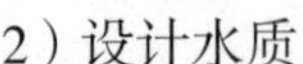

2）设计水质

（1）进水水质。

①悬浮物≤ 10mg/L。

②粒径中值≤ 5μm。

（2）出水水质。

注水指标：悬浮物≤ 2mg/L；粒径中值≤ 2μm。

3）主要设计参数。

（1）纤维球过滤器滤前悬浮物含量≤ 100mg/L。

（2）纤维球过滤后悬浮物含量≤ 5mg/L。

（3）PE 烧结管过滤后悬浮物含量≤ 2mg/L，2μm 颗粒去除率 90%。

（4）注水井口压力 20MPa。

4）主要技术特点。

（1）橇装注水站。

注水一体化集成装置依托井场露天布置，主要由水箱、注水泵、成套水处理装置、阀门管线、计量仪表及橇座等组成，集水源来水、过滤、加药、升压、计量、回流一体化设计。将所有设备、阀门以及工艺管线集中安装在橇座上。主要应用于油田开采前期超前注水和边远小区块注水，是适应超低渗透油藏注水开发的重要装备，具有短流程、易搬迁、快捷方便的功能优势。

（2）常规注水站。

在油田整装区块建设注水站，满足水驱油田开发需要，注水水源开采层位洛河宜君组，来水水质较差，悬浮物超标。采用“纤维球粗滤 + 烧结管精细过滤”工艺及前端预处理技术，提高了精细过滤器的处理能力和使用年限，满足低渗透油藏注水开发需要。

（六）稠油油田采出水处理与注汽系统标准化设计

针对辽河油田、新疆油田的稠油采出水深度处理工艺分别按 20000m³/d 和 10000m³/d 进行了标准化设计。稠油污水深度处理站系列划分见表 3–15。

表 3–15　稠油污水深度处理站规模系列划分

序号	站场名称	处理规模，m³/d	采用工艺
1	稠油污水深度处理站	20000	沉降 + 浮选 + 两级过滤 + 两级软化
2	稠油污水深度处理站	10000	沉降 + 浮选 + 两级过滤 + 两级软化
3	稠油污水深度处理站	20000	二级沉降 + 两级过滤
4	稠油污水深度处理站	10000	二级沉降 + 两级过滤

此外，还对规模为10000m³/d采用钠离子软化+真空除氧工艺的清水软化处理站和规模为1×23t/h（1台23t/h锅炉）及2×23t/h（2台23t/h锅炉）的注汽站编制了定型图。

1. 辽河稠油采出水深度处理回用蒸汽锅炉工艺

1）水处理工艺与平面布置

工艺流程：原油脱出水→调节水罐→提升泵→斜管除油罐→高效溶气浮选机→过滤吸水池→过滤泵→核桃壳过滤器→双滤料过滤器→两级大孔弱酸树脂软化→外输水罐→外输泵→站外外输水管网→注汽站（化学除氧）。

流程描述：原油脱出水首先经泵提升进入调节水罐，进行水量、水质调节；提升泵从调节罐吸水，变频调速均量输送给斜管除油罐，除油罐出水流入浮选机，浮选机出水流入过滤吸水池，经过滤泵加压依次进入核桃壳过滤器、双滤料过滤器、两级大孔弱酸树脂固定床软化器，软化器出水进入外输吸水罐，通过外输泵增压经外输水管网给注汽锅炉供水。

在斜管除油罐（或调节水罐）前投加反相破乳剂（除油）；在浮选机前加混凝剂和助凝剂，进一步去除油和悬浮物；核桃壳过滤器和双滤料过滤器进一步去除油和悬浮物并达到设计指标；弱酸软化器对滤后水进行软化，使硬度指标达到设计要求。

水处理站平面布置如图3-58。

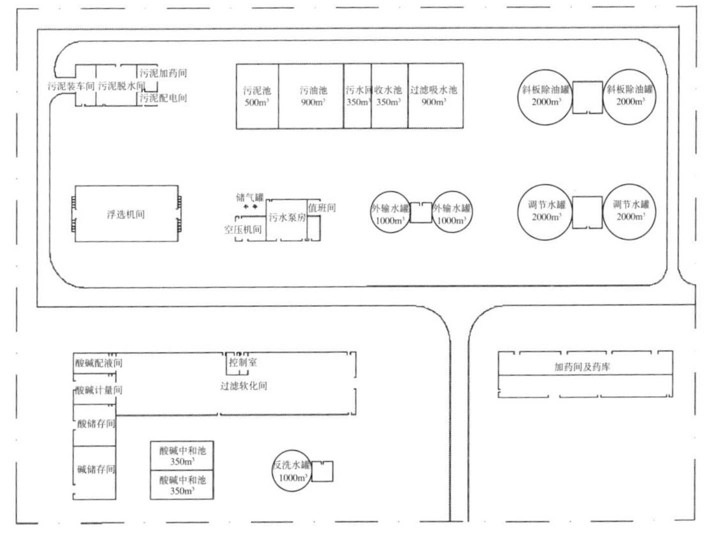

图3-58　辽河稠油采出水深度处理站平面布置图

2）设计进出水水质

辽河稠油采出水处理进出水水质控制指标如表 3-16 所示。

表 3-16　辽河稠油采出水处理进出水水质控制指标

序号	项　目	进水	出水
1	溶解氧，mg/L	≤ 0.3	≤ 0.3②
2	总硬度（$CaCO_3$），mg/L	≤ 100	≤ 0.1
3	总铁，mg/L	≤ 0.3	≤ 0.05
4	二氧化硅，mg/L	≤ 150	≤ 150③
5	悬浮物①，mg/L	≤ 300	≤ 5
6	总碱度（$CaCO_3$），mg/L	450 ~ 2000	450 ~ 2000
7	油和脂（建议不计溶解油），mg/L	≤ 1000	≤ 2
8	总可溶性固体，mg/L	≤ 7000	≤ 7000
9	pH 值	7.5 ~ 8.0	7.5 ~ 11
10	温度，℃	≤ 70	

注：①悬浮物出水指标执行辽河油田企业标准 Q/SYLH 0233-2007《稠油污水回用于湿蒸汽发生器水质指标及水质检验方法》。

②0.3mg/L 为污水站出水溶解氧含量，在进注汽锅炉前应采用化学药剂除氧后，使污水中含氧量达到 0.05mg/L 以下，才能满足稠油热采注汽锅炉给水指标。

③当原水碱度是硬度的三倍以上，且不存在其它结垢离子的条件下，二氧化硅浓度可以放宽到 150mg/L。

3）主要设计参数

（1）调节水罐：调节时间 3.9h。

（2）斜管除油罐：停留时间 3.7h；有效反应时间 11.2min。

（3）浮选机：循环比 20 ~ 30%；正常停留时间 11min。

（4）核桃壳过滤器：设计滤速 18.2m/h。

（5）双滤料过滤器：设计滤速 12.4m/h；反洗强度 14L/s · m^2（气），10L/s · m^2（水）；反洗历时 15min。

（6）软化器：采用全自动大孔弱酸树脂体内再生固定床软化器，工作滤速 22.4m/h；软化周期，当进水硬度小于 100mg/L（设计值）时，软化周期大于 5d。

（7）外输水罐：有效停留时间 1.6h。

4）主要工艺特点

（1）采用调节、斜管除油、浮选、两级过滤、两级树脂软化处理工艺。

（2）浮选机采用高效溶气浮选机，气源为空气，对去除比重接近水的小颗粒油滴和悬浮物十分有效。

（3）两级过滤工艺，一级为核桃壳过滤，二级为双滤料精细过滤。

（4）软化工艺采用固定床软化，再生为体内顺流再生；软化树脂采用国产大孔弱酸树脂，该树脂工作交换容量大、抗污染、不板结，能适应含油污水性质，可进一步去除水中的硬度并达标。

（5）采用不除硅工艺。当原水碱度是硬度的三倍以上，且不存在其他结垢离子的条件下，二氧化硅浓度可以放宽到 150mg/L。

（6）油泥脱水采用叠螺机脱水工艺。

5）自控系统

（1）检测。

流量检测点：来水、回收污水、提升泵出水、过滤泵出水、反洗罐进水、反洗罐出水、外输水、外输油等。

压力检测点：进站污水、过滤器进出水、外输水、仪表风、工业风。

液位检测点：调节水罐、斜管除油罐、浮选机、反洗水罐、外输水罐、污水池、过滤吸水池、污油罐、污泥池（设高、低液位报警）。

温度检测点：进水、污油罐。

（2）控制。

根据调节水罐液位信号控制提升泵变频调速器，使斜管除油罐进水量控制在设定范围内。

调节水罐、外输水罐、反洗水罐、污水池、过滤吸水池、污油罐、污泥池等，当液位达到低液位时，联锁相应的泵停运。

反洗水罐进水阀与液位联锁控制：当反洗水罐液位低于最高水位时，开启反洗水罐进水阀；当达到设计水位时，关闭反洗水罐进水阀。

反洗水泵出水控制：反洗水泵出口及旁路安装自动控制阀，当过滤器反洗时，顺序控制反洗泵出口自动控制阀和旁路自动控制阀。

空气储罐压力高 / 低分别联锁空压机停 / 启。

（3）电视监视系统。

对场区以及一些重要的生产岗位（浮选机间、过滤软化间、污泥脱水间、加药间等）设置电视监视系统，信号传至中控室。

2. 新疆油田稠油采出水深度处理回用蒸汽锅炉工艺

1）采出水处理工艺和平面布置

工艺流程见图 3-59。

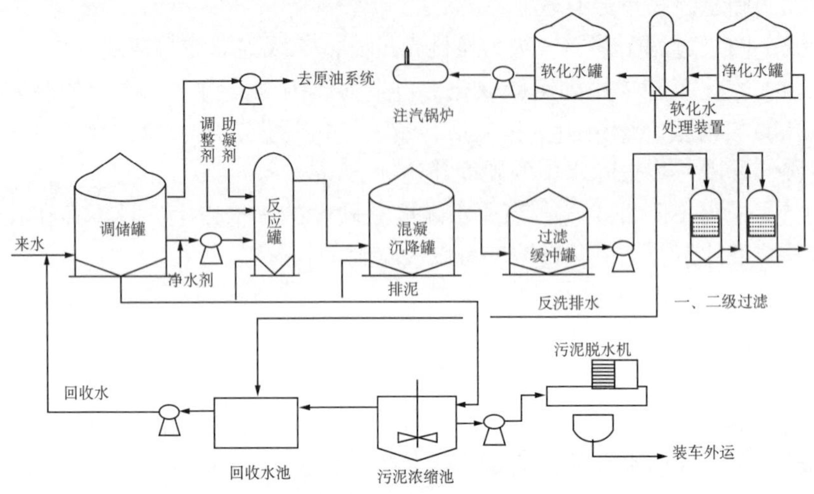

图 3-59　新疆稠油采出水深度处理工艺流程图

流程说明：采出水（含油＜1000mg/L、悬浮物＜300mg/L、硬度＜300mg/L、温度 55 ~ 85℃）自流进入调储罐，去除大部分的油和悬浮物，调储罐出水经反应泵提升进入反应罐，并加入水处理药剂，使乳状液破乳、悬浮固体颗粒聚并、油水固液迅速分离，去除部分乳化油及悬浮物，出水（含油＜15mg/L，悬浮物＜15mg/L）至 2 座混凝沉降罐，进一步去除水中的油及悬浮物，出水（含油＜10mg/L、悬浮物＜10mg/L）进入 2 座过滤缓冲罐，再经过滤泵提升进入一级双滤料过滤器（含油＜5mg/L、悬浮物＜5mg/L），二级多介质过滤器（含油＜2mg/L、悬浮物＜2mg/L、硬度＜300mg/L），过滤器出水直接进入软化水处理系统，软化水处理系统（含油＜2mg/L、悬浮物＜2mg/L、硬度＜0.5mg/L、溶解氧＜0.05mg/L）出水供给注汽锅炉。平面布置如图 3-60。

2）设计进出水水质

新疆油田稠油采出水处理进出水水质控制指标见表 3-17。

3）主要设计参数

（1）调储罐：正常情况下串联使用，一座起沉降分离作用，一座调节水量，也可并联使用。单罐污水停留时间 4h，缓冲时间 4h。

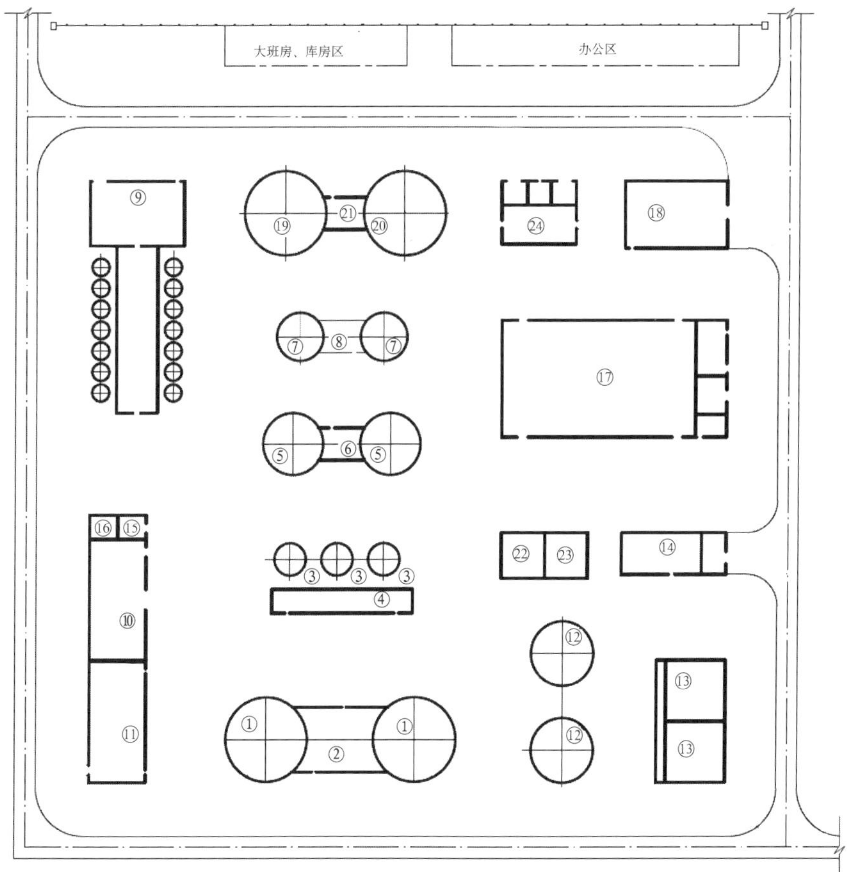

图 3-60　新疆稠油采出水深度处理站平面布置图

①调储罐；②调储罐操作间；③反应罐；④反应罐操作间；⑤混凝沉降罐；⑥混凝沉降罐操作间；⑦过滤缓冲罐；⑧过滤缓冲罐操作间；⑨过滤器间；⑩加药间；⑪药库；⑫污泥沉降池；⑬污水回收池；⑭污泥脱水机房；⑮仪控值班室；⑯低压配电室；⑰软化间及外输泵房；⑱盐库；⑲净化水罐；⑳净化软化水罐；㉑净化水罐操作间；㉒低含盐水回收水池；㉓高含盐水回收水池；㉔变配电间

表 3-17　新疆油田稠油采出水处理进出水水质控制指标

序号	项　　目	进水	水质净化出水	软化出水
1	溶解氧，mg/L	＜ 0.5	＜ 0.5	＜ 0.05
2	硬度（$CaCO_3$），mg/L	＜ 200	＜ 200	＜ 0.1
3	总铁，mg/L	＜ 0.3	＜ 0.05	＜ 0.05

续表

序号	项　　目	进水	水质净化出水	软化出水
4	pH 值	7 ~ 9	7 ~ 9	7.5 ~ 11
5	二氧化硅，mg/L	< 150	< 150	< 150
6	总碱度（$CaCO_3$），mg/L	< 2000	< 2000	< 2000
7	油和脂，mg/L	< 1000	< 2	< 2
8	悬浮物，mg/L	< 300	< 2	< 2
9	总可溶性固体，mg/L	< 7000	< 7000	< 7000
10	温度，℃	55 ~ 85	55 ~ 85	55 ~ 85

注：（1）出水水质指标执行 SY/T 0027-2007《稠油注汽系统设计规范》。

（2）当原水碱度是硬度的 3 倍以上，且不存在其它结垢离子的条件下，二氧化硅浓度可以放宽到 150mg/L。

（2）反应罐：反应器工作压力 0.60MPa；反应时间 30min；进水含油 < 200mg/L，出水含油 < 15mg/L；进水悬浮物 < 200mg/L，出水悬浮物 < 15mg/L；水头损失小于 5m。

（3）混凝沉降罐：污水沉降时间 2h。

（4）过滤缓冲罐：缓冲时间 1h，同时给过滤器反洗水泵供水。

（5）一、二级双滤料过滤器：设计滤速 10.0m/h；反洗强度 q=15 ~ 20L/s · m^2（气）；13 ~ 15L/s · m^2（水）；反洗历时 15min；反冲洗周期 T=24h。

（6）净化水罐：有效停留时间 4h。

4）主要工艺特点

（1）采出水处理站采用高效水处理设备和成熟可靠工艺技术。

（2）水质净化采用“离子调整旋流反应法”处理技术，该技术的核心是采用离子调整的方法，向污水中加入特定的离子调整剂，压缩污水胶粒的双电层、大幅度降低胶粒表面的 ξ 电位，调整污水的 pH 值，并通过高效旋流反应器加强药剂反应强度、调整药剂投加时间间隔，破乳除油、除悬浮物，并控制腐蚀结垢、抑制细菌生长，达到净化和稳定水质的目的。工艺采用“重力除油 – 高效混凝沉降 – 过滤”工艺流程，处理后的净化水再经软化达到 SY/T 0027—2007《稠油注汽系统设计规范》标准，回用注汽锅炉。

（3）水质软化采用固定床软化，再生为逆流再生；软化树脂采用强酸钠离子交换树脂，该树脂采用 NaCl 再生，操作运行安全。

（4）采用不除硅工艺。当稠油采出水碱度较高时，二氧化硅在水中的溶解度降低，热采注汽锅炉炉管的结垢情况减轻。当原水碱度是硬度的 3 倍以上，且不存在其它结垢离子的条件下，二氧化硅浓度可以放宽到 150mg/L。

（5）自动化控制有效保证生产工艺的安全，有足够的操作灵活性。

5）自控系统

（1）调储罐液位调节、联锁回路。

采用单回路定值控制，检测污水调储罐液位，根据该液位控制反应提升泵变频器频率，设高、低液位报警，低于低液位停反应提升泵。

（2）净水剂、离子调整剂、离子助凝剂、阻垢剂、缓蚀剂流量控制。

根据污水总来液量控制药剂加药泵变频器频率（加药量根据经验、药剂性质及在现场反复调试确定）。根据反应罐进水流量之和调整反应罐前药剂加药泵变频器频率。

（3）污水回收池液位调节、联锁回路。

采用单回路定值控制，检测污水回收池液位，根据该液位控制污水回收泵变频器频率，设高、低液位报警，低液位停污水回收泵及冲洗水泵。

（4）高、低含盐水回收池液位记录、控制回路。

检测高、低含盐水回收池液位，高液位启泵，低液位停泵。

（5）外输泵出口汇管压力记录、控制回路。

检测出口汇管压力，根据出口汇管压力设定值控制外输泵变频。

3. 清水软化处理站

适用于稠油、特超稠油区块开发设计的清水处理站，清水处理站最大处理规模为 5000m^3/d。包括：清水调储单元、清水软化 + 除氧 + 外输单元、盐液制备单元、高低含盐水排放单元等。

1）处理工艺

工艺流程见图 3–61。

流程说明：清水（硬度＜ 300mg/L、温度 10 ～ 30℃）由油区供水管网自流进行清水罐储存，通过管道输送至钠离子软化装置进行软化，软化合格的水进入清水软化水罐储存，通过管道输送至真空除氧器除氧，除氧合格的水（硬度＜ 0.1mg/L、溶解氧＜ 0.05mg/L）通过除氧水外输水泵供给注汽锅炉。

2）设计进出水水质

进、出水水质条件见表 3–18、表 3–19。

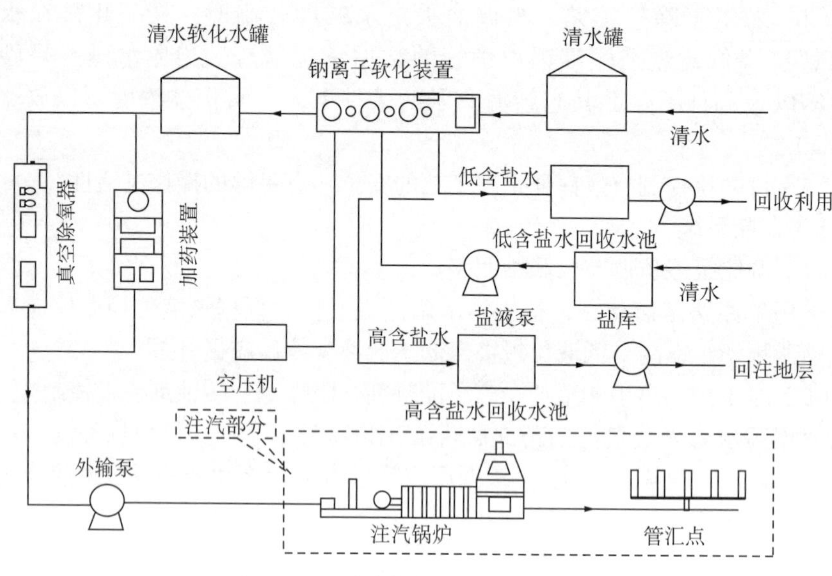

图 3-61　清水软化处理工艺流程图

表 3-18　来水水质表

项　目	水质要求
压力，MPa	0.2 ~ 0.4
温度，℃	10 ~ 30
硬度，mg/L	≤ 300
矿化度，mg/L	≤ 7000
油和脂，mg/L	≤ 2
悬浮物，mg/L	≤ 2
pH 值	7.5–11

表 3-19　清水原水及软化除氧水出水水质指标

序号	项　目	清水原水	清水软化除氧水
1	溶解氧，mg/L	< 10	< 0.05
2	硬度（$CaCO_3$），mg/L	≤ 300	< 0.1
3	总铁，mg/L	< 0.3	< 0.05

续表

序号	项　　目	清水原水	清水软化除氧水
4	pH 值	7.5–11	7.5 ~ 11
5	二氧化硅，mg/L	< 50	< 50
6	总碱度（$CaCO_3$），mg/L	< 2000	< 2000
7	悬浮物，mg/L	< 2	< 2
8	总可溶性固体，mg/L	< 2	≤ 7000
9	温度，℃	10 ~ 30	10 ~ 30

3）自控系统

（1）清水罐、清水软化水罐液位调节、联锁回路。

采用单回路定值控制，检测清水罐、清水软化水罐液位，设高低液位报警。

（2）软化除氧房。

给水泵压力记录、控制回路。

检测泵出口压力，根据压力设定值控制给水泵变频。

（3）高、低含盐水回收池液位记录、控制回路。

检测高、低含盐水回收池液位，高液位启泵，低液位停泵。

（4）除氧水外输泵出口汇管压力记录、控制回路。

检测出口汇管压力，根据出口汇管压力设定值控制外输泵变频。

4. 注汽站

1）工艺流程

（1）汽水系统工艺流程。

站外来的处理合格软化污水（0.4MPa，70℃）经计量后进入软化水罐，加药除氧后由供水加压泵加压进入柱塞泵入口，然后由柱塞泵加压输送到注汽锅炉，产生高压蒸汽后经注汽管线输送至注汽井口注汽。

汽水系统工艺流程如图 3–62 所示。

除氧一体化橇装装置→（接入软化水罐后）

软化污水→计量→软化水罐→供水加压泵→柱塞泵→锅炉→管线→注汽井口

图 3–62　汽水系统工艺流程图

注汽锅炉启、停炉时，由于蒸汽参数不满足注汽要求，不能用于给油井注汽，经限流孔板组、排放扩容器降压、减温后输送至排放水箱，由排放水泵（一用一备）加压输送至站内软化水罐，实现排放水的回收利用。

（2）启停炉排放水流程。

启停炉排放水→限流孔板组→排放扩容器→排放水箱→排放水泵→软化水罐→回收。

（3）燃气系统流程。

站外来符合要求的天然气（0.2MPa、常温）经计量后输送至锅炉燃气阀组，调压后供锅炉使用。

燃气系统流程：天然气→计量→锅炉计量调压装置→锅炉。

2）工艺设计参数

（1）23t/h 注汽锅炉主要参数。

①额定蒸发量：23t/h。

②额定工作压力：17.2MPa。

③额定供汽温度：354℃。

④额定蒸汽干度：80%。

⑤锅炉热效率：85%。

⑥锅炉燃料：天然气。

（2）天然气参数。

①操作压力：0.2MPa。

②操作温度：常温。

（3）软化水参数。

①供水压力：0.4MPa。

②供水温度：70℃。

③连续供水。

3）工程技术特点

（1）注汽锅炉从室内布置到半露天布置，实现工程节约化。

（2）注汽系统启（停）锅炉排放水回收利用、取样冷却水回收循环利用，柱塞泵设置变频调速，实现节水节电。

（3）研制低噪声排放扩容器，选用低噪声设备；对高噪声设备集中布置，并采用隔声屏及吸音吊顶、吸音壁等措施，降低注汽站噪声，满足工业、企业卫生标准。

（七）小断块油田采出水处理与注水系统标准化设计

针对小断块油田，按 20×10^4t/a 和 10×10^4t/a 规模的小型联合站及对应的注水站制定了 9 套系列定型设计图，见表 3–20。

表 3–20 小断块油田小型联合站及注水汽规模系列划分

序号	站场类型	注水设计规模，m^3/d	采出水处理设计规模，m^3/d	主要工艺单元	采出水处理工艺
1	联合站	1100	1300	注水单元、采出水处理单元	生物处理 + 过滤
2					一体化采出水处理装置 + 过滤
3					气浮 + 过滤
4		550	640	注水单元、采出水处理单元	生物处理 + 过滤
5					一体化采出水处理装置 + 过滤
6					气浮 + 过滤
7	注水拉油站	390	450	注水单元、采出水处理单元	生物处理 + 过滤、气浮 + 过滤、一体化采出水处理装置 + 过滤
8		280	320		
9		170		注水单元	无

1. 采出水处理

1）生物处理 + 过滤流程

（1）工艺流程。

当处理水质达到：油 ≤ 6mg/L、悬浮物 ≤ 2mg/L、粒径中值 ≤ 1.5μm 时采用“生物处理 + 纤维球过滤”流程，橇体分微生物反应橇块、过滤橇块，流程如图 3–63 所示。

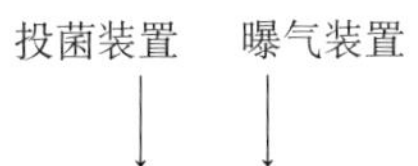

图 3–63 小断块油田生物处理 + 过滤流程图

流程说明：来水进入除油罐后自流至微生物反应池橇块，通过在微生物反应池中投加“倍加清”专性联合菌群，并赋予联合菌群合适的生长环境和适当的停留时间，对污水中的油、有机物等污染物进行生物降解，橇块出水自流至出水箱，再通过提升泵输至后续纤维球过滤器，使最终出水中含油量及悬浮物含量达到注水水质，该工艺适用于水温 20 ~ 40℃之间。

（2）主要设计参数。

①自然除油罐：2 座；污水停留时间 4 ~ 8h；污水沉降速度 0.27mm/s；进水水质，油≤ 1000mg/L，悬浮物≤ 300mg/L；出水水质，油≤ 50mg/L，悬浮物≤ 50mg/L。

②微生物反应橇块：橇上配套设有投菌、微生物池、分离池、缓冲池、风机、空压机、回流泵等。微生物反应池 5 座；污水停留时间 8h；进水水质，油≤ 80mg/L，悬浮物≤ 60mg/L；出水水质，油≤ 5mg/L，悬浮物≤ 10mg/L。

③一、二级纤维球过滤器橇块：正常滤速 8.6m/h，强制滤速 17.2m/h；反冲洗强度 5 ~ 6L/m²·s；进水水质，油≤ 3mg/L，悬浮物≤ 5mg/L；出水水质，油≤ 2mg/L，悬浮物≤ 2mg/L；粒径中值≤ 1.5μm。

（3）技术特点。

优点：

①处理精度较高，除油彻底，出水水质好。

②由于除油彻底，减轻了过滤系统负荷，滤料不易污染，水质达标率较高。

③产生的污泥为生化污泥，易处理。

缺点：

①曝气增加了水中的溶解氧，增加了水的腐蚀性。

②处理流程长、停留时间长，处理设施容积大、占地多、工程投资费用大。

③电耗高。比物化法多了曝气设备、污泥泵、冷却塔等动力设备，其中生物段用电约 0.64kW·h/m³。

④与常规物化处理技术相比，增加了微生物维护和投加的营养剂费用，目前微生物维护与药剂费用合计约为 1.23 元 /m³，费用较高。

⑤微生物的生长环境要求较高，投产调试时间较长。

⑥操作管理复杂，对水中的 pH 值、温度、溶解氧、水中投加化学药剂的生物毒性等必须严格控制。

⑦后续流程须增设脱氧设施，增加水处理费用。

运行成本：一般水处理成本（通常指电耗和加药费用）约 2.0 元 /m³ 左右。

适用条件：由于投资高，运行成本较高，操作管理要求高，且增加了水中的防护含氧量，加大了腐蚀性，因此选择此工艺要慎重。

2）气浮处理 + 过滤流程

（1）工艺流程。

当处理水质达到油≤ 6mg/L、悬浮物≤ 2mg/L、粒径中值≤ 1.5μm 时采用采用气浮 +2 级过滤流程，流程如图 3–64 所示。

加药装置
↓
油区来水 → 自然除油罐 → 气浮 → 核桃壳过滤器 → 石英砂过滤器 → 注水系统

图 3–64 小断块油田气浮处理 + 过滤流程图

流程说明：来水进入除油罐后自流至溶气气浮装置，通过加药在气浮装置的入口处加入适量（根据实际水质选择药剂种类，根据水温、碱度等确定加药量）的浮选剂，有机胶质、细菌、乳化油、沙质悬浮物等有絮凝倾向的污染物在污水中迅速聚结；采用专用多相流泵和溶气释放系统，使得溶气效率达到 100%，气泡弥散均匀、密集，气泡粒径＜ 20μm，使这些污染物迅速上浮去除；采用的密闭分离仓确保在分离过程中挥发出的油、气能迅速经顶部抽吸装置导出，气浮出水经提升泵加压至组合过滤装置，组合过滤装置由核桃壳滤罐、石英砂组成，使最终出水中含油量及悬浮物含量达到注水水质。

（2）主要设计参数。

①自然除油罐：2 座；污水停留时间 5.6h；污水沉降速度 0.46mm/s；进水水质，油≤ 1000mg/L，悬浮物≤ 300mg/L；出水水质，油≤ 50mg/L，悬浮物≤ 50mg/L。

②气浮装置橇块：橇上配套设有加药装置、溶气泵及中间水箱等；橇块上设气浮机 2 具，污水停留时间 2.4h；进水水质，油≤ 50mg/L，悬浮物≤ 50mg/L；出水水质，油≤ 10mg/L，悬浮物≤ 5mg/L。

③过滤器橇块：一级采用核桃壳过滤器 2 具（滤罐直径 1.6m），二级采用石英砂过滤器 2 具（滤罐直径 2m）；核桃壳过滤器正常滤速 6.25m/h；核桃壳过滤器强制滤速 12.5m/h；核桃壳过滤器反冲洗强度 6 ~ 7L/（m^2·s）；石英砂过滤器正常滤速 4.0m/h，石英砂过滤器强制滤速 8.0m/h；石英砂过滤器反冲洗强度 12 ~ 13L/（m^2·s）；进水水质，油≤ 10mg/L，悬浮物≤ 5mg/L；出水水质，油≤ 6mg/L，悬浮物≤ 2mg/L；粒径中值≤ 1.5μm。

（3）技术特点。

优点：

①处理效率高，除油、除悬浮物的效率可达 90% 以上，适用于水相黏度

大、分散油粒径较小、原油比重大、油水密度差小、乳化严重的采出水处理。出水水质优于传统的大罐沉降工艺，降低了后段滤罐的负荷。

②污水在浮选机内停留时间短，一般仅15min。设备体积小、占地面积少，相比重力式沉降罐可大大节省占地。

③抗水质冲击能力强。

④能够实现连续收油以及不停产排泥。

不足：

①气浮技术会增加系统内的溶解氧含量，对于采出水矿化度高的油田，如西部各油田要慎重采用。

②气浮装置容积小，抗水量的冲击负荷能力较差，系统前应设置缓冲罐。

③动力消耗比重力式流程稍大，比重力式流程多耗电费0.07元/m^3。

④管理要求较为严格。

3）一体化装置处理工艺

（1）工艺流程。

当处理水质达到油≤15mg/L、悬浮物≤5mg/L、粒径中值≤3μm时采用一体化污水处理装置（旋流除油器+粗粒化+斜板处理流程）+2级过滤流程，流程如图3–65所示。

油区来水 → 一体化采出水处理装置 → 2级过滤器 → 注水系统

图3–65　小断块油田一体化装置处理工艺流程图

流程说明：来水进入一体化污水处理装置，含油污水首先经过旋流除油器（粗粒化）、斜板去除大部分油和悬浮物，出水经提升泵加压至组合过滤装置，组合过滤装置由核桃壳滤罐、石英砂组成，使最终出水中含油量及悬浮物含量达到注水水质。

选用一体化污水处理装置橇块1套，一体化污水处理装置附有旋流腔、外粗粒化腔、斜板除油腔、储水腔及加药装置，外形尺寸为7.2m×2.7m×3.1m。

（2）主要设计参数。

①一体化污水处理装置橇块1座；污水停留时间46.8min；进水水质，油≤1000mg/L，悬浮物≤300mg/L；出水水质，油≤50mg/L，悬浮物≤40mg/L。

②过滤器橇块：一级采用核桃壳过滤器2具和二级石英砂过滤器2具（滤罐直径2m）；核桃壳过滤器正常滤速6.25m/h，核桃壳过滤器强制滤速12.5m/h；石英砂过滤器正常滤速4.0m/h，石英砂过滤器强制滤速8.0m/h；核

桃壳过滤器反冲洗强度 6 ~ 7L/（m^2·s），石英砂过滤器反冲洗强度 12 ~ 13L/（m^2·s）；进水水质，油≤ 10mg/L，悬浮物≤ 5mg/L；出水水质，油≤ 6mg/L，悬浮物≤ 2mg/L；粒径中值≤ 1.5μm。

（3）技术特点。

优点：

①容积小、停留时间较短，污水在系统中停留时间仅 2 ~ 3h，与沉降工艺相比，缩短停留时间近 2 倍。

②有利于流程密闭，减少对设施腐蚀。

③操作方便，能够实现连续收油和排泥。

④投资省、占地小，节省过滤提升泵的运行费用。

缺点：

由于污水停留时间较短，对来水水量和水质要求较高，设施抗冲击负荷能力较差。

2. 注水

联合站注水采用整体橇装式（含喂水泵、变频柜或软启动柜），橇体内含照明、采暖等。采用单管注水流程，洗井车洗井，在注水井口上安装高压流量自控仪进行水量计量及控制，注水原理流程示意如图 3–66 所示。

系统来水 → 注水泵橇 → 单井注水管线 → 井口计量装置 → 注水井

图 3–66　小断块油田联合站注水工艺流程图

三、原油稳定及伴生气凝液回收

（一）原油稳定

1. 国内外主要工艺及工艺优选

目前国内外采用的原油稳定（简称“原稳”）方法很多，但基本上可归纳为两大类，一类属闪蒸法，包括负压闪蒸稳定、微正压闪蒸稳定、正压闪蒸多级分离稳定等；另一类属分馏法，包括全塔分馏、不完全分馏等。这些方法都是利用原油中轻、重组分饱和蒸汽压（挥发度）的不同实现脱除轻组分的目的。

闪蒸法和分馏法相比能耗较低，但分馏精度较差。一般来说闪蒸法和只有精馏段的分馏法多用于较重质原油的稳定，只有提馏段的分馏法适用于凝析气田和较轻质原油的稳定。多级分离稳定法需要有较高来油压力，同时还要与其它稳定方法配合才能达到稳定效果，一般只用于凝析气田的凝析油稳定。

因此，对于常规和三采油田一般采用的工艺有负压稳定法、微正压闪蒸稳定法、正压闪蒸法和精馏稳定法。

截至 2012 年，股份公司原油产量为 11033 × 10^4t，其中稀油产量 10391.2 × 10^4t，已建原稳装置 76 套，总设计规模为 9070 × 10^4t/a，在运原稳装置 51 套，规模为 6580 × 10^4t/a；在运原稳装置中，采用正压闪蒸（含微正压闪蒸）原稳工艺的数量最多，为 19 套，占 37.2%；其次为采用负压闪蒸原稳工艺的装置，为 18 套，占 35.3%；采用分馏原稳工艺的装置，为 14 套，占 27.5%。正压闪蒸（含微正压闪蒸）原稳工艺在各油田原油稳定生产中使用较普遍，是目前主要采用的一种原稳工艺方法。负压闪蒸原稳工艺主要在长庆油田使用较多，目前在运的 18 套负压原稳装置有 11 套在长庆油田使用，占 60% 以上。分馏原稳工艺在大庆油田使用较多，以仅含精馏段的分馏原稳工艺为主，占在运分馏原稳工艺的 50%。

大庆油田原油稳定从 20 世纪 80 年代初开始，当时正值大庆石化乙烯工程开工建设，做为配套的 30 万吨乙烯原料工程，从国外整套引进了杏三原稳等 4 套负压原油稳定装置，在消化吸收国外技术基础上自行设计建设了北Ⅱ –1 等 2 套负压原油稳定装置，负压压缩机需引进，维修维护成本较高。随着负压压缩机实现国产化，降低了设备投资，长庆油田相继建成了多套负压原油稳定装置；进入 90 年代由于凝液需求增加，大庆相继建设了葡北油气处理厂原油稳定等 7 套只有精馏段稳定塔的精馏稳定装置，对于只有精馏段的原油稳定塔，塔顶设回流装置，也存在和全塔分馏类似的上部塔板可能析出游离水的问题，因此塔顶温度不能太低以确保在塔板上不形成游离水，造成凝液收率较高（一般在 3%（质量分数）以上），但由于当时国家原油的价格政策是国家定价，与原油品质关系不大，并且凝液价格较高，多收凝液可取得显著的经济效益，因此在此阶段建设了多套精馏稳定装置；进入 21 世纪国内油价逐渐与国际接轨，原油品质与原油价格挂钩，对于大庆油田如过量拨出凝液将使原油品质由中质 1 号原油降为中质 2 号原油，每吨价差大致在 500 元，对整体经济效益影响较大，因此此后新建及改建的数套原油稳定装置均采用微正压原油稳定工艺，由于是一次闪蒸过程，因此不存在塔板游离水脱出问题，虽然同等拨出率下重组分拨出相对较多，但可以根据原油稳定目的的需要确定拨出率，比较灵活。大庆近 2000 年后新建的原油稳定装置见

表 3–21。

表 3–21 大庆油田 2000 年后新建原油稳定站概况

序号	装置名称	规模，10^4t/a	处理工艺
1	龙南油气处理厂原油稳定装置	180	不完全分馏
2	杏Ⅴ–1 原油稳定装置	180	微正压闪蒸
3	苏一原油稳定装置	100	微正压闪蒸
4	北Ⅱ–1 原油稳定装置	320	微正压闪蒸
5	萨南原油稳定装置	350	微正压闪蒸
6	喇一原油稳定装置	370	微正压闪蒸

综上所述，负压法和微正压法原油稳定均适用于常规和三采油田的原油稳定。

本书常规和三采油田大中型站场定型图设计中原油稳定工艺为微正压闪蒸工艺。

2. 设计规模系列划分

本标准化设计立足整装油田大、中型站场，在对油田各类大、中型站场充分调研的基础上，采用国内油田成熟原油稳定处理工艺，根据原油性质、设计规模及采用的流程，划分系列见表 3–22。

表 3–22 原油稳定处理站场规模系列划分

序号	系列型号	统一编号
1	原油稳定（微正压）–300	标加 –11–1005
2	原油稳定（微正压）–200	标加 –11–1006
3	原油稳定（微正压）–100	标加 –11–1007
4	原油稳定（微正压）–50	标加 –11–1008

3. 工艺技术特点

（1）采用来油和稳后油换热，有效回收了能量。

（2）采用直热式、立式圆筒加热炉，提高了热效率。

（3）原油稳定塔采用立式，内装多层折流板，提高了气液分离效率。

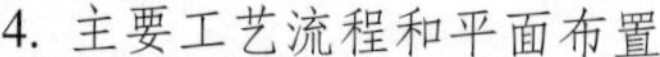

4. 主要工艺流程和平面布置

1）工艺流程

由脱水来的未稳定原油（40℃、0.2MPa）计量后分成三路进入原油缓冲罐，进行油气分离。经原油泵加压后进入原油换热器，原油与稳后原油换热升温至110℃，再经加热炉加热升温至130℃后进入原油稳定塔，稳定塔操作压力为0.2MPa，操作温度为130℃。塔顶气相经空冷器冷却至40℃后，进入三相分离器，在0.15MPa压力下进行油、气、水三相分离。分离出的污水经污水罐、污水泵加压后进入到污水收集系统中。稳后原油经泵加压后与来油换热，温度由130℃降至60℃后外输至原油分离脱水系统，在原油分离脱水系统与进站的低温原油换热，温度降至≤50℃后储存。三相分离器分离出的凝液经泵增压后进入凝液罐区储存。

工艺原理流程见图3-67。

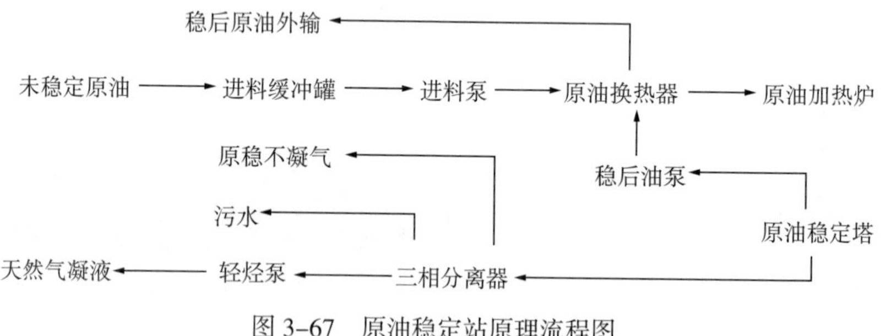

图3-67　原油稳定站原理流程图

2）自控方案

（1）控制回路。

①原油稳定塔塔顶压力指示、调节；塔液位指示、调节、高低报警。

②原油缓冲罐液位指示、调节（共用一台调节阀），原油缓冲罐液位高报警、超高报警联锁开关阀控制（2台开关阀互为开关动作）。

③三相分离器液位指示、调节，高低报警、低低联锁停凝液泵；三相分离器水包界面指示、调节，高低报警。

④加热炉出口原油支管温度指示、调节；加热炉出口原油汇管温度、压力指示，温度高报警；温度信号进加热炉控制器调节。

⑤空冷器出口温度指示、空冷器变频器调节。

⑥原油加热炉燃料气压力指示、调节；流量指示、计量。

（2）可燃、有毒气体检测与报警系统。

①可燃、有毒气体检测与报警系统的作用是为了保障人身和生产设施安全，检测泄漏的可燃、有毒气体浓度，超限时报警，以预防人身事故、火灾和爆炸的发生。可燃、有毒气体浓度信号进入独立的可燃、有毒气体报警控制柜。

②根据有关设计规范，在下列区域设可燃、有毒气体检测器包括计量间（可燃 / 有毒气体报警与轴流风机联动）；原油泵房（可燃 / 有毒气体报警与轴流风机联动）；凝液泵房（可燃 / 有毒气体报警与轴流风机联动）。

③有毒气体报警（大于 7ppm）或可燃气体报警时（大于 50%LEL），可燃 / 有毒气体控制柜联锁启动相应区域内轴流风机。

3）平面布置

原稳设备框架区布置在原稳装置区的东南部，其北侧为凝液泵房、原油泵房、计量间，西侧为加热炉区。框架区分三层布置：地面层，布置原油换热器及污水罐等设备；标高 7.5m 层，布置原油缓冲罐及三相分离器；标高 13.0m 层，布置空冷器。平面布置见图 3–68。

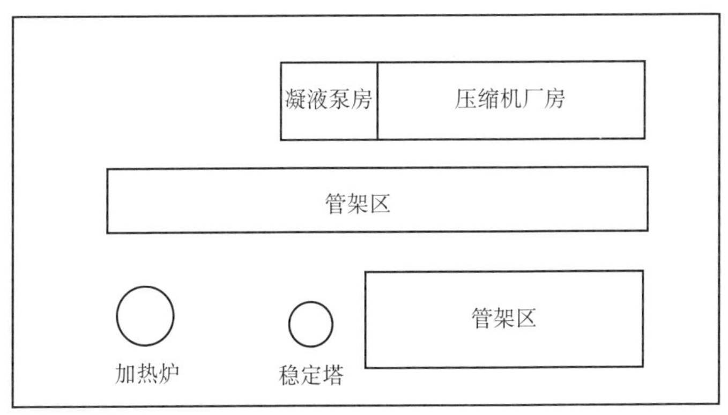

图 3–68　原稳设备平面布置图

5. 设计参数

1）介质进装置边界条件

（1）原油。

①压力：0.2 ~ 0.3MPa。

②温度：40 ~ 45℃。

③含水量：0.3%。

（2）燃料气。

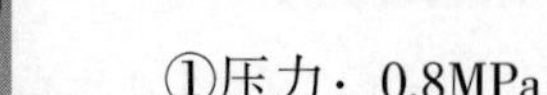

①压力：0.8MPa。

②温度：20℃。

（3）仪表风。

①压力：0.68 ~ 0.75MPa。

②温度：环境温度。

2）介质出装置边界条件

（1）稳后油。

①压力：0.2 ~ 0.3MPa。

②温度：≤ 60℃。

③去向：去联合站与进站的低温原油换热后，温度降至≤ 50℃后储存。

（2）不凝气。

①压力：0.11 ~ 0.15MPa。

②温度：≤ 40℃。

③去向：天然气处理装置。

（3）凝液。

①压力：1.0MPa。

②温度：≤ 40℃。

③去向：凝液罐区。

（4）含油污水。

①压力：1.0MPa。

②温度：≤ 40℃。

③去向：污水收集系统。

3）产品方案

（1）稳后油。

① 55℃时的饱和蒸汽压力≤ 0.07MPa。

②压力：0.2 ~ 0.3MPa。

③温度：≤ 60℃。

（2）不凝气。

①压力：0.11 ~ 0.14MPa。

②温度：≤ 40℃。

（3）凝液。

①压力：1.0MPa。

②温度：≤ 40℃。

6. 工艺设备及材料选择

1）工艺设备选择

（1）换热器。

换热器采用管壳式换热器，通过换热把来油预热、回油冷却。换热量15.9MW，总换热面积9900m^2，型号为BES1400-25-825-9/25-4I共12台，2台重叠布置。

（2）泵。

原油选用单级卧式离心泵；凝液泵选用屏蔽泵；污水泵选用隔膜计量泵。

（3）加热炉。

原稳加热炉为单排管单面辐射圆筒形立式炉型，原料分四管程入出加热炉，对流段原料入口油温度110℃，原料出辐射出口温度130℃，对流室炉管采用翅片管。

根据工艺条件，原油稳定加热炉的炉管材料为碳钢，燃烧器为气体燃烧器，每台燃烧器配有空气调节碟阀，辐射室衬里为喷涂耐火纤维材料，对流室衬里为陶纤可塑料，炉底、烟囱衬里为轻质耐热浇注料。热风道则采用岩棉板外包镀锌铁皮进行保温。

为了有效地利用余热，提高加热炉热效率，在原油稳定加热炉的对流室设置烟气余热回收系统。烟气经热管式空气预热器与常温空气进行热交换，烟气温度可降至160℃排入大气。

（4）原油稳定塔。

采用立式原油稳定塔，塔内设三层折流板，增加了气液接触面积，提高了分离效率。

2）材料选用

（1）管材选择。

仪表风管道选用Q235-B+Zn焊接钢管，执行标准GB/T 3091—2008《低压流体输送用焊接钢管》；其余管道材质均选用20号无缝钢管，执行标准GB/T 8163—2008《输送流体用无缝钢管》。钢管外径按石化系列选用。壁厚按管道等级表规定的壁厚选用。

（2）阀门。

站内使用的阀门主要包括平板闸阀、截止阀、止回阀等。站内闸阀选用开启力矩小、密闭性高、体积小的平板闸阀；在需要防止液体倒流的管路中设置止回阀，阀门的材质主要选择铸钢。

7. 主要技术指标

主要技术指标见表 3-23。

表 3-23 主要技术指标

序号	项 目		单 位	指标
1	建设规模		10^4t/a	300
2	产品产量及质量	原油	t/d	8880
		天然气	Nm^3/d	13200
		凝液	t/d	80.4
3	占地面积		m^2	2769
4	建筑面积		m^2	673
5	土地利用系数		%	72
6	消耗指标	电力	10^4kW · h/a	844
		天然气	10^4Nm^3/a	800
		净化风	10^4m^3/a	188
		蒸汽	10^4t/a	0.4
7	单位综合能耗		MJ/t	127.32

（二）伴生气凝液回收（深冷）

1. 国内外主要工艺及工艺优选

伴生气凝液回收（深冷）用于回收 C_2^+ 组分。

1）常规方法（塔顶无回流）

常规方法凝液回收率受到一定限制，一般丙烷回收率只能达到 75% 左右，其原因主要有两方面：一是塔顶气带走部分重组分；二是为了避免二氧化碳形成干冰冻堵而不能将温度冷到更低。深冷工艺各种改进的工艺方法，主要是立足于解决这两个问题。

2）塔顶增加吸收段（用于回收 C_2^+ 组分）

自 20 世纪 80 年代以来，随着计算机模拟技术的进步，国外以节能降耗、提高液烃回收率为目的，对天然气凝液回收工艺作了许多改进和开发研究工作，出现了许多新工艺。对于回收以 C_2^+ 凝液为目的产品的膨胀机制冷流程，较典型的工艺改进有气体过冷工艺（GSP）、液体过冷工艺（LSP）以及其他一些在这两个工艺基础上的改进工艺。

GSP 和 LSP 工艺是美国 UOP–Ortloff 公司 1978 年首先提出的流程。GSP 是在常规膨胀机制冷流程的后部分使一部分气体过冷，作为脱甲烷塔顶回流；LSP 工艺是在常规膨胀机制冷流程的后部分使一部分膨胀机入口处低温分离器的液体过冷，作为脱甲烷塔顶回流。较富的塔顶回流起到了吸收油的作用，进一步回收塔顶气的凝液，提高了凝液回收率，并提高了脱甲烷塔顶温度，增加了 CO_2 在凝液中的溶解度，使脱甲烷塔顶部区域偏离生成固体 CO_2 的条件，对干冰形成起到了一定的抑制作用。

大庆油田从国外成套引进的萨南深冷装置、国内自行设计建造的红压、北 I–1、南压深冷装置及目前正在设计和施工的北 I–2 和南八深冷装置均采用了类似 LSP 的流程，中原油田从国外成套引进的回收乙烷以上单组份的第三油气处理厂，以及消化国外技术自行设计建造的第四油气处理厂，也采用了类似 LSP 的流程。

大庆油田现有的 7 套天然气深冷装置，其中萨南深冷装置为 20 世纪 80 年代引进装置，采用的是双级膨胀制冷工艺，其余 6 套是近几年为多回收 C_2^+ 凝液为目的建设的深冷装置，均采用了膨胀机制冷 + 丙烷辅冷工艺。大庆油田深冷天然气凝液回收装置见表 3–24。

表 3–24　大庆油田深冷伴生气凝液回收装置概况

序号	装置名称	规模，$10^4m^3/d$	制冷方式	备　注
1	萨南深冷装置	60	双级膨胀制冷	德国整套引进
2	红压深冷装置	90	膨胀制冷 + 丙烷辅冷	干气深冷
3	北 I–1 深冷装置	70	膨胀制冷 + 丙烷辅冷	
4	南压深冷装置	60	膨胀制冷 + 丙烷辅冷	
5	北 I–2 深冷装置	90	膨胀制冷 + 丙烷辅冷	
6	南八深冷装置	90	膨胀制冷 + 丙烷辅冷	
7	北 II–2 深冷装置	140	膨胀制冷 + 丙烷辅冷	干气深冷

以大庆油田为例，随着油田的深度开发，CO_2 含量呈逐年上升的趋势，已从 80 年代的 1% 左右上升到目前的 4% 左右，从工艺上考虑 CO_2 含量上升对制冷深度的影响，采用脱甲烷塔顶冷回流工艺是有利的；从国内各油田应用情况看，透平膨胀机 + 丙烷辅助制冷，C_2 回收率高，适合以深冷回收 C_2^+

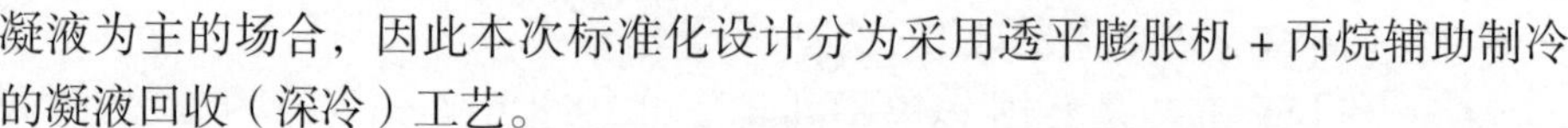

凝液为主的场合，因此本次标准化设计分为采用透平膨胀机＋丙烷辅助制冷的凝液回收（深冷）工艺。

2. 规划系列划分

本标准化设计立足整装油田大、中型站场，在对油田各类大中型站场充分调研的基础上，采用国内油田成熟天然气凝液回收处理工艺及离心式压缩机；划分系列见表3-25。

表3-25　伴生气凝液回收站场规模系列划分

序号	系列型号	统一编号	备注
1	天然气凝液回收（深冷）-150	标加-11-1009	
2	天然气凝液回收（深冷）-100	标加-11-1010	本次设计
3	天然气凝液回收（深冷）-50	标加-11-1011	

注：型号的意义：天然气凝液回收（深冷/中深冷）-×××，×××表示天然气凝液回收（深冷/中深冷）处理规模

3. 工艺技术特点

（1）伴生气凝液回收采用膨胀机及丙烷辅助制冷工艺，可达到较高的制冷深度，对适应气体组分变化具有一定的灵活性，易于控制操作参数，运行平稳可靠。

（2）原料气压缩机选用离心式压缩机，适合较大气量的处理，设备台数少、占地小。

（3）塔分离设备采用规整波纹填料配高弹性液体分布器或采用高操作弹性的塔盘，适应处理量的变化及负荷的波动。

（4）工艺冷却采用空冷，节省能耗和用水量。空冷器风机调节采用变频调速，节约用电且适应气候的变化，有利于控制稳定。

4. 主要工艺流程和平面布置

1）工艺流程

天然气处理装置分为压缩单元、脱水单元、冷冻分离单元。

来自集气单元的天然气进入新建油田气深冷处理装置，经压缩单元升压后，进入脱水单元进行深度脱水，脱水后原料气通过膨胀机驱动的同轴增压机增压进入冷冻分离单元，通过丙烷辅助冷剂制冷、膨胀机制冷和脱甲烷分离，得到干气和凝液，干气直接外输。产品凝液送入凝液罐区外输。压缩机各级冷却分离出来的含水重烃集中送入凝液罐区的重烃储罐。

（1）压缩单元。

天然气（0.2 ~ 0.4MPa，–5 ~ 20℃）首先进入压缩机入口分离器，分离出游离液滴、固体杂质。分离后的天然气进入 1 台电机驱动的离心式压缩机经 3 级压缩增压至 3.85MPa，经冷却分离后进入脱水单元。压缩机的各级间冷却均采用空冷器冷却至 45℃，冷却后的气体分别进入级间分离器进行分离，空冷器设变频调节，利于节能。压缩机出口气体进入出口空冷器被冷却至小于 45℃，最后进入压缩机三级分离器，分离出冷凝下来的凝液和游离水，分离出来的液体进入压力排污罐。

压缩机系统设两级防喘振回流阀，一级由压缩机三段出口返回一级入口，二级由压缩机三段出口返回至二级入口。

当压缩机组停机时，关闭压缩机进口关断阀。压缩机进口分离器和各级间分离器均设有高液位联锁开关，当液位达到各级高液位开关水平时停压缩机组。

来自脱水单元的干气进入膨胀机同轴增压机进行增压，干气增压后，经增压机空冷器冷却至 45℃，进入增压机出口分离器分离，分离后气体进入冷冻单元，液体进入重烃收集罐。

（2）脱水单元。

脱水单元根据再生气的取气点不同，按两种工况设计，工况一吸附器的再生气和冷却气取自膨胀机同轴压缩机增压后气体，返回至原料气脱水单元入口。工况二吸附器的再生气和冷却气取自外输干气调节阀前，返回到外输干气调节阀之后。工况一为等压再生，工况二为降压再生。

原料气压缩单元压缩、冷却、分离后的原料气（压力为 3.85MPa，温度为 45℃），首先进入过滤分离器，靠聚结分离脱除原料气中的润滑油和烃、水雾滴，再进入吸附器进行脱水。脱水采用两塔流程，两台吸附器内装填分子筛吸附剂，将原料气含水脱除至 1ppm 以下。一塔吸附，另一塔再生和冷却，吸附周期为 8h。脱水后的气体首先进入干气过滤器，过滤掉 5μm 以上的粉尘，之后进入膨胀机同轴增压机继续增压或进行天然气外输调压。

吸附器脱水、再生、冷却操作过程的切换通过 DCS 对开关阀进行时间控制来完成，一塔处于干燥吸附状态，另一塔处于再生和冷却过程，两个塔交替循环使用，满足连续干燥的目的。

（3）冷冻分离单元。

来自膨胀机同轴增压机出口分离器的原料气，分成两个主路和一个支路进行换热。第一主路进入冷箱 I，做为脱甲烷塔重沸器 / 侧沸器的加热气体，重沸器出口温度通过调节进冷箱原料气调节阀来控制；第二主路进入冷箱Ⅱ，与脱甲烷塔顶干气进行换热；少量气体进入烃气换热器与塔底天然气凝液换热，将天然气凝液加热至20℃管输至罐区。进入冷箱Ⅱ的第二路原料气，首先在一级换热器内与脱甲烷塔顶干气换热，与烃气换热器出口原料气混合，进入丙烷制冷机组冷却至-30℃，气相进入二级换热器继续与塔顶气换热后冷却；与第一路的重沸器/侧沸器出口原料气混合进入低温分离器进行气、液分离，气相进入透平膨胀机膨胀，进入脱甲烷塔吸收段与分离段之间，分出的液相进入天然气凝液过冷器与塔顶气换热，然后通过液位调节阀控制进入脱甲烷塔吸收段顶部作为过冷回流。

脱甲烷塔采用填料塔，设高效规整填料和高弹性液体分布器。填料层共设3段，塔顶吸收段填料层的上部接收过冷天然气凝液，上数第2段分离段填料层的上部接收膨胀机出口物料，最下一段分离段填料层的上部设一侧沸器抽出塔盘，塔釜上部设一重沸器抽出塔盘。塔底设一重沸器、中部设一侧沸器，均为一次通过式。脱甲烷塔塔压通过出装置干气调节阀进行控制。塔底重沸器液体从塔底抽出塔盘，与原料气换热部分汽化，返回塔釜。侧沸器液体从侧沸器抽出塔盘，与原料气换热后部分汽化，返回侧线抽出塔盘之下。

脱甲烷塔顶干气进入冷箱Ⅱ，依次经过天然气凝液过冷器、二级换热器、一级换热器经换热后作为干气外输。脱甲烷塔底天然气凝液经塔底泵加压、计量后送至天然气凝液罐区。

装置内设甲醇罐，低温部位冻堵时，可启动甲醇泵将甲醇注入冻堵部位进行解冻。

当膨胀机出现故障停车时，装置按J-T阀模式操作，旁路J-T阀自动启动，将气体节流至1.4MPa。此时再生气/冷却气取自外输干气，再生气/冷却气经冷却分离后返回外输干气或压缩机入口。

工艺原理流程见图3-69。

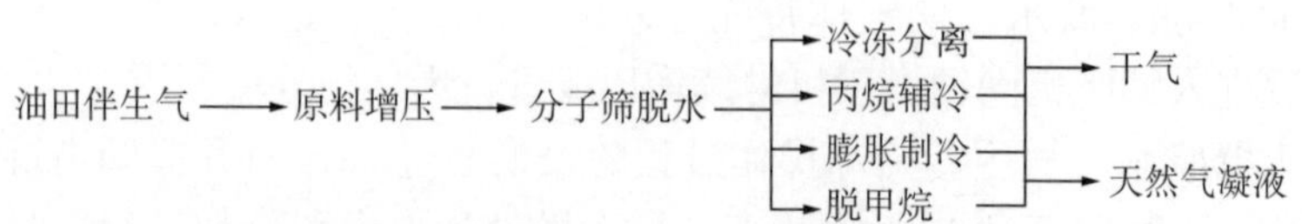

图3-69 天然气凝液回收（深冷）站原理流程图

2）自控方案

（1）自控内容。

①压缩单元。

a. 原料气进入装置设切断阀，该阀配电磁阀和阀门定位器。用于事故时的紧急切断控制和初期投产时入口装置的压力调节；原料气压缩机运行状态指示、紧急停车控制。

b. 重烃收集罐：气相压力指示、调节、报警，烃室液位指示、调节、报警，水室液位指示、调节、报警，水室液相温度指示、报警；重烃去天然气凝液罐区流量计量。

c. 原料气去脱水单元压力、温度指示。

d. 增压机空冷器出口温度指示、调节、报警；增压机出口分离器：液位指示、调节、报警；出口去冷冻分离单元压力、指示、调节；出口去冷冻分离单元温度指示、报警、联锁。

e. 重烃泵：远程手动停、状态指示。

f. 压缩机自带控制柜参数上传。

g. 原料气压缩机综合报警；原料气压缩机停机报警。

h. 压缩机一级、二级、三级入口分离器：液位指示、调节、报警联锁停压缩机（内部逻辑）。

i. 原料气去压缩机入口压力指示、调节、报警。

j. 压缩机一级、二级、三级出口空冷器：远程手动启、停风机；出口温度指示、报警、变频调节、故障状态指示等。压缩机一级、二级、三级出口分离器：液位指示、调节、报警联锁停压缩机（内部逻辑）。

k. DCS 远程手动停压缩机。

l. ESD 远程紧急停压缩机。

②脱水单元（进 DCS 系统）。

a. 过滤分离器进出口差压指示、高报警。

b. 原料气 / 再生气进分子筛吸附器：开关阀程序控制（设备带）；压力指示（设备带）；温度指示（设备带）。

c. 分子筛吸附器：出口开关阀程序控制（设备带）；出口汇管压力指示（设备带）；进出口差压指示、高报、联锁程控阀。

d. 干气过滤器：进出口差压指示、高报警；出口汇管压力指示；出口汇管温度指示、高报警、联锁关脱水后原料气去膨胀机同轴增压机进口开关阀（内部逻辑）及开越站旁路去外输干气进口开关阀（内部逻辑）。

e. 脱水后原料气去膨胀机同轴增压机进口水露点分析。

f. 再生气 / 冷却气来自外输干气流量计量、调节；再生气分水罐出口去外输干气调节；再生气 / 冷却气来自增压机出口分离器流量计量、调节；再生气去再生气加热器开关阀控制（设备带）；再生气去分子筛吸附器开关阀控制等（设备带）、温度指示、汇管压力指示。

g. 导热油回油压力指示、高报。

h. 吸附器压力平衡调节（设备带）。

i. 分子筛吸附器再生进出口差压指示、高报、联锁程控阀，汇管温度指示，汇管开关阀控制。

j. 再生气空冷器：远程手动启、停风机；出口温度指示、报警、变频调节、故障状态指示等。

k. 再生气分水罐：液位指示、调节、报警、联锁；液相出口阀远程手动控制。

③冷冻单元。

a. 膨胀机同轴增压机：出口压力指示、报警，温度指示。

b. 一级、二级换热器：原料气进出口差压指示，出口温度指示，烃气换热器：原料气进出口差压指示。

c. 丙烷制冷机组：原料气进口、出口压力、温度指示。

d. 丙烷空冷器：远程手动启、停风机；出口温度指示、报警、变频调节、故障状态指示等。

e. 冷箱 I（重沸器 – 测沸器）：原料气进出口差压指示。

f. 侧沸器：原料气出口温度指示。

g. 低温分离器：入口温度、压力指示、调节 J–T 阀（设备带）；液位指示、调节、报警联锁停膨胀机（内部逻辑）、联锁调节 J–T 阀开度（设备带）。

h. 膨胀机 – 增压机：膨胀端出口温度、压力指示；膨胀后进脱甲烷塔温度指示。

i. 天然气凝液过冷器天然气凝液出口温度指示；过冷天然气凝液进脱甲烷塔温度指示。

j. 脱甲烷塔：塔顶压力、温度指示，上段、中段、底段温度、差压指示、高报，差压指示、高报，塔釜压力指示、调节、联锁，塔釜温度指示、低报警、联锁；塔釜液位指示、报警、调节、联锁；塔顶气去天然气凝液过冷器温度指示；塔顶来气出冷箱压力指示；塔顶来气出冷箱温度指示。

k. 干气外输去集配气单元流量计量。

l. 脱甲烷塔中段侧沸器冷入口温度指示。

m. 侧沸器冷介质流量远程手动调节；侧沸器冷出口温度回脱甲烷塔中段指示。

n. 远程手动控制压缩机停机联锁关进重沸器开关阀。

o. 重沸器冷出口温度回脱甲烷塔底段指示、调节。

p. 出装置天然气凝液流量计量。

q. 塔底天然气凝液去烃气换热器温度、压力指示。

r. 烃气换热器天然气凝液出口去天然气凝液罐区温度指示、调节。

s. 甲醇罐低液位报警、联锁。

t. 丙烷制冷机自带控制柜参数上传（冗余）；丙烷制冷机综合报警；丙烷制冷机停机报警；丙烷制冷机运行状态信号。

u. 膨胀机相关控制参数上传。

（2）可燃、有毒气体检测与报警系统。

可燃、有毒气体检测与报警系统的作用是保障人身和生产设施安全，检测泄漏的可燃、有毒气体浓度，超限时报警，以预防人身事故、火灾和爆炸的发生。天然气凝液回收（深冷）–100 可燃、有毒气体浓度信号进入独立的可燃、有毒气体报警控制柜。

根据有关设计规范，在下列区域设可燃、有毒气体检测器：

①压缩机厂房（可燃 / 有毒气体报警与轴流风机联动）。

②膨胀机厂房（可燃 / 有毒气体报警与轴流风机联动）。

③装置区（可燃 / 有毒气体报警）。

有毒气体浓度报警设定值（≤ 100% 最高容许浓度或 10% 直接致害浓度值）或可燃气体超过报警设定值（≤ 25%LEL），可燃 / 有毒气体控制柜联锁启动相应区域内轴流风机。

3）平面布置

（1）装置区按工艺系统和功能划分可分为原料气压缩机区、脱水区、冷冻分离区和管带空冷器区。

（2）装置区按三条线布置，中间为管廊带，管廊一侧为原料气压缩机厂房和厂房外设备，另一侧为脱水设备区、冷冻分离设备框架及厂房。级间空冷器和再生气空冷器布置于管廊之上。充分考虑了流程顺序、功能分区和物流走向顺畅，有利操作和检修，并减少管道长度和冷、热量损失以及占地。

（3）冷冻分离设备框架、膨胀机 / 制冷机厂房集中布置成冷区，减少低温管道长度。

（4）装置两侧留有充足的检修空间。在压缩机厂房和膨胀机、制冷机厂房内设检修吊车。

（5）装置区占地面积为 3477.6m^2，建筑面积为 630m^2。

平面布置见图 3–70。

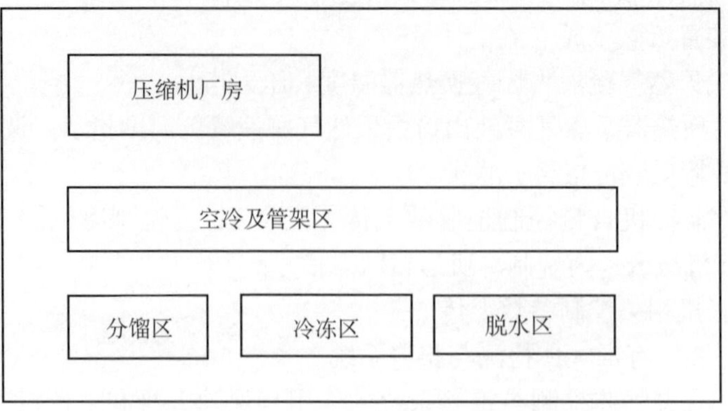

图 3–70　伴生气凝液回收装置区平面布置图

5. 设计参数

1）天然气物性

天然气物性组成见表 3–26。

表 3–26　天然气物性组成

组分	低限组成	高限组成	设计组成
CH_4，%（摩尔分数）	83.89	77.85	82.05
C_2H_6，%（摩尔分数）	8.44	11.29	9.32
C_3H_8，%（摩尔分数）	3.69	5.63	4.33
iC_4H_{10}，%（摩尔分数）	0.66	1.09	0.79
nC_4H_{10}，%（摩尔分数）	1.08	1.66	1.24
iC_5H_{12}，%（摩尔分数）	0.40	0.64	0.47
nC_5H_{12}，%（摩尔分数）	0.28	0.57	0.39
C_6^+，%（摩尔分数）	0.44	0.51	0.37
CO_2，%（摩尔分数）	0.60	0.34	0.51
N_2，%（摩尔分数）	0.51	0.42	0.53
H_2S，mL/m³	1.62	0.21	1.02
总硫（以硫计），mg/m³	0.06	0.22	0.12
合计	100.00	100.00	100.00

2）设计参数

①原料气压缩机入口压力：0.2 ~ 0.4MPa。

②原料气压缩机出口压力：3.95MPa。

③脱水单元出口压力：3.8MPa。

④分子筛脱水设计吸附周期：8h。

⑤膨胀机入口压力：4.67MPa。

⑥膨胀机入口温度：–49.8℃。

⑦膨胀机出口压力：1.45MPa。

⑧膨胀机出口温度：–92℃。

⑨脱甲烷塔压力：1.4MPa。

⑩脱甲烷塔顶温度：–94℃。

⑪同轴增压机出口压力：4.44 ~ 4.79MPa。

⑫干气外输压力：1.3MPa。

3）产品方案

天然气处理装置最终产品为商品天然气和 C_2^+ 混合天然气凝液。

（1）商品天然气。

天然气处理装置产品天然气为经脱水、脱烃后的干气，满足 GB 17820—2012《天然气》二类气（工业用气）的要求。

水露点：≤ –15℃。

烃露点：≤ –15℃。

设计工况天然气产量与组成见表 3–27。

产量：$83.5 \times 10^4 m^3/d$（未扣除处理厂自耗燃料气）。

表 3–27 商品天然气组成

组 分	CH_4	C_2H_6	C_3H_8	iC_4H_{10}	nC_4H_{10}	CO_2	N_2	合计
组成，mol%	96.92	2	0.13	0.01	0.03	0.3	0.62	100

（2）天然气凝液。

设计工况天然气凝液产量与组成见表 3–28。

表 3–28 天然气凝液组成

组分	CH_4	C_2H_6	C_3H_8	iC_4H_{10}	nC_4H_{10}	iC_5H_{12}	nC_5H_{12}
组成，mol%	0.7	49.35	27.30	8	3.03	2.52	2.39

续表

组分	C_6 合计	CO_2	N_2	H_2O			合计
组成，mol%	0	1.59	0	0			100

产量：263t/d（7.89×10^4t/a）。

C_2 收率：81%。

6. 设备及材料选择

1）主要设备选择

（1）机泵设备。

① 原料气压缩机。

原料气压缩机采用三段压缩，压缩机组制造标准执行 API 617-2002《石油、化学和气体工业用轴流、离心压缩机及膨胀机－压缩机》（第七版）。户内安装，安装区域防爆等级：IEC 一级，2 区。压缩机采用电机驱动，压缩机、电机采用整体钢结构底座；润滑油站、气体冷却器等采用整体钢结构底座；润滑油事故停车高位油箱布置在机组回转轴线上方 6m 处；压缩机轴端采用带中间迷宫式密封的串联干气密封系统。

膨胀机 / 增压机组是装置的核心设备。机组采用可调喷嘴，配套润滑油系统、控制系统、膨胀机旁路 J-T 阀、进口紧急关断阀和增压机防喘振控制阀。机组为整体橇装。

②丙烷制冷机组。

丙烷制冷压缩机组采用螺杆压缩机制冷机组。采用带经济器单级可变容积比螺杆压缩机，提高系统可靠性和简化系统设计。设滑阀自动调节压缩机的制冷负荷。机组包括一个压缩机橇块、一个安装有储液器、蒸发器、自动回油装置以及配套自控、配电设备的换热器 / 容器橇块。配套就地 PLC 可编程控制器，丙烷机组自带空冷器。

丙烷制冷机组设计制冷负荷为 0.48MW，实现天然气冷冻温度为 -30℃，为增大制冷机组对原料气组成变化的适应能力，制冷负荷的设计留有一定裕量。

③泵。

天然气凝液介质较易泄露，故选用无泄露屏蔽泵。

（2）冷换设备。

管壳式换热器选用浮头式换热器，空冷器选用干式空冷器，空冷器出口温度控制采用变频调速控制风机转速。冷冻分离单元的冷箱采用钎铝焊板翅式换热器，板翅式换热器具有传热效率高、结构紧凑的特点，热端温差可低于3℃，传热面积可达1500 ~ 2500m²，相当于管壳式换热器的10 ~ 20倍，其缺点是流道易被堵塞，要求介质必须洁净。

（3）塔设备。

脱甲烷塔的作用不仅是从冷凝的烃液中除去甲烷，还有进一步制冷和从未凝气中回收C_2^+产品的作用。为保证乙烷产品的质量，脱甲烷塔底釜液需控制C_1/C_2分子比不大于0.03，甚至需要达到0.02以下，这就需要严格的精馏段加以保证。脱甲烷塔的操作压力通常在1.48 ~ 3.0MPa间，使用实际塔板18 ~ 26块（板效率45% ~ 60%）；但当增加侧重沸器时，塔板则需增至26块以上。

塔设备选择的原则是尽量采用高弹性的塔内件，以适应天然气处理装置处理量波动和产品方案变化的特点。首选规整填料并配高弹性液体分布器，其特点是高效、高弹性；规整填料持液量较低，对液气比较大的塔，其使用受到限制，可考虑采用高弹性的塔盘。根据本工程各塔的塔内气液负荷数据，确定塔采用的规整填料和高弹性液体分布器。

（4）吸附器。

天然气脱水吸附器内装4A分子筛，吸附周期为8h。干燥塔床层底部加厚瓷球热层来缓冲再生气热吹、冷吹时的温度冲击，以避免分子筛因温度急剧变化而破碎。吸附器内的上下工艺接口均设有滤网，对出吸附器的天然气中的粉尘进行粗滤。

（5）其他设备。

分子筛吸附器入口设精密除油过滤分离器，利用过滤介质对气体中液滴的拦截作用，分离出压缩机出口气体中夹带的润滑油、天然气凝液和水的细雾，保护下游的分子筛脱水塔，提高其脱水效率和使用寿命。采用纤维滤芯，除油精度要求达到0.01μm，过滤后气体含油≤0.03mg/m³。纤维滤芯一次性使用、定期更换。

分子筛吸附出口原料气设粉尘过滤器，分离出气体中夹带的粉尘，避免下游板翅式换热器堵塞。粉尘过滤器采用金属烧结滤芯，要求过滤精度为5μm。为延长滤芯的清洗周期和使用寿命，在粉尘过滤器之前设内有高效漩流分离元件的粉尘分离器，对原料气中的粉尘进行粗分离。

2）材料选用

（1）管材选择。

净化风管道选用镀锌焊接钢管，材质 Q215B+ 镀锌，执行 GB/T 3091—2015《低压流体输送用焊接钢管》。

蒸汽、蒸汽凝结水、非净化风、氮气、冷却水、软化水、热水管道，DN ≤ 250mm 选用无缝钢管，材质 20 号钢，执行 GB/T 8163—2008《输送流体用无缝钢管》；DN > 250mm 选用螺旋缝埋弧焊钢管，材质 Q235-B，执行 SY/T 5037—2012《普通流体输送管道用埋弧焊钢管》。

油气介质管道，设计温度为 -196℃ < T < -40℃，选用不锈钢无缝钢管，执行 GB/T 14976—2012《流体输送用不锈钢无缝钢管》，其中 1.0MPa 压力等级的低温放空管道公称直径 DN > 300mm 时，选用不锈钢焊接钢管，供货要求为 100% 射线探伤，执行 GB/T 12771—2008《流体输送用不锈钢焊接钢管》；管道设计温度为 -40℃ ≤ T < -20℃，选用 Q345E 无缝钢管，执行 GB 6479—2013《高压化肥设备用无缝钢管》，材料须做低温夏比冲击试验；管道设计温度为 T ≥ -20℃且压力等级 P ≤ 2.5MPa 并且公称直径 DN ≤ 500mm，或者管道设计温度为 T ≥ -20℃且压力等级 P < 4.0MPa 并且公称直径 DN ≤ 300mm，选用碳钢无缝钢管，材质为 20# 钢，执行《输送流体用无缝钢管》；管道设计温度为 T ≥ -20℃且压力等级 P ≥ 4.0MPa 并且公称直径 DN ≤ 300mm，选用碳钢无缝钢管，材质为 20# 钢，执行《高压化肥设备用无缝钢管》；管道设计温度为 T ≥ -20℃且压力等级 P > 2.5MPa 并且公称直径 DN > 300mm，或设计温度为 T ≥ -20℃且公称直径 DN > 500mm，选用直缝埋弧焊钢管，材质为 L245NB，执行 GB/T 9711—2011《石油天然气工业管线输送系统用钢管》。

润滑油、化学药剂管线采用 06Cr19Ni10 不锈钢无缝钢管，执行标准《流体输送用不锈钢无缝钢管》。

（2）阀门。

油气介质的管线阀门：操作温度 T ≤ -20℃的管线选用低温阀门，T > -20℃的管线选用常温阀门。

开关阀一般选用楔式闸阀。对油气介质，闸阀选用开启力矩小、密闭性高、体积小的平板闸阀，无导流孔。

对于需要进行简单流量调节的阀门宜选用截止阀。调节阀旁通选用调节能力强的双作用节流截止阀。排污阀和放空阀分别选用使用寿命长、噪音小的阀套式排污阀和节流截止放空阀。

球阀类型选择：DN ≥ 300mm 选用固定式钢制球阀（带蜗轮传动），DN < 300mm 选用浮动球钢制球阀。

阀门结构长度符合 GB/T 12221-2005《金属阀门 结构长度》的规定。

7. 主要技术指标

伴生气凝液回收（深冷）工艺主要技术指标见表 3-29。

表 3-29　伴生气凝液回收（深冷）工艺主要技术指标

序号	项 目		单 位	指标
1	建设规模		m^3/d	100×10^4
2	产品产量及质量	原油	t/d	—
		天然气	$10^4m^3/d$	100
3	占地面积		m^2	3477.6
4	建筑面积		m^2	650
5	土地利用系数		%	71
6	消耗指标	电力	$10^4kW \cdot h/a$	4744
		天然气	$10^4m^3/a$	—
		污水	$10^4t/a$	—
7	C_2 收率		%	81
8	单位综合能耗		MJ/t	10311.66

（三）伴生气凝液回收（中深冷）

1. 国内外主要工艺及工艺优选

天然气凝液回收（中深冷）用于回收收 C_3^+ 组分。

以回收 C_3^+ 为目的工艺改进较典型的有分凝法、直接接触换热（DHX）、PetroFlux 法、混合冷剂制冷工艺等。其中，直接接触换热流程（DHX）是由加拿大艾索资源公司首先提出并在其 Judy Creek 工厂的丙烷辅冷 + 单级膨胀机制冷装置的改造中得以成功实施。该工艺的核心内容是在单级膨胀制冷基础上增加直接接触换热塔（国内称为重接触塔），只需增加 DHX 塔、液烃泵、冷箱三台设备，可使装置 C_3 收率大幅度提高，产品单耗下降。

目前国内已有多套采用 DHX 流程回收 C_3^+ 的装置，并将直接接触换热工艺有关技术数据及要求写入了行业标准 SY/T 00077-2008《天然气凝液回收设计规范》。冀东南堡 1 号陆上终端也采用了直接接触换热工艺。

该工艺重接触塔类似于 GSP 法脱甲烷塔的吸收段，不同的是用脱乙烷塔顶不凝气与重接触塔顶气换热后的凝液作为回流，富含甲烷、乙烷的塔顶液体与底部的膨胀机出口气体在塔内逆流接触，液态甲烷和乙烷靠吸收气相中丙烷和更重组分的热量汽化，同时使气相丙烷和更重组分冷凝为液体，从而实现能量的合理利用并获得高的丙烷收率，丙烷收率可达到 90% 以上。

吐哈油田有一套由 Linde 公司设计并全套引进的 NGL 回收装置，采用丙烷制冷与膨胀机联合制冷法，并引入了 DHX 工艺。该装置以丘陵油田伴生气为原料气，处理量为 $120 \times 10^4 m^3/d$，由原料气预分离、压缩、脱水、冷冻、凝液分离及分馏等系统组成。

该装置由于采用 DHX 工艺，将脱乙烷塔塔顶回流罐的凝液降温至 –51℃ 后进入 DHX 塔顶部，用以吸收低温分离器来的气体中 C_3^+ 烃类，使 C_3^+ 收率达到 85% 以上。

在引进该工艺的基础上对其进行了简化和改进，普遍采用膨胀机制冷 +DHX 塔 + 脱乙烷塔的工艺流程。DHX 塔的进料则有单进料（仅低温分离器分出的气体经膨胀机制冷后进入塔底）和双进料（低温分离器分出的气体和液体最终均进入 DHX 塔）之分。目前国内已有数套这样的装置在运行，其中以采用 DHX 塔单进料的工艺居多。福山油田第二套 NGL 回收装置采用了单进料的工艺流程，原料气为高压凝析气，C_1/C_2 约为 3.5，处理量为 $50 \times 10^4 m^3/d$，C_3 收率设计值在 90% 以上。该装置在 2005 年建成投产，C_3 收率实际最高值可达 92%。

从国内各油田应用情况看，透平膨胀机 + 丙烷辅助制冷 +DHX，C_3 回收率高，适合以深冷回收 C_3^+ 凝液为主的场合；因此本次标准化设计采用透平膨胀机 + 丙烷辅助制冷 +DHX 的凝液回收（中深冷）工艺。

2. 设计规模系列划分

本标准化设计立足整装油田大、中型站场，在对油田各类大中型站场充分调研的基础上，采用国内油田成熟天然气凝液回收处理工艺及往复式压缩机，划分系列见表 3–30。型号的意义：天然气凝液回收（中深冷）–XXX，XXX 表示天然气凝液回收（中深冷）处理规模 $XXX \times 10^4 m^3/d$。

表 3–30　伴生气凝液回收（中深冷）站场规模系列划分

序号	系列型号	统一编号	备注
1	天然气凝液回收（中深冷）–100	标加 –11–1012	本次设计
2	天然气凝液回收（中深冷）–50	标加 –11–1013	

3. 工艺技术特点

（1）天然气凝液回收采用膨胀机及丙烷辅助制冷工艺，可达到较高的制冷深度，对适应气体组分变化具有一定的灵活性，易于控制操作参数，运行平稳可靠。

（2）冷冻分离采用直接接触换热（DHX）技术，膨胀机出口物流与脱乙烷塔顶物流直接接触换热，减少了脱乙烷塔负荷，更好地回收膨胀机出口中的 C_3，提高丙烷收率。

（3）原料气压缩采用多机组并联操作的往复式压缩机，通过吸入压力变化和改变运行台数适应气量的变化和波动，变工况适应能力强。

（4）塔分离设备采用规整波纹填料配高弹性液体分布器或高操作弹性的塔盘，适应处理量的变化及负荷的波动。

（5）工艺冷却采用空冷，节省能耗和用水。空冷器风机调节采用变频调速，节约用电，并适应气候的变化和有利于控制稳定。

4. 主要工艺流程和平面布置

1）工艺流程

装置包括原料气压缩单元、脱水单元、冷冻分离单元、凝液分馏单元和辅助系统。

来自界区外的 0.25 ～ 0.4MPa 中压伴生气，作为天然气处理装置的原料气，经原料气压缩机压缩至 3.05MPa，进入分子筛脱水单元将含水脱除至 1mg/m^3 后，进入冷冻分离单元。冷冻分离单元通过膨胀机和丙烷制冷机辅助制冷、接触换热、脱乙烷得到干气和脱乙烷凝液，干气通过膨胀机驱动的同轴增压机压缩，在 1.26MPa 下外输。凝液分馏单元设有脱丁烷塔，将冷冻分离单元的脱乙烷塔凝液分离为液化气和稳定凝液产品。干气进外输单元计量后外输。压缩机各级冷却分离出来的含水重烃集中送入脱丁烷塔处理。

（1）原料气压缩单元。

原料气首先进入压缩机入口分离器分离出油、水和杂质，通过压缩机压缩至 3.05MPa。压缩机各级冷却采用空冷，三级出口气体温度设计为 45℃。冷却后气体经压缩机出口分离器分离后进入脱水单元。入口凝液进入压力排污罐，各级出口分离器液相进入重烃收集罐，用泵打入脱丁烷塔。

压缩机入口总管设有超压放空调节阀和低压回流调节阀，保护压缩机不因入口压力过高或过低引起停机。

3 台压缩机共用一个润滑油供油罐 D–0103，润滑油罐充入氮气，为压缩机压力供油。

（2）脱水单元。

经压缩、冷却、分离后的原料气，首先进入过滤分离器，靠聚结分离脱除原料气中的润滑油和烃、水雾滴，进入吸附器进行脱水。脱水采用两塔流程，两台吸附器内装填分子筛吸附剂，将原料气含水脱除至 1mg/m^3 以下。另一塔吸附，另一塔再生和冷却，吸附周期为 8h。脱水后的气体首先进入干气过滤器，过滤掉 5μm 以上的粉尘，进入冷冻分离单元膨胀机驱动的同轴增压机进行压缩。

脱水单元根据再生气的取气点不同，可采用等压再生和降压再生两种流程。

按两种工况设计，工况一吸附器的再生气和冷却气取自膨胀机同轴压缩机增压后气体，返回至原料气脱水单元入口。工况二吸附器的再生气和冷却气取自外输干气调节阀前，返回到外输干气调节阀之后。

吸附器脱水、再生、冷却操作过程的切换通过 DCS 对开关阀进行时间控制来完成，一塔处于干燥吸附状态，另一塔处于再生和冷却过程，两个塔交替循环使用满足连续干燥的目的。

再生操作时，再生气进入再生气换热器，与吸附器出口再生气换热，回收出吸附器再生气的剩余热量，再进入再生气加热器用导热油加热至 250 ~ 280℃。加热后的再生气，进入吸附器脱除干燥剂吸附的水分，然后依次经再生气换热器、再生气空冷器冷却至 20（冬季）~ 45℃（夏季），进入再生气分水罐分离出冷凝下来的水。经冷却分离后的吸附器出口再生气 / 冷却气返回到外输干气调节阀之后或脱水单元入口。

再生气分水罐分离出来的含油污水汇入出装置污水汇管。

（3）冷冻分离单元。

脱水后原料气进入膨胀机同轴增压机进行增压，干气由 3.05MPa 升至 3.52MPa，经增压机空冷器冷却至 45℃，进入增压机出口分离气器分离，分离后气体进入冷冻分离单元，液体进入重烃收集罐。

原料气首先进入预冷器，与来自脱乙烷塔顶冷凝器的换热后重接触塔顶干气和一级分离器、二级分离器分离出来的天然气凝液换热，再进入丙烷制冷机组的蒸发器冷却至 −30℃，进入一级分离器。一级分离器分离出来的气相进入预冷器继续与重接触塔顶干气换热冷却，进入二级分离器。二级分离器分离出来的气相进入膨胀机膨胀至 1.5MPa，气液混合物进入重接触塔底部；分离出的液相经预冷器被原料气加热，进入脱乙烷塔中部。脱乙烷塔顶气体进入脱乙烷塔顶冷凝器，被重接触塔顶部气体冷却，进入重接触塔顶部。重接触塔顶操作压力为 1.5MPa，温度为 −77℃，富含甲烷、乙烷的塔顶液体与底部的膨胀机出口气体在塔内逆流接触。重接触塔底部的液体通过脱乙烷塔进料泵加压进入脱乙烷塔顶部，脱乙烷塔顶操作压力为 1.7MPa，温度为 −20.99℃。脱乙烷塔底部的天然气凝液进入天然气凝液分馏单元。

重接触塔顶干气先进入脱乙烷塔顶冷凝器与脱乙烷塔顶气换热，被复热后，再进入原料气预冷器与原料气换热，通过外输干气调节阀控制重接触塔顶压力，计量后输出界区。

膨胀机转速通过在控制系统手动调节膨胀机入口导向叶片的角度进行控制，当导向叶片已开至最大时，通过膨胀机入口压力的自动控制，J–T 阀打开，部分气体通过 J–T 阀进行节流膨胀制冷。增压机防喘振回流控制由防喘振回流控制阀、增压机入口流量计和进出口压差检测根据控制逻辑进行控制。

（4）天然气凝液分馏单元。

冷冻分离单元的脱乙烷天然气凝液，进入脱丁烷塔中部，塔顶得液化气，塔底得稳定天然气凝液，塔顶压力为 1.35MPa，温度为 60℃。塔顶气经塔顶空冷器 A–0401 冷却至 45℃，进入脱丁烷塔顶回流罐，再通过脱丁烷塔顶回流泵加压，部分液体打回塔顶作为回流，其余作为产品进入液化气罐区。脱丁烷塔底天然气凝液温度为 143℃，经塔底天然气凝液空冷器冷却至 45℃，计量后自压输出界区进入稳定天然气凝液罐区。

工艺原理流程见图 3–71。

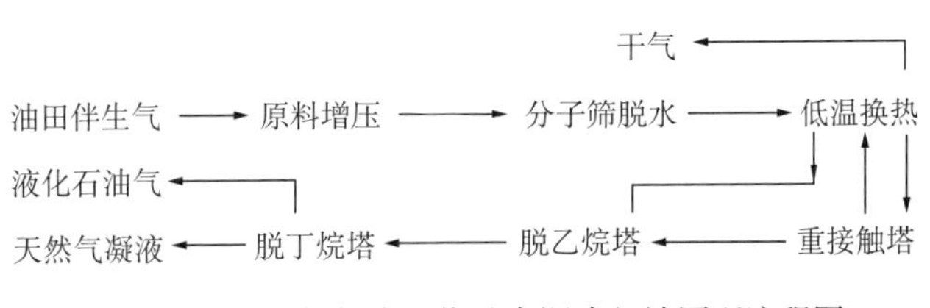

图 3–71 天然气凝液回收（中深冷）站原理流程图

2）自控方案

（1）自控内容。

①原料气压缩单元。

a. 原料气进装置设切断阀，该阀配电磁阀和阀门定位器。用于事故时的紧急切断控制和初期投产时入口装置的压力调节。

b. 入口分离器液位指示、调节、报警；出口分离器液位指示、调节、报警。

c. 原料气进装置温度指示、压力指示及压力调节；原料气进装置流量指示、积算。

d. 压缩机出口温度、压力指示。

e. 原料气压缩机运行状态指示、紧急停车控制。

②脱水单元。

a. 原料气过滤分离器液位指示、调节、报警和进出口汇管差压指示；原料气进、出吸附器压力、温度指示；原料气进、出吸附器压差指示；吸附器进口原料气、再生气差压指示；原料气粉尘分离器进出口差压指示。

b. 再生气分水罐液位指示、调节、报警。

c. 再生气/冷却气进吸附器压力指示，再生气/冷却气出吸附器温度指示，再生气/冷却气出吸附器汇管温度指示。再生气/冷却气流量指示调节。

d. 原料气出脱水系统压力指示、调节；原料气出脱水系统温度指示、超高联锁关原料气去冷箱切断阀，去外输干气旁路阀。

e. 再生器空冷器出口温度指示调节，高低报警，再生气加热器出口温度指示调节；再生气空冷器运行状态指示、启停控制。

f. 分子筛脱水程序控制，脱水后干气露点指示。

③冷冻分离单元。

a. 一级、二级分离器液位指示、调节、高报警；二级分离器液位超高联锁停膨胀机/增压机组。

b. 接触塔底液位指示调节、高低报警、超低联锁停脱乙烷塔进料泵；接触塔塔顶压力指示、高报警；接触塔底压力指示、超高联锁开、关接触塔顶气放空阀；接触塔底温度指示。

c. 脱乙烷塔底重沸器：液位指示、调节、高报警，进口温度指示、出口温度指示、调节。

d. 原料气进膨胀机压力指示、调节、高报警；原料气出膨胀机温度指示；原料气进、出丙烷制冷机温度、压力指示；原料气出预冷器温度指示。

e. 脱乙烷塔底压力指示；脱乙烷塔顶压力指示调节高报警；温度指示、

f. 外输干气流量指示累积和事故时紧急关断控制。

g. 脱乙烷塔进料泵电机电流及运行状态指示。膨胀机/增压机运行参数指示，丙烷制冷机、膨胀机/增压机远程停车控制。

h. 其他工艺过程的温度、压力、压差指示；详见仪表索引表。

④天然气凝液分馏单元。

a. 脱丁烷塔塔顶回流罐压力、液位指示、调节、高报警，脱丁烷塔塔顶至回流罐差压指示、调节；脱丁烷塔塔顶压力、回流量指示、调节、高报警，脱丁烷塔塔顶及入口温度指示，脱丁烷塔顶空冷器出口温度指示，脱丁烷塔塔底压力指示；脱丁烷塔底重沸器温度、液位指示、调节、低液位联锁停塔顶回流泵，脱丁烷塔底重沸器进口温度指示。

b. 液化气水冷器出口温度指示；稳定天然气凝液出装置温度指示；液化气、稳定天然气凝液出装置流量指示、积算，塔顶回流泵电机电流指示、运行状态指示。

⑤生产辅助和天然气外输单元。

生产辅助单元：甲醇罐液位报警；甲醇泵运行状态指示。

（2）可燃、有毒气体检测与报警系统。

可燃、有毒气体检测与报警系统的作用是保障人身和生产设施安全，检测泄漏的可燃、有毒气体浓度，超限时报警，以预防人身事故、火灾和爆炸的发生。天然气凝液回收（中深冷）可燃、有毒气体浓度信号进入独立的可燃、有毒气体报警控制柜。

根据有关设计规范，在下列区域设可燃、有毒气体检测器：

①压缩机厂房（可燃 / 有毒气体报警与轴流风机联动）。

②制冷机厂房（可燃 / 有毒气体报警与轴流风机联动）。

③装置区（可燃 / 有毒气体报警）。

天然气凝液回收（中深冷）有毒气体浓度报警设定值（≤ 100% 最高容许浓度或 10% 直接致害浓度值）或可燃气体超过报警设定值（≤ 25%LEL），可燃 / 有毒气体控制柜联锁启动相应区域内轴流风机。

3）平面布置

（1）装置区按工艺系统和功能划分为原料气压缩机区、脱水区、冷冻分离区、天然气凝液分馏区和管带空冷器区。

（2）装置区按三条线布置，中间为管廊带，管廊一侧为原料气压缩机厂房、及厂房外设备，另一侧为脱水设备区、冷冻分离设备框架、天然气凝液分馏框架。天然气凝液泵露天布置于管廊之下，充分考虑了流程顺序、功能分区和物流走向顺畅，有利操作和检修，并减少管道长度和冷、热量损失。

（3）冷冻分离设备框架集中布置成冷区，减少低温管道长度。

（4）装置两侧留有充足的检修空间。在压缩机厂房内设检修吊车。

（5）装置区占地面积为 6107.9m^2，建筑面积为 1008m^2。

平面布置见图 3–70。

5. 设计参数

1）天然气物性

天然气物性见表3–27。

2）设计参数

①原料气压缩机入口压力：0.2 ~ 0.4MPa。

②原料气压缩机出口压力：3.05MPa。

③脱水单元出口压力：2.95MPa。

④分子筛脱水设计吸附周期：8h。

⑤膨胀机入口压力：3.45MPa。

⑥膨胀机入口温度：–39.89℃。

⑦膨胀机出口压力：1.5MPa。

⑧膨胀机出口温度：–69.64℃。

⑨脱乙烷塔压力：1.35MPa。

⑩同轴增压机出口压力：35.56MPa。

⑪干气外输压力：1.3MPa。

3）产品方案

天然气处理装置最终产品为商品天然气、液化石油气和稳定天然气凝液。商品天然气进入外输气阀组外输，液化石油气和稳定天然气凝液分别进入液化气罐区和稳定天然气凝液罐区储存和装车外运。

（1）商品天然气。

天然气处理装置产品天然气为经脱水、脱烃后的干气，满足《天然气》二类气的要求。

产量：$91.29 \times 10^4 m^3/d$（未扣除处理厂自耗燃料气）。

水露点：≤ –15℃。

烃露点：≤ –15℃。

商品天然气外输压力：1.3MPa。

产品组成：见表3–31

表3–31 商品天然气组成

组 分	CH_4	C_2H_6	C_3H_8	iC_4H_{10}	CO_2	N_2	H_2O	合计
组成（mol%）	88.18	9.80	0.86	0.01	0.55	0.56	0.04	100

（2）液化石油气。

天然气处理装置天然气凝液分馏脱丁烷塔顶产品为液化石油气，符合GB 11174—2011《液化石油气》商品丙、丁烷混合物的质量指标要求。

液化气产量：127t/d。

液化气组成：见表3–32。

表3–32 液化石油气组成

组分	C_2H_6	C_3H_8	iC_4H_{10}	nC_4H_{10}	iC_5H_{12}	nC_5H_{12}	合计
组成，mol%	2.95	63.98	12.35	19.24	1.00	0.49	100

（3）稳定天然气凝液。

天然气处理装置天然气凝液分馏脱丁烷塔底产品为稳定天然气凝液，质量指标符合GB 9053—2013《稳定轻烃》标准中1号稳定天然气凝液的要求。

稳定天然气凝液产量：36.1t/d。

稳定天然气凝液组成见表3–33。

表3–33 稳定天然气凝液组成

组 分	iC_4H_{10}	nC_4H_{10}	iC_5H_{12}	nC_5H_{12}	C_6^+	合计
组成，mol%	0.03	1.00	35.78	30.98	32.21	100

6. 设备及材料选择

1）主要设备选择

（1）机泵设备。

①原料气压缩机。

装置原料气压缩机采用3台电机驱动对称平衡型往复活塞式压缩机组，运行方式为2开1备。压缩机组制造标准执行API–11P《油气生产用撬装往复式压缩机规范》，采用国外引进产品。压缩机为六缸三级压缩，双作用。机组为整体橇装式结构，主要由压缩机、驱动机、进气洗涤罐、进（排）气缓冲罐、就地控制盘、底座、空冷器等组成。

压缩机入口压力设计范围为0.2 ~ 0.4MPa，靠吸入压力的变化，可适应70% ~ 120%的流量变化范围，辅以运行台数的调节，完全可适应气量的变化。

②膨胀机/增压机组。

膨胀机/增压机组是装置的核心设备。机组采用可调喷嘴，配套润滑油系统、控制系统、膨胀机旁路J–T阀、进口紧急关断阀和增压机防喘振控制阀。机组为整体橇装。

③丙烷制冷机组。

丙烷制冷压缩机组采用螺杆压缩机制冷机组。采用带经济器单级可变容积比螺杆压缩机，提高系统可靠性和简化系统设计。设滑阀自动调节压缩机的制冷负荷。机组包括一个压缩机橇块、一个安装有储液器、蒸发器、自动回油装置以及配套的自控、配电设备的换热器/容器橇块。配套就地PLC可编程控制器。

④泵。

天然气凝液介质较易泄露，故选用无泄露屏蔽泵。

（2）冷换设备。

工艺冷却采用干式空冷器。空冷管束采用双金属翅片管，钢结构构架镀锌处理。

换热器主要选用管壳式换热器，重沸器和再生气换热器、再生气加热器等高温换热器选用耐温性能好和承受交变工况能力强的U型管换热器。冷冻分离单元的低温换热器–预冷器和脱乙烷塔顶冷凝器采用钎铝焊板翅式换热器，其中预冷器为多股流道的换热器，脱乙烷塔顶冷凝器为两股流道换热器，采用珠光砂保冷冷箱，冷箱充入氮气与大气隔绝。板翅式换热器具有传热效率高、结构紧凑的特点，热端温差可低于3℃，传热面积可达1500～2500m^2，相当于管壳式换热器的10～20倍，其缺点是流道易被堵塞，要求介质必须洁净。

（3）塔设备。

塔设备选择的原则是尽量采用高弹性的塔内件，以适应天然气处理装置处理量波动和产品方案变化的特点。根据本工程各塔的塔内气液负荷数据，确定接触塔、脱丁烷塔采用规整填料和高弹性液体分布器，脱乙烷塔采用高弹性的塔盘。

（4）吸附器。

天然气脱水吸附器内装4A分子筛，吸附周期为8h。干燥塔床层底部加厚瓷球热层来缓冲再生气热吹、冷吹时的温度冲击，以避免分子筛因温度急剧变化而破碎。吸附器内的上下工艺接口均设有滤网，对出吸附器的天然气中的粉尘进行粗滤。

（5）其他设备。

分子筛吸附器入口设精密除油过滤分离器，利用过滤介质对气体中液滴的拦截作用，分离出压缩机出口气体中夹带的润滑油、天然气凝液和水的细雾，保护下游的分子筛脱水塔，提高其脱水效率和使用寿命。采用纤维滤芯，除油精度要求达到0.01μm，过滤后气体含油≤0.03mg/m³。纤维滤芯一次性使用、定期更换。

分子筛吸附出口原料气设粉尘过滤器，分离出气体中夹带的粉尘，避免下游板翅式换热器堵塞。粉尘过滤器采用金属烧结滤芯，要求过滤精度为5μm。为延长滤芯的清洗周期和使用寿命，在粉尘过滤器之前设内有高效漩流分离元件的粉尘分离器，对原料气中的粉尘进行粗分离。

2）材料选择

（1）管材选择。

净化风管道选用镀锌焊接钢管，材质Q215B+镀锌，执行GB/T 3091—2015《低压流体输送用焊接钢管》。

蒸汽、蒸汽凝结水、非净化风、氮气、冷却水、软化水、热水管道，DN≤250mm选用无缝钢管，材质20号钢，执行GB/T 8163—2008《输送流体用无缝钢管》；DN＞250mm选用螺旋缝埋弧焊钢管，材质Q235-B，执行SY/T 5037—2012《低压流体输送螺旋缝埋弧焊钢管》。

油气介质管道，设计温度为-196℃＜T＜-40℃，选用不锈钢无缝钢管，执行GB/T 14976—2012《流体输送用不锈钢无缝钢管》，其中1.0MPa压力等级的低温放空管道公称直径DN＞300mm时，选用不锈钢焊接钢管，供货要求为100%射线探伤，执行GB/T 12771—2008《流体输送用不锈钢焊接钢管》；管道设计温度为-40℃≤T＜-20℃，选用16Mn无缝钢管，执行GB 6479—2013《高压化肥设备用无缝钢管》，材料须做低温夏比冲击试验；管道设计温度为T≥-20℃且压力等级P≤2.5MPa并且公称直径DN≤500mm，或者管道设计温度为T≥-20℃且压力等级P＜4.0MPa并且公称直径DN≤300mm，选用碳钢无缝钢管，材质为20#钢，执行《输送流体用无缝钢管》；管道设计温度为T≥-20℃且压力等级P≥4.0MPa并且公称直径DN≤300mm，选用碳钢无缝钢管，材质为20#钢，执行《高压化肥设备用无缝钢管》；管道设计温度为T≥-20℃且压力等级P＞2.5MPa并且公称直径DN＞300mm，或设计温度为T≥-20℃且公称直径DN＞500mm，选用直缝埋弧焊钢管，材质为L245NB，执行GB/T 9711—2011《石油天然气工业管线输送系统用钢管》。

润滑油、化学药剂管线采用06Cr19Ni10不锈钢无缝钢管，执行标准《流体输送用不锈钢无缝钢管》。

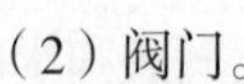

（2）阀门。

油气介质的管线阀门：操作温度 T ≤ –20℃的管线选用低温阀门，T > –20℃的管线选用常温阀门。

开关阀一般选用楔式闸阀。对油气介质，闸阀选用开启力矩小、密闭性高、体积小的平板闸阀，无导流孔。

对于需要进行简单流量调节的阀门宜选用截止阀。调节阀旁通选用调节能力强的双作用节流截止阀。排污阀和放空阀分别选用使用寿命长、噪音小的阀套式排污阀和节流截止放空阀。

球阀类型选择：DN ≥ 150mm 选用固定式钢制球阀（带蜗轮传动），DN < 150mm 选用浮动球钢制球阀。

阀门结构长度符合 GB/T 12221—2005《金属阀门 结构长度》的规定。

7. 主要技术指标

伴生气凝液回收（中深冷）工艺主要技术经济指标见表 3-34。

表 3-34 伴生气凝液回收（中深冷）工艺主要技术经济指标

序号	项 目		单 位	指标
1	建设规模		m^3/d	100×10^4
2	产品产量及质量	原油	t/d	—
		天然气	$10^4m^3/d$	100
3	占地面积		m^2	6107.9
4	建筑面积		m^2	1008
5	土地利用系数		%	73
6	消耗指标	电力	$10^4kW\cdot h/a$	4560
		天然气	$10^4m^3/a$	—
		污水	$10^4t/a$	—
7	C_3收率		%	92
8	单位综合能耗		MJ/t	12210

第三节 气田大中型厂站标准化设计

一、常规高压气田

我国常规高压气田主要集中在塔里木地区，以克拉2、大北、克深等一系列大、中型气田为代表。

（一）常规高压气田典型集输工艺

1. 克拉2气田典型集输工艺

克拉2气田集输工艺为“单井高压集气，单井计量，气液混输”。

1）单井高压集气工艺

克拉2气田为一长方形条状，东西长19km，南北宽3km，各生产井基本均匀分布于东西轴线上，因此采用单井集气、设置横贯东西的集气干线的管网布置方案。各气井天然气在井口节流至12.21 ~ 12.51MPa输送至处理厂。各支线进入干线处设置止回阀，防止支线发生爆破事故时，干线天然气倒流。两干线起点设置清管发送装置，处理厂集气装置区设置清管接收装置。在东、西集气干线上的适当位置还设置了4座预留阀井，以接收4口备用气井来气。集气管网采用22Cr双相不锈钢，安全可靠性高，管理维护方便。

2）单井计量工艺

针对气田中前期不产水的情况，对首期投产的各井采用孔板计量，不设分离装置，简化了井场流程。同时1口井设文丘里流量计进行对比试验，摸索湿气计量经验。

3）气液混输工艺

采用气液混输工艺，减少井场分离设备及相关设施，节省投资。在处理厂集气装置预留有段塞流捕集器场地，以满足气田生产后期产水后的输送工艺要求。采用PIPESYS及ProFES–Transient两相流软件进行了稳态及动态模拟。其中流型预测使用Taitel and Dukler模型，持液量使用Eaton etal模型，压降计算使用Olimans关联式。

2. 大北气田典型集输工艺

大北气田集输工艺为“多井高压集气为主、单井高压集气为辅，集气站轮换计量和单井计量相结合，单井加热节流，气液混输”。

1）多井高压集气为主、单井高压集气为辅的集气工艺

大北气田共3大区块，各区块井口数量较多，井口压力高，井位分布较为密集，气田设施宜集中布置，采用多井高压集气；部分单井井位分散，离集气干线较近，采用单井高压集气。根据单井位置、处理厂位置、外输油气交接点位置、地形、投资及管理各方面的综合考虑，大北气田采用放射状为主，辅以枝状式的混合形集气工艺管网。

2）集气站轮换计量和单井计量相结合的工艺

在集气站设生产汇管和计量汇管，参与多井集气的单井通过计量汇管进入计量分离器进行轮换计量。井位分散，离集气干线较近的单井则采用井场内增设旋流分离器橇，对单井物流进行常温气、液分离，并分别对气、液相进行计量后再气、液混输至集气干线。

3）单井加热节流的工艺

根据大北天然气处理厂进厂压力及大北区块的产能规模，反算至各井口的压力约为12.5 ~ 13.97MPa，而各单井井口压力较高（50 ~ 70MPa），需在单井进行节流降压。其次由于天然气中含有凝析油，其凝固点范围为 -20 ~ 22℃。为了避免井口物流在节流降压过程中产生水合物、避免运行过程中凝析油凝固，对集输系统采用加热保温的方案防冻堵。在节流前对原料气进行加热，大北区块各单井均采用真空加热炉进行加热，保证原料气温度在集输过程中维持23℃以上。

4）气液混输的集气工艺

根据大北区块单井分布特点及地理环境，采用多井集气与单井集气相结合的集输工艺，各井区天然气和凝液通过新建大北101、大北201、大北3集气干线混输至大北天然气处理厂。

3. 克深气田典型集输工艺

克深气田集输工艺可概括为“支状管网，井口不加热、不注醇，高压输送，气液混输，单井计量”。

1）支状管网布置

克深气田井位布置自西向东呈狭长形状分布且布局分散。因此采用单井集气与多井集气相结合的方式，管网成支状。

2）气、液混输工艺

由于克深气田初期不产水，随开采年份逐年少量增长，但总水量少，经过软件模拟计算，采用气、液混输方案西集气干线的起点压力比气、液分输

方案只高了 0.04MPa。并且气田地势较为平坦，结合投资及管理维护采用气、液混输工艺。

3）单井计量工艺

克深气田天然气属优质干气，为了简化站场工艺流程，保证气田整体开发建设周期，各井场设置超声流量计对井口原料气进行计量。

4）简化单井流程

单井井口节流后仅计量就出站，在井口安装高压自动安全保护装置，该装置在采气管道发生事故后，前后压差达到 1 ~ 1.5MPa 时自动关闭，有效地防止了事故的发生或灾害的扩大。

5）气田数字化管理工艺

将各单井的井口数据，上传到处理厂，实现数据监控、电子巡井、自动报警、远程开 / 关井等功能，达到精简组织机构、降低劳动强度、减少操作成本、保护环境、建设和谐气田的目的。

（二）常规高压气田国内外主要工艺及工艺优选

原料气压力较高，不含硫化氢，不含或只含少量的重烃，仅需控制产品气的烃水露点。根据此类气田类型的特点，国内外大型工程公司均结合开发实际，按照工艺合理，技术成熟可靠、方便管理等原则优选工艺流程，制定总工艺流程的依据是原料天然气的压力、含烃量及含重金属量、凝析油产量，主要采用 J–T 阀脱水脱烃工艺。

1. 脱水脱烃工艺

针对常规高压气田天然气压力较高，一般含少量凝析油，且天然气中重金属含量高的特点，脱水脱烃工艺通常采用注醇 +J–T 阀节流制冷脱水脱烃工艺。首先有足够的压力能可以利用，其次，J–T 阀节流制冷脱水脱烃工艺能同时脱除原料气中的大部分重金属，可大大降低脱重金属装置的规模，从而降低投资。对于原料气预冷分离部分，当原料气温度较高，为减少乙二醇的注入量，可考虑将原料气预冷至水合物形成温度 5℃以上分离，再进行二级预冷和注醇。MEG 贫液通常可以选用质量分数分别为 80% 和 85% 两种，选用 80% 的 MEG 溶液，注入量大，但溶液黏度小；选用 85% 的 MEG 溶液，注入量小，但溶液黏度大，乙二醇再生塔负荷大。需根据工程特点具体确定，为了减小注醇量，推荐选用 85% 的乙二醇溶液。因乙二醇再生废气含重金属，需送至灼烧炉或火炬燃烧，且乙二醇再生为常压再生，压降可能不够进炉，故可适当提高再生压力或增设轴流风机。

2. 重金属脱除工艺

参考国外管输天然气重金属含量控制指标及J–T阀脱重金属效率，当原料气中重金属含量小于2.8×10^4ng/m^{3}时，可不考虑设置脱重金属装置。

原料气重金属含量较高时，可与天然气处理低温分离工艺相结合，不增加单独设备，先将原料气中的大部分重金属脱除，使产品气中的重金属含量降低，含量到达约原料气的1/3后再利用化学反应吸附法脱重金属，可大大节约吸附剂的用量并延长更换周期。脱水脱烃装置低温分离器液相出口及三相分离器液相出口增加重金属沉降分离器对液体中的重金属进行初步分离。集气装置液、液分离器分离出的气田水进入污水脱重金属装置进行处理。设置固定式蒸汽发生器，利用蒸汽对装置内设备进行高温蒸煮，确保检修安全。

3. 凝析油处理工艺

对于凝析油，通常采用闪蒸分离和汽提塔稳定的工艺进行处理，闪蒸气可进入燃料气系统。凝析油脱盐有两种工艺：（1）电脱盐。（2）水洗。若供水条件较好，可采用水洗方式；若缺水且外排水限制严格，则采用电脱盐方式。

（三）规模系列划分

根据目前天然气处理厂常用规模，兼顾未来的开发需要，合理划分规模。常规气田天然气处理厂单套装置规模主要划分为400×10^4m^3/d、500×10^4m^3/d、1000×10^4m^3/d。定型图选用大北天然气处理厂为典型工程，单套主体装置处理规模为每天500×10^4m^3。

（四）工艺技术特点

1. J–T阀节流制冷工艺

（1）充分利用高压原料气的压力能。

（2）工艺流程成熟、可靠，优化换热程序、优选冷换设备，合理得用各种温位的热能，以减少操作费用和设备投资。

（3）设备数量相对较少，占地面积小。

（4）乙二醇作为水合物抑制剂，损耗小、容易再生。

（5）投资省，装置操作费用低。

2. 降压闪蒸+提馏分离凝析油稳定工艺

（1）稳定塔采用操作弹性较大的填料塔，以适应进料凝析油流量和组成不稳定。

（2）闪蒸气作为燃料气进入燃料气系统，实现了能源的充分利用。

（3）降低凝析油稳定塔塔底生产出的稳定凝析油温度，防止结盐。塔底凝析油与进料凝析油（约 16℃）及醇烃液（约 –28℃）进行两级换热至 30℃，合理利用热量，避免空冷器设备的使用。

（五）主要工艺流程和平面布置

1. 工艺流程

1）总工艺流程

从油气处理厂集气装置气液分离器出来的天然气经空冷器后，进入 J–T 阀制冷的脱水脱烃装置，脱水脱烃装置出来的天然气进入脱重金属装置，经脱重金属装置出来的产品天然气外输，产品气质量符合国家标准 GB 17820–2012《天然气》相关技术指标要求。从低温分离器底部出来的醇烃混合液经换热进入三相分离器进行分离。三相分离器顶部出来的闪蒸气作为燃料气；底部分离出凝液和乙二醇富液；其中的凝液进入凝析油稳定装置，乙二醇富液进入乙二醇再生及注醇装置。

从油气处理厂集气装置气、液分离器出来的凝液以及从脱水脱烃装置分水器和三相分离器出来的凝液，进入凝析油稳定装置，稳定后的凝析油外输。

2）脱水脱烃工艺流程

原料天然气来自集气装置，进入脱水脱烃装置，从乙二醇再生及注醇装置来的乙二醇贫液通过雾化喷头喷入原料气预冷器，原料天然气经原料气分离器后与低温分离器来的冷干气进行换热，被冷却至约 –5℃。预冷后的原料气再经 J–T 阀节流降压，温度降至约 –20℃，进入低温分离器分离出液态醇烃液。干气自低温分离器进入原料气预冷器与原料气逆流换热，换热后的产品气进入脱重金属装置。从低温分离器底部出来的醇烃混合液经沉降罐沉降出部分重金属，然后换热后进入凝析油稳定装置。

生产流程如图 3–72 所示。

3）脱重金属工艺流程

从脱水脱烃装置来的天然气自脱重金属吸附塔顶部进入吸附塔，通过装填吸附剂的床层后从底部引出至粉尘过滤器，其中的重金属与吸附材料产生化学反应被吸附，脱重金属装置初期运行时，原料天然气经脱重金属处理后，重金属含量小于 10ng/m^3，当经吸附塔吸附后的天然气重金属含量高于 28000ng/m^3 时，则吸附剂重金属容量达到饱和，就需更换新的吸附剂。

脱重金属工艺生产流程如图 3–73 所示。

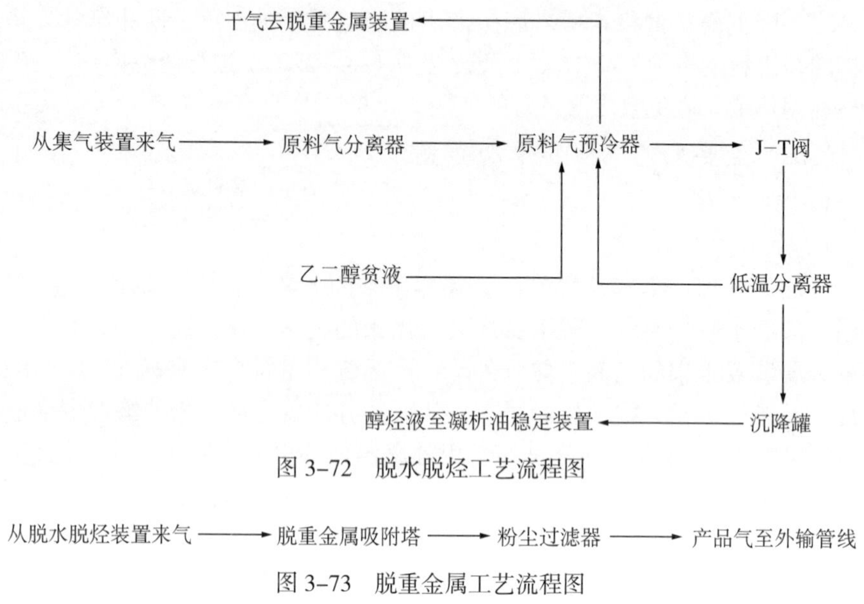

图 3–72　脱水脱烃工艺流程图

图 3–73　脱重金属工艺流程图

4）乙二醇再生及注醇工艺流程

从脱水脱烃装置分离出来的 MEG 富液，经系统汇集后进入本装置的 MEG 富液缓冲罐，从缓冲罐出来的富液经过滤后再经 MEG 贫富液换热器加热，然后进入 MEG 再生塔。由于在脱水脱烃装置的低温分离器及三相分离器后设置了重金属分离器，因此塔顶出来的蒸气主要为水蒸汽，经冷却后送至灼烧炉燃烧。再生热量由塔底重沸器提供。从重沸器出来的贫液依次经 MEG 贫富液换热器、MEG 贫液冷却器换冷后进入 MEG 贫液缓冲罐。缓冲罐内的贫液再经 MEG 贫液注入泵分别注入脱水脱烃装置。MEG 贫液通常可以选用质量分数分别为 80% 和 85% 两种，选用 80% 的 MEG 溶液，注入量大，但溶液黏度小；选用 85% 的 MEG 溶液，注入量小，但溶液黏度大，乙二醇再生塔负荷大。需根据工程特点具体确定，为了减小注醇量，推荐选用 85% 的乙二醇溶液。乙二醇再生废气因含重金属，推荐进入火炬燃烧。

乙二醇再生及注醇工艺生产流程如图 3–74 所示。

5）凝析油处理工艺流程

自集气装置及乙二醇再生及注醇装置来的凝液首先进入凝析油进料缓冲罐，然后经凝析油进料换热器与稳定凝析油换热后进入进料闪蒸罐进行闪蒸分离，分离出的液体进入到凝析油稳定塔。塔顶及闪蒸罐分离出的闪蒸气一起进入燃料气系统。稳定后的凝析油先与进料凝液换热，然后再经空冷器冷却后进入凝析油缓冲罐，最后输送至罐区储存。

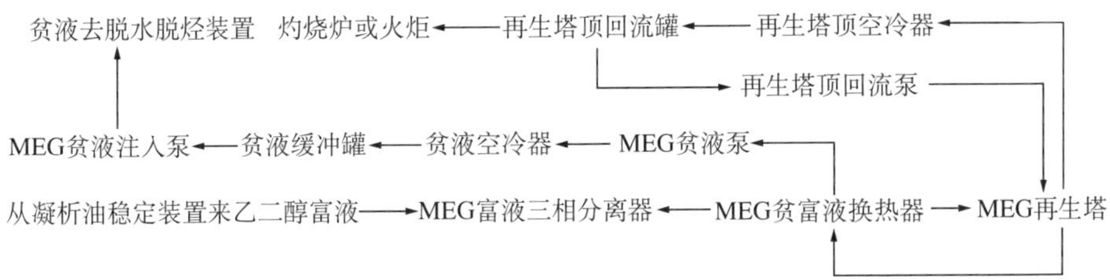

图 3-74　乙二醇再生及注醇工艺流程图

当凝析油稳定塔需要检修时，未处理的凝液经三相分离器分离，液体先输送至不合格凝析油罐，待稳定塔修复后经泵输送至凝析油进料换热器入口。

凝析油处理工艺生产流程如图 3-75 所示。

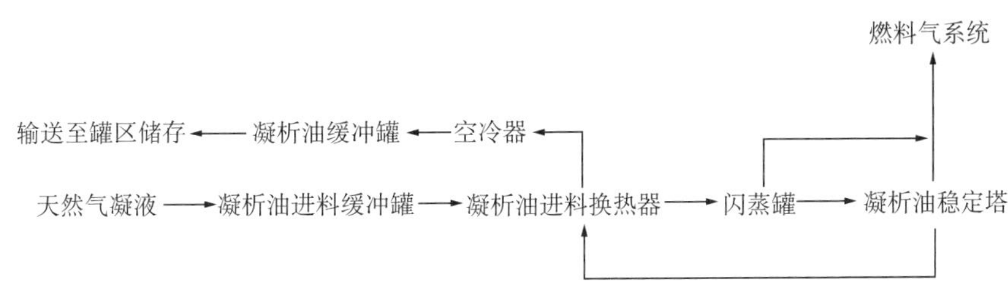

图 3-75　凝析油处理工艺流程图

2. 自控方案

1）自控水平

常规高压气田天然气处理厂装置无人值守，全厂集中监控。自控系统一般采用 DCS、SIS 以及 F&GS 进行监视、控制和管理。系统的数据通过网络通信上传至 SCADA 信息系统，实现上一级管理系统对处理厂的全面监视、控制和管理。

2）复杂回路及检测

（1）脱水脱烃装置。

①在低温分离器前设置 J-T 阀压力调节，通过对湿天燃气的节流和降压，使其温度降低到最佳气、液分离温度。

②产品天然气出口设置压力控制，以保证出口压力稳定；设置烃露点和水露点分析仪，检测脱烃后天然气烃露点和水露点；并设置产品气放空压力调节。

③低温分离器设置液位检测控制；低温分离器气相出口设置温度控制，

保证天然气入口的压力和温度稳定。

④醇烃液加热器设置温度检测控制。

⑤三相分离器烃液和富乙二醇出口分别设置液位控制；闪蒸气出口设置压力控制。

⑥对注入的贫乙二醇进行计量，对三相分离器出口的富乙二醇及烃液分别进行计量。

⑦在低温分离器、三相分离器、醇烃液加热器、原料气预冷器等容易有天然气泄漏的场合设置红外可燃气体检测仪。当发生气体泄漏或火灾时，通过中央控制室的操作站发出有针对性的报警信号，提醒操作人员采取相应措施，同时自动触发现场声光报警器，向装置区巡检人员发出报警。

（2）乙二醇再生及注醇装置。

①对乙二醇富液缓冲罐、乙二醇贫液缓冲罐和再生塔顶回流罐分别设置液位检测，信号送到控制室显示报警，并根据液位的高低自动启停泵。

②在乙二醇再生塔、再生塔底重沸器设温度控制回路，控制稳定塔温度；在再生塔重沸器设置液位调节回路。

③乙二醇富液缓冲罐、乙二醇贫液缓冲罐、再生塔顶回流罐、乙二醇再生塔和再生塔底重沸器等容易有天然气泄漏的场合设置红外可燃气体检测仪。当发生气体泄漏或火灾时，通过中央控制室的操作站发出有针对性的报警信号，提醒操作人员采取相应措施，同时自动触发现场声光报警器，向装置区巡检人员发出报警。

（3）凝析油稳定装置。

①凝析油进料缓冲罐分别设置液位控制和压力控制。

②在凝析油稳定塔、稳定塔底重沸器间温度控制回路，控制稳定塔温度。在稳定塔重沸器设置液位调节回路；在塔顶设置塔顶气压力调节回路。

③凝析油稳定罐凝析油出口管线设置液位控制。

④用质量流量计对进入本装置的凝析油进行计量。

⑤设置可燃气体检测报警器对装置区内的天然气泄漏进行检测。

（4）微量重金属脱除装置。

①在进口管线设置温度、压力检测，高、低报警。

②分别在塔上和粉尘过滤器进出口设置差压变送器，对设备内部堵塞情况进行检测。

③在分离器的液重金属储存液包上设置磁浮子磁致伸液位计，对液重金属的液位进行显示和报警。

④设置可燃气体检测报警器对装置区内的天然气泄漏进行检测。

3）SIS 关断级别

SIS 分为四个层次：

第一层次是全厂级，但不放空。当装置的事故将影响上下游装置的正常生产或关系到全厂的安全时，将通过有关联锁切断阀自动动作，对全厂或某套生产装置进行隔离保护。

第二层次是全厂级，放空。

第三层次是装置级，当装置出现紧急情况将影响设备安全时，如液位超低、压力超高等，联锁系统紧急切断相关自控阀门，对该装置进行保护，当事故解除后，在人工确认后装置恢复正常生产。

第四层次是设备级，当装置内某一部分系统出现异常时，联锁该部分的自控设备，使系统回到正常位置，当事故解除后，系统自动恢复到正常生产状态。

根据国家石油化工行业标准 SH/T 3018—2003《石油化工安全仪表系统设计规范》和中国石油化工集团公司设计技术中心站标准 SHB-Z06-1999《石油化工紧急停车及安全联锁系统设计导则》，若天然气处理厂所处理的原料气压力较高，而天然气属于易燃易爆的气体，同时该工艺装置复杂，为适应当前安全和环保的要求，根据以往工程 SIL 安全级别认证结论，安全等级确定为 SIL2，即 SIL2 用于事故可能偶尔发生，一旦发生，会造成界区外环境污染、人员伤亡及经济损失较大的情况。具体工程采用的安全等级，需根据认证结果决定。采用独立的具有 SIL2 以上安全级别认证的控制系统作为紧急停车系统（SIS），对处理厂各个工艺装置和设施实施安全监控，同时向 DCS 系统提供联锁状态信号，DCS 系统将部分重要参数传至 SCADA 系统。

3. 平面布置

总平面布置综合各种因素，进行有机组合，紧凑布置。主要布置要点如下：

主厂区：脱水脱烃装置、凝析油稳定装置、乙二醇再生装置、脱重金属装置等主体装置布置在厂区中部；集气装置布置在方便原料气进厂的位置；液化石油气罐区、事故油罐区、轻油罐区、凝析油罐区布置在主体装置的旁边；输油、输气首站布置在便于产品气外输的位置；污水处理场结合地势布置在南侧，并位于全厂地势低处；其它辅助生产设施如循环水场、给水站、消防给水站、空气氮气站靠近生产装置布置；厂区地势较低处设事故污水收集池。火炬及放空布置宜距离厂区围墙≥ 150m。

（六）设计参数

1. 低温分离脱烃工艺

1）原料气预冷温度

原料气预冷温度应尽量低，以提高凝液回收率。但原料气预冷温度还与原料气预冷器所选用的设备形式有关，选择传热系数高，冷、热端温差小的换热器，可回收较多产品气的冷量，得到较低的预冷温度。

2）制冷温度的确定

制冷温度的确定主要取决于原料气组成及对产品天然气的烃、水露点及产品天然气的外输压力要求。

天然气的水含量可通过工艺模拟软件如 HYSYS 计算得到，天然气的烃露点在 HYSYS 软件中模拟出的天然气相包络图中查得。在设计过程中，考虑分离效率、操作工况变化等因素，计算的天然气水露点、烃露点应有 5℃以上的裕量。

2. 多级闪蒸 + 分馏凝析油稳定工艺

（1）加热炉的加热温度和三相分离器的操作温度由凝析油的进料温度和组成确定。三相分离器的操作温度应与凝析油外输温度结合确定，取两者较大值。

（2）三相分离器操作压力就是闪蒸压力，应根据工艺计算结果、凝析油进料压力和闪蒸气进入燃料气系统的压力要求来确定。三相分离器的操作压力宜满足闪蒸气进入燃料气系统的要求。

（3）分馏稳定宜采用不完全塔的简单蒸馏法，因凝析油稳定装置本身能耗是装置经济与否的关键，故推荐采用不完全塔的简易分馏法。只有提馏段的简易分馏法由于没有外回流，故能耗低于精馏法。

（4）分馏稳定的操作压力、温度应根据工艺计算、油气输送和储存条件确定。稳定塔的操作压力一般为 0.15 ~ 0.6MPa，操作温度应根据工艺计算确定，塔底操作温度一般为 150 ~ 220℃，塔顶操作温度为 70 ~ 110℃。

（七）标准化模块选择

常规气田天然气处理厂主体装置模块划分情况见表 3–35。

表 3–35　常规气田天然气处理厂主体装置模块划分

装置名称	模块划分	装置名称	模块划分
脱水脱烃装置	预冷分离模块	凝析油处理装置	凝析油闪蒸模块
	J–T 阀制冷模块		凝析油稳定模块

续表

装置名称	模块划分	装置名称	模块划分
脱水脱烃装置	低温分离模块	凝析油处理装置	闪蒸汽增压模块
乙二醇再生及注醇装置	乙二醇再生模块		脱盐模块
	乙二醇注醇模块		

（八）设备及材质选择

1. 设备选型

1）脱水脱烃装置

（1）预冷器。

预冷器的结构选型一般可选用管壳式换热器、板翅式换热器等，管壳式换热器能承受高压，适应性广，制造工艺成熟、材质选择多样。由于原料气预冷过程中，容易生成水合物，发生冰堵，虽然注入了水合物抑制剂，但是该问题始终有可能发生，预冷器应使其在换冷过程中不生成水合物、不乳化和起泡，且有利于液体排出。

（2）低温分离器。

低温分离器为该工艺的关键设备，分离器的分离效率将直接影响产品气的水、烃露点是否合格。

分离器的直径与选用的内构件有很大关系，一般采用立式的分离器，入口设置进料分布器，有多种内构件形式可供选择，分离效率也与内构件有关，一般低温分离的分离效率可达到99% ~ 99.99%。

（3）三相分离器。

三相分离器以溶解有净化天然气的醇水溶液和凝析油混合物作为进料，进行天然气、醇水溶液和凝析油间的三相分离。分离器可以分为入口段、沉降段、收集段，液体停留时间一般按 15 ~ 20min 考虑。

（4）抑制剂注入泵。

由于原料气的压力比较高，考虑管路压降和雾化喷嘴本身的压降，注入泵的排出压力更高，对于这种小流量、高压力的工况，往复泵是最好的选择。一般注入泵入口需设过滤器，出口设安全阀和缓冲罐，保证抑制剂平稳安全的注入到天然气中。

（5）乙二醇再生系统。

①再生塔。

采用规整填料型塔或板式塔。

②重沸器。

主要有釜式重沸器和热虹吸重沸器。热虹吸重沸器的汽化率不能超过25% ~ 30%，釜式重沸器的汽化率可达80%。

③再生塔顶冷凝冷却器。

采用列管式冷凝冷却器或空冷器。

2）凝析油处理装置

（1）凝析油加热器采用列管式换热器，管程为导热油、壳程为凝析油，传热效率较高，设备简单、技术成熟。

（2）凝析油三相分离器，内设挡板及波纹板，能有效加强分离，使气油水分离效果较好。

（3）凝析油稳定塔采用浮阀塔，分离效果好、操作弹性大，是吸收解吸工艺过程常用的塔类型。

（4）含 H_2S 气田水量较小，气提气用量也较小，酸水气提塔推荐采用填料塔。

（5）对于闪蒸气增压，因气量较小、压比较大，采用燃气发动机驱动往复式压缩机。

（6）依据出口压力要求和流量情况，凝析油泵采用离心泵，气田水泵采用离心泵。

（7）破乳剂加注装置采用成型橇装设备，由厂家成套供货。

（8）电脱盐系统采用成型橇装设备，由厂家成套供货。

2. 材质选择

鉴于常规高压气田的原料气含 CO_2，气田水 Cl^- 含量高，设备防腐主要考虑：

（1）CO_2、Cl^- 联合作用的均匀腐蚀。

（2）高 Cl^- 含量引起点蚀和对 Cr–Ni 不锈钢的氯化物应力开裂。

对脱水之前长期接触高含 CO_2、Cl^- 介质的非标设备主体材料采用双相不锈钢或低合金钢 +316L 复合板材质。脱水后设备材料考虑选用碳钢或低合金钢材料。

（九）主要经济技术指标

主要经济技术指标见表 3–36。

表 3-36 主要技术经济指标

序号	项目		单位	常规气田天然气处理厂
1	原料气规模及条件	建设规模（气系统）	$10^4m^3/d$	500×2 列
		原料气 H_2S 含量	%（摩尔质量）	0
		原料气 CO_2 含量	%（摩尔质量）	0.53
2	产品产量及质量	商品天然气的产量	$10^4m^3/d$	496×2 列
		产品气硫化氢或 CO_2 含量	mol%	CO_2：0.53
		产品气水露点	℃	≤ -10
		产品气烃露点	℃	无液烃析出
		硫磺产量	t/d	—
		硫磺收率	%	—
3	占地面积		m^2	131700
4	建筑面积		m^2	8174
5	土地利用系数		%	65%
6	消耗指标	电力	$10^4kW \cdot h/a$	1415
		燃料气	$10^4m^3/a$	1461
		新鲜水	$10^4t/a$	9.56
		化学药剂、溶剂、吸附剂、催化剂（名称及型号）	t/a	吸附剂：30t/4a；MEG：12t/a
7	单位综合能耗		$MJ/10^4m^3$	1891.6

二、含硫化氢气田

我国含 H_2S 气田主要集中在四川气田、长庆的靖边气田。长庆靖边气田天然气主要为低含硫天然气，一般 H_2S 含量低于 $1g/m^3$，但 CO_2 含量较高，一般在 5% 左右。

（一）含硫化氢气田典型集输工艺

1. 龙岗气田典型集输工艺

采用气液混输的总体技术路线，各单井原料气经节流、加热再节流后，由采气管线气液混输至集气站或集气总站，再进入净化厂集中处理。集输管网原料气采用多井集气湿气混输工艺，集气干线、采气管线均采用保温方式。

正常生产时，井口采用水套加热炉加热防止水合物的形成；事故工况和开停工状况采用注入水合物抑制剂防止水合物形成。井口采用连续加注缓蚀剂防止 H_2S 和 CO_2 对管线的腐蚀。

对于单井水气比大、采气管线长的井站采取单井分离、气液分输的技术路线。

气田水在各集气站采用低压闪蒸后，密闭管输至回注站回注于地层，闪蒸罐闪蒸出的尾气及其余罐逸出的尾气，除集气总站进入净化厂尾气处理装置处置外，其余各站均进入低压火炬燃烧。

根据酸性气田的气田水富含 H_2S、CO_2、Cl^- 和矿化度高等特点，气田水输送管线采用钢丝网骨架增强聚乙烯塑料连续复合管，接口处采用金属卡套连接。

1）采气管线中压输送工艺

原料气在单井站内经节流、加热、再节流到 8.0MPa 左右，经中压采气管线输至集气站，并在集气站对原料气进行分离和计量。

2）防止水合物工艺

龙岗气田井口流动温度较高，单井产量大，基于简化工艺的思路，采用加热方案防止水合物生成，保证井口节流和输送过程中天然气最低温度不低于水合物形成温度。输送至净化厂过程中水合物安全控制温度为 20℃。

在投产初期和停产后期再开井，为防止井筒内原料气生成水合物，通过井口缓蚀剂注入系统向井筒内注入水合物抑制剂，可解决井口节流阀与高压调节阀形成的冰堵问题。

在局部产生温降的设备或管线处设置电伴热装置，保持设备及管线内的介质温度，防止水合物的形成。

3）管线保温方案

管线输送考虑在低产量情况下，管线输量较小、散热较为严重的问题。从提高单井站适应能力，降低站场水套炉加热温度，节省燃料气消耗量以及节约工程投资等多方面综合考虑，对采、集气管线采用保温方案，管线保温层 30mm。管线保温后，站场消耗燃料气量减少，大大降低了水合物防治运行费用。

4）缓蚀剂加注工艺

（1）站内缓蚀剂连续加注工艺。

龙岗气田油管材质采用耐蚀合金钢，因此，地面工程设施不考虑对井下油、套管的保护。

站内拟采用连续式加注缓蚀剂工艺，保护站内设备和管线，且在分离器后出站管线处设置缓蚀剂加注点以保护出站管线。

（2）管线缓蚀剂批处理加注工艺。

在采气管线或集气干线投入运行以前，以及在管线运行过程中，通过缓蚀剂的批量加注处理，起到管线内壁的防腐作用。可利用清管发送装置推动缓蚀剂对管线管壁涂抹。

5）防腐工艺

输送原料气材料的选择符合 NACE MR0175/ISO 15156《石油和天然气工业—油气开采中用于含硫化氢环境的材料》和 SY/T 0599—2006《天然气地面设施抗硫化物应力开裂和抗应力腐蚀开裂的金属材料要求》中相关规定。

采、集气管线采用碳钢+缓蚀剂的内防腐方案，并尽可能控制湿气输送时管内气体流速范围。缓蚀剂加注采用井口连续加注和采、集气管线周期性涂抹相结合的方式，确保缓蚀剂对管线的保护。设置在线腐蚀监测系统，在站内及主要管道设置腐蚀监测点，并定期进行超声波壁厚测量，加强腐蚀监测，同时加强管线清管频率。

2. 罗家寨气田典型集输工艺

在集气站设脱水装置；井场内天然气经加热、节流至外输压力后，经采气管线进入集气站，再经分离后与集气站天然气汇合进入脱水装置。集气站内各气井天然气节流至 8MPa 左右后分离、计量进入脱水装置，脱水后的天然气进入集气干线输至集气末站。集气站至天然气厂之间管线采用干气输送，井场至集气站脱水装置前管线采用湿气输送工艺。正常生产时，井口采用水套加热炉加热防止水合物的形成；事故工况和开停工状况采用注水合物抑制剂防止水合物形成。井口采用连续加注缓蚀剂防止 H_2S 和 CO_2 对管线的腐蚀。

1）采气管线气液混输工艺

在传统单井集气工艺中，单井站常设有分离计量装置，但此种工艺造成站场设备多，分离器中排出污水在站场难于处理，且操作维护费用高。对于罗家寨、滚子坪气田，介质为高含硫天然气，设计中应尽量减少站场排污设施，减少环境污染。井场至集气站管线的输送工艺采用气液混输工艺，即天然气在井场内经过加热、调压后沿各自的采气管线进入集气站脱水装置，在气体脱水处理前，天然气在管线内处于气、液混输状态。采气管线气、液混输，可避免生产过程中产生的废气、废水的排放，减少对环境的污染，优化井场流程、节省投资，简化井场操作运行管理程序。通过持液量分析，在集气站设分离器并预留段塞流捕集器位置。

2）计量工艺

根据对罗家寨气田站场进行的优化，井场仅设置测量分离与计量装置，在需要对气井生产情况进行分析，获取气井产气、产水量时，天然气进入测量分离器分离并进行计量，同时，在分离器下部设置积液计量罐对液量进行计量，可对气井产水情况进行分析。

3）分离工艺

各井场为丛式井组，为了对单独的井进行产气量和产水量的计量，在井场设置测试分离器。

在集气站内，对同井场的气井设置测试分离器。对各井场来气分别设置气、液分离器。为保证进入 TEG 脱水装置的天然气的气质达到要求，不影响 TEG 的使用寿命，设计上考虑了三级分离工艺，即卧式重力气、液分离器 + 过滤分离器 + 精细分离器，“粗 + 中 + 精”的设备配置。

4）TEG 脱水工艺

采用 TEG 脱除进料天然气中的饱和水，满足含硫天然气干气输送的需要。工艺特点如下：

（1）设置了富液汽提塔，以降低 TEG 富液中的 H_2S 浓度。

（2）气提气、闪蒸气和再生气加压后返回原料气管线，减少对环境的影响。

（3）干气管线上设置有水分检测仪和流量计，可随时对干气的水露点进行检测，并对处理后的干气进行计量。

5）防腐工艺

由于罗家寨气田 H_2S 和 CO_2 含量高，同时气田水中含有 Cl^-，管道系统存在电化学腐蚀和渗氢的风险。金属材料的选择遵循 NACE MRO175/ISO 15156《石油天然气工业 - 油气开采中用于含 H_2S 环境的材料》的标准要求。采用碳钢＋缓蚀剂的综合防腐措施，从保证管道使用寿命考虑，采气管线和集气管线应加注防止 H_2S、CO_2、Cl^- 腐蚀的缓蚀剂，以保护地面设施、管线。

选择符合 ISO 3183—2012 要求的酸性环境用钢管，可避免酸性环境中的硫化物应力开裂。采用加注缓蚀剂进行保护并通过清管、控制流速、温度等内腐蚀控制措施来减缓电化学腐蚀。

在各井场产气量和产水量较大或者 H_2S 和 CO_2 含量较高的单井采气管线设置腐蚀监测系统，腐蚀监测系统采用腐蚀探针、失重挂片、测试短节和环向腐蚀监测仪方式进行监测。

3. 磨溪气田典型集输工艺

1）输送工艺

井场采气管线采用气、液混输输送至集气站，气井产量高且较为稳定，采气管线可以保持较高流速、防止管内积液。集气干线采用气、液分输输送至处理厂。气田开发初期至达产阶段将经过较长时间，集气干线输量较低、流速较慢、携液能力较差、管内积液较多，为了避免压降过大、应频繁清管，集气干线采用气液分输方案。

2）计量工艺

对于单井井场采用分离器分离之后对气相和液相进行单独连续计量，计量之后气相和液相混合输往下游。丛式井（3 口井）和丛式井（4 口井）选用轮换分离计量工艺，丛式井（3 口井）和丛式井（4 口井）中的 1 口采气计量井进入分离计量流程，井组其它气井统一合并后进入总分离计量，最后两路分离出来的气、液相再次进入原料气管线通过采气管线气、液混输进入集气站。

3）节流工艺

采气井井口流动压力约 60MPa，输压约 7.5MPa，采用两级节流，节流阀采用笼套式节流阀，由于井口温度高，节流过程中不加热。

4）防腐工艺

由于井口流动压力（60MPa）、流动温度（100℃）高，且产出物含 H_2S 及 CO_2 等腐蚀介质，二级节流之前与井口等压力设计，采用 30CrMo 内对焊 625 耐蚀合金防止腐蚀，二级节流之后温度降低、压力降低，采用碳钢 + 缓蚀剂加注防腐方案。线路部分采用碳钢 + 缓蚀剂加注防腐，缓蚀剂采用预膜批处理及连续加注。

5）放空方案

单井放空量按照井场产量进行设置，丛式井场按照其中单口井最大放空量进行设置，集气站按照火灾放空、ESD 放空及线路放空中的最大量进行设计。

（二）含硫化氢气田国内外主要工艺及工艺优选

长庆气田第一、第二、第三天然气净化厂主要采用 MDEA 脱硫、TEG 脱水、CLINSULF-DO 硫磺回收工艺；分布在四川渠县、大竹、江油、遂宁、隆昌、荣县和重庆长寿、垫江、忠县、万州、江津、綦江等地的 17 座天然气净化厂主要处理中、低含硫天然气，主要采用 MDEA 脱硫、TEG 脱水、CLAUS

及其延伸类回收硫磺工艺；四川仪陇的龙岗天然气净化厂及正在建设的罗家寨天然气净化厂为国内处理中、高含硫天然气的大型天然气净化厂。脱硫采用 SULFINOL-M 工艺、脱水采用 TEG 工艺、硫磺回收采用直流法 CLAUS 工艺、尾气处理采用还原吸收工艺。

鉴于含 H_2S 气田原料气通常具有原料气压力不高、重烃含量不高、H_2S 含量较高的特性，国内外大型工程公司均结合开发实际，按照工艺合理，技术成熟可靠、方便管理等原则优选工艺流程，制定总工艺流程的依据是原料天然气的含硫量及硫磺的产量。产品气质量符合国家标准 GB 17820—2012《天然气》相关技术指标要求并满足有关环保标准要求。

1. 脱硫脱碳工艺方法

按 GB 17820—2012《天然气》规定，产品气中 H_2S 含量≤ 20mg/m³、CO_2 含量≤ 3%。因此必须几乎全部脱除天然气中的 H_2S，一般不需将原料天然气中的 CO_2 全部脱除，只需部分脱除即可。因此，在选择工艺方法时应充分考虑脱硫溶剂须具有较好的选择性（即对 H_2S 具有极好的吸收性，对 CO_2 仅部分吸收）。甲基二乙醇胺（MDEA）法具有选择性好、解吸温度低、能耗低、腐蚀性弱、溶剂蒸汽压低、气相损失小、溶剂稳定性好等优点，该法是目前天然气工业中普遍采用的脱硫方法。脱硫溶液 MDEA 浓度为 45%。如若原料气含有机硫，一般推荐采用 Sulfinol-M 法，该法也具有一定的选择性，并能脱除约 75% 的有机硫。

2. 脱水工艺方法

按 GB 17820—2012《天然气》规定，产品天然气的水露点在出厂压力条件下应比最低环境温度低 5 ~ 7℃。根据四川地区净化气管道所经地区的气象条件，一般要求处理厂脱水后干天然气的水露点≤ -10℃（在出厂压力条件下）即可。脱水工艺一般建议采用三甘醇（TEG）吸收法。三甘醇浓度为 93% ~ 99%。

3. 硫磺回收及尾气处理工艺方法

随着我国环保要求越来越高，针对天然气净化厂尾气 SO_2 排放新的标准即将发布。《陆上石油天然气开采工业污染物排放标准》征求意见稿规定“≥ 200t · s/d 装置总硫收率大于 99.8%，< 200t/d 装置总硫收率大于 99.2%”。新建天然气净化厂大气污染物（二氧化硫）排放限值如表 3-37 所示。

为尽可能降低 SO_2 排放量，一般中等规模的硫磺回收装置（< 200t/d）的硫磺回收率应确定为 99.2%，建议采用 CPS 工艺。一般中、高含硫和中、大型规模的硫磺回收装置（≥ 200t/d），宜尽量减少 SO_2 的排放量，有利于环境

保护，硫磺回收率宜大于99.8%，硫磺回收宜采用常规克劳斯+还原吸收类尾气处理的组合工艺流程。

表3-37　不规模硫磺回收装置二氧化硫排放限值

天然气净化厂硫磺回收装置总规模（C）t/d	硫磺回收装置硫回收率 %	硫磺回收装置进料（酸气）中 H_2S 浓度 mol%	二氧化硫排放限值		污染物排放监控位置
			排放浓度 mg/m^3	比排放速率	
C＜200	≥99.2	＜30	3000	0.7	灼烧炉排气筒
		30～50	4000		
		50～70	4500		
		70～90	5000		
C≥200	≥99.8	＜30	800	0.2	
		30～50	960		
		50～70	1100		
		70～90	1200		

4. 一体化建厂模式

磨溪龙王庙组气藏第二天然气净化厂，单套装置日处理含硫天然气 $300\times10^4m^3/d$，净化厂整体包含脱水、脱硫、硫磺回收三列主体装置采用模块化设计、工厂化预制及一体化建设方式。

（三）规模系列划分

根据目前天然气处理厂常用规模，兼顾未来的开发需要，合理划分规模。含 H_2S 气田天然气处理厂单套装置规模主要划分为 $200\times10^4m^3/d$、$300\times10^4m^3/d$、$600\times10^4m^3/d$。本次定型图选用万州天然气处理厂、磨溪天然气处理厂一期 $40\times10^8m^3/a$ 工程、磨溪第二天然气处理厂 $60\times10^8m^3/a$ 工程为典型工程，单套主体装置处理规模依次为 $200\times10^4m^3/d$、$300\times10^4m^3/d$、$600\times10^4m^3/d$。

（四）工艺技术特点

1. 醇胺法脱硫脱碳工艺

（1）设置有原料气重力分离器和原料气过滤分离器，能有效除去原料气中挟带的液烃、游离水，对1μm以上的固体微粒和液滴脱除率为99%，保证装置平稳操作。为了清洁溶液，还分别设置了机械过滤器和活性炭过滤器，以除去溶液中的固体杂质、降解产物。同时，溶液配制罐和贫液缓冲罐均采用氮气保护，防止溶液接触空气氧化变质，从而降低了溶液起泡几率及气相携带损失，使装置长期平稳生产。此外还设置了阻泡剂加入设施。

（2）贫/富液换热器采用板式换热器，可提高传热效率、提高热量回收率、降低工厂能耗，同时可减少设备的占地面积。

（3）富液闪蒸罐和酸水回流罐设置撇油设施。

（4）设置2个溶液储罐，可储存装置停工时第一次清洗设备所产生的稀溶液，该稀溶液可供配制溶液和正常操作时的补充水使用，这样既可减少污染物排放量，大大改善污水处理装置的操作条件，也可回收部分溶剂，降低溶剂的消耗。

2. TEG脱水工艺

（1）TEG脱水工艺流程简单、技术成熟，并且可获得较大的露点降，与其它脱水剂相比TEG具有热稳定性好、易于再生、损失小、投资和操作费用省等优点。

（2）在贫液循环泵前设置贫/富液换热器，既改善了循环泵的操作条件，又提高了TEG富液进入再生塔的温度，有效地回收了部分热量，降低了溶液再生的蒸汽耗量。

（3）在富液管道上设置过滤器，以除去溶液系统中携带的机械杂质和降解产物，保持溶液清洁、防止溶液起泡，可减少溶剂损耗，有利于装置长周期平稳运行。

（4）TEG重沸器采用的蒸汽加热的方法，调温灵活可靠、易于控制。

3. CPS硫磺回收工艺

（1）由于进入硫磺回收装置的酸气浓度较低，可采用分流法低温克劳斯工艺。先对催化剂再生后的反应器进行预冷，待再生态的反应器过渡到低温吸附态时，下一个反应器才切换至再生态，全过程中始终有两个反应器处于低温吸附状态，有效避免了同类工艺不经预冷就切换从而导致切换期间硫磺回收率降低和SO_2峰值排放的问题，确保了装置硫磺回收高效稳定。

（2）本装置先将克劳斯反应器出口的过程气经克劳斯硫磺冷凝器冷却至127℃，分离出其中绝大部分硫蒸汽后，再利用尾气焚烧炉的烟气加热至再生需要的温度后进入再生反应器。进入再生反应器中的硫蒸汽含量低，不仅有利于Claus反应向生成元素硫的方向进行，最大限度地提高硫回收率，而且解决了过程气H_2S/SO_2比值在线分析仪的堵塞问题。可确保在线分析仪长期可靠运行。

4. 还原吸收尾气处理工艺

（1）通过还原炉次化学当量燃烧产生还原气，将硫磺回收尾气加热至291℃后在加氢还原反应器中将所有硫化物还原为 H_2S。

（2）设有完全独立的溶液再生系统，使装置之间避免相互影响，利于操作和安全平稳运行。

（3）为了清洁溶液，设置溶液预过滤器、活性炭过滤器和溶液后过滤器，以除去溶液中固体杂质及降解产物。

（4）设置过程气废热锅炉发生低压蒸汽以回收热量。

（5）设置焚烧炉烟气过热器，利用焚烧炉烟气将3.9MPa饱和蒸汽加热为3.9MPa过热蒸汽，以回收其热量。

（五）主要工艺流程和平面布置

1. 工艺流程

1）总工艺流程

由厂外来的原料天然气先进入脱硫装置脱除其所含的几乎所有的 H_2S 和部分 CO_2，从脱硫装置出来的湿天然气送至脱水装置进行脱水处理，脱水后的干净化天然气即产品天然气，经输气管道外输至用户，其质量按国家标准GB 17820—2012《天然气》二类气技术指标控制。脱硫装置得到的酸气送至硫磺回收装置回收硫磺，回收得到的液体硫磺送至硫磺成型装置冷却固化成型装袋后运至硫磺仓库堆放并外运销售，其质量达到GB/T 2449.1—2014《工业硫磺 第一部分：固体产品》优等品质量指标。对于中、低含硫天然气处理厂，硫磺回收装置的尾气经尾气焚烧炉焚烧后通过烟囱排入大气，完全满足国家环保标准。对于中、高含硫天然气处理厂，硫磺回收尾气送至尾气处理装置，尾气处理酸气返回硫磺回收装置回收硫磺，经尾气处理装置处理后的尾气送至尾气焚烧炉，焚烧后通过烟囱排入大气。尾气处理装置急冷塔底排出的酸性水送至酸水汽提装置，汽提出的酸气返回硫磺回收装置，经汽提后的汽提水作循环水系统补充水。

2）MDEA脱硫脱碳工艺

自厂外来的原料气进入脱硫装置，经过滤分离除去天然气中夹带的机械杂质和游离水后，自下部进入脱硫吸收塔与自上而下的MDEA贫液逆流接触，天然气中几乎全部 H_2S 和部分 CO_2 被脱除，湿净化气送至下游的脱水装置进行脱水处理。吸收塔底出来的富胺液经闪蒸并与热贫胺液换热后进入再生塔上部，富液自上而下流动，经自下而上的蒸汽汽提，解吸出 H_2S 和 CO_2 气体。

再生塔底出来的贫胺液经换热、冷却后，由过滤泵升压，升压后分一小股贫胺液进入闪蒸塔以脱除闪蒸气中的H_2S，其余贫液进入溶液过滤系统，过滤后的贫胺液由溶液循环泵送至脱硫吸收塔完成胺液的循环。再生塔顶的酸气送至下游硫磺回收装置。

MDEA 脱硫脱碳工艺生产流程如图 3–76 所示。

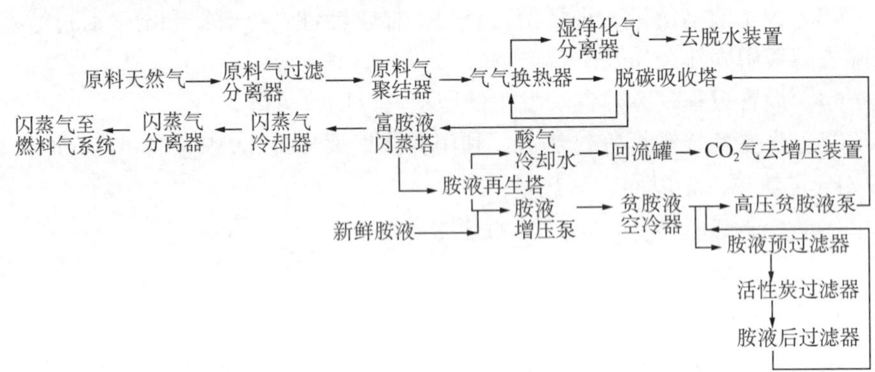

图 3–76　MDEA 脱硫脱碳工艺流程图

3）TEG 脱水工艺

来自脱硫装置的湿天然气自吸收塔下部进入吸收塔，与自上而下的 TEG 贫液逆流接触，塔顶气经重力分离器分离后为合格产品气，产品气在出厂压力条件下水露点 <–10℃。TEG 富液从塔底流出，经换热后进入闪蒸罐闪蒸，闪蒸气进入燃料气系统，闪蒸后的富液经过滤、换热后进入再生塔，再生塔重沸器采用火管加热。为确保贫甘醇浓度，在贫液精馏柱上设有汽提气注入设施。从塔顶出来的再生气，进入气、液重力分离器进行气、液分离，气体进入焚烧炉焚烧后经尾气烟囱排入大气，液体送至污水处理装置处理。贫液在 TEG 缓冲罐与富液换热并经贫液冷却器冷却后经 TEG 循环泵升压返回吸收塔上部循环使用。

TEC 脱水工艺生产流程如图 3–77 所示。

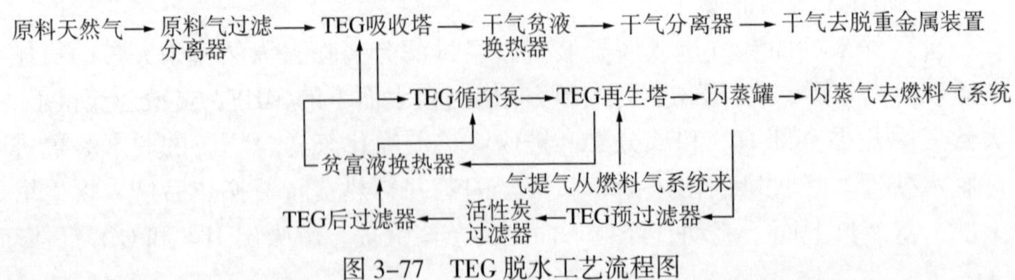

图 3–77　TEG 脱水工艺流程图

4）CPS 硫磺回收工艺

从上游脱硫装置来的酸气经酸气分离器分离酸水后进入主燃烧炉与主风机送来的空气按一定配比在炉内进行克劳斯反应。酸水送到脱硫装置酸水回流罐。

主燃烧器所需空气由主风机提供。主风机出来的空气送至主燃烧器。进入主燃烧炉的空气利用分为两路，一路为主空气线，另一路为微调空气线，其相应的流量均由专用的配风控制系统来调节，以获得最佳硫磺回收率。自主燃烧炉出来的高温过程气经余热锅炉二管程冷却后，进入直接硫磺冷凝冷却器冷却，分离液硫后的过程气利用余热锅炉一管程出来的过程气加热后，进入常规反应器进行常规克劳斯反应，并使 CS_2 和 COS 充分水解。从常规反应器出来的过程气进入克劳斯硫磺冷凝冷却器冷却分离硫后先进入尾气灼烧炉作为加热源的气 / 气换热器，待加热后，直接进入一级反应器，（下面为便于叙述，假设一级反应器处于再生态，而二级反应器和三级反应器处于吸附态）在反应器中，上一周期吸附在催化剂上的液硫逐步汽化，从而使催化剂除硫再生，并进行常规克劳斯反应。一定时间后，克劳斯硫磺冷凝冷却器冷却分离硫后的过程气又切换至直接进入一级反应器。自一级反应器来的过程气经一级硫磺冷凝冷却器冷却除硫后，不经再热直接进入二级反应器，在其内进行低温克劳斯反应。自反应器来的过程气进入二级硫磺冷凝冷却器冷却分离液硫后，不经再热直接进入三级反应器，在其内进行低温克劳斯反应。自反应器来的过程气进入三级硫磺冷凝冷却器冷却分离液硫后，进入液硫捕集器，从捕集器出来的尾气送入尾气焚烧炉焚烧，焚烧后的废气进入尾气烟囱排放。本装置低温段的二、三、四级反应器和四台硫磺冷凝冷却器通过七个切换阀程序控制，自动切换操作。余热锅炉产生 3.3MPa 的饱和蒸汽，直接硫磺冷凝冷却器产生 0.45MPa 的饱和蒸汽，克劳斯硫磺冷凝冷却器、一级硫磺冷凝冷却器、二级硫磺冷凝冷却器和三级硫磺冷凝冷却器产生约 0.1MPa 的超低饱和蒸汽，该超低饱和蒸汽与余热锅炉产生的另一部分 3.3MPa 的饱和蒸汽经蒸汽喷射器减压至 0.45MPa 进入低压蒸汽系统管网。液硫自流入液硫池再通过液硫泵将其送至液硫成型单元。

CPS 硫磺回收工艺生产流程如图 3-78 所示。

5）常规克劳斯 + 还原吸收类尾气处理工艺

来自脱硫装置、尾气处理装置和酸水汽提装置的酸气经酸气分离器分出酸性水后，进入主燃烧炉，与一定量的空气进行反应，产生的高温气流经余热锅炉、一级硫磺冷凝冷却器冷却、冷凝、分硫后进入一级再热炉，再热

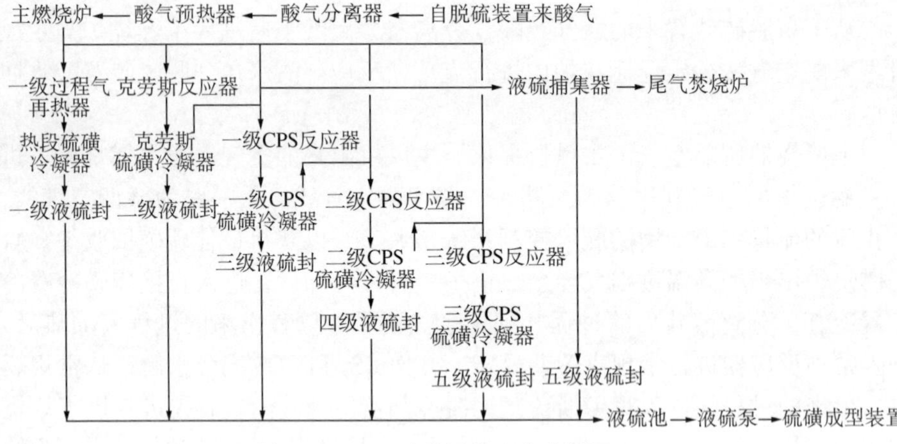

图 3-78　CPS 硫磺回收工艺流程图

后的过程气进入一级反应器，通过催化反应生成元素硫。从一级反应器出来的过程气进入二级硫磺冷凝冷却器，被冷凝分离出液硫后经二级再热炉再热后进入二级反应器，过程气在催化剂床层上继续反应生成元素硫，反应后的过程气进入三级硫磺冷凝冷却器，经冷却、冷凝、分离出液硫后进入液硫捕集器，自捕集器出来的过程气送至尾气处理装置。生产流程框图如图 3-79 所示。

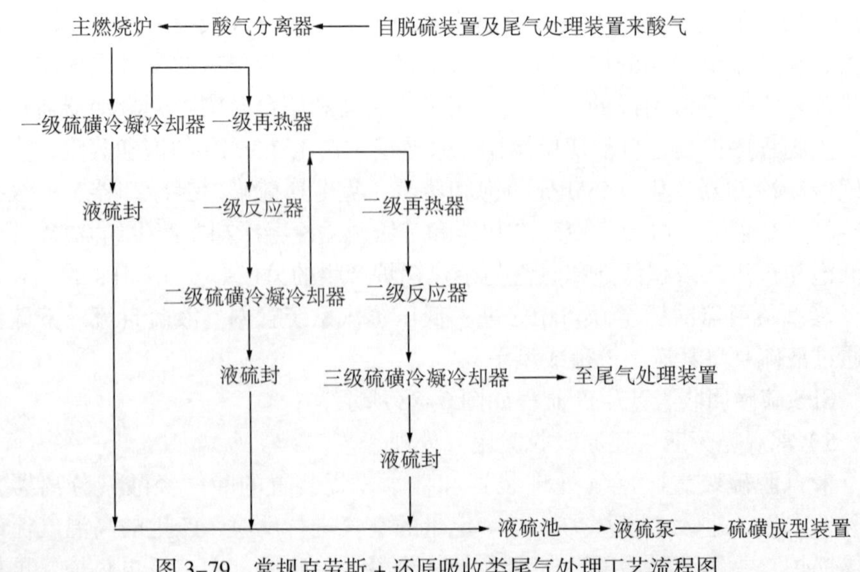

图 3-79　常规克劳斯 + 还原吸收类尾气处理工艺流程图

自硫磺回收装置来的硫回收尾气与在线燃烧炉产生的高温还原性气体混合后进入加氢反应器，在加氢反应器内，尾气中所有硫化物和元素硫均被还原为 H_2S，自加氢反应器出来的气体通过发生低压蒸汽的余热锅炉取走部分热量后进入急冷塔，在急冷塔中通过直接喷淋水进一步冷却至常温，冷却后的气体进入一个采用 MDEA 溶液的低压脱硫单元，从吸收塔顶部出来的气体经焚烧炉焚烧后通过尾气烟囱排入大气。尾气处理装置处理后的尾气经焚烧炉焚烧后，通过烟囱排放，SO_2 的排放量及排放浓度满足 GB 16297—1996《大气污染物综合排放标准》的要求。生产流程框图如图 3-80 所示。

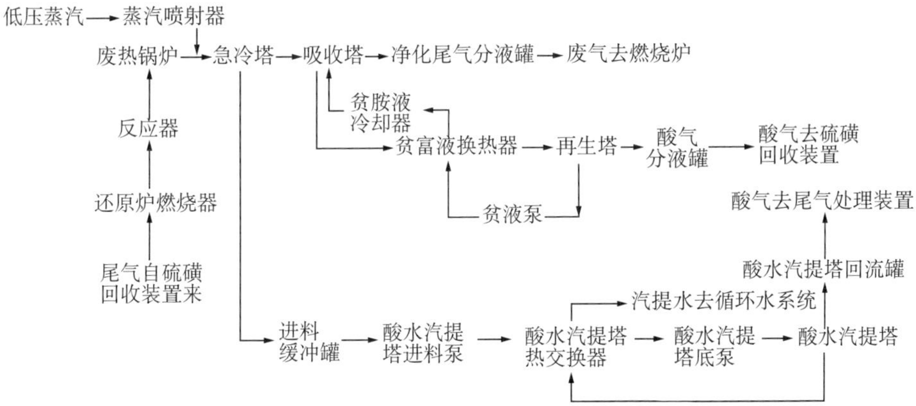

图 3-80　常规克劳斯 + 还原吸收类尾气处理工艺流程图

2. 自控方案

1）自控水平

含硫气田天然气处理厂装置无人值守，全厂集中监控。自控系统一般采用 DCS、SIS 以及 F&GS 进行监视、控制和管理。系统的数据通过网络通信上传至 SCADA 信息系统，实现上一级管理系统对处理厂的全面监视、控制和管理。

2）复杂回路及检测

（1）脱硫装置。

①设置进装置原料天然气超压联锁保护系统。当原料天然气压力超过设定值时，联锁保护系统开启放空联锁阀，经调节阀调压后放空。

②设置吸收塔液位控制及超低液位联锁保护。联锁时根据不同工况分别切断装置进口原料气、富液出料及脱水装置出口净化天然气。

③对酸气分液罐压力实行分程控制。正常操作时，酸气去硫磺回收装置

处理，当硫磺回收装置出现故障或联锁停车时，酸气超压，调节放空。

（2）脱水装置。

①设置吸收塔液位双重检测、控制，一套用于联锁保护，另一套用于液位调节。当吸收塔液位超低时，联锁系统切断吸收塔富液抽出线，防止高压气串入中、低压系统，确保设备及人身安全。

②脱水装置出口设置压力超高调节和放空系统。

③根据出口水分析仪的分析数据在脱水装置产品气出口设置联锁保护系统，防止不合格气体进入输气管网。

④重沸器设置温度控制、自动点火及熄火联锁保护系统。

（3）CPS 硫磺回收装置。

①进主燃烧炉空气流量由 2 台调节阀控制，其中 1 台用于前馈比率调节（口径按空气量的 80%），1 台调节阀用于尾气 H_2S/SO_2 比率反馈控制（口径按空气量的 20% 设计），以便获得更高的调节精度。

②设置主燃烧炉气 / 风比率控制，使进炉的酸气量和空气量保持一定的比率，确保达到预定的硫磺回收率。同时，在回收装置尾气管线上设置 H_2S/SO_2 比率在线分析仪，将此 AIC 的调节输出作为 20% 空气流量控制调节器的给定信号，构成串级调节回路，以确保硫磺回收尾气中 H_2S/SO_2 比率为 2∶1。

③在三个低温反应器的反应吸附和再生根据工艺要求进行程序自动切换控制。

④在废热锅炉及硫磺冷凝冷却器设置液位控制上水调节回路。

⑤在尾气烟囱上设置 SO_2 分析仪，用于对排放烟气的环境检测，以满足环保的要求。

（4）常规克劳斯硫磺回收装置。

①进主燃烧炉空气流量由 2 台调节阀控制，一台用于前馈比率调节，另一台调节阀用于尾气 H_2S/SO_2 比率反馈控制，以便获得更高的调节精度。

②设置主燃烧炉气 / 风比率控制，使进炉的酸气量和空气量保持一定的比率，确保达到预定的硫磺回收率。同时，在回收装置尾气管线上设置 H_2S/SO_2 比率在线分析仪，通过空气需求量控制系统的输出，作为空气流量控制调节器的给定信号，构成串级调节回路，以确保过程气中 H_2S/SO_2 比率为 2∶1。

③设置各级再热炉的气 / 风比率调节和出口过程气温度控制，确保进反应器的过程气温度稳定。

（5）尾气处理装置。

①设置还原气发生炉进炉燃料气流量控制。将出炉温度控制调节器输出

作为进炉燃料气压力调节器的给定信号，构成串级调节回路，以提高控制灵敏度和调节精度。

②设置还原气发生炉气 / 风比率控制，确保进炉的燃料气量和空气量保持一定的比率，该比率由急冷塔出口过程气的氢气浓度调节器进行修正。

③设置装置联锁保护系统，当还原气发生炉进炉燃料气压力过低、空气流量过低或出急冷塔过程气流量过低时，切断进还原气发生炉的燃料气、空气、蒸汽及尾气。

（6）酸水汽提装置。

对原料罐压力实行分程控制，控制氮气和放空酸气压力。

3）SIS 关断级别

SIS 分为四个层次：

第一层次是全厂级，但不放空。当装置的事故将影响上、下游装置的正常生产或关系到全厂的安全时，将通过有关联锁切断阀自动动作，对全厂或某套生产装置进行隔离保护。

第二层次是全厂级，放空。

第三层次是装置级，当装置出现紧急情况将影响设备安全时，如液位超低、压力超高等，联锁系统紧急切断相关自控阀门，对该装置进行保护，当事故解除后，在人工确认后装置恢复正常生产。

第四层次是设备级，当装置内某一部分系统出现异常时，联锁该部分的自控设备，使系统回到正常位置，当事故解除后，系统自动恢复到正常生产状态。

根据国家石油化工行业标准 SH/T 3018—2003《石油化工安全仪表系统设计规范》和中国石油化工集团公司设计技术中心站标准 SHB–Z06–1999《石油化工紧急停车及安全联锁系统设计导则》，若天然气处理厂所处理的原料气含硫量较高，而天然气属于易燃易爆的气体，同时该工艺装置复杂，为适应当前安全和环保的要求，根据以往工程 SIL 安全级别认证结论，安全等级确定为 SIL 2，即 SIL 2 用于事故可能偶尔发生，一旦发生，会造成界区外环境污染，人员伤亡及经济损失较大的情况。具体工程采用的安全等级，需根据认证结果决定。采用独立的具有 SIL 2 以上安全级别认证的控制系统作为紧急停车系统（SIS），对处理厂各个工艺装置和设施实施安全监控，同时向 DCS 系统提供联锁状态信号，DCS 系统将部分重要参数传至 SCADA 系统。

3. 平面布置

总平面布置综合各种因素进行有机组合、紧凑布置。主要布置要点如下：

1）符合工艺流程要求

主体工艺装置区（包括脱硫装置、脱水装置、硫磺回收装置、尾气处理装置）的布置应方便原料天然气、产品天然气进出厂区，放空气经分液后进入火炬区，液硫管道输送最短，方便固体硫磺出厂，工艺流程应保证顺畅。

其他辅助生产区装置区循环水场、给水处理场、锅炉房、空压机房、35kV 变电站的布置应方便物流管道上下管架运输，管道短捷。

2）功能分区明确

根据工厂的组成单元情况，工厂生产区和辅助生产区布置、生产区、厂前区布置应功能分区明确。

3）利用地形、地质条件因地制宜布置

根据工厂地形情况，宜将主体工艺装置区布置于厂区南侧山丘上，位于挖方区，减少工艺设备基础工程量，节约投资。

液硫储罐区、硫磺仓库及成型间、硫磺装车区、库房机修仪修间、循环水场、给水处理场、锅炉房、空压机房、35kV 变电站等辅助设施相对荷载较小，宜布置于填方区。污水处理场应布置于全厂地势最低处，便于全厂污水均可以自流收集，降低能耗、节约能源。

4）注重风向，减少环境污染

工厂总平面布置应忌污染，人员较集中的辅助生产设置、厂前区应位于厂区全年最小风频风向的下风向，尽可能避免污染。

5）适应工厂内外运输

工厂的外部运输主要来自两个方面：上下班人流；固体硫磺及工厂必用的溶剂、材料。工厂内部物料运输主要是天然气、水、电、蒸汽等。

（六）设计参数

1. 脱硫工艺

1）溶液质量浓度

（1）MDEA 法：MDEA 的浓度一般为 20% ~ 50%。

（2）砜胺法（Sulfinol 法）：环丁砜浓度为 35% ~ 45%，通常为 45%；DIPA（Sulfinol-D）或 MDEA（Sulfinol-M）的浓度为 30% ~ 50%，通常为 40%。

2）溶液酸气负荷

通常选用的胺溶液酸气负荷为 0.3 ~ 0.5mol 酸气 /mol 胺；在使用合金钢（如 1Cr18Ni9 和 OCr18Ni9）时，溶液酸气负荷可控制在 0.7mol/mol 胺以下。

砜胺法的溶液酸气负荷通常大于 0.5mol 酸气 /mol 胺。

3）富液流速

醇胺法的富液流速一般为 0.6 ~ 1.0m/s，以减轻富液管道和贫富液换热器的腐蚀；砜胺法的富液流速不宜超过 1.5m/s。

4）富液换热温度

经换热后富液温度一般为 -94℃。

5）闪蒸罐压力

闪蒸罐压力：醇胺法通常为 0.7 ~ 0.8MPa；砜胺法通常为 0.5MPa。

6）贫液入吸收塔温度

贫液入吸塔温度通常不大于 45℃。

7）再生塔压力

再生塔压力一般为 60 ~ 80kPa。

8）再生塔回流比

再生塔顶的回流比通常小于 2。砜胺法和 MDEA 法回流比可取较低数值。

9）重沸器的加热温度

胺法重沸器中溶液的温度宜低于 120℃，重沸器管内壁温度最高不超过 127℃；砜胺法重沸器中溶液温度为 110 ~ 138℃。

2. TEG 脱水工艺

1）三甘醇溶液再生压力、温度的确定

为使脱水后干天然气的水露点达到规定值，进塔贫三甘醇溶液应达到相应的浓度。贫三甘醇溶液的浓度取决于重沸器的压力和温度，常压再生时，甘醇再生温度，通常为 193 ~ 204℃，高于三甘醇的热分解温度 206.67℃，常压再生时贫三甘醇溶液可达到的浓度为 98.7%。当采用汽提再生时，还决定于汽提气的用量和汽提效率。

2）重沸器的热负荷及火管热流强度

重沸器的热负荷包括加热甘醇溶液的显热、水的气化潜热、回流液的蒸发热和热损失。重沸器的热负荷一般为 250 ~ 300MJ/m^3，设计时取 400MJ/m^3。根据重沸器的热负荷及重沸器火管的燃烧效率、燃料气的热值即可计算出燃料气的消耗量。重沸器的火管热流强度一般为 18 ~ 25kW/m^2，最高不超过 31kW/m^2。

3. 硫磺回收工艺

1）主燃烧炉的操作温度

主燃烧炉操作温度由进炉酸气组成和主燃烧炉热损失决定。为保证稳定

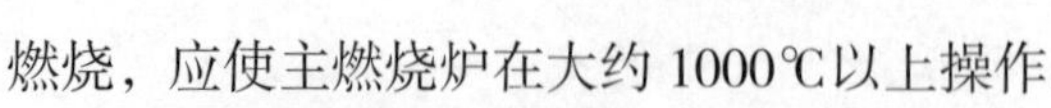

燃烧，应使主燃烧炉在大约1000℃以上操作。

2）余热锅炉出口温度

通常余热锅炉直接与主燃烧炉相接，主燃烧炉出口温度即为余热锅炉进口温度。为了尽量回收热能和避免高温硫化腐蚀，直流法克劳斯余热锅炉出口温度一般为280 ～ 350℃，通常不应使元素硫在余热锅炉中冷凝。分流法克劳斯装置余热锅炉出口气流与旁通酸气混合后直接进入转化器，故应由一级转化器进口温度反算需要的余热锅炉出口温度。

3）催化转化器进口温度

为了提高 H_2S 转化为元素硫的平衡转化率，希望反应温度尽可能低。但常规克劳斯反应温度受露点限制，当转化器操作温度接近露点时，元素硫即会在催化剂上沉积，从而使催化剂活性降低。转化器操作温度通常应比过程气硫露点高30℃以上。

从化学动力学观点出发，高温有利于提高反应速度，但反应温度的确定还与所选用催化剂的催化活性有关。为使过程气中的COS、CS_2 水解，也需较高的反应温度。为此，第一级转化器操作温度可以设计得高些，如300℃左右。后面的各级反应温度则适当降低。

当二级转化器进料以一级转化器出料作为再热热源时，还应按再热需要的热量修正一级转化器出口温度。

4）冷凝器出口温度

出冷凝器过程气无论是至下一级转化器还是出装置，都希望其中的元素硫尽可能少。由于硫蒸气分压随温度上升而急剧升高，冷凝器出口温度通常应控制在170℃以下。其下限值为硫凝固（约120℃）温度。为减轻再热负荷，前几级冷凝器出口温度应与其下游转化器操作温度联系起来考虑，可设计得略高一些。另外，冷凝器出口温度还与冷凝器的冷却介质有关。通常前几级冷凝器均产生稍高压力的蒸汽供脱硫装置再生塔重沸器使用。为此，冷凝器出口温度也不可能太低。末级冷凝器可产生用于保温的蒸汽，这时末级冷凝出口温度大致在140℃左右。若尾气中元素硫含量要求很严格，则末级冷凝器宜采用锅炉给水或其他介质冷却。

5）液硫输送温度

由于液硫具有独特的黏度—温度特性，温度为130 ～ 155℃时，液硫黏度最小。硫的凝固点约120℃。液硫输送温度以130 ～ 155℃为好，不宜超过155℃。为降低能耗和硫的升华损失，可在130℃左右储存和输送液硫。

4. 还原吸收尾气处理工艺

1）在线炉的出口温度

为保证整个系统的氢量以及加氢反应的顺利进行，应保证在线炉出口温度大约在 230 ~ 290℃操作。

2）过程气余热锅炉出口温度

过程气余热锅炉出口温度通常应控制在 170℃左右，以产生 0.5MPa 的低压蒸汽，回收部分过程气热量。

3）急冷塔出口温度

急冷塔出口温度通常控制在 40℃。

4）急冷塔出口 H_2S 含量

为确保过程气中的各种形态的硫均全部还原为 H_2S，应保证急冷塔出口 H_2S 含量大于 2.5%。

5）吸收塔出口 H_2S 含量

为确保总硫回收率、烟气中 SO_2 的含量满足国家环保标准，应控制吸收塔出口 H_2S 含量≤ 250mL/m³（根据控制指标确定）。

6）溶液酸气负荷

通常选用的胺溶液酸气负荷为 0.1 ~ 0.2mol 酸气 /mol 胺。

7）尾气余热锅炉出口温度

为避免尾气余热锅炉的酸腐蚀，应控制其出口温度大于 350℃。

8）再生塔压力

再生塔压力一般为 120 ~ 140kPa。

9）重沸器的加热温度

胺法重沸器中溶液的温度宜低于 120℃，重沸器管内壁温度最高不超过 127℃。

（七）标准化模块选择

含 H_2S 气田天然气处理厂主体装置模块划分情况见表 3-38。

表 3-38　含 H_2S 气田天然气处理厂主体装置模块划分

装置名称	模块划分	装置名称	模块划分
脱硫脱碳装置	过滤分离模块	硫磺回收装置	主风机模块
	吸收模块		主燃烧炉模块
	湿净化气分离模块		配风模块

续表

装置名称	模块划分	装置名称	模块划分
脱硫脱碳装置	溶液闪蒸模块	硫磺回收装置	常规克劳斯反应器模块
	溶液过滤模块		低温克劳斯反应器模块
	溶液换热模块		一级再热模块
	溶液循环泵模块		二级再热模块
	溶液再生模块		液硫封模块
	酸气冷却模块		液硫池模块
			尾气焚烧模块
三甘醇脱水装置	脱水吸收模块	尾气处理装置	加氢炉模块
	净化气分离模块		加氢反应器模块
	溶液过滤模块		余热回收模块
	溶液换热模块		急冷塔模块
	溶液分离模块		酸气提浓模块
	溶液循环泵模块		酸水汽提模块
	溶液再生模块		尾气焚烧余热回收模块

（八）设备及材质选择

1. 设备选型

1）脱硫装置

（1）吸收塔和再生塔。

填料塔和板式塔皆可应用。通常认为，当直径≥ 800mm 时采用板式塔。但近年来国外不少大型装置采用规整填料。板式塔中常用泡罩塔和浮阀塔，由于浮阀塔盘具有弹性大、效率高、处理能力比泡罩塔高及兼有泡罩塔和筛板塔的特点，故应优先选用。

由于考虑到溶液发泡的特点，在计算塔径时，设计泛点百分数，对乱堆填料不大于 60%，浮阀塔不大于 70%。

板式塔不宜用过小的板间距，通常采用的板间距为 600mm。

（2）气液分离器。

原料气分离器、净化气分离器、回流罐等均属气、液分离设备，可选用立式、也可选用卧式。为提高分离效率，均应在气体出口处设一层除雾丝网，以除去粒径＞10μm的雾滴。

（3）冷换设备。

①重沸器。

再生塔底重沸器可选用釜式或卧式热虹吸式重沸器（当溶液循环量小时用立式热虹吸式）。从防腐角度看，由于釜式重沸器气、液分相流动，动能较低，腐蚀情况优于卧式热虹吸式重沸器。但只要设计和操作得当，选用热虹吸式重沸器仍是可行的。

②贫、富液换热器。

通常采用浮头式热交换器。为了提高管壳式溶液换热器的温差校正系数，不应只用一台，须选用两台或两台以上串联。选用两台串联时，富液流经的第二台换热器的管材采用不锈钢，以节省投资。

若采用板式换热器，应考虑换热器能否适应较高富液温度，采用不锈钢板材，并需考虑设置备用设备。

③溶液和酸气冷却器。

设计时选用全水冷、全空冷或空冷＋水冷的方案，须针对具体情况，经过技术经济比较后决定。若选用水作冷却介质，冷却溶液采用浮头式换热器，冷却酸气采用浮头式冷凝器。

（4）过滤器。

①原料气过滤分离器。由于对原料气的清洁要求越来越高，采用专业过滤器生产厂提供的产品，虽然投资较高，但能提高过滤器的过滤精度，可有效的保护脱硫（碳）装置的正常操作。

②溶液机械过滤器。采用滤袋或滤芯式过滤器，应除去5μm以上的固体杂质，当压降超过一定值后，切换、清洗过滤元件。

③溶液活性炭过滤器。选用固定床深层过滤器，至少要处理溶液循环量的10%～20%，过滤速度为2.5～12.5$m^3/(m^2 \cdot h)$。溶液活性炭过滤器后宜设置一台机械过滤器，过滤精度可和前过滤器相同，以控制溶液中活性炭粉末的含量。

（5）溶液循环泵。

溶液循环泵宜选用离心式油泵，泵体和主要零件应选用“耐中等硫腐蚀”的材料，为降低溶剂损耗，应选用机械密封。

2）三甘醇脱水装置

（1）原料气分离器。

三甘醇脱水装置的进料分离器，通常采用有内构件的分离器或过滤分离器。

原料气分离器可设置在吸收塔底部与吸收塔组成一个整体。当进料气较脏且含游离水较多时，最好单独设置进料气分离器。

（2）脱水吸收塔。

泡帽塔是脱水吸收塔应用最广泛的塔型，因为脱水系统所需甘醇循环量小，吸收塔内气 / 液比值高，而泡帽塔盘漏液甚少，有一定液封，能保证气、液良好接触并具有较大的操作弹性。

（3）溶液闪蒸罐。

进料气中所含重烃较少时溶液闪蒸罐应选用两相分离器，甘醇溶液在闪蒸罐中的停留时间为 5min；当处理的气体重烃含量较高时，应设计成一个三相分离器，以分离出富甘醇溶液中可能存在的液烃，甘醇溶液在闪蒸罐中的停留时间为 20 ~ 30min。闪蒸罐的闪蒸气出口需设置除雾丝网，以减少甘醇的夹带损失。

（4）甘醇重沸器。

天然气净化厂内的脱水装置，通常采用火管直热式重沸器。重沸器中三甘醇温度不能超过 204℃，火管壁温也应低于 221℃。

（5）甘醇换热器。

甘醇贫 / 富溶液换热器一般采用罐式，该缓冲罐不必保温，只需设防烫网，其内设一层或多层换热盘管，在此盘管内的甘醇富液与罐内的热甘醇贫溶液进行换热。同时作为甘醇循环泵的进料缓冲罐，保证泵的吸入压头。

（6）甘醇溶液循环泵。

采用高压力低流量的电动往复泵，泵出口应设置缓冲设施。

3）硫磺回收装置

（1）燃烧炉。

主燃烧炉是提供酸气和空气燃烧反应的场所，控制反应炉的空气对硫黄回收很重要。

由于操作温度高，故要求在金属壳里面设置有 2 ~ 3 层耐火材料浇注料或耐火砖，壳体与防护层之间形成的闭塞空间进一步改善了绝热效果。在常见的环境条件下，隔热系统的设计应使金属外壳温度保持在 150 ~ 340℃的范围，设计温度既要防止过程气发生冷凝，也要避免高温气体直接与金属外壳直接接触发生高温硫化腐蚀。同时，还应设置遮雨棚，避免下雨时炉壳温度下降过大，造成设备腐蚀。

（2）废热锅炉。

废热锅炉高温气流入口侧管束的管口应加陶瓷保护套管，入口侧管板上应加耐火保护层。采用卧式安装以保证将全部管子浸没在水中。为便于液硫的流动和减少积硫，废热锅炉按过程气流动方向应有一定的坡度（通常为1°），出口管箱设有与液硫出口夹套管底平的垫层。

（3）反应器。

通常有卧式反应器和立式反应器两种。一般来说，大、中型规模的装置应优先选择卧式转化器，它布置灵活、操作简便，并可缩小占地面积。

反应器内壁应有耐酸隔热层，以防止钢材腐蚀过大和床层温升过高甚至升温对设备造成的损坏。外部保温良好，避免因温度过低导致元素硫冷凝。液硫排出口和吹扫放空口应设在设备的最低点。为了保证气体均匀地自上而下通过催化剂层，防止过程气直接冲击催化剂床层，可在进口设置挡板和进口分配器。

（4）冷凝器。

目前应用最广的是管壳式冷凝器，应按蒸汽发生器的要求进行设计。通常为卧式，并向过程气出口方向倾斜，坡度约为1°。在过程气出口处设金属丝网除雾器以回收液硫雾滴，减少液硫携带量。换热管一般用 ϕ38mm×3.5mm 或 ϕ32mm×3.5mm 无缝钢管。规模较小的硫冷凝器通常把汽水分离空间直接设在壳体的上部。出口管箱下部宜有蒸汽夹套。

（5）捕集器。

捕集器采用金属丝网型。

（6）风机。

在硫黄回收装置，风机一般采用电机或蒸汽驱动的多机离心式鼓风机，为提高硫黄回收装置运行的可靠性，风机常采用一用一备方式。

（7）液硫封。

常用的液硫封为立式管状型，分里、中、外三层，里层为进液硫管线、中层为液硫储管、外层为蒸汽保温，其底部为外层和中层接合封闭断面。

（8）液硫泵。

液硫泵通常选用耐高温的浸没式离心泵。

（9）酸气分离罐。

酸气分离器的作用就是采用重力分离，将脱硫装置来的酸气中的水分分离出来或在脱硫再生装置带液严重时分离酸气中携带的溶液，防止水或溶液进入主燃烧器。

4）尾气处理装置

（1）在线燃烧炉。

在标准还原吸收工艺的流程上，在线燃烧炉是一个非常重要的设备，它具有使过程气升温到加氢还原所需的温度，同时通过不完全燃烧提供加氢还原所需的还原型气体（H_2+CO）。设备结构类似硫黄回收装置再热炉。

（2）尾气灼烧炉。

绝大多数热灼烧炉是在负压下进行自然引风操作，通过风门来控制燃烧。灼烧炉的最高操作温度为1095℃，为了保护钢材不被高温损坏，灼烧炉与烟囱管线均有耐火材料衬里。

（3）冷凝器。

尾气处理装置的冷凝器与硫黄回收装置相似。产生蒸汽的冷凝器应按蒸汽发生器的要求进行设计，通常为卧式。换热管一般用 ϕ38mm×3.5mm 或 ϕ32mm×3.5mm 无缝钢管。出口管箱下部根据需要宜有蒸汽夹套。

（4）加氢反应器。

尾气处理装置的加氢反应器与硫黄回收装置反应器相似。反应器催化剂床层必须有合适的温度，从而提高水解加氢转化效率。

（5）吸收塔、再生塔。

尾气处理装置的吸收塔和再生塔为板式塔，通常采用的是浮阀塔盘，它具有处理能力大、操作弹性大、塔板效率高、压力降小、气体分布均匀、结构简单等优点。

（6）急冷塔。

尾气从塔下部进入与上部喷淋而下的循环冷却水逆流接触后从塔顶出塔。一般为填料塔，填料塔具有结构简单、压力降小的优点。

（7）酸气分离器。

酸气分离器的作用就是采用重力分离，将冷却后的酸气中的水分分离出来。

（8）过滤器。

①溶液过滤器。

尾气处理装置的溶液过滤器包括急冷水过滤器，胺液预过滤器、胺液后过滤器等。溶液过滤器的过滤精度不宜太高，否则滤芯容易堵塞。溶液预过滤器的过滤精度一般为25～50μm，溶液后过滤器的过滤精度一般为10～25μm。采购溶液过滤器时还应配过滤精度较低的开工滤芯。

②活性炭过滤器。

活性炭过滤器后必须再设置一个后过滤器以避免活性炭粉碎进入系统溶液。活性炭过滤器过滤量不低于循环量的10%。

（9）换热器。

①贫富液换热器。

可选择板式换热器和管壳式换热器。作为一种新型高效的换热器逐渐应用到天然气净化装置，与管壳式换热器相比，板式换热器具有体积小、换热效率高、热损小（最小温差可达1℃）、热回收率高、充分湍流（不易结垢）、易清洗、易拆装、换热面积可灵活改变等特点，在化工行业应用越来越广泛。但其缺点也是相当突出的：密封垫片易老化导致泄漏、富液流道易堵塞。

②贫液水冷器。

贫液水冷器通常采用管壳式换热器，冷却水走管程、贫液走壳程。冷却水返回凉水塔降温后循环利用。

③酸气水冷器。

酸气水冷器采用管壳式换热器，冷却水走管程，酸气走壳程。

（10）空冷器。

在天然气净化厂中，最常见的是排风式空冷器。在环境温度较高的情况下，需要启动空冷器的风机进行强制换热，以满足介质冷却的需要。在环境温度较低的情况下，利用空气的自然流动有时也能满足介质冷却的需要，为了装置节能的需要，还可根据情况停运或部分停运空冷器，或采用电机变频技术。

2. 材质选择

材料选择主要从工艺条件（如操作温度、操作压力、介质特性和操作特性等）、材料的加工性能、焊接性能、容器的制造工艺以及经济合理性等方面来考虑。

受压元件所用的材料应符合《压力容器安全技术监察规程》、GB 150.1 ~ 150.4—2011《压力容器》等国家强制性法规和标准的要求。脱硫装置、硫磺回收装置等装置（单元）过程气中H_2S分压超过了0.00035MPa，属酸性环境。对于处于含硫介质场合使用的设备，不仅要考虑介质引起的化学失重腐蚀，还应考虑由于H_2S引起的应力腐蚀开裂（SSC）和氢诱导开裂（HIC），在这些装置中非标设备的选材除满足受压元件的选材规定外，还应符合酸性环境选材的有关特殊规定。

基于上述原则，含硫气田天然气处理厂非标设备的主要受压元件选用板材为20R，16MnR；锻件为20锻钢，16Mn锻钢；钢管20G或20号无缝钢

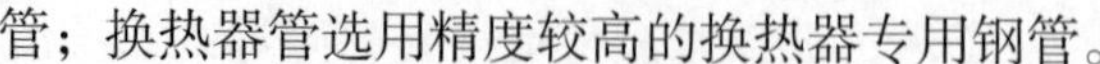

管；换热器管选用精度较高的换热器专用钢管。

（九）主要经济技术指标

含硫化氢气田主要经济技术指标见表 3–39。

表 3–39　含硫化氢气田主要技术经济指标

序号	项目	单位	天然气处理厂（MDEA/TEG/CPS）–200–6.93	天然气处理厂（MDEA/TEG/ 常规克劳斯 / 尾气处理）–600–8.58	天然气处理厂（MDEA/TEG /CPS）–300–7.5
1	原料气规模及条件	—	—	—	—
1.1	建设规模（气系统）	$10^4m^3/d$	200	600×2 列	300×4 列
1.2	原料气 H_2S 含量	%（摩尔分数）	2.12 ~ 4.23	2.2 ~ 2.7	0.8 ~ 1.4
1.3	原料气 CO_2 含量	%（摩尔分数）	3.83 ~ 5.46	2.86 ~ 4.03	2.83 ~ 3.46
2	产品产量及质量	—	—	—	—
2.1	商品天然气的产量	$10^4m^3/d$	192	572×2 列	292×4 列
2.2	产品气硫化氢或 CO_2 含量	%（摩尔分数）	$H_2S \leqslant 0.0014$	$H_2S \leqslant 0.0014$	$H_2S \leqslant 0.0014$
			$CO_2 \leqslant 3$	$CO_2 \leqslant 3$	$CO_2 \leqslant 3$
2.3	产品气水露点	℃	≤ –10	≤ –10	≤ –10
2.4	产品气烃露点	℃	无液烃析出	无液烃析出	无液烃析出
2.5	硫磺或 CO_2 产量	t/d	112	214×2 列	42×2 列
2.6	硫磺或 CO_2 收率	%	≥ 99.2%	≥ 99.8%	≥ 99.2%
3	占地面积	m^2	21857	76340	136769
4	建筑面积	m^2	3972	15006	14885
5	土地利用系数	%	—	—	—
6	消耗指标	—	—	—	—
6.1	电力	10^4kW · h/a	1177	1880	3963
6.2	燃料气	$10^4m^3/a$	1252	7320.9	5537.6
6.3	新鲜水	10^4t/a	16.8	46.97	167
6.4	化学药剂、溶剂、吸附剂、催化剂（名称及型号）	t/a	MDEA：20t/a；催化剂：114t/5a；TEG：17t/a	MDEA：56t/a×2；催化剂：108t/5a×2；TEG：50t/a×2	MDEA：40t/a×4；催化剂：36t/5a×4；TEG：18t/a×4
7	单位综合能耗（气系统）	$MJ/10^4m^3$	8502.68	6719.5	5826.5

三、高含二氧化碳气田

高含 CO_2 气田通常指天然气组分中 CO_2 含量在 5% 以上的气田。由于高含 CO_2 气田数量少、开发晚，因此和常规气田开发相比，尚需进一步总结和丰富相关研究成果及实践经验。目前国内外已开发的高含 CO_2 气田包括：吉林长岭整装气田（CO_2 平均含量约 30%）、海南东方 1–1 气田（CO_2 平均含量约 25%）、四川罗家寨气田（CO_2 平均含量 15%）、铁山坡气田（CO_2 平均含量 8%）以及俄罗斯阿斯特拉罕气田（CO_2 含量平均 16%）等。其中，长岭气田火山岩气藏为国内罕见的高含碳气田，勘探和开发技术研究被列入国家”973”和”863”项目，也是第一个已投产的整装开发气田。

（一）高含 CO_2 气田典型集输工艺（长岭气田）

长岭气田集气工艺可概括为“放射状多井集气工艺”“高、低压湿气混输工艺”“集气阀组与井间串接工艺”“集中注醇工艺”“集中分离、计量工艺”“集中增压工艺”“气田数字化管理工艺”等。

1. 放射状多井集气工艺

根据长岭气田区域面积较小，井口数多且为滚动开发的特点，结合气田开发方案及井位分布情况，通过多方案的技术经济对比，采用放射状的气田管网布置及多井集气工艺方案。

通过对本工程多井集气及单井集气工艺方案的对比，采用多井集气方案具有工程投资省、人员配备少、单井操作流程简化、系统风险性低的优点，各单井均设置无人值守站，井站仅设置井口安全切断阀、角式节流阀及安全阀，井口注入防冻剂并节流至 15MPa 内输送至邻近集气站进行集中处理。天然气在集气站经加热、节流、分离后输往天然气处理厂集中处理后外输。

2. 高、低压湿气混输工艺

长岭气田存在含碳量差异较大的两类气藏，分别是高含碳的营城组气藏和低含碳的登楼库组气藏。其中营城组气藏为产量、压力及稳产期三高的气藏，登楼库组气藏产量低，稳产期不足 3 年。根据不同气质的特点及经济对比，对稳产时间较长、产量高的营城组气井采用高压集气方案，将压力节流至 13 ~ 15MPa 后输往下游集气站；对稳产时间较短、产量较低的登娄库组气井采用中压集气方案，将压力节流至 7 ~ 9MPa 后输往下游集气站。

天然气在井口均不进行分离，气液混输至下游集气站后再集中分离、计量。

3. 集气阀组与井间串接工艺

采用多井集气的优点在于简化井口流程，更适合滚动开发的特点；缺点是采气管道长度较长，线路投资高。为节约地面工程投资、优化地面工艺流程，长岭气田共设置了5座集气阀组，每座集气阀组汇集周边5 ~ 10座单井来气，各井站天然气在集气阀组汇集后，通过生产管线和计量管线分别输送至下游集气站进行气液分离和轮换计量。通过在气田内单井较集中的区域设置集气阀组的方式，可减少单井管道长度30%，节约线路投资约27%，具有较明显的经济效益。

另外，对于单井产量低且已进行间歇生产的气井，通过采气管道把天然气串接到临近采气干线进入集气站。

4. 集中注醇工艺

多井高压集中注醇工艺是在集气站设置多座高压注醇泵撬，通过与采气管道同沟敷设的注醇管道向井口注入甲醇，井口没有设备需要管理和维护，实现了无人值守。

由于长岭气田井口数较多，为减少注醇管道的长度，节约注醇管道投资，在5座集气阀组均设置高压注醇泵及醇液储罐，就近向邻近井口注醇。

5. 集中分离、计量工艺

长岭气田采用多井集气工艺，各单井站不设分离器，各井天然气在集气站汇合后统一进入集气站进行气液分离。集气站内设置多台气液分离器，通过轮换计量的方式对各井的气、水产量进行计量和累计。长岭气田集气站轮换计量的周期一般为5 ~ 12d，每次计量的持续时间不少于24h，并对重点气井考虑长期连续计量。

6. 集中增压工艺

长岭气田采用集中增压模式，充分利用气田已建集输管网、工艺装置和设施，天然气在集气站内汇合，经站内已建工艺装置进行分离、计量、汇总后进入新建增压机组，增压后的天然气返回下游天然气处理装置，经处理后外输至下游用户。

根据气田不同阶段的压力、产量变化情况，增压机组按增压后期时进气压力1.5MPa，进气气量$40\times10^4m^3/d$设置增压功率；在此基础上核实在气田增压初期，进气压力为3.0MPa，进气气量为$80\times10^4m^3/d$时增压机组的适应能力。

增压机型选用往复活塞式压缩机，驱动方式选用电驱，采用气缸端可调余隙腔调节以及旁通来调节流量。

7. 气田数字化管理工艺

整个气田采用以处理厂为中心、集气站管理井口的控制方案：单井站的信号通过远程终端装置 RTU 上传至集气站（与处理厂共用 DCS），集气站可直接执行对井口的数据监控、电子巡井、自动报警、远程开 / 关井等功能，达到精简组织机构、降低劳动强度、减少操作成本、保护草原环境、建设和谐气田的目的。

8. 其它技术及工艺措施

（1）井口设置“自力式＋远程”的多功能安全紧急截断阀，在采气管道出现超压或超低压的情况时，紧急截断阀自动关闭从而防止管道和设备破损后天然气的大量流失而造成爆炸、火灾、中毒等事故。

（2）根据不同气质组分腐蚀性的不同，高含碳的营城组天然气线路采用 316L 双金属复合管，低含碳的登娄库组天然气线路采用 L245NB 碳钢管方案，在保证安全的前提下节省工程投资。

（3）工艺方案在满足安全的前提下，通过优化站场布局、简化工艺流程、集中进行天然气处理及污水处理，提高了整个集输系统的安全可靠性。

（二）国内外主要工艺及工艺优选

根据此类气田类型的特点，国内外大型工程公司均结合开发实际，按照工艺合理，技术成熟可靠、方便管理等原则优选工艺流程，制定总工艺流程的依据是原料天然气的含碳量及含汞量。产品气质量符合国家标准 GB 17820–2012《天然气》相关技术指标要求；满足有关环保标准要求；按天然气处理规模、CO_2 产生量及采用流程的不同划分系列。天然气处理厂设置的主要装置有天然气脱碳、天然气脱水、天然气脱重金属、CO_2 气脱水、CO_2 气液化等。

对于高含 CO_2 的气田，为达到国家标准《天然气》二类气技术指标控制，需对原料天然气进行脱碳及脱水处理，脱碳工艺采用活化 MDEA 法，工艺流程采用一段吸收 + 闪蒸 + 汽提再生的流程；脱水装置一般选用工艺流程简单、技术成熟，投资较省的 TEG 脱水工艺。对于脱碳工艺产生的 CO_2 气体，通常可根据 CO_2 气的用途，进行后续工艺流程的设计。如果可将 CO_2 气直接回注，则设置增压装置即可；如果需进行 CO_2 液化和存储，为满足 CO_2 液化装置制冷深度及外输回注对水露点的要求，则需采用分子筛脱水 + 丙烷制冷工艺进行处理。

对于低温液体 CO_2 的储存，主要有球罐、子母罐及真空储罐三种类别。其中液化球罐的球壳需采用高强度钢板，大于 1000 m^3 的低温球罐现场制作的质量保证、焊接应力处理等要求很高，制造和施工难度较大，保冷效果较差，需要蒸发部分 CO_2 以保持低温，设备能耗大。子、母罐可在工厂整体制作完毕后再发运至现场，吊装就位后再制作外罐及填充珠光砂材料，特点是占地省，阀门仪表及管道配置简单，设备日常管理运行简单，技术成熟等。真空罐可在供应商厂内整体制作完毕后发运至现场，现场发泡保冷，但受运输条件的限制，单个真空罐容积最大仅能做到 $150m^3$。特点是设备技术成熟，对于储存量较大时设备数量多，占地大，设备配置阀门仪表复杂，管路配置复杂，设备日常管理运行复杂。在实际工程中，液体二氧化碳的存储方式需根据实际工程特点作经济对比后确定。

（三）规模系列划分

根据目前天然气处理厂常用规模，兼顾未来的开发需要，合理划分规模。高含 CO_2 气田天然气处理厂单套装置规模主要划分为 210、$120\times10^4m^3/d$。本次定型图选用长岭气田三期工程为典型工程，单套主体装置处理规模为 $210\times10^4m^3/d$。标准化编号为：标加 –25；系列型号为：天然气处理厂（活化 MDEA/TEG/ 分子筛 / 丙烷）–210–6.27。

（四）工艺技术特点

（1）活化 MDEA 脱碳工艺具有化学吸收和物理吸收的特点，溶液对 CO_2 的吸收量大，加快了 MDEA 与二氧化碳的吸收和解吸速度，大大降低了脱碳装置的蒸汽耗量。

（2）脱碳吸收压力较高，而气质要求 CO_2 含量 $\leqslant 3\%$ 即可，因此吸收 CO_2 后的 MDEA 富液在再生时靠降压闪蒸即可解吸出大量的二氧化碳，贫胺液无需再生得很彻底即能满足产品气净化要求，并且吸收与再生之间的温差较小，再生温度低，从而减少了再生所需的热负荷。

（3）由于 MDEA 对烃溶解能力小，吸收 CO_2 的富液经高压闪蒸后，溶液再生产生的酸气中烃含量低（$<0.5\%$），质量满足下游 CO_2 回注驱油要求。

（五）主要工艺流程和平面布置

1. 工艺流程

1）总工艺流程

高含二氧化碳天然气经脱碳装置进行脱除二氧化碳处理，脱碳装置出来的湿净化气送至 TEG 脱水装置和天然气净化装置进行脱水和净化处理，净化后的干气作为商品天然气经外输首站外输。脱碳装置脱除的酸气（CO_2）送至二氧化碳增压、干燥装置进行处理后送至下游。

2）脱碳工艺流程

自厂外来的原料气进入脱硫装置，经过滤分离除去天然气中夹带的机械杂质和游离水后，自下部进入脱硫吸收塔与自上而下的 MDEA 贫液逆流接触，天然气中部分 CO_2 被脱除，湿净化气送至下游的脱水装置进行脱水处理。吸收塔底出来的富胺液经闪蒸并与热贫胺液换热后进入再生塔上部，富液自上而下流动，经自下而上的蒸汽汽提，解吸出 CO_2 气体。再生塔底出来的贫胺液经换热、冷却后，由过滤泵升压，进入溶液过滤系统，过滤后的贫胺液由溶液循环泵送至脱硫吸收塔完成胺液的循环。

脱碳工艺生产流程框图如图 3-81 所示。

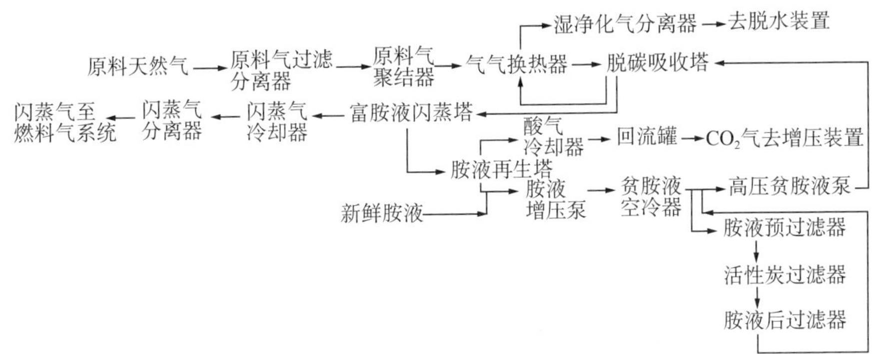

图 3-81　脱碳工艺流程图

3）脱水工艺流程

湿净化天然气进入原料气过滤分离器除去原料气中夹带的机械杂质及游离水后，进入 TEG 吸收塔下部分离段。在塔内湿净化天然气自下而上与 TEG 贫液逆流接触，脱除天然气中的饱和水。脱除水分后的天然气经干气—贫液换热器与贫三甘醇溶液换热后进入天然气净化装置。

从 TEG 吸收塔下部出来的 TEG 富液经能量回收泵降压至 0.4MPa（表）经 TEG 重沸器富液精馏柱顶换热盘管换热，然后进入 TEG 闪蒸罐闪蒸，闪蒸出来的闪蒸气调压后去燃料气系统用作工厂燃料气。闪蒸后的 TEG 富液经过 TEG 预过滤器、TEG 机械过滤器、TEG 后过滤器除去溶液中的机械杂质和降解产物，进入到富液精馏柱中。汽提气插入精馏柱下端的 TEG 贫液中与 TEG 富液在富液精馏柱中接触，TEG 富液在富液精馏柱中被提浓，然后进入到TEG重沸器中被加热至202℃左右后，经贫液精馏柱、缓冲罐进入TEG贫富液换热器换热到80℃，经能量回收泵（该泵将富液的能量转化，使贫液升压）送至干气－贫液换热器，冷却至35℃左右进入吸收塔顶部，完成TEG的吸收、再生循环过程。

TEG富液再生产生的再生气（主要为水蒸气、CO_2、烃类）进入再生气分液罐分离后经烟囱排入大气。

脱水工艺生产流程如图3–82所示。

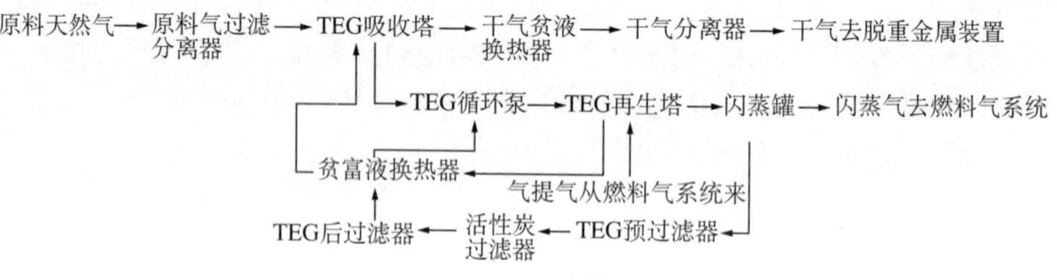

图3–82　脱水工艺流程图

4）微量重金属脱除工艺

从TEG脱水装置出来的天然气自吸附塔顶部进入吸附塔，通过装填吸附剂的床层后从底部引出至干气粉尘过滤器，其中的微量重金属与吸附材料产生化学反应被吸附，天然气经脱微量重金属处理后，微量重金属含量≤28000ng/m³，当经吸附塔后的天然气微量重金属含量高于28000ng/m³时，则吸附剂容量达到饱和，就需更换新的吸附剂。

微量重金属脱除工艺生产流程框图如图3–83所示。

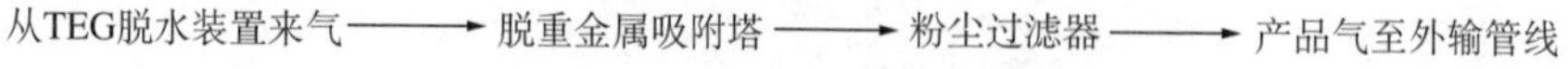

从TEG脱水装置来气 → 脱重金属吸附塔 → 粉尘过滤器 → 产品气至外输管线

图3–83　微量重金属脱除工艺流程

5）CO_2增压工艺

由脱碳装置来的低压CO_2酸性气体，通过CO_2酸气进料总管分两路进入往复式压缩机组进行增压，同时，由CO_2干燥装置来的再生气进入压缩机末级气缸增压。增压后的CO_2气体经机组自带空冷器冷却至50℃，然后由气体冷却器冷却后温度降至40℃。冷却后的CO_2气体去二氧化碳干燥装置。

6）CO_2干燥工艺

自二氧化碳增压装置来的湿二氧化碳气进入原料气聚结器，除去气体中夹带的少量液态水，自上而下进入分子筛脱水塔吸附脱水。干燥后的二氧化碳气进入干气粉尘过滤器滤除分子筛粉尘等杂质后外输。

为保证分子筛脱水效果，再生气取自干气粉尘过滤器后的高压干气，并采用与原料气吸附脱水相反的介质流动方向，自下而上吹扫分子筛床层。再生气通过再生气加热器加热，约245℃进入分子筛塔。分子筛吸附的水被高温再生气加热脱附，与再生气一起进入再生气冷却器。冷却后的再生气经再生气分离器分离出液态水，经调节阀降压至0.9MPa返回到二氧化碳增压装置后进入原料气中循环。

本装置设置再生气旁通管道，在分子筛切换过程中再生气流量稳定，从而保证二氧化碳增压装置压缩机的平稳运行。分子筛脱水塔再生完成后，再生气加热器停止加热，未经加热的干燥二氧化碳作为冷吹气自下而上通过刚完成再生过程的分子筛塔，对其进行冷吹，使分子筛塔温度降至50℃以下。

CO_2 干燥工艺生产流程如图3–84所示。

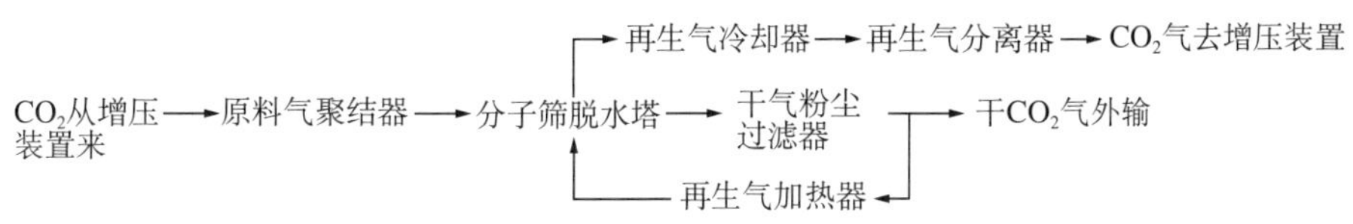

图3–84　CO_2 干燥工艺流程图

7）CO_2 液化工艺

进料 CO_2 气体进入制冷系统的丙烷蒸发器，液体丙烷在丙烷蒸发器中吸收了热量后变为丙烷蒸气，同时使进料 CO_2 气体温度由40℃降至–20℃，变成 CO_2 液体并送出装置。来自丙烷蒸发器的丙烷气体分离出夹带的液体后进入丙烷压缩机，经压缩后丙烷气体压力从0.12MPa升至1.3MPa，温度从–23℃升至63℃。压缩后丙烷气体经丙烷空冷器全部冷凝为液体。丙烷液体进入丙烷储罐，再经节流阀降压后进入过冷器分离为气液两相，气相返回压缩机的补充气入口，液相则节流降压后进入蒸发器，从而完成整个制冷过程循环。

CO_2 液化工艺生产流程如图3–85所示。

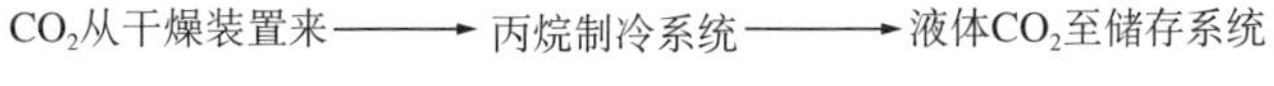

CO_2从干燥装置来 ——→ 丙烷制冷系统 ——→ 液体CO_2至储存系统

图3–85　CO_2 液化工艺流程图

2. 自控方案

1）自控水平

高含碳天然气处理厂装置无人值守，全厂集中监控。自控系统一般采用

DCS、SIS以及F&GS进行监视、控制和管理。系统的数据通过网络通信上传至SCADA信息系统，实现上一级管理系统对处理厂的全面监视、控制和管理。

2）复杂回路及检测

（1）脱碳装置。

①对原料气聚结过滤器、净化气分离器、吸收塔、闪蒸气分离器的液位进行调节，低液位安全联锁。

②对进装置的原料气进行流量计量，并设置超压放空保护措施。

③对富胺液闪蒸塔出口的闪蒸气进行流量计量，并设置压力控制回路。

④对进吸收塔及富胺液及闪蒸塔的贫胺液进行流量调节。

⑤对贫胺液空冷器设置温度调节回路。

⑥对重沸器的导热油设置温度、流量串级调节回路。

⑦对胺液再生塔回流罐出口酸气进行流量计量，并设置压力分程调节回路。

⑧对进再生塔的酸水回流液进行流量调节。

⑨对去脱水装置的湿净化气设置在线CO_2分析仪监测湿净化气质量。

（2）TEG脱水装置。

①设置进装置原料天然气超压联锁保护系统。

②对脱水吸收塔液位设置液位检测报警。

③对闪蒸罐压力、液位进行调节。

④对重沸器温度进行调节。

⑤重沸器温度超高、超低及熄火时进行联锁报警并关闭进入重沸器的燃料气切断阀。

⑥装置区内设置可燃气体检测器。

⑦出装置管线上设置水分分析仪，对干气的水露点进行检测、报警。

（3）脱重金属装置。

①当站场发生火灾等紧急情况时，关断出装置的管线阀门，并放空。

②装置出口净化气设置高级阀式孔板节流装置进行计量。

（4）二氧化碳增压装置。

①设置出装置二氧化碳超压放空联锁保护措施。

②压缩机组自带控制盘是一个完整的、相对独立的系统，该系统检测压缩机组各项参数，能自行完成机组所有的运行操作。

③压缩机组控制系统可接受DCS/SIS的正常停机指令、紧急停机指令。

④压缩机组自带现场控制盘通过 RS485 串口与中央控制室的 DCS 系统连接通信。

⑤对出站二氧化碳进行计量。

⑥设置固定式 CO_2 检测报警仪，当压缩机房内有 CO_2 气体泄漏时进行报警。

（5）二氧化碳干燥装置。

①对原料气聚结器的液位进行调节和液位低低安全联锁。

②对再生气流量进行调节。

③分子筛脱水塔吸附及再生的自动切换。

④再生气加热器设置温度控制。

⑤检测干气粉尘过滤器的进出口差压。

⑥对装置出口干 CO_2 气体进行计量。

⑦装置干 CO_2 气体出口设置微量水分分析仪监测产品气质量。

3）SIS 系统关断级别

SIS 分为四个层次：

第一层次是全厂级，但不放空。当装置的事故将影响上、下游装置的正常生产或关系到全厂的安全时，将通过有关联锁切断阀自动动作，对全厂或某套生产装置进行隔离保护。

第二层次是全厂级，放空。

第三层次是装置级，当装置出现紧急情况将影响设备安全时，如液位超低、压力超高等，联锁系统紧急切断相关自控阀门，对该装置进行保护，当事故解除后，在人工确认后装置恢复正常生产。

第四层次是设备级，当装置内某一部分系统出现异常时，联锁该部分的自控设备，使系统回到正常位置，当事故解除后，系统自动恢复到正常生产状态。

根据国家石油化工行业标准 SH/T 3018—2003《石油化工安全仪表系统设计规范》和中国石油化工集团公司设计技术中心站标准 SHB-Z06-1999《石油化工紧急停车及安全联锁系统设计导则》，鉴于天然气处理厂所处理的原料气含二氧化碳，天然气属于易燃易爆的气体且二氧化碳可使人窒息，同时该工艺装置复杂，为适应当前安全和环保的要求，根据以往工程 SIL 安全级别认证结论，安全等级确定为 SIL2，即 SIL2 用于事故可能偶尔发生，一旦发生，会造成界区外环境污染，人员伤亡及经济损失较大的情况。具体工程采用的安全等级，需根据认证结果决定。采用独立的具有 SIL2 以上安全级别认证的控制系统作为紧急停车系统（ESD），对处理厂各个工艺装置和设施实施安全监控，同时向 DCS 系统提供联锁状态信号，DCS 系统将部分重要参数传至 SCADA 系统。

3. 平面布置

总平面布置综合各种因素，进行有机组合、紧凑布置。主要布置要点如下：

（1）符合工艺流程要求。

主体工艺装置区的布置应方便原料天然气、产品天然气进出厂区，放空气经分液后进入火炬区，工艺流程应保证顺畅。

其他辅助生产区装置区的布置应方便物流管道上下管架运输，管道短捷。

（2）功能分区明确。

根据工厂的组成单元情况，工厂生产区辅助生产区布置、生产区、厂前区布置应功能分区明确。

（3）利用地形、地质条件、因地制宜布置。

根据工厂地形情况，宜将主体工艺装置区布置于厂区南侧山丘上，位于挖方区，减少工艺设备基础工程量，节约投资。

辅助设施相对荷载较小，宜布置于填方区。

污水处理场应布置于全厂地势最低处，便于全厂污水自流收集，降低能耗、节约能源。

（4）注重风向，减少环境污染。

工厂总平面布置应忌污染，人员较集中的辅助生产设置、厂前区应位于厂区全年最小风频风向的下风向，尽可能避免污染。

（5）适应工厂内外运输。

（六）设计参数

（1）贫液宜采用空冷方式冷却，进入吸收塔温度不宜低于 50℃。

（2）应设置富液闪蒸罐，闪蒸罐的操作压力宜大于 1.0MPa。

（3）再生塔底重沸器中的溶液温度不宜超过 127℃。

（4）吸收塔、再生塔采用浮阀塔型时，塔板数应根据净化天然气质量标准和对 CO_2 吸收率的要求经计算确定，吸收塔和再生塔的板间距宜取 0.6m。

（5）吸收塔、再生塔采用填料塔型时，宜采用散堆填料，设计空塔气速不宜大于泛点流速的 60%。

（七）标准化模块选择

高含 CO_2 气田天然气处理厂主体装置模块划分情况见表 3-40。

表 3-40　高含 CO_2 气田天然气处理厂主体装置模块划分

<table>
<tr><th>装置名称</th><th>模块划分</th><th>装置名称</th><th>模块划分</th></tr>
<tr><td rowspan="9">脱碳装置</td><td>过滤分离模块</td><td rowspan="9">三甘醇脱水装置</td><td>脱水吸收模块</td></tr>
<tr><td>吸收模块</td><td>净化气分离模块</td></tr>
<tr><td>湿净化气分离模块</td><td>溶液分离模块</td></tr>
<tr><td>溶液闪蒸模块</td><td>溶液换热模块</td></tr>
<tr><td>溶液过滤模块</td><td>溶液过滤模块</td></tr>
<tr><td>溶液换热模块</td><td>溶液循环泵模块</td></tr>
<tr><td>溶液循环泵模块</td><td rowspan="3">溶液再生模块</td></tr>
<tr><td>溶液再生模块</td></tr>
<tr><td>酸气冷却模块</td></tr>
<tr><td rowspan="5">分子筛脱水装置</td><td>过滤分离模块</td><td rowspan="5">CO₂ 液化装置</td><td>丙烷换热器橇块</td></tr>
<tr><td>吸附模块</td><td>丙烷压缩机橇块</td></tr>
<tr><td>再生气加热模块</td><td>空冷器橇块</td></tr>
<tr><td>再生气冷却模块</td><td rowspan="2">系统储罐橇</td></tr>
<tr><td>再生气分离模块</td></tr>
</table>

（八）设备及材质选择

1. 设备选型

（1）塔型选择：吸收塔和再生塔可供选择的类型主要有板式塔和填料塔。

（2）重沸器为卧式热虹吸式，管束材质为 316L 不锈钢。

（3）贫胺液冷却采用空冷器。

（4）溶液过滤器选用滤芯式过滤器和固定床层活性炭过滤器。

（5）溶液泵选用卧式离心泵。

（6）为抗 CO_2 酸性腐蚀，原料天然气、富胺液、贫胺液管线上的阀门和安全阀采用不锈钢 316L 阀门。酸气和酸水管线上的阀门和安全阀采用不锈钢 304L 阀门。

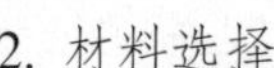

2. 材料选择

（1）MDEA 脱碳装置中处在湿高含 CO_2 介质中的大型重要设备，如脱碳吸收塔、胺液再生塔和胺液闪蒸塔等，按 GB 150.1 ~ GB 150.4—2011《压力容器》，采用 Q345R+S31603 复合钢板，00Cr17Ni14Mo2 无缝钢管，16Mn 锻钢堆焊 022Cr17Ni12Mo2 或 S31603 纯材不锈钢锻件；复合板的覆层（或堆焊层）厚 3mm。

（2）二氧化碳干燥装置处在高含 CO_2 的设备，如分子筛吸收塔，有衬里不直接接触 CO_2，其受压元件选材按 GB 150.1 ~ GB 150.4—2011《压力容器》，采用 Q345R，16Mn 无缝钢管，16Mn 锻件。

（3）TEG 脱水装置和天然气净化装置以及配套的公用工程等低含 CO_2 介质环境的设备，其受压元件选材按 GB 150.1 ~ GB 150.4—2011《压力容器》，采用 Q345R 或 Q245R，16Mn 或 20# 无缝钢管，16Mn 或 20 锻件。

（九）主要经济技术指标

高含二氧化碳气田主要经济技术指标见表 3-41。

表 3-41 高含二氧化碳气田主要技术经济指标

序号	项　　目	单位	高含 CO_2 天然气处理厂
1	原料气规模及条件	—	—
1.1	建设规模（气系统）	$10^4m^3/d$	210
1.2	原料气 H_2S 含量	%（摩尔分数）	0
1.3	原料气 CO_2 含量	%（摩尔分数）	23.28 ~ 24.32
2	产品产量及质量	—	—
2.1	商品天然气的产量	$10^4m^3/d$	165
2.2	产品气硫化氢或 CO_2 含量	%（摩尔分数）	CO_2：2.8
2.3	产品气水露点	℃	≤ -10
2.4	产品气烃露点	℃	无液烃析出
2.5	CO_2 产量	t/d	620
2.6	CO_2 收率	%	88.20%
3	占地面积	m^2	51000
4	建筑面积	m^2	2588

续表

序号	项　目	单位	高含 CO_2 天然气处理厂
5	土地利用系数	%	65%
6	消耗指标	—	—
6.1	电力	10^4kW · h/a	9568.1
6.2	燃料气	$10^4m^3/a$	3022.4
6.3	新鲜水	10^4t/a	31.5
6.4	化学药剂、溶剂、吸附剂、催化剂（名称及型号）	t/a	MDEA 配方溶液：20t/a；TEG：15t/a；
			分子筛：36.3t/3a
7	单位综合能耗（气系统）	MJ/10^4m^3	21004.9

四、凝析气田

凝析气田是指天然气在地下深处的高温高压条件下，烃类气体采到地面后，由于温度和压力降低，反而会凝结出液态石油，这种液态的轻质油就是凝析油。虽然凝析气田也产油（凝析油），但凝析油在地下以气相存在。我国凝析气田主要分布在渤海湾、塔里木盆地、吐哈盆地等地，四川盆地也有少量分布。凝析气田主要以塔里木牙哈、英买力、塔中、迪那、柯克亚油田，土库曼斯坦南约洛坦气田及哈萨克阿克纠宾油气田为代表，以塔中、南约洛坦气田为典型。

（一）凝析气田典型集输工艺

1. 塔中气田典型集输工艺

塔中Ⅰ号凝析气田属于碳酸盐岩气田，具有差异性强、压力及产量衰减较快、单井生命周期短的特点。该气田的集输工艺为：多井集气，采气管线气液混输，集气管线高、中压气液分输，气井串接、轮换计量及移动计量。

1）单井站气液混输

由于井场至集气站间的采气管线距离较短，采用气液混输工艺的井场流程简易，操作简便且井场无人值守，适于该气田环境条件（沙漠腹地）。

天然气在井场经加热、节流后通过采气支线进入集气站。

单井采用气液混输工艺，最大限度地简化井场装置，主要设施全部集中到集气站，简化了单井流程。

2）集气站高、中压气液分输

由于气田单井压力衰减不一致，本着节约压力能的原则，设置高、中压集输系统。在气田开发前、后期分别采用“高、中压－中、低压”气液分输的集气工艺，能更好的适应碳酸盐岩气田开发参数（井数、井位、压力、产量、气液比）不完全确定及塔中沙漠地形起伏较大的特点。

集气站设置高、中压集气系统和集油系统。高、中压集气系统分别设置生产分离器和轮换计量分离器，根据各单井来气压力的不同分别进入高、中压轮换计量分离器进行计量。分离后的气相经加热后分别进入高、中压集气干线输送至处理厂，分离后的液相进入集油干线输送至处理厂。

3）气井串接

根据井位分布和气藏资料，通过采气管道把相同储层且相邻的气井串接到采气干管，集中进入集气站。这种串接方式优化了管网布置，缩短了管道长度，降低了管网投资，提高了采气管网对气田滚动开发的适应性。

4）轮换计量及移动计量

在集气站设置高、中压轮换计量分离器对不同压力的单井进行间歇计量，另设置车载移动计量橇用于串接的单井进行计量，可以满足开发和生产要求。

2. 南约洛坦气田典型集输工艺

南约洛坦气田集输工艺可概括为多井高压集气、一级节流、多井高压集中注缓蚀剂、采气管道气液混输；预处理厂轮换计量、二级三相分离、空冷；集气干线油气水三相分输至天然气处理厂。

1）井口节流工艺

两个气区均采用多井集气工艺方案，各井天然气在井口经采气树节流阀一级节流后通过采气管道由气液混输的方式输送至预处理厂，井口设有地面安全系统。

2）多井集气工艺

气田区域内依托条件差、气井较分散，采用多井集气工艺方案，在两个气区分别设置预处理厂，各井天然气分别进入预处理厂，在预处理厂内进行轮换分离计量。采用多井集气方案可对气田设施集中布置，方便维护管理，提高系统安全可靠性。

3）输送工艺

结合气田高温、高酸性的原料气特点，为了提高酸性条件下管道输送的安全性、可靠性，对于口径相对较小、距离较短的采气管道采用气液混输工艺；对大口径、长距离的集气管道采用气液分输工艺。

气液分输工艺可采用油、气、水三相分离器，将气相、液相和油相分三条管道输送至天然气处理厂，以达到减少酸性气体对管材的腐蚀，提高输送效率的目的。

4）计量工艺

采用多井集气工艺方案，在每座预处理厂内设置1台轮换计量分离器，对单井实施轮换分离计量。轮换计量分离器采用三相分离器，可对单井流体的气、油、水量分别进行计量。其计量周期一般为15d，每口气井连续计量24h，也可根据运行部门要求，对单井计量时间和周期灵活调整，了解各单井产量波动情况。

在预处理厂内均设有生产分离器（三相分离器），对进入厂内的所有原料气进行三相分离，并分别对出厂前的气、油、水进行总计量，可作为气区的气油水产量数据。

5）气体冷却工艺

由于原料气温度高，为避开 CO_2 高腐蚀区，并满足下游天然气处理厂进厂温度要求，需在预处理厂降低气体温度。又因为气田位于沙漠戈壁地区，水资源匮乏，故在预处理厂设置空冷器对原料气进行空冷后输送，并在空气冷却器后设置二级分离器再次进行油气水三相分离。以保障分离效果，避免原料气湿气输送过程中有大量液体析出，加剧管道腐蚀并造成输送困难。

6）防止内腐蚀工艺

采用碳钢＋缓蚀剂方案。气田天然气中 H_2S 含量3.0% ~ 4.5%，CO_2 含量5.6% ~ 6.2%，水中氯离子含量70858 ~ 126592mg/L，井口温度高达100℃，地面集输系统设施存在 H_2S 环境下的应力开裂和高温环境下 H_2S、CO_2、Cl^- 腐蚀的风险，因此需加注有效缓蚀剂以保护地面设施、管道。

7）多井高压集中注缓蚀剂工艺

多井高压集中注缓蚀剂工艺就是在预处理厂设置缓蚀剂注入系统：包括泵房、缓蚀剂储罐、缓蚀剂注入橇。通过与采气管线同沟敷设的缓蚀剂管线引接到所需每个气井井口的雾化装置。采用集中注缓蚀剂，在井口再没有注缓蚀剂设备需要管理和维护，便于集中控制和管理。其优点是最大限度简化了井口装置，实现无人值守。

8）腐蚀监测

作为一个腐蚀环境比较复杂的气田，为了确定气田的腐蚀类型、评价腐蚀控制措施的效果、缓蚀剂效果监测以及缓蚀剂加注工艺优化，有必要采用综合、有效的腐蚀监测程序。

在每口单井采气管道末端设置腐蚀监测点，采用腐蚀探针和失重挂片法，监测单井来气的腐蚀性及缓蚀剂的保护效果。

在集气干线的始端和末端（代表了每个井场混合后气体的腐蚀情况），设置腐蚀探针和失重挂片监测。

3. 土库曼阿姆河 B 区气田典型集输工艺

土库曼阿姆河 B 区已投产的 4 个气田包括皮尔古伊气田、恰什古伊气田、扬古伊气田和别列克特里气田，这 4 个气田的气质参数类似，均属于高温、高压、低含硫介质，故集输工艺也相似，具有一定的代表性。

四个气田分布区域较广，单井呈放射状分布、且依托条件差，气田设施宜集中布置，以降低投资、方便维护管理，提高系统安全可靠性。单井设施应尽量减少，方便管理，在单井上仅设井场装置，无人值守。气田采用辐射状敷设的管网布局方式，采用井口节流、气液混输、多井集气工艺，将各气田来气输送至第二天然气处理厂。

1）井口节流工艺

工程共 32 口单井，采用二级节流，节流后的压力以保证节流后温度高于水合物形成温度 3 ~ 5℃为原则。节流后的各单井来气通过采气管线气液混输至集气站。

每座单井站单独设置安全泄放系统及放喷池，超压时安全阀起跳，放空原料气通过放空管线进入放喷池自动点火放空。

2）多井集气工艺

气田区域内依托条件差、气井较分散，采用多井集气工艺方案，在四个气田分别设置 1 座集气站，各气田单井天然气分别进入各集气站，需加热、节流的单井天然气经加热、节流后，与其余不须节流的单井来气汇合。需计量的单井经流程切换后进入单井轮换计量分离器计量，与其余单井来气一并进入汇管后进入生产计量分离器；经分离、计量后的气液两相再次混合进入清管发送装置，通过集气干线混输至第二天然气处理厂。

各集气站分别设置单井轮换计量分离器橇、缓蚀剂泵房、单井进站管线、加热炉橇、清管发送装置、仪表风橇、燃料气橇等。集气干线出站管线均设置 ESD 阀，在采气管线或集气干线发生爆管或超压等紧急事故时，关断相应的 ESD 阀；在站内设置 ESD 泄放阀，在站内发生火灾等紧急事故时，站内高压气体放空及时排放至放空分液罐，经放空管线到达放空区火炬进行放空。

3）输送工艺

各气田均采用气液混输工艺，在各集气站不把天然气与所含液体分离开，对所需计量的气井来井流物经过分离、计量后将再混合，一同进入集气管道进行混输。其他非测试井的来气进站汇合进入生产分离计量器计量后直接进入集气管道，由集气管道气液混输至第二天然气处理厂集气装置进行集中分离处理，然后进行脱水、脱烃、脱硫处理。

4）计量工艺

集气站所辖单井在集气站采取单井轮换计量。每次只对 1 口井进行计量。连续测量时间不少于 24h，目的是通过测量记录气井 24h 之内的产量，了解气量变化情况，并计算 24h 内的瞬时产量和平均产量。同时，在集气站内设一台生产分离器，对不参与计量的其他单井来气进行分离处理。

5）防治内腐蚀工艺

气田采集气管线中 CO_2 分压均大于 0.21MPa，CO_2 腐蚀严重。H_2S 分压大于 0.0003MPa，属于酸性环境。气田水高含 Cl^-，水中氯离子含量 $30.4\times10^3\sim70.2\times10^3$mg/L，$Cl^-$ 的存在使溶液的导电率增强，加剧腐蚀并且还会破坏金属表面已经形成的腐蚀产物膜，促进膜下坑蚀的继续进行，形成腐蚀穿孔。故选用抗硫钢管，并采用“碳钢＋缓蚀剂”的方案，通过缓蚀剂注入系统向采气管道 / 集气干线内连续注入防止 H_2S-CO_2-Cl^- 腐蚀的缓蚀剂，以保护地面管道和设备。加注有效的缓蚀剂后应控制现场管道的腐蚀速率 $\leqslant$ 0.076mm/a，且无点蚀发生。

6）腐蚀监测

为了确定气田的腐蚀类型、评价腐蚀控制措施的效果、缓蚀剂效果监测以及缓蚀剂加注工艺优化，在重要位置，如采气管道末端、集气干线末端等具有代表性的特殊位置设置腐蚀监测设备，检测缓蚀剂缓蚀效果和管道内腐蚀情况。

7）气田增压

随着气田开发年限的增加，各单井压力逐渐衰减，因此气田开发后期必须进行增压才能满足进厂压力要求。气田从投产后第 5 年开始需要增压，其各单井压力衰减时间差异十分明显，由于压力衰减不一，上增压站时间前后不一，若采用处理厂前集中增压，则各气井进集气干线前须保持压力一致，即集气干线需降压输送，不能充分利用各气田的压能，同时集气干线管径需满足低压、大流量的工况，管径大大增加。因此从技术可行和经济合理综合考虑推荐采用各气田分片集中增压方案。

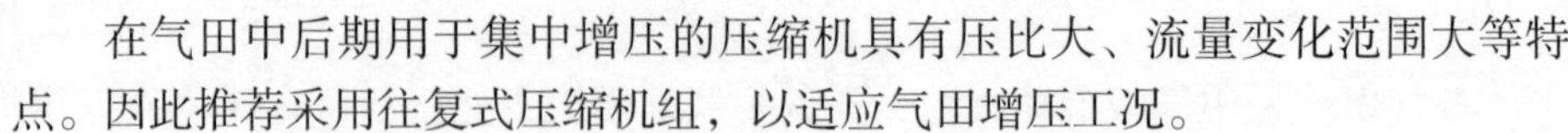

在气田中后期用于集中增压的压缩机具有压比大、流量变化范围大等特点。因此推荐采用往复式压缩机组，以适应气田增压工况。

（二）工艺优选

鉴于凝析气田原料气通常含硫、硫醇，重烃含量较高、凝析油产量较高，产品气质量应符合国家标准《天然气》或所在国家标准的相关技术指标要求；满足有关环保标准要求；投资省、社会经济效益好；尽量减少对下游供气的影响。根据此类气田类型的特点，国内外大型工程公司均结合开发实际，按照工艺合理，技术成熟可靠、方便管理等原则优选工艺流程，制定总工艺流程的依据是原料天然气的含硫量及硫磺的产量以及含烃量。

为达到国家标准《天然气》二类气技术指标控制，需对原料天然气进行脱硫、脱碳及脱水脱烃处理，脱硫脱碳工艺通常采用技术成熟的 MDEA 法脱除几乎所有的 H_2S 和部分 CO_2；脱水工艺通常采用分子筛脱水或低温法脱水工艺；脱烃工艺通常有丙烷制冷、膨胀机制冷和 J-T 阀制冷等低温分离工艺，具体选择何种工艺需根据实际工程特点进行决定。为了满足国家环保标准的要求，需对脱硫或脱碳工艺产生的酸气进行处理。对于脱硫工艺产生的 H_2S 气体，通常需设置硫磺回收装置。常用工艺有：三级常规克劳斯工艺，硫磺回收率约 95%；三级低温克劳斯工艺，硫磺回收率约 99%；具有中石油自主知识产权的 CPS 工艺，硫磺回收率约 99.2%。根据环境保护部《陆上石油天然气开采工业污染物排放标准》（征求意见稿），当硫磺产量≥ 200t/d 时，SO_2 排放限值更低，为满足排放要求，通常可增加尾气处理工艺，保证硫磺回收率在 99.8% 以上。对于凝析油的处理，通常采用降压闪蒸 + 蒸汽汽提相结合的工艺方法进行凝析油稳定。

1. 脱硫脱碳工艺方法

按《天然气》规定，产品气中 H_2S 含量≤ 20mg/m^3、CO_2 含量≤ 3%。因此必须脱除天然气中的几乎全部 H_2S，一般 CO_2 只需部分脱除即可。因此，在选择工艺方法时应充分考虑脱硫溶剂须具有较好的选择性（即对 H_2S 具有极好的吸收性，对 CO_2 仅部分吸收）。甲基二乙醇胺（MDEA）具有选择性好、解吸温度低、能耗低、腐蚀性弱、溶剂蒸汽压低、气相损失小、溶剂稳定性好等优点，是目前天然气工业中普遍采用的脱硫方法。脱硫溶液 MDEA 浓度为 45%。若原料气含有机硫，一般推荐采用 Sulfinol-M 法，该法也具有一定的选择性，并能脱除约 75% 的有机硫。

2. 脱水工艺方法

三甘醇脱水法多应用于油气田无自由压降可利用，下游无采用深冷法回收轻烃的场合。脱水后的干天然气水露点可低于 -10℃，能够满足管输对天然气的水露点要求，工艺成熟可靠。

分子筛脱水技术成熟可靠，脱水后干气含水量可低至 1mg/L，露点低至 -100℃。该法一般应用于水露点要求较高以及需要深度脱水的场合，如下游有采用深冷法回收乙烷或液化石油气的轻烃回收装置，则必须采用分子筛法脱水，以避免形成水合物堵塞管道、阀门以及膨胀机入口。对于分子筛脱水装置吸附塔数量可根据工程需要优化确定。对于再生流程通常有干气再生和湿气再生两种方案，采用湿气再生不用设置再生气压缩机，但通常需要损耗 0.1 ~ 0.2MPa 的管路压降，分子筛不能再生彻底，需要增加分子筛装填量及再生气量，对于含 H_2S 的湿净化天然气分子筛脱水处理，会造成整个系统 H_2S 富集，因此通常情况下推荐使用干气再生。

J–T 阀节流制冷法主要用于有压力能可供利用的高压气田，膨胀机制冷主要用于深冷回收天然气凝液，丙烷外制冷法主要用于气田无充分的压力能可供利用的气田。低温法脱水要解决水合物形成的问题，通常在气流中注入水合物抑制剂。常用的水合物抑制剂有甲醇（MeOH）、乙二醇（EG）或二甘醇。

高压含硫凝析气田的典型工程，脱硫装置脱除天然气中的硫化氢和部分硫醇。湿净化气再进入分子筛脱水脱硫醇装置脱除天然气中的水和剩余硫醇，使天然气的水露点≤ -40℃（出厂压力下），硫醇硫含量≤ 16mg/m³ 。

3. 脱烃及轻烃回收工艺

J–T 阀节流制冷法、膨胀机制冷法、丙烷外制冷法均可控制天然气的烃露点。具体采用何种脱烃工艺方案需与脱水工艺的选择统筹考虑。

对于中低压含硫凝析气田典型工程，无压力能可以利用，可采用注醇和丙烷制冷工艺一次性完成脱水脱烃。

对于高压含硫凝析气田典型工程，原料气压力较高，有一定压差可利用，脱烃装置制冷深度为 -15℃，可采用丙烷制冷工艺与膨胀机制冷工艺。两者的总投资基本相当，但膨胀机制冷运行费用低，工作性能稳定，不需要外制冷剂，属地工程师有膨胀机运行维护的丰富经验，有利于技术管理。同时，可与片区其他项目一致，具有维护维修技术相互支持、相互依托的优势，为了满足业主不同意采用丙烷制冷 + 注乙二醇工艺的特殊要求，采用了分子筛脱水 + 膨胀机制冷浅冷工艺。

对于无过多的压力能可利用的含硫凝析气田典型工程，为提高全厂整体经济效益，最大限度地回收 C_3 及 C_3^+ 以上组分，可采用膨胀机 + 丙烷制冷工艺进行深度脱烃，采用丙烷外部制冷将天然气制冷到 -35℃，采用膨胀机膨胀进一步制冷到 -64℃；为满足轻烃回收装置制冷深度的要求，脱水装置采用分子筛脱水、脱硫醇工艺，使天然气的水露点≤ -80℃。采用三塔分馏工艺生产产品液化气、产品丙烷和产品丁烷。充分利用所能达到的低温温位，将原料气的温度降至 -64℃，不仅满足产品气外输时对烃露点的要求，而且可尽可能多地回收轻烃。

鉴于低温分离器出来的产品气通常携带较大比例的丙、丁烷，可利用油吸收法提高丙、丁烷的回收率。油吸收法系选用一定相对分子质量烃类（即吸收油）选择性地吸收天然气中乙烷以上的组分，使这些组分与甲烷分离。吸收油一般采用 C_3、C_4 和芳烃等油品作吸收剂。一般原料气中丙、丁烷组分越高（大于 4%），用油吸收法较好。

在天然气 NGL 回收工艺中，除采用单组份烃类作为冷剂制冷外，还广泛采用混合烃类作为冷剂，由独立设置的冷剂制冷系统向原料气提供冷量。常用的烃类冷剂有甲烷、乙烷、丙烷、丁烷、乙烯及丙烯等。对于原料气中 C_3 及以上组分较高（体积含量 >4%）的天然气，脱烃装置宜采用深度脱烃工艺，尽量多地回收液化气和稳定轻烃产品，提高气田开发的整体经济效益。中国石油工程技术有限责任公司西南分公司开发的专有专利技术“混合冷剂制冷 + 二次脱烃”工艺，结合了外制冷脱烃工艺、LNG 装置中的 MRC 工艺及常规膨胀机制冷 +DHX 工艺的特点，其投资较低、能耗较低且对原料气压力、组成、流量变化具有较强的适应性，能使天然气中的 C_3 收率达 95% 以上。在安岳区块天然气轻烃回收装置及青海油田 $60\times10^4m^3/d$ 低压伴生气的轻烃回收装置中得到了成功应用，创造了很好的经济效益。

产品特性如表 3-42 所示。

表 3-42　产品特征

分类	参数	数值
液化气	液化气中甲烷、乙烷、乙烯总量，%	≤ 4
	残液（其中 C_5^+）20℃，%	≤ 0.8
	15℃饱和蒸汽压，MPa	≤ 1.6
	硫化氢和硫醇类硫总含量，%	≤ 0.013

续表

分类	参数	数值
液化气	硫化氢含量，%	≤ 0.003
	游离水含量	无
	碱含量	无
丙烷	丁烷及以上组分总量，%	≤ 2.5
	残液，%	≤ 0.05
	37.8℃饱和蒸汽压，MPa	≤ 1.434
	硫化氢和硫醇类硫总含量，%	≤ 0.0185
丁烷	戊烷及以上组分总量，%	≤ 2.0
	37.8℃饱和蒸汽压，MPa	≤ 0.483
	硫化氢和硫醇类硫总含量，%	≤ 0.014
	游离水含量	无
轻油	37.8℃饱和蒸汽压，kPa	70 ~ 200

4. 硫磺回收及尾气处理工艺方法

（1）参考本章本节“含硫化氢气田”中“硫磺回收及尾气处理工艺方法”的内容。

（2）按照某些气田所在国的环保标准：采用直流法低温克劳斯工艺进行硫磺回收，硫磺回收率约 98.8% 即可达标。

5. 凝析油处理工艺方法

首先，应根据集输管网清管时的含液量确定是否需要设置段塞流捕集器。对于凝析油的处理，通常采用气提脱硫和汽提塔稳定的工艺进行处理，但是对于闪蒸气的去处有以下方案：（1）若量较小，则可进入燃料气系统。（2）若量较大，流程中具有脱盐工艺，则凝析油稳定塔的压力可提高，则可进入脱硫闪蒸塔。（3）若量较大，流程中不具有脱盐工艺，则凝析油处理塔的压力较低，则可进入增压脱硫吸收塔。凝析油脱盐工艺有两种：（1）电脱盐。（2）水洗。若供水条件较好，可采用水洗方式；若缺水且外排水限制严格，则采用电脱盐方式。对于含硫凝析油进行汽提脱硫化氢处理，目前没有标准规范要求，但为了保证设备管线的安全平稳运行，应控制凝析油中的 H_2S 含量以不造成外输管线腐蚀为原则。以天然气处理厂（MDEA/ 丙烷 / 乙二醇 / CPS）–500–8.36 为例，通过汽提之后的凝析油，H_2S 含量≤ 50ppm，不会对外输管线造成腐蚀影响。含硫凝析油处理后的指标应达到要求，当需要稳定时，凝析油脱硫和凝析油稳定应统筹考虑、合理设置。另外，根据最新标准规范要求，经凝析油稳定塔稳定后的凝析油可不作冷却处理，取消凝析油空冷器设置。

1）气提脱硫工艺外输凝析油指标

（1）温度：50℃。

（2）凝析油中 H_2S 含量：≤ 50ppm。

（3）汽提后气田水 H_2S 含量：≤ 5ppm。

2）汽提稳定工艺外输凝析油指标

（1）温度：40℃。

（2）Reid 蒸气压：≤ 66.7kPa（37.8℃时）。

（三）规划系列划分

根据目前天然气处理厂常用规模，兼顾未来的开发需要，合理划分规模。凝析气田天然气处理厂单套装置规模主要划分为 $300\times10^4m^3/d$、$500\times10^4m^3/d$、$600\times10^4m^3/d$、$750\times10^4m^3/d$。

（四）工艺技术特点

1. 醇胺法脱硫脱碳工艺

（1）设置有原料气重力分离器和原料气过滤分离器，能有效地除去原料气中挟带的液烃、游离水，对 1μm 以上的固体微粒和液滴脱除率为 99%，以保证装置平稳操作。为了清洁溶液，还分别设置了机械过滤器和活性炭过滤器，以除去溶液中的固体杂质、降解产物。同时，溶液配制罐和贫液缓冲罐均采用氮气保护，以防止溶液接触空气氧化变质，从而降低了溶液起泡几率及气相携带损失，使装置长期平稳生产。此外还设置了阻泡剂加入设施。

（2）贫 / 富液换热器采用板式换热器，可提高传热效率、提高热量回收率、降低工厂能耗，同时可减少设备的占地面积。

（3）富液闪蒸罐和酸水回流罐设置撇油设施。

（4）设置 2 个溶液储罐，可储存装置停工时第一次清洗设备所产生的稀溶液，该稀溶液可供配制溶液和正常操作时的补充水使用，这样既可减少污染物排放量，大大改善污水处理装置的操作条件，也可回收部分溶剂，降低溶剂的消耗。

2. 砜胺法脱硫脱碳工艺

选用 FLEXSORB SE 混合溶液，不仅能脱除天然气中的 H_2S，而且能脱除绝大部分硫醇硫，使产品天然气中硫醇硫≤ $16mg/m^3$。此法溶液酸气负荷较高，选择吸收 H_2S 能力强，溶液循环量小，水、电、汽消耗减小。另外 FLEXSORB SE 溶液解吸热低，再生塔回流比小，因此，溶液再生蒸汽耗量降低。此法节能效果显著。

3. 分子筛脱水工艺

能保证干净化气的水露点达到 -40℃，满足下游轻烃回收装置的工艺要求，又能达到外输天然气水露点 -20℃（6.3MPa 压力下）的指标。该方法工艺流程简单、设备数量少、工程量小、投资低。保证了再生气流量的稳定，保障了再生气加热炉连续操作。同一股气流，先用作冷吹气、后作为再生气，既减少了再生气用量，又回收了热能、降低了能耗。再生气作为工厂燃料气，节约了能量。

4. 注醇 + 丙烷制冷脱水脱烃工艺

（1）湿净化气预冷到 20℃初步分离出游离水后注入乙二醇溶液，减少了乙二醇溶液的注入量。

（2）低温产品气与进料湿净化气采用高效换热器进行换热，充分回收装置冷量，减少了丙烷压缩制冷系统的制冷负荷。

（3）针对现场实际条件，丙烷制冷系统的丙烷冷凝器采用干式空冷器，省去了循环水系统的设置。

（4）采用乙二醇作为水合物抑制剂，损耗小、容易再生。

5. 膨胀机制冷脱烃工艺

（1）采用膨胀机 – 增压机组，膨胀机膨胀制冷系统用于有一定压力的天然气作绝热膨胀，使其降温后重组分冷凝，从而回收凝液，获得合格烃露点的产品气。另一方面，膨胀机带动增压机作功，回收压力能对产品气增压，从而降低原料气的入厂压力。

（2）低温产品气与脱硫脱碳装置来的湿净化天然气进行换热，不仅充分回收利用了装置冷量，并降低了湿净化气温度，湿净化气经分离后可除去气体中所含的部分饱和水，从而减小了脱水单元的脱水负荷，降低了脱水装置的投资和操作费用。

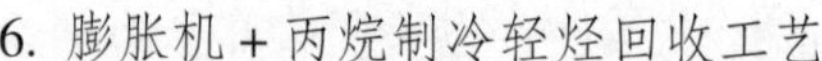

6. 膨胀机＋丙烷制冷轻烃回收工艺

采用膨胀机＋丙烷制冷的工艺方法回收天然气中大量的 C_3 及 C_3 以上组分，以满足天然气长输管道对天然气的烃露点要求，并尽可能回收轻烃。采用三塔分馏工艺方案生产产品液化气、产品丙烷和产品丁烷。充分利用制冷系统所能达到的低温温位，不仅满足了产品气外输时对烃露点的要求，而且尽可能多地回收了轻烃。低温产品气、脱乙烷塔顶气与脱硫装置来的湿净化天然气进行换热，一方面提高了产品气的温度，另一方面使湿净化气温度得到进一步的降低，冷却后的气体进入三相分离器，分离后可除去气体中所含的大量饱和水，大大减少了脱水单元的脱水负荷，节约了脱水装置的建设投资和减少操作费用。

7. 含硫凝析油处理工艺

（1）凝析油气提塔塔底设置重沸器，同时兼顾凝析油的稳定以及气提出凝析油中 H_2S。

（2）凝析油稳定塔采用较低的工作压力，既有利于脱除凝析油中的 H_2S，确保产品质量，也降低了稳定塔塔底重沸器所需热源的温度。

（3）考虑到凝析油处理量大及操作弹性较大，凝析油气提塔及气田水气提塔均采用板式塔形式，塔采用单股进料的形式，简化了流程并减少了设备投资。

（4）设置三级往复式压缩机对闪蒸气进行增压，使其返回脱硫装置进行再处理。

8. CPS 硫磺回收工艺

（1）由于进硫磺回收装置的酸气浓度较低，可采用分流法低温克劳斯工艺。先对催化剂再生后的反应器进行预冷，待再生态的反应器过渡到低温吸附态时，下一个反应器才切换至再生态，全过程中始终有两个反应器处于低温吸附状态，有效避免了同类工艺不经预冷就切换从而导致切换期间硫磺回收率降低和 SO_2 峰值排放的问题，确保了装置较高的硫磺回收率。

（2）本装置先将克劳斯反应器出口的过程气经克劳斯硫磺冷凝器冷却至127℃，分离出其中绝大部分硫蒸汽后，再利用尾气焚烧炉的烟气加热至再生需要的温度后进入再生反应器。进入再生反应器中的硫蒸汽含量低，不仅有利于 Claus 反应向生成元素硫的方向进行，最大限度地提高硫回收率，而且解决了过程气 H_2S/SO_2 比值在线分析仪的堵塞问题。可确保在线分析仪长期可靠运行。

（五）主要工艺流程和平面布置

1. 工艺流程

1）总工艺流程

含硫天然气进入脱硫装置，脱除 H_2S、硫醇和大部分 CO_2 后，进入脱水、脱烃装置脱除天然气中的水和重烃，进行产品气外输。脱硫装置产生的酸气进入硫磺回收装置，回收酸气中的硫磺，液体硫磺输送至硫磺成型及装车设施，经成型包装后外运。自集气装置、脱硫、脱水装置来的凝液进入凝析油稳定装置，采用闪蒸分离和汽提塔稳定的工艺进行处理，得到合格的凝析油产品后进行外输。为提高经济效益，可将脱烃后得到的天然气凝液经脱乙烷、脱丁烷处理获得液化气和轻油产品。根据集输管网清管时的含液量确定是否设置段塞流捕集器。

2）脱硫脱碳工艺流程

自厂外来的原料气进入脱硫装置，经过滤分离除去天然气中夹带的机械杂质和游离水后，自下部进入脱硫吸收塔与自上而下的 MDEA 贫液逆流接触，天然气中几乎全部 H_2S 和部分 CO_2 被脱除，湿净化气送至下游的脱水装置进行脱水处理。吸收塔底出来的富胺液经闪蒸并与热贫胺液换热后进入再生塔上部，富液自上而下流动，经自下而上的蒸汽汽提，解吸出 H_2S 和 CO_2 气体。再生塔底出来的贫胺液经换热、冷却后，由过滤泵升压，升压后分一小股贫胺液进入闪蒸塔以脱除闪蒸气中的 H_2S，其余贫液进入溶液过滤系统，过滤后的贫胺液由溶液循环泵送至脱硫吸收塔完成胺液的循环。再生塔顶的酸气送至下游硫磺回收装置。如若原料气温度较高，应考虑预冷及分水工艺，如高压凝析油气田天然气处理厂典型工程中，温度为 48.2℃的湿净化气先经脱烃装置换冷，冷却至 30℃并分离出液体，然后分别进入脱水装置。

脱硫脱碳工艺生产流程如图 3–86 所示。

3）分子筛脱水工艺流程

以四塔流程为例，从脱硫脱碳装置来的原料气，经原料气聚结器除去夹带的水滴后进入分子筛脱水塔 A/B。原料气分为两股，自上而下地分别通过两个分子筛脱水塔，进行脱水吸附。脱除水后的净化气进入产品气粉尘过滤器（两台过滤器并联安装，互为备用），过滤除去分子筛粉尘后，作为本装置产品气进入脱烃装置。

从干气管线上引出一部分干气作为冷却气，自上而下通过刚完成再生过程的分子筛脱水塔 C，以冷却该塔。冷却至床层出口温度为 50℃时视为冷却

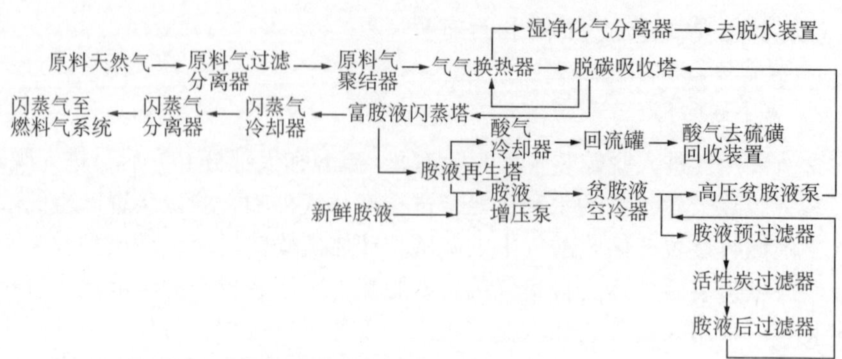

图 3–86　脱硫脱碳工艺流程图

完成。冷却气出塔后与富再生气换热后进入再生气加热炉，加热至 300℃后作为贫再生气，贫再生气自下而上通过刚完成吸附过程的分子筛脱水塔 D，以加热分子筛床层，使吸附的水脱附并进入再生气中。使再生气出口温度达到 270℃，并稳定 20min 视为完成再生过程。

出塔后的富再生气经再生气 / 冷却气换热器回收热量后进入再生气空冷器中冷却，使再生气中的大部分水蒸气冷凝为液体。冷却后的富再生气进入再生气分离器，分离后的富再生气经再生气压缩机增压后返回脱硫脱碳装置原料气管线上，分离出的污水进入凝析油稳定装置的三相分离器。

分子筛脱水工艺生产流程如图 3–87 所示。

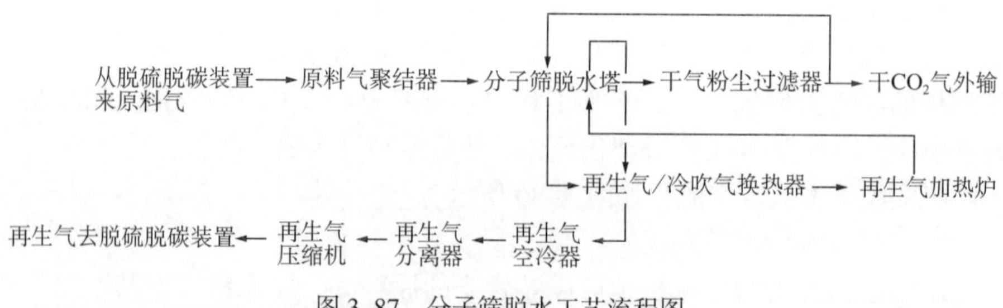

图 3–87　分子筛脱水工艺流程图

4）脱烃装置（膨胀机制冷）工艺流程

来自脱水装置的干净化气进入干气 / 湿气冷却器，与低温产品气换冷，换冷后温度降低至约 –5℃，再经高压分离器分离出液烃后进入膨胀机膨胀端，膨胀后温度降为约 –15℃，进入低温分离器分离出大部分的 C_3 及 C_3 以上的凝液。分离出液烃后的低温产品气返回到干气 / 湿气冷却器与原料气换热，由膨胀机压缩端增压，最后再经产品气后冷器冷却后外输，液烃则送至凝析油稳定装置处理。

来自脱硫脱碳装置的湿净化气经干气/湿气冷却器与低温产品气换热后，进入湿净化气分离器进行气、液分离。分离后的天然气送至脱水单元进行脱水处理。湿净化气分离器分离出的含油污水进入脱硫脱碳装置的污油闪蒸罐。

膨胀机制冷工艺生产流程框图如图 3–88 所示。

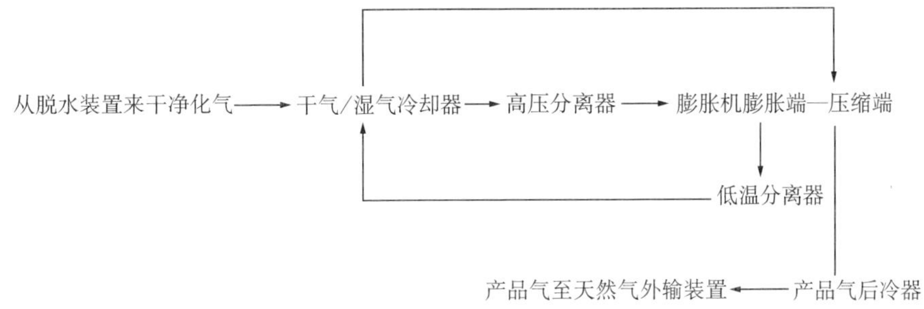

图 3–88　膨胀机制冷工艺流程图

5）脱水脱烃（注醇 + 丙烷制冷）工艺流程

原料天然气经脱硫装置处理后，进入脱水脱烃装置，将从乙二醇再生及注醇系统来的乙二醇贫液（75 % wt）通过雾化喷头成雾状喷射入湿净化气管线，和湿净化气在管路中充分混合接触后进入原料气预冷器，与自低温分离器来的冷干气进行换热，被冷却后经丙烷制冷系统降温至约 –20℃后，进入低温分离器进行分离，分离出液态醇烃液。干气自低温分离器进入原料气预冷器与湿净化气逆流换热，换热后的产品气计量后外输。

从低温分离器底部出来的醇烃混合液经乙二醇贫液 – 醇烃液换热器与乙二醇贫液换热后，再与凝液回收塔底部凝液换热后经醇烃液加热器加热，进入三相分离器进行分离。醇烃液加热器采用导热油加热。三相分离器顶部出来的闪蒸气进入燃料气系统，塔底油与醇烃液换热后再与凝析油稳定装置的产品凝析油掺混。三相分离器底部重液相流出的乙二醇富液降压后进入富液过滤器，除去富液中的机械杂质和降解产物后进入再生塔，再生塔采用外回流，塔顶气经空冷器降温后进入塔顶回流罐，液相经泵加压后一部分返回再生塔顶作为塔顶回流，一部分与回流罐不凝气一起进入硫磺回收装置尾气焚烧炉。再生热量由塔底重沸器提供。从重沸器出来的贫液经乙二醇贫液 – 醇烃液换热器换热后进入乙二醇贫液缓冲罐。缓冲罐内的贫液再经乙二醇贫液注入泵注入脱水脱烃装置湿净化气管线中。

注醇 + 丙烷制冷工艺生产流程如图 3–89 所示。

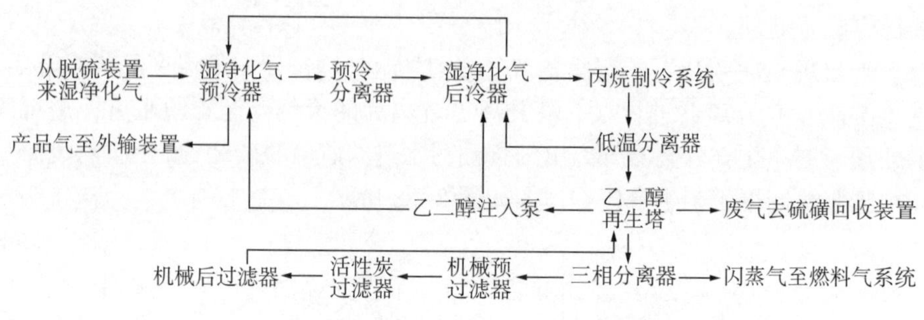

图 3-89 注醇 + 丙烷制冷工艺流程图

6）轻烃回收（丙烷制冷 + 膨胀机混合制冷）工艺流程

脱硫脱硫醇装置的湿净化气经原料气预冷器与产品干气换热后，进入湿净化气分离器进行气、水分离。分离出的天然气送至脱水脱硫醇装置作为进料天然气。含油污水进入中间油品罐区。

从脱水脱硫醇装置来的干净化气经原料气预冷器预冷至 –26℃后进入高压分离器，分离出的凝液经节流降压（温度降至 –39℃）与来自低温分离器的凝液混合，返回至原料气预冷器换热，复热至 35℃后进入脱乙烷塔中部。从高压分离器出来的气体经丙烷制冷系统冷却至 –35℃后进入低温分离器分离出凝液，凝液经节流降压（温度降至 –51℃）与高压分离器出来的凝液混合。低温分离器出口的气体经过膨胀机组膨胀端，约 –64℃进入重接触塔底部，与从重接触塔塔上部进料的脱乙烷塔顶气凝液充分接触，进行进一步的 C_3^+ 组分分离。重接触塔塔底出来的凝液经低温增压泵送至脱乙烷塔上部，而塔顶低温干气经原料气预冷器复热至约 39℃后，进入膨胀机组增压端，增压后的干气一部分进入脱水脱硫醇装置作再生气，其余去产品气进入增压站增压外输。

重接触塔塔底凝液和高压分离器、低温分离器的凝液进入脱乙烷塔进行分馏处理。从脱乙烷塔塔顶出来的气体经丙烷制冷系统预冷至 –35℃后，再经过原料气预冷器进一步冷却至 –66℃，进入重接触塔上部。从脱乙烷塔底出来的脱乙烷油直接进入脱丁烷塔中部。脱丁烷塔底生产合格的轻油产品，经轻油冷却器冷却至常温后输送至轻油储存及装车设施；塔顶出来的液化气经脱丁烷塔顶冷凝器冷凝后进入脱丁烷塔塔顶回流罐，从回流罐出来的液化气一部分作为塔的回流，另一部分作为合格的液化气产品，直接输送至液化气储存及装车设施。

当装置生产的液化气不合格时可送至液化气储存及装车设施的液化气罐

储存，待装置运行正常后打回装置回炼。

丙烷制冷系统：原料气及脱乙烷塔顶气分别在丙烷蒸汽器 A/B 换冷至 −35℃，而液体丙烷在丙烷蒸发器中吸收了热量后变为丙烷气体。丙烷气体进入丙烷压缩机，经压缩后丙烷气体压力从 0.01MPa（g）升至 1.19MPa（g），温度从 −40.52℃升至 69.77℃。压缩后丙烷气体经表面蒸发式空冷器冷凝、冷却为丙烷液体。丙烷液体进入储液罐，一小部分丙烷液体经节流阀降压后进入经济器蒸发以冷却另外一部分的丙烷液体，蒸发后的气体则返回压缩机的补充气入口，被冷却的丙烷液体进一步节流降温至 −40℃后进入丙烷蒸发器，在丙烷蒸发器中吸收天然气的热量后蒸发为丙烷蒸气，从而完成整个制冷过程的循环。

丙烷制冷 + 膨胀机混合制冷工艺生产流程见图 3−90。

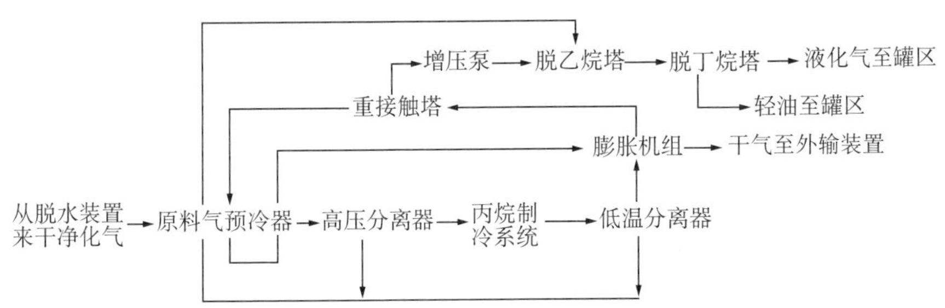

图 3−90　丙烷制冷 + 膨胀机混合制冷工艺流程图

7）凝析油处理工艺流程

自集气装置及乙二醇再生及注醇装置来的凝液首先进入凝析油进料缓冲罐，然后经凝析油进料换热器与稳定凝析油换热至 65℃后进入进料闪蒸罐进行闪蒸分离，分离出的液体进入凝析油稳定塔。塔顶及闪蒸罐分离出的闪蒸气一起进入燃料气系统。稳定后的凝析油与进料凝液换热后进入凝析油缓冲罐，最后输送至罐区储存。

当凝析油稳定塔需要检修时，未处理的凝液经三相分离器分离后，液体先输送至不合格凝析油罐，待稳定塔修复后经泵输送至凝析油进料换热器入口。

凝析油处理工艺生产流程见图 3−91 所示。

8）CPS 硫磺回收工艺流程

从上游脱硫装置来的酸气经酸气分离器分离酸水后进入主燃烧炉与主风

机送来的空气按一定配比在炉内进行克劳斯反应。酸水送到脱硫装置酸水回流罐。

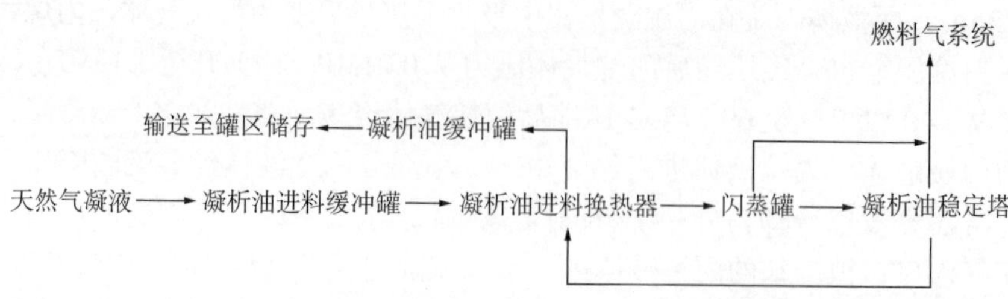

图 3-91　凝析油处理工艺流程图

主燃烧器所需空气由主风机提供。主风机出来的空气送至主燃烧器。进入主燃烧炉的空气分为两路，一路为主空气线，另一路为微调空气线，其相应的流量均由专用的配风控制系统调节，以获得最佳硫磺回收率。自主燃烧炉出来的高温过程气经余热锅炉二管程冷却后，进入直接硫磺冷凝冷却器冷却，分离液硫后的过程气利用余热锅炉一管程出来的过程气加热后，进入常规反应器进行常规克劳斯反应，并使 CS_2 和 COS 充分水解。从常规反应器出来的过程气进入克劳斯硫磺冷凝冷却器冷却分离硫后，先进入尾气灼烧炉作为加热源的气 / 气换热器，待加热后直接进入一级反应器，（下面为便于叙述，假设一级反应器处于再生态，而二级反应器和三级反应器处于吸附态）在反应器中，上一周期吸附在催化剂上的液硫逐步汽化，从而使催化剂除硫再生，并进行常规克劳斯反应。一定时间后，克劳斯硫磺冷凝冷却器冷却分离硫后的过程气又切换至直接进入一级反应器 . 自一级反应器来的过程气经一级硫磺冷凝冷却器冷却除硫后，不经再热直接进入二级反应器，在其内进行低温克劳斯反应。自反应器来的过程气进入二级硫磺冷凝冷却器冷却分离液硫后，不经再热直接进入三级反应器，在其内进行低温克劳斯反应。自反应器来的过程气进入三级硫磺冷凝冷却器冷却分离液硫后，进入液硫捕集器，从捕集器出来的尾气送入尾气焚烧炉焚烧，焚烧后的废气进入尾气烟囱排放。本装置低温段的二、三、四级反应器和四台硫磺冷凝冷却器通过七个切换阀程序控制，自动切换操作。余热锅炉产生 3.3MPa（g）的饱和蒸汽，直接硫磺冷凝冷却器产生 0.45MPa（g）的饱和蒸汽，克劳斯硫磺冷凝冷却器、一级硫磺冷凝冷却器、二级硫磺冷凝冷却器和三级硫磺冷凝冷却器产生约 0.1MPa（g）的超低饱和蒸汽，该超低饱和蒸汽与余热锅炉产生的另一部分 3.3MPa（g）的饱和蒸汽经蒸汽喷射器减压至 0.45MPa（g）进入低压蒸汽系统管网。液硫自流入液硫池再通过液硫泵将其送至液硫成型单元。

CPS 硫磺回收工艺生产流程见图 3-92。

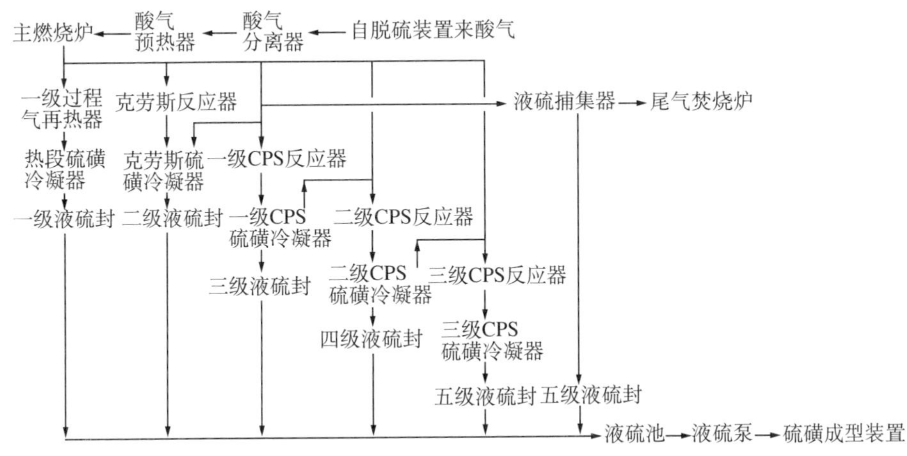

图 3-92　CPS 硫磺回收工艺流程图

9）低温克劳斯工艺流程

从脱硫脱碳装置送来的酸气经酸气分离器分离出酸水后进入主燃烧炉，与从主风机送来的空气按一定配比在主燃烧炉内进行克劳斯反应，在主燃烧炉内约 64.8% 的 H_2S 转化为元素硫。酸水收集到酸水压送罐中，利用氮气定期压送到脱硫脱碳装置的酸水回流罐。

自主燃烧炉出来的高温气流经余热锅炉冷却后进入一级硫磺冷凝冷却器冷却，分离出液硫后经一级再热炉加热至所需的反应温度，进入一级反应器，在此反应器内进行常规克劳斯反应，并使 CS_2 和 COS 充分水解。（为便于叙述，假设二级反应器处于再生态，而三级反应器则处于吸附态）过程气在进入二级反应器之前须冷却，分离出液硫并再热，此两步是在二级硫磺冷凝冷却器和二级再热炉内完成的。经二级硫磺冷凝冷却器分离出液硫后的过程气，经二级再热炉加热至催化剂再生所需的温度后进入二级反应器，在此反应器中，上一周期吸附在催化剂上的液硫逐步汽化，从而使催化剂除硫再生，并进行常规克劳斯反应。出二级反应器的过程气经三级硫磺冷凝冷却器冷却除硫后，不经再热直接进入三级反应器，在其内进行低温克劳斯反应。出三级反应器的过程气进入四级硫磺冷凝冷却器，冷却分离出液硫后进入液硫捕集器，从捕集器出来的尾气送入尾气焚烧炉焚烧，焚烧后的废气通过烟囱排放。

本装置低温克劳斯段的二、三级反应器和相应的硫磺冷凝冷却器通过三个三通切换阀程序控制，自动切换操作。

各级硫磺冷凝冷却器及捕集器分出的液硫由液硫封流出，汇集后自流入液硫池，再经脱气池脱除液硫中的H_2S后泵入液硫贮池，最后送至硫磺成型及装车设施。

锅炉给水一部分经余热锅炉和一、二级硫磺冷凝冷却器产生0.6MPa（g）的低压饱和蒸汽一起进入工厂蒸汽系统管网（开工时由系统管网提供蒸汽，正常运行后产生蒸汽返回系统管网）。另一部分经三、四级硫磺冷凝冷却器产生0.1MPa（g）低低压蒸汽并经空冷器冷却，再经冷凝水罐分离，最后由凝结水泵增压回三四级冷凝冷却器循环利用。

低温克劳斯工艺生产流程见图3–93。

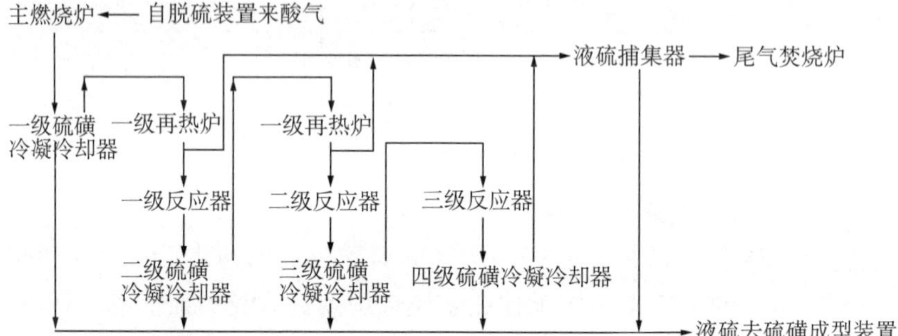

图3–93　低温克劳斯工艺流程图

2. 自控方案

1）自控水平

凝析气田天然气处理厂装置无人值守，全厂集中监控。自控系统一般采用DCS、SIS以及F&GS进行监视、控制和管理。系统数据通过网络通信上传至SCADA信息系统，实现上一级管理系统对处理厂的全面监视、控制和管理。

2）复杂回路及检测

（1）脱硫脱碳装置。

①设置进装置原料天然气超压联锁保护系统。当原料天然气压力超过设定值时，联锁保护系统开启放空联锁阀，经调节阀调压后放空。

②设置吸收塔液位控制及超低液位联锁保护。联锁时根据不同工况分别切断装置进口原料气、富液出料及脱水装置出口净化天然气。

③对酸气分液罐压力实行分程控制。正常操作时，酸气去硫磺回收装置

处理，当硫磺回收装置出现故障或联锁停车时，酸气超压，调节放空。

④在原料气重力分离器和原料气过滤分离器的液位调节系统中，除液位控制阀外，设置有可靠性很高的液位紧急切断阀门，防止原料气重力分离器和原料气过滤分离器因液体排空而串气到凝析油处理装置污油罐。

⑤在吸收塔底液位调节系统中，除液位控制阀外，还设置有可靠性很高的低低液位紧急切断阀门，防止吸收塔串气到闪蒸罐。

⑥设置有多点 H_2S 有毒气体和可燃气体检测报警器，以确保人身安全。

⑦在胺液闪蒸罐富胺液抽出线上设有液位紧急切断阀，防止富胺液泵抽空。

⑧在胺液再生塔热贫液抽出管线上设有液位紧急切断阀，防止热贫液泵抽空。

（2）分子筛脱水装置。

①对原料气聚结器的液位进行调节和液位低低安全联锁。

②对再生气流量进行调节。

③分子筛脱水塔吸附及再生的自动切换。

④再生气加热器设置温度控制。

⑤检测干气粉尘过滤器的进出口差压。

⑥对装置出口干天然气进行计量。

⑦再生气压缩机前设置调压放空。

⑧粉尘过滤器后干气管线设置调压放空。

（3）脱烃装置（膨胀机制冷）。

①产品天然气出口设置压力控制，以保证出口压力稳定；设置水露点分析仪，检测脱烃后天然气水露点，并设置产品气放空压力调节。

②湿净化分离器、高压分离器和低温分离器设置液位检测控制，设有低低液位报警和联锁。

③膨胀机出口设置温度控制，可保证天然气入口的压力和温度的稳定。

④在干气 / 湿气冷却器的进出口管线设置温度检测。

⑤在湿净化分离器、低温分离器、干气 / 湿气冷却器等容易有天然气泄漏的场合设置可燃气体探测器。当发生气体泄漏或火灾时，通过处理厂中控室的操作站发出有针对性的报警信号，提醒操作人员采取相应措施，同时自动触发现场声光报警器，向装置区巡检人员发出报警。

⑥产品气管线上设有紧急联锁切断及超压放空系统，确保出现异常情况时能及时实现安全紧急停车。

（4）脱水脱烃装置（注醇＋丙烷制冷工艺）。

①在脱水脱烃装置凝液处理塔、塔底重沸器间，再生塔与塔底重沸器间设置流量、温度串级控制回路，控制脱乙烷塔塔底温度。

②在脱水脱烃装置出口设置压力调节阀回路与在线水露点与烃露点分析仪，脱水脱烃装置出口介质水露点、烃露点温度超高，关闭脱水脱烃装置出口切断阀，调压放空。

③在脱水脱烃装置出口设置火灾紧急泄放阀，当全厂火灾时，关闭全厂，打开紧急泄放阀，实施全厂紧急泄放。

④在脱水脱烃装置低温分离器设置液位检测、液位调节、液位联锁回路，液位高低报警、液位低低联锁切断液相出口切断阀。

（5）硫磺回收装置（CPS 工艺）。

①在硫磺回收装置主风机与灼烧炉风机分别设置风机入口流量分程控制作为副环，风机出口压力作为主环的串级控制回路，控制风机出口压力，并防止风机喘振。

②在硫磺回收装置酸气分离器设置液位检测、液位调节、液位联锁回路，液位高低报警，液位超高联锁停回收装置。

③进主燃烧炉酸气主管线设置流量、压力串级控制回路与流量联锁回路，保证进炉酸气稳定，酸气流量低低联锁停回收装置；进主燃烧炉调温蒸汽与主燃料气设置比率控制，控制主燃烧炉温度；对主燃烧炉进料空气与主燃料气、酸气设置比率控制与空气联锁回路，空气流量低低联锁停回收装置；对空气副线设置流量、尾气 H_2S-2SO_2 含量串级控制回路，完成酸气、控制的配比控制。

④对主燃烧炉空气进料管线设置压力 3 选 2 超高联锁停回收装置，防反应器堵塞。

⑤余热锅炉设置液位检测、液位调节、液位 3 选 2 联锁控制回路，液位高高、低低联锁停回收装置，防止干锅或水击。

⑥各段冷凝冷却器设置液位检测、液位控制回路，控制冷凝冷却器液位。

⑦一、二、三级反应器采用程序切换，循环进行各段的吸附、再生、冷吹控制。

⑧尾气灼烧炉燃料气管线设置流量、温度串级控制回路，控制灼烧炉炉膛温度。

⑨对灼烧炉设置以二次风管线流量为副环，温度、氧含量选择为主环的控制回路，确保尾气中 H_2S 等尾气完全燃烧。

（6）低温克劳斯工艺。

①进料酸气流量低于允许的最低限时联锁停车。

②进料酸气压力高于允许的最高限时报警。

③进主燃烧炉的空气流量低于允许的低限时，联锁停车。

④进再热炉的空气流量低于允许的低限时，联锁停车。

⑤进再热炉的燃料气流量低于允许的低限时，联锁停车。

⑥余热锅炉液位低于允许的最低液位时，联锁停车。

⑦尾气焚烧炉温度过高时报警。

⑧余热锅炉及一、二级冷凝冷却器高、低液位及上水压力低限报警。

⑨再热炉出口温度过高或过低时报警。

⑩进焚烧炉的燃料气流量高于允许的高限时报警。

（7）凝析油稳定装置。

①凝析油缓冲罐、凝析油稳定塔、酸水缓冲罐、酸水汽提塔等设置流量液位串级控制回路。

②凝析油缓冲罐、凝析油稳定塔、酸水汽提塔等设置压力分程控制回路。

③凝析油稳定塔设置导热油流量与稳定塔温度的串级控制回路。

④凝析油脱盐罐入口设置压差控制阀，保证缓蚀剂、除盐水与凝析油均匀混合。

⑤闪蒸气增压压缩机出口设置入口压力回流调节回路。

3）SIS 关断级别

SIS 分为四个层次：

第一层次是全厂级，但不放空。当装置的事故将影响上下游装置的正常生产或关系到全厂的安全时，将通过有关联锁切断阀自动动作，对全厂或某套生产装置进行隔离保护。

第二层次是全厂级，放空。

第三层次是装置级，当装置出现紧急情况将影响设备安全时，如液位超低、压力超高等，联锁系统紧急切断相关自控阀门，对该装置进行保护；当事故解除后，在人工确认后装置恢复正常生产。

第四层次是设备级，当装置内某一部分系统出现异常时，联锁该部分的自控设备，使系统回到正常位置；当事故解除后，系统自动恢复到正常生产状态。

根据国家石油化工行业标准 SH/T 3018—2003《石油化工安全仪表系统设计规范》和中国石油化工集团公司设计技术中心站标准 SHB-Z06-1999《石

油化工紧急停车及安全联锁系统设计导则》，若天然气处理厂所处理的原料气含硫量较高，而天然气属于易燃易爆的气体，同时该工艺装置复杂，为适应当前安全和环保的要求，根据以往工程 SIL 安全级别认证结论，安全等级确定为 SIL2，即 SIL2 用于事故可能偶尔发生，一旦发生，会造成界区外环境污染，人员伤亡及经济损失较大的情况。具体工程采用的安全等级，需根据认证结果决定。采用独立的具有 SIL2 以上安全级别认证的控制系统作为紧急停车系统（ESD），对处理厂各个工艺装置和设施实施安全监控，同时向 DCS 系统提供联锁状态信号，DCS 系统将部分重要参数传至 SCADA 系统。

3. 平面布置

总平面布置综合各种因素，进行有机组合，紧凑布置。主要布置要点如下：

1）符合工艺流程要求

主体工艺装置区（包括脱硫装置、脱水脱烃装置、硫磺回收装置）的布置应方便原料天然气、产品天然气进出厂区，放空气经分液后进入火炬区，液硫管道输送最短，方便固体硫磺出厂，工艺流程应保证顺畅。注意：严寒和风沙地区，膨胀机应设置在室内。

其他辅助生产区装置区循环水场、给水处理场、锅炉房、空压机房、35kV 变电站的布置应方便物流管道上下管架运输，管道短捷。

2）功能分区明确

根据工厂的组成单元情况，工厂生产区辅助生产区布置、生产区、厂前区布置应功能分区明确。

3）利用地形、地质条件因地制宜布置

污水处理场应布置于全厂地势最低处，便于全厂污水均可以自流收集，降低能耗、节约能源。

4）注重风向，减少环境污染

工厂总平面布置应忌污染，人员较集中的辅助生产设置、厂前区应位于厂区全年最小风频风向的下风向，尽可能避免污染。

5）适应工厂内外运输

工厂的外部运输主要来自两个方面：上下班人流；固体硫磺及工厂必用的溶剂、材料。工厂内部物料运输主要是天然气、水、电、蒸汽等。

6）其他

可燃气体压缩机、膨胀机等动设备，宜露天布置或半敞开布置。在寒冷或多风沙地区可布置在厂房内。单机驱动功率≥ 150kW 的甲类气体压缩机厂房，不宜与其他甲、乙、丙类房间共用一幢建筑物。比空气轻的可燃气体压缩机棚或封闭式厂房的顶部应采取通风措施。比空气重的可燃气体压缩机厂房内，不宜设地坑或地沟，厂房内应有防止气体积聚的措施。

（六）设计参数

1. 脱硫工艺

1）溶液质量浓度

（1）MDEA 法：MDEA 的浓度一般为 20% ~ 50%。

（2）砜胺法（Sulfinol 法）：环丁砜浓度为 35% ~ 45%，通常为 45%；DIPA（Sulfinol-D）或 MDEA（Sulfinol-M）的浓度为 30% ~ 50%，通常为 40%。

2）溶液酸气负荷

通常选用的胺溶液酸气负荷为 0.3 ~ 0.5mol 酸气 /mol 胺；在使用合金钢（如 1Cr18Ni9 和 OCr18Ni9）时，溶液酸气负荷可控制在 0.7mol/mol 胺以下。砜胺法的溶液酸气负荷通常大于 0.5 mol 酸气 /mol 胺。

3）富液流速

醇胺法的富液流速一般为 0.6 ~ 1.0m/s，以减轻富液管道和贫富液换热器的腐蚀；砜胺法的富液流速不宜超过 1.5m/s。

4）富液换热温度

经换热后富液温度一般为约 94℃。

5）闪蒸罐压力

闪蒸罐压力：醇胺法通常为 0.7 ~ 0.8MPa；砜胺法通常为 0.5MPa。

6）贫液入吸收塔温度

贫液入吸塔温度通常≤ 45℃。

7）再生塔压力

再生塔压力一般为 60 ~ 80kPa。

8）再生塔回流比

再生塔顶的回流比通常小于 2。砜胺法和 MDEA 法回流比可取较低数值。

9）重沸器的加热温度

胺法重沸器中溶液的温度宜低于 120℃，重沸器管内壁温度最高不超过 127℃；砜胺法重沸器中溶液温度为 110 ~ 138℃。

2. TEG 脱水工艺

1）三甘醇溶液再生压力、温度的确定

为使脱水后干天然气的水露点达到规定值，进塔贫三甘醇溶液应达到相应的浓度。贫三甘醇溶液的浓度取决于重沸器的压力和温度，常压再生时，甘醇再生温度通常为 193 ~ 204℃，高于三甘醇的热分解温度 206.67℃，常压再生时贫三甘醇溶液可达到的浓度为 98.7%；当采用汽提再生时，还决定于汽提气的用量和汽提效率。

2）重沸器的热负荷及火管热流强度

重沸器的热负荷包括加热甘醇溶液的显热、水的气化潜热、回流液的蒸发热和热损失。重沸器的热负荷一般为 250 ~ 300MJ/m^3 溶液，设计时取 400MJ/m^3。根据重沸器的热负荷及重沸器火管的燃烧效率、燃料气的热值即可计算出燃料气的消耗量。重沸器的火管热流强度一般为 18 ~ 25kW/m^2，最高不超过 31kW/m^2。

3. 分子筛脱水工艺

1）分子筛脱水操作周期

分子筛脱水操作周期主要取决于分子筛的装填量和湿容量，还与吸附塔的几何尺寸有关。在确定分子筛脱水操作周期时，应保证不处于吸附态的塔有足够的时间再生和冷却。吸附法天然气装置的操作周期可分为长周期和短周期两类，一般管输天然气脱水采用长周期操作，在达到转效点时进行吸附塔的切换，周期时间一般为 8h，有时也采用 16h 或 24h。当要求干气露点较低时，对同一吸附塔应采用较短的操作周期。

2）分子筛的再生

分子筛再生所需的热量由再生气带入分子筛床，4A 或 5A 分子筛的再生温度一般为 260 ~ 288℃，而 3A 分子筛的再生温度一般为 180 ~ 220℃。当用分子筛进行气体深度脱水时，再生温度有时高达 260 ~ 371℃，此时干气露点可达 −84 ~ −101℃。

4. 冷凝分离凝液回收工艺

1）原料气预冷温度

原料气预冷温度应尽量低，以提高凝液回收率。但原料气预冷温度还与原料气预冷器所选用的设备形式有关，选择传热系数高，冷、热端温差小的换热器，可回收较多产品气的冷量，得到较低的预冷温度。

2）制冷温度的确定

制冷温度的确定主要取决于原料气组成及对产品天然气的烃、水露点及产品天然气的外输压力要求。

天然气的水含量可通过工艺模拟软件如 HYSYS 计算得到，天然气的烃露点在 HYSYS 软件中模拟出的天然气相包络图中查得。在设计的过程中，考虑分离效率、操作工况变化等因素，计算的天然气水露点、烃露点应有5℃以上的裕量。

3）膨胀机的膨胀比

膨胀机的膨胀比宜为2～4，不宜大于7。如果膨胀比大于7，可考虑采用两级膨胀。

膨胀机的膨胀压力应根据所需达到的膨胀后温度和产品气压力要求来确定。首先应满足降压后的低温能达到要求的分离温度，然后考虑保持尽量高的压力以满足产品气压力要求。若不能满足产品气要求，则利用膨胀机的增压端增压。

4）脱乙烷塔部分

脱乙烷塔仅设有提馏段，俗称半塔。脱乙烷塔的主要设计参数为：塔的操作压力和操作温度。

对于一定组成的进料，塔的操作压力和温度是分馏好坏的决定因素。如果脱乙烷塔顶气作为产品气，需较高压力外输，则在低于膨胀后气体和凝液进料压力下，可尽量提高脱乙烷塔的压力，以减小产品气增压机的负荷。进料组成和塔压一定时，提高塔底操作温度，则塔底凝液中乙烷含量降低，以满足下游产品液化气的饱和蒸汽压合格为原则。

5）脱丙烷塔和脱丁烷塔部分

脱丙烷塔操作参数的设定应以生产合格的产品丙烷为目的，合格产品丙烷应满足GB 11174—2011《液化石油气》标准中规定：产品丙烷饱和蒸气压应≤1430kPa（37.8℃），其中C_4^+含量≤2.5%。

脱丙烷塔的主要设计参数为塔操作压力和操作温度、塔顶冷凝温度和回流比。

塔操作压力、操作温度和塔顶冷凝温度三者紧密相关。塔压越低，塔操作温度越低，且塔顶冷凝温度也越低，反之亦然。塔压越低，设备投资越小；塔操作温度越低，重沸器的热负荷越小，该部分操作费用越小；但塔顶冷凝温度越低，循环水用量或空冷器负荷越大，则该部分生产运行费用越大。经过能耗和投资的经济对比后，通常应选择较低的塔压生产更为经济。但是塔顶冷凝温度的确定又受冷凝设备和环境温度的限制，不能做到无限低的冷凝温度。通常，在南方地区，气温变化不大，气温通常在0～40℃之间且水源充足，因此可选择循环水冷凝冷却器，受环境气温限制，循环水温度一般为30～40℃，则冷凝温度一般约为40℃。在北方水源较缺乏，而风力资源丰富的地区，则较多采用空气冷凝冷却器，冷凝温度一般为40～55℃。而相对应的塔压通常为 1.3 ~ 2.2MPa。

脱丙烷塔回流比的确定：回流比为塔顶回流进塔的物流量与产品量的比值。增加回流比，可提高产品的质量，但也会增加塔顶冷凝冷却器、回流泵和塔底重沸器的负荷，加大了生产操作费用。因此，应以生产合格的产品为前提，选择较小的回流比。根据处理不同组成的物料，通常脱丙烷塔的回流比为 1.5 ~ 3。

脱丁烷塔操作参数的设定应以生产合格的产品丁烷为目的，合格产品丁烷应满足 GB 11174—2011《液化石油气》标准中规定：产品丁烷饱和蒸气压应≤ 485kPa（37.8℃），其中 C_5^+ 含量＜ 2.0%。

脱丁烷塔的主要设计参数为塔操作压力和操作温度、塔顶冷凝温度和回流比，各参数的选择同脱丙烷塔。

5. 多级闪蒸 + 分馏凝析油稳定工艺

（1）加热炉的加热温度和三相分离器的操作温度由凝析油的进料温度和组成确定。三相分离器的操作温度应与凝析油外输温度结合确定，取两者较大值。

（2）三相分离器操作压力就是闪蒸压力，应根据工艺计算结果、凝析油进料压力和闪蒸气进入燃料气系统的压力要求来确定。三相分离器的操作压力宜满足闪蒸气进入燃料气系统的要求。

（3）分馏稳定宜采用不完全塔的简单蒸馏法，因凝析油稳定装置本身能耗是装置经济与否的关键，推荐采用不完全塔的简易分馏法。只有提馏段的简易分馏法由于没有外回流，故能耗低于精馏法。

（4）分馏稳定的操作压力、温度应根据工艺计算和油气输送和储存条件确定。

稳定塔的操作压力一般为 0.15 ~ 0.6MPa，操作温度应根据工艺计算确定，塔底操作温度一般为 150 ~ 220℃，塔顶操作温度为 70 ~ 110℃。

6. 硫磺回收工艺

1）主燃烧炉的操作温度

主燃烧炉操作温度由进炉酸气的组成和主燃烧炉的热损失决定。为保证稳定燃烧，应使主燃烧炉在大约 1000℃以上操作。

2）余热锅炉出口温度

通常余热锅炉直接与主燃烧炉相接，主燃烧炉出口温度即为余热锅炉进口温度。为了尽量回收热能和避免高温硫化腐蚀，直流法克劳斯余热锅炉出口温度一般为 280 ~ 350℃，通常不应使元素硫在余热锅炉中冷凝。分流法克劳斯装置余热锅炉出口气流与旁通酸气混合后直接进入转化器，故应由一级转化器进口温度反算需要的余热锅炉出口温度。

3）催化转化器进口温度

为了提高 H_2S 转化为元素硫的平衡转化率，希望反应温度尽可能低。但常规克劳斯反应温度受露点限制，当转化器操作温度接近露点时，元素硫即会在催化剂上沉积，从而使催化剂活性降低。转化器操作温度通常应比过程气硫露点高 30℃以上。

从化学动力学观点出发，高温有利于提高反应速度，但反应温度的确定还与所选用催化剂的催化活性有关。为使过程气中的 COS、CS_2 水解，也需较高的反应温度。为此，第一级转化器操作温度可以设计得高些，如 300℃左右。后面的各级反应温度则适当降低。

当二级转化器进料以一级转化器出料作为再热热源时，还应按再热需要的热量修正一级转化器出口温度。

4）冷凝器出口温度

出冷凝器过程气无论是进入下一级转化器还是出装置，都希望其中的元素硫尽可能少。由于硫蒸气分压随温度上升而急剧升高，冷凝器出口温度通常应控制在 170℃以下。其下限值为硫凝固温度（约 120℃）。为减轻再热负荷，前几级冷凝器出口温度应与其下游转化器操作温度联系起来考虑，可设计得略高一些。另外，冷凝器出口温度还与冷凝器的冷却介质有关。通常前几级冷凝器均产生稍高压力的蒸汽供脱硫装置再生塔重沸器使用。为此，冷凝器出口温度也不可能太低。末级冷凝器可产生用于保温的蒸汽，这时末级冷凝出口温度大致在 140℃左右。若尾气中元素硫含量要求得很严格，则末级冷凝器宜采用锅炉给水或其他介质冷却。

5）液硫输送温度

由于液硫具有独特的黏度—温度特性，温度为 130 ~ 155℃时，液硫黏度最小。硫的凝固点约 120℃。液硫输送温度以 130 ~ 155℃为好，不宜超过 155℃。为降低能耗和硫的升华损失，可在 130℃左右储存和输送液硫。

7. 还原吸收尾气处理工艺

1）在线炉的出口温度

为保证整个系统的氢量以及加氢反应的顺利进行，应稳定在线炉出口温度大约在 230 ~ 290℃。

2）过程气余热锅炉出口温度

过程气余热锅炉出口温度通常应控制在 170℃左右，以产生 0.5MPa 的低压蒸汽，回收部分过程气热量。

3）急冷塔出口温度

急冷塔出口温度通常控制在40℃。

4）急冷塔出口H_2S含量

为确保过程气中的各种形态的硫均全部还原为H_2S，应保证急冷塔出口H_2S含量大于2.5%。

5）吸收塔出口H_2S含量

为确保总硫回收率、烟气中SO_2的含量满足国家环保标准，应控制吸收塔出口H_2S含量≤250PPM（根据控制指标确定）。

6）溶液酸气负荷

通常选用的胺溶液酸气负荷为0.1 ~ 0.2mol酸气/mol胺。

7）尾气余热锅炉出口温度

为避免尾气余热锅炉的酸腐蚀，应控制其出口温度大于350℃。

8）再生塔压力

再生塔压力一般为120 ~ 140kPa。

9）重沸器的加热温度

胺法重沸器中溶液的温度宜低于120℃，重沸器管内壁温度最高不超过127℃。

（七）标准化模块选择

凝析气田天然气处理厂主体装置模块划分情况见表3-43。

表3-43 凝析气田天然气处理厂主体装置模块划分

装置名称	模块划分	装置名称	模块划分
脱硫脱碳装置	过滤分离模块	硫磺回收装置	主风机模块
	吸收模块		主燃烧炉模块
	湿净化气分离模块		配风模块
	溶液闪蒸模块		常规克劳斯反应器模块
	溶液过滤模块		低温克劳斯反应器模块
	溶液换热模块		一级再热模块
	溶液循环泵模块		二级再热模块
	溶液再生模块		液硫封模块
	酸气冷却模块		液硫池模块
			尾气焚烧模块

续表

装置名称	模块划分	装置名称	模块划分
轻烃回收装置	预冷分离模块	脱水脱烃装置	预冷分离模块
	丙烷制冷模块		丙烷制冷模块
	J-T 阀制冷模块		J-T 阀制冷模块
	膨胀机制冷模块		膨胀机制冷模块
	低温分离模块		低温分离模块
	冷油吸收模块		乙二醇再生模块
	脱乙烷塔模块		乙二醇注醇模块
	脱丙丁烷塔模块		
分子筛脱水装置	过滤分离模块	凝析油处理装置	凝析油闪蒸模块
	吸附模块		凝析油稳定模块
	再生气加热模块		闪蒸汽增压模块
	再生气冷却模块		脱盐模块
	再生气分离模块		
	再生气压缩模块		

（八）设备及材质选择

1. 设备选型

1）脱硫装置

（1）吸收塔和再生塔。

填料塔和板式塔皆可应用。通常认为，当直径≥ 800 mm 时，用板式塔。但近年来国外不少大型装置采用规整填料。板式塔中常用泡罩塔和浮阀塔，由于浮阀塔盘具有弹性大、效率高、处理能力比泡罩塔高且兼有泡罩塔和筛板塔的特点，应优先选用。

由于考虑到溶液发泡的特点，在计算塔径时，设计泛点百分数，对乱堆填料不大于 60%，浮阀塔不大于 70%。

板式塔不宜用过小的板间距，通常采用的板间距为 600mm。

（2）气液分离器。

原料气分离器、净化气分离器、回流罐等均属气、液分离设备，可选用立式，也可选用卧式。为提高分离效率，均应在气体出口处设一层除雾丝网，以除去粒径＞10μm的雾滴。

（3）冷换设备。

①重沸器。

再生塔底重沸器可选用釜式或卧式热虹吸式重沸器（当溶液循环量小时用立式热虹吸式）。从防腐角度看，由于釜式重沸器气、液分相流动，动能较低，腐蚀情况优于卧式热虹吸式重沸器。但只要设计和操作得当，选用热虹吸式重沸器仍是可行的。

②贫富液换热器。

通常用浮头式热交换器。为了提高管壳式溶液换热器的温差校正系数，应选用两台或两台以上串联。选用两台串联时，富液流经的第二台换热器的管材应采用不锈钢，以节省投资。

若采用板式换热器，应考虑换热器能否适应较高的富液温度，采用不锈钢板材，并需考虑设置备用。

③溶液和酸气冷却器。

设计时选用全水冷、全空冷或空冷＋水冷的方案，须针对具体情况经过技术经济比较后决定。若选用水作冷却介质，冷却溶液采用浮头式换热器，冷却酸气采用浮头式冷凝器。

（4）过滤器。

①原料气过滤分离器。

由于对原料气的清洁要求越来越高，采用专业过滤器生产厂提供的产品，虽然投资较高，但能提高过滤器的过滤精度，可有效的保护脱硫（碳）装置的正常操作。

②溶液机械过滤器。

采用滤袋或滤芯式过滤器，应除去5μm以上的固体杂质，当压降超过一定值后，切换清洗过滤元件。

③溶液活性炭过滤器。

选用固定床深层过滤器，至少要处理溶液循环量的10%～20%，过滤速度为2.5～12.5m^3/（m^2·h）。溶液活性炭过滤器后宜设置一台机械过滤器，过滤精度可和前过滤器相同，以控制溶液中活性炭粉末的含量。

（5）溶液循环泵。

溶液循环泵宜选用离心式油泵，泵体和主要零件应选用“耐中等硫腐蚀”的材料，为降低溶剂损耗，应选用机械密封。

2）三甘醇脱水装置

（1）原料气分离器。

三甘醇脱水装置的进料分离器，通常采用有内构件的分离器或过滤分离器。

原料气分离器可设置在吸收塔底部与吸收塔组成一个整体。当进料气较脏且含游离水较多时，最好单独设置进料气分离器。

（2）脱水吸收塔。

泡帽塔是脱水吸收塔应用最广泛的塔型，因为脱水系统所需甘醇循环量小，吸收塔内气 / 液比值高，而泡帽塔盘漏液甚少，有一定液封，能保证气液良好接触并具有较大的操作弹性。

（3）溶液闪蒸罐。

进料气中所含重烃较少时溶液闪蒸罐应选用两相分离器，甘醇溶液在闪蒸罐中的停留时间为 5min；当处理的气体重烃含量较高时，应设计成一个三相分离器，以分离出富甘醇溶液中可能存在的液烃，甘醇溶液在闪蒸罐中的停留时间为 20 ~ 30min。闪蒸罐的闪蒸气出口需设置除雾丝网，以减少甘醇的夹带损失。

（4）甘醇重沸器。

天然气净化厂内的脱水装置，通常多采用火管直热式重沸器。重沸器中三甘醇温度不能超过 204℃，火管壁温也应低于 221℃。

（5）甘醇换热器。

甘醇贫 / 富溶液换热器一般采用罐式，该缓冲罐不必保温，只需设防烫网，其内设一层或多层换热盘管，在此盘管内的甘醇富液与罐内的热甘醇贫溶液进行换热。同时作为甘醇循环泵的进料缓冲罐，保证泵的吸入压头。

（6）甘醇溶液循环泵。

采用高压力、低流量的电动往复泵，泵出口应设置缓冲设施。

3）分子筛脱水装置

（1）原料气分离器。

任何分子筛脱水装置的上游都应安装一台原料气分离器和一台过滤分离器。分子筛脱水装置的进料分离器，通常采用有内构件的分离器或过滤分离器。叶片式捕雾器内构件是专有技术。

（2）脱水吸附塔。

天然气脱水吸附塔的设计，必须考虑如下因素：如操作周期，允许气体流速，分子筛湿容量，要求的产品干气露点，要求脱除的水总量，吸附塔吸附动力学性质，对分子筛再生过程的要求，对天然气通过吸附塔的压降限制等。综合考虑才能得到各参数的最佳组合。

对小装置通常采用2塔系统，对于大型装置，3塔或4塔系统会更经济。增加吸附器数量，可使床层有更好的几何形状并能增加其操作弹性，但投资较高，并减少了再生时间。短的再生时间会增加再生气流率从而增大再生设备的尺寸。如果进料气含饱和水，循环周期采用8 ~ 16h为好。如果上游有甘醇装置，循环周期取24 ~ 30h是可行的。吸附塔个数和操作周期的确定务必使投资和操作费用最少。

（3）再生气加热炉。

由于分子筛脱水装置再生时再生气温度通常在230 ~ 370℃，因此需要对再生气进行加热。分子筛脱水装置一般采用立式圆筒炉、导热油炉等加热炉作为再生气加热设备。由于立式圆筒炉结构相对简单、可靠性较高，无转动风机、循环泵等自身耗能设备，故在天然气分子筛脱水装置中使用非常广泛。

（4）再生气分离器。

再生气分离器属气、液分离设备，可选用立式，也可选用卧式。为提高分离效率，均应在气体出口处设一层除雾丝网，以除去粒径＞10μm的雾滴。

（5）再生气冷却器。

再生气加热分子筛后需进入再生气空冷器进行冷却，再经再生气出口分离器分离出液态水后出装置。通常再生气出装置温度控制在50℃以下即可。再生气空冷器多采用两管程的干式空冷器，设两台风机。每台风机采用高低速两档或变频调速的方式，根据气温及时调整供风量，减少风机电耗。

4）低温分离脱烃装置

（1）预冷器。

预冷器的结构选型一般可选用管壳式换热器、板翅式换热器等，管壳式换热器能承受高压、适应性广，制造工艺成熟、材质选择多样。由于原料气预冷过程中容易生成水合物，发生冰堵，虽然注入了水合物抑制剂，但是该问题始终有可能发生，预冷器应使其在换冷过程中不生成水合物，不乳化和起泡，有利于液体排出。

（2）低温分离器。

低温分离器为该工艺的关键设备，分离器的分离效率将直接影响产品气的水、烃露点是否合格。

分离器的直径与选用的内构件有很大关系，一般采用立式的分离器，入口设置进料分布器，有多种内构件形式可供选择，分离效率也与内构件有关，一般低温分离的分离效率可达到99% ~ 99.99%。

（3）三相分离器。

三相分离器以溶解有净化天然气的醇水溶液和凝析油混合物作为进料，进行天然气、醇水溶液和凝析油间的三相分离。分离器可以分为入口段、沉降段、收集段，液体停留时间一般按15 ~ 20min考虑。

（4）抑制剂注入泵。

由于原料气的压力比较高，考虑管路压降和雾化喷嘴本身的压降，注入泵的排出压力更高，对于这种小流量、高压力的工况，往复泵是最好的选择。一般注入泵入口需设过滤器，出口设安全阀和缓冲罐，保证抑制剂平稳安全的注入到天然气中。

（5）乙二醇再生系统。

①再生塔。

采用规整填料型塔或板式塔。

②重沸器。

主要有釜式重沸器和热虹吸重沸器。热虹吸重沸器的汽化率不能超过25% ~ 30%，釜式重沸器的汽化率可达80%。

③再生塔顶冷凝冷却器。

采用列管式冷凝冷却器或空冷器。

5）冷凝分离凝液回收装置

（1）制冷分离装置。

膨胀制冷装置的主要设备有膨胀机、原料气预冷器、高压分离器和低温分离器。

①膨胀机。

膨胀机的绝热效率宜大于75%，不宜低于65%。

②原料气预冷器。

原料气预冷器一般选择标准的换热器，其首要满足有较高的承压能力（通常自制冷法中原料气的压力都较高），其次应考虑传热系数高，换热器冷、热端的温差尽量小，以尽可能回收产品气的冷量，减小制冷负荷或降低制冷温度。板翅式换热器和绕管式换热器的热、冷端温差可取3 ~ 5℃，管壳式换热器的冷、热端温差不宜小于20℃，采用单管程时可取10℃。目前，应用较好的原料气预冷器有板翅式换热器、绕管式换热器，且这两种换热器还能用于多股物流的换冷，省却了冷箱的设计。

③高压分离器、低温分离器。

高压分离器和低温分离器通常为非标准设备，设计时应考虑设置高效分离元件以增加凝液回收率。

（2）脱乙烷部分。

脱乙烷塔为非标准设备，可选板式塔和填料塔。选择塔型应综合考虑物料性质、操作条件、塔设备的性能及塔设备的加工、安装、维修等多种因素。一般处理量较大时，选用板式塔，板式塔可选择的塔盘有泡罩塔盘、浮阀塔盘、筛板塔盘等；当处理量很小时，可选择规整填料塔。目前，因浮阀塔盘的操作弹性大、制造费用低、安装方便而使用较多。

脱乙烷塔底重沸器常用的形式有热虹吸式重沸器和釜式重沸器，热虹吸式重沸器和釜式重沸器的选择主要由汽化率决定。

（3）脱丙烷塔和脱丁烷塔部分。

脱丙烷塔、脱丁烷塔的选用以及脱丙烷塔底重沸器、脱丁烷塔底重沸器的选择参见脱乙烷塔的工艺设备选用。

脱丙烷塔顶冷凝冷却器和脱丁烷塔顶冷凝冷却器选用：在水源充足的南方地区通常选用循环水冷凝冷却器，由于热端温差较大，一般选用造价较低、承压较好的管壳式换热器。在水源较缺乏，而风力资源丰富的北方地区，则较多采用空气冷凝冷却器。空气冷凝冷却器又分为干空冷、湿空冷和干湿联合空冷。干空冷即利用风冷却天然气，根据环境温度一般冷凝冷却温度为50 ~ 55℃，湿空冷通常采用软化水喷淋在空冷器上，可得到较低的冷凝冷却温度（35 ~ 45℃），虽然软化水可循环使用，但水量消耗还是比较大的，需经过经济对比确定冷凝冷却方案。北方地区风沙大，含盐碱，不宜湿空冷。要得到较低的冷凝冷却温度，还可采用干湿联合空冷，或先空冷、后水冷的串联冷凝冷却方案，在冬天环境温度低时，可关闭水冷凝冷却器，节约操作成本。

6）硫磺回收装置

（1）燃烧炉。

主燃烧炉是提供酸气和空气燃烧反应的场所，控制进入反应炉的空气对硫黄回收很重要。

由于操作温度高，故要求在金属壳里面设置 2 ~ 3 层耐火材料浇注料或耐火砖，壳体与防护层之间形成的闭塞空间进一步改善了绝热效果。在常见的环境条件下，隔热系统的设计应使金属外壳温度保持在 150 ~ 340℃的范围，设计温度时既要防止过程气发生冷凝，也要避免高温气体直接与金属外壳直接接触发生高温硫化腐蚀。同时，还应设置遮雨棚，避免下雨时炉壳温度下降过大，造成设备腐蚀。

（2）废热锅炉。

废热锅炉高温气流入口侧管束的管口应加陶瓷保护套管，入口侧管板上应加耐火保护层。采用卧式安装以保证将全部管子浸没在水中。为便于液硫的流动和减少积硫，废热锅炉按过程气流动方向应有一定的坡度（通常为1°），出口管箱设有与液硫出口夹套管底平的垫层。

（3）反应器。

通常有卧式反应器和立式反应器两种。一般来说，大、中型规模的装置应优先选择卧式反应器，因其布置灵活、操作简便，并可缩小占地面积。

反应器内壁应有耐酸隔热层，以防止钢材腐蚀过大和床层升温过高甚至升温对设备造成的损坏。外部保温良好，避免因温度过低导致元素硫冷凝。液硫排出口和吹扫放空口应设在设备的最低点。为了保证气体均匀地自上而下通过催化剂层，防止过程气直接冲击催化剂床层，可在进口设置挡板和进口分配器。

（4）冷凝器。

目前应用最广的是管壳式冷凝器，应按蒸汽发生器的要求进行设计。通常为卧式，并向过程气出口方向倾斜，坡度约为1°。在过程气出口处设金属丝网除雾器以回收液硫雾滴，减少液硫携带量。换热管一般用ϕ38mm×3.5mm或ϕ32mm×3.5mm无缝钢管。规模较小的硫冷凝器通常把汽水分离空间直接设在壳体的上部。出口管箱下部宜有蒸汽夹套。

（5）捕集器。

捕集器采用金属丝网型。

（6）风机。

在硫黄回收装置，风机一般采用电机或蒸汽驱动的多机离心式鼓风机，为提高硫黄回收装置运行的可靠性，风机常采用一用一备方式。

（7）液硫封。

常用的液硫封为立式管状型，分里、中、外三层，里层为进液硫管线，中层为液硫储管，外层为蒸汽保温，其底部为外层和中层接合封闭断面。

（8）液硫泵。

液硫泵通常选用耐高温的浸没式离心泵。

（9）酸气分离罐。

酸气分离器的作用就是采用重力分离，将脱硫装置来的酸气中的水分分离出来或在脱硫再生装置带液严重时分离酸气中携带的溶液，防止水或溶液进入主燃烧器。

7）尾气处理装置

（1）在线燃烧炉。

在标准还原吸收工艺的流程上，在线燃烧炉是一个非常重要的设备，它具有使过程气升温到加氢还原所需的温度，同时通过不完全燃烧提供加氢还原所需的还原型气体（H_2+CO）。设备结构类似硫黄回收装置再热炉。

（2）尾气灼烧炉。

绝大多数热灼烧炉是在负压下进行自然引风操作，通过风门来控制燃烧。灼烧炉的最高操作温度为1095℃，为了保护钢材不被高温损坏，灼烧炉与烟囱管线均有耐火材料衬里。

（3）冷凝器。

尾气处理装置的冷凝器与硫黄回收装置相似。产生蒸汽的冷凝器应按蒸汽发生器的要求进行设计，通常为卧式。换热管一般采用 ϕ38mm×3.5mm 或 ϕ32mm×3.5mm 无缝钢管。出口管箱下部根据需要宜有蒸汽夹套。

（4）加氢反应器。

尾气处理装置的加氢反应器与硫黄回收装置反应器相似。反应器催化剂床层必须有合适的温度，从而提高水解加氢转化效率。

（5）吸收塔、再生塔。

尾气处理装置的吸收塔和再生塔为板式塔，通常采用的是浮阀塔盘，它具有处理能力大、操作弹性大、塔板效率高、压力降小、气体分布均匀、结构简单等优点。

（6）急冷塔。

尾气从塔下部进入与上部喷淋而下的循环冷却水逆流接触后从塔顶出塔。一般为填料塔，填料塔具有结构简单、压力降小的优点。

（7）酸气分离器。

酸气分离器的作用就是采用重力分离，将冷却后的酸气中的水分分离出来。

（8）过滤器。

①溶液过滤器。

尾气处理装置的溶液过滤器包括急冷水过滤器，胺液预过滤器、胺液后过滤器等。溶液过滤器的过滤精度不宜太高，否则滤芯容易堵塞。溶液预过滤器的过滤精度一般为25～50μm，溶液后过滤器的过滤精度一般为10～25μm。采购溶液过滤器时还应配过滤精度较低的开工滤芯。

②活性炭过滤器。

活性炭过滤器后必须再设置一个后过滤器以避免活性炭粉碎进入系统溶液。活性炭过滤器过滤量不低于循环量的10%。

(9)换热器。

①贫、富液换热器。

可选择板式换热器和管壳式换热器。作为一种新型高效的换热器逐渐应用到天然气净化装置，与管壳式换热器相比，板式换热器具有体积小、换热效率高；热损小（最小温差可达1℃）、热回收率高；充分湍流、不易结垢；易清洗、易拆装、换热面积可灵活改变等特点，在化工行业应用越来越广泛。但其缺点也是相当突出的：密封垫片易老化导致泄漏、富液流道易堵塞。

②贫液水冷器。

贫液后冷器通常采用管壳式换热器，冷却水走管程、贫液走壳程。冷却水返回凉水塔降温后循环利用。

③酸气水冷器。

酸气水冷器采用管壳式换热器，冷却水走管程、酸气走壳程。

(10)空冷器。

在天然气净化厂中，最常见的是排风式空冷器。在环境温度较高的情况下，需要启动空冷器的风机进行强制换热，以满足介质冷却的需要。在环境温度较低的情况下，利用空气的自然流动有时也能满足介质冷却的需要，根据装置节能的需要，还可根据情况停运或部分停运空冷器，或采用电机变频技术。

2. 材质选择

凝析气田非标准设备介质主要腐蚀特性：(1)CO_2、H_2S、Cl^-联合作用的腐蚀。(2)CO_2分压大于0.21MPa，CO_2腐蚀严重。(3)Cl^-含量高，容易引起点蚀和对Cr-Ni不锈钢的氯化物应力开裂。(4)属于酸性环境的SSC 3区，须考虑酸性介质引起的硫化物应力开裂。

考虑到凝析气田天然气处理量、凝析油处理量较大。建议在脱硫吸收塔之前，介质高含CO_2、H_2S及Cl^-的非标准设备选用316L复合钢板材料，其余设备采用碳钢加牺牲阳极保护方案。

除正确的选材外，焊接材料和焊接工艺的确定及内防腐措施等也是极重要的。

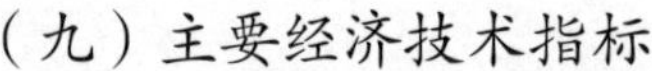

（九）主要经济技术指标

凝析气田主要技术指标见表 3-44。

表 3-44　凝析气田主要技术经济指标

序号	项目		单位	天然气处理厂（MDEA/ 分子筛 / 膨胀机 / 低温克劳斯）-600-10.5	天然气处理厂（MDEA/ 丙烷 / 乙二醇 /CPS）-500-8.36	天然气处理厂（砜胺 / 分子筛 / 膨胀机 + 丙烷 / 低温克劳斯）-750-7.6
1	原料气规模及条件	建设规模（气系统）	$10^4m^3/d$	600×6	500	750×2
		原料气 H_2S 含量	%（摩尔分数）	4.5	0.84	2.64
		原料气 CO_2 含量	%（摩尔分数）	6.2	4.91	0.81
		有机硫含量	%（摩尔分数）	0	0	0.073
2	产品产量及质量	商品天然气的产量	$10^4m^3/d$	522×6	466	671×2
		产品气硫化氢或 CO_2 含量	%（摩尔分数）	$H_2S \leqslant 0.0014$	$H_2S \leqslant 0.0014$	$H_2S \leqslant 0.0014$
				$CO_2 \leqslant 3$	$CO_2 \leqslant 3$	有机硫≤ $16mg/m^3$
						$CO_2 \leqslant 3$
		产品气水露点	℃	≤ -10	≤ -10	≤ -10
		产品气烃露点	℃	无液烃析出	无液烃析出	无液烃析出
		硫磺产量	t/d	2030	105	143×2
		硫磺收率	%	≥ 98.8%	≥ 99.2%	≥ 98.8%
3	占地面积		m^2	1673525	210220	852920
4	建筑面积		m^2	63370	15858	36820
5	土地利用系数		%			
6	消耗指标	电力	$10^4kW \cdot h/a$	25906	15294	14130
		燃料气	$10^4m^3/a$	38450	7504	17600
		新鲜水	$10^4t/a$	362	45.6	252.4
		化学药剂、溶剂、吸附剂、催化剂（名称及型号）	t/a	MDEA：420t/a；4A 分子筛：438m^3/3a 催化剂：1705m^3/5a；缓蚀阻垢剂：2045t/a	MDEA：57t/a；催化剂：16t/a；TEG：13t/a；缓蚀剂：200t/a	环丁砜：162t/a；催化剂：540t/5a；胺液 162t/a；碱：24t/a；分子筛：145t/3a；润滑油 979t/a
7	单位综合能耗（气系统）		$MJ/10^4m^3$	15671.56	14522	16560

五、低渗透气田

低渗透严格来讲是针对储层物性特征的概念，一般指渗透性能较低的储层，国外一般将低渗透储层称为致密性储层，我国石油天然气行业标准 SY/T 6168—2009《气藏分类》将储层有效渗透率不大于 5mD 的气藏划分为低渗透气藏，不大于 0.1mD 的气藏划分为致密气藏，见表 3–45。

表 3–45 气藏分类表

类别	致密气藏	低渗透气藏	中渗透气藏	高渗透气藏
有效渗透率，mD	≤ 0.1	0.1 ~ 5	5 ~ 50	＞ 50
孔隙度，%	＞ 20	10 ~ 20	5 ~ 10	≤ 5

我国低渗透油气资源的主要聚集盆地为：鄂尔多斯、塔里木、四川海陆相叠合的沉积盆地等。其中，长庆气区所在的鄂尔多斯盆地位于我国中部，是我国第二大沉积盆地，属于典型的低渗透致密油气藏，66% 的气层渗透率小于 1mD。

鄂尔多斯盆地的气田主要分为三类：以靖边气田为代表的下古生界碳酸盐岩型低渗透气田；以榆林气田（包括长北区和榆林南区）为代表的渗透性相对较好的上古生界低渗透砂岩岩性气田；以苏里格气田为代表的上古生界低渗透砂岩岩性气田，这类气田广泛分布于鄂尔多斯盆地。

（一）主要工艺及工艺优选

1. 靖边气田地面集输工艺模式

靖边气田气层孔隙度平均 6.2%；渗透率平均 2.63mD，天然气含 H_2S（平均在 1000mg/m^3 以下）、CO_2（平均在 4% ~ 6% 左右），不含凝析油；单井平均配产低，约（3 ~ 4）×10^{4}m^3/d。靖边气田采用了“高压集气、集中注醇、多井加热、间歇计量、小站脱水、集中净化”的地面集气工艺。靖边气田工艺流程见图 3–94。

2. 榆林气田地面集输工艺模式

榆林气田储层平均孔隙度 6.7%，平均渗透率 4.85mD，天然气含凝析油，不含 H_2S、CO_2，单井平均配产 3×10^{4}m^3/d。榆林气田地面工程采用了“多井高压集气、节流制冷、低温分离、高效聚结、精细控制”的集气工艺。榆林气田工艺流程见图 3–95。

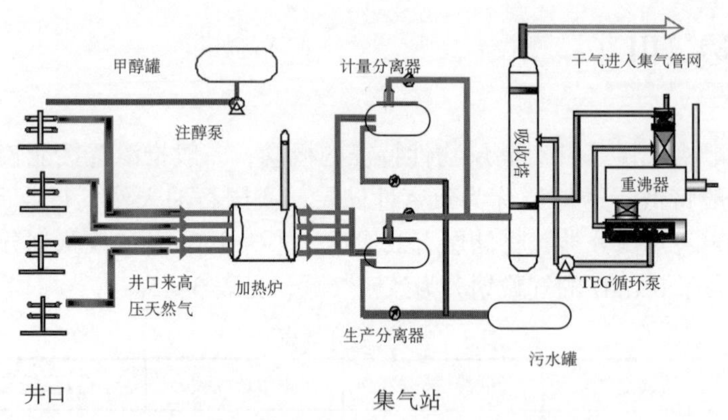

图 3–94　靖边气田典型工艺流程图

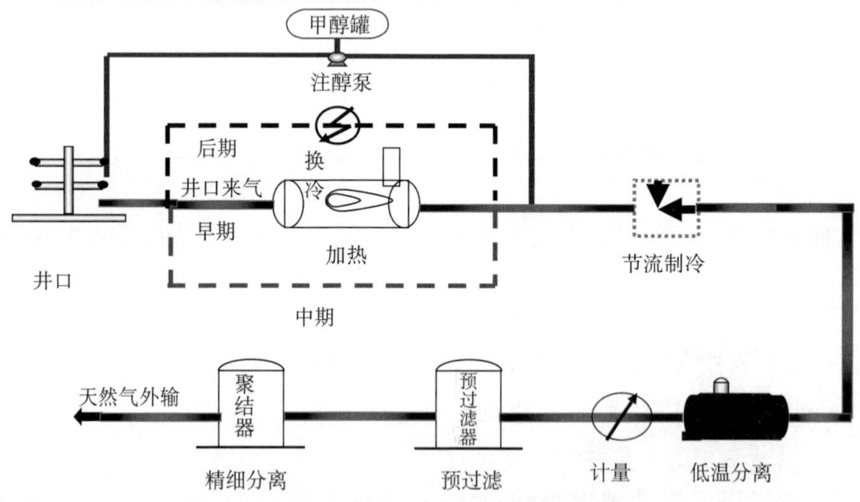

图 3–95　榆林气田典型工艺流程图

3. 苏里格气田地面集输工艺模式

苏里格气田储层孔隙度平均为 8.95%，渗透率平均为 0.73mD，天然气含凝析油，不含 H_2S、CO_2，是典型的低孔、低渗、致密天然气藏。地质情况复杂，非均质性强；单井产量低，平均只有 $1\times10^4m^3/d$ 左右，且稳产能力差，压力递减速度快，气井原始地层压力高达 25MPa 以上，开井后压力短期内（6 ~ 8 个月）下降到 5MPa 以下。苏里格气田地面工程建设采用了"井下节流、井口不加热、不注醇、中低压集气、带液计量、井间串接、常温分离、两地增压、集中处理"的集气工艺。苏里格气田工艺流程见图 3–96。

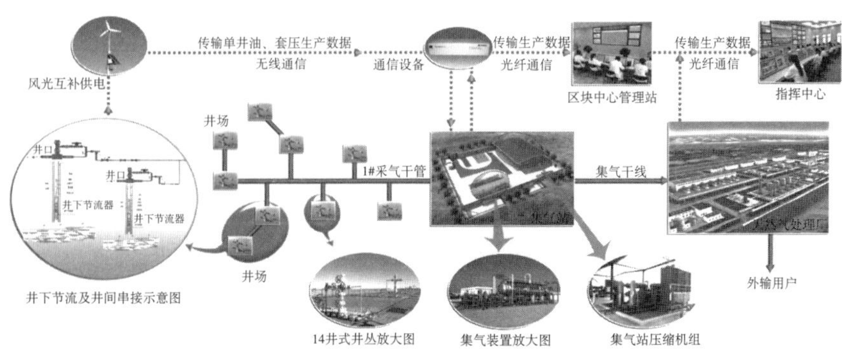

图 3-96 苏里格气田典型工艺流程图

4. 苏里格南国际合作区地面集输工艺模式

苏里格南国际合作区位于苏里格气田南部，是中国石油与法国道达尔公司共同开发的国际合作区。区块单井控制储量小、稳产期短、非均质性强、连通性差、地质情况复杂，也是典型的低渗透致密岩性气田。地面工程采用了“井下节流、井丛集中注醇、管道不保温、中压集气、井口带液连续计量、车载橇装移动计量分离器测试、常温分离、两次增压、气液分输、集中处理”的集气工艺，对类似气田和合作区的开发建设具有重要的借鉴意义。苏里格南与其他区块的主要工艺对比见表 3-46。

表 3-46 苏里格南与其他区块的主要工艺对比

序号	项目	苏里格南	苏里格其他区块
1	开发方式	井间+区块接替	井间接替
2	集气工艺	井下节流+集中注醇	井下节流
3	井组类型	全 9 井式井丛	3 ~ 7 井丛、水平井
4	串接方式	基本井丛+区域井丛	井间串接
5	站场规模	$(250 \sim 400) \times 10^4 m^3/d$	$(50 \sim 200) \times 10^4 m^3/d$
6	井丛通信	光缆	无线电台
7	采出水处理	管输	汽车拉运

5. 长庆气田天然气处理工艺技术

靖边气田五座天然气净化厂脱硫脱碳装置均采用醇胺法。醇胺法脱硫脱碳的典型工艺流程见图 3-97。

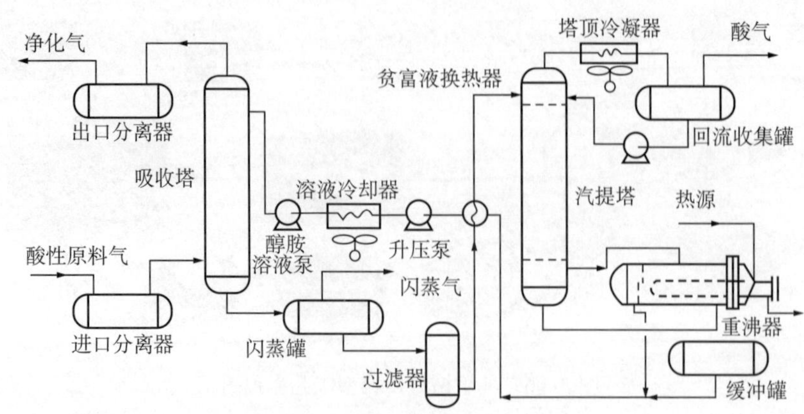

图 3-97　醇胺法工艺流程图

苏里格气田六座处理厂均采用丙烷制冷低温分离工艺。丙烷制冷低温分离工艺的典型工艺流程见图 3-98。原料气先进入预冷换热器，利用外输的冷干气对原料气进行预冷，夏季温度降低至 3.8℃（冬季温度降低至 -7.8℃）；再进入丙烷蒸发器，与液体丙烷进行换热降温，夏季温度降低至 -5.12℃（冬季温度降低至 -15.16℃）；进入低温分离器进行脱油脱水，再进入预冷换热器，与原料天然气逆流换热，然后进入计量装置区外输。

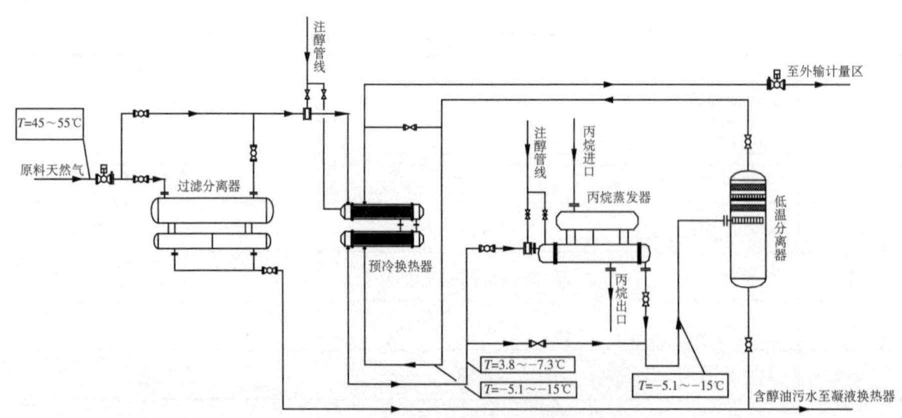

图 3-98　丙烷制冷低温分离工艺流程图

（二）规模系列划分

国内一般将天然气净化厂（处理含硫天然气）和天然气处理厂（处理不含硫天然气）统称为天然气处理厂。本教材低渗透气田定型图根据不同的工艺构成，分为不含硫天然气处理厂、低含硫天然气处理厂和橇装化集气站三部分内容。

不含硫天然气处理厂设计规模划分为 $20\times10^8m^3/a$（$600\times10^4m^3/d$）、$30\times10^8m^3/a$（$900\times10^4m^3/d$）、$50\times10^8m^3/a$（$1500\times10^4m^3/d$）。

低含硫天然气处理厂设计规模划分为 $10\times10^8m^3/a$（$300\times10^4m^3/d$）、$20\times10^8m^3/a$（$600\times10^4m^3/d$）、$30\times10^8m^3/a$（$900\times10^4m^3/d$）。

橇装化集气站采用先常温分离后增压工艺，设计压力为 4.0MPa。设计规模划分为 $50\times10^4m^3/d$、$75\times10^4m^3/d$、$100\times10^4m^3/d$。

低渗透气田标准化定型图规模系列划分见表 3–47。

表 3–47 低渗透气田标准化处理厂系列划分

序号	站名	设计规模 $10^4m^3/d$	压力等级 MPa
1	天然气处理厂（MDEA+DEA/TEG）–300–6.3	300	6.3
2	天然气处理厂（MDEA+DEA/TEG）–600–6.3	600	6.3
3	天然气处理厂（MDEA+DEA/TEG）–900–6.3	900	6.3
4	天然气处理厂（增压 / 丙烷）–600–6.8	600	6.8
5	天然气处理厂（增压 / 丙烷）–900–6.8	900	6.8
6	天然气处理厂（增压 / 丙烷）–1500–6.8	1500	6.8
7	橇装化集气站（常温分离 / 增压）–50–4.0	50	4
8	橇装化集气站（常温分离 / 增压）–75–4.0	75	4
9	橇装化集气站（常温分离 / 增压）–100–4.0	100	4

（三）工艺技术特点

1. 不含硫天然气处理厂

1）主要工艺特点

（1）采用先增压后低温脱油脱水的总工艺流程。

（2）脱油脱水装置中制冷装置采用丙烷制冷系统，安全、环保、成熟。

（3）采用低温冷凝分离工艺同时控制水、烃露点，流程短、设备少、投资低。

（4）全厂采用 DCS 系统，按控制功能或区域将控制站进行分散配置，用多个控制站组合，控制整个生产过程，从而实现控制功能分散、危险分散。

（5）储罐采用氮气保护措施，利用处理厂氮气资源，对储罐进行氮气保护，防止储罐大小呼吸向大气环境释放甲醇和凝析油蒸气，同时将储罐内易燃易爆介质与空气隔离，确保储罐安全运行。

（6）放空系统采用非全量放空设计理念，节约投资，降低能耗。

2）自动控制

天然气处理厂装置无人值守，全厂集中监控。自控系统一般采用 DCS、SIS 以及 F&GS 进行监视、控制和管理。DCS、SIS、F&GS 通过系统的集成连接为一个综合性的控制系统。该系统作为气田生产监控系统的一部分，通过通信系统，利用网络技术，与气田 SCADA 中心系统无缝链接，完成整个气田的数字化管理。

2. 低含硫天然气处理厂

1）工艺特点

（1）采用 MDEA/DEA 混合溶液脱硫脱碳、TEG（三甘醇）脱水工艺，技术成熟、可靠，适合长庆气田高碳硫比天然气特点。

（2）净化工艺供热加热设备选用导热油炉，导热油加热温度高，为用户提供稳定高温热源，系统热能整体利用率高。

（3）全厂采用 DCS/SIS 系统实现全厂工艺装置和辅助生产装置以及重要的公用设施集中监视、控制，SIS 系统独立设置，提高了安全可靠性。同时，设置 F&GS 系统实现全厂火灾、可燃气体的检测、报警。

（4）采用高效过滤器对原料气进行气、液、固分离，对直径大于 0.3μm 的机械杂质的过滤率为 99%，将原料气中杂质减少到最低，减少了胺液发泡。

（5）脱硫吸收塔设置了三个贫液进料口（12 层、16 层、20 层），可充分实现进料气质条件变化时的灵活操作。

（6）脱硫脱碳装置贫液 / 富液换热器采用易清洗的管壳式换热器，以确保换热效果，减少后冷器冷却水量和富液再生负荷，降低了工厂能耗。

（7）甲醇回收装置采用双塔流程，一塔是提馏塔，一塔是精馏塔，可满足进料甲醇浓度低及安装维护方便的要求。

（8）甲醇储罐采用氮气保护措施，防止储罐向大气环境释放甲醇蒸气，同时将储罐内易燃易爆介质与空气隔离，确保储罐安全运行。

2）自动控制

同不含硫天然气处理厂自动控制内容

3. 橇装化集气站

1）工艺特点

橇装化集气站由天然气集气一体化集成装置、压缩机橇和采出水储罐组成，站内无人值守、定期巡检、集中监控。一体化集成装置集成度高、自动程度高，集原料气气液分离、放空气及污水闪蒸分离、计量于一体，控制水平高、占地小、操作方便。

2）自动控制

电控一体化集成装置内设 1 套 RTU，采集集气站内生产数据，利用专用通信通道将所有生产数据传送至所属上位管理系统。在上位管理系统实现对该集气站的远程监控。

（四）主要工艺流程和平面布置

1. 工艺流程

1）不含硫天然气处理厂工艺流程

集气干线来气首先进入清管区，在清管作业时负责清管器的接收；再经集气区过预分离器，负责清管时段塞流的捕集及正常情况下对原料气进行气液分离；再进入压缩机，由 2.4MPa 增压到 6.1MPa，然后进入预冷换热器，利用外输的冷干气对原料气进行预冷，夏季温度降低至 2℃（冬季温度降低至 -9℃）；再进入丙烷蒸发器，与液体丙烷进行换热降温，夏季温度降低至 -5℃（冬季温度降低至 -15℃）；进入低温分离器，然后进入聚结分离器进行脱油脱水，确保外输气水、烃露点，经计量后以 5.8MPa 外输。总工艺流程见图 3-99。

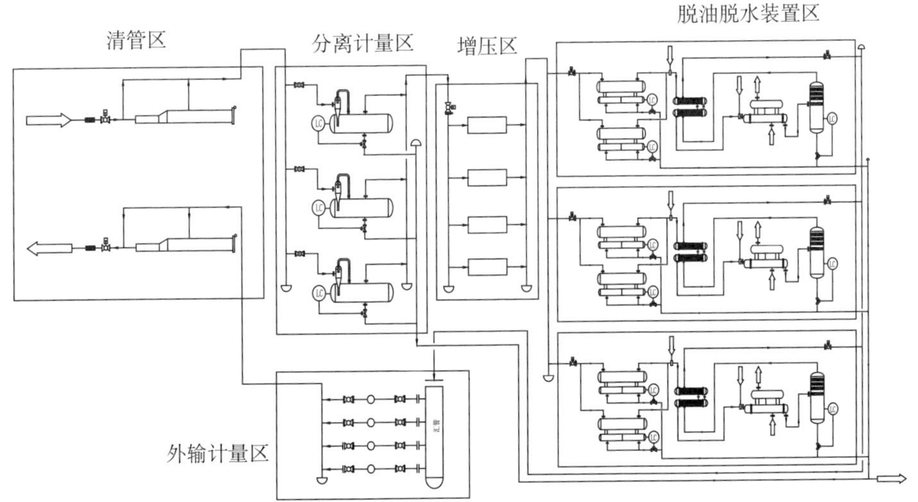

图 3-99 不含硫天然气处理厂典型工艺流程图

2）低含硫天然气处理厂

由集气干线来的原料天然气先进入脱硫脱碳装置，在脱硫脱碳装置脱除其所含的几乎所有的 H_2S 和部分 CO_2，从脱硫脱碳装置出来的湿净化气送至脱水装置进行脱水处理，脱水后的干净化天然气即产品天然气，经净化气管道输至用户，其质量按国家标准 GB 17820—2012《天然气》Ⅱ类气技术指标控制。

脱硫脱碳装置脱除的酸气为了保证低含硫天然气处理厂废气排放满足国家最新标准要求，需要设置硫磺回收装置，当硫磺产量小于等于 200t/d 时，低含硫天然气处理厂硫磺回收装置收率不低于 99.2%，硫磺产量大于 200t/d 时，收率不低于 99.8%。流程见图 3-100。

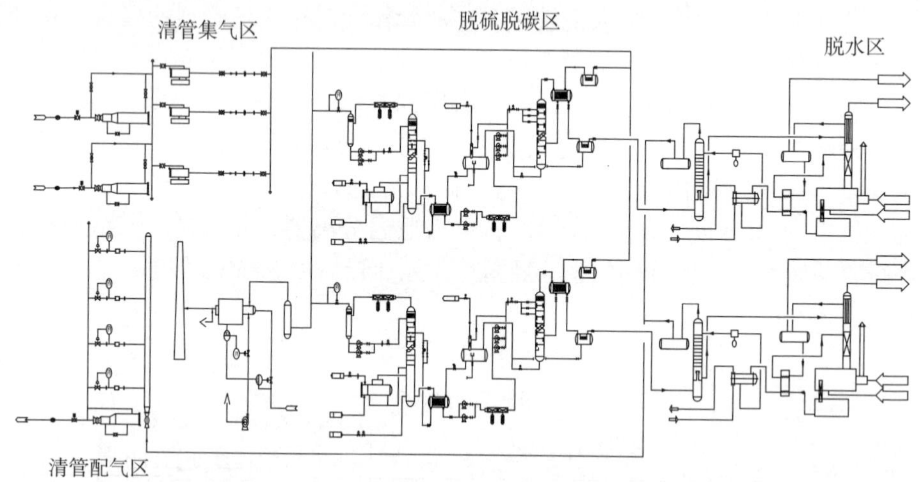

图 3-100　低含硫天然气处理厂典型工艺流程图

3）橇装化集气站

橇装化集气站负责接收井场及上游站场来气，经分离、增压、计量后输往下游集气站或处理厂。来气首先经过天然气集气一体化集成装置上的三通阀进入装置，通过分离闪蒸罐的分离腔分离、经计量后外输（低压工况时通过去压缩机的预留接口去压缩机增压，增压后的天然气接入装置，计量后外输）。橇装化集气站典型工艺流程见图 3-101。

2. 平面布置

1）不含硫天然气处理厂平面布置

不含硫天然气处理厂按功能和特点分为四个区，分别是主要生产区、辅助生产区、公用配套区、办公区及火炬区，见图 3-102。

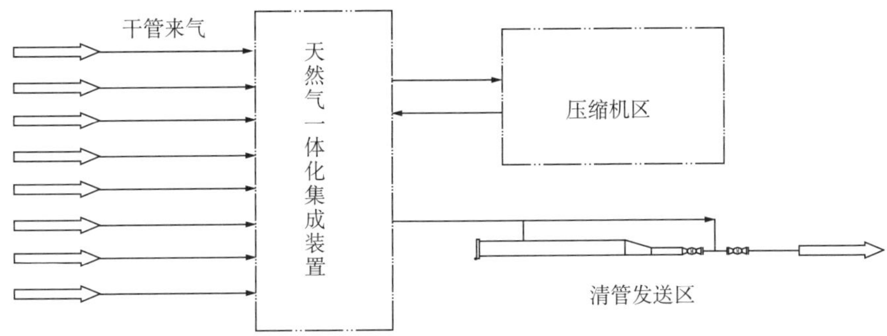

图 3-101　橇装化集气站典型工艺流程图

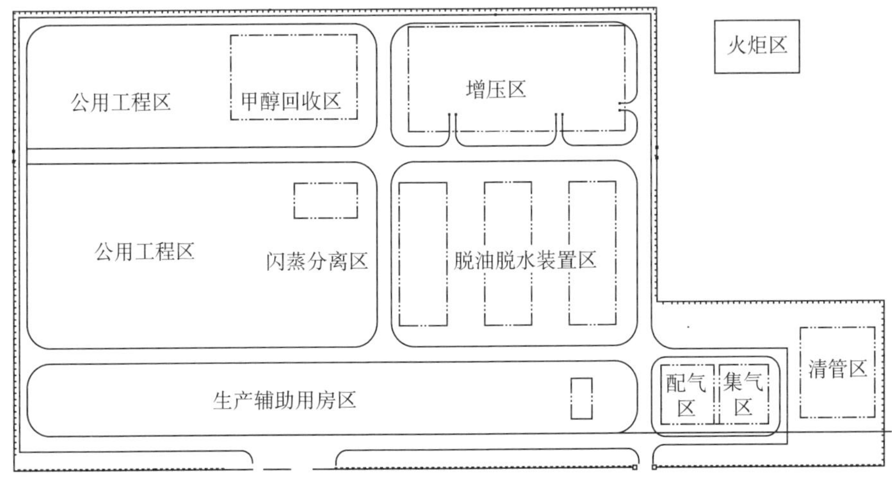

图 3-102　不含硫天然气处理厂典型平面布置图

主要生产区：脱油脱水装置区与增压区位于整个处理厂的中央，与东侧布置的清管、集配气区和燃料气区组成厂区主要生产区。

辅助生产区：主要布置在厂区北侧及东北侧，由凝析油稳定、储运罐区，闪蒸分离及丙烷储罐区，采出水处理及回注区，装卸车区等构成。

公用配套区：围绕主要生产区布置在西侧及北侧，由供水站、供热系统和 35kV 变电所构成。

办公区：位于厂区西南侧。由西向东分别为中控及化验楼、材料配件库及维修工房、空氮站，中控及化验楼北侧为气瓶溶剂药品及润滑油库。

火炬区：位于厂区外最小频率的上风侧，通常距离厂区围墙不小于120m，火炬区设置有高压放空系统和低压放空系统。高低压火炬共用一个塔架，设有高空自动电点火和地面爆燃内传火两套点火设施。

各类不含硫天然气处理厂占地面积统计见表3–48。

表3–48　不含硫天然气处理厂占地面积统计

序号	站场	占地面积，m^2
1	天然气处理厂（增压 / 脱油脱水）–600–6.8	68613
2	天然气处理厂（增压 / 脱油脱水）–900–6.8	83980
3	天然气处理厂（增压 / 脱油脱水）–1500–6.8	146755

2）低含硫天然气处理厂平面布置

低含硫天然气处理厂按功能和特点分为五个功能区块，分别为：主要生产区、辅助配套区、办公区、硫磺回收区及火炬区，见图3–103。

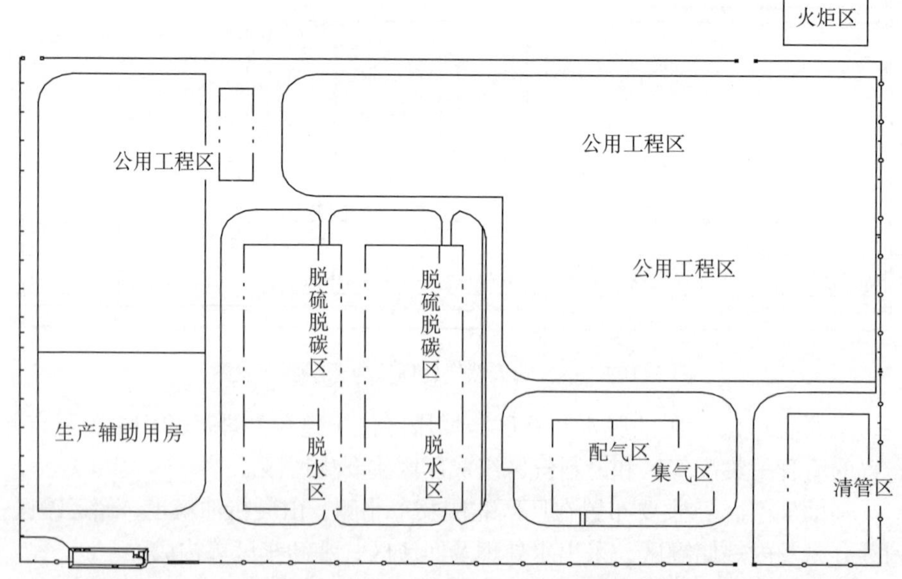

图3–103　低含硫天然气处理厂典型平面布置图

主要生产区：由脱硫脱碳脱水区、集配气区、燃料气区、清管区等组成。脱硫脱碳脱水装置位于整个站场最中央。其东侧为集配气总站，围墙南侧为进出站截断阀区。管线自站场南侧进站后，经截断阀至集配气总站计量，脱硫脱水处理后，由北向南出站。整个工艺流程顺畅，管线方便进出。

辅助配套区：由污水处理及回注、循环水、甲醇回收、甲醇罐区、装卸区、甲醇污水预处理、10kV开关站、低压配电室、空氮站和供热系统组成。辅助配套区围绕主要装置区分布在站场东、北两侧。

生产办公区：由中控化验楼、维修工房、材料配件库组成。其中中控化验楼正对厂前大门布置，向北依次为材料配件库、维修工房。功能集中、排列整齐，营造了良好的厂前区景观。

硫磺回收区：由硫磺回收、尾气焚烧和气瓶溶剂及硫磺成品库组成。硫磺回收装置区、硫磺成品库顺延主工艺流程，布置在厂区西北角，方便管线运送且相对远离人群。尾气焚烧位于站场办公区的最小风频上风侧，避免气体污染厂区。

火炬区：位于厂区外最小频率风频的上风侧，通常距离厂区围墙不小于120m，火炬区设置有高压放空系统和低压放空系统。高低压火炬共用一个塔架，设有高空自动电点火和地面爆燃内传火两套点火设施。

各类低含硫天然气处理厂占地面积统计见表3–49。

表3–49　低含硫天然气处理厂占地面积统计

序号	站场	占地面积，m^2
1	天然气处理厂（MDEA+DEA/TEG）–300–6.3	92879
2	天然气处理厂（MDEA+DEA/TEG）–600–6.3	92164
3	天然气处理厂（MDEA+DEA/TEG）–900–6.3	97426

3）橇装化集气站平面布置

数字标准化集气站总平面布置根据功能设置辅助生产区、生产区和放空区，见图3–104。各区相对独立，又相互联系，既减少相互影响，又满足生产要求。

辅助生产区：包括电仪信柜、发电机柜。

生产区：主要包括进站截断区、一体化集气集成装置区、压缩机区、采出水储罐区、阻火器区、清管发送区。

放空区：放空区位于全站最小频率风向的上风侧。

各类橇装化集气站占地面积统计见表3–50。

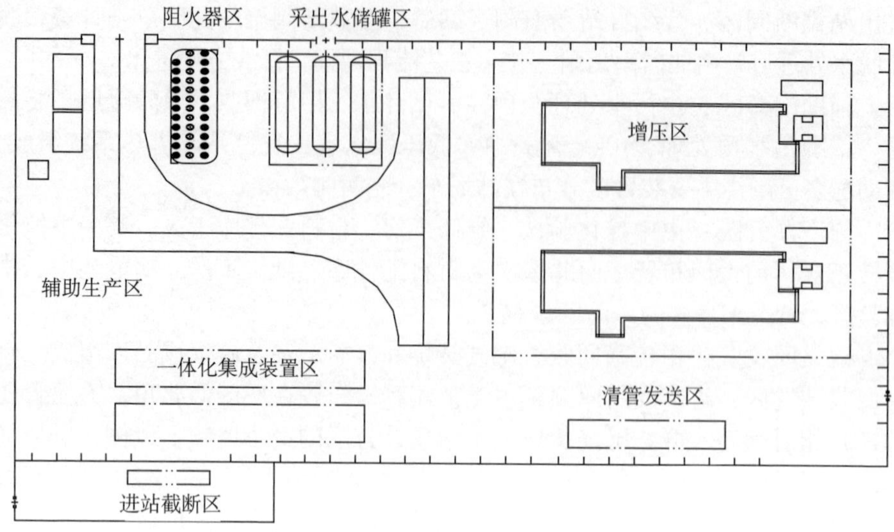

图 3-104 橇装化集气站典型平面布置图

表 3-50 橇装化集气站占地面积统计表

序号	站场	占地面积，m^2
1	橇装化集气站（常温分离 / 增压）-50-4.0	2547.71
2	橇装化集气站（常温分离 / 增压）-75-4.0	2906.05
3	橇装化集气站（常温分离 / 增压）-100-4.0	2906.05

（五）设计参数

1. 不含硫天然气处理厂

1）原料气

（1）进厂压力：≤ 2.5MPa。

（2）进厂温度：0 ~ 20℃。

2）外输气

（1）外输气压力≥ 5.5MPa。

（2）外输气温度≤ 42℃。

（3）H_2S 含量：≤ 20mg/m³。

（4）总硫含量（以硫计）：≤ 200mg/m³。

（5）CO_2 含量：≤ 3%（体积分数）。

（6）水露点：比商品气交接条件下最低环境温度低 5℃。

3）甲醇回收

（1）甲醇污水量：40 ~ 70m³/d。

（2）甲醇含量：30% ~ 52%（质量分数）。

（3）甲醇产品纯度：> 95%（质量分数）。

2. 低含硫天然气处理厂

1）原料气

（1）进厂压力：4.0 ~ 6.0MPa。

（2）进厂温度：0 ~ 20℃。

2）脱硫脱碳装置

脱硫脱碳溶液：42%（质量分数）MDEA+0.1%（质量分数）DEA 混合溶液，循环量为 165m³/h。

3）脱水装置

脱水溶液：99.6%（质量分数）TEG 溶液，循环量 6 ~ 7m³/h。

4）外输气

（1）H_2S 含量：≤ 20mg/m³。

（2）总硫含量（以硫计）：≤ 200mg/m³。

（3）CO_2 含量：≤ 3%（体积分数）。

（4）水露点：比商品气交接条件下最低环境温度低 5℃。

5）尾气排放

硫磺产量小于等于 200t/d 时，硫磺回收装置收率不低于 99.2%；硫磺产量大于 200t/d 时，收率不低于 99.8%。

3. 橇装化集气站

1）原料气

（1）进厂压力：≤ 3.5MPa。

（2）进厂温度：0 ~ 20℃。

2）外输气

外输气压力 3.5 ~ 4.0MPa。

（六）标准化模块选择

1. 不含硫天然气处理厂标准化模块构成

不含硫天然气处理厂（增压 / 丙烷制冷）标准化模块设计包括说明书，设备表，物料平衡图，清管区、集气区、增压区、脱油脱水区、配气区、闪蒸分离区、甲醇回收区工艺自控流程图和平面布置图等内容。

以天然气处理厂（增压 / 丙烷制冷）–600–6.8 标准化设计为例，包括清管区、集气区、增压区、脱油脱水区、配气区、闪蒸分离区、甲醇回收区共 7 个区块。模块化构成见表 3–51。

表 3–51　天然气处理厂（增压 / 丙烷制冷）–600–6.8 的标准化模块

序号	模块名称	数量	模块描述
1	清管区	1 套	DN500mm 收发球筒各一具，设计压力分别为 4.0MPa 和 6.8MPa
2	集气区	1 套	2 台 DN2400mm 预分离器，2 台 DN300mm 流量计，设计压力为 4.0MPa
3	增压区	1 套	3 台压缩机，2 用 1 备，设计压力为 4.0MPa 和 6.8MPa
4	脱油脱水区	1 套	1 套 $600 \times 10^4 m^3/d$ 装置，设计压力为 6.8MPa
5	配气区	1 套	1 具 DN800mm 汇管，2 台 DN300mm 流量计，设计压力为 6.8MPa
6	闪蒸分离区	1 套	1 具 DN1800mm 闪蒸分离器，设计压力为 2.5MPa
7	甲醇回收区	1 套	$100m^3$ 甲醇回收装置 1 套

2. 低含硫天然气处理厂标准化模块构成

低含硫天然气处理厂（MDEA+DEA/TEG）标准化模块设计包括说明书，设备表，物料平衡图，清管区、集气区、脱硫脱碳区、配气区、闪蒸分离区、尾气焚烧区工艺自控流程图和平面布置图等内容。

以天然气处理厂（MDEA+DEA/TEG）–300–6.3 的标准化设计为例，共包括清管区、集气区、配气区、脱硫脱碳区、脱水区及尾气焚烧区共 6 个区块。模块化构成见表 3–52。

表 3–52　天然气处理厂（MDEA+DEA/TEG）–300–6.3 的标准化模块

序号	模块名称	数量	模块描述
1	清管区	1 套	DN500mm 收球筒 1 具，DN400mm 发送筒 1 具，设计压力 6.3/6.0MPa
2	集气区	1 套	3 台 DN1600mm 预分离器，3 台 DN200mm 流量计，设计压力为 6.3MPa
3	配气区	1 套	1 具 DN600mm 汇管，4 台 DN2500mm 流量计，设计压力为 6.0MPa
4	脱硫脱碳区	1 套	2 套 $150 \times 10^4 m^3/d$ 装置，设计压力为 6.3MPa

续表

序号	模块名称	数量	模块描述
5	脱水装置区	1套	2套 $150\times10^4m^3/d$ 装置，设计压力为6.3MPa
6	尾气焚烧区	1套	1具DN2000mm×8000mm尾气焚烧炉

3. 橇装化集气站标准化模块构成

橇装化集气站标准化模块设计包括说明书、设备表、进站区、一体化装置区、增压区、清管区、采出水储罐区工艺自控流程图和平面布置图等内容。

以橇装化集气站（常温分离/增压）–50–4.0的标准化设计为例，共包括进站区、一体化集成装置区、增压区、采出水储罐区、清管区共5个区块。具体模块构成见表3–53。

表3–53　橇装化集气站（常温分离/增压）–50–4.0的标准化模块

序号	模块名称	数量	模块描述
1	进站截断区	1套	进站截断阀组
2	增压区	1套	1台 $50\times10^4m^3/d$ 压缩机，设计压力为4.0MPa
3	清管区	1套	DN300mm发送筒1具，设计压力为4.0MPa
4	采出水储罐区	1套	3具 $30m^3$ 玻璃钢采出水储罐
5	一体化集成装置区	1套	1套 $50\times10^4m^3/d$ 天然气集成装置，设计压力为4.0MPa

（七）设备及材质选择

1. 关键设备选择

1）不含硫天然气处理厂关键工艺设备

不含硫天然气处理厂内的关键工艺设备主要包括预分离器、预冷换热器、丙烷制冷装置、增压装置，其他设备还包括清管设施、缓冲罐、过滤分离器和低温分离器等。

（1）预分离器。

由于卧式分离器具有处理量大、分离效果好的优点，与立式分离器相比，具备更大的储液能力。故分离器选择卧式分离器。

预分离器由初分离段（能量转换段）、液体稳定段、气体整流段、聚结捕雾段和液体排出段组成。在分离器内配置分离元件，以提高分离效果；设置液位显示报警及自动排液装置，可减少人工的频繁操作，同时可避免误操作造成分离效果不佳的情况。

（2）预冷换热器。

原料气预冷换热器是脱油脱水装置回收冷量的关键设备，它的主要功能是尽量回收净化后的冷天然气冷量，达到冷却原料气、降低丙烷制冷负荷的目的。原料气预冷换热器结构形式不同，回收冷量不同，价格差异大。可选择的换热器主要有管壳式、板翅式和绕管式。

（3）压缩机。

目前国内外在气田上用于天然气增压的压缩机主要分为往复式压缩机和离心式压缩机两大类。

往复式压缩机是通过曲柄－连杆机构将曲轴的旋转运动转化为活塞的往复运动，依靠缸内活塞的往复运动来改变工作腔容积，达到压缩气体、提高气体压力的目的。其工作效率高且流量和压力可在较大范围内变化，并联时工作稳定，适用于气田中、后期增压。

离心式压缩机是利用叶轮旋转对气体做功，将气体速度能转化为压力能，实现气体压力的提高。适用于单机排量大、单级压比小的工况，在大的输气管道上应用较多。

气田生产具有工况不稳定、大压比、流量较小、单机功率较小等特点，因此，气田用压缩机常采用往复式压缩机组。如果气田站场气量、压力等气质条件稳定，可以选用离心式压缩机。

长距离输送管道具有工况稳定、小压比、大流量、单机功率较大等特点，因此，长输管道用压缩机常采用离心式压缩机组。

2）低含硫天然气处理厂关键工艺设备

低含硫天然气处理厂内的关键工艺设备主要包括脱硫吸收塔、脱硫再生塔、脱硫闪蒸塔、MDEA/DEA 贫富液换热器、三甘醇吸收塔和再生塔、三甘醇循环泵、尾气焚烧炉等，其他设备还包括清管设施、缓冲罐、烟囱和预分离器等，下面以天然气处理厂（MDEA+DEA/TEG）–900–6.3 为例说明。

（1）吸收塔。

① 20 层浮阀塔盘，塔盘为不锈钢材质，塔板间距：600mm。

②规格：PN6.0MPa，ϕ2600mm × 28305mm。

③操作条件：P=5.2MPa，T=45℃。

（2）再生塔。

① 24 层浮阀塔盘，塔盘为不锈钢材质，塔板间距：600mm。

②规格：PN0.3MPa，ϕ2400mm/ϕ3000mm×28606mm。

③操作条件：P=0.1MPa，T=124℃。

④ MDEA/DEA 重沸器为卧式热虹吸式，为不锈钢材质。

（3）闪蒸塔。

①二段 ϕ38mm 不锈钢三丫环填料塔。

②规格：ϕ2600mm×9412mm。

③操作条件：P=0.5MPa，T=45℃。

（4）MDEA/DEA 贫富液换热器。

MDEA/DEA 贫富液换热器选用浮头式，采用两台串联上下布置，共两组，整体热处理。

（5）三甘醇吸收塔。

①塔结构：10 块泡罩塔盘；塔板间距：600mm。

②直径：ϕ2600mm。

③高度：约 16m。

④重量：约 92t。

（6）三甘醇循环泵。

①机泵类型：三柱塞电动泵。

②循环量：8m^3/h。

③电机功率：27.5kW。

④出 / 入口压力：5.7MPa/ 常压。

（7）尾气焚烧炉。

尾气焚烧炉采用圆筒形卧式结构，ϕ3000mm×9000mm×20mm，加热功率为内部采用耐火、隔热材料多层结构，衬里后直径为 ϕ2500mm/ϕ2700mm，下部采用活动鞍式支座支撑。

3）橇装化集气站关键工艺设备

橇装化集气站内的关键工艺设备主要包括压缩机和一体化集成装置，还包括清管设施和采出水储罐等。

（1）压缩机。

压缩机组实现无人值守，压缩机监控系统的所有监测、控制参数接入业主 RTU，实现中心管理站对集气站压缩机的远程监控及紧急停车。同时，应配置独立的自动控制及安全系统，满足压缩机安全运行的要求。

（2）一体化集气集成装置。

一体化集气集成装置上分离闪蒸罐应具备脱除固、液杂质的功能，具有过滤分离器或其他组合分离器的分离效果。应能够脱除5μm以上的固体颗粒，除去气体中最小液滴直径为10μm（10μm液滴分离效率为95%）以满足自用气及压缩机的正常运行。气液分离器能够完全分离出放空气体中的液体，保证放空不带液，最大限度地降低环境破坏。应定期对水封罐中的液位进行监察，防止放空带液及回火，保证站内设备及人员的安全。

2. 材质选择

1）低含硫天然气处理厂

（1）原料天然气、放空气管线：当管线公称直径不大于300mm时，管线采用符合GB/T 9711—2011《石油天然气工业 管线输送系统用钢管》的无缝钢管，材质为L245；管线公称直径不小于300mm且小于800mm时，管线采用符合GB/T 9711—2011的双面直缝埋弧焊钢管，材质为L360MCS。

（2）净化天然气、燃料气、尾气、导热油、含醇气田采出水、甲醇、蒸汽、污油、污泥、凝结水、加药管线：当管线公称直径小于300mm时，管线采用符合GB/T 9711—2011的无缝钢管，材质为L245；管线公称直径不小于300mm且小于800mm时，管线采用符合GB/T 9711—2011的双面直缝埋弧焊钢管，材质为L415MB。

（3）酸气管线采用符合GB/T 12771—2008《流体输送用不锈钢焊接钢管》的不锈钢焊接钢管，材质为022Cr19Ni10。

（4）压缩空气和氮气管线：管线采用符合GB/T 8163—2008《输送流体用无缝钢管》的无缝钢管，材质为20。

（5）仪表风管线：管线采用符合GB/T 14976—2012《流体输送用不锈钢无缝钢管》的不锈钢无缝钢管，材质为022Cr19Ni9。

（6）采暖水管线：管线采用符合GB/T 8163—2008的无缝钢管，材质为20。

2）不含硫天然气处理厂。

（1）原料天然气、净化天然气管线（低温管线除外）和放空管线，规格为公称直径不小于300mm时选用符合GB/T 9711—2011的L450MB或L360MB直缝埋弧焊管线，当管线公称直径小于300mm时采用符合GB/T 9711—2011的无缝钢管，材质为L245。

（2）燃料气及采暖水管线等均为公称直径小于300mm管线，选用符合GB/T 8163—2008的20#钢无缝钢管。

（3）非净化空气和氮气管线均为公称直径小于300mm管线，选用符合GB/T 8163—2008的20#钢无缝钢管。

（4）公称直径大于 50mm 净化风管线选用符合 GB/T 8163—2011 的 20# 钢无缝钢管，公称直径不大于 50mm 净化风管线选用符合 GB/T 3091—2015《低压流体输送用焊接钢管》的镀锌电阻焊钢管。

（5）采出水管线选用符合 GB/T 8163—2011 的 20# 钢无缝钢管。

（6）含醇气田采出水符合 Q/SY 1513.1—2012 的选用双金属复合管。

（7）加药管线选用符合 GB/T 12771—2008 的 316L 不锈钢焊接钢管。

3）橇装化集气站

（1）原料天然气、放空和排污管线，当管线公称直径不小于 300mm 选用符合 GB/T 9711—2011 的 L450MB 或 L360MB 的直缝埋弧焊管线，当管线公称直径小于 300mm 时选用符合 GB/T 9711—2011 的无缝钢管，材质为 L245。

（2）非净化空气和氮气管线均为公称直径小于 300mm 管线，选用符合 GB/T 8163—2011 的 20# 钢无缝钢管。

（3）公称直径大于 50mm 净化风管线选用符合 GB/T 9711—2011 的无缝钢管，公称直径不大于 50mm 净化风管线选用符合 GB/T 3091—2015 镀锌电阻焊钢管。

（八）主要经济技术指标

低渗透气田主要技术经济指标见表 3-54。

表 3-54　主要技术经济指标

序号	站场名称	建设规模	占地面积 m^2	土地利用系数 %	单位综合能耗 10^6MJ/a
1	天然气处理厂（增压 + 丙烷制冷）-600-6.8	600	68613	75.7	166.88
2	天然气处理厂（增压 + 丙烷制冷）-900-6.8	900	83980	78.2	163.17
3	天然气处理厂（增压 + 丙烷制冷）-1500-6.8	1500	146755	74.3	146.85
4	天然气处理厂（MDEA+TEG）-300-6.3	300	92879	73.6	172.93
5	天然气处理厂（MDEA+TEG）-600-6.3	600	92164	82.3	179.11
6	天然气处理厂（MDEA+TEG）-900-6.3	900	97426	80.5	167.197
7	橇装化集气站（常温分离 + 增压）-50-4.0	50	2547.71	69.1	89.77
8	橇装化集气站（常温分离 + 增压）-75-4.0	75	2906.05	71.9	89.58
9	橇装化集气站（常温分离 + 增压）-100-4.0	100	2906.05	73.3	87.40

六、煤层气田

煤层气田开采方式不同于常规天然气田，主要通过井口设置的抽油机或螺杆泵进行排水采气，通过降低煤层压力，使煤层气解析出来，煤层气井的排采周期一般在半年以上。

在国内已进行商业化开发的煤层气田主要有沁水盆地和鄂尔多斯东缘盆地等煤层气田。

煤层气与天然气的开采有着很大不同，具有高投入、低产出、高风险的特点，煤层气田的开发具有以下特点：

（1）煤层气田地质条件复杂，有效开发难度大。

①煤层气田地质情况复杂、非均质性强。井口套压一般为 0.1 ~ 0.5MPa，直井产气量一般在 2000m^3/d 左右，水平井日产气量几千方至几万方不等；目前开采的煤层气中甲烷含量在 90% 以上，二氧化碳含量小于 3%，基本不含硫化氢，但含有饱和水；一般井深在 1000m 以内；单井产量低，单位产能建井数多，单位产能建设投资高。

②井口压力较低，但外输压力一般较高，合理确定压力系统较为复杂，投资大、能耗高。

③气井排采工艺复杂，排采周期长（少则数月、多则几年），产气量上升缓慢、见效慢、投资风险大。

④单井产水量初期较大（少则几方，多则上百方），但随着开采时间的延续，产水量逐步减少，水处理规模确定难度大。

⑤井口气中含有饱和水，随着输送距离的增加会产生液态水，由于井口压力低、气体携液能力差，采气管线输送效率低。

⑥煤层气特有的存在和开采方式导致煤层气含尘量较高，粉尘颗粒细微，有效分离难度大。

⑦煤层气排水采气过程中需要连续的动力供应，导致井口设备多、投资大、能耗高。

（2）地形条件复杂，开发建设难度大。

煤层气田大多位于山地丘陵地带，沟谷切割，基岩出露，且国家基本农田和自然林地广泛分布，河流湍急，地形条件复杂，海拔相对高差大，地面集输及配套的供电、通信、道路系统等建设难度大，投资高。

（一）国内外主要工艺及工艺优选

1. 国内煤层气主要集气工艺

国内煤层气田沁水盆地主要采用了“井口－采气管网－集气站－中央处理厂－外输”的总工艺流程，采用了“排水采气、低压集气、井口计量、井间串接、复合材质、站场分离、两地增压、集中处理、无线传输、数字管理”的地面工艺。

集气站采用“采气干管来气→分离器（过滤分离）→压缩机（增压）→二次分离（过滤分离）→外输”的工艺流程。

中央处理厂内采用先增压后脱水的主体工艺流程。集气干线来气首先进入集配气系统清管接收，再进入过滤分离系统进行气、液分离，然后进入增压装置，将压力由1.0MPa（绝压，下同）增压至6.0MPa后进入三甘醇脱水装置脱水，以确保外输气的水露点，最后经计量后输往西气东输一线管道。

2. 国外煤层气主要集气工艺

目前，世界上煤层气开发已形成规模化的国家主要有美国、加拿大、澳大利亚和中国等。美国圣胡安盆地煤层气田采用集中增压工艺，利用井口压力能，通过采气管线将煤层气集中增压处理后外输，处理站工艺流程见图3-105。这种集输工艺在其他一些气田中得到成功应用。采用的煤层气处理工艺简要说明如下。

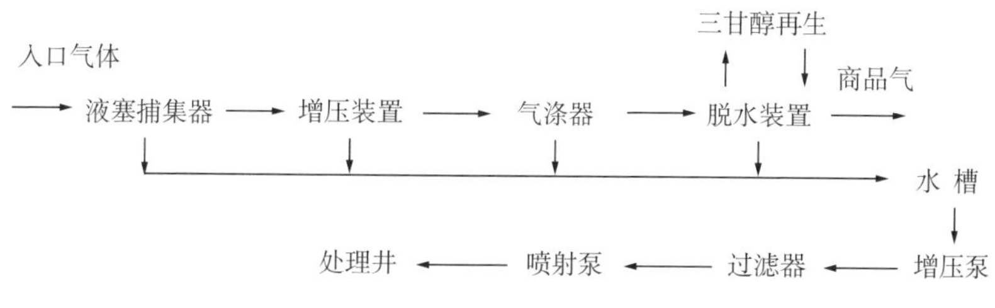

图3-105 美国圣胡安盆地处理站工艺流程图

（1）煤层气通过液塞捕集器进行气、液分离后进入增压装置增压，再进入气涤器分离出液态水后进入脱水塔脱水，脱水后的商品气进行销售或自用。

（2）处理站主要设备包括液塞捕集器、增压装置、脱水装置及计量装置。

（3）增压装置主要采用煤层气发动机驱动的橇装式往复式压缩机组。压缩机组安装在室内，采用空气加热器来对压缩机组进行防冻保护。

（4）脱水装置采用三甘醇脱水工艺，吸收塔采用板式塔，三甘醇富液送到再生塔再生后循环使用。

（5）计量装置用于返回井口举升的气体计量、自用燃料气及仪表气计量。

（二）规模系列划分

煤层气田的大、中型站场标准化设计主要包括集气站和处理厂部分内容，按照处理工艺和规模不同划分系列站场。

集气站（I 系列），主要功能为接收周边井场来气、过滤分离、增压、二次过滤分离、计量外输、清管等。设计规模划分为 $10\times10^4m^3/d$、$20\times10^4m^3/d$、$30\times10^4m^3/d$、$50\times10^4m^3/d$ 四种规模，压力等级为 1.6MPa。

集气站（II 系列），主要功能为接收周边井场来气、过滤分离、增压、二次过滤分离、计量外输、清管等。设计规模划分为 $10\times10^4m^3/d$、$30\times10^4m^3/d$、$50\times10^4m^3/d$ 三种规模，压力等级为 2.5MPa。

集气脱水站（I 系列），主要功能为接收周边井场来气、过滤分离、增压、二次过滤分离、脱水、计量外输、清管等。设计规模划分为 $10\times10^4m^3/d$、$20\times10^4m^3/d$、$30\times10^4m^3/d$、$50\times10^4m^3/d$ 四种规模，压力等级为 4.0MPa。

集气脱水站（II 系列），主要功能为接收周边井场来气、过滤分离、增压、二次过滤分离、脱水、计量外输、清管等。设计规模划分为 $10\times10^4m^3/d$、$30\times10^4m^3/d$、$50\times10^4m^3/d$ 三种规模，压力等级为 4.0MPa。

集气脱水站 I 系列适用于现场有网电情况，II 系列适用于现场有网电和无网电的情况。

处理厂，主要采用增压脱水工艺，主要功能为接收周边集气站来气、预分离、增压、脱水、计量外输等。设计规模划分为 $100\times10^4m^3/d$、$150\times10^4m^3/d$、$300\times10^4m^3/d$ 三种规模，压力等级为 7.0 MPa。其中 $100\times10^4m^3/d$ 处理厂带集气功能，分为集气部分和处理部分，集气部分规模为 $50\times10^4m^3/d$，主要接收周边井场来气、过滤分离、增压、二次过滤分离等，压力等级为 1.6MPa；处理部分规模为 $100\times10^4m^3/d$，接收上游集气站（规模为 $50\times10^4m^3/d$）来气、预分离、增压、脱水、计量外输等，压力等级为 7.0MPa。

集气站、集气脱水站 I 系列和Ⅱ系列主要区别有以下四点：

（1）设计压力等级不同。I 系列设计压力为 1.6MPa，Ⅱ系列设计压力为 2.5MPa。

（2）压缩机驱动形式不同。I 系列压缩机采用电驱形式；Ⅱ系列站内分无供电和有供电两种形式，对应压缩机分别采用燃驱和电驱形式。

（3）规模构成不同。I 系列包含 $10\times10^4m^3/d$、$20\times10^4m^3/d$、$30\times10^4m^3/d$ 和 $50\times10^4m^3/d$ 四种规模，Ⅱ系列包含 $10\times10^4m^3/d$、$20\times10^4m^3/d$ 和 $50\times$

$10^4m^3/d$ 三种规模。

（4）站内平面布局稍有不同，平面占地稍有不同。

煤层气标准化定型图规模系列划分见表 3-55。

表 3-55 煤层气标准化定型图规模系列划分

序号	站名	设计规模 $10^4m^3/d$	压力等级 MPa	设计条件
1	集气站（Ⅰ系列）-10-1.6	10	1.6	进站压力 0.05 ~ 0.15MPa，出站压力 1.2 ~ 1.4MPa，进站温度 3 ~ 25℃，气量范围（10 ~ 50）$\times 10^4m^3/d$
2	集气站（Ⅰ系列）-20-1.6	20	1.6	
3	集气站（Ⅰ系列）-30-1.6	30	1.6	
4	集气站（Ⅰ系列）-50-1.6	50	1.6	
5	集气脱水站（Ⅰ系列）-10-4.0	10	4.0	进站压力 0.05 ~ 0.15MPa，出站压力 3.2 ~ 3.6MPa，进站温度 3 ~ 25℃，气量范围（10 ~ 50）$\times 10^4m^3/d$
6	集气脱水站（Ⅰ系列）-20-4.0	20	4.0	
7	集气脱水站（Ⅰ系列）-30-4.0	30	4.0	
8	集气脱水站（Ⅰ系列）-50-4.0	50	4.0	
9	集气站（Ⅱ系列）-10-2.5	10	2.5	进站压力 0.05 ~ 0.2MPa，出站压力 2.2MPa，进站温度 10 ~ 20℃，气量范围（10 ~ 50）$\times 10^4m^3/d$
10	集气站（Ⅱ系列）-30-2.5	30	2.5	
11	集气站（Ⅱ系列）-50-2.5	50	2.5	
12	集气脱水站（Ⅱ系列）-10-4.0	10	4.0	进站压力 0.05 ~ 0.2MPa，出站压力 3.6MPa，进站温度 10 ~ 20℃，气量范围（10 ~ 50）$\times 10^4m^3/d$
13	集气脱水站（Ⅱ系列）-30-4.0	30	4.0	
14	集气脱水站（Ⅱ系列）-50-4.0	50	4.0	
15	处理厂（集气）-100-7.0	100	7.0	进站压力 0.9 ~ 1.2MPa，出站压力 6.0MPa，进站温度 10 ~ 20℃，气量范围（150 ~ 300）$\times 10^4m^3/d$
16	处理厂 -150-7.0	150	7.0	
17	处理厂 -300-7.0	300	7.0	

（三）工艺技术特点

1. 工艺特点

（1）面对煤层气低压、低产等特点，借鉴已建煤层气工程的经验，简化优化地面工艺，坚持低成本的开发战略，整体开发、效益开发、规模开发，主要采用“低压集气、站场二级分离、两地增压、集中处理”的煤层气地面工艺技术。

（2）处理厂采用先增压后脱水的工艺流程，降低脱水装置规格和运行成本，节省投资。

（3）处理厂采用三甘醇吸收法脱水，脱水装置单套处理规模较大，工艺成熟、安全可靠、流程短、设备少、投资低。

（4）处理厂采用往复式压缩机组，变工况能力强，压比大，满足进外输管道的压力要求。

（5）压缩机冷却采用空气冷却，减少循环水用量、减少废水排放，不仅保护环境，而且节约水资源。压缩机组电动机采用了软启动与变频技术，运行平稳，减少对电网及设备的冲击，节约能源。

（6）针对煤层气田产出煤层气压力比较低，增压压比较高，压缩机采用往复式压缩机。另外，本定型图分别采用燃气驱和电驱两种方式，可以根据煤层气田开发地区电网情况选择适合的方式。

（7）集气脱水站采用先增压后脱水的工艺流程，降低脱水装置规格和运行成本，节省投资。

（8）集气脱水站采用三甘醇吸收法脱水，使用三甘醇脱水一体化集成装置，装置工艺成熟、安全可靠、占地小、投资少。

2. 自动控制

整个气田由 SCADA 系统对全区块工艺过程进行集中监控、调度和管理，使各站场达到生产系统自动控制的水平。

各站场 SCS/RTU 在中心控制室的统一指挥下完成各自的工作。独立完成本站场的监视控制、自动计量及数据存储、处理、恢复等功能。当进行设备、通信系统检修、试运行时，可采用就地控制方式。

处理厂的生产运行监控、管理采用 DCS 系统和独立的 SIS、F&GS 系统自动完成。全厂设 1 座中心控制室，DCS、SIS 和 F&GS 系统的监控设备均设在里面，实现处理厂内各生产过程的集中监视和控制。

（四）主要工艺流程和平面布置

1. 工艺流程

1）集气站工艺流程

煤层气集气站分为Ⅰ系列和Ⅱ系列，两种系列的工艺流程基本一致。

集气工艺流程：来自气井的煤层气经采气干管（0.05 ~ 0.15MPa）进站后，经分离器进行气、液分离后进入压缩机组增压，增压后的煤层气压力为

1.2 ~ 1.4MPa，经空冷器冷却至 50 ~ 54℃后二次分离，经计量后外输。流程示意图见图 3-106。

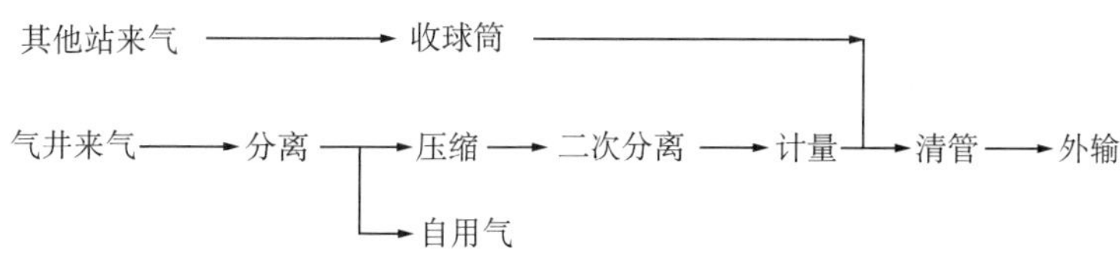

图 3-106 集气站工艺流程图

放空流程：进站区放空（分离器放空、压缩机安全放空、二次分离器安全放空、收发球筒放空）→放空总管→放空管。

排污流程：工艺设备（分离器、压缩机、二次分离器、收球筒）排污→排污总管→污水罐→污水罐车。

2）集气脱水站工艺流程

集气工艺流程：气井来煤层气经采气干管（0.05 ~ 0.15MPa）进站后，经分离器进行气、液分离后进入压缩机组增压，增压后的煤层气压力为 3.2 ~ 3.6MPa，经空冷器冷却至 50 ~ 54℃后二次分离，经脱水、计量后外输。流程示意图见图 3-107。

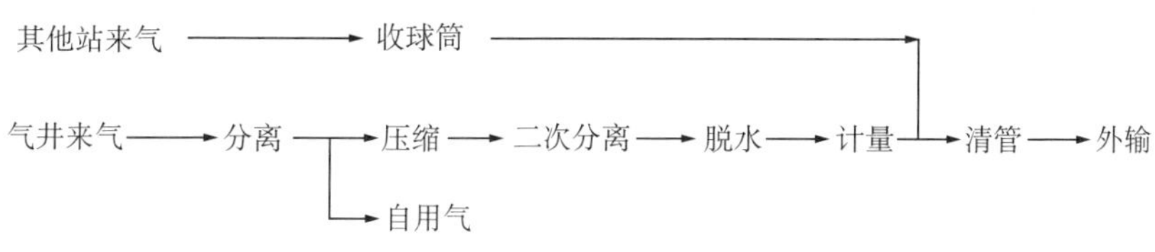

图 3-107 集气脱水站工艺流程图

放空流程：进站区放空（分离器放空、压缩机安全放空、二次分离器安全放空、三甘醇脱水装置放空、收发球筒放空）→放空总管→放空管。

排污流程：工艺设备（分离器、压缩机、二次分离器、三甘醇脱水装置、收球筒）排污→排污总管→污水罐→污水罐车。

3）处理厂工艺流程

处理厂典型工艺流程见图 3-108。各区块集气干线来气首先进入集配气装置，在清管作业时负责清管器的接收；再进入过滤分离器，负责对原料气进行气、液分离；然后进入增压装置增压，压力由 0.9MPa 增压至 6.0MPa；之后进入三甘醇脱水装置脱水，确保外输气的水露点；计量后输往外输管道。

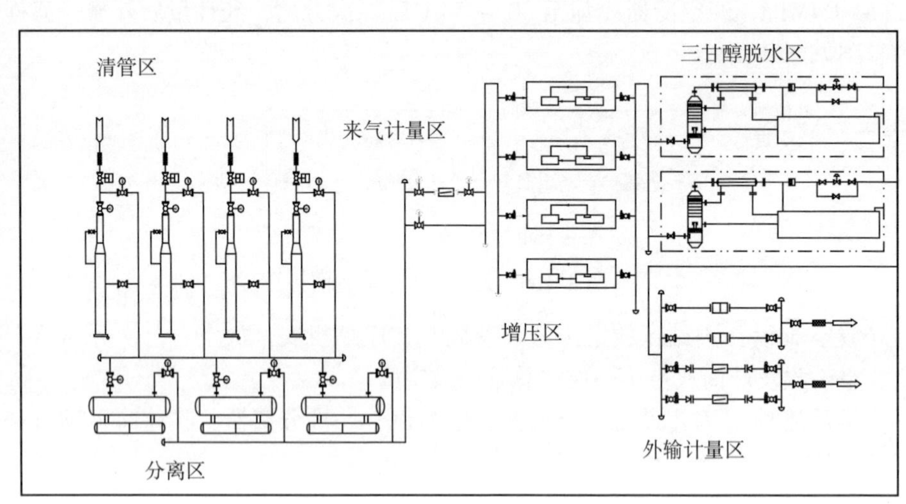

图 3-108　处理厂典型工艺流程图

（1）增压流程。

来自集配气装置的原料气进入增压装置，来气经计量装置进入往复式压缩机组增压，压力由 0.9MPa 增压至 6.0MPa，之后进入脱水装置。每台压缩机入口设置紧急关断阀，并配置“8”字盲板，以便于检修时的关断。

各级过滤分离器排出的液体进入油、水分离器，利用重力沉降进行油、水分离，沉降时间在 30min 以上，废润滑油进入废润滑油罐，凝结水进入污水处理系统。

设置废润滑油储罐和装车泵。压缩机组的废润滑油集中收集至废润滑油罐，通过装车泵外运，再生后在要求较低的场所重新利用。

（2）脱水流程。

从增压系统来的 5.8 ~ 6.0MPa 湿煤层气进入过滤分离器，将水、润滑油等脱除到 1μm 以下，以保证脱水系统的正常运行。经过过滤分离器的煤层气由吸收塔下部进入吸收塔下部气、液分离腔，通过规整填料床层，被三甘醇吸收掉水份，出塔后经过套管式换热器，计量调压后外输。

三甘醇吸收塔、三甘醇再生橇、煤层气过滤分离器的污水汇管后进入污水处理系统进行处理。

（3）集配气装置。

集气干线的原料气进入集配气装置，进站前设紧急截断阀，紧急截断阀完成在处理厂或集气干线出现紧急情况下的自功切断。在集气装置经旋风分离器、过滤分离器分离出携带的液体、粉尘及机械杂质，进入干线计量后输往增压装置；脱水装置来的净化气计量后外输。

2. 平面布置

1）集气站平面布置

集气站总平面布置根据生产性质和功能将集气站内、外分成三个区，即生产区、生活区、放空区。考虑到生产区内压缩机组噪音对住站人员影响较大，故将压缩机布置在集气站生活区最远端。各区相对独立又相互联系，既减少相互影响，又满足生产要求。

生产区：主要包括进站区、分离区、增压区、污水罐区、二次分离器区、计量外输区及收发球筒区。

生活区：主要包括值班室、休息室、壁挂炉间、厨房、餐厅、工具间、空压机房、低压配电间及 10kV 开关室等。

放空区：位于全站最小频率风向的上风侧。

2）集气脱水站平面布置

集气脱水站总平面布置根据生产性质和功能将集气站内、外分成三个区，即：生产区、生活区、放空区。考虑到生产区内压缩机组噪音对住站人员影响较大，故将压缩机布置在集气站生活区最远端。

生产区：主要包括进站区、分离区、增压区、污水罐区、二次分离器区、脱水区、计量外输区及收发球筒区。

生活区：主要包括值班室、休息室、壁挂炉间、厨房、餐厅、工具间、空压机房、低压配电间及 10kV 开关室等。

放空区：位于全站最小频率风向的上风侧。

3）处理厂平面布置

处理厂总平面布置划分为 4 个功能区：生产区、辅助生产区、公用工程区和生产办公区。处理厂典型平面布置图见图 3–110。

生产区：包括集配气区（清管区、分离区和外输计量区）、增压站、脱水装置区等。集配气区位于厂区南侧，便于集气干线进厂。

辅助生产区：包括放空分液区、火炬区、溶剂材料库等。

公用工程区：包括供水站、污水处理站、110kV 变电站、10kV 开关站、供热系统、燃气系统、空氮站等。

生产办公区：包括中控楼、食堂等。

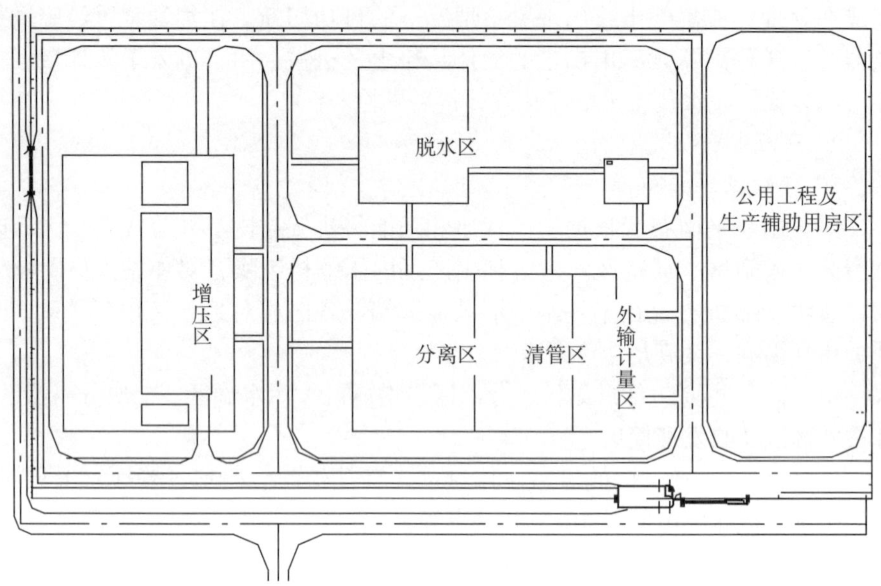

图 3-109　处理厂典型平面布置图

（五）设计参数

1. 集气站（I 系列）

（1）设计规模：$10\times10^4m^3/d$、$20\times10^4m^3/d$、$30\times10^4m^3/d$、$50\times10^4m^3/d$。

（2）进站压力：0.05 ~ 0.15MPa。

（3）进站温度：3 ~ 25℃。

（4）出站压力：1.2 ~ 1.4MPa。

（5）设计压力：压缩机前设计压力 1.0MPa；压缩机后设计压力 1.6MPa。

2. 集气站（II 系列）

（1）设计规模：$10\times10^4m^3/d$、$30\times10^4m^3/d$、$50\times10^4m^3/d$。

（2）进站压力：0.05 ~ 0.2MPa。

（3）进站温度：3 ~ 25℃。

（4）出站压力：2.2MPa。

（5）设计压力：压缩机前设计压力 0.6MPa；压缩机后设计压力 2.5MPa。

3. 集气脱水站（I 系列）

（1）设计规模：$10\times10^4m^3/d$、$20\times10^4m^3/d$、$30\times10^4m^3/d$、$50\times10^4m^3/d$。

（2）进站压力：0.05 ~ 0.15MPa。

（3）进站温度：3 ~ 25℃。

（4）出站压力：3.2 ~ 3.6MPa

（5）设计压力：压缩机前设计压力 1.0MPa；压缩机后设计压力 4.0MPa。

4. 集气脱水站（Ⅱ系列）

（1）设计规模：$10 \times 10^4 m^3/d$、$30 \times 10^4 m^3/d$、$50 \times 10^4 m^3/d$。

（2）进站压力：0.05 ~ 0.2MPa。

（3）进站温度：3 ~ 25℃。

（4）出站压力：3.6MPa。

（5）设计压力：压缩机前设计压力 0.6MPa；压缩机后设计压力 4.0MPa。

5. 处理厂

1）原料气组成

原料气组成见表 3–56。

表 3–56 进煤层气处理厂的原料天然气组份

序号	组分	冬季，%（摩尔分数）	夏季，%（摩尔分数）
1	C_1	97.6915	97.6900
2	C_2	0.0398	0.0400
3	CO_2	0.4279	0.4300
4	N_2	1.3433	1.3400
5	H_2O	0.4975	0.5000
6	合计	100.0000	100.0000

注：相对密度 0.5639，低热值约 $35MJ/m^3$。

2）进厂压力和温度

原料气进处理厂的压力为 1.0MPa，设计压力 1.6MPa。

由于增压，煤层气出集气站的温度较高，但经过集气干线后，至煤层气中央处理厂温度都接近管线周围土壤温度，经计算约为 5 ~ 25℃。

3）原料气的水、烃露点

由于冬季和夏季地温变化较大，所以原料气的水露点温度也存在较大变化。由于从井口至进厂原料气没有进行脱水处理，因此煤层气进厂工况下的水露点为进厂工况条件下的温度。

4）产品气组成

处理厂产品气组成见表 3–57。

表 3–57　处理厂产品气组成

序号	组分	冬季，%	夏季，%
1	C_1	98.1783	98.1760
2	C_2	0.0400	0.0400
3	CO_2	0.4297	0.4297
4	N_2	1.3496	1.3495
5	H_2O	0.0044	0.0048
6	合计	100.0000	100.0000

5）出厂压力

产品气出处理厂压力为 5.7MPa（表压、下同），设计压力 7.0MPa。

（六）标准化模块选择

1. 集气站标准化模块构成

集气站标准化模块构成分为Ⅰ系列和Ⅱ系列两种标准化设计类型，主要区别在于Ⅰ系列增加了 $20\times10^4m^3/d$ 的规模类型，同时平面布局稍有不同，其他流程功能相同。

集气站（Ⅰ系列）标准化模块设计共包括说明书、设备表、进站区、分离区、增压区、二次分离区、计量区和清管器发送 / 接收区、采出水储罐区等装置区的工艺自控流程图和平面布置图等内容。下面以Ⅰ系列集气站 –10–1.6 为例进行简单说明。

Ⅰ系列集气站 –10–1.6 的标准化设计共包括进站区、分离区、增压区、二次分离区、计量区、清管区和采出水储罐区共 7 个区块，见表 3–58。

表 3–58　集气站（Ⅰ系列）–10–1.6 的标准化模块

序号	模块名称	数量	模块描述
1	进站区	1 套	
2	分离区	1 套	1 具 PN12MPa DN1000mm 过滤分离器，设计压力为 1.2MPa
3	增压区	1 套	1 台规模为 $10\times10^4m^3/d$ 螺杆式压缩机，设计压力为 1.6MPa
4	二次分离区	1 套	1 具 PN25MPa DN700mm 过滤分离器，设计压力为 1.6MPa

续表

序号	模块名称	数量	模块描述
5	计量区	1 套	
6	清管器发送筒	1 套	DN500mm 发送筒 1 具，设计压力为 1.6MPa
7	清管器接收筒	1 套	DN500mm 收球筒 1 具，设计压力为 1.6MPa
8	采出水罐	1 套	$30m^3$ 玻璃钢罐 1 具，设计压力为 1.6MPa

2. 集气脱水站标准化模块构成

分为Ⅰ系列和Ⅱ系列两种标准化设计类型，主要区别在于Ⅰ系列增加了 $20\times10^4m^3/d$ 的规模类型，同时平面布局稍有不同，其他流程功能相同。

标准化模块设计共包括说明书、设备表、进站区、分离区、增压区、二次分离区、脱水区、计量区和清管器发送 / 接收区、采出水储罐区等装置区的工艺自控流程图和平面布置图等内容。以Ⅰ系列集气脱水站 -10-4.0 为例进行说明。

集气脱水站（Ⅰ系列）-10-4.0 的标准化设计，共包括进站区、分离区、增压区、二次分离区、脱水区、计量区、清管区和采出水储罐共 8 个区块。标准化模块组成见表 3-59。

表 3-59 集气脱水站（Ⅰ系列）-10-4.0 的标准化模块

序号	模块名称	数量	模块描述
1	进站区	1 套	
2	分离区	1 套	1 具 PN10MPa DN1000mm 过滤分离器，设计压力为 1.0MPa
3	增压区	1 套	1 台规模为 $10\times10^4m^3/d$ 电驱往复式压缩机，设计压力为 4.0MPa
4	二次分离区	1 套	1 具 PN40MPa DN700mm 过滤分离器，设计压力为 4.0MPa
5	三甘醇脱水一体化集成装置	1 套	1 套规模为 $10\times10^4m^3/d$ 三甘醇脱水一体化集成装置，设计压力为 4.0MPa
6	计量区	1 套	
7	清管器发送筒	1 套	DN500mm 发送筒 1 具，设计压力为 4.0MPa
8	清管器接收筒	1 套	DN500mm 收球筒 1 具，设计压力为 4.0MPa

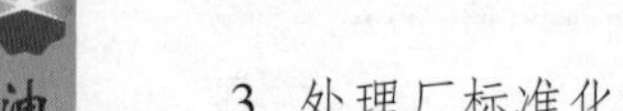

3. 处理厂标准化模块构成

处理厂标准化模块设计包括说明书、设备表、物料平衡图、清管区、分离区、增压区、脱水区、计量外输区和等装置区的工艺自控流程图和平面布置图等内容构成。与集气站合建的处理厂还含有集气站内相应流程平面。

处理厂（集气）–100–7.0 的标准化设计，包括集气和处理两个部分，集气部分规模为 $50\times10^4m^3/d$，共包括进站区、分离区、增压区、二次分离区共4个区块；处理部分规模为 $100\times10^4m^3/d$，共包括截断阀室、清管区、分离区、增压区、脱水区、计量外输区共6个区块。模块化组成见表3–60。

表3–60　处理厂（集气）–100–7.0 的标准化模块

序号	模块名称	数量	模块描述
1	截断阀区	1套	
2	清管区	1套	DN250mm 收球筒1具，设计压力为2.5MPa DN250mm 发送筒1具，设计压力为7.0MPa
3	分离器区	1套	2具 PN25MPa DN1000mm 过滤分离器，设计压力为2.5MPa
4	增压区	1套	3套 $50\times10^4m^3/d$ 电驱往复式压缩机组，设计压力为7.0MPa
5	脱水区	1套	2套 $50\times10^4m^3/d$ 三甘醇脱水一体化集成装置 装置，设计压力为7.0MPa
6	计量外输区	1套	
7	集气系统进站区	1套	
8	集气系统分离器区	1套	2具 PN12MPa DN1600mm 过滤分离器，设计压力为1.2MPa
9	集气系统增压区	1套	1台规模为 $20\times10^4m^3/d$ 电驱往复式压缩机，设计压力为2.5MPa 1台规模为 $30\times10^4m^3/d$ 电驱往复式压缩机，设计压力为2.5MPa
10	集气系统二次分离器区	1套	1具 PN25MPa DN700mm 过滤分离器，设计压力为2.5MPa

（七）设备及材质选择

1. 主要设备选择

1）集气站关键工艺设备选择

集气站设备主要包括分离器、压缩机、收发球筒及采出水罐等。

（1）分离器。

分离器包括压缩机组前分离器（简称分离器）和压缩机组后分离器（简称二次分离器）两种，均选用过滤分离器。压缩机组前分离器，主要功能是对进站来气的初次分离，分离煤层气中的游离水和固体杂质（主要是煤粉）。压缩机组后分离器主要功能是对压缩机增压后煤层气中的游离水、润滑油滴及少量固体杂质的分离。

（2）压缩机。

结合处理量、压缩比以及国内外油气田煤层气增压应用现状，可供集气站选用的压缩机有往复式、螺杆式两种，往复式压缩机在本章中已做过介绍。

螺杆式压缩机也称为螺旋式压缩机，由一对平行、互相啮合的阴、阳螺杆构成，是回转压缩机中应用最广泛的一种。分单螺杆和双螺杆两种，通常说的螺杆压缩机指的是双螺杆压缩机。目前螺杆压缩机的效率达 75% ~ 85%。在压缩机滑阀容量调节方面，可以实现 10% ~ 100% 的无级调节。螺杆压缩机在低压低产气田及煤层气增压有一些应用业绩，进口压力一般小于 0.5MPa，排气压力 1 ~ 2MPa，排量（2 ~ 10）$\times 10^4 m^3/d$。

考虑煤层气增压压比高、气量变化范围大、压缩介质为简单分离的井口煤层气，要求压缩机变工况能力比较强，适应未净化的煤层气。而螺杆式压缩机功率小、单台排量小；往复式压缩机增压压比较高、可通过安装余隙、调整单双作用和调转速实现变工况。推荐在集气站运行初期或者排量小于 $10 \times 10^4 m^3/d$ 的条件下采用螺杆机，其余选用往复式压缩机。

当电力资源丰富、供电可靠性高、电价较低时，压缩机驱动优先选用电驱动。典型图选用电驱动的往复式压缩机组。

2）集气脱水站关键工艺设备选择

集气脱水站设备主要包括分离器、压缩机、三甘醇脱水一体化集成装置、收发球筒及采出水罐等。分离器、压缩机的工艺设备选型同集气站。

用于脱水的工艺方法主要有低温分离、固体吸附和溶剂吸收三类方法。

低温分离脱水法常用于有足够压力，能进行节流制冷的场所。通常利用节流膨胀致冷、冷剂制冷和膨胀机制冷三种方式。

固体吸附是利用干燥剂对水分子的吸附作用而将其从中除去的方法。用于深度脱水，如加气站分子筛脱水，水露点可达到 −60℃左右，另外深冷工艺也常用固体吸附。

溶剂吸收是利用脱水剂的良好吸水性能，通过在吸收塔内进行气、液传质，脱除气中的水分。比较适合露点控制，普遍采用甘醇类如三甘醇吸收。

典型图选用三甘醇法。

3）处理厂关键设备选择

处理厂设备主要包括过滤分离器、压缩机、三甘醇脱水装置、收发球筒等。处理厂增压压缩机可采用往复式或离心式压缩机，其特点和适用范围如下。

（1）往复式压缩机。

往复式压缩机具有进出口压力范围较宽、流量调节范围较大、压比大、压力适用范围广和绝热效率高等优点。但因外形尺寸大、机体笨重，排气量受气缸直径的限制而较小，故不易大型化，只适用于中、小排气量、排气压力为高压或超高压的工况。一般用于流量不大或出口压力要求很高的天然气增压。

（2）离心式压缩机。

离心式压缩机的优点是：①结构紧凑、尺寸小、重量轻。②排气均匀、连续、无周期性脉动。③转速高、排量大、工作平稳、振动小。④使用期限长、运行可靠、易损件少。⑤可以直接与高转速的驱动机连接，便于流量调节，易于实现自控等。其缺点是压比较小，绝热效率较低，排气压力的提高受到一定限制，流量过小时会产生喘振。离心式压缩机适用于大流量、排气压力为中低压的工况。

一般来说，由于煤层气集气系统的气体流量、压力波动较大，压比较高，流量较小，多采用往复式压缩机增压。此外，当处理厂分期建设或规模不大（例如煤层气处理厂）时，也多采用往复式压缩机增压。

2. 材质选择

1）集气站和集气脱水站

①管道 DN<300mm 采用无缝钢管，材质为 L245，其制造应执行 GB/T 9711-2011；DN ≥ 300mm 采用直缝双面埋弧焊钢管，材质为 L245，其制造应执行 GB/T 9711-2011；仪表风采用不锈钢管，其制造应执行 GB/T 14976-2012，材质为 10Cr18Ni8；室内燃气管线采用焊接镀锌钢管，材质为 Q235B · Zn，其制造应执行 GB/T 3091-2015。

②管件小于 DN300mm 的按 GB/T 12459—2005《钢制对焊无缝管件》的标准采购，DN ≥ 300mm 的按 GB/T 13401—2005《钢板制对焊管件》的标准采购，焊接镀锌管件按 GB/T 14383—2008《锻制承插焊和螺纹管件》的标准采购。

2）处理厂

（1）原料气、净化气管线和放空管线，DN ≥ 300mm 选用 L245 或 L415 直缝埋弧焊管线，其制造应执行 GB/T 9711—2011，当管线 DN<300mm 时采用无缝钢管，材质为 20#，其制造应执行 GB/T 9711—2011。

（2）燃料气管线等均为 DN<300mm 管线，选用 20# 钢无缝钢管，其制造应执行 GB/T 8163—2008；

（3）非净化空气和氮气管线均为 DN<300mm 管线，选用 20# 钢无缝钢管，其制造应执行 GB/T 8163—2008；

（4）DN ＞ 50mm 净化风管线选用 20# 钢无缝钢管，其制造应执行 GB/T 9711—2011，DN ≤ 50mm 净化风管线选用镀锌电阻焊钢管，其制造应执行 GB/T 3091—2015。

（八）主要经济技术指标

集气站、集气脱水站主要技术经济指标见表 3-61 ~ 表 3-65。

表 3-61 集气站（Ⅰ系列）主要技术经济指标

序号	项目	单位	集气站-10-1.6	集气站-20-1.6	集气站-30-1.6	集气站-50-1.6
1	建设规模	$\times 10^4 m^3/d$	10	20	30	50
2	占地面积	m^2	3250	3250	4450	4550
3	土地利用系数	%	72.3	73.4	74.6	76.5
4	电耗	$\times 10^4 kW \cdot h/a$	41.4	68.50	95.56	147.05
5	气耗	$\times 10^4 m^3/a$	0.29	0.29	0.31	0.33

表 3-62 集气站（Ⅱ系列）主要技术经济指标

序号	项 目	单 位	集气站 -10-2.5		集气站 -30-2.5		集气站 -50-2.5	
			无供电	有供电	无供电	有供电	无供电	有供电
1	建设规模	$\times 10^4 m^3/d$	10	10	30	30	50	50
2	占地面积	m^2	5967	5967	7749	7421	7749	7749
3	土地利用系数	%	76.9	78.5	77.6	79.7	78.6	80.6
4	电耗	$\times 10^4 kW \cdot h/a$		617.5		1705.2		2646.0
5	气耗	$\times 10^4 m^3/a$	220.5	10.5	594.5	10.5	912	10.5

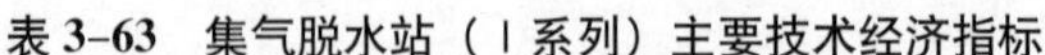

表 3-63　集气脱水站（Ⅰ系列）主要技术经济指标

序号	项目	单位	集气脱水站 -10-4.0	集气脱水站 -20-4.0	集气脱水站 -30-4.0	集气脱水站 -50-4.0
1	建设规模	×$10^4m^3/d$	10	20	30	50
2	占地面积	m^2	3650	4200	4450	4550
3	土地利用系数	%	73.2	74.6	75.9	78.1
4	电耗	×10^4kW・h/a	41.4	68.50	95.56	147.05
5	气耗	×$10^4m^3/a$	2.04	3.80	5.44	9.08

表 3-64　集气脱水站（Ⅱ系列）主要技术经济指标

序号	项 目	单 位	集气脱水站 -10-4.0		集气脱水站 -30-4.0		集气脱水站 -50-4.0	
			无供电	有供电	无供电	有供电	无供电	有供电
1	建设规模	×$10^4m^3/d$	10	10	30	30	50	50
2	占地面积	m^2	6273	6273	8032.5	8032.5	8505	8505
3	土地利用系数	%	77.1	78.8	77.9	80.3	79.3	81.5
4	电耗	×10^4kW・h/a		635		1806		2898
5	气耗	×$10^4m^3/a$	231	10.5	636	10.5	999	10.5

表 3-65　处理厂主要技术经济指标

序号	项目	单位	处理厂 -100-7.0	处理厂 -150-7.0	处理厂 -300-7.0
1	建设规模	×$10^4m^3/d$	100	150	300
2	产量	×$10^4m^3/d$	94	142	285
3	水露点	—	冬季≤ -15℃，夏季≤ 5℃		
4	占地面积	m^2	40883	43790	45530
5	建筑面积	m^2	3522.74	3875.6	4256.75
6	土地利用系数	%	76.1	77.8	79.5
7	电耗	×10^4kW・h/a	1512	2231	3007
8	气耗	×$10^4m^3/a$	7	7.88	10.51
9	水耗	×10^4t/a	5.89	6.23	7.56

第四节　公用工程标准化设计

一、放空火炬

火炬放空单元是保障工厂安全生产的辅助生产设施。本文内容不涉及放空量的计算方法，按照最大放空量划分系列开展标准化设计。放空量按照先关断后放空的原则，根据工厂工艺条件、自动化程度、装置构成等确定，最大放空量不等同于工厂处理量。

火炬放空单元包括高低压放空分液罐，凝液回收泵，高、低压放空火炬和点火系统等设备；设备基础、火炬塔架等构筑物；相应的工艺管道、控制系统等。

（一）标准化系列划分

1. 火炬放空单元模块划分

火炬放空单元分为放空气分离模块和火炬放空模块。放空气分离模块一般由高压放空分液罐、低压放空分液罐及凝液回收泵组成。火炬放空模块一般由高压放空火炬和低压放空火炬组成。根据放空气体的组分性质，火炬放空气可分为酸性气放空和非酸性气放空两种工况。

放空气来源可分为高压放空气和低压放空气。其中，高压放空气主要来源于油气田天然气处理厂的ESD火灾事故放空、开工调压放空、设备检修放空、安全阀的超压安全泄放、设备高低压窜气放空、自控系统事故紧急放空等。

低压放空气主要来源于油气田及天然气处理厂，低压放空主要包括：设备检修放空、超压泄放、酸气放空、装置闪蒸气放空等。

根据大庆油田、吉林油田、长庆油田、西南油气田和新疆油田的火炬系统的设置和运行情况，以及塔里木油田公司已建和在建的工程分析，火炬放空单元按照放空量大小做以下几个系列的标准化设计，见表3-66。

2. 系列划分原则

1）放空压力划分原则

高压放空系统用于设计压力高于1.0MPa的设备紧急放空、泄压、运行和维护等作业所排放的高压含水油气（音速火炬除外）。

表 3-66　火炬放空单元系列划分

序号	放空量 Q	放空气分离模块	火炬放空模块
1	高压放空（包括酸性气和非酸性气）	高压放空分液罐	火炬类型
系列 1	$150 \times 10^4 m^3/d$	单进口	常规火炬
系列 2	$300 \times 10^4 m^3/d$	单进口	常规火炬
系列 3	$500 \times 10^4\ m^3/d$	双进口	常规火炬
系列 4	$1000 \times 10^4\ m^3/d$	双进口	常规火炬
系列 5	$1500 \times 10^4 m^3/d$	双进口	音速火炬
2	低压放空（包括酸性气和非酸性气）	低压放空分液罐	火炬类型
系列 6	$10 \times 10^4\ m^3/d$	单进口	常规火炬
系列 7	$20 \times 10^4\ m^3/d$	单进口	常规火炬
系列 8	$40 \times 10^4\ m^3/d$	单进口	常规火炬
3	凝液回收	流量 $5m^3/h$，扬程 50m	

低压放空系统用于设计压力低于 1.0MPa 的设备紧急放空、泄压、运行和维护等作业所排放的低压含水油气（应单独设置酸性气体排放系统）。

2）高、低压放空火炬合用的原则

高、低压放空管压差大时，分别设置通常是必要的。当高压放空量较小或高、低压放空的压差不大时（如压差为 0.5 ~ 1.0MPa），可只设一个放空火炬，但高、低压放空管应分别设置。这时，还必须对可能同时排放的各放空点背压进行计算，使放空系统的压降减少到不会影响各排放点安全排放的程度。

（二）类型选用

根据放空量的大小选用合适的火炬放空单元系列，见表 3-67。

表 3-67　火炬放空单元系列选用

系列	适用范围
系列 1	高压放空量 Q：$100 \times 10^4 m^3/d < Q \leqslant 250 \times 10^4 m^3/d$

续表

系列	适用范围
系列 2	高压放空量 Q：$250 \times 10^4 m^3/d < Q \leqslant 400 \times 10^4 m^3/d$（含）
系列 3	高压放空量 Q：$400 \times 10^4 m^3/d < Q \leqslant 700 \times 10^4 m^3/d$
系列 4	高压放空量 Q：$700 \times 10^4 m^3/d < Q \leqslant 1200 \times 10^4 m^3/d$
系列 5	高压放空量 Q：$1200 \times 10^4 m^3/d < Q \leqslant 1800 \times 10^4 m^3/d$
系列 6	低压放空量 Q：$0 < Q \leqslant 10 \times 10^4 m^3/d$
系列 7	低压放空量 Q：$10 \times 10^4 m^3/d < Q \leqslant 20 \times 10^4 m^3/d$
系列 8	低压放空量 Q：$20 \times 10^4 m^3/d < Q \leqslant 40 \times 10^4 m^3/d$

（三）平面布置

1. 设备平面布置图

对于放空系统分别设置有高、低压放空系统时，其分别对应有高压放空分液罐和低压放空分液罐，当放空系统只有高压放空系统时，其对应的只有一个高压放空分液罐。

对于高、低压放空系统分别设置火炬时，其设备平面布置有两种方式：一是高、低压火炬分别布置在不同的地方，这种布置方式的优点是由于低压火炬放空量小，可以降低低压火炬的高度，缺点是每套火炬分别设置点火系统，在公用工程上有浪费，占地面积大；另一种设备平面布置是高、低压火炬采用捆绑式，即高压火炬及低压火炬共用 1 座塔架支撑，捆绑式火炬具有结构紧凑、占地小、共享公用工程、投资小等优点，缺点是低压火炬的高度必须与高压火炬相同。经过综合对比，推荐采用高、低压火炬捆绑式布置。

2. 工艺管道布置要求

可燃性气体排放管道的敷设应符合下列要求：

（1）管道应架空敷设。

（2）新建工程管道应采用自然补偿，扩建、改建工程管道宜采用自然补偿，且补偿器宜水平安装。

（3）管道坡度不应小于千分之二，管道应坡向分液罐；管道沿线出现地点，应设置分液罐或积液罐。

（4）管道支路应由上方接入总管，支管与总管应成 45° 斜接。

（5）管道宜设置管托或垫板；管道公称直径 DN ≥ 800mm 时，滑动管托或垫板应采用聚四氟乙烯摩擦副型取减少摩擦系数的措施。

（6）管道有震动、跳动可能时，应在适当位置采取径向限位措施。

（四）标准化设计内容

1. 工艺

高压放空气、低压放空气经各自相应的放空总管汇集后进入相应的放空分液罐分液，除去放空气中夹带的固体和直径大于300μm液体杂质，以避免在火炬周围形成火雨。分液后的放空气分别进入相应的火炬进行放空燃烧。

分离出的凝液由凝液回收泵输送至罐区的污油罐。检修时设备冲洗污水由凝液回收泵输送至污水处理装置。

2. 热工

1）密封装置的设置

（1）火炬系统必须采取防回火措施，以防止可燃性气体在火炬筒体或可燃性气体在排放管网内发生爆炸。（2）吹扫气体宜选用氮气或燃料气，不宜使用水蒸汽（尤其地处寒冷地区的火炬）。酸性气体火炬和有毒介质的火炬，吹扫气体宜使用燃料气。对于通常的碳氢化合物可燃性气体火炬，吹扫气体宜优先使用氮气。（3）火炬应设置速度密封器或分子密封器，宜优先选用速度密封器。（4）吹扫气体量应保证火炬出口流速大于安全流速。安全流速取值应符合下列规定：①火炬采用速度密封器时，不应小于0.012m/s；②火炬采用分子密封器时，不应小于0.003m/s。（5）吹扫气体供给量应用限流孔板控制流量。（6）速度密封器应安装在火炬头下半部靠近入口法兰处。

2）火炬头的设置

（1）火炬头应满足正常操作和开停工时无烟燃烧的要求，在计算火炬的消烟蒸汽和压缩空气时，可以按最大事故排放量的15%～20%计算。（2）火炬头应有良好的防护性能，使用寿命长；其上部设计温度不应低于1200℃。（3）火炬头顶部应设火焰挡板，其限流面积宜为2%～10%；火炬头上部3m部分（包括内件）应使用ANSI 310SS或同等材料制造，3m以下部分使用304或等同材料制造。（4）常规火炬头在最大处理量时产生的压降宜≤14kPa。（5）全厂紧急事故最大排放工况火炬头出口的马赫数应≤0.5，无烟燃烧时火炬头出口的马赫数宜取0.2；处理酸性气体的火炬头出口马赫数宜≤0.2。（6）处理酸性气体的火炬头宜设置防风罩。（7）火炬燃烧时火炬头产生的地面噪音应满足下列要求：①正常操作工况（包括开工、停工）时不大于90dB；②全厂紧急事故最大排放工况时不大于115dB。（8）在放空量大于

$1200\times10^4m^3/d$ 时，此时的高压放空火炬的火炬头宜选用音速火炬头。

3）点火系统设置

火炬应设有可靠的点火设施，确保在不同气象条件下均能及时点燃火炬。火炬头点火点的数量和布置应根据火炬头直径及所在地区的方向确定。火炬头点火点数据宜按表 3–68 确定。

对于有毒气体的放空，长明灯必须保持长燃；对于无毒气体的放空，工厂可根据操作管理，在正常工况下，熄灭长明灯。

表 3–68 点火点数量

火炬头公称直径，mm	点火点数量，个
≤ 500	2
500 ~ 1000	3
≥ 1000	4

点火系统作为正常放空或事故放空时的点火设施。油气处理厂设有高压、低压放空火炬，每个火炬分别设一套自动点火系统。

为保证火炬点火的及时性和可靠性，高、低压放空火炬点火系统的设计均采用两套系统：一套为防爆型地面爆燃式内传火电点火系统，另一套为高空自动电点火系统。两套点火系统互为备用。

防爆型地面爆燃式内传火电点火系统由防爆内传火点火器、内传火管线、火炬长明灯燃烧器、燃料气管线、稳压罐等组成，该系统在火炬区人工点火。

高空自动电点火系统包括：高空电点火器、火焰检测器、燃料气管线、高低压电缆、现场控制箱、远程控制箱等组成，该系统可实现在控制室遥控全自动点火，也可在火炬区就地实现硬手动、半自动点火。

3. 机械

1）高、低压放空火炬筒体选材

（1）对于设计温度高于 –20° 的情况。

酸性工况的火炬筒体材质使用钢板 Q245R（GB 713—2014《锅炉和压力容器用钢板》）、20 锻件，钢板供货状态应正火状态。非酸性工况的火炬筒体材质使用 Q245R（GB 713—2014）、20 锻件，并按 GB 150.1 ~ GB 150.4—2011《压力容器［合订本］》要求考虑是否使用正火板。

放空火炬筒体所用钢板、锻件和对接焊缝应在 –20° 夏比 V 形缺口冲击试验，均满足三个试样的平均值 KV2 ≥ 34J，其中单个试样最小值满足

KV2 ≥ 24J。

焊缝采用双面焊，并进行局部热处理。对接焊缝应进行射线检测，检测比例≥ 10%，Ⅲ级合格，HB ≤ 200。

（2）对于设计温度低于 -20° 的情况。

对于设计温度低于 -20° 的火炬筒体设计，应先用低温低应力工况进行判断是否选用低温钢进行设计。若符合低温低应力工况，酸性工况使用钢板 Q245R（GB 713—2014）、20 锻件，钢板供货状态应正火状态。非酸性工况筒体材质使用 Q245R（GB 713—2014）、20 锻件，并按 GB 150.1 ~ GB 150.4—2011 要求考虑是否使用正火板。

放空火炬筒体所用钢板、锻件和对接焊缝应进行 -20° 夏比 V 形缺口冲击试验，均满足三个试样的平均值 KV2 ≥ 34J，其中单个试样最小值满足 KV2 ≥ 24J。

焊缝采用双面焊并进行局部热处理。对接焊缝应进行射线检测，检测比例≥ 10%，Ⅲ级合格，HB ≤ 200。

2）放空分液罐选材

（1）对于设计温度高于 -20° 的情况。

酸性工况的放空分液罐材质使用钢板 Q245R（GB 713—2014）、20 锻件，钢板供货状态应正火状态。非酸性工况的放空分液罐材质使用 Q245R（GB 713—2014）、20 锻件，并按 GB 150.1 ~ GB 150.4—2011 要求考虑是否使用正火板。

放空分液罐所用钢板、锻件和对接焊缝应进行 -20° 夏比 V 形缺口冲击试验，均满足三个试样的平均值 KV2 ≥ 34J，其中单个试样最小值满足 KV2 ≥ 24J。

焊缝采用双面焊，并进行整体热处理。对接焊缝应按照 GB150.1 ~ GB 150.4—2011 进行射线检测。酸性需做硬度检查，HB ≤ 200。

（2）对于设计温度低于 -20° 的情况。

对于设计温度低于 -20° 的放空分液罐，应先用低温低应力工况进行判断，是否选用低温钢进行设计。若符合低温低应力工况，酸性工况使用钢板 Q245R（GB 713—2014）、20 锻件，钢板供货状态应正火状态。非酸性工况放空分液罐材质使用 Q245R（GB 713—2014）、20 锻件，并按 GB 150.1 ~ GB 150.4—2011 要求考虑是否使用正火板。

放空分液罐所用钢板、锻件和对接焊缝应进行 -20° 夏比 V 形缺口冲击试验，均满足三个试样的平均值 KV2 ≥ 34J，其中单个试样最小值满足

KV2 ≥ 24J。

焊缝采用双面焊，并按 GB150.1 ~ GB 150.4—2011 要求进行热处理。对接焊缝应按照 GB 150–2011 进行射线检测 . 酸性需做硬度检查，HB ≤ 200。

二、分析化验室

分别针对气田和油田的分析化验室开展标准化设计。

（一）气田分析化验室

分析化验室为天然气处理厂的辅助生产设施，主要承担处理厂生产过程中原料气、产品气、过程气、醇胺溶液、硫黄、油品等的常规分析工作和新鲜水、污水、锅炉水等水质分析工作。根据工艺分析需求，设置各功能分析化验用房并配备色谱分析、化学分析等分析化验所需的分析仪器和设备。

1. 标准化系列划分

根据原料天然气介质组分，结合分析化验室的特点、功能，在前期对各油气田油气厂、站充分调研的基础上，广泛征求了各油气田设计院、生产运行等部门的意见，经过多次方案技术讨论，将气田分析化验室划分为四种类型，见表 3–69。

表 3–69　气田分析化验室类型划分

序号	类型	功能用房使用面积 m^2	备注
1	化验室（天然气处理厂 / 酸性介质和凝液回收）	328	不含配套钢瓶使用间的面积
2	化验室（天然气处理厂 / 酸性介质）	304	
3	化验室（天然气处理厂 / 凝液回收）	281	
4	化验室（天然气处理厂 / 常规）	257	

2. 选用原则

气田分析化验室各类型的选用应根据各厂、站的原料天然气介质条件、生产规模以及装置列数等不同组合选用相适宜的类型，见表 3–70。

表 3–70　天然气分析化验室类型选用

类型	适用范围
化验室（天然气处理厂 / 酸性介质和凝液回收）	原料气含酸性介质且设有凝液回收装置的天然气处理厂

续表

类型	适用范围
化验室（天然气处理厂 / 酸性介质）	原料气含酸性介质的天然气处理厂
化验室（天然气处理厂 / 凝液回收）	设有凝液回收装置的天然气处理厂
化验室（天然气处理厂 / 常规）	原料气不含酸性介质且未设凝液回收装置的天然气处理厂

分析化验室类型选用表仅适用于常规情况，特殊情况下应根据控制点位的多少、工艺的复杂程度及厂站所在地对环保的要求等综合因素对分析化验室规模进行适当调整；本标准化设计以主体工艺装置 2 套、公用工程及辅助生产设施各 1 套为基础。对于有多套主体工艺装置的天然气处理厂，可根据具体分析需求适当增加相应仪器、设备。仪器、设备增加后对功能房间大小进行相应调整。建筑外观、功能布局方式等应与本定型图类型协调统一。

3. 平面布置

化验室位置应符合 GB 50183—2015《石油天然气工程设计防火规范》的要求。并应同时满足以下要求：

（1）化验室应位于爆炸危险区以外，且应远离灰尘、烟雾、热源、噪声、振动源和电磁干扰环境。

（2）化验室不宜与甲类、乙 A 类建筑物布置在同一栋建筑物内。

4. 标准化设计内容

1）工艺

（1）分析化验室根据工艺分析需求设置色谱分析室、天平室、化学分析室、取样准备间、药品库房、资料室，此外不同的类型根据不同的工艺分析需求还设置有硫黄分析室、总硫分析室、油品分析室、水分析室、标液纯水室、更衣室等功能用房。

（2）配套钢瓶使用间为分析化验室提供分析用载气，单独设置。分析化验室需要接入载气的房间尽量放在同一侧，便于载气管路敷设。

（3）气味较大、挥发性强的药品库房等功能房间布置于角落，减少对分析化验操作人员的影响。

（4）化验室仪器设备既满足各单元分析项目、控制指标以及分析精度的要求，又经济实用，且有一定的灵活性。主要有气相色谱仪、水露点分析仪、烃露点分析仪、荧光硫测定仪、烟气分析仪、离子色谱仪、自动电位滴定仪、分光光度计、饱和蒸气压测定仪等仪器、设备。

（5）化验室家具具备抗酸、碱以及防雾、防腐蚀等功能。常用的家具有实验台（边台、中央台）、仪器台、天平台、药品柜、器皿柜、水盆台、药品架、仪器架、通风柜等。

2）暖通

（1）室外计算参数。

采暖及空调室外计算参数按建筑物所在地的室外气象参数选取。

（2）室内空气设计参数。

室内空气设计参数见表 3–71。

表 3–71 室内空气设计参数

房间名称	夏季温度，℃	冬季温度，℃	正常 / 事故通风量次
分析室	26 ~ 28	18 ~ 20	8/12
办公室、资料室	26 ~ 28	18 ~ 20	—
药品库房	—	16 ~ 18	8/12
更衣室	26 ~ 28	18 ~ 20	—
公共卫生间	—	16	12 / -
门厅、过道	—	14 ~ 16	—

（3）空气调节。

在需要空气调节的房间均设置分体式空调器进行空气调节，以满足工艺设备对环境的要求以及人员舒适性的要求。空调室外机放置在建筑预留的空调板上。

（4）采暖。

按采暖区域划分，寒冷地区及严寒地区，各房间采用集中热水供暖，供暖热水由附近热源提供。室内供暖系统采用上供下回同程式，回水管沿墙明敷，遇到过门地方设置过门地沟，暖气片选用铜铝复合翼柱型散热器。

其他地区，对于经常有人的房间依托分体空调系统供暖。

（5）通风。

建筑物内各房间宜优先采用自然通风方式排除有害气体及室内余热，当自然通风不能满足要求时，应采用机械通风方式。分析室根据分析化验工艺的需要，设置通风柜或者万向通风罩用作局部通风，另外设置轴流风机作全面通风。

对于有风沙地区，进风应采取防沙措施。

（二）油田分析化验室

油化验室为油田联合站或原油脱水站的辅助生产设施，主要承担原油含水，原油密度、污水含油、污水悬浮物、伴生气水露点等分析检测工作。根据工艺分析需求，设置各功能分析化验用房并配备原油含水测定智能控制装置、微型恒温稀释仪、石油产品密度测定器、可见分光光度仪、激光浊度仪等化验设备。

1. 标准化系列划分

根据对油田联合站或原油脱水站的原油含水，原油密度、污水含油、污水悬浮物、伴生气水露点的分析检测功能，并结合原油含水和密度取样频率和化验频率，将化验室（油田联合站）划分为四种类型，各种类型概况见表3–72。

表3–72 化验室（油田联合站）类型划分

序号	类型	功能面积，m^2
1	化验室（油田联合站 / 带伴生气）–50	50.4
2	化验室（油田联合站 / 不带伴生气）–50	50.4
3	化验室（油田联合站 / 带伴生气）–100	88.2
4	化验室（油田联合站 / 不带伴生气）–100	88.2

2. 选用原则

油田联合站化验室标准化设计是针对原油的含水率、原油密度、污水含油、污水悬浮物常规分析检测，同时还考虑是否带伴生气分析检测功能进行设计。按照设计条件，针对站场不同取样频率次数及同一时间化验次数，按照标准化系列编制方法，形成4个标准化化验室系列。在实际工程中选用标准化系列时，应对原油实际取样频率和同一时间做化验的次数以及是否需要带伴生气化验功能综合考虑。平面布置与标准化对照按标准对化验室的面积、功能等进行合理核算，对照标准化系列参数选用，见表3–73。

表3–73 化验室（油田联合站）标准化系列与站场适用对象

编号	系列名称	适应对象
1	化验室（油田联合站 / 带伴生气）–50	原油含水率、原油密度、污水含油、污水悬浮物、伴生气水露点检测分析，面积为50.4m^2，同时取样样品为2个，同一时间做化验2次

续表

编号	系列名称	适应对象
2	化验室（油田联合站 / 不带伴生气）–50	原油含水率、原油密度、污水含油、污水悬浮物、不带伴生气水露点检测分析，面积为 100m²，同时取样样品为 2 个，同一时间做化验 2 次
3	化验室（油田联合站 / 带伴生气）–100	原油含水率、原油密度、污水含油、污水悬浮物、伴生气水露点检测分析，面积为 88.2m²，同时取样样品为 4 个，同一时间做化验 4 次
4	化验室（油田联合站 / 不带伴生气）–100	原油含水率、原油密度、污水含油、污水悬浮物、不带伴生气水露点检测分析，面积为 88.2m²，同时取样样品为 4 个，同一时间做化验 4 次

3. 平面布置

参考本章本节“气田分析化验室”中“平面布置”内容。

4. 标准化设计内容

1）工艺

（1）原油水含量测定器。

蒸馏仪，符合 GB/T 8929—2006《原油水含量的测定 蒸馏法》的要求；电加热套，能为 1000mL 的圆底烧瓶加热。

（2）原油密度计。

石油密度计一套，SY–05 型，应符合 GB/T 1884—2000《原油和液体石油产品密度实验室测定法（密度计法）》和 SY/T 5329—2012《碎屑岩油藏注水水质指标及分析方法》的技术要求；密度计量筒两支，符合《原油和液体石油产品密度实验室测定法（密度计法）》的要求；恒温浴一台，符合《原油和液体石油产品密度实验室测定法（密度计法）》要求，能容纳两只密度计量筒，温度波动控制在 ±0.25℃以内；温度计两支，符合《原油和液体石油产品密度实验室测定法（密度计法）》要求。

（3）电子天平。

① 1/10000g，能自动校准，有重新归零功能。

② 1/100g，能自动校准，有重新归零功能。

（4）可见分光光度计。

符合《碎屑岩油藏注水水质推荐指标及分析方法》的要求，紫外可见光波段，双通道。

（5）激光浊度仪。

量程：0 ~ 200NTU（mg/L），灵敏度：0.1NTU（mg/L），采用高稳定度激光光源，功率稳定度 <0.4%。重复测量精度：±1% 读数或 ±0.1NTU 中较大者。符合 GB 5749—2016《生活饮用水卫生标准》要求。

（6）微型恒温稀释仪。

恒温气流加热。

（7）通风试验台。

长 × 宽 × 高 =1800mm × 850mm × 3000mm，整体耐腐蚀，操作口表面风速为 0.3 ~ 0.5m/s，照明：隐藏式光源，在顶板上配置 40W 防爆型日光灯，保证工作面不低 450LUX 的高度标准，内置上下水、电源。

（8）天然气含水测定仪（便携式露点仪）。

测量范围：–40 ℃ ~ +20 ℃（20 ~ 22000mg/L），分析精密度：±2 ℃及 –66 ~ –110℃ ±3℃，可同时进行温度测量、湿度测量、压力测量。充电电池供电，内置 100000 点数据记录仪，IrDA 通讯端口，带有保护套、软背包、充电器。本质安全型。电源：230VAC 电压电池充电。配有薄膜氧化铝湿度传感器。标准便携式湿度取样系统。湿度传感器专用电缆（3m）。

（9）便携式色谱仪。

用于油田伴生气分析，符合 GB/T 13610—2014《天然气的组成分析 气相色谱法》、GB/T 11062—2014《天然气发热量、密度、相对密度和沃泊指数的计算方法》要求；专用色谱工作站 1 套；标准气体 2L 铝合金瓶装，C_1 至 C_6^+ 及 CO_2 组份 1 瓶；小瓶装高纯氮气 2L 铝合金瓶装瓶；小瓶装高纯氦气 2L 铝合金瓶装 1 瓶；各组分最低检出限为 0.01%。

（10）硫化氢检测仪。

用于分析油田伴生气中的硫化氢，符合 GB/T 11060.3—2010《天然气 含硫化合物的测定 第 3 部分：用乙酸铅反应速率双光路检测法测定硫化氢含量》要求；电脑控制，windows 软件用于配置和监视，软件包括气流转换、自动校准、多模式等；双处理器设计带智能比色传感器，传感器每个周期自动校准防止漂移；可记录 5 个月的 H_2S 浓度值；配气（气体稀释）装置；硫化氢气体 1 瓶，高纯；氮气 1 瓶，高纯。

（11）电热恒温鼓风干燥箱。

温度范围在 20 ~ 150℃之间，自动鼓风。

2）暖通

（1）室外计算参数。

采暖及空调室外计算参数按建筑物所在地的室外气象参数选取。

（2）室内空气设计参数。

室内空气设计参数见表 3-74。

表 3-74　室内空气设计参数

房间名称	夏季温度，℃	冬季温度，℃	正常 / 事故 通风量，次
分析室	26 ~ 28	18 ~ 20	8/12
办公室、资料室	26 ~ 28	18 ~ 20	—
药品库房	—	16 ~ 18	8/12
更衣室	26 ~ 28	18 ~ 20	—
公共卫生间	—	16	12 / -
门厅、过道	—	14 ~ 16	—

（3）空气调节。

在需要空气调节的房间均设置分体式空调器进行空气调节，以满足工艺设备对环境的要求以及人员舒适性的要求。空调室外机放置在建筑预留的空调板上。

（4）采暖。

按采暖区域划分，寒冷地区及严寒地区，各房间采用集中热水供暖，供暖热水由附近热源提供。室内供暖系统采用上供下回同程式，回水管沿墙明敷，遇到过门地方设置过门地沟，暖气片选用铜铝复合翼柱型散热器。

其他地区，对于经常有人的房间依托分体空调系统供暖。

（5）通风。

建筑物内各房间宜优先采用自然通风方式排除有害气体及室内余热，当自然通风不能满足要求时，应采用机械通风方式。根据分析室分析化验工艺的需要，设置通风柜或者万向通风罩用作局部通风，另外设置轴流风机做全面通风。

各个机械进 / 排风口，对于有风沙地区，进风应采取防沙措施。

三、控制中心

控制中心是油气站场的配套工程，一般位于油气站场内或站场前区，是具有生产操作、过程控制、安全保护、控制与优化、仪表维护、仿真培训、生产管理、信息管理、办公、会议等功能的综合性建筑物。标准化设计范围包括大、中、小型油气田厂、站的控制中心，共包括4种规模的控制中心标准化设计定型图，涵盖了自控、建筑、结构、电气、通信、给排水及消防、热工及暖通等专业。

（一）标准化系列划分

控制中心按照可以容纳的机柜数量及操作台数量划分为控制中心–14–5、控制中心–20–7、控制中心–30–9、控制中心–5–9四个类型。具体划分见表3–75。

表3–75　控制中心类型划分

类型	最大容纳机柜数	最大容纳操作台数	建筑面积，m^2	层数
控制中心–14–5	14	5	565	一层
控制中心–20–7	20	7	966	二层
控制中心–30–9	30	9	1147	二层
控制中心–5–9	5	9	1021	二层

（二）类型选用原则

控制中心各类型的选用应根据各厂、站的生产规模等情况选用相适宜的类型。控制中心类型及其适用范围见表3–76。

表3–76　控制中心类型及其适用范围

类型	适用范围
控制中心–14–5	机柜数量不超过14面，操作台数量不超过5台的厂、站
控制中心–20–7	机柜数量15～20面，操作台数量6～7台的厂、站
控制中心–30–9	机柜数量21～30面，操作台数量8～9台的厂、站
控制中心–5–9	操作台数量不超过8～9台、机柜间单独设置在装置区附近的厂、站

控制中心类型选用表仅适用于一般情况，特殊情况下应根据控制点位的多少以及工艺的复杂程度等因素对控制中心规模进行适当调整，以适应生产及办公的需要，但建筑外观、功能布局方式等应与本定型图协调统一。

（三）标准化设计要点

1. 控制中心–14–5

控制中心–14–5为单层框架结构（见图3–110），整体采用长方形左右对称布置，主入口门厅位于整个建筑正面中间位置，建筑西面走廊直通户外，满足消防疏散需要；控制室和机柜间位于东部端头位置，除了可以通过内廊进入以外，控制室还在西侧设置一处直通户外的出口；与机柜间和控制室相邻的是 UPS 室和工程师室；卫生间位于建筑西北角位置，男女卫生间各两个蹲位；与卫生间相邻的是男女更衣室；其余办公室、会议室、仪表维护室均设置在门厅附近。

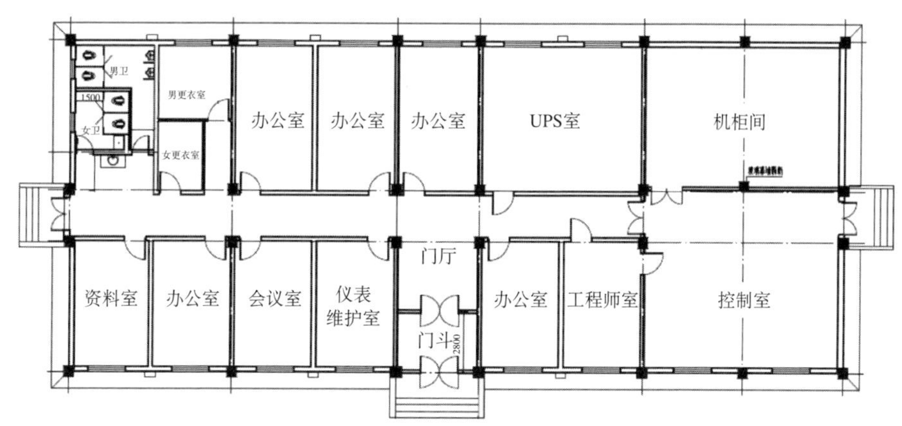

图 3–110　控制中心 –14–5 平面图

2. 控制中心 -20-7

控制中心 –20–7 为二层框架结构（见图 3–111、图 3–112），考虑到控制室局部层高较高，因此将二层左右两边各减少三个开间，在满足功能的同时保证了建筑的对称美观性；按防火规范的要求，本建筑共设置两部楼梯和两个出入口满足消防疏散需要，主入口门厅位于整个建筑正面中间位置，次入口位于建筑西面走廊处；控制室和机柜间位于一层东部端头位置，除了可以通过内廊进入以外，控制室还在西侧设置一处直通户外的出口；与机柜间和控制室相邻的是通信机房、UPS 室和工程师室；更衣室位于一层西北角；一层中间位置分别是仪表维护间、巡检办公室、应急物资储藏室，其余房间为办公室；二层还设置会议室一间（两个开间）；一二层均设置卫生间一处，男女卫生间各两个蹲位，为了上下水管线对齐设置，将卫生间设置在二层的西北角及一层的中间北侧位置，上下层卫生间位置相同。

3. 控制中心 -30-9

控制中心 –30–9 为二层框架结构（见图 3–113、图 3–114），考虑到控制室

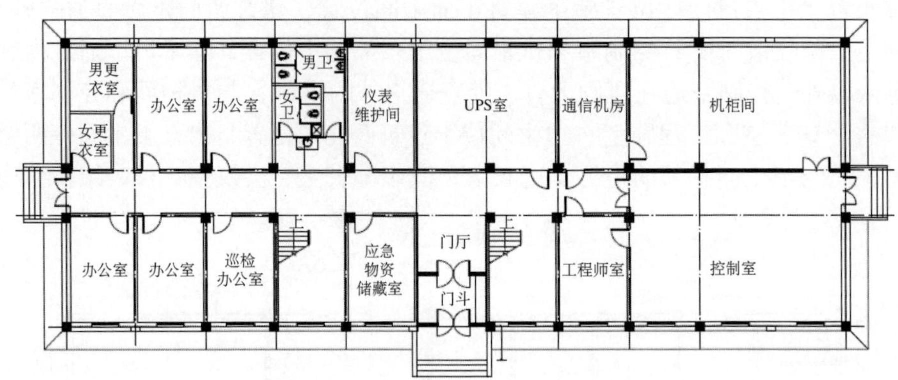

图 3–111　控制中心 –20–7 一层平面图

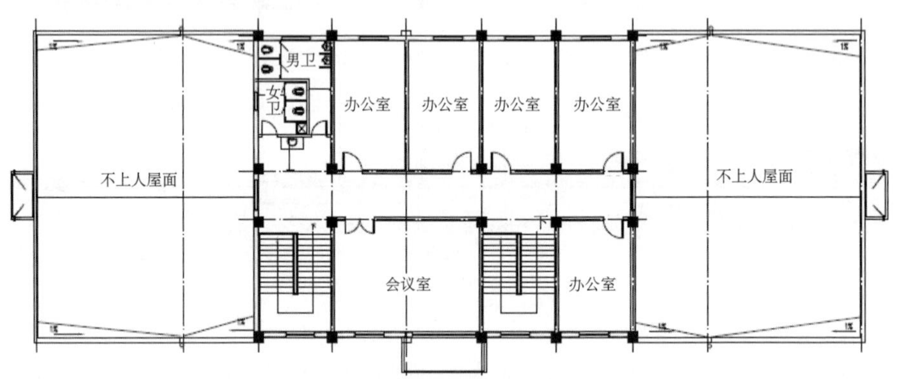

图 3–112　控制中心 –20–7 二层平面图

局部层高较高，因此将二层左右两边各减少四个开间，在满足功能的同时保证了建筑的对称美观性；按防火规范的要求，本建筑共设置两部楼梯和两个出入口满足消防疏散需要，主入口门厅位于整个建筑正面中间位置，次入口位于建筑东面走廊尽端；控制室和机柜间呈 L 型布置，位于一层西部端头位置，除了可以通过内廊进入以外，控制室还在西侧设置一处直通户外的出口；与控制室相邻的是工程师室，与机柜间相邻的是通信机房和 UPS 室；一层中间位置分别是仪表维护室、巡检办公室、应急物资储藏室，其余房间为办公室；二层还设置会议室一间（两个开间）；一二层均设置卫生间一处，男女卫生间各两个蹲位，为了上下水管线对齐设置，将卫生间设置在二层的东南角及一层的中间南侧位置，上下层卫生间位置相同，更衣室与一层卫生间相邻。

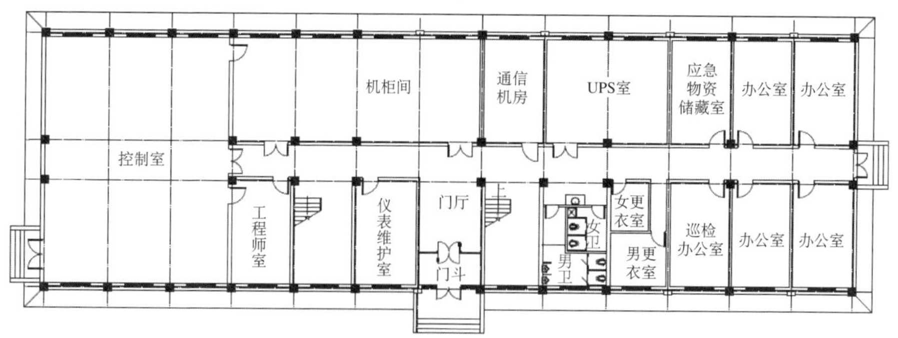

图 3-113　控制中心 -30-9 一层平面图

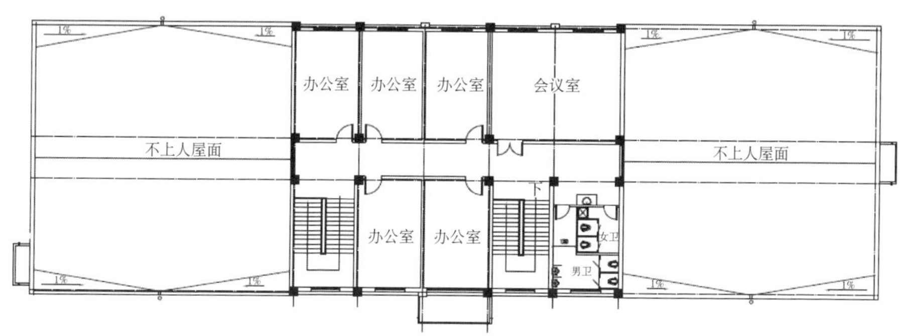

图 3-114　控制中心 -30-9 二层平面图

4. 控制中心 -5-9

控制中心 -5-9 平面布置方式与控制中心 -30-9 基本相同，主要区别在于机柜间的设置。如图 3-115、图 3-116 所示。

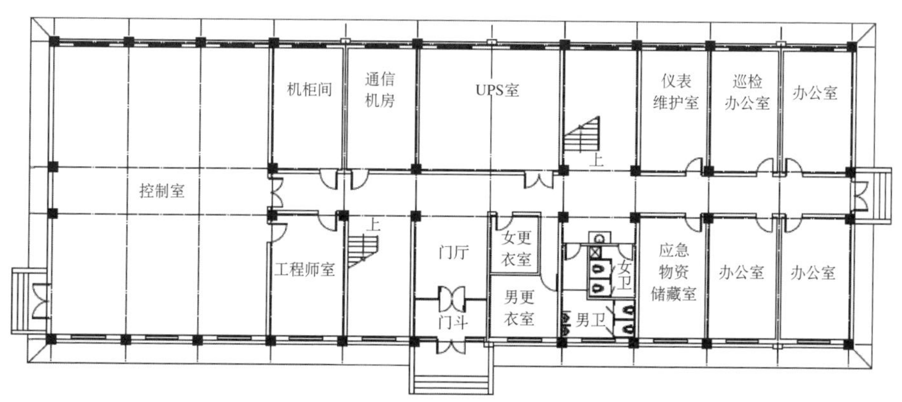

图 3-115　控制中心 -5-9 一层平面图

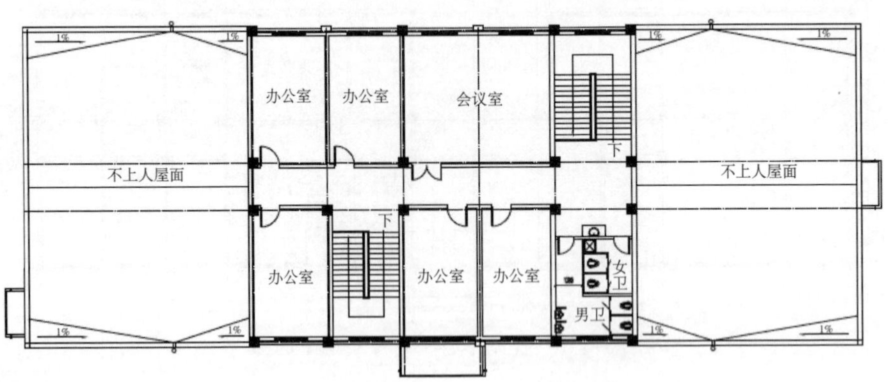

图 3-116 控制中心 -5-9 二层平面图

5. 立面设计

控制中心各规模系列的建筑均采用左右对称的设计方式，整体外观设计简洁、稳重大方，没有采用过多的立面装饰构造；将框架柱及层间梁外凸，自然呈现的建筑立面分隔线条增加了建筑韵律感；建筑中部的落地玻璃门窗设计更加强化了建筑的对称性和美感。

控制中心共设计有平屋面和局部坡屋面两种建筑风格，坡屋面的做法为钢筋混凝土平屋面上加设红色彩钢夹芯板坡屋面造型。

在平屋面女儿墙处设置有中国石油红黄色带作为企业标识。两种风格的建筑形式均根据工程的具体情况按需选用，具体采用何种形式，本设计文件不做详细规定。一般而言，坡屋面形式主要针对北方多雪地区或者南方多雨地区。

为了避免空调室外机影响建筑外观，本设计文件中的空调房间采用多联空调，将空调室外机设置在建筑背面或屋顶位置。

（四）配套专业设计

1. 建筑

（1）墙体材料采用加气混凝土砌块，采暖地区外墙厚度 300mm，非采暖地区厚度 200mm。卫生间等潮湿房间的隔墙采用多孔砖或实心砖。

（2）屋面防水等级为Ⅰ级。

（3）操作室、机柜间、UPS 室、工程师室设置防静电活动地板，其余办公类用房设置为地砖地面。

（4）控制中心外窗均采用白色喷塑断桥铝合金中空玻璃平开窗。

2. 暖通

1）设计计算参数

供暖及空调室外计算参数按工程所在地的室外气象参数选取。

室内空气设计参数见表 3–77。

表 3–77　室内空气设计参数

房间名称	夏季温度，℃	冬季温度，℃	室内湿度，%
机柜室	22 ~ 24	22 ~ 24	40% ~ 65%
控制室	22 ~ 24	22 ~ 24	—
UPS+ 阴保间	≤ 30	5 ~ 8	—
办公室	26 ~ 28	18 ~ 20	—
会议室	26 ~ 28	18	—
资料室	26 ~ 28	16 ~ 18	—
公共卫生间	—	14 ~ 16	—
门厅、过道	—	14 ~ 16	—

2）空调

控制中心设置多联空调器和机房空调进行空气调节，以满足工艺设备对环境的要求以及人员舒适性的要求。

3）供暖

室内供暖系统采用上供下回同程式，暖气片选用铜铝复合翼柱型散热器。寒冷地区及严寒地区，各电气用房设置电采暖器作为检修供暖使用，其余经常有人的房间采用热水供暖，供暖热水由附近热源提供。

4）通风

操作室工作人员多，且室内设备对房间洁净度有一定要求，在吊顶内设新风换气机，满足室内通风换气要求。各个机械进 / 排风口，均应设置防鼠铁丝网，对于有风沙地区，进风应采取防沙措施。

3. 给排水及消防

（1）生活饮用水采用桶装纯净水。

（2）给水管道由户外引入，采用 PPR 给水塑料管。

（3）排水管道采用 PVC–U 排水管，排水支管道为 DN50mm，排水汇管为 DN100mm，i=0.02，连接方式为承插胶粘接。

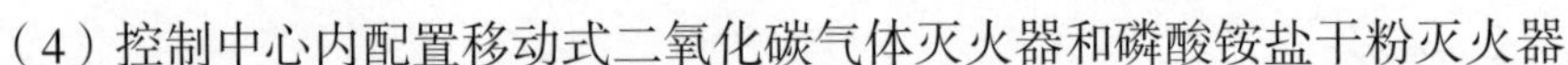

（4）控制中心内配置移动式二氧化碳气体灭火器和磷酸铵盐干粉灭火器。

（5）操作站可按直线、折线或弧线布置，当操作室包括两个或两个以上相对独立工艺装置的操作站时，操作站宜分组布置。

（6）当操作室设置大屏显示器时，操作站背面距大屏幕的水平净距离不宜小于 3m。

（7）机柜室进线有电缆沟、电缆桥架架空两种方式：采用电缆沟进线时，电缆穿墙入口处洞底标高应高于室外沟底标高 0.3m 以上，应采取防水密封措施，室外沟底应有排水措施；采用电缆桥架架空进线时，电缆桥架应下坡向室外。电缆穿墙入口处宜采用专用的电缆穿墙密封模块，并满足抗爆、防火、防水、防尘要求。信号电缆与电力电源电缆应分开敷设，不可避免时应采取隔离措施。

四、空氮站

空氮站是油气站场的配套工程，主要功能是为油气田站场各装置、储运和公用工程设施提供正常生产用的净化风及原料气压缩机密封气、火炬正压吹扫及火炬头动态密封用的氮气及溶液罐密封气、事故处理和开停工吹扫置换所用的氮气。空氮站由空压机模块、净化风模块、制氮模块和储存模块组成。

（一）系列划分

空氮站按照空氮站净化风系统成套设备产气量和制氮装置产气量进行系列划分，形成三个类型的空氮站标准化设计定型图，三种类型分别是：空氮站 –12–100、空氮站 –18–300 及空氮站 –24–500 三个系列开展标准化设计定型图，划分系列如表 3–78 所示。

表 3–78　空氮站标准化设计系列

编号	空氮站系列	主要设备
系列 1	空氮站 –12–100	净化风系统成套设备 2 套，12m³/min、变压吸附制氮设备 1 套，100m³/h、净化风储罐 1 座，DN2600mm × 7600mm、非净化风储罐 1 座，DN2600mm × 7600mm、氮气储罐 1 座，DN2600mm × 7600mm

续表

编号	空氮站系列	主要设备
系列 2	空氮站 -18-300	净化风系统成套设备 3 套，18m³/min、变压吸附制氮设备 1 套，300m³/h、净化风储罐 2 座，DN2600mm × 7600mm、非净化风储罐 1 座，DN2600mm × 7600mm、氮气储罐 1 座，DN2600mm × 7600mm
系列 3	空氮站 -24-500	净化风系统成套设备 3 套，24m³/min、变压吸附制氮设备 1 套，500m³/h、净化风储罐 2 座，DN2600mm × 7600mm、非净化风储罐 1 座，DN2600mm × 7600mm、氮气储罐 1 座，DN2600mm × 7600mm

（二）主要设计参数

（1）产品净化风压力：0.6 ~ 0.95MPa。

（2）产品氮气压力：0.4 ~ 0.6MPa。

（3）产品净化风水露点：-40℃。

（4）产品氮气水露点：-40℃。

（5）产品氮气纯度：99.9%。

（6）产品净化风、氮气温度：常温。

（三）空氮站标准化设计内容

1. 主要工艺流程

1）净化风系统工艺流程

空气经过滤网进入喷油螺杆式空气压缩机加压到 1.0MPa，风冷降温小于 40℃后，进入非净化空气缓冲罐，缓冲后的压缩空气再经气、水分离器（除水程度达 99%）、粗过滤器（精度 1μm）和精过滤器（0.01μm）过滤，除去固体、油、水，残油含量不大于 0.1mg/m³，含尘粒径小于等于 0.01μm，进入无热再生干燥机，干燥后空气露点 t ≤ -40℃，再经除尘过滤器（除尘精度 0.01μm）除去干燥剂颗粒后，部分进入净化风储罐稳压，去厂内净化风管网，其余部分去制氮系统。

无热再生干燥机由两个吸附塔交替进行吸附和再生，压缩空气进入吸附塔被干燥剂吸水干燥后，约 86% 的干燥空气输出，约 14% 的干燥空气作为再生气进入吸附完毕的塔，在大气压力下对其中的干燥剂再生。双塔交替进行以上过程，提供干燥的压缩空气。

净化风系统工艺原理流程见图 3-117。

空气 ⟶ 空压机 ⟶ 空气缓冲罐 ⟶ 过滤器 ⟶ 干燥器 ⟶ 空气缓冲罐 ⟶ 净化风

图 3-117　净化风系统工艺原理流程图

2）制氮系统工艺流程

采用变压吸附法（PSA）制氮，用碳分子筛作为变压吸附剂，开机 15min 可产出氮气，氮气纯度可灵活调节。净化风系统来的洁净、干燥的压缩空气，经空气缓冲罐缓冲后，进入装填有碳分子筛的吸附塔，利用分子筛在不同压力下对氮和氧等的吸附力不同，氧气、水、二氧化碳等组分在碳分子筛表面吸附，未被吸附的氮气在出口处被收集成为产品气。经一段时间后，吸附塔中被碳分子筛吸附的氧达到饱和，需进行再生。再生是通过停止吸附步骤，降低吸附塔的压力来实现的。已完成吸附的吸附塔短期均压后开始降压，脱除已吸附的氧气、水、二氧化碳等组分，完成再生过程。两个吸附塔交替进行吸附和再生，从而产生流量和纯度稳定的产品氮气。产品氮气经储气罐、粉尘精滤器进入系统的氮气储罐稳压，缓冲后进入厂内氮气管网。变压吸附工艺原理流程见图 3-118。

净化风 ⟶ 变压吸附制氮装置 ⟶ 氮气

图 3-118　变压吸附工艺原理流程图

2. 平面布置

空氮站站房内从左至右依次竖向单排布置变压吸附制氮装置橇、净化风系统成套设备橇；为符合工艺流程顺序，保证操作管理方便、流向畅通、连接管路短、便于安装和检修，净化风储罐、氮气储罐及非净化风储罐等坐落于空氮站正后方。净化风系统成套设备、变压吸附制氮装置橇及储罐之间相对位置固定。

3. 主要设备选型

标准化设计所选用的主要设备系经生产验证且经常选用设备，每套净化风系统成套设备成橇整体供货和安装，制氮系统设备成橇整体供货和安装。

1）空气压缩机选型

用于空氮站内生产压缩空气的压缩机类型主要有活塞空气压缩机、离心空气压缩机及螺杆空气压缩机等三种机型。三种机型的空气压缩机优缺点对比见表 3-79。

从表 3-79 三种机型的空气压缩机优缺点对比表中可知，活塞空气压缩机在运转中的振动较大，螺杆空气压缩机和离心空气压缩机的振动要小一些，空气压缩机在运转中的振动，不仅影响本站和防震要求较高的邻近建筑物、构筑物，而且影响精密仪器和高性能设备的正常工作。同时空气压缩机运转时发出较大的噪声，活塞空气压缩机为 80 ~ 110dB，螺杆空气压缩机为 65 ~ 85dB，离心空气压缩机为 80 ~ 130dB。

表 3–79　三种机型的空气压缩机优缺点对比

机型	优点	缺点
活塞空气压缩机	（1）适用压力范围广，不论流量大小，均能达到所需压力； （2）热效率高，单位耗电量少； （3）可维修性强	（1）转速不高，机器大而重； （2）结构复杂，易损件多，维修量大； （3）排气不连续，造成气流脉动； （4）运转时有较大的震动
离心空气压缩机	（1）气量大，结构简单紧凑，重量轻，机组尺寸小，占地面积小； （2）运转平衡，操作可靠，运转率高，摩擦件少，因之备件需用量少，维护费用及人员少	（1）不适用于气量太小及压比过高的场合； （2）稳定工况较窄，其气量调节虽较方便，但经济性较差； （3）空压机效率低
螺杆空气压缩机	（1）可靠性高、零部件少、没有易损件、运转可靠、寿命长、大修间隔时间长； （2）操作维护方便，操作人员不必长时间专业训练，可实现无人值守运转； （3）动力平衡好、平稳高速； （4）适应性强，排气量不受排气压力的影响； （5）效率接近活塞空气压缩机	（1）造价相对较高； （2）不适用于高压场合，排气压力一般不超过 4.5MPa

随着螺杆空气压缩机制造技术的进步，其噪声和效率问题得到了解决，噪声比活塞空气压缩机要低，且效率接近活塞空气压缩机，同时，由于其集约化程度高、结构紧凑、基础简单、减震效果好、自动化程度高，因此，得到了广泛采用，也为装有这种机型的站房与其他建筑物毗邻或设在其内提供了有利条件，更能合理的共用供电、供水设施等，从而节省投资、节省用地。

据对早期的 63 个压缩空气站的了解，与其他建筑物毗邻的站中，44% 安装了活塞空气压缩机，56% 安装了螺杆空气压缩机。设在其他建筑物内的站，全部安装了螺杆空气压缩机。

螺杆空气压缩机分为喷油螺杆式压缩机、微油螺杆式压缩机及无油螺杆式压缩机，三种螺杆压缩机特点如下：

（1）润滑油对于压缩机有冷却、密封、润滑及防腐四大作用，提高了压缩机的使用寿命。

（2）喷油螺杆式压缩机相对于微油或者无油螺杆式压缩机，设备价位低，降低了生产成本，提高了经济效益。

（3）微油螺杆式空气压缩机一般用于对风纯度要求较高的食品级行业，无油螺杆式空气压缩机主要用于对风纯度要求极高的医疗行业，而工厂所用净化风主要是用作气动阀的风源，只要气动阀所用净化风压力达到0.4 ~ 0.7MPa，水露点≤ -40℃即可满足要求。

2）干燥机选型

常用的压缩空气干燥装置有冷冻式、无热再生吸附式和微热再生吸附式，三种方式各具特点和一定的使用范围。主要是根据用户对压缩空气干燥度的要求及处理空气量的多少，经经济比较后确定。

标准化设计主要适用于极端最低气温不低于 -30℃的地区，根据 SH/T 3020—2013《石油化工仪表供气设计规范》中“仪表气源在操作压力下的露点，应比装置所在地历史上年（季）极端最低温度至少低 10℃”，本标准化净化风压力露点要求为 -40℃，无热再生吸附式干燥机即可满足本标准化需求，冷冻式干燥机压力露点只能达到 2℃，且从投资角度分析，同等规格型号的无热再生式干燥机设备价位低于微热再生式干燥机。

3）制氮系统成套设备选型

标准化制氮系统成套设备选用需经调研后选用广泛认可的变压吸附制氮装置。

4. 管道组成件的选择

1）管道及其附件的选用

管道系统设计条件：所有管线设计压力均为 1.6MPa，设计温度均为环境温度。

（1）净化风选用不锈钢管，材质为 06Cr19Ni10（GB/T 14976—2012）。

（2）非净化风、氮气管线选用无缝钢管，材质为 20 号钢（GB/T 8163—2008）。

（3）法兰均采用 PN1.6MPa 突面带颈对焊钢法兰（HG/T 20592 ~ 20635—2009《钢制管法兰垫片、紧固件》）。垫片采用聚四氟乙烯包覆垫片（HG/T 20592 ~ 20635—2009）。所有法兰均配备全螺纹螺栓及六角螺母，螺栓材料为 35CrMo，螺母材料为 30CrMo。所有的阀门、工艺设备采用的法兰连接接口均由供货厂商按上述要求配对提供法兰、垫片和螺栓螺母。

（4）管件均选用 20# 钢无缝对焊管件（GB/T 12459—2005）。

2）阀门的选用

阀门选用的总体原则是：具有调节功能的阀门选用截止类阀门，具有切断功能的阀门选用球阀。

5. 自控

1）自控内容

净化风压力、非净化风压力、氮气压力指示及超限报警；空压机运行状态显示、停机报警及制氮机的综合报警等。

2）自控系统

（1）空压机、制氮机的远程控制系统由中心控制室控制系统完成，控制系统在具体工程中统筹考虑设计，不在空氮站、空压站标准化设计范围内。

（2）空氮站标准化自控部分，只设计工艺需要检测控制的现场仪表（包括选型和安装），以及现场仪表控制系统的外部接口界面等。现场仪表的检测控制过程在标准化设计中给出。

（3）空氮站为非防爆场所，所选设备均为非防爆产品，防护等级不低于 IP65。自控设备主要有压力变送器（用于净化风压力、非净化风压力、氮气压力检测）。标准化设计给出上述自控设备的仪表数据表以及采用的标准化安装图，其中包括工艺参数、仪表技术要求、安装要求等内容。

（4）空氮站现场仪表的安装以及现场仪表到中心控制室控制系统控制柜的电缆在标准化设计范围内。

（5）净化风系统成套设备橇及变压吸附制氮橇上的控制系统所控制的参数均通过无源接点信号上传至控制室，上传信号包括：空压机的运行状态、公共报警、停机报警；干燥机的运行状态、干燥机的故障报警；露点温度报警；制氮机的综合报警等。所有无源接点信号全部采用继电器隔离。

（四）标准化设计选用

空氮站标准化设计定型图包括：1 册总说明、3 册空氮站定型图及 1 册综合计价指标，每一个系列的空氮站为一个分册，每一分册中包含封面、目录、说明书、设备表、材料表、PID 图、工艺自控流程图、平面布置图、工艺安装三维效果图、平立剖面图、动力平面图、照明平面图及配电箱接线图等。

1. 设计系列化选用原则

空氮站标准化共 3 个系列，分别为空氮站 –12–100（系列 1）、空氮站 –18–300（系列 2）及空氮站 –24–500（系列 3）。

空氮站标准化系列应根据大型油气站场所用净化风的量与系列号中所产净化风的量相对应及所用氮气的量与系列号中所产氮气的量相对应，两者相结合后进行系列化选用。

2. 标准化设计选用原则

（1）标准化设计参数选用：工厂所用净化风主要用作气动阀的风源，根据气动阀所用净化风要求压力为 0.4 ～ 0.7MPa，水露点≤ –40℃，其含尘颗粒直径不应大于 3μm，且干燥洁净，考虑到介质输送过程中存在一定的压降，空压机出口排气压力定为 1.0MPa，整套系统工艺设计参数为 1.6MPa，设计温度为环境温度。在实际工程中选用标准化系列时，应对工程所用净化风规模进行核算，对照标准化系列参数选用。

（2）标准化设计主要适用于极端最低气温不低于 –30℃的地区，根据《石油化工仪表供气设计规范》中“仪表气源在操作压力下的露点，应比装置所在地历史上年（季）极端最低温度至少低 10℃”，当装置所在地极端温度低于 –30℃，例如 –36℃时，要求净化风压力水露点≤ –46℃，此时干燥系统应选用微热再生式干燥机以满足压力水露点的要求。

（3）标准化净化风、非净化风储罐容量按缓冲时间 30min 进行的设计，根据《石油化工仪表供气设计规范》中规定，缓冲时间可在 15 ～ 30min 内取值；特殊情况下，缓冲时间由设计决定。

（4）根据 GB 50029—2014《压缩空气站设计规范》中规定，压力露点低于 –40℃或含尘粒径小于 1μm 的干燥和净化压缩空气管道，宜采用不锈钢或铜管。

（5）标准化设计净化风系统成套设备、变压吸附制氮设备相关参数及基础尺寸仅供参考，在实际工程中，应按工程招标结果调整净化风系统成套设备及变压吸附制氮设备的相关参数及基础尺寸。

（6）阀门、管材选用。在实际工程中，阀门、管材可依据主办专业对具体工程的配管统一规定进行选用。

（7）空氮站为非防爆场所，所选设备均为非防爆产品，防护等级不低于 IP65。自控设备主要有压力变送器；空压机、制氮机的远程控制系统由中心控制室控制系统完成，控制系统在具体工程中统筹考虑设计。

（8）净化风系统成套设备和变压吸附制氮设备应自带“运行状态、综合报警、综合停机、远程停机”等多种自控功能，且这些自控功能可通过无源干接点输出（8 芯 0.5m^2 铜线、继电器触头式）方式上传至自控中心，实现远程操控。

（9）建筑结构形式。标准化设计中，本着工厂化、模块化且材料统一的目的，所选建筑结构形式均为门式钢架轻型钢结构。由于各油气田所处地区不同，可根据不同地区的实际情况采用更适宜的建筑结构形式，并在选用标准化设计定型图时调整相应设计。

（10）油田站场位于日平均温度小于5℃的天数超过90d的寒冷、严寒地区，空氮站应设采暖，其他地区可根据站场生产条件确定是否设采暖。

五、热媒供热装置

油气田站场热媒供热装置是油气田大、中型站场的公用及辅助配套工程，其作为站场的供热热源，主要作用就是为站场工艺装置生产、工艺伴热及站内各单体冬季采暖用热。热媒供热装置主要由热媒油炉、热媒油循环泵、储油罐、膨胀油罐、充填泵等设备组成，各主要设备全部橇装化。

目前国内外热媒供热装置普遍采用一个供油温位，利用高架膨胀油罐回油定压的密闭循环工艺流程，其工艺原理如图3-119所示。

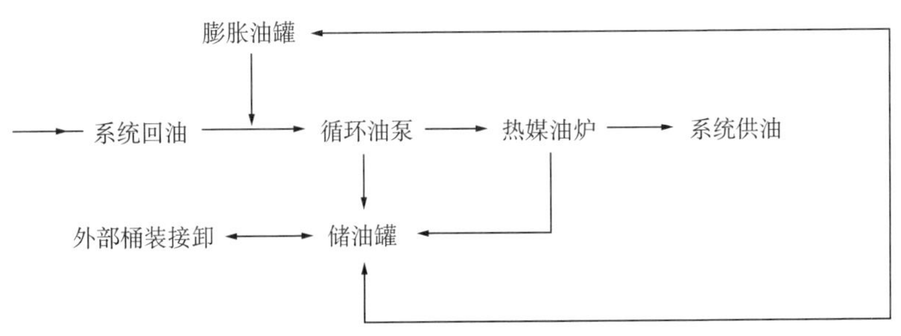

图3-119 热媒供热装置工艺原理流程图

（一）系列划分

1. 热媒供热系统应用现状

从各油田大型站场热媒供热单元设备的配置和应用情况来看，大庆油田站场热媒供热单元仅满足工艺装置高温用热，热媒油炉容量小，站内还需另设其他热源满足低温用热需求，供热系统配置较复杂，因此这种大型站场配置的热媒供热单元（单炉容量2MW以下）不作为标准化设计规模系列。吉林油田和西南油气田主要以真空相变炉和蒸汽锅炉房作为热源，热媒油炉应用较少，已建成投产热媒供热单元单台炉容量或小或大，因此这两个油田的热

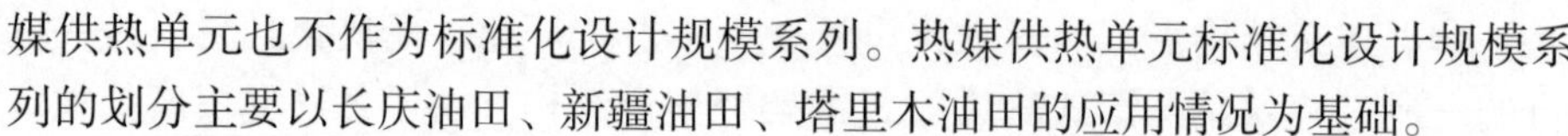
媒供热单元也不作为标准化设计规模系列。热媒供热单元标准化设计规模系列的划分主要以长庆油田、新疆油田、塔里木油田的应用情况为基础。

2. 标准化设计系列编号方法

热媒供热单元标准化设计系列编号表示（表 3–80）为：热媒供热单元 –A × B–a/b–Y（Q）

表 3–80　热媒供热单元标准化设计系列编号

序号	字母代号	表示内容
1	A × B	热媒炉台数（台）× 单台热媒炉功率（MW）
2	a/b	供油温度（℃）/ 回油温度（℃）
3	Y（Q）	燃油（燃气）

3. 标准化设计规模系列

根据各油气田现场调研情况，对各站场热媒供热单元设备配置数量、设备容量进行统计，按供热规模划分，将应用较多的 8 种规模热媒供热单元做为标准化设计系列，8 个规模系列热媒供热单元基本涵盖了油气田站场对热媒热源不同供热负荷的需求。根据油田发展需要，标准化设计还应该补充不同的规模系列。

按标准化设计系列型号编制方法，8 个规模系列的标准化编号见表 3–81。

表 3–81　热媒供热单元标准化设计系列

序号	系列编号	编号含义
1	热媒供热单元 –2x2.0–240/200–Q	2 台 2.0MW 燃气热媒炉，供、回油温度分别为 240、200℃
2	热媒供热单元 –2x4.0–240/200–Q	2 台 4.0MW 燃气热媒炉，供、回油温度分别为 240、200℃
3	热媒供热单元 –3x2.5–240/200–Q	3 台 2.5MW 燃气热媒炉，供、回油温度分别为 240、200℃
4	热媒供热单元 –3x3.5–240/200–Q	3 台 3.5MW 燃气热媒炉，供、回油温度分别为 240、200℃
5	热媒供热单元 –3x4.6–240/200–Q	3 台 4.6MW 燃气热媒炉，供、回油温度分别为 240、200℃
6	热媒供热单元 –3x6.0–240/200–Q	3 台 6.0MW 燃气热媒炉，供、回油温度分别为 240、200℃
7	热媒供热单元 –3x7.0–240/200–Q	3 台 7.0MW 燃气热媒炉，供、回油温度分别为 240、200℃
8	热媒供热单元 –4x10.0–240/200–Q	4 台 10.0MW 燃气热媒炉，供、回油温度分别为 240、200℃

（二）主要技术参数

（1）热媒油类型：T55。

（2）供油温度：240℃。

（3）回油温度：200℃。

（4）热媒油炉热效率；>90%。

（三）标准化设计内容

1. 主要工艺流程

1）燃气系统

热媒油炉燃料为干天然气（0.1 ~ 0.3MPa），在站场内经调压计量后送至热媒油炉区域。燃气干管上设置可远程操作的紧急切断阀。

2）热媒油循环系统

热媒供热系统为机械闭式循环系统，系统回油（200℃）经循环油泵加压，进入热媒油炉加热至240℃供工艺装置用热。热媒油供回油干管之间设置压力平衡阀，保持热媒油炉循环油量和系统供油压力稳定。

热油循环泵与热媒油炉采用单元制配置，另设1台为公共备用泵。

热媒供热系统采用高架膨胀油罐为系统补充油品，保持系统回油压力稳定。利用充填泵向系统充油。装置检修时系统中的热媒油可利用充填泵抽回至储油罐储存。

3）氮气密封灭火系统

膨胀油罐与储油罐采用氮气密封。热媒油炉发生火警时，采用氮气灭火。

4）烟风系统

助燃空气经鼓风机、空气预热器进入燃气燃烧器，烟气经空气预热器、钢烟囱排入大气。

2. 场区布置

热媒供热单元区域内布置热媒油炉橇块、热媒油循环泵橇块、膨胀油罐与储油罐橇块，充填泵橇块等设备。热媒油炉并排布置，单台容量10MW以下的热媒油炉供回油出线朝向炉后，场区管架布置在炉后，辅助设备布置在炉一侧；单台容量10MW及以上热媒油炉供回油出线朝向炉前，场区管架布置在炉前，辅助设备布置在炉前。每台炉燃气调节阀组布置在炉侧，每台炉PLC控制柜布置在炉前，实现热媒油炉就地启停、远程紧急停炉操作。

热媒油炉前设置联合的钢结构防雨棚。

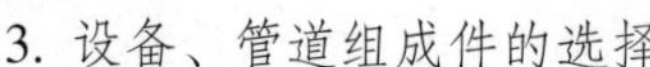

3. 设备、管道组成件的选择

1）热媒油炉

各油气田站场热媒油炉应用较多的炉型是卧式燃气液相炉（YQW 型），该型热媒炉技术成熟、效率高、控制水平先进、检修方便。本标准化设计热媒油炉炉型选用 YQW 型卧式燃气液相热媒炉。热媒油炉炉管的设计压力 1.6MPa。

2）燃烧器与鼓风机

各油气田站场现已投入运行的热媒油炉均配备了先进的全自动燃气燃烧器，其优点是运行安全可靠，使用寿命长，控制调节精度高。本标准化设计热媒油炉选用全自动燃气燃烧器，燃气燃烧器性能符合 TSG G0002—2010《锅炉节能技术监督管理规程》和 GB/T 19839—2005《工业燃油燃气燃烧器通用技术条件》的要求。为提高热效率，目前各厂家生产的热媒油炉均配置了空气预热器，鼓风机与燃烧器分体设置，由燃烧器厂家配套供货。

3）热媒油循环泵

根据油田站场热媒油循环泵应用运行情况，热媒供热系统采用 KSB 型热媒油循环泵较多，该型油泵是依据国际标准规范制造的专业热媒输送泵，应用范围广、性能安全可靠、泵效高，可以用来输送最高温度达 350℃的热媒油，国内已有多家厂商生产。因此本标准化设计选用 KSB 型热媒循环油泵。

4）膨胀油罐、储油罐

膨胀油罐、储油罐均为钢制卧式罐，设计按 GB150.1 ~ GB150.4—2011 及 NB/T 47042—2014《〈卧式容器〉标准释义与算例》执行，设计压力为 0.6MPa，设计温度 260℃，膨胀油罐、储油罐容积应满足 SY/T 0524—2008《导热油加热炉系统规范》的要求。

5）管道组成件

（1）热媒油炉区管道压力等级。

①热媒油管道设计压力：1.2MPa。

②天然气管道设计压力：0.6MPa。

③氮气、仪表风管道设计压力：1.0MPa。

（2）热媒油、天然气、氮气管道选用无缝钢管，材质为 20# 钢，无缝钢管执行 GB/T 8163—2008《输送流体用无缝钢管》。

（3）热媒油管道上阀门选用密封性较好的法兰波纹管式截止阀。燃气管道、氮气管道上阀门选用钢制闸阀或截止阀。

（4）热媒油管道法兰选用带颈对焊钢制法兰（WNRF），压力等级

2.5MPa；燃气、氮气、净化风管道法兰选用板式平焊钢制法兰（PLRF），压力等级为1.6MPa；法兰执行GB/T 20592 ~ 20635—2009《钢制管法兰、垫片、紧固件》。

（5）弯头、三通、封头等管件选用钢制对焊无缝管件，管件执行GB/T 12459—2005《钢制对焊无缝管件》。

4. 供配电

热媒油炉鼓风机、循环泵、充填泵电源引自站内配电室，配电室由具体工程统一考虑。炉区内设室外动力配电箱1面，为热媒供热单元现场控制柜、油罐平台照明配电。照明采用节能防爆灯具，就地分散控制方式。炉区配电设备宜按防爆场所设计。

5. 仪表控制

热媒供热单元每台热媒油炉自带1套全自动燃烧控制系统（PLC）及热媒油炉辅助设备控制、现场检测控制仪表和阀门，燃烧系统及热媒油炉辅助设备的自控设计及自控设备由供货厂商负责，并提供控制柜。燃气压力指示及高低报警、系统供回油温度指示直接远传至全厂站控系统（DCS）。

热媒油炉全自动燃烧系统控制柜上的数据通过RS485通信上传至全厂站控系统（DCS）；中控室控制燃烧器的紧急停炉信号由硬线与燃烧系统控制柜连接。

（四）标准化设计系列选用

热媒供热单元标准化设计定型图包括：1册总说明、8册热媒供热单元定型图及1册综合计价指标，每一个规模热媒供热单元为1个分册，每一分册中包含总目录、分册目录、分册说明、设备表、材料表、设备平面布置图、PID图。

1. 设计规模选用

热媒供热单元标准化系列应按所有运行热媒加热炉在额定功率时，能满足站场内最大计算热负荷的原则来选用。

同时还应保证单台热媒加热炉在较高或较低热负荷运行工况下能安全运行，并应使热媒加热炉台数、额定功率和其它运行性能均能有效地适应热负荷变化，且应考虑全年热负荷低峰期加热炉的运行工况。

当一台热媒加热炉故障或检修时，其余加热炉应能满足站场连续生产用热所需的最低热负荷及采暖用热的最低热负荷。

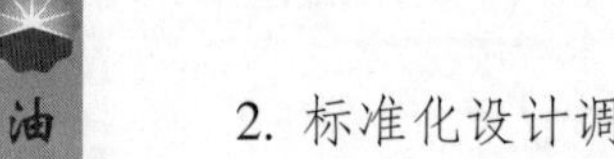

2. 标准化设计调整

1）工艺设计

（1）由于地域位置、气象条件、地质条件不同，在具体工程中应对热媒油炉、膨胀油罐、储油罐、循环油泵、充填泵等设备橇座结构抗震要求，燃烧器运行环境要求，海拔高度对热媒油炉出力的影响等技术要求做相应的调整。

（2）在严寒气候条件下，为满足燃烧设备的安全使用条件，热媒油炉前可采取特殊处理方式，在具体工程项目另行设计。

（3）不同的热媒油炉生产厂家提供的设备技术参数、外形尺寸、进出口方位、用电设备配电负荷均有不同，具体工程中需对热媒油炉中心间距、炉区配电系统设计、炉前防雨棚大小尺寸等各部分进行调整。

（4）热媒油炉生产厂家配带的燃气调节阀组宜布置在炉侧，具体工程中可根据现场条件调整安装位置。从投产调试及启停运行操作考虑，每台炉PLC控制柜宜布置在热媒油炉附近。可根据用户需求布置在炉区外控制室。

（5）热媒供热单元供回油温度、温差变化，选用的热媒油特性参数与T55油品有区别时，应对循环油量、热媒供热单元内部炉管设计、循环油泵流量、泵功率做相应的调整修正。

（6）站场内设有空氮站，炉区所需氮气、仪表净化风可由站内供给，自动控制调节选用气动阀门；站内未建空氮站，应要求热媒油炉生产厂家配套提供氮气瓶组满足密封与灭火需要。氮气瓶组储存的氮气量应保证15min内至少3倍炉膛体积。自动控制调节选用电动阀门。

（7）热媒供热单元在厂区的不同总图位置以及单元供回油进出线位置的变化会影响到单元的设备平面布置，具体工程中应结合单元在厂区的总图位置及进出线布置情况对油罐橇块、循环油泵橇块及充填泵橇块平面布置进行调整优化。

（8）标准化设计中各规模系列膨胀油罐、储油罐容积参照以往工程确定容积，在具体工程中，按热媒供热单元内、外系统容积调整膨胀油罐、储油罐容积。

（9）膨胀油罐设置的高度应根据站场内热媒供热系统最高点高度确定，膨胀油罐油位下限高出系统最高点1.5m，具体工程中按系统最高点调整膨胀油罐的安装高度。

（10）热媒油炉钢烟囱高度应根据当地大气污染物排放标准及工程项目环境评价报告进行调整。

2）电力设计

（1）按用户要求热媒供热单元设备厂家配套供货配电柜，配电柜现场安装，仅考虑在配电室提供回路，电缆敷设至设备自带控制柜，敷设方式由具体工程统一考虑。

（2）设备垂直接地体可采用热镀锌角钢或接地模块，根据具体地区电阻率在具体工程中确定。

3）土建设计

由于各站场地域位置、地质条件均有不同，选用标准化设计需重新做地质勘查，并根据实际地质情况对热媒供热单元设备基础和场区建构筑物结构、基础做相应的调整。

六、消防泵站

消防泵站是大型油气站场的配套工程，主要为了及时扑灭罐区、装置区及辅助设施发生的火灾，保证正常的生产运行，保护生命、财产安全。标准化设计形成了 8 种规格的消防站标准化设计定型图。

（一）设计条件

消防泵站标准化设计适用范围包括大型油田站场和气田站场。油田站场保护对象以净化油罐、事故油罐为主，气田站场以球罐为主。考虑到近几年已建部分气田站场有小型稳定凝析油储罐，气田站场消防泵站标准化设计系列涵盖了站场内设置拱顶油罐的情况。

1. 油田站场

消防系统保护对象为油田大中型联合站场净化油罐、事故油罐及配套的生产生活辅助设施。油罐为地面设置钢制拱顶罐，罐容确定为 10000m^3、5000m^3、3000m^3、2000m^3 四种规格。拱顶罐制造设计尺寸参照油田已建罐规格。

1）10000m^3 拱顶罐（含易熔浮盘内浮顶储罐）

储罐外型尺寸（直径 × 罐壁高度）：$\phi \times H$=31m × 14.58m。

2）5000m^3 拱顶罐（易熔浮盘内浮顶储罐）

储罐外型尺寸（直径 × 罐壁高度）：$\phi \times H$=23.7m × 12.53m。

3）3000m^3 拱顶罐

储罐外型尺寸（直径 × 罐壁高度）：ϕ 18.9m × 17.6m。

4）2000m³ 拱顶罐

储罐外型尺寸（直径 × 罐壁高度）：ϕ15.78m × 11.37m。

2. 气田站场

消防系统保护对象为大中型天然气处理厂液化烃球罐、稳定凝析油储罐及配套的生产生活辅助设施。主要消防对象为球罐，罐容确定为 2000m³、1500m³、1000m³、650m³ 四种规格。球罐规格参照 GB/T 17261-2011《钢制球形储罐型式与基本参数》，拱顶油罐（含易熔浮盘内浮顶储罐）罐容按 5000m³ 设计，规格与油田站场一致。

1）2000m³ 球罐

球罐尺寸（直径）：D=15.7m。

2）1500m³ 球罐

球罐尺寸（直径）：D=14.2m。

3）1000m³ 球罐

球罐尺寸（直径）：D=12.3m。

4）650m³ 球罐

球罐尺寸（直径）：D=10.7m。

（二）系列划分

消防泵站设计是依据相关标准按站场扑灭最大火灾时计算冷却水、泡沫混合液供给参数，进行消防泵站设计。设计参数包括最大冷却水量、最大泡沫混合液量，以确定消防泵流量、消防泵压力等，按照标准化系列编制方法，形成 8 个标准化消防泵站系列，见表 3-82。

消防泵站型号表示为：

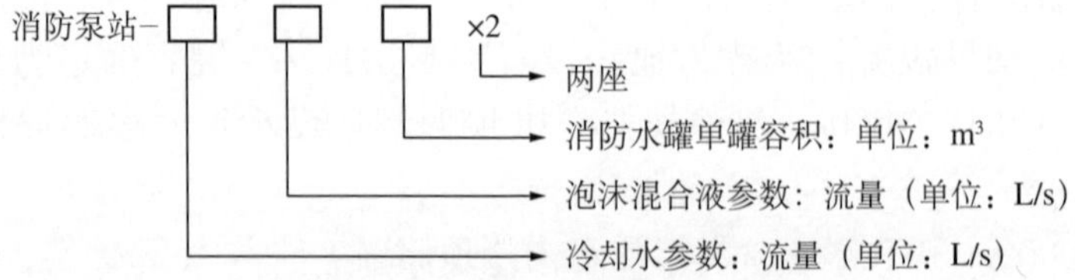

表 3-82　消防泵站标准化设计规格

编号	系列名称	设计对应保护对象
1	消防泵站 -110-90-1500 × 2	2 座 10000m³ 拱顶油罐
2	消防泵站 -72-72-1000 × 2	2 座 5000m³ 拱顶油罐

续表

编号	系列名称	设计对应保护对象
3	消防泵站 -55-40-500×2	2 座 3000m³ 拱顶油罐
5	消防泵站 -190-72-2500×2	2 座 1000m³ 球罐及 5000m³ 拱顶油罐
6	消防泵站 -270-3500×2	2 座 2000m³ 球罐
7	消防泵站 -190-2500×2	2 座 1000m³ 球罐
8	消防泵站 -50-500×2	装置区

（三）消防系统设计

1. 设计基本参数

（1）拱顶油罐（含易熔浮盘内浮顶储罐）消防设计参数。

①泡沫液类型：氟蛋白或水成膜泡沫灭火剂，发泡倍数为 7 倍。

②泡沫混合液配合比：水：泡沫液 =97：3 或 94：6。

③泡沫混合液供给强度：5.0L/（min · m^2）。

④泡沫混合液连续供给时间：45min。

⑤扑灭流散火灾泡沫枪流量：4L/s。

⑥冷却水供给强度：2.5L/（min · m^2）。

⑦冷却水连续供给时间：直径大于 20m 时为 6h；其他条件下 4h。

（2）球罐消防设计参数。

①冷却水供给强度：0.15L/（s · m^2）。

②辅助冷却水供给强度：45L/s。

③冷却水连续供给时间：6h。

（3）天然气站场消防设计参数。

天然气站场等级按三级设计，冷却水供给强度 45L/s，火灾延续供水时间按 3h 计算。

（4）相邻罐冷却水供给强度与着火罐一致。

（5）设计消防泵站水罐补水时间小于 96h。

（6）设计余量：考虑充满管道用量，一次灭火泡沫混合液、一次灭火泡沫浓缩液储量及冷却水强度均在计算的基础上乘系数 1.20。

2. 消防方案

（1）消防水罐采用双罐，每台消防泵吸水采用独立单管吸水流程，消防水出站采用双管独立供水，每条管道能通过全部消防用水量。

（2）气田站场消防系统采用稳高压消防给水系统，油田站场消防系统采用临时高压消防给水系统。

（3）消防用水量为扑救最大一个对象火灾冷却用水量及冷却相邻对象用水量的总和。

（4）消防水泵的设置。

①消防水泵采用电机驱动，一级负荷供电。主泵故障或停电时，切换至备用泵。

②消防水泵采用正压启动。

③备用泵的流量、扬程等于最大工作泵的能力。

④消防水泵的启动分自动控制和手动控制。

⑤消防水泵的吸水管单独设置。

（5）泡沫原液采用 96：4，泡沫装置采用囊式压力比例混合装置；泡沫原液总容积量大于 $10m^3$ 时，采用 97：3 并采用平衡式比例混合装置工艺设计。

（6）消防水罐两个，水罐之间用带阀门的连通管连通，设有防冻措施。

（7）当采用稳高压系统时，稳压装置参照 GB 27898.3—2011《固定消防设备　第三部份：消防增压稳压给水设备》，结合现场实际应用情况，参数选用：稳压罐有效容积 V=0.45m^3，稳压泵流量 Q=10L/s，稳压泵扬程 H=70m，设 2 台稳压泵，1 运 1 备，设备自带电控柜。调压范围 0.4 ～ 0.7MPa。

（8）泵出口采用水泵控制阀，自动回流采用持压泄压阀，管道切断采用弹性座封闸阀、泡沫混合液出站采用电磁遥控雨淋阀或电动蝶阀。

（四）建筑与结构

1. 建筑

（1）消防泵房、水罐阀室采用门式钢架轻型钢结构，彩板围护。

（2）建筑外墙板采用双层 0.6mm 厚压型钢板，保温层为 100mm 厚超细玻璃丝棉，檩条内置、现场复合，内外颜色均为乳白色。

（3）建筑屋面板采用双层 0.6mm 厚压型钢板，保温层为 100mm 厚超细玻璃丝棉，屋面防水等级为Ⅱ级，外为红色，内为乳白色。

（4）地面均采用水泥地面。

（5）窗采用单框双玻塑料窗，4mm 厚平板玻璃。

（6）外门均为保温防盗门。

（7）主要建筑物装修标准及外标识设计均按中国石油标准化设计统一规

定执行。

2. 结构

（1）厂房采用门式钢架轻型钢结构，屋面及墙面均采用100mm厚彩板（内夹超细玻璃丝绵）围护。

（2）厂房内设备基础采用钢筋混凝或素混凝土现浇，立式金属储罐基础采用护坡式基础。

（3）建筑抗震设防分类为乙类，结构安全等级为二级，设计使用年限为50a。

（五）自控

1. 油田站场自控部分

油田站场消防系统采用临时高压消防给水系统，消防泵的启动可由消防值班人员在现场人工操作完成。本部分自控内容为2座消防水罐液位远程指示及高、低液位报警。因消防泵站值班室作为可选项设计内容，故液位显示和报警仪表在本次标准化设计中不予考虑。

2. 气田站场自控部分

气田站场消防系统采用稳高压消防给水系统，消防给水保持充水状态并用稳压装置稳压，消防泵为一主一备，且消防泵可实现远程联动控制。本部分自控内容包含2座消防水罐远程指示及高、低液位报警；消防泵出口压力指示及低压报警；消防泵远程、就地控制及状态显示，消防泵故障切换；自动稳压装置控制及状态显示；泡沫混合液出站阀控制及阀位状态指示。消防泵和自动稳压装置均由设备橇装控制柜。

消防泵为一主一备。针对稳高压自动消防系统，当罐区发生火灾时，首先启动一台消防泵，同时停运自动稳压装置。如果泵启动发生故障，即该泵电机故障反馈或泵出口压力在该泵启动命令发出后仍低于一定值时（此值可根据现场测试情况确定），延时30秒，自动切换至另一台泵。消防泵的控制方式为消防值班室（控制室）远程直接自动启动及就地启、停。其中，就地控制由橇装控制柜实现；远程控制在值班室实现。泵的启动采用无源常闭接点，电机故障、运行状态采用无源常开接点，接点容量为220VAC，5A。

因消防控制系统的监视和控制不但包括消防泵站工艺过程，还包括油气站场其他工艺生产单元需要设置的火灾、可燃气体检测、报警设备及油气站场厂区设置的手动报警按钮、警灯、警笛控制。也就是消防控制系统的配置是依据各站场消防设备平面来布置火灾报警检测设备的类型和数量、依据消防工艺流程确定消防系统控制方案，消防泵站的控制只是整个消防控制系统一个节点，设在消防泵站的现场控制仪表通过点对点硬线传输至消防值班室（可选项）及中控室消防控制系统，由控制系统实现对消防泵站的远程监控。消防值班室及中控室消防控制系统在具体工程中统筹考虑设计。

3. 自控仪表选型

消防泵站为非防爆场所，所选设备均为非防爆产品，防护等级不低于IP65。自控设备主要有单法兰液位变送器——用于消防水罐液位检测；浮球液位开关——用于消防水罐高低液位报警检测；直接安装式智能压力变送器——用于泵出口压力检测、低压报警；消防专用电磁遥控雨淋阀或电动蝶阀（可选项）——用于泡沫混合液出站控制。

（六）电力

（1）根据规范 GB 50016—2014《建筑设计防火规范》、GB 50052—2009《供配电系统设计规范》，消防泵站为一级负荷。

（2）消防冷却水泵、消防泡沫水泵电源分别引自站内配电室Ⅰ、Ⅱ段母线，在末端控制柜内加装双电源自动切换装置，配电由具体工程统一考虑。区域内消防泵房内设配电箱 1 面，配电箱设置双电源切换装置，为泡沫快速罐装设备及泵房阀室照明配电。

（3）电缆选择及敷设：室外电缆由具体工程统一考虑，室内采用耐火交联聚乙烯绝缘电缆电缆沟内敷设。

（4）照明设计按 GB 50034—2013《建筑照明设计标准》有关规定执行；阀室及消防泵房照明采用节能工厂灯，并设应急照明灯具。照明均采用就地分散控制方式；采用软铜线穿钢管明配；保护管采用防火保护措施，如外表面涂刷丙烯酸乳胶防火涂料或采用隔热材料包覆。

（5）房间做总等电位连接，电源 PE 线、各种金属管道、强弱电进户箱连接线采用热镀锌扁钢与总等电位箱可靠连接。所有正常情况下不带电的电气设备金属外壳均须接地。垂直接地体采用 50mm × 5mm × 2500mm 热镀锌角钢或接地模块（根据具体地区电阻率确定），水平接地体采用 40mm × 4mm 热镀锌扁钢。钢质接地装置均采用热镀锌处理。

（七）标准化选用说明

（1）标准化设计地震烈度按 7 度设计。

（2）标准化油田站场保护对象按设置 2 座油罐考虑，气田站场按设置 2 座球罐考虑或 2 座球罐与 5000m^3 拱顶油罐（含易熔浮盘内浮顶储罐）组合设置考虑。标准化设计参数与消防对象关系见表 3–83。

表 3–83 标准化设计参数与消防对象

编号	系列名称	冷却水泵 L/s	泡沫水泵 L/s	设计对应保护对象
1	消防泵站 –110–90–1500×2	110	90	2 座 10000m³ 拱顶油罐
2	消防泵站 –72–72–1000×2	72	72	2 座 5000m³ 拱顶油罐
3	消防泵站 –55–40–500×2	55	40	2 座 3000m³ 拱顶油罐
4	消防泵站 –270–72–3500×2	270	72	2 座 2000m³ 球罐和 5000m³ 拱顶油罐组合
5	消防泵站 –190–72–2500×2	190	72	2 座 1000m³ 球罐和 5000m³ 拱顶油罐组合
6	消防泵站 –270–3500×2	270	—	2 座 2000m³ 球罐
7	消防泵站 –190–2500×2	190	—	2 座 1000m³ 球罐
8	消防泵站 –50–500×2	50	—	装置区

具体工程中，存在不同保护对象或同一类保护对象的多种组合，应按相关防火规范并结合场区平面进行计算，确定合适的冷却水泵及泡沫水泵的设计参数，对照标准化系列参数选用。

（3）消防水罐防冻采用外保温及罐内工艺伴热方式，供热管道接至场区，实际工程中可依据气象条件修改水罐保温、伴热设计。

（4）泡沫混合液配合比。水和泡沫液比例为 94：6，实际工程中泡沫混合液配合比需结合甲方要求、泡沫原液的总容积量及工程实际确定。

（5）标准化设计消防泵驱动方式按电动机驱动考虑，当站场供电电源不能满足一级负荷时，备用泵改为柴油机驱动方式。

（6）消防泵房配电室、值班室的设置以及控制方式在具体工程中依据实际情况综合考虑。

（7）油田站场采用临时高压，不设稳压装置，气田站场设稳压装置，采用稳高压自动控制方式，在具体工程中依据实际情况综合考虑。

（8）建筑结构形式。因各油田所处地区不同，标准化设计以工厂化、模块化且材料统一为目的，故所选建筑结构形式均为门式钢架轻型钢结构。各油田标准化设计选用中如有疑义或与本油田实际应用情况不符时，可根据实际情况更改为其它建筑结构形式，由实际选用者另行调整设计。

（9）当消防泵站单独设值班室（或机柜室）时，可在值班室设消防控制系统远程控制站，远程控制站与中控室控制总站按消防优先级别要求都应能对消防泵站进行控制，消防泵站现场控制仪表信号点对点传输进入远程控制站，远程控制站与控制总站通信方式应为冗余。

七、给水装置

给水装置是大型油气站场的配套工程，主要为站场人员提供合格的生活用水，同时为站场化验、距离较近的作业区、公寓提供生活用水。

在标准化设计过程中，前期须对各油气田站场充分调研。没有市政管网依托的大、中型站场需要建设独立的小型给水系统，依据对各油气田自设给水设施的站场调研，按给水装置工艺分三种类型：一是水源水质较好，采用一级石英砂过滤即可满足生产、生活用水需要；二是水源水质矿化度较高，采用膜渗透工艺处理，满足生活用水需要；三是水源来水不经处理直接供站场生产及生活杂用，生活用水采用拉运方式。

标准化设计形成 10 种规格的给水装置标准化设计定型图。

（一）设计条件

（1）装置出水水质满足 GB 5749—2006《生活饮用水卫生标准》。装置反冲洗水在具体工程中统一考虑。

（2）装置出水压力 0.6MPa。

（3）供水泵时变化系数取 6，来水缓冲设施在具体工程中统一考虑。

（4）原水水质条件。

过滤工艺原水指标见表 3–84。

表 3–84　过滤工艺原水指标

序号	类别	项　　目	标准	TC1 实测值	TC2 实测值
1	毒理指标	砷（As），mg/L	0.05	0.05	0.04
2		镉（Cd），mg/L	0.005	＜0.003	待检
3		铬（六价）（Cr^{6+}），mg/L	0.05	＜0.005	＜0.004
4		铅（Pb），mg/L	0.01	＜0.01	待检
5		汞（Hg），mg/L	0.001	＜0.0001	＜0.0001
6		硒（Se），mg/L	0.01	＜0.0005	＜0.0004
7		氰化物，mg/L	0.05	—	＜0.0003

续表

序号	类别	项　　目	标准	TC1 实测值	TC2 实测值
8	毒理指标	氟化物，mg/L	1.2	0.3	0.33
9		硝酸盐（以 N 计），mg/L	10	0.1	0.66
10		三氯甲烷，mg/L	0.06	未检出	＜ 0.0002
11		四氯化碳，mg/L	0.002	未检出	0.0001
12		溴酸盐（使用臭氧时），mg/L	0.01	＜ 0.005	—
13		甲醛（使用臭氧时），mg/L	0.9	＜ 0.05	—
14		亚氯酸盐（使用二氧化氯消毒时），mg/L	0.7	＜ 0.05	未检出
15		氯酸盐（使用二氧化氯消毒时），mg/L	0.7	＜ 0.05	未检出
16	感官性状和一般性化学指标	色度（铂钴色度单位）	15	＜ 5	＜ 5
17		浑浊度（NTU- 散射浊度单位）	1	＜ 1	0.51
18		臭和味	无	无	无
19		肉眼可见物	无	无	无
20		pH 值	6.5 ～ 8.5	8.13	8.14
21		铝（Al），mg/L	0.2	＜ 0.1	待检
22		铁（Fe），mg/L	0.3	＜ 0.1	待检
23		锰（Mn），mg/L	0.1	＜ 0.05	待检
24		铜（Cu），mg/L	1	＜ 0.05	待检
25		锌（Zn），mg/L	1	＜ 0.05	待检
26		氯化物，mg/L	250	124.1	97.1
27		硫酸盐，mg/L	250	139.3	142
28		溶解性总固体，mg/L	1000	493.8	443
29		总硬度（以 $CaCO_3$ 计），mg/L	450	95.1	106.11
30		耗氧量（CODMn 法，以 O_2 计），mg/L	3	0.8	0.64
31		挥发性酚类（以苯酚计），mg/L	0.002	—	＜ 0.0006
32		阴离子合成洗涤剂，mg/L	0.3	＜ 0.05	＜ 0.100

续表

序号	类别	项　目	标准	TC1 实测值	TC2 实测值
33	放射指标	总 σ 放射性，Bq/L	0.5	0.1172	0.1001
34		总 β 放射性，Bq/L	1	0.1425	0.1068
	评价结果			合格	合格

膜渗透工艺原水指标见表 3–85。

表 3–85　膜渗透工艺原水指标

序号	类别	检测项目	限值	检测结果
1	毒理指标	砷（As），mg/L	0.01	未检出
2		镉（Cd），mg/L	0.005	未检出
3		铬（六价）（Cr^{6+}），mg/L	0.05	未检出
4		铅（Pb），mg/L	0.01	0.0045
5		汞（Hg），mg/L	0.001	未检出
6		硒（Se），mg/L	0.01	未检出
7		氰化物，mg/L	0.05	未检出
8		氟化物，mg/L	1.2	未检出
9		硝酸盐（以 N 计），mg/L	10	0.12
10		三氯甲烷，mg/L	0.06	未检出
11		四氯化碳，mg/L	0.002	未检出
12		溴酸盐（使用臭氧时），mg/L	0.01	未检出
13		甲醛（使用臭氧时），mg/L	0.9	未检出
14		亚氯酸盐（使用二氧化氯消毒时），mg/L	0.7	未检出
15		氯酸盐（使用二氧化氯消毒时），mg/L	0.7	未检出
16	感官性状和一般性化学指标	色度（铂钴色度单位）	15	＜5
17		浑浊度（NTU– 散射浊度单位）	1	＜0.5
18		臭和味	无	无
19		肉眼可见物	无	无

续表

序号	类别	检测项目	限值	检测结果
20	感官性状和一般性化学指标	pH 值	6.5 ~ 8.5	7.83
21		铝（Al），mg/L	0.2	未检出
22		铁（Fe），mg/L	0.3	未检出
23		锰（Mn），mg/L	0.1	未检出
24		铜（Cu），mg/L	1	未检出
25		锌（Zn），mg/L	1	未检出
26		氯化物，mg/L	250	1620
27		硫酸盐，mg/L	250	1030
28		溶解性总固体，mg/L	1000	4250
29		总硬度（以 $CaCO_3$ 计），mg/L	450	978
30		耗氧量（COD_{Mn} 法，以 O_2 计），mg/L	3	0.96
31		挥发性酚类（以苯酚计），mg/L	0.002	未检出
32		阴离子合成洗涤剂，mg/L	0.3	未检出
33	放射指标	总 σ 放射性，Bq/L	0.5	0.168
34		总 β 放射性，Bq/L	1	0.916
	评价结果			合格

（二）标准化系列划分

1. 给水装置规模

油气田站场用水量一般范围为 40 ~ 150m³/d，其中部份站场含综合公寓用水。

当综合公寓与油气田站场较近时，供水装置供水能力应同时满足综合公寓用水需求。按照中国石油生产作业区综合公寓标准化设计规定，公寓用水量见表 3-86。

表 3-86 公寓用水量统计

公寓类型	小型公寓			中型公寓			大型公寓		
	50 人	75 人	100 人	150 人	200 人	250 人	300 人	350 人	400 人
用水量，m³/d	14.2	20.6	27.1	40	52.8	65.6	79.5	92.3	105.1

综合考虑依据已建大型站场供水状况及综合公寓用水量，给水装置设计规模按供水能力分为25m³/d、50m³/d、100m³/d、150m³/d、200m³/d共5个可基本满足需要的规模。

2. 给水装置系列

依据已建油气田水源水质情况及给水处理工艺，本次标准化设计采用2种水处理工艺：一是采用一级石英砂过滤工艺流程；二是采用膜过滤工艺流程。结合供水规模系列，本次标准化设计给水装置设计2种工艺流程，每种工艺流程5个规模系列，共计10个系列。

给水装置型号表示为：

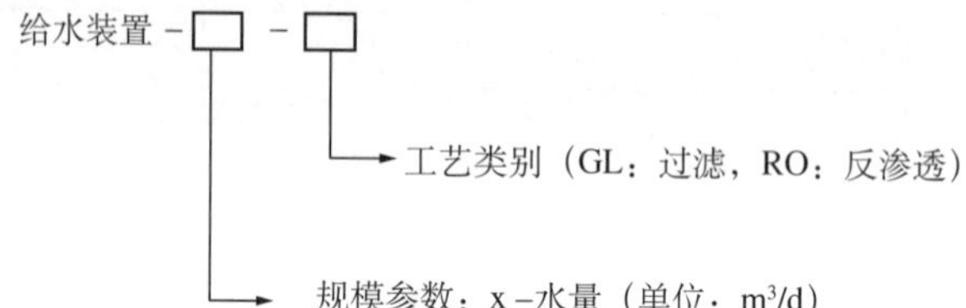

给水装置标准化设计见表3–87。

表3–87　给水装置标准化设计规格

编号	系列名称	编号	系列名称
1	给水装置 –25–GL	6	给水装置 –25–RO
2	给水装置 –50–GL	7	给水装置 –50–RO
3	给水装置 –100–GL	8	给水装置 –100–RO
4	给水装置 –150–GL	9	给水装置 –150–RO
5	给水装置 –200–GL	10	给水装置 –200–RO

（三）给水系统设计

1. 给水设备安装

给水站主要设备为过滤装置、变频供水装置、加药装置，装置固化安装。设备外形尺寸、设备性能、接口标准在标准化设计文件中给出相应的数据表，在数据表中对设备的性能指标及技术要求、接口标准进行界定。

2. 过滤工艺给水设备

水源井来水由提升泵升压进入过滤装置过滤，进净化水箱，由变频供水装置升压经紫外线装置消毒后供用户使用。工艺流程如图3–120所示。

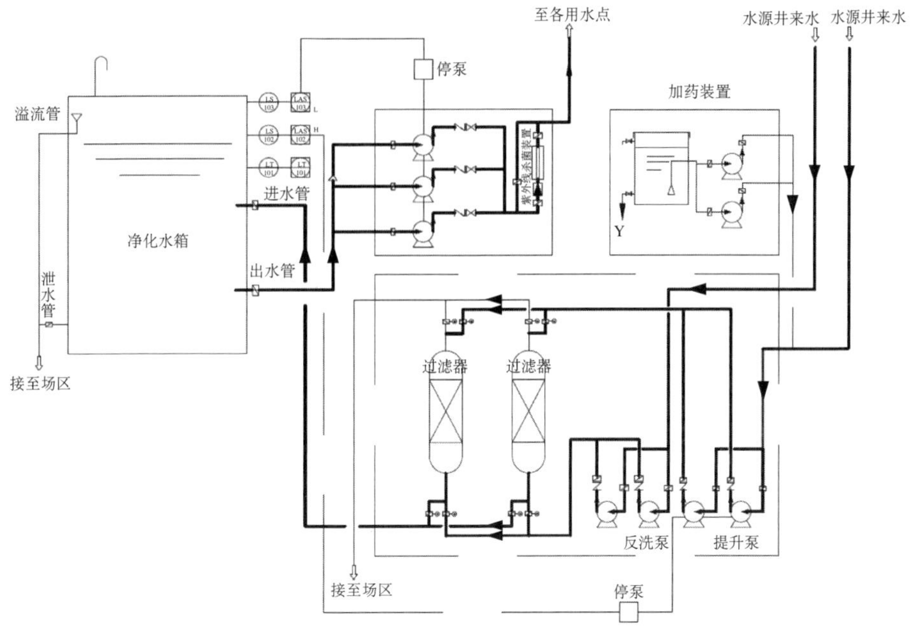

图 3–120 过滤工艺给水设备流程图

过滤装置含过滤器 2 台、反洗泵 2 台、提升泵 2 台、电控柜 1 台，过滤装置自动控制运行及反冲洗，提升泵与原水水箱低液位、滤后水净化水箱高液位连锁控制。设计参数：

（1）滤速：v=8m/h。

（2）反冲洗强度：q=14L/（s · m^2）。

（3）反冲洗历时：t=10min。

（4）反冲洗周期：T=24h。

3. 反渗透工艺给水设备

水源井来水进入一体化反渗透净水装置，经过滤、反渗透处理后进入装置自带净化水箱，处理合格后由变频供水装置升压经紫外线装置消毒后供用户使用（图 3–121）。

该装置橇装设置，自带计算机控制系统，主要用于水处理系统的生产控制、运行操作、监视管理。该工艺将絮凝与膜过滤过程集为一体，提高了设备效率。反洗操作周期：30 ~ 60min，出水浊度：0.2NTU，水回收率 ≥ 90%。

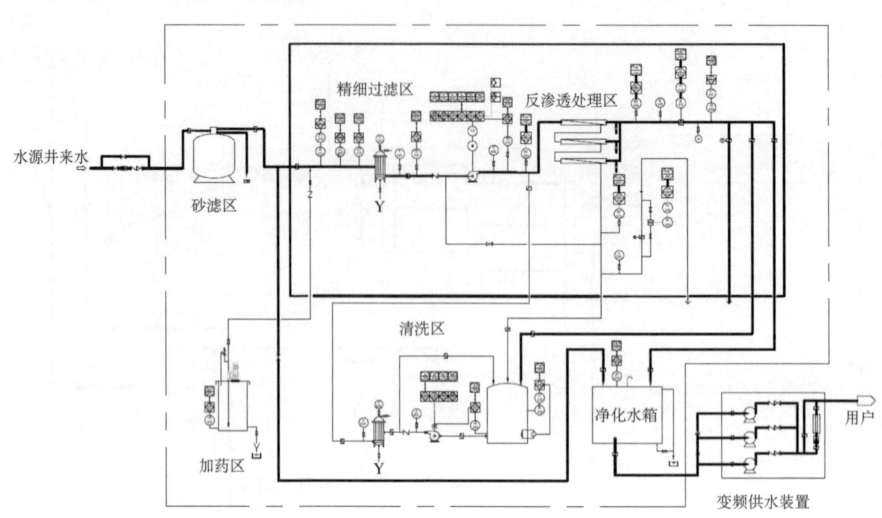

图 3-121　反渗透工艺给水设备流程示意图

4. 其他

变频供水装置含立式变频给水泵 3 台（不锈钢材质）、紫外线杀菌装置 1 台、电控柜 1 台。供水泵与滤后水缓冲水箱低液位连锁控制，装置与出口压力闭环控制。

水箱采用国家标准图集、不锈钢材质，原水箱与净水箱联合布置。

（四）自控

自控设计内容包括原水箱、净化水箱的液位检测及控制。给水装置设置原水箱、净化水箱各 1 个，由设备橇成套供货。自控设计内容为原水箱、净化水箱的液位指示及高、低液位报警等。

给水装置为非防爆场所，所选设备均为非防爆产品，防护等级不低于 IP65。自控设备主要有单法兰液位变送器（用于水箱液位检测）、液位开关（用于水箱液位报警）。

给水装置液位指示控制统一由中心控制室控制系统完成，控制系统在具体工程中统筹考虑设计，不在给水装置的标准化设计范围内。

（五）标准化选用说明

（1）本标准化设计采用地震烈度为 7 度。

（2）当采用反渗透工艺时，水源矿化度大小对工艺影响较大，本设计可适应矿化度小于 5000mg/L 的地下水。

（3）本次标准化设计来水首先采用石英砂过滤工艺，当来水含铁超标时，石英砂过滤器可改为锰砂过滤器，并在锰砂过滤器前配套增设加气装置。

（4）本次标准化设计水处理装置、供水装置、反渗透处理装置采用一体化橇装设备，自带电控柜，连锁控制关系满足流程要求。具体工程中相关信号接入站控系统，配电由具体工程接入。

（5）本次标准化设计本着工厂化、模块化且材料统一为目的，所选建筑结构形式均为门式钢架轻型钢结构。

八、生活废水处理装置

生活废水处理装置是大型油气站场的配套工程，主要处理站场生活废水，满足环保对生活废水外排的要求。该类装置形成了4种规格的埋地式生活废水处理装置标准化设计定型图。

（一）设计条件

（1）装置出水水质满足GB 8978—1996《污水综合排放标准》中二级排放指标要求及GB/T 18920—2002《城市污水再生利用 城市杂用水水质》中绿化用水指标要求。

（2）装置出水压力0.4MPa。

（3）来水缓冲时间8h。

（二）标准化系列划分

油气田站场生活废水处理及排水设施分三种类型：一是经生活污水处理装置处理，处理后净化水回用于站场绿化或提升至站外排放；二是提升至站外氧化塘或蒸发池；三是定期人工清掏至站外市政系统。生活污水正常排放量为4 ~ 40m³/d。

生活废水处理装置规模系列应同时满足综合公寓水处理需求。按照中国石油生产作业区综合公寓标准化设计规定，生活废水处理装置能力宜为1 ~ 5m³/h。

综合考虑依据已建大型站场生活污水正常排放量及综合公寓标准化设计规定，给水装置设计规模按处理能力分为1m³/h、2m³/h、3m³/h、5m³/h共4个可基本满足需要的规模。

按照设计条件及标准化系列编制方法，形成4个标准化生活废水处理装置系列。

生活废水处理装置型号表示为：

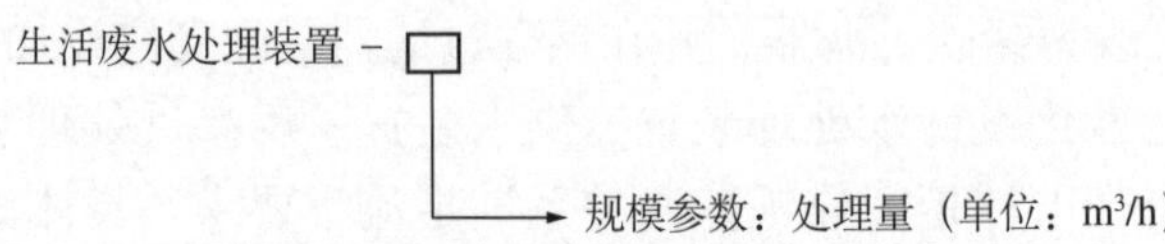

生活废水处理装置标准化设计见表 3-88。

表 3-88　生活废水处理装置标准化设计规格

编号	系列名称
1	生活废水处理装置 -1
2	生活废水处理装置 -2
3	生活废水处理装置 -3
4	生活废水处理装置 -5

（三）埋地式生活废水处理装置设计

（1）生活废水处理采用生化法。生活废水经废水调节池均质均量后，由池内的潜污泵提升至生活废水处理装置内初沉、接触氧化，再进行二次沉淀、消毒（消毒池停留时间为 30min），工艺流程见图 3-122。处理达标后再经过提升至站区绿化管网或外排水管道。

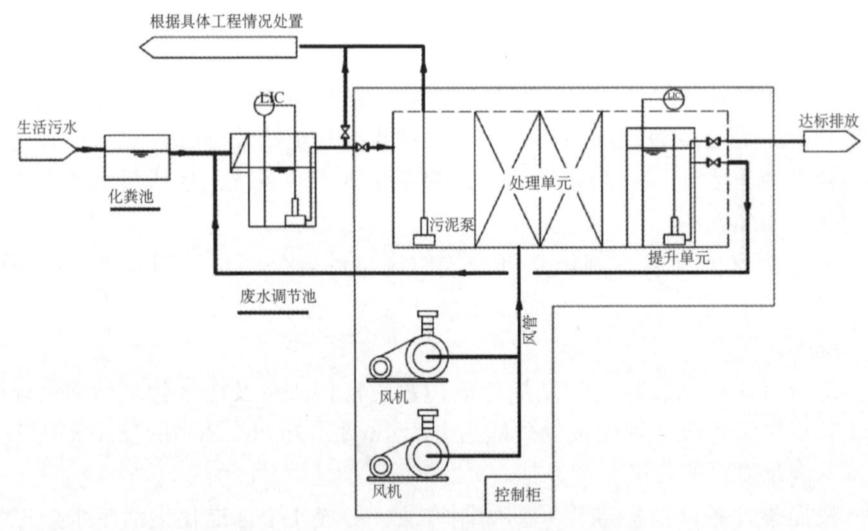

图 3-122　生活污水生化处理工艺流程图

（2）生活废水处理装置采用地埋式。包括粗格栅、初沉池、接触氧化池、二沉池、消毒池、污泥池、污水池、细格栅均设置在若干个罐体内，罐体及各部件、管道防腐采用可靠的防腐工艺。

（3）调节池、处理装置提升井内各设2台提升泵，两台提升泵一用一备、交替运行，污水池液面在高位时自动启动，在低位时自动停泵，在警戒水位两台泵同时启动，两台水泵既可联动，又可分动。两台风机一用一备。

（4）工艺设备安装固化。生活废水处理装置包括提升泵、废水处理装置及风机房，废水处理装置采用橇装设备，全部设备埋地，风机房置于地面。

（四）土建

土建主要包括工艺配套废水调节池、格栅井（1座）、阀门井（1座），生活废水处理装置基础（1座）及风机房基础（1座）等。

（1）地基基础设计等级为丙级。

（2）调节池池壁及池底采用C30P6级抗渗钢筋混凝土浇筑，池顶采用C30钢筋混凝土浇筑。生活废水处理装置基础采用C30钢筋混凝土浇筑，风机房基础采用C25素混凝土浇筑，所有基础下垫C15混凝土垫层及3mm厚SBS改性沥青卷材防腐垫层，地面以下基础外表面刷环氧沥青涂层，所有水泥均采用抗硫酸盐水泥。

（3）建筑抗震设防分类为乙类，结构安全等级为二级，设计使用年限为50a。

（五）标准化选用说明

（1）本标准化设计地震烈度按7度设计。

（2）本标准化按4个系列开展设计（表3–89）。在实际工程中选用标准化系列时，应对实际用水量、缓冲池有效容积、绿化用水压力进行核算，对照标准化系列参数选用。

表3–89 生活废水处理装置标准化设计规格

编号	处理规模，m^3/h	缓冲池有效容积，m^3	系列名称
1	1	8	生活废水处理装置–1
2	2	16	生活废水处理装置–2
3	3	24	生活废水处理装置–3
4	5	40	生活废水处理装置–5

（3）装置出水水质满足GB 8978—1996《污水综合排放标准》中二级排

放指标要求及 GB/T 18920—2002《城市污水再生利用城市杂用水水质》中绿化用水指标要求。

（4）北方寒冷地区需考虑鼓风机间空气温度对处理效果的影响。

（5）在气象条件合适的地区，可选用地上式设置生活废水处理装置，也可采用室内设置。

九、燃料气调压计量单元系统

油气站场燃料气调压计量单元主要是为了满足大中型油气站场内供热站、火炬及放空系统等装置或设施在正常生产时的燃料气需求以及燃气电站、生活公寓的燃料气需求。燃料气调压计量单元主要由电加热器、燃料气缓冲罐及配气阀组等组成。

（一）系列划分

按照设计条件及标准化系列编制方法，燃料气调压计量单元标准化型号表示为：

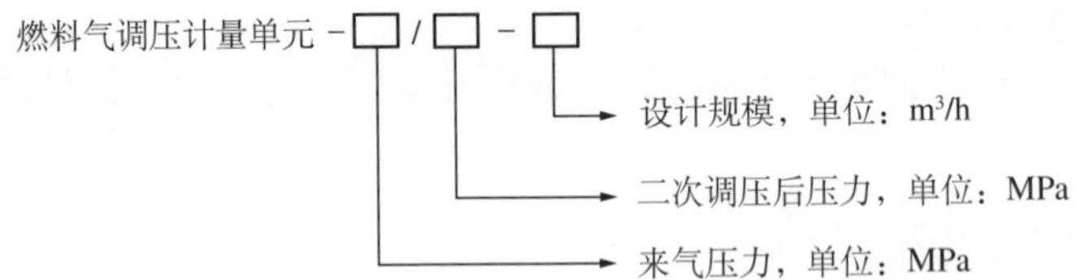

在前期对各油气田油气站场充分调研的基础上，经过多次方案技术论证，确定了燃料气调压计量单元按照设计规模 1000m³/h、2000m³/h、4000m³/h 和 8000m³/h 四个系列开展标准化设计，形成四个系列燃料气调压计量单元标准化设计定型图。划分系列见表 3–90。

表 3–90 燃料气调压计量单元标准化设计系列

编号	系列名称	主要设备
系列 1	燃料气调压计量单元–1.2/0.4–1000	燃料气缓冲罐 1 座，DN1200mm × 4266mm
系列 2	燃料气调压计量单元–8/0.4–2000	电加热器 1 台，80kW；高压燃料气缓冲罐 1 座，DN1200mm × 4270mm；低压燃料气缓冲罐 1 座，DN1200mm × 4266mm
系列 3	燃料气调压计量单元–8/0.4–4000	电加热器 1 台，175kW；高压燃料气缓冲罐 1 座，DN1400mm × 4970mm；低压燃料气缓冲罐 1 座，DN1400mm × 4966mm

续表

编号	系列名称	主要设备
系列 4	燃料气调压计量单元-8/0.4-8000	电加热器 1 台，262.5kW；高压燃料气缓冲罐 1 座，DN1400mm×4970mm；低压燃料气缓冲罐 1 座，DN1400mm×4966mm

（二）主要技术参数

1. 系列 1 技术参数

（1）燃料气：产品气（干气），符合 GB 17820—2012《天然气》二类天然气技术指标。

（2）来气压力：1.2MPa。

（3）来气温度：20℃。

（4）调压后操作压力：0.4MPa。

（5）燃料气缓冲罐设计压力：0.6MPa。

2. 系列 2 ~ 4 技术参数

（1）燃料气：产品气（干气）符合 GB 17820—2012《天然气》二类天然气技术指标。

（2）来气压力：8MPa。

（3）来气温度：20℃。

（4）第一次调压后操作压力：1.0MPa。

（5）第二次调压后操作压力：0.4MPa。

（6）电加热器设计压力：9MPa。

（7）电加热器设计温度：100℃。

（8）高压燃料气缓冲罐设计压力：1.21MPa。

（9）低压燃料气缓冲罐设计压力：0.6MPa。

（三）燃料气调压计量单元标准化设计内容

1. 主要工艺流程

1）系列 1 工艺流程

处理厂产品天然气通过调压阀组将压力调到 0.4MPa，然后进入燃料气缓冲罐。燃料气缓冲罐出口气体经计量后供燃料气用户使用。燃料气缓冲罐的放空气接入处理厂放空系统；燃料气缓冲罐底部排出的油污接入处理厂排污系统。

系列 1 工艺原理流程为：产品天然气→调压阀组→燃料气缓冲罐→燃料气去用户。

2）系列 2 ～ 4 工艺流程

处理厂产品天然气先进入电加热器进行加热，加热后的天然气通过调压阀组，压力调到 1.0MPa，然后进入高压燃料气缓冲罐。高压燃料气缓冲罐出口气体分为两股，一股经计量后供 1.0MPa 高压燃料气用户；另一股再通过调压阀组，将压力调到 0.4MPa，然后进入低压燃料气缓冲罐。低压燃料气缓冲罐出口气体经计量后供 0.4MPa 低压燃料气用户。燃料气缓冲罐的放空气接入处理厂放空系统；燃料气缓冲罐底部排出的油污接入处理厂排污系统。

系列 2 ～ 4 工艺原理流程为：产品天然气→电加热器→调压阀组→高压燃料气缓冲罐→燃料气去用户。

2. 平面布置

根据工艺流程，燃料气调压计量单元各系列设备呈矩形布置。电加热器和高、低压燃料气缓冲罐并排排列，既保证了介质流向畅通、操作管理方便，又缩短了连接管路、节约了占地面积。

燃料气调压计量单元各系列设备及管道进行橇装化设计。系列 1 设计成一个橇，规格为 9m × 2.4m；系列 2 ～ 4 设计成三个橇，规格分别为 7m × 1.9m、7m × 2.8m 和 7m × 2.0m。

3. 管道及其组成件、阀门的选用

1）设计压力

（1）一级调压阀组前的管道压力等级定为 10MPa。

（2）一级调压阀组后的管道压力等级均定为 1.6MPa。

2）管道及其组成件的选用

（1）压力等级为 10MPa 的管道按 GB 5310—2008《高压锅炉用无缝钢管》选用 20G 无缝钢管。

（2）压力等级为 1.6MPa 的管道按 GB/T 8163—2008《输送流体用无缝钢管》选用 20 号无缝钢管。

（3）弯头、三通、大小头和管帽等管件材质选用与管道相同的材质，90° 弯头的曲率半径为 1.5D。

（4）10MPa 压力等级的法兰选用环连接面带颈对焊钢法兰（WN-RJ），执行的标准为 HG 20592 ～ 20635—2009，垫片采用金属环型垫片，执行的标准为 HG 20592 ～ 20635—2009；所有法兰均配备全螺纹螺栓及六角螺母，螺栓材料为 35CrMo，螺母材料为 30CrMo。所有的阀门、工艺设备采用法兰连接的接口均由供货厂商按上述要求配对提供法兰、垫片和螺栓、螺母。

（5）1.6MPa 压力等级的法兰选用突面带颈平焊钢法兰（SO-RF），执行的标准为 HG 20592 ~ 20635—2009，垫片采用金属缠绕垫片，执行的标准为 HG 20592 ~ 20635—2009；所有法兰均配备全螺纹螺栓及六角螺母，螺栓材料为 35CrMo，螺母材料为 30CrMo。所有的阀门、工艺设备采用法兰连接的接口均由供货厂商按上述要求配对提供法兰、垫片和螺栓螺母。

3）阀门的选用

（1）开关阀选用球阀。

（2）对于需要进行简单流量调节的阀门选用截止阀。

（3）放空阀采用专用节流截止放空阀，排污阀选用阀套式排污阀。

（4）压力表阀门采用高密封压力表截止阀。

4. 仪表控制

1）自控内容

（1）燃料气缓冲罐压力指示、压力高报警、压力低报警、压力高高报警关阀。

（2）燃料气温度远传指示。

（3）燃料气流量指示、累计远传。

（4）燃料气压力调节。

（5）燃料气电加热器电流、温度指示，以通信方式上传信号到中控室控制系统，且在控制室可以急停电加热器。

2）仪表选型

（1）压力指示采用压力变送器。

（2）燃料气来气管道关断阀采用气动开关阀。若为无气源情况，可采用电动开关阀，需 UPS 供电。

（3）燃料气温度远传指示采用一体化温度变送器。

（4）燃料气流量指示、累计采用旋进旋涡流量计。

（5）燃料气压力调节采用带切断功能的自立式调节阀。

3）自控系统

（1）燃料气调压计量单元远程控制系统由中心控制室控制系统完成，控制系统在具体工程中统筹考虑设计，不在燃料气调压计量单元标准化设计范围内。

（2）燃料气调压计量单元标准化自控部分，只设计工艺需要检测控制的现场仪表（包括选型和安装），以及现场仪表控制系统的外部接口界面等。现场仪表的检测、控制过程在标准化设计中给出。

（3）燃料气调压计量单元为非防爆场所，所选设备均为非防爆产品，防护等级不低于 IP65。标准化设计给出上述自控设备的监控数据表。

（4）在实体工程中燃料气调压计量单元平面位置与中控室距离不确定，只开列从接线箱到现场仪表的支电缆，主电缆在实体工程中统筹考虑。

（四）标准化设计系列选用

燃料气调压计量单元标准化设计定型图包括：1 册总说明、4 册燃料气调压计量单元定型图及 1 册综合计价指标。每一个规模燃料气调压计量单元为 1 个分册，每一分册中包含封面、目录、说明书、设备表、材料表、DCS 系统监控数据表、PID 图、设备平面布置图、橇装底座骨架平面布置图及工艺安装三维效果图等。

1. 设计规模选用

燃料气调压计量单元标准化系列应按设计规模 50% ~ 120% 操作弹性的原则来选用。

2. 标准化设计调整

（1）以干气（GB 17820—2012《天然气》二类天然气技术指标）作为气源进行燃料气调压计量单元标准化设计。

（2）系列 2 ~ 4 标准化设计以供气压力为 8MPa 的产品天然气作为燃料气气源，在实际工程中，应根据产品天然气的供气压力调整降压级数。

（3）本次标准化电加热器设计仅供参考，在实际工程中，应按工程招标结果调整电加热器的相关参数及基础尺寸。

（4）本次标准化设计所用气象及地质资料均为假定，在实际工程中，如果工程所在地区气象及地质资料与本标准化设计所用的气象及地质资料差异较大，机械设计参数、设备基础、设备防腐保温等设计要根据工程所在地区进行核算。

十、门卫

门卫是油气站场的配套工程，一般 24h 有人值守，位于油气站场主入口处。肩负检查、控制进出站人员、车辆及储存工服工帽的功能，并承担外来人员的安全教育功能。部分门卫设置门禁、严格监控厂站内人数。调研后发现各大厂站门卫各不相同，需要进行标准化设计。

（一）标准化系列划分

在前期对各油气田油气站场充分调研的基础上，广泛征求了设计院、生产运行等部门的意见，经过多次方案技术论证，确定了门卫按照是否带安全教育室进行类型划分，形成了目前2个类型的门卫标准化设计定型图，分别是：常规门卫、带安全教育门卫。具体划分情况见表3-91。

表3-91 门卫分类

类型	主要功能	建筑面积，m^2
常规门卫	门卫值班	20
带安全教育门卫	门卫值班、安全教育	52

（二）类型选用原则

门卫的类型选用应根据各厂、站的生产规模以及生产类型等情况确定。具体选用原则如下：

（1）常规门卫适用于一般的大型厂站。

（2）带安全教育门卫适用于特大型厂站以及酸性天然气处理厂。

（三）标准化门卫设计要点

1. 常规门卫

常规门卫仅设置一个房间：门卫值班室，建筑面积20m²，采用框架结构，门卫正面及通道侧面均设置有玻璃窗，便于观察人员和车辆进出。人行通道和车行通道分开设置，人行通道采用铁艺平开大门，车行通道采用电动伸缩大门，电动伸缩大门收拢后可以完全隐藏在门卫标题墙里面。见图3-123。

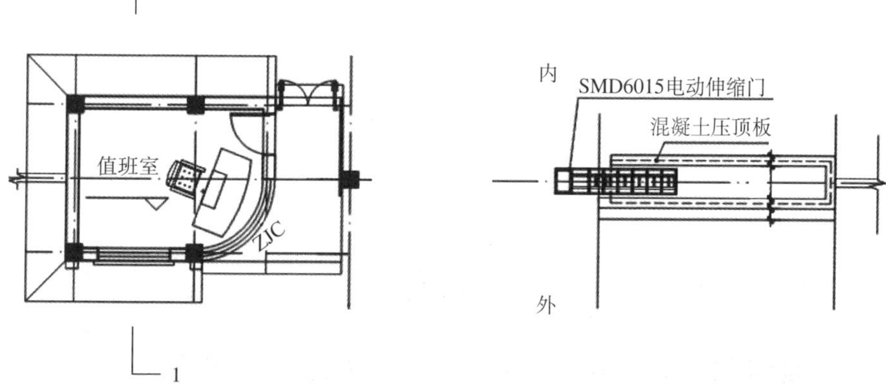

图3-123 常规门卫平面图

2. 带安全教育门卫

带安全教育门卫共包含两个房间：门卫值班室和安全教育室，建筑面积 $52m^2$，安全教育室开门方向位于值班室内，便于管理。其余设计均与常规门卫相同。见图 3-124。

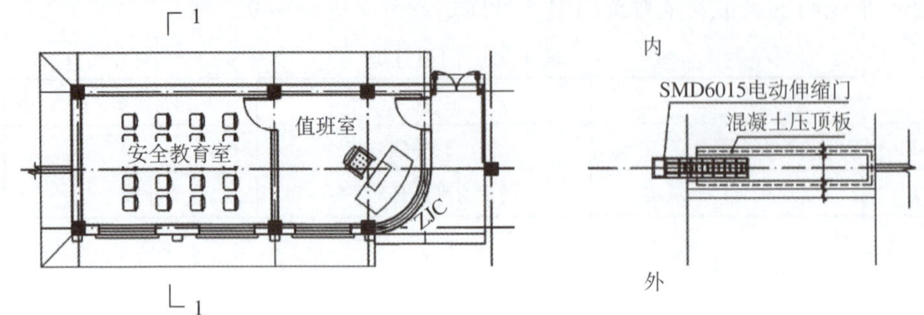

图 3-124 带安全教育门卫平面图

3. 立面设计

两个系列的门卫均设计有平屋面和坡屋面两种形式，整体外观设计简洁、稳重大方。坡屋面的做法为钢筋混凝土平屋面上加设红色彩钢夹芯板坡屋面造型。

在平屋面女儿墙处设置有中国石油红黄色带作为企业标识。两种风格的建筑形式均根据工程的具体情况按需选用，具体采用何种形式，本设计文件不做详细规定。一般而言，坡屋面形式主要针对北方多雪地区或者南方多雨地区。

4. 门卫效果图

见图 3-125 ~ 图 3-128。

图 3-125 常规门卫效果图—平屋面

图 3-126　常规门卫效果图—坡屋面

图 3-127　带安全教育门卫效果图—平屋面

图 3-128　带安全教育门卫效果图—坡屋面

（四）配套专业

配套专业包括建筑、结构、水、电、热、通信等专业。

第五节　综合公寓标准化设计

随着中国石油大量油气田陆续开发建设，新型、先进的生产作业区管理模式被越来越多地广泛采用。以往各油气田生产作业区综合公寓建设水平、标准、视觉形象各异，为规范作业区综合公寓的设计与建设，中国石油勘探与生产分公司组织编制了《油气田生产作业区综合公寓标准化设计规定》(以下简称《规定》)。

《规定》确定了公寓标准化设计规模、功能、标准模块、建筑风格、总平面、视觉形象、建设标准、造价标准等内容，达到了“八统一”。

《规定》设置了办公、住宿、餐饮、文体生活、设备等不同功能用房，并以此形成模块，根据人数进行组合，满足不同油气场站的生产、生活需要，贯彻了标准化、模块化的设计宗旨。

（一）设计要点

1）设计规模

根据目前作业区情况将综合公寓以人数划分规模，形成不同类型的公寓标准设计系列，分为三种类型、九种规模。见表 3–92。

表 3–92　公寓划分系列

类型	平面布局方式	规模
小型公寓	“⊥”字形	50 人
		75 人
		100 人
中型公寓	“工”字形	150 人
		200 人
		250 人
大型公寓	“王”字形	300 人
		350 人
		400 人

2）功能用房

功能用房见表 3–93。

表 3–93　功能用房

公寓类型			小型公寓			中型公寓			大型公寓		
公寓综合楼	公寓规模，人		50	75	100	150	200	250	300	350	400
	办公用房		√	√	√	√	√	√	√	√	√
	住宿用房		√	√	√	√	√	√	√	√	√
	接待用房					√	√	√	√	√	√
	餐厅厨房		√	√	√	√	√	√	√	√	√
	会议室		√	√	√	√	√	√	√	√	√
	视频会议室		√	√	√	√	√	√	√	√	√
	通信室		√	√	√	√	√	√	√	√	√
	调度中心		√	√	√	√	√	√	√	√	√
	活动中心	多功能厅（含棋牌、乒乓球室）				√	√	√	√	√	√
		健身房	√	√	√	√	√	√			
		乒乓球室	√	√	√						
		阅览室	√	√	√	√	√	√	√	√	√
		棋牌室	√	√	√						
	医务室		√	√	√	√	√	√	√	√	√
	供热间、洗衣房、		√	√	√						
	配电室		√	√	√	√	√	√	√	√	√
	消防控制室					√	√	√	√	√	√
设备用房	供热间、洗衣房、变配电室					√	√	√	√	√	√
门卫	门卫								√	√	√
车库	车库		√	√	√	√	√	√	√	√	√
运动场馆	室内运动馆（含健身、篮球、羽毛球）								√	√	√
	室外篮球场		√	√	√	√	√	√	√	√	√
	室外排球场					√	√	√	√	√	√
污水处理设施	污水处理鼓风机房		√	√	√	√	√	√	√	√	√

3）公寓综合楼房间设置

（1）办公用房：见图 3–129 ~ 130。

图 3–129　单人间

图 3–130　双人间

其余人员四人间。

（2）住宿用房：见图 3–131 ~ 132。

图 3–131　单人间

图 3–132　双人间

服务人员三人间。

（3）多功能厅：见图 3–133。

（4）餐厅按自助餐形式设计：见图 3–134。

（5）视频会议室：见图 3–135。

（6）小型公寓设置独立的乒乓球室、棋牌室、健身房、阅览室；中型公寓设置独立的健身房、阅览室，棋牌、乒乓球等功能设置在多功能厅内；大型公寓设置独立的阅览室，棋牌、乒乓球等功能设置在多功能厅内，健身房设置在室内运动馆。见图 3–136。

图 3-133 培训、大型会议、大型集体活动、棋牌、乒乓球多功能厅

图 3-134 自助餐厅

图 3-135 视频会议室

图 3-136 室内运动场

4）外部条件

综合公寓的生活用水、消防给水、供电、供热等公用设施按依托附近站场设计。

（二）设计内容

1. 总平面设计

总平面布置上，从小型到大型公寓，公寓由“⊥”字形到“工”字形再到“王”字形，平面布局根据人数递增逐一展开，总平面用地也根据公寓楼的规模调整，达到合理用地、节约用地的宗旨。

（1）小型公寓：见图 3-137。

公寓综合楼、篮球场、污水处理区等建（构）筑物集中布置在中央，周围设 6m 宽环形道路，布置紧凑，有利于消防。公寓综合楼南向布置，有良好的采光、通风条件，避免西晒。篮球场南北朝向，避免阳光直射造成眩光，影响运动效果。

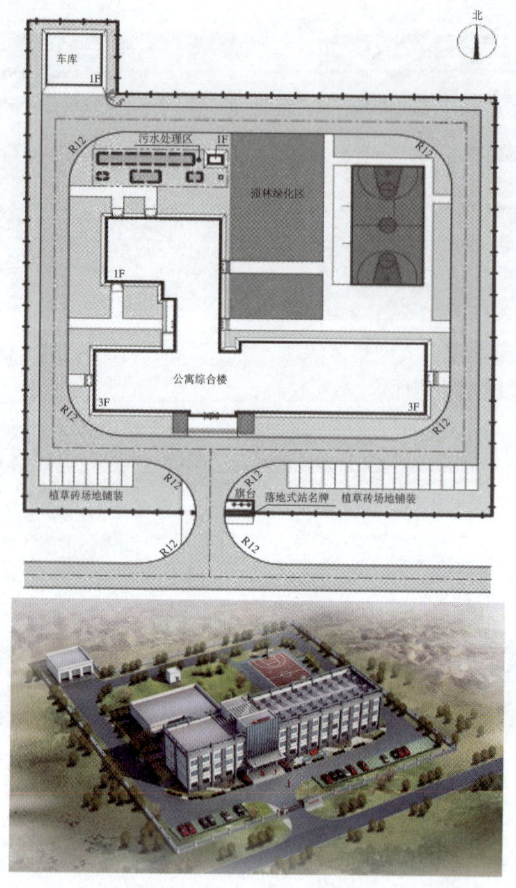

图 3-137　100 人小型公寓

（2）中型公寓：见图 3-138。

公寓综合楼布置在中央，有良好的采光、通风条件，避免西晒。周围设 6m 宽环形道路，有利于消防。排球场、篮球场、车库（车棚）布置在东侧，布置紧凑。整体布置分区明确，符合卫生要求。

（3）大型公寓：见图 3-139。

公寓综合楼布置在中央，采光、通风良好，避免西晒。周围设 6m 宽环形道路，有利于消防。排球场（2 个）、篮球场（2 个）、室内运动馆集中布置在东侧，南北朝向，避免阳光直射造成眩光，影响运动效果。整体布置分区明确，符合卫生要求。

（4）总图部分技术指标见表 3-94。

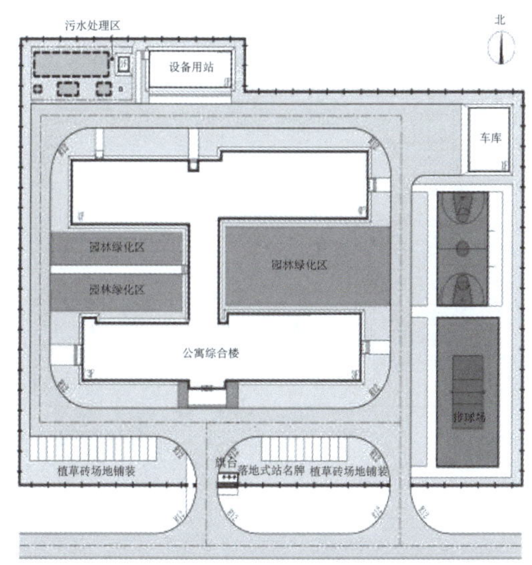

图 3-138 250 人中型公寓

表 3-94 总图主要技术指标

名称	小型综合公寓			中型综合公寓			大型综合公寓		
规模	50 人	75 人	100 人	150 人	200 人	250 人	300 人	350 人	400 人
围墙内用地面积，m^3	8102	8862	9977	14050	14826	15214	28028	29468	29694
建构筑物占地面积，m^3	5257	5673	6255	8987	9696	9666	16946	17575	17606
绿化面积，m^3	2560	2871	3352	4552	4596	5020	9950	10667	10868
建筑系数，%	64.90	64.00	62.70	64.00	65.40	63.50	60.50	59.70	59.30
绿化系数，%	31.60	32.40	33.60	32.40	31.00	33.00	35.50	36.20	36.60

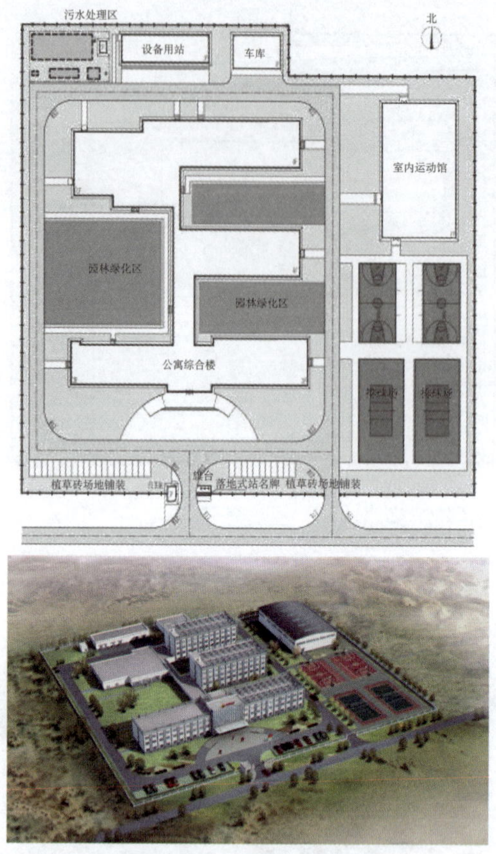

图 3-139　400 人大型公寓

从以上设计可以看出，通过办公、住宿、餐厅、连廊等功能单元不同组合，能满足 50 人到 400 人的生活、生产要求。

2. 平面设计

（1）一般规定

①本《规定》设计了平屋面和坡屋面 2 个方案供选择。平屋面方案外立面分两种造型、三个色调。

②合公寓主要设计单体见表 3-95。

③公寓综合楼的平面布局：小型公寓综合楼为“⊥”形，中型公寓综合楼为“工”字形，大型公寓综合楼为“王”字形。

④公寓综合楼的功能分区，左前侧为办公区（顶层为多功能厅）、右侧（前、中、后）为住宿区、前部中间为入口区、左后侧主要为就餐区、前后区

表 3-95　建筑物汇总表

公寓分类	建筑单体名称	建筑面积 m^2	结构形式	建筑层数	建筑高度 m	屋面形式
小型公寓	50 人公寓综合楼	3084	钢筋混凝土框架	1 ~ 3	15.3	钢筋混凝土平屋面及坡屋面
小型公寓	75 人公寓综合楼	3498	钢筋混凝土框架	1 ~ 3	15.3	钢筋混凝土平屋面及坡屋面
	100 人公寓综合楼	4000	钢筋混凝土框架	1 ~ 3	15.3	钢筋混凝土平屋面及坡屋面
	车库	153	砌体结构	1	5.1	钢筋混凝土平屋面
	鼓风机房	8	砌体结构	1	3.0	钢筋混凝土平屋面
中型公寓	150 人公寓综合楼	6242	钢筋混凝土框架	1 ~ 3	17.1	钢筋混凝土平屋面及坡屋面
	200 人公寓综合楼	6686	钢筋混凝土框架	1 ~ 3	17.1	钢筋混凝土平屋面及坡屋面
	250 人公寓综合楼	7888	钢筋混凝土框架	1 ~ 4	17.1	钢筋混凝土平屋面及坡屋面
	车库	201	砌体结构	1	5.1	钢筋混凝土平屋面
	鼓风机房	13	砌体结构	1	3.0	钢筋混凝土平屋面
	设备用房	230	钢筋混凝土框架	1	5.4	钢筋混凝土平屋面及坡屋面
大型公寓	300 人公寓综合楼	10454	钢筋混凝土框架	1 ~ 3	17.1	钢筋混凝土平屋面及坡屋面
	350 人公寓综合楼	11195	钢筋混凝土框架	1 ~ 3	17.1	钢筋混凝土平屋面及坡屋面
	400 人公寓综合楼	12278	钢筋混凝土框架	1 ~ 4	17.1	钢筋混凝土平屋面
	车库	250	砌体结构	1	5.1	钢筋混凝土平屋面
	鼓风机房	15	砌体结构	1	3.0	钢筋混凝土平屋面
	设备用房	380	钢筋混凝土框架	1	5.4	钢筋混凝土平屋面
	门卫	24	砌体结构	1	3.0	钢筋混凝土平屋面
	室内运动馆	1487	空旷房屋结构	1	8.0 ~ 10.0	彩钢板弧形屋面

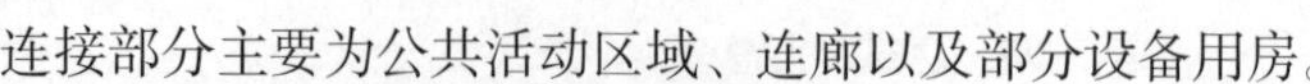
连接部分主要为公共活动区域、连廊以及部分设备用房。

（2）典型平面示意：见图 3-140 ～ 142。

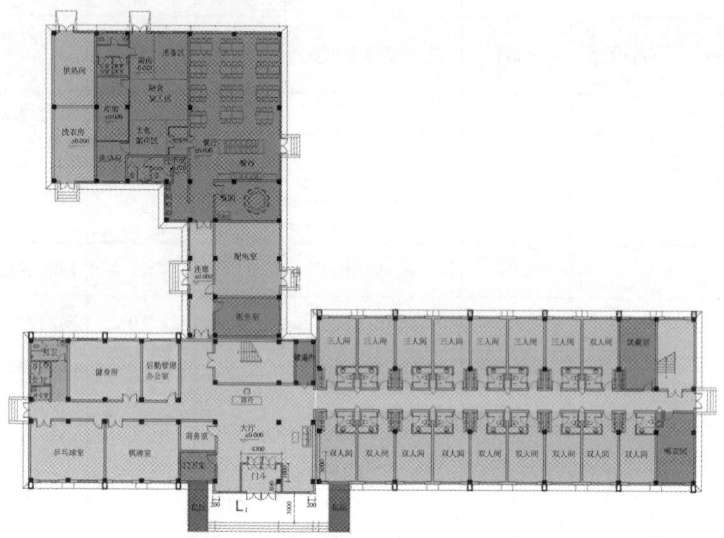

图 3-140　100 人公寓一层平面图

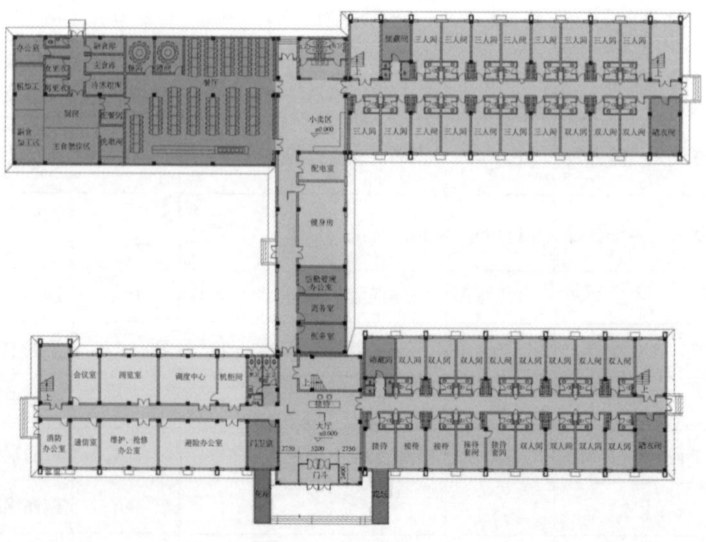

图 3-141　250 人公寓一层平面图

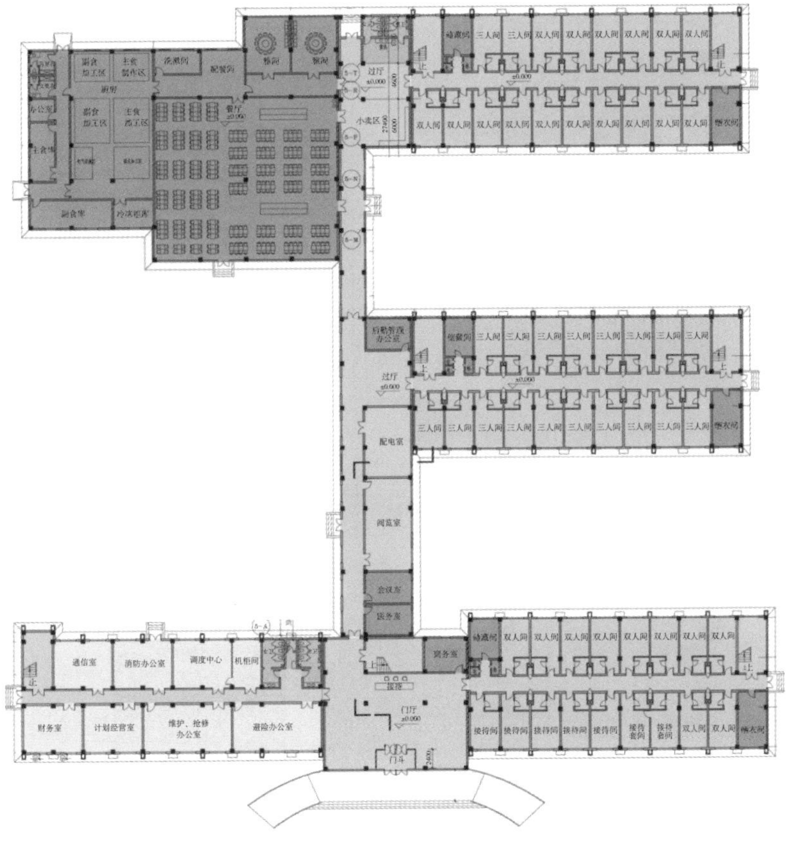

图 3-142　400 人公寓一层平面图

（3）单元模块。

办公、住宿、餐饮、文体娱乐及其它功能用房合理布局，每种用房按照单元模块组成不同系列。

①办公用房分为单人间、双人间及四人间，见图 3-143 ~ 145。

②住宿用房分为单人间、双人间及三人间，见图 3-146 ~ 148。

房间的模块化设计可根据人数组成不同规模公寓，有可持续发展性；公寓另设置了棋牌室、阅览室、洗衣房、晒衣间，宿舍配置网络，充分体现以人为本的设计原则。

3. 立面设计

立面主要分为平屋面及坡屋面两种形式，平屋面分三种色调，见图 3-149 ~ 152。

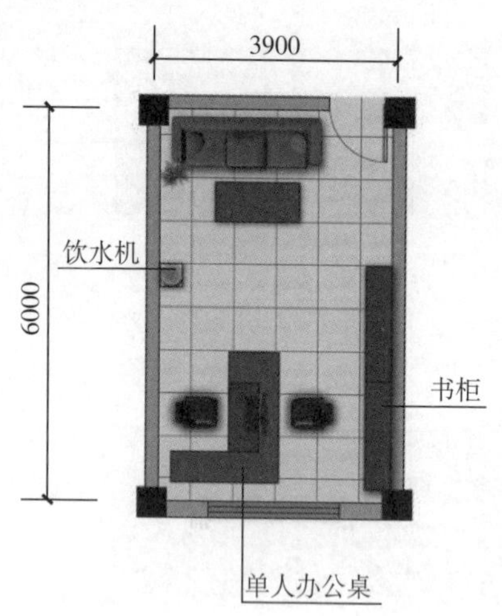

图 3-143　单人办公室平面布置图

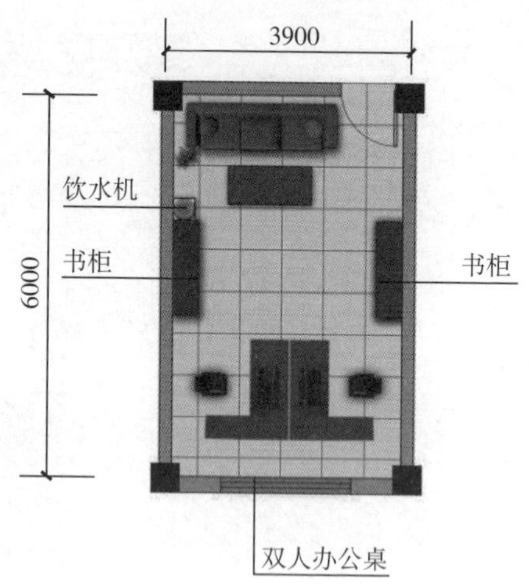

图 3-144　双人办公室平面布置图

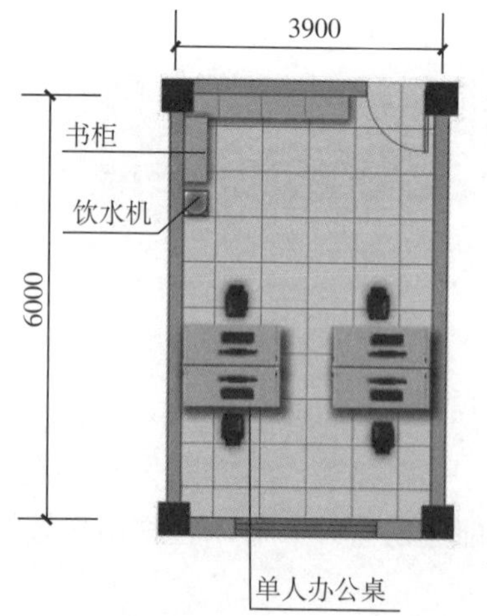

图 3-145　四人办公室平面布置图

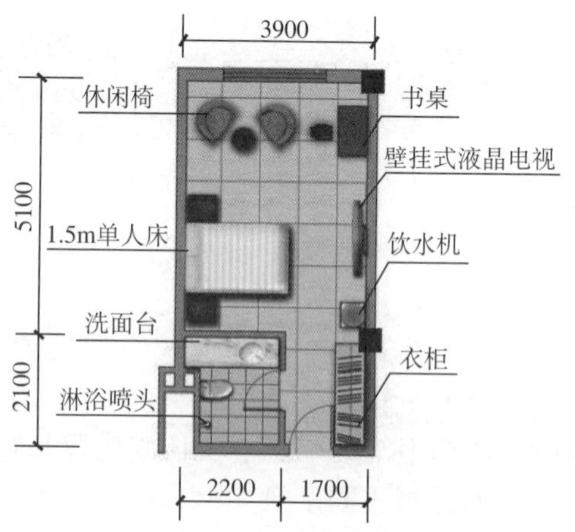

图 3-146　单人宿舍平面布置图

4. 装修

建筑室内外装修应符合环保、节能、防火的要求，建筑室内外装修材料一般采用中档材料和设备，严禁采用水晶灯及高档石材等高档材料。

5. 参与设计专业

参与设计专业包括总图、建筑、结构、给排水与消防、供配电、热工与暖通、自控及通信专业。

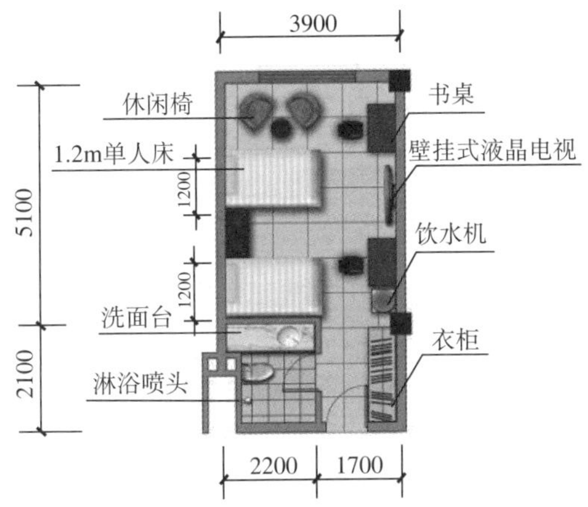

图 3-147　双人宿舍平面布置图

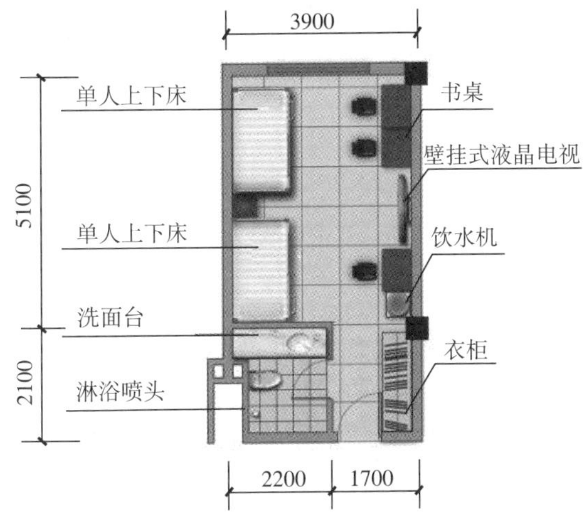

图 3-148　三人宿舍平面布置图

6. 成果文件

（1）《油气田生产作业区综合公寓标准化设计规定（试行）》。

（2）《小型综合公寓图集》。

（3）《中型综合公寓图集》。

（4）《大型综合公寓图集》。

（三）适用范围

《规定》适用于油气田开发配套建设和远离油气田生活基地的生产作业区

综合公寓建设。建在城市规划区内的生产作业区综合公寓规模、功能等参照本《规定》执行。

（四）《规定》的选用

各油气田可根据建设规模、人员编制选择合适的类型，平、坡屋面及色调的选择可根据周围环境及厂区建筑进行协调处理。

图 3-149　250 人中型公寓平屋面（冷色调）

图 3-150　250 人中型公寓平屋面（暖色调）

图 3-151　250 人中型公寓平屋面（灰色调）

图 3-152　250 人中型公寓坡屋面

第六节　油气田站场视觉形象标准化设计

油气田站场视觉形象标准化建设是油气田地面建设标准化设计的重要组成，通过站场视觉形象标准化规范油气田建设标准，控制建设投资、提升建设水平、加强安全生产，促进油气田站场与周围环境的和谐，展示中国石油先进的企业文化、树立中国石油良好的企业形象。为规范油气田站场视觉形象的设计与建设，中国石油勘探与生产分公司组织编制了《油气田地面工程视觉形象设计规范》(以下简称《规范》)。

一、站场视觉形象标准化的必要性

中国石油油气田地面工程生产设备、设施种类众多，已建成各类油、气、水井 30 余万座，建成厂站 1.5 万余座，分布在全国 21 个省、自治区和直辖市，遍布城市和乡村。几十年来，中国石油一直未统一油气田站场视觉形象，16 个油气田分公司站场视觉形象差异较大，部分油田内部的站场视觉形象也不统一。16 个油气田视觉形象的差别主要体现在以下 10 个方面。

(一) 井口设施涂色

大部分油田井口设施涂灰色，长庆、辽河、塔里木等油田涂黑色、银色、红色等。注水井涂艳绿色，采气井口绝大部分气田涂黄色，个别凝析气田涂绿色。同时由于井口保温材料、样式不同导致保温形式多样化，各油气田井

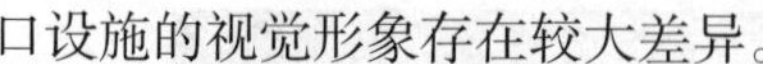

口设施的视觉形象存在较大差异。

（二）抽油机涂色

中国石油在用的抽油机种类有游梁式、下偏杠铃型、双驴头、塔架式等6种以上，抽油机涂色的主色调有红、黄、橙、蓝、绿等12种以上，长庆油田抽油机主体涂红色、支架涂蓝色、底座涂黄色，大庆油田抽油机主体涂桔黄、黄色，支架涂绿色，新疆、冀东、玉门油田抽油机涂色以红色为主。此外，不同类型的抽油机涂色差异更大。

（三）井场标识

为便于生产管理，井场、井号的标识必不可少。各油田一般标注在游梁上，主要有宝石花、“中国石油”标识字样、井号、油田名称及所属厂队等内容。长庆油田主要标识宝石花、“中国石油”、井号；大庆油田标识宝石花、厂队、井号；冀东、新疆等油田标识宝石花、油田公司名称；辽河、玉门等油田只标识井号；吉林、吐哈、塔里木等油田基本没有标识。由于长庆油田广泛采用了丛式大井组模式，一般在井场大门上设置了井场标识牌，塔里木、冀东等油田亦是如此，必要时还设置了安全警示牌等，但设置的位置、内容、样式均存在一定差异，而其他大部分油田都没有设置井场标识牌。综上所述，主要存在着井场标识位置、颜色、内容等不统一的问题。

（四）井场围栏

井场围栏主要存在规格、高度、材质、颜色等不统一。大部分油田采油井和注水井井场不设井场围栏，根据规范要求，只在靠近居民区的油井设置了井场围栏；气井一般设井场围栏。围栏的形式主要有铁栅栏、实体围墙、土筑防护堤及绿化带。大庆油田在居民区内以及距居民区100m以内地带的油井井场设1.8m高钢板网围栏，其中抽油机井场围栏尺寸为15m×7m；长庆油田根据需要，采用砖砌围墙、铁栅栏、土筑防护堤或者不设围墙，砖砌围墙墙体厚度为240mm，墙体高度为1.6m，设砖立柱，间距为3.6m。铁栅栏一般为绿色网状结构；围栏单体尺寸2.5m×1.5m。土筑防护堤高0.5m、宽0.5m，防护堤外设置灌木绿化带，宽度为1.2m。西南油气田采用砖砌实体围墙，围墙高2.3m，水泥砂浆抹面，乳白色墙面。青海气田设井场护堤0.6m×0.4m×0.3m。各油气田差别较大。

（五）建筑物

根据地域特点和气候条件的不同，油气田生产厂房大部分为砖混或框架结构，部分沙漠油田采用轻钢结构，外墙大部分为白色，个别为淡黄色。出于防水、隔热的考虑，目前东部油田大多采用坡屋顶，西部油田由于降雨量少，多以平屋顶为主，各油气田生产厂房的外形、涂色、标识均不统一。

（六）厂站围墙

各油气田的围墙一般都采用钢板网围墙或铁艺围墙。长庆、四川人口稠密地区或无人值守的站场采用实体围墙，围墙的样式、颜色及标识都不统一。

（七）厂站大门

各油气田一般采用铁艺大门，颜色以黑色和白色为主，样式各异，或者采用伸缩门，配落地横式站名标识牌，大门的颜色、样式与站名牌均不统一。

（八）标识及名称牌

各油气田一般在房屋和围墙设标识色带，在主要设备上设宝石花，各油田标识的标注方法、数量、大小、内容和位置不一致。

有围墙站场的名称牌一般设在围墙门两侧，无围墙站场的名称牌一般设置在房屋门两侧，标牌的内容及样式不统一。简介牌和警示牌一般设于主大门处。目前各油田站场标牌的材质、式样、颜色、内容均不统一，生产区域内的各类警示、提示标识牌的样式、颜色、标识内容也不一致。

（九）设备、管道涂色

现行的 SY/T 0043—2006《油气田地面管线和设备涂色规范》对各类管线、容器、机械、设备的涂色做了相关规定，但其中有些内容与油气田生产实际不相适应。此外各油气田对设备上的标识内容不统一，长庆油田在储罐上标识了中石油标识色带、宝石花和“长庆油田”字样，有的油田在储罐设备上标识油田名称与储罐名称，其他设备的标识内容也不同，有的设备上标识了宝石花，有的仅标识了名称。

（十）场地铺装

各油气田根据气候特色，井场及厂站的场地铺装也不同，大部分油田站场不铺砌，采用素土夯实，有条件的地区种植草坪及低矮灌木绿化。进出装置区敷设巡检便道。西部风沙较大地区，一般铺砌碎石或预制块。

综上所述，井场内的井口设施、抽油机的涂色、标识差异大，井号、宝石花等标识的内容、形式及做法不统一，井场围栏的形式、做法不统一，站厂的建筑物、围墙和大门的样式、色彩及标识不统一，各类 HSE 标识牌以及场地的铺装都不统一，迫切需要统一标准、规范样式。

二、站场视觉形象标准化遵循的原则

（一）视觉形象建设标准应合理、适中

在油气田地面建设过程中统一视觉形象建设标准是十分必要的，但在控制成本的要求下，所制定的视觉形象建设标准要适中，确保投资不能过大，既不能增加地面建设投资，在各油田能够顺利推广执行，又要确保展示中国石油的良好形象。

（二）内容全面细致、可操作性强

视觉形象标准化的内容要全面覆盖油气田站场的各类设施，所制定的标准具有很强的可操作性、可实施性。首先视觉形象标准化的内容必须细致全面，覆盖油气田地面工程的各类设施，其次要采用直观、可操作的表达方式，确保执行过程中既有直观的效果可以比照，又有具体的做法可以执行，有效确保各油田在执行过程中能够不走样、不变形，各油气田地面工程视觉形象能有效统一。

（三）形象鲜明醒目、实施效果好

油气田站场作为油气勘探生产最为醒目的地面设施，其视觉形象是展示中国石油企业形象的窗口，因此所制定的视觉形象标准要能够彰显中国石油的特色，展示良好的企业形象与先进的企业文化，确保站场与周围环境的和谐。

（四）体现中国石油先进的 HSE 管理理念

视觉形象标准化的一项重要内容是统一油气生产站场的各类警示、提示标识牌，在标识牌的视觉形象设计中，要充分结合中国石油油气田生产的 HSE 管理要求，各类禁止、警告、指令和提示标识要清晰、明确，准确传达安全、环保、职业健康的要求，体现中国石油先进的 HSE 管理理念。

三、站场视觉形象标准化的总体思路

站场视觉形象标准化的主要内容是对油气田站场的外观视觉效果进行统一，这种视觉形象包括色彩、样式和标识，突出中国石油的特色。视觉形象标准化的整体思路是按照站内设施的类型进行分类，对油气田各类站场内的设备、建筑物、构筑物和标识牌的颜色、标识和样式进行统一，分项规定视觉形象的统一标准。

（一）站场类型的划分

为确保在统一视觉形象建设的同时控制建设投资，应按照站场的规模制定适当的建设标准，通过对16个油气田分公司的各类站场进行调研，按照功能的复杂性、占地面积大小等，将站场划分为井场、小型厂站、中型厂站、大型厂站和特大型厂站，分类制定视觉形象建设标准。

1. 井场

井场是油气田生产的重要场所，广泛分布在生产区域，其主要设备有井口装置、抽油机等，特别是抽油机是十分醒目的生产设备，因此综合考虑在抽油机上标识中国石油的特色标识。

2. 中小型厂站

中小型厂站的生产设备的规格较小，因此该类设备的视觉形象建设以简洁为主，制定统一的建设标准。

3. 大型、特大型厂站

大型、特大型厂站站内主要生产设备有大型储罐、塔器等，规格均较大，是站内十分醒目的生产设备，该类设备的视觉形象应鲜明、醒目，突出展示中国石油特色。

（二）视觉形象色彩体系

中国石油的企业形象识别系统对中国石油色彩系统进行了规范，主要由环境色、标识色、辅助色三大色系构成，站场视觉形象的标准化严格遵从中国石油企业形象识别系统中的色彩体系，突出展示的设备以标识色红、黄色为主，其他辅助设施以蓝、灰色及标识色的衍生色彩进行标识。同时考虑到站场的生产环境，与周围环境的兼容性、协调性，油气管道与地面设备的涂色参照SY/T 0043—2006《油气田地面管线和设备涂色规范》的内容，兼顾油气田生产实际涂色要求等多方因素，确定了站场视觉形象的统一标准。抽油机以红、黄两色为主；油管道为灰色、气管道为黄色、水管道为绿色；站场大门、围墙以绿色和黑色为主，实体围墙和建筑物以白色为主，并标识宝石花或色带；为提高各油气田执行效果的统一性，确定了标准色的配色要求，建立统一的色彩体系，确保实施效果统一。

（三）标识内容的确定

油气田的设备、标识牌和名称牌形式各异，按照生产需要、管理要求制定了统一的标识内容、标识样式，对标识什么、如何标识、在什么位置进行标识进行了详细的规定，主要标识设备的功能和编号，采用标识牌进行风险提示，满足安全生产的需要。

（四）建、构筑物的视觉形象

统一建筑物、围墙和大门对站场整体视觉形象的效果影响较大，按照与生产环境协调、各油气田生产实践的经验，以及各类材料市场采购的便捷性，确定了围墙大门的形式与颜色。

井场一般不设围墙，满足生产需要必须设置时考虑设置围栏；井场、小型厂站和中型厂站围墙均采用围栏，围栏颜色为绿色，绿色能很好的与周围环境协调统一，此外绿色围栏在各个行业均已广泛应用，具备市场化采购的条件，能够进一步控制建设投资。为了适应处于不同外部环境的站场，围栏式围墙的形式也可以采用普通形式和防翻越形式，例如人口密集地区的厂站，为了防止人员随意侵入，采用防翻越形式。

大型厂站和特大型厂站采用黑色铁艺围墙形式，一方面铁艺围墙的强度更高、更加坚固，另一方面黑色的视觉效果较好，更能适应户外环境。铁艺围墙的立柱整体涂白色，上部设置中国石油的标识色带，能较好的彰显中国石油特色。铁艺围墙的下部实体部分涂刷银灰色涂料，避免泥水喷溅形成鲜明对比。

特殊站场采用实体围墙形式，实体围墙下部涂刷银灰色涂料，上部整体为白色，顶部设置中国石油标识色带，提高整体的安全性与美观程度。

站内生产厂房等建筑物充分考虑到中国石油 16 个油气田分公司的地域性差别，气象条件、降雨（雪）条件的差异，推荐了平屋顶与坡屋顶 2 种形式，但在色彩体系上严格要求，兼顾共性与个性，制定了相互协调统一的视觉形象标准。

（五）实施效果的展示

对于不同生产工艺，油气田站场的差异较大，为了确保各油气田执行效果的统一，给出油气田典型站场视觉形象整体效果图，作为各油气田视觉形象建设的参考。

四、站场视觉形象标准化的主要内容

（一）范围

适用于油气田及滩海油气田陆岸终端新建、改建及扩建工程中的站场所涉及的地面设备、管道、设施、建（构）筑物视觉形象设计。

（二）站场类型划分

站场类型的划分应符合表 3–96 的规定。

表 3–96　站场视觉形象标准化类型划分

站场类型	属性	站场及规格
井场	油田	包括单井和丛式采油井井场、水源井井场、注水（聚、汽、气）井井场
井场	气田	包括单井和丛式井场
小型厂站	油田	计量站、阀组间、配水间、增压站、橇装注水站等
	气田	单一功能的集气站、采出水回注站等
中型厂站	油田	接转站、放水站、注水站、三次采油配注站、供水站、清水处理站、注汽站 $G<50\times10^{4}$t/a 的脱水站 $G<30\times10^{4}$t/a 的联合站 $G<1\times10^{4}$m^{3}/d 的稠油采出水锅炉回用处理站 $G<2\times10^{4}$m^{3}/d 的采出水处理站 $G<1\times10^{4}$t/a 的聚合物配制站
	气田	增压集气站、脱硫集气站、脱水集气站
	公用	独立的 35kV 变电站、消防站
大型厂站	油田	$G\geqslant50\times10^{4}$t/a 的脱水站 30×10^{4}t/a $\leqslant G<100\times10^{4}$t/a 的联合站 $G<300\times10^{4}$t/a 的原油稳定站 $G\geqslant1\times10^{4}$m^{3}/d 的稠油采出水锅炉回用处理站 $G\geqslant2\times10^{4}$m^{3}/d 的采出水处理站 $G<60\times10^{4}$m^{3} 的油库 $G\geqslant1\times10^{4}$t/a 的聚合物配制站 $G<100\times10^{4}$m^{3}/d 的伴生气处理厂
	气田	$G<1000\times10^{4}$m^{3}/d 的非酸性天然气处理厂 $G<300\times10^{4}$m^{3}/d 的酸性天然气处理厂 $G<300\times10^{4}$m^{3}/d 的凝析气处理厂 $G<400\times10^{4}$m^{3}/d 的储气库集注站
	公用	110kV 及以上的变电站
特大型厂站	油田	$G\geqslant100\times10^{4}$t/a 的联合站（集中处理站） $G\geqslant300\times10^{4}$t/a 的原油稳定站 $G\geqslant60\times10^{4}$m^{3} 的油库 $G\geqslant100\times10^{4}$m^{3}/d 的伴生气处理厂
	气田	$G\geqslant1000\times10^{4}$m^{3}/d 的非酸性天然气处理厂 $G\geqslant300\times10^{4}$m^{3}/d 的酸性天然气处理厂 $G\geqslant300\times10^{4}$m^{3}/d 的凝析气处理厂 $G\geqslant400\times10^{4}$m^{3}/d 的储气库集注站

注：表中 G 指设计能力。

（三）井场视觉形象设计

井场的征地边界宜采用土堤、植物、沟槽等方式界定。油田井场不宜设围栏，当井场位于人口稠密地区时，宜设置防翻越围栏，大门宜采用基本型防翻越围栏门；气田井场宜设围栏，当井场位于人口稠密地区时，应设置防翻越围栏，当井场位于人口稀少地区时，宜设置非防翻越围栏，大门宜采用非防翻越围栏门。有围栏的井场应在井场围栏门上设置井场名称牌与HSE标识牌；无围栏的井场宜在征地边缘道路入口处设置带标识杆的井场名称牌与HSE标识牌。井场内场地不宜铺装，井口、设备周边区域可采用水泥预制块或碎石适当铺砌，铺砌材料宜保持原色。井场可设巡检便道，宜采用水泥现浇或预制块铺砌。视域范围内的抽油机朝向应一致。

（四）小型厂站视觉形象设计

小型厂站位于人口稠密地区或特殊环境中时宜设围墙；无人值守的小型厂站围墙宜采用防翻越围栏，大门宜采用防翻越围栏门，根据需要可选择基本型、带实体门柱型或折叠型；有人值守的小型厂站围墙宜采用普通围栏，大门宜采用普通围栏门。有围墙的小型厂站应在左侧大门或立柱上设置厂站名称牌；无围墙的小型厂站应在面向道路的主要建筑物外墙上设置厂站名称牌。站内装置区可采用预制块或碎石铺砌，铺装范围不宜超过工艺安装平面投影外1m，铺装材料宜保持原色。其他场地宜采用素土夯实或适当绿化。站内道路宜采用混凝土路面。巡检便道宜采用水泥现浇或预制块铺砌。

（五）中型厂站视觉形象设计

位于人口稠密地区的中型厂站宜采用防翻越围栏；位于人口稀少地区的中型厂站宜采用普通围栏；独立的室外变电站等有特殊需要的中型厂站应采用实体围墙。中型厂站的大门宜采用带立柱的铁艺平开门。中型厂站主大门左侧立柱上应设置厂站名称牌。主大门外道路一侧应设置进站须知牌，主大门内道路一侧应设置厂站简介牌。站内装置区可采用水泥预制块或碎石适当铺砌，铺装范围不宜超过工艺装置平面投影外1m，铺装材料宜保持原色。其他场地宜采用素土夯实或适当绿化。站内道路宜采用混凝土路面。巡检便道宜采用水泥现浇或预制块铺砌。站内主要储罐及塔器上宜设置宝石花标识，并标识设备名称与编号，其他储罐或容器上应标识设备名称与编号。

（六）大型厂站视觉形象设计

大型厂站宜采用带混凝土（砖）立柱的铁艺围墙；独立的室外变电站、

油库等有特殊要求的大型厂站应采用实体围墙；大型厂站主大门宜采用带门岗房与人行小门的铁艺推拉门，次要大门应采用铁艺平开门；酸性天然气处理厂应设安全教育室。大型厂站主大门处应设置厂站名称牌。主大门外道路一侧应设置进站须知牌，主大门内道路一侧应设置厂站简介牌。站内装置区可采用水泥预制块或碎石适当铺砌，铺装范围不宜超过工艺装置平面投影外1m，铺装材料宜保持原色。其他场地宜采用素土夯实或适当绿化。站内道路宜采用混凝土路面。巡检便道宜采用水泥现浇或预制块铺砌。站内标志性储罐及塔器上应设置宝石花标识，宝石花标识不宜超过5处，并标识设备名称与编号，其他储罐或容器类设备上应标识设备名称与编号。

（七）特大型厂站视觉形象设计

特大型厂站宜采用带混凝土（砖）立柱的铁艺围墙；独立室外的变电站、油库等有特殊需要的厂站应采用实体围墙；特大型厂站主大门宜采用带门岗房与人行小门的电动伸缩门，次要大门应采用铁艺平开门。特大型厂站主大门处应设置厂站名称牌。主大门外道路一侧应设置进站须知牌，主大门内道路一侧应设置厂站简介牌。站内装置区可采用预制块或碎石适当铺砌，铺装范围不宜超过工艺装置平面投影外1m，铺装材料宜保持原色。其他场地宜采用素土夯实或适当绿化。站内道路宜采用混凝土路面。巡检便道宜采用水泥现浇或预制块铺砌。站内标志性储罐及塔器应设置宝石花标识，并标识设备名称与编号，其他储罐或容器类设备上只标识设备名称与编号。

（八）基础要素

标准色、标准字、宝石花和色带等标识是构成中国石油油气田站场视觉形象的基础要素，因此在《油气田地面工程视觉形象设计规范》中，首先对各个基础要素的构成进行了规定。

1. 标准色

标准色是视觉形象色彩效果的基本单元，对油气田地面工程视觉形象效果进行统一应首先选定所要应用的色彩有哪些，制定各油气田统一执行的标准色，确定标准色的名称、色样、编号配色方案。由于显示色差、印刷色差等因素影响，色彩若只给出名称与色样，达不到确保各油气田执行效果统一这一重要前提，因此对油气田站场视觉形象设计所选用的标准色的名称、色样、编号及配色要求做出规定，见表3–97。

2. 标准字

站场视觉形象的设备、站名牌、HSE标识牌等设施中采用适当文字，说

表 3-97 标准色的名称、色样、编号及配色要求

名称	色样	编号	配色要求	
			CMYK	RGB
大红		SJ-01	C0M100Y100K0	R234，G28，B36
砖红		SJ-02	C25M100Y100K20	R159，G29，B32
桔红		SJ-03	C5M70Y100K0	R232，G110，B36
桔黄		SJ-04	C5M50Y100K0	R236，G145，B34
中黄		SJ-05	C20M30Y90K0	R209，G172，B62
淡黄		SJ-06	C0M10Y100K0	R255，G221，B0
棕		SJ-07	C40M80Y75K50	R96，G44，B39
淡棕		SJ-08	C30M75Y90K20	R153，G78，B46
紫棕		SJ-09	C50M75Y65K55	R78，G45，B46
紫		SJ-10	C60M80Y0K0	R124，G81，B161
艳绿		SJ-11	C100M0Y100K0	R0，G166，B80
蓝		SJ-12	C100M80Y0K0	R1，G77，B162
中酞蓝		SJ-13	C95M90Y5K0	R51，G64，B147
天酞蓝		SJ-14	C40M0Y10K0	R146，G214，B227
淡酞蓝		SJ-15	C100M0Y0K0	R0，G174，B239
中灰		SJ-16	C55M45Y45K10	R120，G122，B122
银灰		SJ-17	C0M0Y0K30	R188，G190，B192
海灰		SJ-18	C30M10Y15K0	R178，G204，B208
黑		SJ-19	C75M70Y70K90	R0，G0，B0
银白		SJ-20	C25M15Y15K0	R191，G200，B204
乳白		SJ-21	C0M0Y5K0	R255，G254，B242
白		SJ-22	C0M0Y0K0	R255，G255，B255

注：表中 CMYK、RGB 代表两种色彩体系。CMYK 分别代表青（Cyan）、品红（Magenta）、黄（Yellow）、黑（Black）四种颜色；RGB 分别代表红（Red）、绿（Green）、蓝（Blue）三种的颜色。

明设备功能、站场名称是必须可少的，要实现统一必须对标识所采用的字体进行规范，按照各油气田的常用字体，兼顾作为标识的美观性，确定站场视觉形象采用的字体为汉仪大黑简体，宽度比例宜为 0.75 ~ 1。标准字示例见图 3-153。

清水罐-01

分离缓冲罐-01

储油罐-10

低
温
分
离
器
|
01

图 3-153　标准字示例

3. 宝石花标识

宝石花标识是中国石油的特色标识，一般宜设置于油气田站场内醒目位置。宝石花标识的样式、造型比例、笔画粗细、结构空间等要求见图 3-154，油气田地面工程中宜采用全色标识，全色宝石花标识见图 3-155。在环境和技术条件无法表现全色标识时，可采用大红色与桔黄色双色标识，双色宝石花标识见图 3-156。

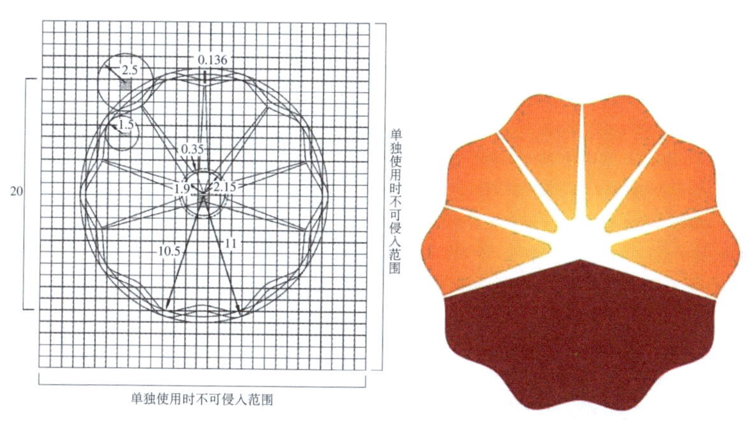

图 3-154　宝石花标识与制作图

4. 宝石花与中国石油组合标识

在油气田站场的标识牌、主要的坡屋顶建筑物上应设置醒目的宝石花与中国石油组合标识。可根据设置位置采用横式与竖式两种组合形式，中国石油标准字是经过修饰的美术体，禁止用其他字体替换使用。横式中国石油标准字、宝石花与中国石油横式组合标识的造型比例、线条粗细、结构空间等相互关系见图 3-157；竖式中国石油标准字、宝石花与中国石油竖式组合标识的造型比例、线条粗细、结构空间等相互关系见图 3-158。

5. 标识色带

标识色带主要应用于平屋顶建筑物外墙及站场围墙上，标识色带应由大红和淡黄两色组成，自上而下分别为大红、淡黄、大红，宽度比例关系应为3∶1∶1，根据色带所在建筑物的高度，色带宽度应为250mm或400mm。标识色带见图3-159。

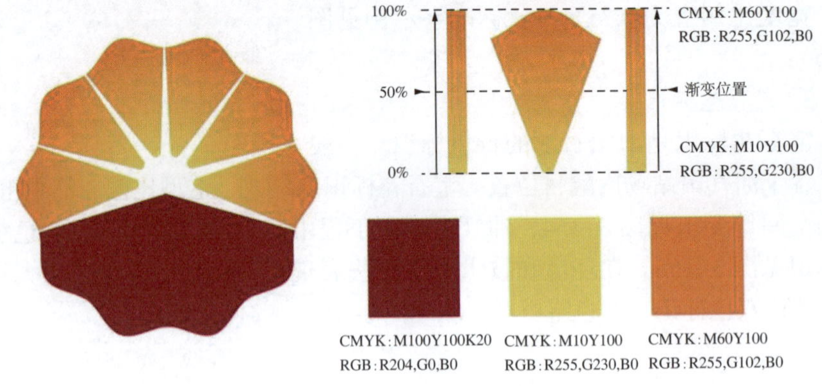

图3-155　全色宝石花标识

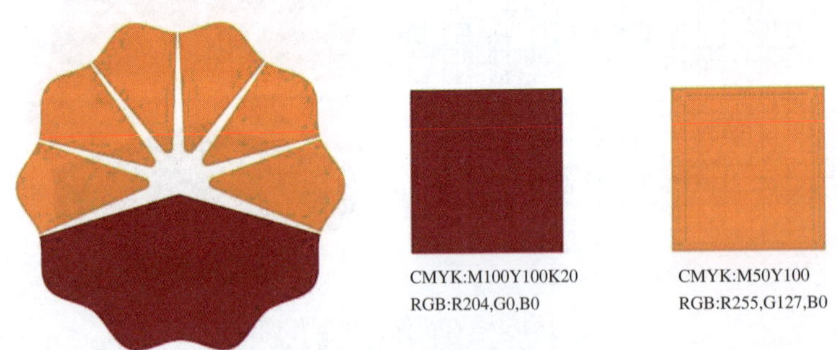

图3-156　双色宝石花标识

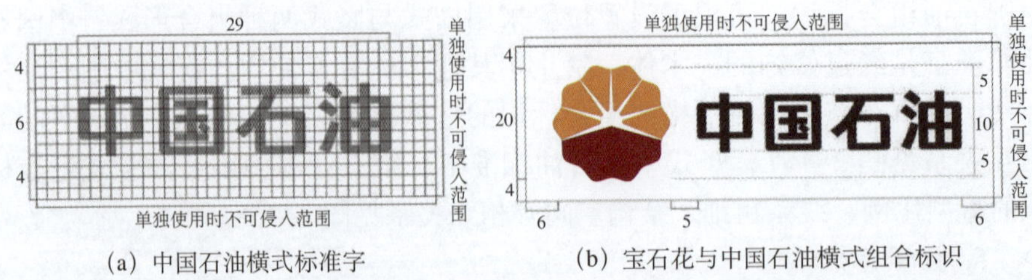

(a) 中国石油横式标准字　　(b) 宝石花与中国石油横式组合标识

图3-157　横式中国石油标准字与横式组合标识

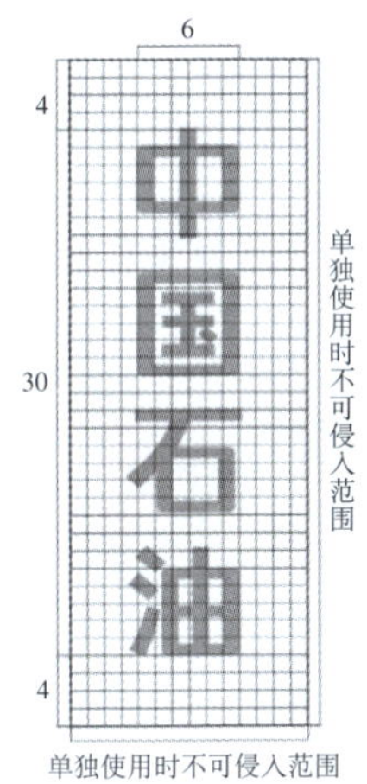

（a）中国石油竖式标准字　（b）宝石花与中国石油竖式组合标识

图 3-158　竖式中国石油标准字与竖式组合标识

400m色带

250m色带

图 3-159　标识色带

6. 警示色带

在高空作业、危险场所的防护设施应设置警示色带，起到警示提醒的作用。警示色带应由大红和白色两色组成，两种色带的长度为 200mm。警示色带见图 3-161。

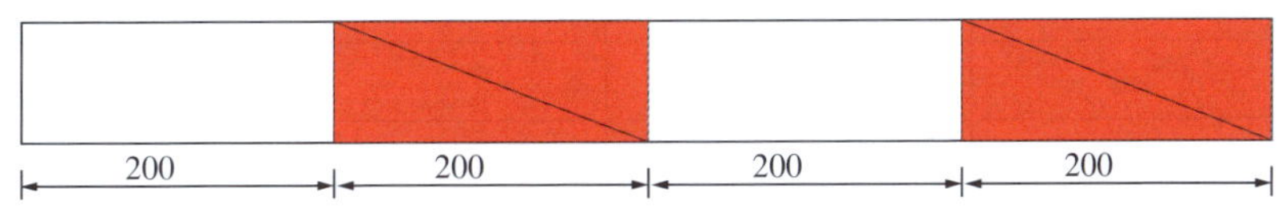

图 3-160　警示色带

7. 警戒色带

重量大、运动且易发生危险的部件应设置警戒色带，以醒目色彩起到警戒作用，防止人员靠近发生危险。警戒色带应由大红和淡黄两色组成，两种颜色的宽度为100mm，在较小的面积上宽度可适当缩小，每种颜色不得少于两条，斜度与基准面成45°。警戒色带见图3-161。

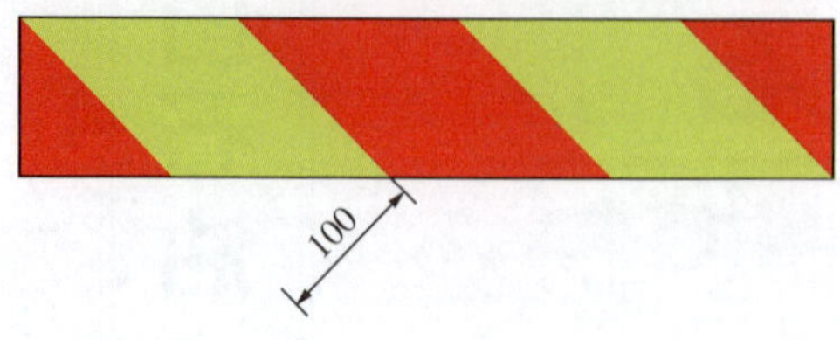

图3-161 警戒色带

（九）涂色与标识

管道、设备和井口设施是油气田地面工程的特色设备与设施，因此统一这类设备设施的涂色要求是视觉形象标准化的重要内容，在制定统一标准时，参照了SY/T 0043—2006《油气田地面管线和设备涂色规范》，同时借鉴了各油气田设备、设施的涂色要求以及安全环保方面的要求，综合各方面因素确定。

1. 管道涂色与标识

1）管道涂色

不保温管道的外表面涂色应符合表3-98的规定，不锈钢管道、电镀管道、表面镀锌管道以及非金属管道表面宜保持原材料本色。保温管道应保持保护层的本色。

表3-98 管道表面涂色

管道类别	标准色	色号	备注
原油管道	中灰	SJ-16	
轻质油管道	银白	SJ-20	包括汽油、煤油、柴油、天然气凝液管道
润滑油管道	棕	SJ-07	
污油管道	黑	SJ-19	
天然气管道	中黄	SJ-05	
液化石油气管道	银白	SJ-20	包括液化天然气管道

续表

管道类别	标准色	色号	备注
蒸汽、热水管道	银白	SJ-20	包括导热油等供热管道
消防管道	大红	SJ-01	
氧气、压缩空气管道	天酞蓝	SJ-14	
氨管道	桔黄	SJ-04	包括有毒介质管道
氮气管道	淡棕	SJ-08	包括不燃气体管道
二氧化碳管道	海灰	SJ-18	
安全放空管道	大红	SJ-01	
水管道	艳绿	SJ-11	包括给水、注水、循环冷却水、消防水、饮用水、低矿化度清水管道
采出水管道	紫棕	SJ-09	包括排水管道、含油采出水管道
消防泡沫液管道	大红	SJ-01	
化学药剂管道	桔红	SJ-03	包括破乳剂、防垢剂、防腐剂、杀菌剂、絮凝剂等
聚合物母液管道	淡酞蓝	SJ-15	
醇类管道	淡黄	SJ-06	包括胺类管道
酸、碱管道	紫	SJ-10	
仪表管道	银白	SJ-20	包括普通钢制引线管、保护管

2）管道标识

三通、设备进出口或不同区域边界处的管道宜标识文字和箭头。当管道表面为大红色时，标识文字和箭头宜为白色；管道表面为其他颜色时，标识文字和箭头应为大红色；标识文字的内容宜为管道名称或介质名称。标识箭头应指向介质流向，当介质为双向流动时，应采用两个箭头表示。标识箭头和文字应符合以下规定：

（1）箭头宽度及长度 a 宜为管道外径或保温层外径的 1/3，箭尾宽度应为 0.5a，箭尾长度应为 2a。

（2）标识文字的高度应为 a，文字边缘宜距箭头或箭尾 0.5a。

（3）成排布置的管道标识箭头与标识文字应对齐。

（4）双向流动采用两个箭头表示时，两个标识文字间距宜为 a。

管道标识文字与箭头示例见图 3–162，双向流动管道的标识箭头与文字示例见图 3–163。

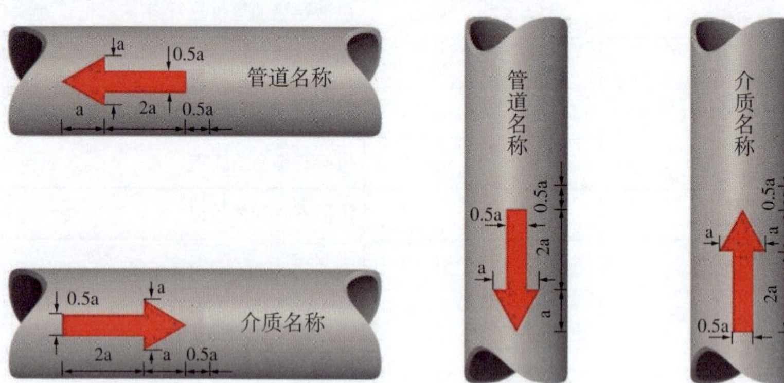

图 3–162　管道标识文字与箭头

图 3–163　双向流动管道标识文字与箭头

2. 设施涂色与标识

1）设备涂色

不保温设备的外表面涂色见表 3–99，保温设备宜保持保护层本色。其他机械、设备涂色见表 3–100。机泵、电气设备、仪表设备订货时应向制造厂提出表面涂色要求，表 3–100 中未包括的机械、设备表面宜保持银白色。安全阀应为大红色；其他阀门阀体应与管道颜色保持一致，手轮应为大红色。

表 3–99　容器和塔器表面涂色

容器名称	颜色	色号	备注
原油罐	银白 / 中灰	SJ–20/SJ–16	包括压力沉降罐、缓冲罐、事故储罐、采出水沉降罐、净化油罐及含水油罐
轻质油罐	银白	SJ–20	
润滑油罐	棕	SJ–07	
天然气球罐	银白	SJ–20	包括天然气柜
天然气凝液罐	银白	SJ–20	

续表

容器名称	颜色	色号	备注
液化石油气罐	银白	SJ-20	包括液化天然气罐
压缩空气罐	天酞蓝	SJ-14	
氮气罐	淡棕	SJ-08	
水罐	艳绿	SJ-11	包含采出水过滤罐、消防水罐、注水罐
消防泡沫液罐	大红	SJ-01	
化学药剂罐	桔红	SJ-03	
酸、碱罐	紫	SJ-10	
醇类罐	淡黄	SJ-06	
塔器	银白	SJ-20	
一般反应器、分离器、冷换设备、天然气干燥器	中灰、银白	SJ-16、SJ-20	油采用中灰、气采用银白
过滤器	中灰、艳绿、中黄	SJ-16、SJ-11、SJ-05	油采用中灰、水采用艳绿、气采用中黄
加热炉、锅炉、清管收发球装置	银白、中灰	SJ-20、SJ-16	油采用中灰、气采用银白
火炬	银灰色	SJ-17	
	大红色	SJ-01	独立式火炬筒体或放空管
烟囱	银灰色	SJ-17	
汇管			按输送介质的管道涂色进行涂色

表 3-100　其他机械、设备表面涂色

机械、设备名称	颜色	色号	备注
机泵	艳绿、海灰	SJ-11、SJ-18	水泵为艳绿色 其他机泵均为海灰
电气仪表设备	海灰	SJ-18	也可保持出厂色
消防设备	大红	SJ-01	包括消防水泵、泡沫液泵、泡沫比例混合装置等

2）设备标识

设备的标识应避让设备上的消防管道及其他附属设施，标识字体均为标准字，外观为绿色的设备，标识文字应为白色，其他颜色设备上的标识字均为黑色。

（1）浮顶储罐是油田大型厂站中的最为醒目的大型设备，站内最大规格的浮顶储罐应标识宝石花，标识宝石花的浮顶储罐，宝石花中心宜位于罐壁高度 3/4 处，浮顶储罐的名称与编号应横向居中设置于宝石花下方，宝石花下沿与文字上沿的间距应为一个宝石花直径，文字高度宜为宝石花直径的 3/4。罐容＜ $5\times10^4m^3$ 的罐体，宝石花直径宜为 1000mm；罐容≥ $5\times10^4m^3$ 的罐体，宝石花直径宜为 2000mm。仅标识名称和编号的浮顶储罐，文字大小应与标识宝石花时的文字大小相同，文字中心宜位于罐壁高度的 3/4 处。带宝石花的浮顶储罐视觉形象见图 3–164，不带宝石花的浮顶储罐视觉形象见图 3–165。

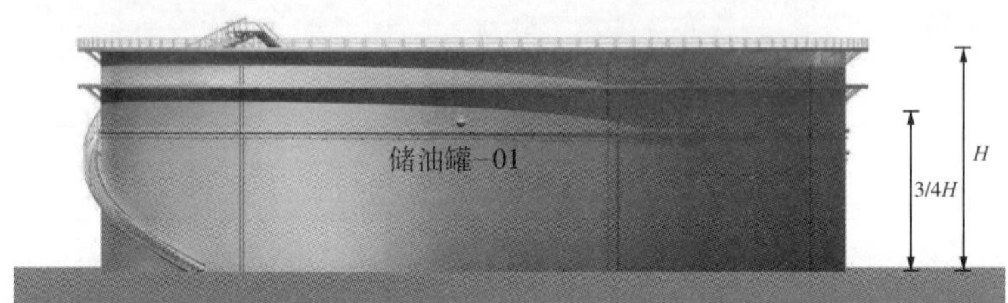

图 3–164　标识宝石花的浮顶储罐

图 3–165　不标识宝石花的浮顶储罐

（2）拱顶储罐（内浮顶储罐）的标识要求与浮顶储罐类似，仅根据储罐规格大小不同，宝石花与文字的大小不同，标识宝石花的拱顶储罐（内浮顶储罐），宝石花中心宜位于罐壁高度 3/4 处，名称与编号应横向居中设置于宝石花下方，宝石花下沿与文字上沿的间距应为一个宝石花直径，文字高度宜为宝石花直径的 3/4。罐壁高度 $H<10m$ 的罐体，宝石花直径宜为 500mm；$H\geq10m$ 的罐体，宝石花直径宜为 800mm。仅标识名称和编号的拱顶储罐（内浮顶储罐），文字大小应与标识宝石花时的文字大小相同，文字中心宜位于罐壁高度的 3/4 处。带宝石花的拱顶储罐视觉形象见图 3–166，不带宝石花

的拱顶储罐视觉形象见图 3–167。

图 3–166　标识宝石花的拱顶储罐

图 3–167　不标识宝石花的拱顶储罐

（3）球罐标识宝石花时，宝石花下沿距球罐中心线宜为 200mm，名称与编号应横向居中设置于宝石花下方，文字上沿距球罐中心线宜为 200mm，文字高度宜为宝石花直径的 3/4。球罐直径 $\phi<10$m 的罐体：宝石花直径应为 500mm；$10\text{m}\leqslant\phi<15$m 的罐体：宝石花直径应为 800mm；$\phi\geqslant15$m 的罐体：宝石花直径应为 1000mm。仅标识名称和编号的球罐，文字大小应与标识宝石花时的文字大小相同，文字上沿距球罐中心线宜为 200mm。带宝石花的球罐视觉形象见图 3–168，不带宝石花的球罐视觉形象见图 3–169。

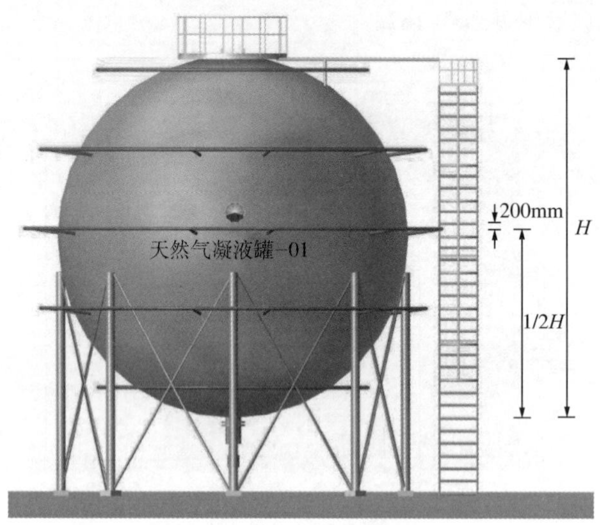

图 3-168　标识宝石花的球罐

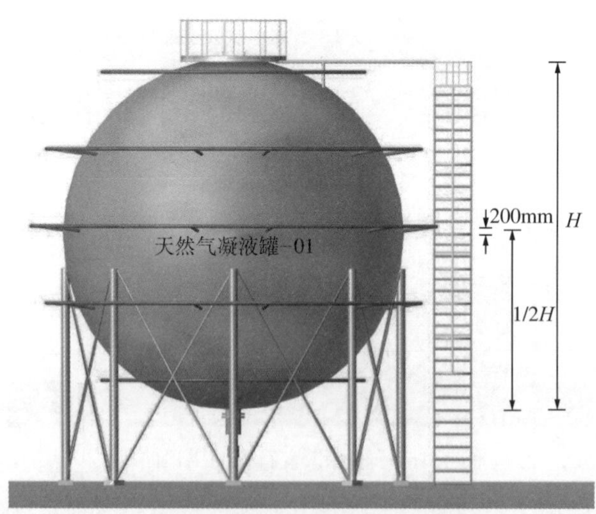

图 3-169　不标识宝石花的球罐

（4）卧式容器应在设备轴线的横向居中位置标识容器名称与编号。直径 $\phi < 1m$ 的卧式容器，文字高度宜为 250mm；$1m \leqslant \phi < 1.5m$ 的卧式容器，文字高度宜为 300mm；$1.5m \leqslant \phi < 2m$ 的卧式容器，文字高度宜为 350mm；$\phi \geqslant 2m$ 的卧式容器，文字高度宜为 400mm。卧式容器视觉形象见图 3-170。

图 3-170 卧式容器

（5）立式容器应在设备竖向居中位置标识容器名称与编号。直径 ϕ < 1m 的立式容器，文字高度宜为 250mm；1m ≤ ϕ < 1.5m 的立式容器，文字高度宜为 300mm；1.5m ≤ ϕ < 2m 的立式容器，文字高度宜为 350mm；ϕ ≥ 2m 的立式容器，文字高度宜为 400mm。立式容器视觉形象见图 3-171。

图 3-171 立式容器

（6）塔器是油气处理厂的醒目设备，宜标识宝石花、塔器名称与编号，宝石花中心宜位于塔器总高度的 3/4 处，塔器直径 ϕ < 0.8m 的塔器，不标识宝石花，仅标识名称与编号；0.8m ≤ ϕ < 1.5m 的塔器，宝石花直径应为 300mm；1.5m ≤ ϕ < 2m 的塔器，宝石花直径应为 400mm；ϕ ≥ 2m 的塔器，宝石花直径应为 500mm。

塔器高度较高时，为便于人员观察，当塔器高度 H ≤ 10m 时，标识宝石花的塔器名称与编号竖向布置于宝石花正下方，文字上沿与宝石花下沿间距宜为一个宝石花直径；不标识宝石花的塔器名称与编号的上沿宜位于塔器总高度的 3/4 处；当塔器高度 H > 10m 时，塔器名称与编号宜竖向居中布置于第一层操作平台与第二层操作平台之间。高度 H ≤ 10m 的塔器视觉形象见图 3-172，高度 H > 10m 的塔器视觉形象见图 3-173。

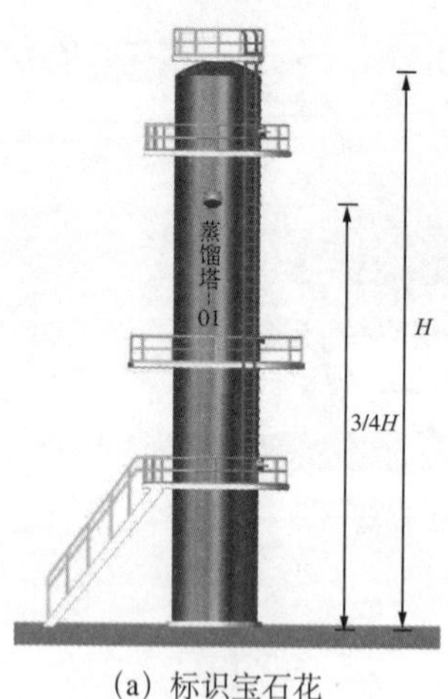

(a) 标识宝石花

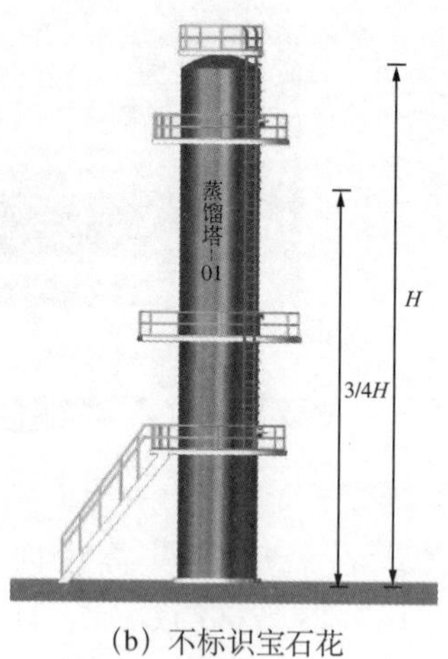

(b) 不标识宝石花

图 3-172　高度 $H \leqslant 10\text{m}$ 的塔器

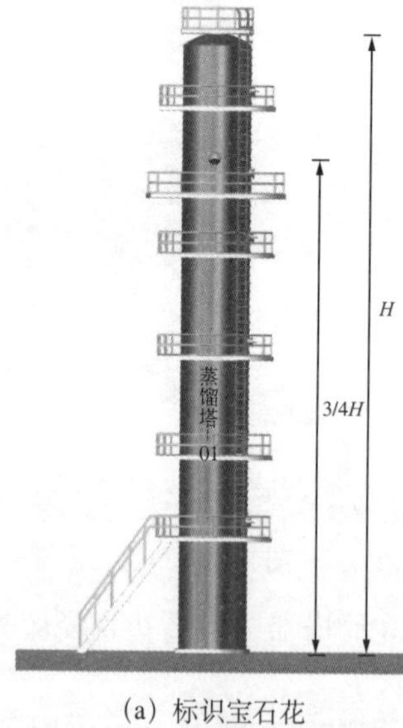

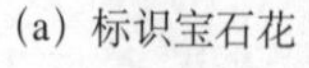

(a) 标识宝石花

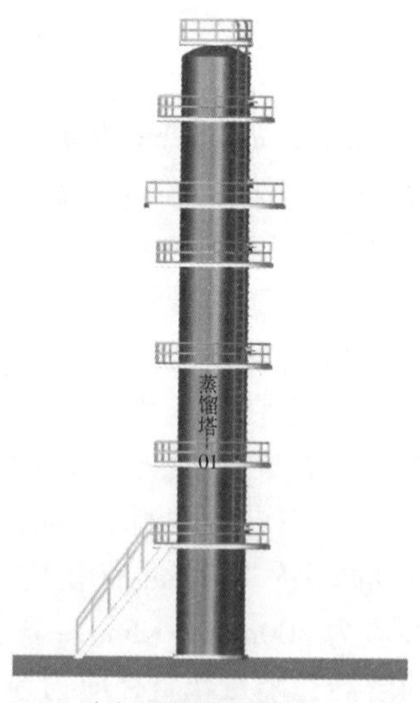

(b) 不标识宝石花

图 3-173　高度 $H > 10\text{m}$ 的塔器

除各类储罐、设备外，油气田站场内平台、梯子和栏杆等设施应符合表3-101的规定。

3. 井口设施涂色与标识

采油、采气、注入、水源井等井口设施是独具油气田特色的，以统一色彩和中国石油宝石花等进行涂色与标识，展示中国石油企业形象的重要窗口。

表 3-101 其他设施表面涂色

名称	标准色	色号	备注
管道支吊架、平台、梯子、铺板、构架、电缆桥架	中灰或海灰	SJ-16、SJ-18	同一区域应保持一致
梯子第一级和最后一级踏步	淡黄	SJ-06	—
栏杆、扶手	淡黄	SJ-06	—
基础	保持水泥本色	—	—

1）游梁式抽油机

游梁、变速箱主体和驴头上部应涂大红色，其中驴头处红色部分宜占总长度的 3/4，驴头下部应涂淡黄色，长度宜占驴头总长度的 1/4；平衡块应涂红黄相间警戒色带；驴头至游梁支撑点中部应设置宝石花标识，宝石花标识宜采用带白边的样式，距游梁上、下边缘宜为 20 ~ 50mm，宝石花中心应在游梁轴线上。游梁支撑点至平衡块端应标识油井井号，井号应标识在游梁轴线上，距游梁支撑点宜为 200mm，井号应为白色，字高宜为宝石花直径的 2/3。配电箱应涂中灰色，支架应涂中酞蓝色，抽油机底座应涂淡黄色，护栏应涂红白相间警示色带，抽油机基础宜保持水泥色。游梁式抽油机视觉形象见图 3-174。

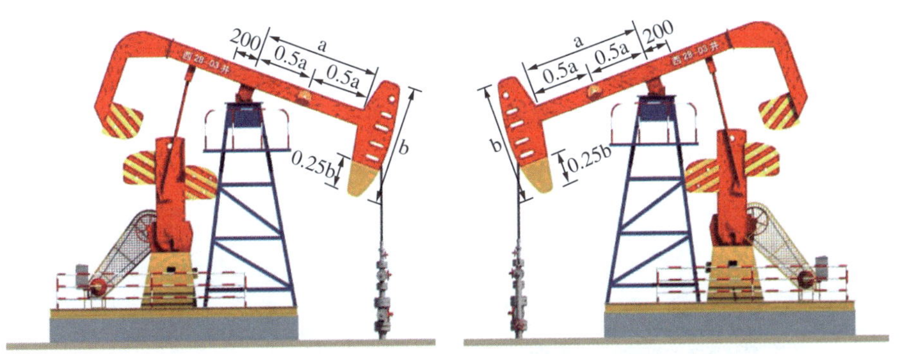

图 3-174 游梁式抽油机

2）塔架式抽油机

抽油机主体应涂中酞蓝色，顶部链条箱应涂大红色，平衡块应涂红黄相间警戒色带，抽油机底座应涂中酞蓝色，护栏应涂红白相间警示色带，抽油机基础宜保持水泥色。井号宜采用标识牌标识，标识牌设置位置应根据视域范围确定。塔架式抽油机视觉形象见图 3–175。

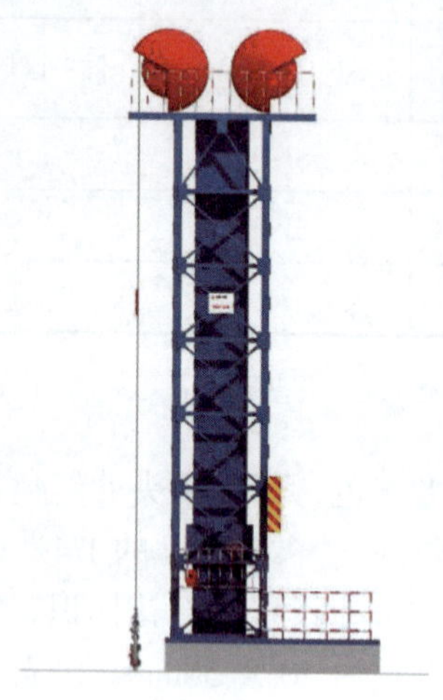

图 3–175　塔架式抽油机

3）采油井口装置

采油井口装置应涂中灰色，阀门手轮应涂大红色，抽油机上已标注井号时，采油井口装置上不应再标注井号。自喷井、电泵井井号宜标注在采油井口装置水平管道上，井号应为大红色，字高宜为 40mm；螺杆泵井井号宜标注于抽油机泵体铭牌下方，井号应为大红色，字高宜为 60mm；带保温盒的井口装置井号应采用标识牌标识，保温盒应涂淡酞蓝色。自喷井井口装置视觉形象见图 3–176，电泵井井口装置视觉形象见图 3–177，螺杆泵井井口装置视觉形象见图 3–178，带保温盒井口装置视觉形象见图 3–179。

图 3–176　自喷井井口装置

图 3–177　电泵井井口装置

图 3-178 螺杆泵井口装置

图 3-179 带保温盒井口装置

4）采（注）气井口装置

采（注）气井口装置应涂淡黄色，阀门手轮应涂大红色。带围栏的单井井号宜采用标识牌标识，不带围栏的单井及丛式井的井号宜标注在大四通上部的法兰上，井号宜为黑色，字高宜为80mm。采（注）气井口装置视觉形象见图 3-180。

图 3-180 采气井口装置

5）注水井口装置

注水井口装置应涂艳绿色，阀门手轮应涂大红色。注水井井号应标注在水平管段上，井号应为白色，字高宜为 40mm。注水井口采用保温装置时，保温装置应涂艳绿色。注水井口装置视觉形象见图 3-181。

6）注聚井口装置

注聚井口装置应涂中酞蓝色，阀门手轮应涂大红色。注聚井井号应标注在水平管段上，井号应为白色，字高宜为 40mm。注聚井口装置视觉形象见图 3-182。

7）注蒸汽井口装置

注蒸汽井口装置应涂中灰色，阀门手轮应涂大红色。注蒸汽井井号应标注在井口装置上部，井号应为大红色，字高宜为 60mm。注蒸汽井口装置视觉形象见图 3-183。

8）注水井配水阀组

配水阀组应涂艳绿色，阀门手轮应涂大红色。各注水井井号宜标注在配注汇管上方的配水阀组支管上，井号应为白色，字高宜为 30mm。注水井配水阀组视觉形象见图 3-184。

图 3-181　注水井口装置

图 3-182　注聚井口装置

图 3-183　注蒸汽井口装置

图 3-184　配水阀组

图 3-185　水源井口装置

9）水源井口装置

水源井口装置应涂艳绿色，阀门手轮应涂大红色。水源井井号应标注在水平管道上，井号应为白色，字高宜为 40mm。带保温房的井口装置，宜在保温房正面高度 2/3 处横向居中标注井号，井号颜色宜为白色，字高宜为 40mm，保温房应涂艳绿色。水源井口装置视觉形象见图 3-185。

（十）标识牌

1. 井场、井号名称牌

井场、井号名称牌宜采用铝板制作，厚度不宜小于 1.5mm，底色应为白色。名称牌左上角应采用宝石花与中国石油横式组合标识，井场或井号的中文名称应横向居中标识，少数民族地区或有特殊需要的名称牌宜采用双语标识，非汉语标识文字宜位于中文名称的下方并横向居中设置，按照美观协调的原则可对字体大小、位置及间距进行适当调整。名称牌底色、宝石花与中国石油横式组合标识、井场或井号名称可喷涂氟碳漆或粘贴反光膜。

根据名称牌应用场所的不同，井场、井号名称牌的样式有所不同：

井场名称牌名称牌宽度应为400mm，高度应为500mm，还应标识应急电话。宝石花与中国石油横式组合标识边缘距名称牌上边缘及左侧边缘均为30mm；标识高度应为60mm。井场名称的上边缘距宝石花与中国石油横式组合标识下边缘130mm；文字应为大红色，色号SJ-01，字高50mm。应急电话应横向居中设置于名称牌下方，文字上边缘距井场名称下边缘110mm；文字应为大红色，色号SJ-01，字高30mm。应用于有围栏的井场时，井场名称牌背面宜设置加固件，可采用螺栓与围栏连接，应用于无围栏的井场时，井场名称牌采用标识杆进行支撑，标识杆宜选用钢管制作，并涂刷红白相间警示色带，名称牌背面宜设置加固件，可采用螺栓与标识杆连接。井场名称牌视觉形象见图3-186，带标识杆的井场名称牌视觉形象见图3-187。

对于井口采用保温盒的采油井，应采用井号名称牌进行标识，名称牌宽度应为300mm，高度应为200mm。宝石花与中国石油横式组合标识边缘距名称牌上边缘及左侧边缘均为30mm；标识高度应为40mm；井号名称的上边缘距宝石花与中国石油横式组合标识下边缘40mm；文字应为大红色，色号SJ-01，字高40mm。名称牌可粘贴于保温盒上。井口装置采用保温盒的井号标识牌视觉形象见图3-188。

(a) 汉语标识　(b) 双语标识

图3-186　井场名称牌

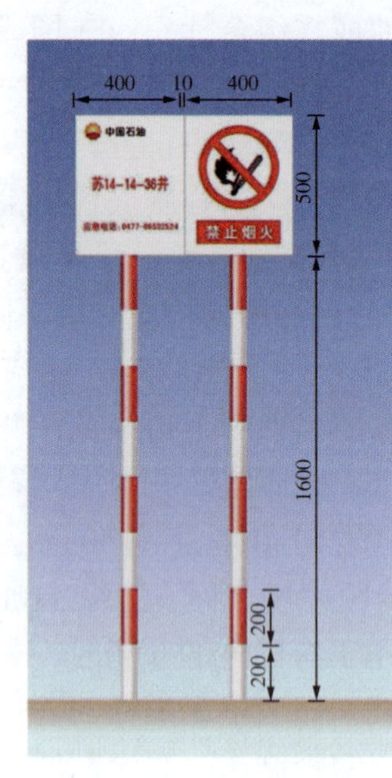

(a) 名称牌与禁止标识牌组合

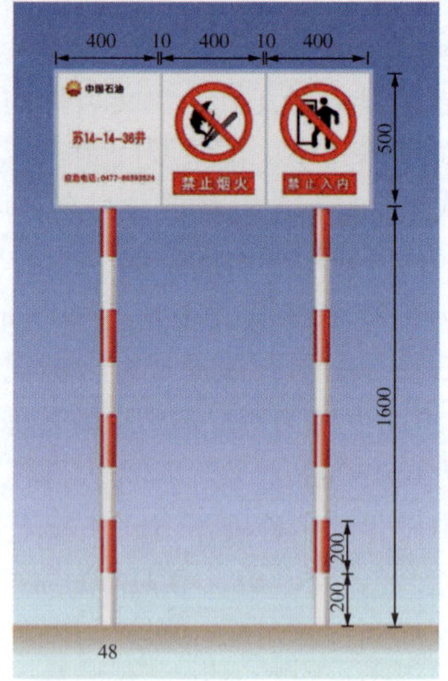

(b) 名称牌与2个禁止标识牌组合

图 3-187　带标识杆的井场名称牌

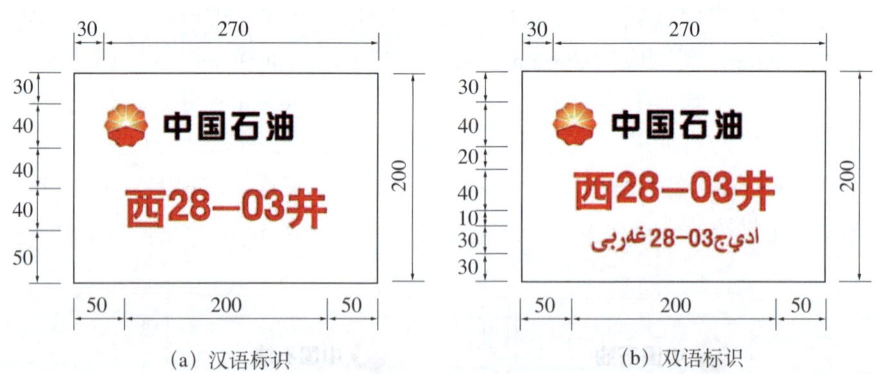

(a) 汉语标识　　(b) 双语标识

图 3-188　井口装置采用保温盒的井号名称牌

塔架式抽油机井号名称牌宽度应为 500mm，高度应为 400mm。宝石花与中国石油横式组合标识边缘距名称牌上边缘及左侧边缘均为 50mm；标识高度应为 80mm；井号名称的上边缘距宝石花与中国石油横式组合标识下边缘 110mm；文字应为大红色，色号 SJ-01，字高 60mm。名称牌宜采用铆接方式与塔架式抽油机连接。塔架式抽油机井号标识牌视觉形象见图 3-189。

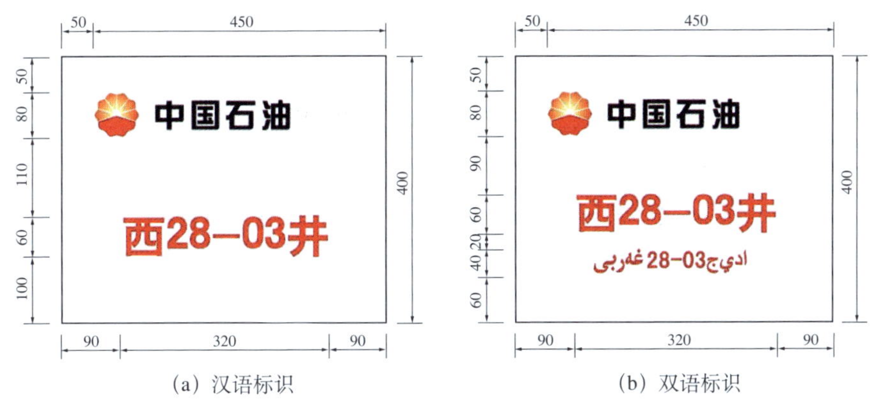

(a) 汉语标识
(b) 双语标识

图 3–189 塔架式抽油机井号名称牌

2. 厂站名称牌

厂站名称应采用名称牌进行标识，名称牌的左上角应采用宝石花与中国石油横式组合标识，厂站的中文名称应横向居中标识，少数民族地区或有特殊需要的名称牌宜采用双语标识，非汉语标识文字宜位于中文名称的下方并横向居中设置，按照美观协调的原则可对字体大小、位置及间距进行适当调整。

小型厂站和中型厂站的名称牌可采用厚度不小于 2mm 的哑光不锈钢板制作，底色保持不锈钢本色。名称牌的宽度应为 450mm，高度应为 350mm。宝石花与中国石油横式组合标识边缘距名称牌上边缘及左侧边缘均为 30mm；标识高度应为 60mm，厂站名称宜单行布置，名称的上边缘距宝石花与中国石油横式组合标识下边缘 125mm；文字应为大红色，色号 SJ–01，字高 65mm，厂站名称较长时，宜采用上下两排布置，上排字高 40mm，下排字高 60mm，上下排文字间距宜为 20mm。宝石花与中国石油横式组合标识、厂站名称可喷涂氟碳漆或粘贴反光膜。名称牌背部宜设置加固件，可采用螺栓与墙面连接。小型、中型厂站名称牌视觉形象见图 3–190。

大型厂站的名称牌应为落地式，名称牌表面宜为麻面石材，颜色宜为浅灰色，并阴刻宝石花与中国石油横式组合标识、厂站名称。大型厂站的名称牌宽度应为 4000mm，高度应为 2400mm。宝石花与中国石油横式组合标识边缘距名称牌上边缘及左侧边缘均为 300mm，标识高度应为 300mm，厂站名称的上边缘距宝石花与中国石油横式组合标识下边缘 400mm；文字应为大红色，字高 600mm。大型厂站名称牌视觉形象见图 3–191。

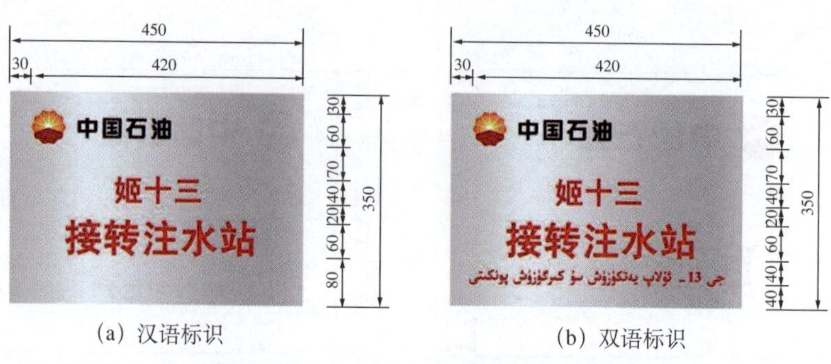

图 3-190　小型、中型厂站站场名称牌

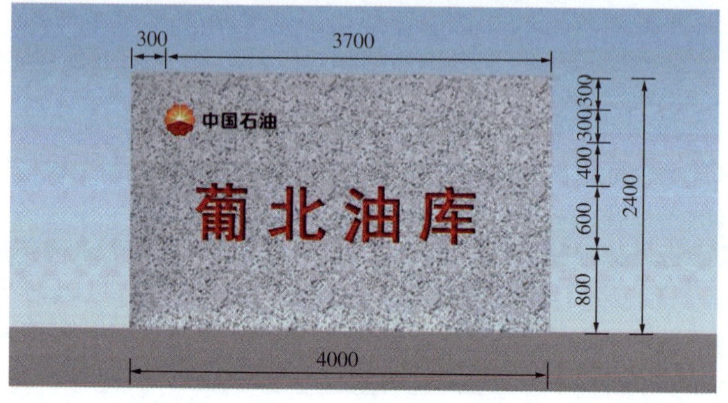

图 3-191　大型厂站名称牌

特大型厂站名称牌与大型厂站名称牌的材质类似，表面宜为麻面石材，颜色宜为浅灰色，并阴刻宝石花与中国石油横式组合标识、厂站名称。特大型厂站的名称牌宽度应为 8000mm，高度应为 2400mm。宝石花与中国石油横式组合标识边缘距名称牌上边缘及左侧边缘均为 300mm，标识高度应为 300mm，厂站名称的上边缘距宝石花与中国石油横式组合标识下边缘 400mm；文字应为大红色，字高 600mm。特大型厂站名称牌视觉形象见图 3-192。

3. HSE 标识牌

在油气田地面生产过程中，设置必要的 HSE 标识牌是警示、提示安全风险的重要手段，应结合油气田站场生产情况，为满足 HSE 等安全生产的相关规定设置必要的 HSE 标识牌。

标识牌宜采用厚度不小于 1.5mm 的铝板制作，底色应为白色。标识牌底色、HSE 标志及文字辅助标志可喷涂氟碳漆或粘贴反光膜。标识牌的宽度应

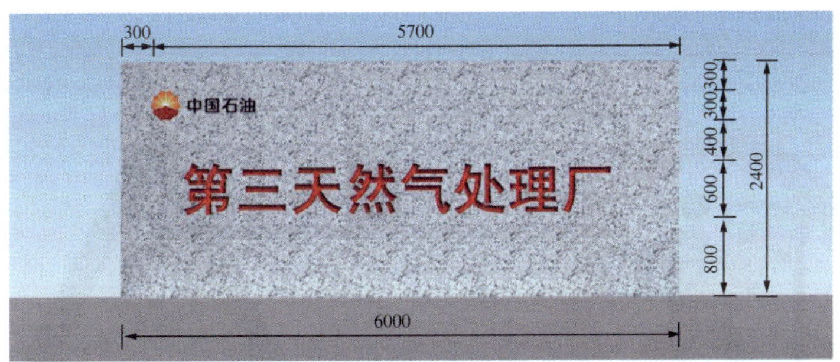

图 3-192　特大型厂站名称牌

为 400mm，高度应为 500mm。标识牌的加固件和连接方式应根据具体位置合理设置。HSE 标识牌中的标志应符合 GB 2894—2008《安全标志及其使用导则》的规定。

1）禁止标识牌

禁止标识牌应包含禁止标志和文字辅助标志。禁止标志的基本形式应为带斜杠的圆形边框，外圆直径 300mm，内圆直径 240mm，斜杠宽 24mm，与水平夹角为 45°；标志外边缘应距标识牌上边缘 40mm，距左右两侧边缘各 50mm；带斜杠圆形边框应为大红色，所禁止行为图标应为黑色。文字辅助标志的基本形式应为矩形边框，宽 300mm、高 80mm，矩形边框上边缘距禁止标志下边缘 40mm，距标识牌左右两侧边缘各 50mm，矩形边框内应填充大红色，文字应为白色，色号 SJ-22，字高 50mm，横向居中布置。禁止标识牌视觉形象见图 3-193。

2）警告标识牌

警告标识牌应包含警告标志和文字辅助标志。警告标志的基本形式应为等边三角形边框，外边尺寸 300mm，内边直径 210mm；标志外边缘应距标识牌上边缘 40mm，距左右两侧边缘各 50mm；三角形内应填充淡黄色，三角形边框及所警告行为图标应为黑色。文字辅助标志的基本形式应为矩形边框，宽 300mm、高 80mm；矩形边框上边缘距警告标志下边缘 40mm，距标识牌左右两侧边缘各 50mm，矩形边框内应填充淡黄色，文字应为黑色，字高 50mm，横向居中布置。警告标识牌视觉形象见图 3-194。

3）指令标识牌

指令标识牌应包含指令标志和文字辅助标志。指令标志的基本形式应为圆形，直径 300mm；标志外边缘应距标识牌上边缘 40mm，距左右两侧边缘各 50mm；圆形内应填充蓝色，所指令行为图标应为白色。文字辅助标志的基

图 3-193　禁止标识牌示例

图 3-194　警告标识牌示例

本形式应为矩形边框，宽 300mm、高 80mm；矩形边框上边缘距指令标志下边缘 40mm，距标识牌左右两侧边缘各 50mm，矩形边框内应填充蓝色；文字应为白色，字高 50mm，横向居中布置。指令标识牌视觉形象见图 3-195。

4）提示标识牌

提示标识牌应包含提示标志和文字辅助标志。提示标志的基本形式应为正方形，边长 300mm；标志外边缘应距标识牌上边缘 40mm，距左右两侧边缘各 50mm；方形内应填充艳绿色，所提示行为图标应为白色。文字辅助标志的基本形式应为矩形边框，宽 300mm、高 80mm；矩形边框上边缘距提示标志下边缘 40mm，距标识牌左右两侧边缘各 50mm，矩形边框内应填充艳绿色，文字应为白色，字高 50mm，横向居中布置。提示标识牌视觉形象见图 3-196。

4. 进站须知牌

作为 HSE 管理的一项重要内容，对进入生产站场的人员进行风险提示与安全警示是十分必要的。因此进站处应设置进站须知牌，应设置于中型、大型及特大型厂站主大门外道路一侧，标明进站须知事项。

进站须知牌的标识内容应包含安全警示标志、进站须知事项、安全承包责任人和联系电话；面板左侧应均匀布置 HSE 标志，单个 HSE 标志宽度应为 200mm，高度应为 250mm；HSE 标志应符合 GB 2894—2008 的规定；面板右

图 3-195　指令标识牌示例

图 3-196　提示标识牌示例

侧应采用文字标明进站须知事项；进站须知文字下方应设置安全承包责任人和联系电话。进站须知牌面板底色应为白色，文字应为大红色，安全承包责任人和联系电话应为黑色，面板底色、HSE 标志及文字可喷涂氟碳漆或粘贴反光膜。

进站须知牌面板宜采用铝合金镀锌板制作，宜设置 50mm × 50mm 不锈钢边框；立柱宜采用 80mm × 80mm 不锈钢方钢管；顶部宜采用 25mm × 25mm 不锈钢方钢管装饰。

应用于中型厂站和大型厂站的进站须知牌总宽度应为 2000mm，面板高度应为 900mm，立柱高度应为 2000mm，HSE 标志宜占面板左侧 2/5，文字宜占面板右侧 3/5。应用于特大型厂站的进站须知牌总宽度应为 3000mm，面板高度应为 900mm，立柱高度应为 2000mm，HSE 标志宜占面板左侧 1/3，文字宜占面板右侧 2/3。进站须知牌视觉形象见图 3-197。

5. 厂站简介牌

厂站简介牌应设置于中型、大型及特大型厂站主大门内道路一侧，标明厂站概况。

厂站简介牌的标识内容宜包含厂站文字简介、厂站平面布置及逃生路线图，面板左侧应采用文字介绍厂站概况，面板右侧应设置厂站平面图，宜标识逃生路线。厂站简介牌面板底色应为白色，文字应为黑色，面板底色、平

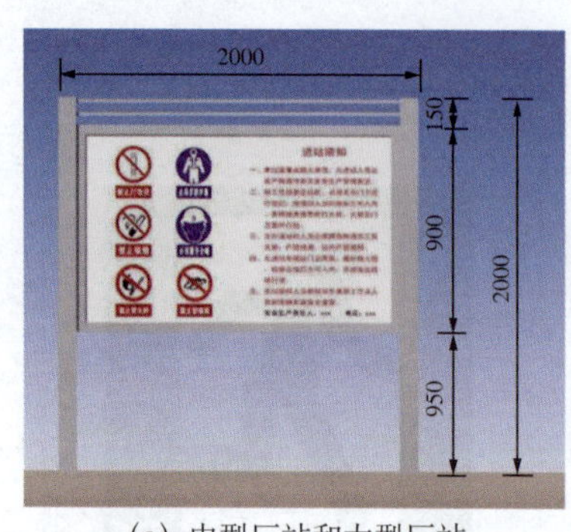

(a) 中型厂站和大型厂站

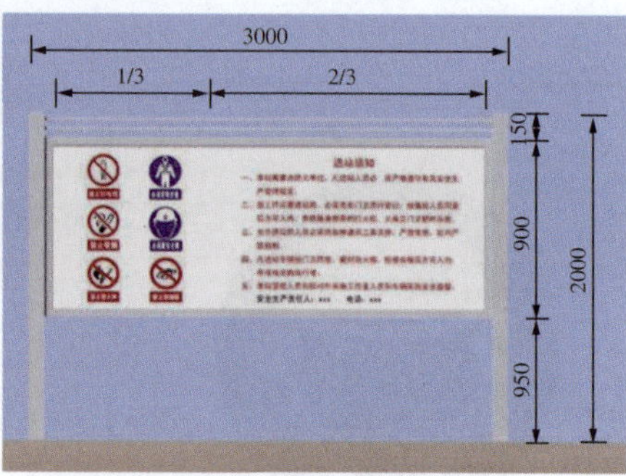

(b) 特大型厂站

图 3–197　进站须知牌

面图及文字可喷涂氟碳漆或粘贴反光膜。

厂站简介牌面板宜采用铝合金镀锌板制作，宜设置 50mm × 50mm 不锈钢边框；立柱宜采用 80mm × 80mm 不锈钢方钢管；顶部宜采用 25mm × 25mm 不锈钢方钢管装饰。

应用于中型厂站和大型厂站的进站须知牌总宽度应为 2000mm，面板高度应为 900mm，立柱高度应为 2000mm ，厂站简介文字宜占面板左侧 2/5，平面布置图宜占面板右侧 3/5。应用于特大型厂站的进站须知牌总宽度应为 3000mm，面板高度应为 900mm，立柱高度应为 2000mm，厂站简介文字宜占面板左侧 1/3，平面布置图宜占面板右侧 2/3。厂站简介牌视觉形象见图 3–198。

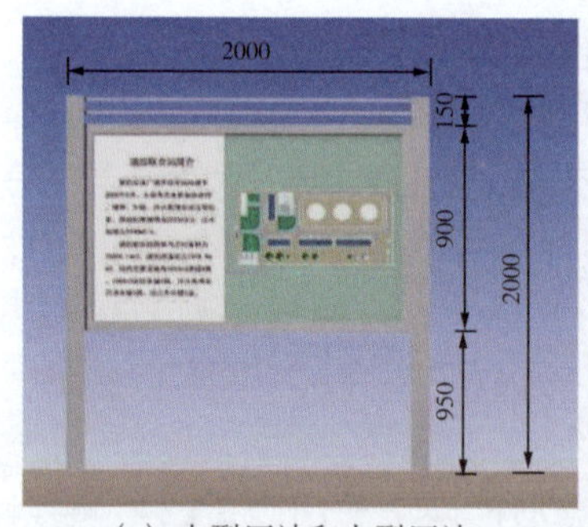

(a) 中型厂站和大型厂站

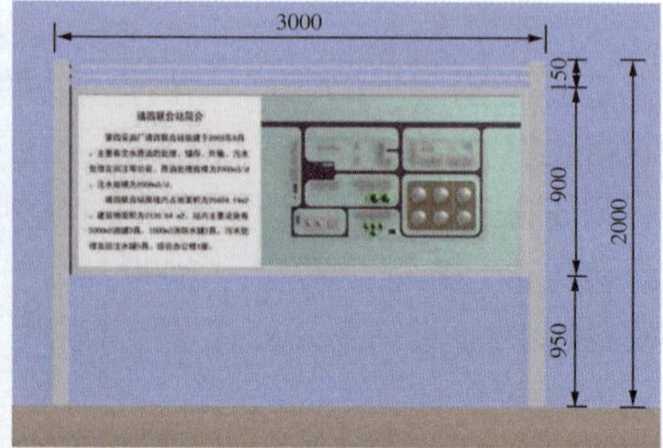

(b) 特大型厂站

图 3–198　厂站简介牌

6. 生产功能用房名称牌

油气田站场生产厂房应采用名称牌标明厂房的功能或名称，应设置于生产功能用房门侧。名称牌宽度应为450mm，高度应为250mm，名称牌顶部应距门底部2000mm，名称牌边沿距门框外边缘宜为200mm。

生产功能用房名称应居中设置，文字上边缘宜距名称牌上边缘90mm、左右两侧边缘各70mm；文字宜为黑色，色号SJ-19，字高70mm。名称牌宜采用亚光不锈钢板制作，厚度不小于2mm，底色应保持不锈钢本色。生产功能用房名称可采用氟碳漆喷涂或粘贴反光膜。名称牌背部宜设置加固件，宜采用螺栓与墙面连接。生产功能用房名称牌视觉形象见图3-199。

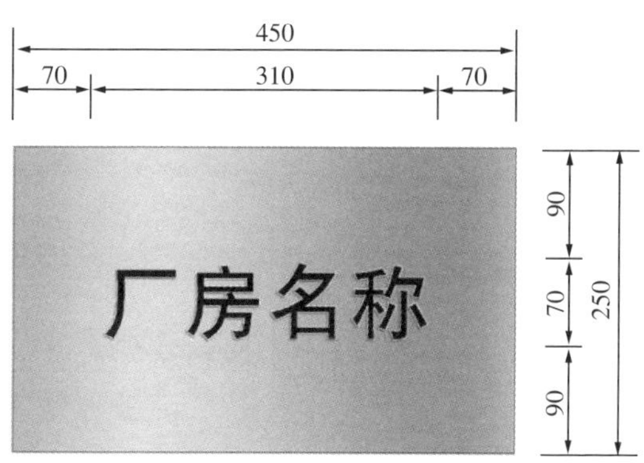

图3-199 生产功能用房名称牌

（十一）建筑物

1. 平屋顶

油气田站场内的建筑物的外门应为中灰色，建筑物窗框应为白色。除消防训练塔外墙因考虑到消防训练蹬踏需要应为银灰色外，其他建筑物外墙均为乳白色，并设600mm高勒脚，并涂银灰色防水涂料，特大型厂站中控楼的勒脚及入口雨棚可贴石材。

平屋顶建筑物外立面应设标识色带，建筑高度不大于5m时，色带宽度应为250mm，色带上沿距女儿墙顶400mm；建筑高度大于5m时，色带宽度应为400mm，色带上沿距女儿墙顶600mm。钢结构厂房外墙宜为白色压型钢板。中控楼的正面标识色带上方醒目位置应设宝石花与中国石油横式组合标识，标识高度宜为500mm。消防训练塔主视方向横向居中位置应设置宝石花标识，高度宜为500mm，上沿距檐口下沿宜为600mm。平屋顶厂房视觉形象见图3-200，大型厂站平屋顶中控楼视觉形象见图3-201，特大型厂站平屋顶中控楼视觉形象见图3-202，消防训练塔视觉形象见图3-203。

图 3-200　平屋顶厂房

图 3-201　大型站场平屋顶中控楼

图 3-202　特大型站场平屋顶中控楼

2. 坡屋顶

与平屋顶建筑物不同的是，坡屋顶建筑物的屋顶宜为砖红色。厂站内室外设备上无宝石花标识时，主要坡屋顶建筑物的正面左上角应设宝石花与中国石油横式组合标识，标识距左侧墙边缘 700mm；建筑高度不大于 5m 时，标识高度应为 250mm，标识上沿距檐口下沿 400mm；建筑高度大于 5m 时，标识高度应为 400mm，标识上沿距檐口下沿 600mm。

（a）砌体结构

（b）轻钢结构

图 3-203 消防训练塔

坡屋顶中控楼外立面正面檐口下方应设宝石花与中国石油横式组合标识，高度应为500mm，标识上沿距檐口下沿宜为400mm。坡屋顶厂房视觉形象见图 3-204，大型厂站坡屋顶中控楼视觉形象见图 3-205，特大型厂站坡屋顶中控楼视觉形象见图 3-206。

图 3-204 坡屋顶厂房

图 3-205 大型厂站坡屋顶中控楼

图 3-206　特大型站场坡屋顶中控楼

（十二）构筑物

1. 围墙

1）围栏

应用于井场、小型厂站和中型厂站的普通围栏与防翻越围栏均为艳绿色，普通围栏顶部无斜网，为提高安全性，可采用顶部设防翻越斜网的防翻越围栏。

普通围栏与防翻越围栏的围栏钢网应采用低碳钢丝，丝径 4.0mm，网眼规格宜为 50mm × 50mm；防腐宜采用浸塑处理，包塑 1mm 以上，雨水较多地区可镀锌处理后再进行浸塑处理；边框应采用方钢管，规格应为 25mm × 25mm。单个围栏模块宽度应为 2.5m，高度应为 1.5m，单个围栏模块应居中设竖向加强筋一个，与边框规格相同，增加强度；两个围栏模块之间应设一个立柱，围栏模块与立柱宜采用螺栓连接，立柱应采用方钢管，规格为 60mm × 60mm。立柱基础宜高出地坪 50mm，保持水泥本色。普通围栏视觉形象见图 3-207。

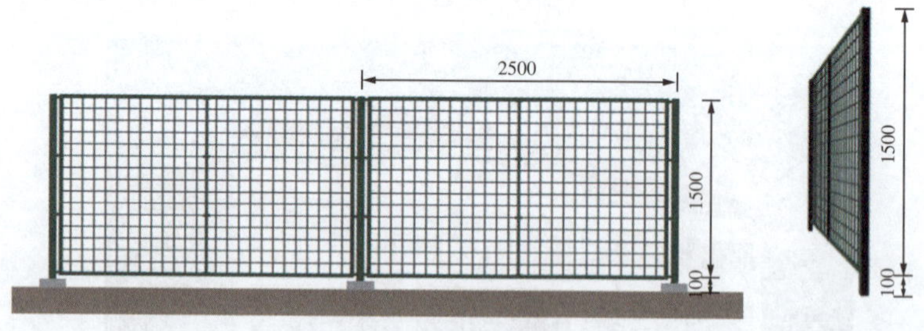

图 3-207　普通围栏

防翻越围栏顶部防翻越斜网长 400mm，与竖直方向夹角 30°，下部片网高 1.7m；顶部斜网，立柱应采用方钢管，规格为 80mm × 80mm。防翻越围栏视觉形象见图 3-208。

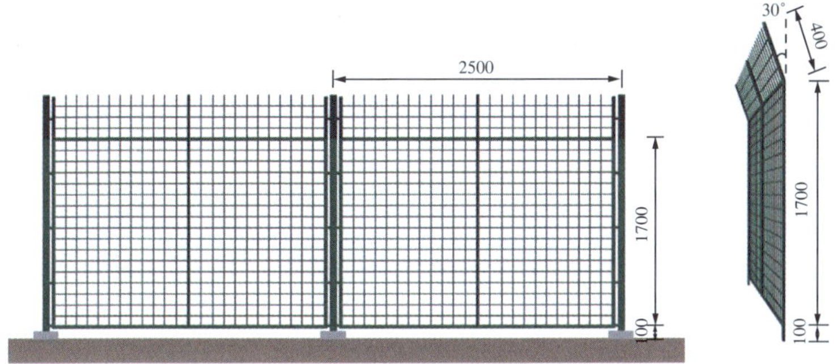

图 3-208　防翻越围栏

2）铁艺围墙

应用于大型厂站和特大型厂站的铁艺围墙高度宜为 2.2m，铁艺设施应为黑色，铁艺设施宜为铸造或锻造铁艺，栅栏间距不宜大于 150mm，栅栏间可设造型。铁艺设施基础高度宜为 400mm、厚度宜为 240mm，应涂银灰色防水涂料。围墙立柱宜为混凝土或砖砌，规格宜为 400mm × 400mm；立柱底部应设 400mm 高勒脚，涂银灰色防水涂料，立柱上部应整体涂乳白色，立柱顶部应设标识色带，色带宽 250mm，上沿距立柱顶部 300mm。铁艺围墙视觉形象见图 3-209。

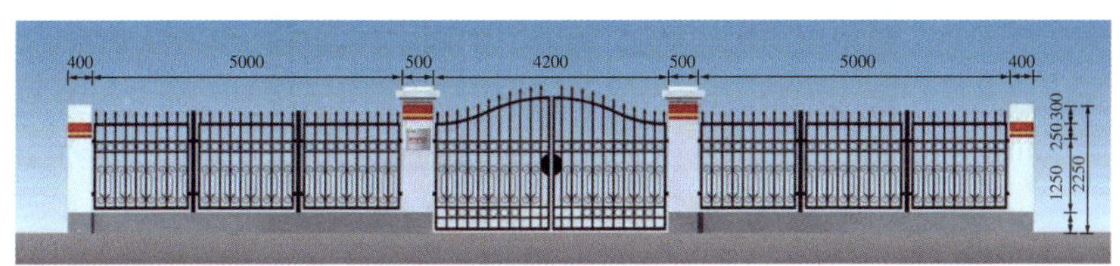

图 3-209　铁艺围墙

3）实体围墙

一些特殊站场应采用实体围墙，围墙高度宜为 2.2m。实体围墙底部应设 400mm 高勒脚，涂银灰色防水涂料，围墙上部应整体涂乳白色，围墙顶部应标识色带，色带宽 250mm，上沿距立柱顶部 300mm。实体围墙视觉形象见图 3-210。

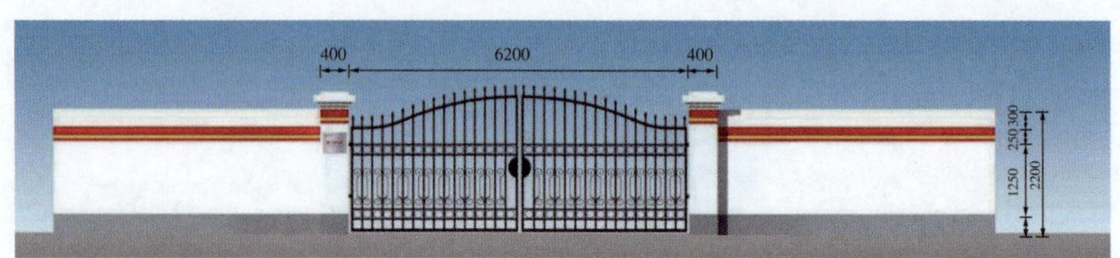

图 3-210　实体围墙

2. 大门

1）围栏门

围栏门的样式应与围栏的形式保持一致，防翻越围栏门顶部的斜网不倾斜。围栏门均为双扇平开门，单扇门宽宜为 1.25m。应用于井场的围栏门外侧应设置井场名称牌和 HSE 标识牌；左侧门扇横向居中设置井场名称牌，右侧门扇横向居中设置相关 HSE 标识牌；井场名称牌和 HSE 标识牌上沿距地坪宜为 1.5m。普通围栏门视觉形象见图 3-211，防翻越围栏门视觉形象见图 3-212。

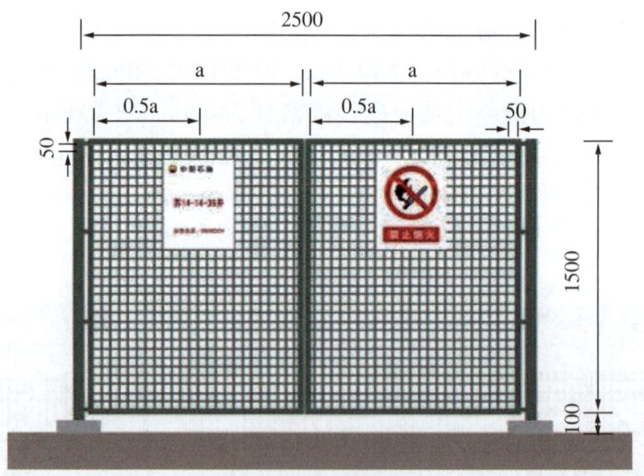

图 3-211　普通围栏门图

小型厂站应采用带实体门柱防翻越型围栏门，围栏门为两扇平开门，单扇宽度宜为 2m。实体门柱宜为混凝土或砖砌；规格应为 500mm × 500mm，高宜为 2.5m，顶部可设造型，实体门柱底部应设 400mm 高勒脚，涂银灰色防水涂料，实体门柱上部应整体涂乳白色，实体门柱顶部应设标识色带，色带宽 250mm，上沿距柱顶 300mm。实体门柱外侧应设置厂站名称牌和 HSE 标识牌；左侧门柱横向居中设置厂站名称牌，右侧门柱横向居中设置相关 HSE 标识牌；井场名称牌和 HSE 标识牌上沿距地坪宜为 1.8m。带实体门柱防翻越围栏门视觉形象见图 3-213。

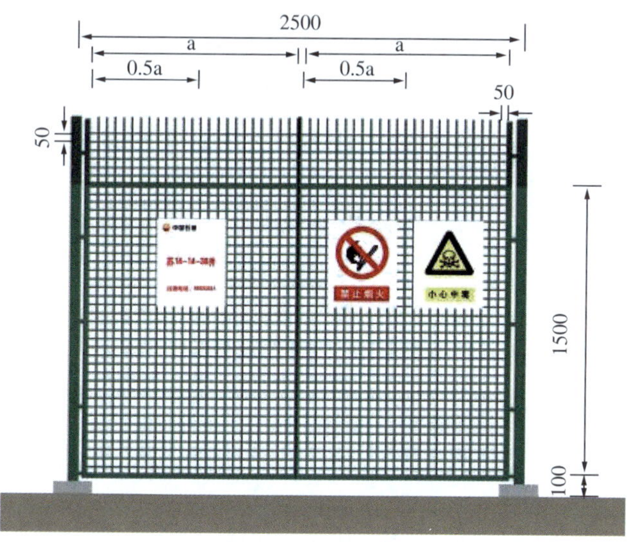

图 3-212　防翻越围栏门

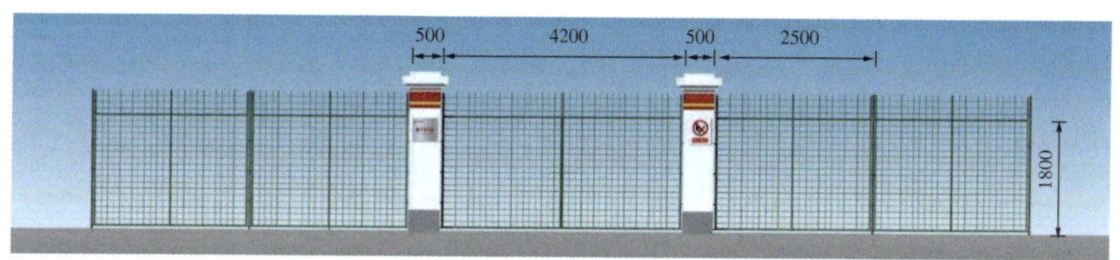

图 3-213　带实体门柱防翻越型围栏门

折叠式防翻越型围栏门可应用于井场或小型厂站，折叠式防翻越围栏门应为四扇折叠式，单扇宽度宜为 1.25m，总宽度宜为 5m，门扇底部宜设地轮。围栏门外侧应设置井场名称牌和 HSE 标识牌；左侧门扇横向居中设置井场名称牌，右侧门扇横向居中设置相关 HSE 标识牌；井场名称牌和 HSE 标识牌上沿距地坪宜为 1.5m。折叠式防翻越围栏门视觉形象见图 3-214。

2）铁艺平开门

中型厂站的主大门或大型厂站、特大型厂站的次要大门应采用铁艺平开门。铁艺平开门宽度宜为 6.2m 或 4.2m，为两扇平开式，顶部可设造型，高度宜为 2.5m；铁艺设施的要求与铁艺大门的要求相同。

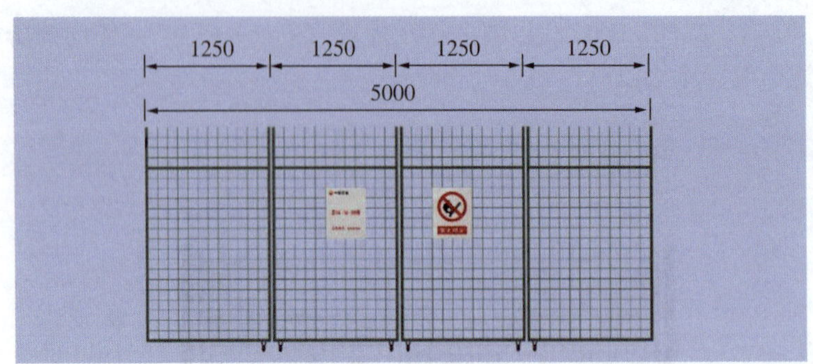

图 3-214　折叠式防翻越型围栏门

作为主大门的铁艺平开门的左侧门柱应横向居中设置厂站名称牌，名称牌上沿距地坪宜为 1.8m；作为次要大门的铁艺平开门不得设置厂站名称牌。4.2m 铁艺平开门视觉形象见图 3-215，6m 铁艺平开门视觉形象见图 3-216。

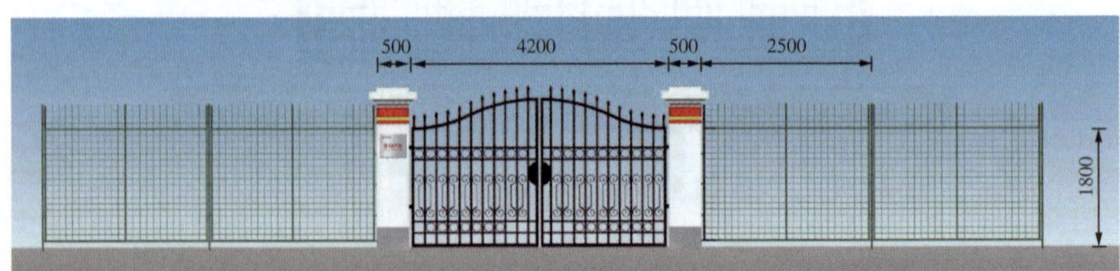

图 3-215　4.2m 宽铁艺平开门

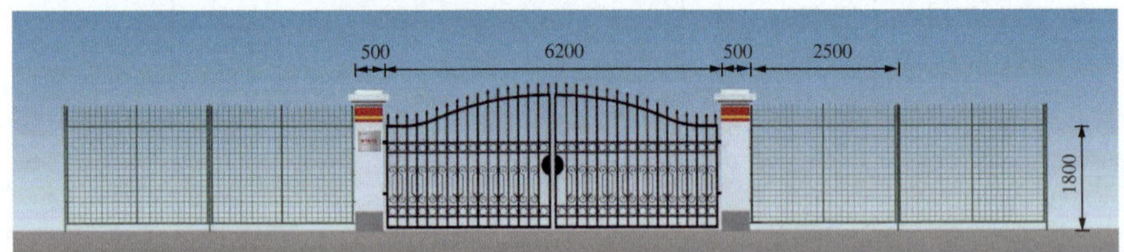

图 3-216　6.2m 宽铁艺平开门

3）铁艺推拉门

大型厂站的主大门应采用铁艺推拉门。推拉门宽度宜为 6.2m，高度宜为 1.8m。人行小门宽度宜为 1.5m，其他要求宜与推拉门保持一致。门岗房应参照厂房进行涂色与标识。铁艺推拉门视觉形象见图 3-217。

4）电动伸缩门

特大型厂站的主大门应采用电动伸缩门，伸缩门应采用不锈钢成品，高度宜为 1.8m。电动伸缩门视觉形象见图 3-218。

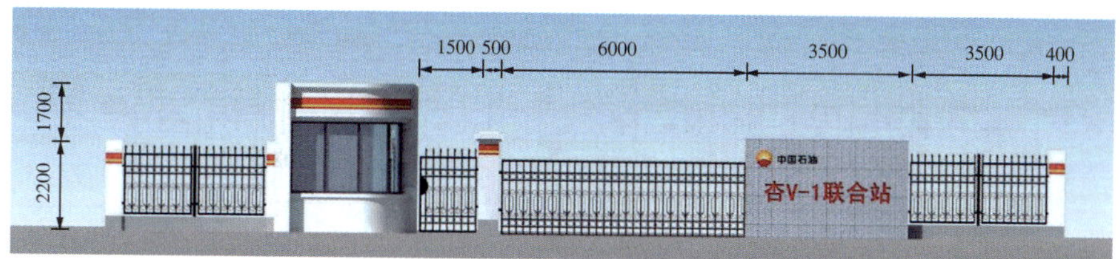

图 3-217　铁艺推拉门

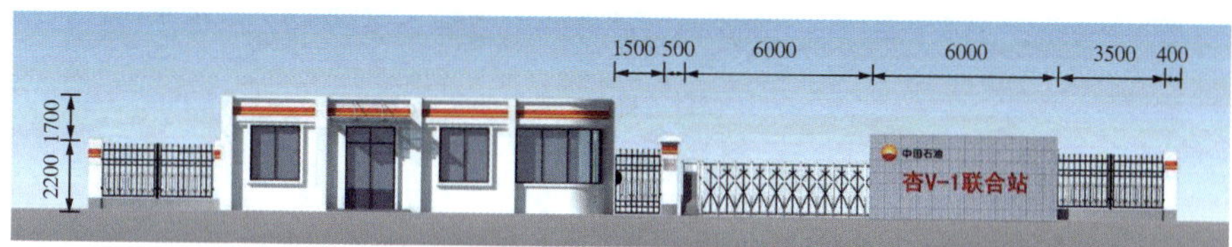

图 3-218　电动伸缩门

5）围栏式逃生门

逃生门应为单扇平开式，宽度宜为 1.25m，逃生门顶部应与围栏顶部齐平。逃生门及配套围栏网眼规格应为 25mm × 25mm，内侧宜设置安装防火门锁的钢板，宽度宜为 200mm，逃生门内侧应设置 HSE 标识牌，标识牌上沿距地坪宜为 1.6m。围栏式逃生门视觉形象见图 3-219。

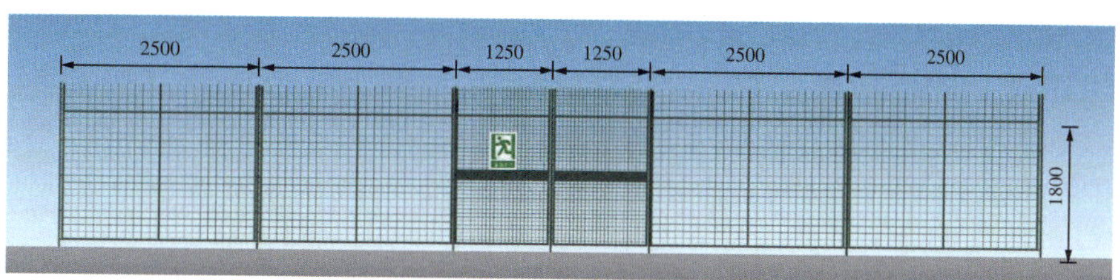

图 3-219　围栏式逃生门

6）铁艺逃生门

铁艺逃生门为单扇平开式，宽度宜为 1.5m，左侧门柱内侧应设置 HSE 标识牌，标识牌上沿距地坪宜为 1.6m。铁艺逃生门宜采用低碳钢丝或钢板网，网眼规格不应大于 25mm × 25mm；并应进行防锈、防腐处理；边框宜为铸造或锻造铁艺；顶部栅栏间距不宜大于 150mm；颜色应为黑色。逃生门内侧应设置安装防火门锁的钢板，钢板宽度宜为 200mm；颜色应与铁艺围墙相同。铁艺围墙与铁艺逃生门视觉形象见图 3-220，实体围墙与铁艺逃生门视觉形象见图 3-221。

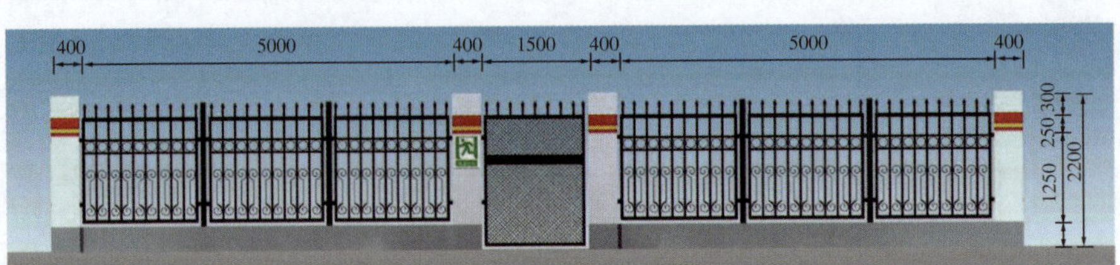

图 3-220 铁艺围墙与铁艺逃生门

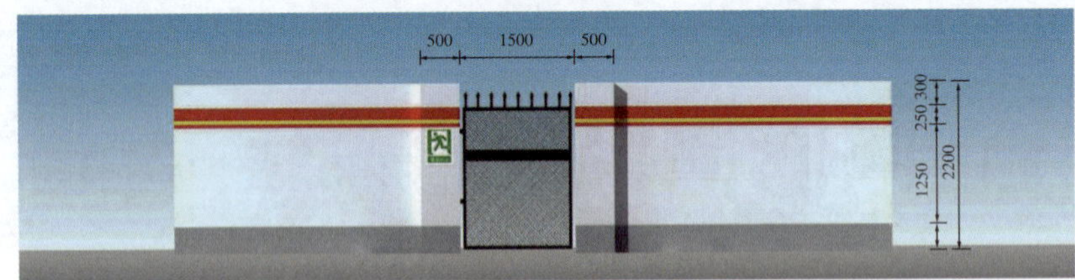

图 3-221 实体围墙与铁艺逃生门

（十三）风向标

风向标是油气田生产过程中的重要设施，应设置于站场内空旷易见的位置，独立设置的风向标总高宜为 5m。风向标一般由底座、主杆、动杆及风叶（风向袋）四部分组成。主杆宜选用钢管制作，整体涂白色，动杆宜选用优质双不锈钢防水轴承，确保灵敏度高、启动风速小、经久耐用，并应进行防水、防尘处理，动杆整体涂白色。

根据油气田气候条件宜选用风叶式或风袋式风向标两种形式，风叶宜选用不锈钢或优质工程塑料制作，表面宜进行镀锌和浸塑处理，提高耐腐蚀性；风叶整体涂大红色；风向袋宜选用绸布或尼龙制作，面料应防水、防寒、耐紫外线、耐磨损；进风口宜为 ϕ500mm，出风口宜为 ϕ250mm，长度宜为 1.4m；风向袋整体涂红白相间条纹，两色宽度均为 200mm。风叶式风向标见图 3-222，风袋式风向标见图 3-223。

（十四）通信设施

井场采用风光互补供电时，风机、太阳能板、摄像机、扩音喇叭以及 RTU 箱宜同杆安装；采用外接电源供电时，摄像机、扩音喇叭以及 RTU 箱宜同杆安装。安装杆宜为钢筋混凝土电杆。风机宜安装在风机架子上，高出钢筋混凝土电杆，向下顺次安装太阳能板、摄像机、扩音喇叭及 RTU 箱，蓄电池箱埋地安装。当井场采用无线通信方式时，在杆顶应加设接收天线。井场采用风光互补设备供电时，可利用叶轮做为避雷针接闪器；井场采用外接电源供电时，通信杆顶应单独安装避雷针。通信设施视觉形象见图 3–224。

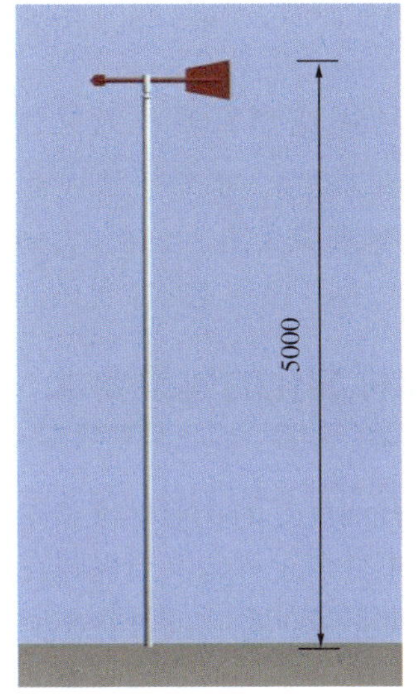

图 3–222 风叶式风向标

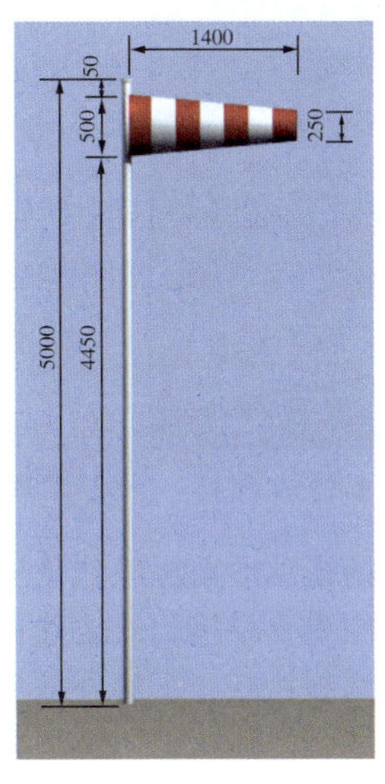

图 3–223 风袋式风向标

（a）采用风光互补

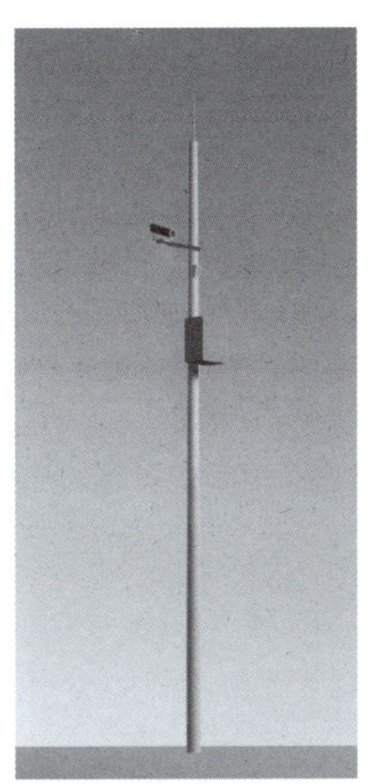

（b）采用外接电源

图 3–224 通信设施

图 3-225　路灯

（十五）路灯

路灯的灯杆与灯臂整体涂白色。路灯视觉形象见图 3-225。

（十六）典型站场视觉形象实施效果图集

井场视觉形象见图 3-226，小型厂站视觉形象见图 3-227，中型厂站视觉形象见图 3-228，大型厂站视觉形象见图 3-229，特大型厂站视觉形象见图 3-230。

五、站场视觉形象标准化的建设要求

站场视觉形象标准化是进一步展示中国石油良好的企业形象和先进的企业文化的重要举措，既要确保实施效果好、不变形走样，又要保障在各油气田能够顺利执行、不额外增加专项投资，视觉形象标准化的过程不能一蹴而就，应结合产能建设、维护改造工程等需要有序实施，逐步统一整个中国石油油气田地面工程视觉形象。

（a）油田井场

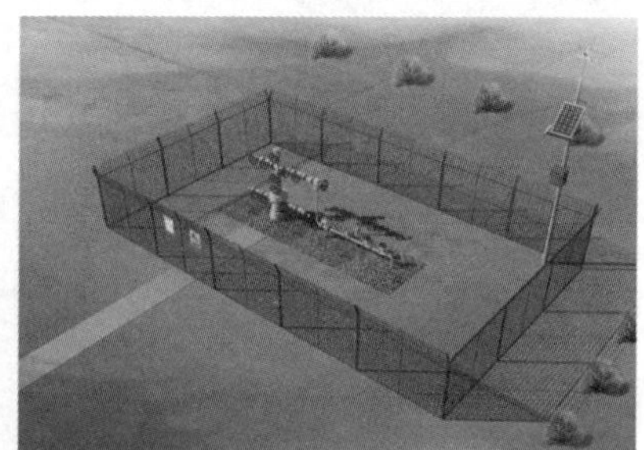

（b）气田井场

图 3-226　井场视觉形象效果图

（a）集气站

（b）计量配水间

图 3-227　小型厂站视觉形象效果图

（a）接转站　　（b）集气增压站

图 3-228　中型厂站视觉形象效果图

（a）110kV户外变电站

（b）大型联合站

图 3-229　大型厂站视觉形象效果图

（a）特大型联合站

（b）特大型储备油库

（c）特大型处理厂

（d）特大型净化厂

图 3-230　特大型厂站视觉形象效果图

（一）实施范围的确定

中国石油新建工程全面实施，改扩建工程与维护工程逐步实施。

（二）因地制宜选择材料

视觉形象建设需结合当地气候条件选择具耐久性和实施效果较好的材料，降低维护费用。

（三）与工程设计的双向结合

视觉形象标准化所确定的站场围墙、大门、建筑物的样式、色彩标准已经统一，在具体工程设计中，应注重将该类成果形成标准化设计定型图，在建设中直接应用，实现视觉形象标准化设计与工程设计双向结合，确保最终的实施效果美观、协调。

（四）进行必要的单项设计

视觉形象标准化只是给出了较为直观的视觉形象标准，在具体实施中应结合工程建设的实际需要，有针对性地开展必要的单项设计。例如站名牌的建设一般采用为石材拼接，站名文字与石材拼接的协调布置应进行单项设计；大型塔器、储罐的宝石花标识的设置位置应根据设备上的附属设施进行单项设计，按照协调美观的要求确定最终位置；对不同造型的建筑物应根据其建筑设计，按照合理美观的原则设置宝石花或者标识色带，展示良好的形象。

（五）建设标准的适应性

视觉形象标准化中规范使用了“应、宜、可”的表达方式，这也是体现建设标准的不同要求，各油气田在实施过程中应根据工程实际需要，兼顾“共性与个性”，按照共性严格统一、个性协调统一的要求开展视觉形象建设，确保展示中国石油良好的企业形象。

第七节　标准化工程造价

一、工程造价及标准化工程造价的概念

（一）工程造价

工程造价是以工程项目或建设项目为对象，以工程项目的造价确定与造价控制为主要内容，涉及工程项目的技术与经济活动，以及工程项目的经营

与管理工作的一个独特的工程管理领域。其目标就是按照经济规律的要求，利用科学的管理方法和管理手段，合理的确定造价和有效控制造价，以提高工程项目投资效益。通过工程造价管理可以规范价格行为，对于规范建设行为，解决工程建设中“概算超估算、预算超概算、决算超预算”的“三超”现象和避免工程经费的损失、浪费等具有重要意义，是降低工程建设成本、提高工程投资效益的重要途径。

目前，我国采用的工程造价管理模式是以定额为计价基础的全过程工程造价管理模式，它是在建国初期引进、消化和吸收前苏联传统定额管理模式基础上发展而来的，比较适应于高度计划经济体制。在我国初步建立社会主义市场经济体制的情况下，这种模式显示出了明显的不适应，主要表现在：一是工程造价管理的重点是实施阶段，而没有把决策、设计阶段的造价管理放在突出的位置；二是强调建设期建设成本，而对未来的运营和维护成本不予考虑或考虑很少，不能对全生命周期的工程造价进行有效控制与管理；三是我国目前实行的静态的工程造价管理方式，无法与工程造价要素市场价格同步，与国外动态工程造价管理不接轨。

（二）标准化工程造价

标准化工程造价是企业标准化体系建设的一个重要组成部分，在投资管理控制上，实现了由过去的实施过程控制、事后控制、跟踪控制向造价基础源头预先控制的转变，已经成为核定和有效控制投资的重要手段。

标准化造价是指根据国家、地方、企业等各方面发布的工程定额标准和计价依据，根据油气田地面建设标准化设计定型图，形成通用、标准、相对稳定的标准化模块、生产单元（装置）、站场（厂）标准化估算、概算、预算综合计价指标体系，实现快速、准确编制工程造价和有效控制工程投资的目的。

二、标准化工程造价指标

标准化工程造价指标包括标准化估算指标、概算指标和预算指标，分别用于地面工程建设可研、初步设计、施工图设计阶段工程造价的编制、控制和管理。

模块标准化估算指标、概算指标和预算指标：依据设计部门提供的各功能模块的设计文件和相应的计价依据编制的可研、初步设计、施工图设计阶段的造价指标。如集气站的进站阀组模块、分离模块等的估算指标、概算指标和预算指标。

生产单元（装置）标准化估算指标、概算指标和预算指标：依据设计部门提供的具备独立施工条件并形成独立使用功能的生产单元（装置）的标准化设计文件和相应的计价依据编制的可研、初步设计、施工图设计阶段的造价指标。如油、水、气井站外管线、井口装置、天然气脱水装置等的估算指标、概算指标和预算指标。

站场（厂）标准化估算指标、预算指标和概算指标：按照可以独立发挥生产能力或效益的工程项目标准化站场（厂）的设计文件和相应的计价依据编制的可研、初步设计、施工图设计阶段的工程造价指标。如接转站、集气站等的估算指标、概算指标和预算指标。

三、标准化工程造价编制方法

近年来，随着中国石油天然气股份有限公司上市和投资管理的逐渐规范，为有效控制建设工程造价，股份公司已经把控制工程前期投资逐步纳入到工程造价管理，即首先是重视和加强项目决策阶段的投资估算工作，努力提高可行性研究报告投资控制数的准确度，切实发挥其控制建设项目总造价的作用。其次，明确概预算工作不仅要反映设计、计算工程造价，更要能动地影响设计，优化设计，并发挥控制工程造价，促进合理使用建设资金的作用。同时要对工程造价中的投资估算、设计概算、施工图预算、承包合同价、结算价、竣工决算（四算两价）实行一体化管理，改变“铁路警察各管一段”的状况，达到合理使用投资，有效地控制造价，取得最佳投资效益的目的。

油气田勘探开发是一个复杂的系统工程，从工程设计、施工、投产到竣工结算，每个环节都有着各自的逻辑顺序和相互的内在联系。油气田建设工程的投资环节控制与其他建设工程相比，涉及领域众多、管理环节复杂。除设计方案的工艺技术优化比选外，还包括投资估算、概算、预算、标底、合同、结算等造价管理环节，一般情况下，工程项目造价文件编审内容复杂、涉及专业面广、编审周期长。而油气田地面工程领域标准化设计及配套的标准化工程造价则提供了相对快速、准确的工程造价编审及管理方法。

标准化工程造价编制方法一般包括以下步骤：

一是首先建立工程标准化造价体系文件。包括工程标准化造价文件编审的管理文件和技术文件，经审查后发布实施并定期更新。

二是根据模块、生产单元（装置）、站场（厂）定型图设计文件和相应的计价文件，编制以上定型图可研、初步设计、施工图设计阶段的标准化造价指标。模块的标准化造价指标是根据构成该模块的元件的造价、依据该模块标准化设计定型图计算得出，形成标准化模块造价指标。如：ϕ800mm 立式气、液分离器（PN0.6MPa）估算指标为 2.2×10^4 元。同样，生产单元（装置）的标准化造价指标是根据构成该生产单元（装置）的模块的标准化造价、依据该生产单元（装置）的标准化设计定型图计算得出，形成标准化生产单元（装置）造价指标，如：$500\times10^4m^3/d$ 规模天然气脱水装置估算指标为 520×10^4 元。站场（厂）的标准化造价指标是依据构成该站场（厂）的模块、生产单元（装置）的标准化造价指标、依据该站场（厂）的标准化设计定型图计算得出，形成该站场（厂）的标准化造价指标。如：$50\times10^4m^3/d$ 规模标准化集气站估算指标为 2682.3×10^4 元。

三是根据具体地面工程项目，按照"按图计量、按量计价"即工程量清单计价模式，编制工程项目造价文件。与传统工程造价文件编制方法不同的是，标准化造价文件中的量是以标准化设计定型图为"量"的单位，该"量"是标准化模块、标准化的生产单元（装置）或标准化的站场（厂），使用与该标准化定型图配套的造价指标，编制具体工程项目的造价文件。如某工程设计方案包括 11 井式标准化计量站 6 座，1000t/d 标准化接转站 2 座，工程造价只需要按照建设阶段直接套入 11 井式标准化计量站单价、1000t/d 标准化接转站单价直接计算该阶段工程造价指标，不需进行单（细）项计算。

四、标准化工程造价实例

中国石油低渗透气田典型标准化集气站为 $50\times10^4m^3/d$、$75\times10^4m^3/d$、$100\times10^4m^3/d$ 三个规模系列站场。根据集气站功能、平面布置和工艺流程一般设置集气橇区模块、压缩机区模块、污水管区模块、阻火器区模块、外输截断区模块、放空火炬区模块、清管区模块和进站截断区模块 8 个功能模块，每个模块中包括电气、仪表等配套专业。8 个功能区模块标准化工程造价指标见表 3-102。

按照油气田地面工程标准化造价编制方法，$50\times10^4m^3$ 集气站造价由上述 8 个功能模块的造价加和得到。上述 8 个功能模块造价之和为 2502.3×10^4 元，加上该集气站值班房、钢制大门、进站道路、铁艺围墙、站外临时停车场等土建部分的投资 180×10^4 元，该 $50\times10^4m^3$ 集气站标准化工程造价为

2682.3×10^4 元。

表 3–102 $50 \times 10^4 m^3$ 集气站功能模块造价指标

序号	模块	模块造价，$\times 10^4$ 元
1	集气橇区模块	349.6
2	压缩机区模块	1976
3	污水管区模块	45.6
4	阻火器区模块	1.8
5	外输截断区模块	22.8
6	放空火炬区模块	47.1
7	清管区模块	42.6
8	进站截断区模块	16.8
合计		2502.3

第八节　大型厂站的模块化设计

大型或特大型的油气田地面工程建设项目都具有规模大、投资高、结构复杂、风险大、工作量大等特点，许多项目还往往是由多个子项目或者项目群组成，且多个项目存在同时实施的情况。在项目实施过程中，受外界各种因素的影响较大，如当地水文气象、地质条件、人员素质、场地限制、环保要求、增资风险、工期要求、设计能力、管理能力以及其他各种客观或人为因素的影响；同时，也面临着工程资源分配与需求冲突、角色多重性、超负荷工作；对于国外工程，往往还面临项目所在国的法律法规等各种问题。这样的情况下，采用传统的工程设计及建造模式，工程项目建设及实施的进度、质量和成本控制等工作难度极大。

为了解决传统工程建设模式存在的问题，并且有效地提高工程项目管理水平，节约投资、缩短工期、提高质量、增加可控、降低风险，近年来工程建设领域国外工程公司提出了新的解决方案——工程项目设计及建造模块化、橇装化。

这种新模式在国内外的大型油气加工工程和天然气液化工程中已经广泛应用，较好地解决大型或特大型项目的管理难度大、复杂性高、施工费用高以及环保要求高的难题，为项目的顺利实施提供了有力的保障，大大地降低了各方在项目实施过程中的风险，受到了国内外建设方的广泛接受和认可。目前国内油气田地面建设领域，工程模块化建造也已经起步并取得了初步的成效。

模块化建造是将油气处理厂、站的装置单元根据区块划分并结合运输条件，按照模块化的方法进行设计，并将独立区块内的装置在施工配套设施先进、质量管理控制体系完善、人力及物资资源充足的制造厂内完成施工制造，经检验合格后，必要时，拆分为可以运输的模块，运至建设现场；然后根据安装手册将各模块按预先策划好的方式组装。

模块化实施过程中，装置模块化方案策划和设计是技术的核心，装置模块化制造是关键。本节将主要论述装置模块化设计部分内容。

对于大型、复杂厂站，模块通常较大，模块化设计除了需要考虑传统装置的安全生产、事故逃生、日常操作和检修外，还需要考虑到模块如何连接、拆分、吊装、包装、运输以及现场如何考虑模块的恢复安装等各方面的特殊性和共同性，所以模块化的设计需要从如何执行设计的工作流程、设计输入条件、方案设计原则、设计要点及模块化设计审查等各方面进行考虑。

一、设计流程

模块化设计工作流程是指导每一个阶段性工作和每一具体工作的开展，使得模块化的工作能有章有序、循序渐进，并保证项目模块化设计工作的顺利实施和完成。典型的模块化设计工作流程见图 3-231。

完整的模块化设计过程中包含很多个阶段性的工作，每一项工作的重点、中心也不一致，需要配置的资源也不同。

（一）接受项目委托及建议书、设计任务分派

项目设计经理从项目管理部门和项目经理处接受项目委托书后，根据项目任务书的要求，给参与项目设计的各个专业分派设计任务，让各个专业了解好项目的各项任务和具体要求，为项目模块化的设计做好准备。

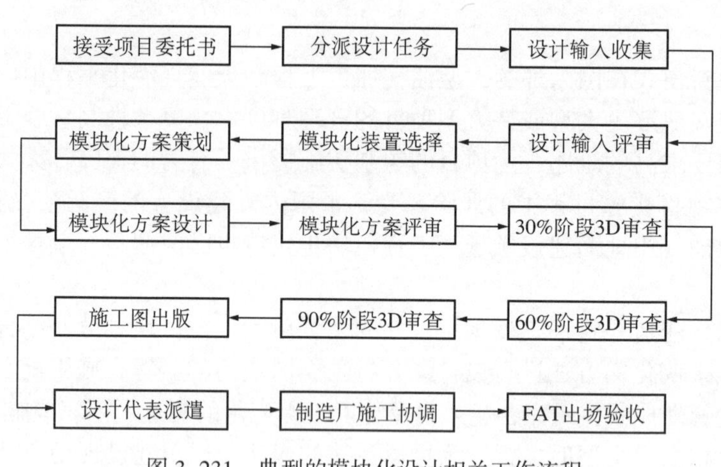

图 3–231　典型的模块化设计相关工作流程

（二）模块化设计输入资料收集

项目管理部门召开项目开工会，进行项目技术交底，把投标阶段各个专业的技术文件、要求、澄清及建设单位在技术上的特殊要求移交给项目设计部门。

项目设计各专业根据需要，收集各自专业的设计输入资料；收集的资料主要包括各种技术澄清问题汇总、建设单位技术交流纪要、公司内部技术交流，建设单位提供的各种专业设计规定、各类图纸等。

（三）模块化设计输入资料审查

各专业收集完成各自的设计输入文件后，需要对这些设计输入资料进行评审，评审的范围主要包含三个方面：

1. 合同工作范围审查

合同工作范围审查主要是审查合同的工作范围是否和投标阶段一致，并通过审查，了解和掌握项目设计的工作范围，以免将来和业主的工作界面划分，并为向业主提交设计变更做好铺垫；同时，通过熟悉合同的设计工作范围，掌握好和模块制造商的界面划分，为公司对工作范围的管理和设计变更的管理提供准备。

2. 合同技术条款的审查

通过对合同技术附件的审查，掌握好合同每个技术条款的具体要求，了解业主各款技术的细节，以免在将来的设计过程中由于对技术条款细节的不了解而导致大量的设计工作返工。

3. 设计技术输入资料的深度审查

设计技术输入资料审查的内容包括资料的范围和深度是否已经概括各专业的要求；比如设计遵循的标准和设计环境条件是否明确，设计进度、安全等级要求是否明确，提供的各专业技术规定是否足够细致，提供的图纸深度是否能满足要求，运输限制条件各条要求是否清晰，投标及签订合同过程中的技术澄清会议纪要是否有特殊的要求等，这些文件是开展下一步模块化工作的基础。

以上这些设计输入文件的审查主要是设计专业负责人和校审人员的工作，普通的设计人员由于设计经验和资历的不足，审查过程中往往难以发现具体的问题；这些工作是项目开展的基础，应该要引起足够的重视。

（四）模块化方案策划及设计

设备布置专业在接收到各个专业提交的设计输入条件后，开始模块化方案的策划和设计。

1. 模块化方案的策划

模块化方案的策划主要是根据业主提供的运输方式和运输尺寸限制条件，并结合各个装置的 P&ID 和工艺设备数据表，初步确定哪些装置适合进行模块化或橇装化，哪些装置不适合；初步确定这些模块化装置运输的方式以及模块的最大尺寸，以确保模块化方案的可实施性。

2. 模块化方案的设计

模块化方案的设计就是在模块化方案策划的基础上，根据各个装置的不同特点，结合工艺流程对装置进行模块化的设备平、立面布置，并明确模块的组成形式、模块的分割要求、模块的大小、设备布置的位置、主要工艺管道布置的规划、模块内安全通道及操作维修通道保证、模块化装置的安装、大型设备的吊装、模块化装置建成后大型设备的维护和检修通道及空间等，只有这些方面都考虑进去了，才能保证模块化装置的可实施性。

（五）模块化方案的公司内部专家审查

模块化方案的策划及设计完成后，必须至少经过公司内部的专家和各个专业负责人以上人员的审查。因为模块化方案的策划和设计并不一定能考虑周到，难免在某个方面会有考虑不周的地方；通过公司内部的专家和各个专业负责人以上人员的审查，把一些考虑不到的地方弥补回来，才能使得模块化装置的方案得到完善。这是项目实施过程中非常关键的一步，必须要在设计过程中得到足够的重视；否则可能会在项目设计实施到后期，问题才暴露出来，那样将会给项目带来大量的返工工作，也可能会给项目的工期造成非常大的影响。

如果方案需要业主进行审查和确认，还必须提交业主进行确认，以免由于业主的反对，导致项目后面的设计受到业主的诸多干扰。

（六）30%、60% 及 90% 阶段的三维模型审查

对于 30%、60% 及 90% 阶段的三维模型审查，将在本章的第五节中展开具体的叙述，在此不进行更深层次的阐述。

需要注意的是，在完成 60% 设计阶段的三维模型审查后，需要向项目采购专业提交供模块制造商招标所用的各专业材料清单；并在模块制造商准备投标文件及评标过程期间，提交至少达到 95% 以上准确度的各专业材料清单，供模块化制造商确定最终的报价所用。

同时，对于按照 90% 三维模型审查意见修改之后的 100% 三维模型，不再提交业主审查，仅需以切图的形式回复业主是否按照 90% 三维模型审查意见修改即可。

（七）施工图的出版

模型在根据 90% 三维模型审查意见修改之后，可以认为三维模型设计达到 100% 的深度要求。设计人员可根据这个三维模型进行各种平面图、单线图、安装图、材料汇总表和安装材料表的绘制。

对于这些施工图，需要对其进行严格的设计、校对及审核，确保项目上各个设备供应商图纸信息是否已经落实到位；同时，对于需要会签的图纸，会签专业应该根据各自专业在设计及条件互提的要求，严格执行会签流程。避免现场建造出现大量设计变更和费用浪费。

（八）建造现场设计代表派遣及协助现场制造

模块化模式的建造项目，建造现场设计代表派遣有两种情况，一种是设计代表派遣到模块制造厂，另一种是设计代表派遣到业主项目建造现场，这两种情况设计代表的任务和角色基本是一样的，都要在建造现场协助工程的建造；但工作内容存在不同，如在模块化制造厂的建造现场，设计代表需要了解的专业知识更多，其要协助或者参与模块的出厂验收和模块拆分、吊装、包装的验收。

（九）FAT 出厂验收

对于模块制造完成后的 FAT 出厂验收，不仅仅是生产管理人员的工作职责，也是各个设计专业的职责范围所在。各专业首先要根据项目的需求编制

好各个专业的FAT技术统一规定；各专业在模块制造上完成模块的组装后，派有经验的专业工程师，根据各个专业的FAT技术统一规定和各专业的施工图纸，对每个模块的每个设备、每根管道、每个仪表及设施等进行全面的现场产品出厂验收。对于FAT出场验收的具体内容在此不进行详细的阐述，将在生产管理的章篇中有具体介绍。

二、模块化设计输入条件

模块化设计可以分为两个阶段——模块化方案策划阶段和模块化设计实施阶段。不同的设计阶段其设计输入和设计的工作重心也不同，应根据不同阶段要求设计的输入资料调整不同的工作中心。

（一）模块化方案策划阶段的设计输入条件

模块化方案策划阶段工作重心在全厂总体及各个装置的模块化方案策划，通过对不同专业提供的设计输入条件进行审查，根据安全、操作、日常生产的维修和维护等各方面的要求，结合项目全厂总图的规划，完成模块化装置的设备布置和方案的策划，提交一份工厂或装置的模块化初步方案及报告；并通过各个专业的会审，初步确定工程项目模块化实施的可行性。

这个过程中需要各专业输入的条件包括：

1. 项目总体

1）项目所在地说明

项目所在地说明是项目设计必要的基础条件，知道项目在什么地方，才好选择项目执行什么标准，确保项目的设计符合当地法律及法规的要求等。

2）遵循标准说明

项目设计遵循的标准说明是指导整个项目设计的一个纲领性及规范性的文件，它明确规定了每一个专业执行的设计遵循的标准及规范，项目也必须按照这个标准规范说明进行设计。如某个项目执行地在澳大利亚昆士兰州，而这个项目所在的业主及当地政府要求设备必须执行美标ASME VIII卷的标准要求，还得满足澳大利亚当地压力容器规范AS 2971的要求，天然气处理厂管道设计需要遵循ASME B31.3的标准要求，两者的材料也要求必须采用美标材料；而结构专业计算需要遵循ASME的要求，钢结构材料可以选用国标。

3）运输方案说明

对于运输方面，业主提供的设计输入文件里面必须包含模块化装置的运输方案，其包含模块的运输方式、运输路径和运输尺寸及重量限制要求。

运输方式是指模块在从国内某个地方出发，通过什么运输工具和方式把模块化产品运送到项目现场。

运输路径是指模块化产品从国内出发，具体通过哪个路径将产品运送到项目现场。

模块运输尺寸及重量限制要求是指在确定运输方式和路径后，模块在运输过程中所经过的国家和地区对于货物所允许的最大运输尺寸及最大重量要求。

以上三个条件是模块化方案设计极为重要的设计输入条件，是决定整个工厂及装置模块化的重要因素，其直接决定了模块化装置总体策划方案、后期的运输及项目实施的可行性、总体周期、投资成本等。

如一个天然气处理厂项目所在地是国外某个国家紧邻海边的某个地方，那么模块化设计过程中可以考虑采用海洋运输方式，项目的制造业尽量考虑靠近我国东部及南部沿海城市的模块制造厂；运输路径可以考虑从制造厂到项目现场直接门到门的路径；由于模块制造商和项目所在地均紧邻海边，运输限制尺寸考虑走海洋工程模式的大模块，模块运输尺寸的长、宽、高可以考虑尽量的大，但需要考虑所使用的运输驳船的允许最大尺寸及所能承受的最大重量；同时，由于模块是按照大模块的形式执行，需要提前咨询全球是否有哪家海运公司有合适的运输驳船，这艘运输驳船在项目预定执行期内是否有空档期，能满足项目进度的要求，因为具备这样要求的运输驳船全球未必有几家，或者这些满足条件的驳船不一定有合适的空档期刚好能满足项目进度的要求。

所以，运输方案说明是项目执行模块化及项目运营模式非常关键的条件，务必引起足够的重视。

4）业主的特殊要求

业主对项目的特殊要求是业主在项目实施过程中，对于某些关键设备、关键技术或关键设施，考虑到项目的特殊性，对这些物资提出的特别的要求。如脱硫装置的胺液循环泵，某些业主参考以往项目经验，考虑到国外进口泵运行稳定性和质量总体上高于国产泵的现象；鉴于此，对于胺液循环泵，业主要求必须采购国外进口产品等情况。

但有一点需要说明的是，业主的特殊要求必须是在满足设计规范要求的基础上方可执行，不能盲目的遵从业主的特殊要求；毕竟设计的主体是设计公司，其必须对所设计的产品质量负责，业主不负设计的责任，这一点需要牢记。

2. 总体布置图及说明

总体布置图及说明是业主对整个工厂总体规划及发展的要求，是指导模块化工厂及各装置遵循全厂规划的纲领性文件。

3. 工艺专业

（1）PFD、P&ID 及各装置工艺流程说明。

工艺是工程设计的龙头，工艺专业的 PFD、P&ID 及各装置工艺流程说明是工厂设计及装置模块化设计的指导性文件，是工厂模块化设计的充分条件，是工厂装置模块化的设计基础；只有熟悉工艺特点，才能策划出可行的方案。

（2）工艺设备数据表及设备单线图、管道设计属性表。

在模块化方案策划阶段，工艺设备数据表及设备单线图、管道属性表的作用是根据其管道内介质属性，结合 PFD、P&ID 及各装置工艺流程说明，以及初步规划的模块化设备布置图和管道初步规划，进一步细化装置的模块化方案，以保证模块化方案的准确性和可实施性。

4. 机泵专业

对于机泵专业，在模块化方案策划阶段，不要求提供资料给配管专业；配管模块化设计团队根据以往项目的经验及工艺 PID 中标示的泵的功率情况，初步估算每一种泵的大小，把相关的信息规划到模块化的方案策划中。

5. 仪表专业

在模块化方案策划阶段，仪表控制专业根据工艺提供的 PID 相关控制参数，并结合初步设计阶段的设备平面布置图，规划出仪表电缆桥架初步布置走向图并提交给配管的模块化方案策划人员。

6. 电气专业

在模块化方案策划阶段，电气专业根据工艺提供的 PID 相关机泵电力负荷参数，结合初步设计阶段的设备平面布置图，规划出电气电缆桥架初步布置走向图并提交给配管专业的模块化方案策划人员。

同时，电气专业还需要把防火区域初步划分图提交给配管专业模块化方案策划人员，以保证模块化的装置布置能满足防火规范等相关要求。

7. 通信专业

在模块化方案策划阶段，通信专业根据项目的总体布置要求，把通信电缆初步布置走向规划图提交给配管专业的模块化方案策划人员。

（二）模块化设计实施阶段的设计输入条件

模块化设计实施阶段主要是根据前期总体及各个装置的模块化方案和后期供应商的设备及设施的详细设计输入资料，通过详细的施工图设计工作，论证模块化方案的正确性及可实施性。

对于模块化设计实施阶段，各专业的互提条件及界面分工，可根据每个工程公司自身的界面分工管理办法进行；由于各公司的营运和管理方法、界面分工不同，在此不进行更深层次的阐述。

三、模块化工厂装置及设备布置设计基本原则

模块化工厂装置及设备布置的基本原则是模块化设计的基础，是指导工程实施的纲领性文件。

（一）装置及设备布置设计的三重安全要求

安全生产对于石油及天然气处理厂或者站场来说特别的重要。这是因为石油及天然气处理厂或者站场的绝大部分装置的介质和产品都是易燃、可燃、易爆或者有毒的物质，容易发生火灾、爆炸或中毒的危险；所以，石油天然气企业对于火灾和爆炸的危险性的控制和预防意识特别敏感且要求严格。

火灾和爆炸的危险程度，从生产安全的角度来看，可分为一次危险和次生危险两种。一次危险是指设备或系统内潜在着发生火灾或爆炸的危险，但在正常操作状况下不会危害人身安全或设备完好。次生危险是指由于一次危险而引起的危险，它会直接危害人身安全，造成设备毁坏和建筑物的倒塌等。

1. 预防一次危险引起的次生危险

装置的设备布置应根据工艺介质的特性，对危险区域装置内的设备布置做到有效预防和控制一次危险的发生，一旦发生一次危险而引起次生危险的发生，需要做到有效控制次生危险的发生。如在设备布置时，需要考虑装置和装置之间、明火设备和潜在火灾及爆炸源之间要有足够的间距等。

2. 一旦次生危险发生则尽可能限制其危害程度和范围

装置的模块化设备布置时，需要考虑在次生危险发生后，如何尽可能限制其危害程度和范围，以免危险发生后危害程度和范围的继续扩大。

3. 次生危险发生后，能为及时抢救和安全疏散提供便利条件

模块化装置的设计应该考虑一旦次生危险发生后，装置的布置设计应该能满足为及时抢救和安全疏散提供便利条件，以便能能把伤亡和损失降到

最低。

（二）装置及设备布置设计应满足工艺设计的要求

装置的生产过程是由工艺设计确定的，他主要体现在工艺流程图和设备等（包括工艺 PFD、P&ID、U&ID、工艺设备数据表、设备订货图、泵数据表、压缩机和鼓风机数据表、安全法数据表和管道特性表等）。在这些图中表示出了工艺设备和管道操作的条件、规格型号和外形尺寸等，以及设备和管道的联接关系。天然气处理厂及相关的站场装置布置设计也是以此为依据进行的，一般按照天然气的处理流程顺序和同类设备适当集中的方式进行布置。对于处理厂内有腐蚀性、有毒和易燃易爆物料的设备按照流程顺序紧凑地布置在一起，以便对这类特殊物料采取统一的处理措施。如在天然气胺法脱硫脱碳装置和 TEG 脱水装置中，两个装置的吸收部分可以布置在一起，胺液再生和 TEG 再生可单独集中布置，这样就有利于对特性相近的设备及设施采取统一措施进行防护及安全的要求。同时，设备布置按照工艺流程顺序进行布置的话，还可以体现下面两个优点：

（1）设备布置按照工艺流程顺序进行左右先后、高低上下的布置，以保证工艺流体的顺序流动，以降低管道多次折返绕行而导致流体压降过大。

（2）设备布置按照工艺流程顺序布置可大量减少管道材料的用量。

（三）装置及设备布置设计应满足日常生产操作、检修和维护的要求

（1）一个装置建成以后，操作人员要在装置中长年累月地操作和管理；而模块化设计是项目实施的一种手段，虽然模块设计可以紧凑一些，但模块化的装置设备布置必须为日常生产管理提供方便，保证日常生产过程中巡检、操作所需空间。

（2）一个装置能够长期运转，需要对设备、仪表和管道进行经常性维护和检修，特别对大型设备的检修，可能需要对其部分关键部件或整个设备拆除、运走；同时运来新的同样部件或设备。这样可以大大缩短整个检修的时间，为工厂保证生产提供保障。模块化装置布置不能过于密集，应该能满足传统装置便于维修、维护的要求，必须要保证大型设备的拆装、调运及检修所需的场地和大型吊机到达需要检修设备附近的通道。

（3）一个设备对于一个模块来说，其就位和安装相对来说比较简单；但对于一个模块化的装置来说，模块是在制造厂组装、检验完成后，运到项目现场后进行复装的；其模块在现场的规格尺寸大、重量重，安装起来更加复

杂。这需要在模块化策划阶段就要考虑模块的布置、安装所需的空间场地、空间和通道。

（4）在模块化装置的方案策划阶段，需要考虑好操作、检修、施工所需的通道、场地、空间结合起来综合考虑。

（四）装置布置设计应满足全厂总体规划的要求

模块化装置的布置设计同样遵循全厂总体规划，包括全厂总体建设规划、全厂总流程和全厂总平面布置设计。

（1）模块化的装置设备布置应该根据全厂建设规划要求，遵循有些装置作为一期工程建设项目，其他一些装置作为第二期或第三期的工程建设项目。模块化装置布置设计时，需要考虑一期工程的设施不能影响以后的二、三期工程的施工；同时还要考虑后期开发的工程不能影响前期工程的正常生产。

（2）应根据全厂总流程设计的要求，在合理利用能源的基础上，将一些模块化的装置集中紧凑布置，组成联合装置，并合用一个仪表控制室。如前面提到的胺法脱硫脱碳装置吸收部分和TEG脱水装置的吸收部分紧凑地布置在一起，形成一个大的高压部分模块化装置区。这样可以节省整个工厂装置的总体占地面积，为业主节约投资。

（3）在全厂总平面布置图确定装置的位置和占地后，从原料、成品、半成品罐区、装置外管廊、道路及有关相邻装置等的相对位置，确定本装置的管廊位置和设备、建筑物的布置，使得原料产品的储运系统和公用工程系统管道的合理布置，并与相邻装置在布置风格上保持相互协调，可以根据总流程合理利用能源。

（五）模块化装置布置设计应适应所在地区的自然条件

工程项目中所指的自然条件一般包括气候、风向、地形和地质。

1. 模块化装置设备露天布置

根据项目所在地的气温、降雨量、风沙并结合雨雪情况等气候条件，以及某些设备的特殊属性要求，确定哪些设备可以露天布置，哪些需要布置在室内。模块化装置露天布置是当前设备布置的趋势，便于装置的安全、检修并利于防火等；但在北方寒冷地区，昼夜温差大、风沙大，就需要注意泵类设备应尽量布置在室内，以避免模块被风吹雨打热晒，从而保证产品的质量。

2. 结合所在地的地形特点

把模块化装置布置在长条形的地带，管廊布置在装置的中心地带，设备布置在管廊的两侧，便于装置两边的管线截至回流到总管。

3. 结合地质条件情况进行装置的布置

随着科技的发展，工程项目对产量的要求越来越高，工程项目规模变得越来越大；虽然模块化装置的占地面积比传统装置的布置节省了不少用地，但仍然存在超大型项目的模块化装置占地面积比较大的情况，例如，土库曼斯坦某个项目，脱硫脱碳单元并排布置的两列装置占地面积超过了 10000m^2。所以模块化装置的布置也应该结合地质条件进行，因为在 10000 ~ 20000m^2 的范围内地质条件不大可能有较大的变化，个别地址太差的地方还需要靠打桩来加强。但在一个装置内仍可能出现地质条件的好与差的不同地段，这个时候需要考虑地质条件较好的地段布置重载荷设备和有振动的设备，使其基础牢固可靠，为装置的安全生产操作提供必要的保障。

4. 模块化装置的布置设计应考虑风向的影响

由于模块化装置设备布置集中，一旦发生一次危险或次生危险，给装置造成的危害更大。所以，模块化装置的布置设计更应考虑风向的影响；同时，也要考虑避免因风向的影响而引起的火灾和造成环境的污染。

（六）装置及设备布置设计按工艺流程集中布置设备、泵、换热器等

模块化装置的设备布置一方面是为了节省装置的占地，另一方面可以节省装置的钢结构投资，所以需要对一些功能和类型相同或相近的设备进行集中布置。

（1）相同功能的卧式容器设备、换热器的集中布置有利于装置成模块或橇装。

相同功能的卧式容器设备、换热器的集中布置，有利于装置形成连续的、集中的模块，一方面可以节省装置占地面积，另一方面方便将来设备及设施的集中操作、维护和检修。

（2）机泵集中布置有利于集中载荷较大的物资集成布置，便于运输。

机泵的进出口管道由于连接有较多的阀门及管件，和机泵本身一样属于载荷相对比较集中的设备和设施，同时也是维修和操作切换相对来说比较频繁的设备设施。机泵的集中成模块或橇装形式布置，便于模块的运输，减少现场的安装工作量，还可以为将来现场集中的操作及切换带来方便。

（七）装置及设备布置设计应满足模块拆分、包装及运输的要求

（1）模块化装置设备布置，不同于传统模式的设备布置；设备不仅需要考虑布置在合适的位置，方便管道的布置、保证操作的空间和安全逃生空间外；

同时，还需要考虑将来在模块制造厂内完成了设备和管道、结构、电仪等物资成模块组装后，可以更方便地将这些物资按照不同的功能模块进行拆分。

（2）模块化装置拆分好后，应进行包装，防止运输过程中内部物资的损坏。对于国外项目，要求模块用熏蒸木箱进行包装，并设置检查专用门，以便于运输的保护、海关的检查和现场的管理；对于国内项目，要求至少进行防雨帆布包装。

（3）运输限制条件对模块的尺寸大小提出了要求，模块的大小应严格控制在合理的运输尺寸中，以便于模块顺利地运达项目现场。

（八）装置及设备布置设计应满足设备及模块吊装、安装、维护及检修的要求

（1）模块化装置不同于传统模式下的装置，其在实施过程中需要经过多次吊装、组装、拆分及运输的过程，模块的结构设计应满足模块便于多次吊装、组装和拆分的要求。

（2）由于建造过程中经过多次吊装、组装、拆分及运输，所以模块的设计应考虑便于内部物资的检测、维护及检修，以确定物资的好坏；这里的检修是指单台设备在模块建造过程中可能出现的损坏检修，而不是工厂日常生产操作的停工检修。

（九）装置及设备布置设计力求经济合理

1. 节约占地、减少能耗

对于任何一个国家，目前对环境保护都是十分重视，节能减排也越来越受到各个项目业主的高度重视和严格要求。模块化装置的设备布置应尽可能地缩小装置的占地面积，避免管道的不必要来回往返，从而减少能耗、节省投资和降低钢材的用量。

2. 经济合理的典型设备布置

经济合理的典型布置是呈线形布置，即中央架空布置管廊，管廊上方布置空冷器或其他冷换设备，下方布置泵类设备；管廊两边分别按照工艺流程顺序布置塔、容器、换热器等设备，控制室或机柜间、变配电室、办公室、压缩机房等成排布置；压缩机房的布置注意和办公室等人员办公比较密集的设施保持足够的间距，降低噪音对办公环境的影响。

（十）装置及设备布置设计应满足用户的要求

（1）模块化装置的设计虽然是设计单位负责，但是设计是为最终用户服

务的；将来的日常操作、生产及维护也是业主承担，所以模块化装置的设计应满足业主的最低要求。

（2）由于国情不同，或当地习惯不同，或为了操作方便，有的用户往往提出一些特殊的要求，如建筑物的类型、铺砌范围、楼梯、升降设备、净空高度、搬运工具等的特殊要求。在不违反安全及规范要求和不增加过多投资的基础上，对业主做好解释工作，使委托方满意。

（十一）装置及设备布置设计应注意外观美

模块化装置布置的外观应能给常年在装置内工作的人员以美好的印象。外观美是设计人员、设计单位的一个实物广告和标志，也是业主心中的一个艺术品。模块化装置的外观美需要做到以下几个方面：

（1）装置排列整齐，设备成条成块布置。

（2）塔群排列高低有序，人孔尽可能排齐，并朝向道路检修侧。

（3）装置的框架和管廊立柱对齐，纵横成行。

（4）建筑物轴线对齐，立面高矮适当。

（5）管道横平竖直，避免不必要的偏置歪斜。

（6）检修道路与工厂系统对齐成环形通道。

（7）与相邻装置布置格局要协调。

四、模块化设计要点

模块化的设计较于传统设计提出了更高的要求，设计的内容和工作量也有所增加，设计精细度和制造准确度要求也更高。做好一个模块化工厂的设计，各个专业、每个环节都是紧密联系的，所以在设计过程中需要注意各个专业的设计要点。

（一）总体要求

1. 大型转动设备布置

由于大型转动设备在日常运行过程中震动较大，震动对钢结构会有影响，甚至导致整个结构框架采用型钢增大一个规格，从而导致项目整体的投资增加。所以大型震动设备不宜布置在结构框架内，以免对模块的钢结构造成大的影响。同时，如果布置在模块以内，必须对整个模块的钢结构框架进行震动分析，以确保模块化钢结构整体的稳定。

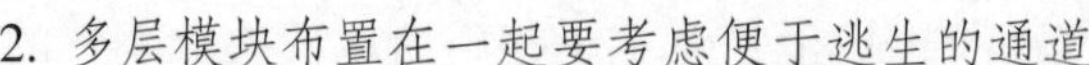

2. 多层模块布置在一起要考虑便于逃生的通道

模块化装置的设备布置和管道布置本身就比较紧凑和密集，需要考虑的安全因素就会更多，所以需要做到注意一个装置当其包含多层模块钢结构的时候，需要对这些多层模块统一考虑装置的逃生路线和通道。

3. 设备布置应按照降低业主投资又能降低能耗的方式执行

设备是为工艺服务的，设备的布置如果能按照工艺流程顺序进行合理的布置，能够很好地避免了设备间管道的往返重复布置，大大减少钢材的用量，节约投资；同时也能减少能量的损失，降低能耗。

4. 装置内模块布置要紧凑和满足操作及维修空间相结合

紧凑的模块化装置布置可以减少投资用地，同时减少整个装置的用钢量，节省投资；同时，紧凑的设备布置便于操作的集中，减少操作人员来回往返于操作面之间的时间，从而降低工人的劳动强度。

但工程设计都应是为了生产服务的，而工人日常生产过程中比较频繁的工作就是对装置内各类阀门、各种设备和设施的操作、维护及维修，所以，模块的设计过程中需要注意模块之间留有足够的操作及维修空间。

5. 应结合运输模式和限制条件布置模块

模块的运输模式和运输限制条件，特别是运输限制条件中的尺寸限制，是决定装置中每个模块大小的重要因素，对装置模块化设计有举足轻重的作用；所以在模块化方案阶段，运输模式和限制条件是必不可少的输入条件。

6. 集中载荷物资尽量考虑在模块内

模块化设计的目的就是把尽量多的装置内物资放在模块内，减少现场安装及模块复装的工作量。集中载荷的物资如设备、机泵、大口径阀门及仪表控制阀门、高级孔板阀等，本身质量比较大，一般情况下一两个人难以搬动，需要借助起重吊机才可以搬运和就位。这些集中荷载物资如果全部散件运输到现场，将会使现场重型机具的利用率大量增加，同时影响现场安装的速度。所以，集中载荷的物资布置在模块内，利用重型吊机吊装模块的同时，就把集中载荷的物资安装就位了。

7. 模块的形状尽量方正，以便于包装和运输

特别是国际工程项目中需要经过长途运输、远洋运输的模块，一般都要求使用经过熏蒸的木箱进行包装；而形状方正的物资才比较方便包装，同时也容易找到合适的运输工具。

（二）设备选型

1. 设备宜考虑卧式设备，以方便设备成模块及运输

在模块的运输过程中，模块的重心越低，稳定性就越好，也就降低了模块运输的风险。所以，在做设备设计和选型的时候，如果设备可以做成卧式，也可以做成立式，那么应首先考虑按照卧式设备选型，以便集成于模块内。同时，由于立式设备往往都比较容易超过模块运输的高度要求，即使集成在模块内，运输前也还需要单独把设备拆下来才可以。

2. 模块内设备布置完成后，应确保满足运输限制条件的要求

对布置在模块内的设备，在设计过程中应注意确保其满足运输限制条件的高度、宽度及重量的要求。如有些卧式设备连同其顶部操作平台、配管及相关设施，容易出现超高的问题，这种情况下就需要在设计过程中把顶部操作平台及相关辅助设施和设备按照拆分的形式进行设计和制造。

3. 大型立式设备，不考虑成模块

对于大型立式设备，如天然气处理厂的吸收塔、再生塔、胺液储罐、消防水储罐、脱盐水储罐等设备，由于设备本身已经超出了模块的常规运输尺寸限制要求，如果硬要把这些设备集中到模块内，无形中将会增加模块的设计和运输的难度；所以这种情况下，这些大型设备不需要考虑做成模块。

（三）配管设计

1. 管道的布置必须满足安全逃生需求

模块化装置的设备和管道布置与传统做法不一样，模块化装置设备布置是往高空方向层叠起来，一般在一个横断面上一个设备占据一跨，设备和管道布置得比较密集；但模块化布置得紧凑但不可以牺牲安全通道，这对装置的安全提出了更高的要求，保证装置一次危险和次生危险发生时，把危险的危害降到最低；所以，模块化装置内部必须保证至少要有一条宽 1.2m 的主要安全逃生通道，用于安全事故的主要疏散通道。

2. 模块装置内管道的布置不能妨碍设备的日常操作、维护及检修

一个装置能够保持长期运转，不仅需要日常正常的操作和正确的管理，还需要对机械设备、管道、阀门、仪表设备等相关设施进行经常性的维护和检修，特别是对大型设备的检修，可能需要对设备的关键部件或整个设备进行拆除或更换。所以，模块化装置布置不能过于密集，应能满足设备的日常操作、维修、维护的要求，保证大型设备可以拆装、调运及检修。

3. 模块与外界管道连接位置及型式需统一考虑

一个模块可能会和管廊连接，也可能和另外一个模块连接，或者和另一台不成模块的设备管道相连接；但不管怎么样，模块和外界的管道连接形式和位置能有一个比较统一的做法，以便尽量降低现场复装的工作量。如小于等于 DN250mm 的管道，建议在和外界连接时尽量考虑法兰连接；DN250mm 以上的管道，考虑到一对法兰的价格成本（特别是法兰压力等级越高，价格越贵）和焊接工作量并不减少的情况下，和外界连接时尽量考虑焊接；小于等于 DN50mm 的仪表风、工厂风及要求不高的水系统可以考虑螺纹连接的形式。

对于模块和与外界管道连接位置尽量设置在一个端头，以减少模块与模块间的交界面，简化和集中现场复装的作业面和作业点。

4. 模块内管道布置应注意与设备的协调性

模块内管道布置应保持与设备的协调性，这样可以达到管道布置的美观性，同时也为模块的布置提供更大的空间。如图 3–232 所示，一个卧式分离器的配管应尽量沿着设备长度方向布置管道，以免横向布置造成模块的宽度过大，同样也保证了设备和管道布置的协调性。

图 3–232　模块内管道布置图

5. 模块内管道要有足够的操作用支撑

管道支吊架是保证一个生产装置内管路系统安全生产的必不可少的设施。对于模块化装置，管道支吊架的设计不仅要满足管路系统安全生产所需的部分，还要考虑模块拆分后，在长途运输过程中需要对模块内管道进行特殊加固所需的管道临时支架，以确保模块在经过长途运输后仍然保持安全、牢固和可靠。

6. 长途运输应注意紧固件的松脱

对于国际工程或国内项目所在地比较偏远的地区，模块在制造厂内组装完成并拆分后，还需要经过长途的运输过程——可能要经过海上运输的摇晃、陆上运输的频繁颠簸晃动。如果模块内的管道和设备是用螺栓进行固定的，一定要注意做好螺栓紧固件的防松脱措施，以免螺栓松脱导致设备或管道从支架上滑落引起设备或设施损坏，给项目工期带来不可挽回的损失。

7. 管道布置应与仪电设备及设施相结合

模块化装置内，设备、管道、结构、仪表和电气等相关设备和设施高度地整合、集成于一个装置内，所以需要在模块策划阶段做好各专业的设备和设施之间的统筹规划和管理，如仪表控制专业的电缆桥架、信号变送器和穿线管在一个模块内不能影响管道的布置和妨碍阀门的正常操作。

8. 管道的布置应不妨碍模块的吊装

一个装置是由若干个小模块组成的，每个模块间有独立的功能又互相关联和连接，由于模块内部往往都是比较紧凑地集成了设备、管道、结构等专业的设施，空间非常紧张。但是模块内的管道和其他设施绝对不允许妨碍模块的吊装，否则妨碍吊装的那部分管道必须拆除。

（四）钢结构设计

1. 结构设计必须保证设备及装置的安全运行

模块化装置的钢结构不仅是支撑每个模块的框架性构件，他们连接起来后就形成整个装置的构筑物钢结构框架；这个钢结构构筑物是保证整个装置安全平稳运行的基础。所以模块化钢结构的设计，必须保证设备及装置的安全运行。

2. 结构设计应便于组装、拆分及复装

模块化装置的钢结构，由于其是由不同的刚性构件经过焊接或螺栓连接组成，过程中可能由于模块组装和安装的要求，模块化钢结构会经过多次的组装、拆分、吊装等过程；为了减少每次组装、拆分以及吊装的工作量，需要在钢结构的模块化设计过程中就把结构设计为便于组装、拆分及复装。

3. 结构设计应充分考虑运输方式和限制条件

运输方式和限制条件是决定模块成型大小的主要因素，同时也是对结构专业的设计工作提出更符合项目实际实施的需求。如某个项目为国外项目，需要经过海运和一两千公里的陆路运输；那么结构专业在设计过程中就必须考虑模块会在海洋运输过程中出现较大幅度的左右前后拍动，同时还要考虑长途（一两千公里）陆路运输的颠簸工况；也不可以把模块设计为超过运输条件限制要求，否则将会在运输过程中遇到难以预料的问题。

4. 结构设计应考虑模块重量及重心

由于模块制造厂和项目现场往往不在同一个地方，模块在建造过程中就需要经过多次吊装、组装及拆分，所以，需要对模块的重量和重心进行计算、设计，以保证这些过程中模块吊装的安全性。

5. 多层模块的钢结构，应注意上下层之间的连接

对于由多层钢结构模块组成的装置，为了便于模块多次的吊装、组装和拆分，应注意考虑上下模块间的螺栓连接点位置，应力求模块的拆分点便于模块的组装和拆分的要求。如上下层螺栓连接点应尽量设置在平台甲板以上约1.3m的高度，以便于模块组装工人的组装和拆分工作。

6. 结构的设计应给操作留出足够的空间

钢结构的设计不能过于密集和紧凑，要有足够的空间给设备及相关设施的操作和维护，甚至钢结构的检测及维护，如模块间的结构立柱离的太近，对于模块化之间的涂漆将无法执行等情况的出现。

7. 立式切割模块，应满足水平运输的强度

对于一个模块化装置，组成装置的模块可以是水平切割的模块，也可以是竖直切割的模块。对于水平切割的模块，其运输、吊装的状态和生产操作状态是一致的，结构计算相对来说比较简单；对于竖直切割的模块，在吊装与运输过程需要有90°的翻转到平放形式，在结构设计过程中一定要注意结构吊装和运输过程中的翻转及受力分析，并确保结构设计的运输和吊装的安全性，如有必要还需要增加临时的吊装及运输用结构杆件。

8. 模块应有足够的强度，以避免运输过程中的变形

模块钢结构不同于传统装置的，在模块制造厂完成后，需要经过多次吊装、组装、拆分和运输过程。所以模块的钢结构设计必须考虑这样的多次吊装、组装、拆分和运输的过程，并确保在经过这些反复的过程后模块的结构强度满足生产和安全的要求。

（五）电仪布置设计

1. 电仪设备及设施的布置不能影响安全及操作通道

对于每一个工程的设计，安全是需要考虑的第一因素；所以，电仪设备及设施的布置不能影响安全及操作通道，这是必须遵守的规定。

对于电仪设备及设施的布置，由于模块内集成度比较高，往往容易出现

电仪专业和其他专业在设计过程中没有做好协调工作，导致设备和阀门与电仪设备及设施的操作空间出现冲突。所以电议专业在设计过程中，需要做好和其他专业的沟通、协调，以避免电仪设备及设施的布置影响工艺设备及管道、阀门的日常生产操作。

2. 电仪和外界的链接应考虑统一的接线形式

传统模式的设计过程中，电仪的信号通过电缆直接进入中控室和配电室。模块化设计如果仍沿用传统的做法，将会导致现场电仪专业的安装连接工作量很大；所以，每个模块化与外界的信号连接一般考虑通过接线箱集中信号，再通过外接电缆与模块内的接线箱连接，这样就大大减少了项目现场电缆的安装和连接工作量。

3. 电仪接线箱宜布置在模块靠近主桥架一端

对于电仪接线箱的布置，可以结合主电缆桥架的位置和模块内仪表及电气点的分布情况，合理地布置电仪接线箱的位置。一般情况可以考虑在模块内尽量统一地布置在靠近主电缆桥架一端，一方面美观，另一方面减少大截面电缆的用量。

4. 电仪设备、设施在模块内应有统筹的考虑

这里主要考虑的是当模块内有很多个仪表或电气的用户点时，为了方便操作和控制，需要用电缆桥架进行集中布线。这个过程需要协调设备、管道与结构，做好模块内的统筹考虑；如仪表电缆桥架在模块内走什么位置，需要多少空间，管道与电缆桥架之间需要多少净距等，均应做好统筹规划，并把这些要求作为设计条件提交给其他相关专业，特别是设备布置专业，以便在模块开始策划阶段统筹规划。

5. 电仪电缆桥架应有足够的支架支撑

电仪专业的电缆桥架集成在模块内，需要经过长距离的海上或陆上运输才能到达现场，运输过程中会出现晃动或振动；电仪专业的电缆桥架柔性比较大，稳性相对比较差；所以在设计过程中应该要考虑足够的支吊架，以确保电缆桥架或相关的电仪设施不至于由于运输过程中的晃动或震动导致失效或者损坏。

6. 流量计前后直管段应保证满足设计要求

流量计是控制介质在管道内流动，保证流量和产量控制的关键。管道内介质流态稳定性直接影响到控制信号的稳定性，对整个生产控制也起到了关键的作用。在模块化设计过程中，虽然模块内部布置紧凑，但也必须保证仪表流量计前后直管段的要求。

五、模块化设计审查

在没有计算机三维辅助设计软件之前，工程设计及建造是根据二维设计图纸进行的，项目建造过程中出现了很多错、漏、碰、缺的问题。自从有了计算机三维辅助设计软件并应用到工程设计以后，设计人员可以从设计的三维模型中抽取各种平面图、布置图、材料清单和安装材料表，通过三维模型在项目现场直接指导施工；还可以通过三维模型，为项目现场大型设备、模块的安装提供施工方案参考，使工程设计的图纸质量得到了很大提高，施工质量也得到了改进，避免了大量错、漏、碰、缺的问题出现。三维设计为现代工程项目建造提供了很大的帮助，是工程项目设计的关键之一。

由于模块化模式下的工程设计比传统模式下的设计要求更高，设计深度要求更深，所以三维模型的重要性不言而喻。在三维模型设计过程中不光要做好模型的搭建、管道及各个设施的布置，同时各个专业对三维模型的审查也尤为重要。

（一）模块化三维模型设计的阶段划分

模块化设计和传统模式设计有共通性，模块化的三维设计也要经过从项目开始到设计完成，因为30%、60%及90%三个进度节点比较鲜明，中间过程审查可以按照三个节点进行三维模型审查。

（二）每个三维模型设计阶段的工作重点

（1）30%阶段主要是审查模块设计的总体方案。这个阶段的模型审查需要有资深的工程技术人员参与，以确定项目的模块化设计方案。

（2）60%阶段主要是审查设备供应商资料与总体的冲突。这个阶段需要工艺、结构、电仪等相关专业负责人以上人员参与，进行详细逐条审查确认，避免后期重复返工设计。

（3）90%阶段主要是审查各个专业间协作与分工的合理性，重点检查专业间的碰撞以及生产操作界面合理性的问题。这个阶段需要有现场生产操作方面经验丰富的人员参与，以便保证项目现场操作的方便性和合理性。

表3–103、表3–104、表3–105、表3–106为分阶段三维模型设计及评审内容表。

表 3-103　三维模型设计及审查内容 - 设备

模型内容			三维模型审查阶段			最终模型	备注
			30%	60%	90%		
设备压力容器	塔	塔外形	X	X	X	X	
		（关键工艺）管嘴和人孔	X	X	X	X	如有必要包括可拆卸空间
		（一般）管嘴	—	X	X	X	如有必要包括可拆卸空间
		直梯、平台、斜爬梯	X	X	X	X	
		用于吊装的高位吊杆	—	X	X	X	
		吊耳	—	X	X	X	
		保温	—	X	X	X	
		操作平台支撑用耳板	—	—	X	X	
		管道支吊架生根耳板	—	—	X	X	
	反应器	反应器外形	X	X	X	X	
		（关键工艺）管嘴和人孔	X	X	X	X	如有必要包括可拆卸空间
		（一般）管嘴	—	X	X	X	如有必要包括可拆卸空间
		直梯、平台、斜爬梯	X	X	X	X	
		用于吊装的高位吊杆	—	X	X	X	
		吊耳	—	X	X	X	
		保温	—	X	X	X	
		操作平台支撑用耳板	—	—	X	X	
		管道支吊架生根耳板	—	—	X	X	
	容器	容器外形	X	X	X	X	
		（关键工艺）管嘴和人孔	X	X	X	X	如有必要包括可拆卸空间
		（一般）管嘴	—	X	X	X	如有必要包括可拆卸空间
		直梯、平台、斜爬梯	X	X	X	X	
		用于吊装的高位吊杆	—	X	X	X	
		吊耳	—	X	X	X	
		操作平台支撑用耳板	—	—	X	X	
		管道支吊架生根耳板	—	—	X	X	

续表

模型内容			三维模型审查阶段			最终模型	备注
			30%	60%	90%		
设备压力容器	换热器	换热器外形	X	X	X	X	
		（关键工艺）管嘴和人孔	X	X	X	X	如有必要包括可拆卸空间
		（一般）管嘴	—	X	X	X	如有必要包括可拆卸空间
		直梯、平台、斜爬梯	—	X	X	X	
		换热管束检修空间	X	X	X	X	
		保温	—	X	X	X	
	储罐	储罐外形	X	X	X	X	
		（关键工艺）管嘴和人孔	X	X	X	X	如有必要包括可拆卸空间
		（一般）管嘴	—	X	X	X	如有必要包括可拆卸空间
		直梯、平台、斜爬梯	X	X	X	X	
		保温	—	X	X	X	
		操作平台支撑用耳板	—	—	X	X	
		管道支吊架生根耳板	—	—	X	X	
	过滤器	过滤器外形	X	X	X	X	
		直梯、平台、斜爬梯	X	X	X	X	
		用于吊装的高位吊杆	—	X	X	X	
		吊耳	—	X	X	X	
		内件拆除的检修空间	X	X	X	X	
		操作平台支撑用耳板	—	—	X	X	
		管道支吊架生根耳板	—	—	X	X	
动设备	泵	带有主要管嘴的设备外形	X	X	X	X	
		连接管嘴（辅助管线接口）	—	X	X	X	
		就地盘、开关等	—	X	X	X	
		应急件或备用件的外形	—	X	X	X	
		防护罩	—	X	X	X	
		检修空间	X	X	X	X	
		机组内供货商提供的管道	—	—	—	—	

续表

模型内容			三维模型审查阶段			最终模型	备注
			30%	60%	90%		
动设备	压缩机、风机、风扇和驱动设施	带主要管嘴的动设备外形	X	X	X	X	
动设备	压缩机、风机、风扇和驱动设施	连接管嘴（辅助管线接口）	—	X	X	X	
动设备	压缩机、风机、风扇和驱动设施	辅助设施的外形	—	X	X	X	
动设备	压缩机、风机、风扇和驱动设施	就地盘、开关等	—	X	X	X	
动设备	压缩机、风机、风扇和驱动设施	防护罩	—	X	X	X	
动设备	压缩机、风机、风扇和驱动设施	检修空间	X	X	X	X	
动设备	压缩机、风机、风扇和驱动设施	机组内供货商提供的管道	—	—	—	—	
动设备	空冷器	空冷器外形	X	X	X	X	
动设备	空冷器	支撑结构、直梯、平台、斜爬梯	—	X	X	X	
动设备	空冷器	（关键工艺）管嘴和人孔	X	X	X	X	如有必要包括可拆卸空间
动设备	空冷器	（一般）管嘴	—	X	X	X	如有必要包括可拆卸空间
动设备	设备－成套机组（成套机组通常只是简单地用带接管的方块表示外形）	成套机组外形	X	X	X	X	主要组件使用方块外形
动设备	设备－成套机组（成套机组通常只是简单地用带接管的方块表示外形）	（关键工艺）管嘴和人孔	X	X	X	X	如有必要包括可拆卸空间
动设备	设备－成套机组（成套机组通常只是简单地用带接管的方块表示外形）	（一般）管嘴	—	X	X	X	如有必要包括可拆卸空间
动设备	设备－成套机组（成套机组通常只是简单地用带接管的方块表示外形）	机组内供货商提供的管道	—	—	—	—	
动设备	设备－成套机组（成套机组通常只是简单地用带接管的方块表示外形）	制造商仪表	—	—	—	—	
动设备	设备－成套机组（成套机组通常只是简单地用带接管的方块表示外形）	就地仪表盘	—	X	X	X	
动设备	设备－加热炉和锅炉	加热炉和锅炉外形	X	X	X	X	
动设备	设备－加热炉和锅炉	设备观察孔	X	X	X	X	
动设备	设备－加热炉和锅炉	（关键工艺）管嘴和人孔	X	X	X	X	如有必要包括可拆卸空间
动设备	设备－加热炉和锅炉	（一般）管嘴	—	—	X	X	如有必要包括可拆卸空间
动设备	设备－加热炉和锅炉	结构框架（钢和混凝土）	X	X	X	X	仅主要结构框架
动设备	设备－加热炉和锅炉	垂直支撑	—	X	X	X	
动设备	设备－加热炉和锅炉	直梯、平台、斜爬梯	X	X	X	X	
动设备	设备－加热炉和锅炉	烧嘴集合管外形	X	X	X	X	
动设备	设备－加热炉和锅炉	风管	X	X	X	X	
动设备	设备－加热炉和锅炉	就地仪表盘	—	X	X	X	
动设备	设备－加热炉和锅炉	检修空间	X	X	X	X	

续表

模型内容		三维模型审查阶段			最终模型	备注
		30%	60%	90%		
设备－其他	安全淋浴喷头、洗眼器	X	X	X	X	
	消防设备（消火栓和探头）	—	X	X	X	
	雨幕阀门室	X	X	X	X	仪表示方块外形
	喷射器	—	X	X	X	
	消音器	—	X	X	X	
	气体钢瓶固定架区域	X	X	X	X	
	混合气	—	X	X	X	
	公用工程软管站	—	X	X	X	

注："X"—需要建模；"—"—不需要建模。

表 3-104　三维模型审查－管道

模型内容		三维模型审查阶段			最终模型	备注
		30%	60%	90%		
地面管道	关键管道	X（*1）	X	X	X	（*1）工艺包中与设备布置和应力分析相关的关键管道走向，并进行应力分析
	工艺管道	X（*1）	X	X	X	（*1）工艺包中≥DN80mm并与设备布置和应力分析相关的关键管道走向，并进行应力分析
	公用工程管道（3″及以上）	X（*2）	X	X	X	（*2）工艺区域主管廊
	公用工程管道（1.1/2"及以下）	—	X	X	X	
	容器排净放空（包括仪表）	—	X	X	X	
	取样管	—	—	X	X	
	泵排净管	—	—	X	X	
	仪表排净管	—	—	X	X	
	工艺排净管	—	—	X	X	

续表

模型内容		三维模型审查阶段			最终模型	备注
		30%	60%	90%		
地面管道	低点放净	—	—	X	X	
	蒸汽和导热油伴热、仪表空气、氮气分配管	—	—	X	X	
	消防管	—	—	X	X	
	加热炉周围的燃料油管线	—	X	X	X	
	管道仪表	—	X	X	X	
	蒸汽伴热	—	—	—	—	
地下管线	消防管线	—	X	X	X	仅用于碰撞检查
	生活水管线	—	X	X	X	仅用于碰撞检查
	循环水管线	—	X	X	X	仅用于碰撞检查
管件	特殊管件（比如过滤器）	—	X	X	X	
	取样冷却器	—	X	X	X	
	膨胀节	—	X	X	X	
	阀门延伸杆	—	X	X	X	
	普通管道支架	—	—	X	X	
	特殊支架	—	—	X	X	仅表示外形
其他	管道保温	—	X	X	X	
	检修、操作通道和预留空间	X	X	X	X	
	分析小屋外形	—	X	X	X	仅表示方块外形
模块化设计	模块拆分的合理性	—	—	X	X	
	可拆装支架的设置	—	—	X	X	
	临时支架	—	—	X	X	

注："X" —需要建模；"—" —不需要建模。

表 3-105　三维模型审查计划 - 土建

模型内容		三维模型审查阶段			最终模型	备注
		30%	60%	90%		
土建 - 构架和管廊	构架（钢和混凝土）	X	X	X	X	
	垂直支撑	X	X	X	X	
	水平支撑	—	X	X	X	
	平台（格栅和花纹钢板），直梯，斜爬梯	X	X	X	X	
	其他钢结构包括钢结构支架	—	—	X	X	
	吊装（检修）梁	—	X	X	X	
土建 - 建筑物 / 房子（1）	结构外形	X	X	X	X	
	垂直支撑	X	X	X	X	
	水平支撑	—	X	X	X	
	平台，直梯，斜爬梯	X	X	X	X	
	墙体	X	X	X	X	
	楼板	X	X	X	X	
	屋顶	X	X	X	X	
	屋顶	—	—	X	X	排水位于工艺装置区时
	吊装（检修）梁	—	X	X	X	
土建 - 建筑物 / 房子（2）	控制室外形	X	X	X	X	用方块建模
	配电间外形	X	X	X	X	用方块建模
	机柜间外形	X	X	X	X	用方块建模
	地沟地坑外形	X	X	X	X	
土建 - 一般	铺砌和道路	X	X	X	X	
土建 - 其他	地沟地坑外形	X	X	X	X	
	围堰	X	X	X	X	
	设备基础、承台	X	X	X	X	

续表

模型内容		三维模型审查阶段			最终模型	备注
		30%	60%	90%		
土建－其他	构架承台	X	X	X	X	
	防火层	—	—	X	X	
	交通栏杆	—	X	X	X	
HVAC暖通（工艺装置建筑物内）	设备	—	X	X	X	简单建模，仅用于空间布置
	风管	—	X	X	X	简单建模，仅用于空间布置
模块化设计	结构吊装点是否合理、足够	—	—	X	X	
	临时立柱和临时梁的设置	—	—	X	X	

注："X"—需要建模；"—"—不需要建模。

表 3–106 三维模型审查计划－电气和仪表

模型内容		三维模型审查阶段			最终模型	备注
		30%	60%	90%		
电气－地面	主电缆槽外形	X	X	X	X	外管廊需要，装置区不需
	照明设施、电线杆、支架	—	—	X	X	
	探头（工艺区域）	—	—	X	X	
	变压器外形（现场）	—	X	X	X	简单方块建模
	按钮开关及架子	—	—	X	X	
	特殊照明（现场）	—	X	X	X	
	分支电缆	—	—	X	X	
电气－地下	动力电缆	—	—	—	—	
	数据 / 通信电缆	—	—	—	—	
	照明电缆	—	—	—	—	
仪表－地面	主电缆槽外形	X	X	X	X	外管廊需要，装置区不需
	接线箱	—	X	X	X	
	就地盘	—	X	X	X	

续表

模型内容		三维模型审查阶段			最终模型	备注
		30%	60%	90%		
仪表－地面	现场分析仪（PH 仪，导电仪）	—	—	X	X	
	射性仪表	—	X	X	X	
	遥控仪表	—	—	X	X	
	分支电缆	—	—	X	X	
模块化设计	桥架拆分点是否合理	—	—	X	X	
	可拆装支架的设置	—	—	X	X	

注："X"—需要建模；"—"—不需要建模。

第四章　一体化集成装置研发与应用

以往的油气田地面规划建设，中小型站场数量较多。而传统的中小型站场，设计上采用的单一功能设备多且分散布置；施工上采取现场作业方式，预制工作量很小。这种设计与施工方式导致站场工艺流程长、工程量大、土地占用多、设计和建设工期长、操作管理人员多、建设投资大、运行成本高。因此，对于中小型站场的优化、简化是油气田地面建设工作的重点和关键。

一体化集成装置就是在油气田开发和地面建设形势下，随着标准化设计的开展，对油气田站场工艺、技术和设备等的优化、简化和定型化逐渐深入，设计模块的功能越来越集成，转变了站场的建设和管理模式的结果，使标准化设计飞跃提升。

第一节　一体化集成装置及其发展历程

一、一体化集成装置的概念及作用

（一）一体化集成装置的概念

在油气田地面建设领域，一体化集成装置是指应用于油气田地面生产的一类设施，结合油气田地面建设的建设规模和工艺流程的优化、简化，通过将机械技术、电工技术、自控技术、信息技术等有机结合、高度集成，根据功能目标合理配置与布局各功能单元，在多功能、高质量、高可靠性、高效

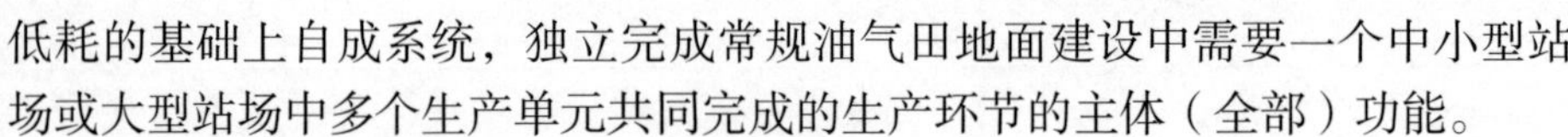

低耗的基础上自成系统，独立完成常规油气田地面建设中需要一个中小型站场或大型站场中多个生产单元共同完成的生产环节的主体（全部）功能。

油气田地面建设一体化集成装置应具有以下基本特征：

1. 多功能

机械功能。是一体化集成装置的主体和实现装置功能的基础，包括机、泵等动设备及容器、罐等静设备。如果油气田生产压力较高，可以不包含主要动设备。

动力功能。依据装置生产要求，为装置提供能量和动力以使装置正常运行，包括电、液、气等动力源，在有条件时，尽量依托现有的动力源。

热力功能。根据站场的性质和生产要求，能够满足工艺加热的功能。

数据采集和测量功能。为装置提供运行控制所需的各种信息，一般由测量仪器或仪表来实现。

数据处理和控制功能。根据装置的功能和性能要求，对运行数据进行处理，以实现对装置运行的合理控制，主要由计算机软硬件和相应的接口组成。

2. 一体化

多个原来相互独立的功能实体通过一定方式结合成为一个单一实体，同一体化集成前对比，能够大幅度减少占地面积，并且具有结构紧凑、布置灵活、安装方便等特点。对于较大型的一体化集成装置，为便于预制和运输，可以将其拆分成几个单体橇装模块后现场组装。

3. 高效

一体化集成装置以一套装置替代常规一个中小型站场或大型站场的生产单元，促进油气田建设和管理发生革命性变革，地面建设的设计周期和建设周期均成倍缩短，建设投资大幅度降低，实现了地面建设效益、效率的双提高。

同时，一体化集成装置通过优化、简化流程，采用高效、多功能合一设备，提升了装置本身的整体效率。

4. 自动化

装置的正常生产运行无需人工操作，能自动完成生产信息采集、传输、测量、控制、保护和监测等功能，并可根据需要实现在线分析、实时自动控制、智能调节等高级功能。对于大型站场内部的一体化集成装置，可以结合整个站场的自控要求和自控系统统一设计。

综上所述，一体化集成装置必须具备功能适用某一生产环节，可替代某类油气田开发中小型站场或大中型站场某个生产单元，符合标准化设计理念，施工和维护管理方便快捷，经济性好的特点。

（二）一体化集成装置的作用

一体化集成装置可用于油气集输、注水、污水处理、伴生气回收、天然气处理和供配电等主体及配套工程，替代规模较小的油气田中常规中小型接转站、增压站、注水站、污水处理站、稠油注汽接转站、集气站等以及大中型站场的部分生产装置和配套设施，如中小型原油稳定装置、天然气脱水装置、天然气脱硫装置、仪表风净化装置、制氮装置、热煤炉装置等。推广应用一体化集成装置，可以在以下几个方面发挥重要作用：

1. 优化、简化地面工艺，简化布站管理

对于偏、远、散、小等开发经济性相对较差或地处恶劣环境、地形复杂的油气田区块往往产量较低，如果依然采用常规的建站和生产管理模式，在投资、工程建设和生产管理方面必然具有一定的难度。这种情况下，通过采用一体化集成装置替代传统的中小型站场，优化、简化了地面工艺，使常规有人值守的中小型站场，如增压点、接转站、注水站、集气站等，均实现无人值守，简化了管理层级。

2. 缩短建设周期、减少占地、有效控制投资

一体化集成装置可以实现工厂预制化生产，出厂前质量即得到保证，装置制造质量高且便于现场调试，到达应用现场即可快速组装调试、到位，有利于缩短工期，实现油气田快速建产。

传统的中小型站场设计，采用单一功能设施，设备和厂房按流程并严格按照场站设计相关防火规范进行平面布置，站内设备多、设备间距较大。一体化集成装置通过设备集成、功能集成、紧凑布局，大大减少占地面积并有效控制投资。

3. 应用灵活、便于生产

对于某些类型油气田的开发建设，典型的如煤层气田、页岩气田、分散小断块油田、火山岩油田等，由于油气田面积、开发阶段或储量丰度等因素所限，油气田产量、生产参数等在生产的不同阶段存在变化较大的可能，而且变化速度很快，建设固定设施可能很快就不符合油气田生产的需要，进行扩建或改建不但增加投资，而且将对油气田生产造成影响。通过采用一体化集成装置，可以充分利用其灵活性的特点，通过及时增加、减少、更换装置数量和规格来满足不同的生产需要。当油气田失去开采价值时，一体化橇装设施可搬迁至其他油田继续使用，从而节省投资，避免闲置浪费。

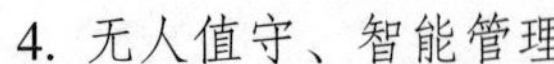

4. 无人值守、智能管理

对于偏远、环境条件艰苦的油气田，典型的如沙漠戈壁油气田、高寒地区油气田、偏远孤立的油气田不适合人工长期作业。通过采用一体化集成装置，可以充分利用其多功能集成、便于安装、自动控制的特点，实现快速建设、无人值守。

5. 促进管理方式转变、提升管理水平

通过一体化集成装置的自动控制功能，对装置实时生产数据进行采集和传输，结合电子巡检等信息化管理手段，对装置生产情况进行实时监测和管理，实现无人值守、远程监控，提升了油气田生产的管理水平，促进了管理方式的转变。

为转变地面建设和管理方式，适应中国石油原油产量稳定增长、天然气业务快速发展的需要，2010 年 5 月，中国石油开展了一体化集成装置的研发和推广工作，各油气田公司结合本单位实际，研发和推广应用了一批集成度高、效率高、显著节省用工和建设投资的一体化集成装置，优化了建设模式、降低了投资，为实现低成本信息化建设创造了条件并取得了显著的成效。

（三）一体化集成装置的界限划分

为更好、有针对性地开展一体化集成装置的研究和应用工作，有必要进一步明确一体化集成装置与常规橇装设备的差异。可以从具备的功能及装置结构组成形式上明确划分一体化集成装置与常规橇装设备的界限。

1. 功能

（1）替换一个中型站场的主要生产功能。

（2）替换一个小型站场的全部生产功能。

（3）替换常规大中型站场较复杂生产单元的一体化集成装置一般应具备 3 项及以上主要生产功能，主要生产功能例如：

①油：集油、计量、加药、加热、分离、沉降、脱水、缓冲、增压、闪蒸、换热等。

②气：集气、计量、分离、加热、加药、闪蒸、制冷、换热、吸收、循环、再生等。

③水：除油、过滤、加压、增压、计量等。

2. 结构

为便于运输、安装和生产调节，一体化集成装置宜采用橇装的形式，但一体化集成装置不一定必须是一个橇体组成，这样无法实现较复杂的生产设施的集成和替代。

因此，一体化集成装置可按如下条件界定：

（1）满足上述功能需求。

（2）在结构上紧凑布置，可以分体预制，现场组装。

需要说明的是，一体化集成装置也有集成度高、低之分，不能因为某个装置的集成度不够高而否认其是一体化集成装置的本质。

二、一体化集成装置的发展历程

在油气田地面建设领域，一体化集成装置是一个新名词。其基础起源于橇装化，是由最开始的简单橇装单体设备逐渐增加集成度、功能、尺寸等发展起来的。

（一）国外少量引进

国外在油气田建设中应用橇装技术已有多年历史，20 世纪 80 年代，前苏联、英国、美国、加拿大等发达国家为提高油气田建设速度和质量，致力于发展橇装技术，在油气田建设中所用的各种装备和设施大都采用橇装式整体预制。20 世纪 90 年代初期，国外研发出分离、缓冲、计量、加热、过滤、脱水等多功能集成的装置。橇装设备和设施已逐步发展到定型化、系列化、通用化、商品化，技术已很完善。

国外增压站橇装化的特点：

（1）橇在工厂先拼装测试后，再拆卸装运到现场重新组装，在现场只需连接进出口管线和电缆。

（2）装置区用低矮的简易围栏围上，主要目的是防止车辆的意外碰撞。

（3）简化站内流程，站内设多个橇，各橇内不设置过多的阀门。

（4）各橇自成系统，便于搬迁和维护。

（5）没有专门的控制室，自控柜和配电柜都设置在同一个房间。控制室内没有 ESD 操作盘，全站无人值守，泵启、停采用远程操作。

（6）全站的平面布置没有采用常规分区布置的原则，而是采用居中布置的方式，所有装置、管廊都集中在场地中部，四周可通行车辆。

图 4–1 为美国公司研制的分离加热橇。美国早在 20 世纪 40 年代开始采用橇装式设备和装置。橇装设备在工厂完成全部的制造、测试工作，现场连接进出口和电缆并露天放置，控制水平比较高。加热分离橇包括：加热装置、

分离装置、自用气处理装置、外输装置，且橇上有控制器，安全阀放空就地排放。其装置日处理量约 $20\times10^4m^3$，设计压力 35MPa，装置的规格为长 6m、宽 2.6m、高 3m。

图 4–1　分离加热橇装装置

图 4–2 为马龙尼公司生产的橇装三相分离器装置，该装置处理量 $100\times10^4m^3/d$，压力 5.0MPa。它是一种橇装式分离计量装置，涉及一种组合式气、液分离设备，目的是解决现有气、液分离装置存在搬迁、拆装不便而影响油气田滚动开发建设周期的问题，包括通过管道和阀门连接的分离器和计量系统，以及通过管道和阀门与分离器连接的排污系统，还包括橇座、分离器、计量系统和排污系统安装在橇座上。它将分离器、计量系统、排污系统、阀件及其自控系统和电气系统集中在同一橇座上，形成整体设备，具有结构紧凑、形状规则、占地面积小、可整体式运输、易于搬迁、质量可靠等特点。

图 4–2　三相分离器橇装装置

图 4–3 为燃料气处理橇。这是 1 台站内自用气的净化装置，采用三级调压、过滤分离的方式，将站内的高压气降成低压气供加热炉和混输使用。橇内最复杂的是仪表风系统，采用自身天然气作为仪表风气源。燃料气处理橇在建设项目中的比例，从 1978 年的 25% 上升到 1980 年的 61%。它具有工艺流程简单、辅助设施少、移动性较大、设备布置紧凑、占地少、自动控制系统简单、建设周期短、投资省、维修量少等特点。燃料气处理橇对构造分散、储量少、压力和产量多变、交通不便、缺水缺电以及储量没有探明又急需用气的边勘探边开发的油气田更为适用。

图 4–3 燃料气处理橇

图 4–4 为德国的 AURA 公司生产的水套加热炉橇装装置。它由水套式加热炉、燃烧器、控制柜等系统组成，设计负荷范围为 120 ~ 6000kW，热效率为 90%。该橇的整个机组自成系统、便于搬迁。

图 4–4 水套加热炉橇装装置

20 世纪 90 年代中期，我国就引进了单井脱水一体化集成装置、三甘醇脱水装置、分子筛脱水集成装置和凝析油稳定装置。目前，一体化集成装置对于大型国际石油公司的工程建设中的可能情况下，均优先采用。

1. 单井脱水一体化橇装装置

20 世纪 90 年代中期，美国就有单井脱水一体化橇装装置的成功应用，日处理量约 $20\times10^4m^3$，水套炉设计压力 35MPa，见图 4–5。该装置的规格为长 6m、宽 2.6m、高 3m，具有以下特点：

（1）单体设备、阀件结构紧凑，外形尺寸小于同等处理量的国产设备。

（2）设备开口接管有效高度小于国产设备。

（3）分离器排液位置设置于设备顶部。

（4）70MPa 高压管件采用标准管件，节流阀采用可调式焊接节流阀。

（5）工艺流程优化，中、低压部分均采用螺纹连接。

图 4–5　单井脱水一体化橇装装置

2. 三甘醇脱水一体化橇装装置

20 世纪 80 年代末期和 90 年代初期，西南油气田和长庆油田分别从马龙尼和普帕克公司引进三甘醇脱水一体化橇装装置，国外三甘醇脱水工艺技术在提高脱水深度、开发和应用新型、高效脱水设备、改进甘醇再生工艺、控制再生尾气污染等方面均超出同类国产设备。

引进的装置与国产同类装置相比具有以下特点：国产原料气分离方案设置及设备选型不合理、分离元件质量不过关，使原料气分离效果差，原料气中的烃类、盐类及固体杂质（泥沙、腐蚀产物等）进入甘醇富液中，导致甘醇溶液发泡，影响脱水效果；国内多数脱水装置贫、富甘醇换热采用盘管换热器，其换热效果差，甘醇富液换热后进入再生塔温度偏低（95 ~ 98℃），增加了再生塔重沸器的热负荷，增大了装置运行成本。换热后三甘醇贫液温度较高（一般在 95℃以上），导致甘醇贫液进泵温度太高。

引进设备采用高效过滤分离器分离原料气中固、液杂质，减少甘醇污染；采用高效的板式换热器作为甘醇贫、富液换热器，取消了水冷却器和循环水系统，有效回收甘醇贫液的热量，降低了脱水装置的能耗。脱水装置采用旋转齿轮泵作为甘醇循环泵，与其他脱水装置相比，无需出口缓冲装置，泵连续使用时间长且性能可靠。三甘醇富液与贫液先换热再闪蒸，提高了闪蒸温度，改善了闪蒸效果。

3. 分子筛脱水一体化集成装置

20 世纪 90 年代中期，川中气矿引进了美国的一体化分子筛脱水装置，在广安广 51 集气站成功应用。该装置处理量 $100 \times 10^4 m^3/d$，压力 5.0MPa，具有加热、节流、分离、脱水等功能，平稳运行至今已经近 20 年。

4. 其他一体化橇装装置

其他一体化橇装装置还有脱硫、硫磺回收、轻烃回收等一体化集成装置的应用。

（二）中国石油大力开展自主研发及应用

为转变地面建设和管理方式，适应中国石油原油产量稳定增长，天然气业务快速发展的需要，2010 年 5 月，中国石油开展了一体化集成装置的研发和推广工作，各油气田公司结合本单位实际研发和推广应用了一批集成度高、效率高、显著节省用工和建设投资的一体化集成装置，优化了建设模式，降低了投资，为实现低成本信息化建设创造了条件，取得了显著的成效。

第二节　一体化集成装置关键技术

在一体化集成装置的研发和应用中必须加强研发的过程控制，采用高效先进的技术和设备提高装置的集成度、技术水平、自动化程度、安全可靠性，降低建设造价和运行成本，节能环保、方便维护，促进一体化集成装置向更广的领域、更大的范围和更高的水平发展。

一、一体化集成装置的研发流程

一体化集成装置种类繁多、功能各异，其研发和应用涉及多专业、多部门的协调开展，但一体化集成装置作为油气田地面建设的一类专有设施，其研发必然是在遵循通用产品研发流程基础上，结合装置自身特点开展工作。

总的来说，典型的一体化集成装置的研发过程包含5个阶段，即方案阶段、设计阶段、样机试制及试用阶段、形成产品阶段。

（一）方案阶段

通过广泛调研，开展生产需求分析，从而确定装置的总体方案，包括现有生产设施的生产情况、一体化集成装置应实现的功能、替代的常规生产对象、国内外同类产品的工艺水平、总体工艺流程、生产参数、关键设备材料选型、性能水平、总体结构、技术和经济可行性分析等工作。

在这个阶段，需要对工艺技术进行全面的分析、优化、简化，选择或提出适宜一体化集成的高效工艺技术和设备，并进行多方案备选，确定和选择最优方案。

总体方案完成后，应进行方案评审。

（二）设计阶段

根据相关标准、规范完成全部设计图纸及技术文件。必要时，开展关键设备的结构、材料、工艺等研发设计。针对不同种类的一体化集成装置，完成Hazop分析、应力分析、振动分析等专项分析，确保生产的可靠性和可操作性。

（三）样机试制、试用阶段

编制样机试制方案，准备原材料，加工、装配、调试样机；制定操作手册，现场试用后完成试用报告；结合试用过程中出现的问题，进行设计技术文件改进。

（四）形成产品阶段

在经过技术改进后生产最终系列化定型产品。在一体化集成装置正式批量生产并投入实际应用前，有必要聘请有资质的权威机构开展一体化集成装置的测试和鉴定，确保装置各方面性能满足功能性、安全可靠性、节能环保等要求。在此基础上产业化发展，并建立专业化运维体系，为装置安全、高效运行保驾护航。

（五）持续改进阶段

一体化集成装置投入实际应用后，应随着技术的进步、结合实际生产运行情况及生产要求，不断改进和提升，以确保一体化集成装置的生命力。

二、高效多功能集成技术

（一）高效节能工艺

一体化集成装置是标准化设计的升华，因此，在标准化设计所采用的先进、适用工艺基础上，针对一体化集成装置的特点，进一步优选利于一体化集成的高效“短流程”，形成满足生产需要并且简捷、高效、便于生产管理的集成方案。

在一体化集成装置研发设计中优先采用的典型高效工艺如下：

1. 油田油气混输工艺

油、气混输技术是一种将原油产出物混合增压后直接输送到联合站的新技术，与传统的采油工艺比较，可以减少油、气分离设备，少建一条输气管线。油、气混输技术的突破，不仅可以大大降低工程投资，对于实现油田的油、气全密闭集输以及延长集输半径有着十分重要的意义，同时能够降低井口回压，增加原油和天然气产量，工程投入及井下维修工作量减少，方便了生产管理。它可使自然条件恶劣的沙漠、边远与边际油气田实现有效开发，使能源得到充分利用，环境状况得到改善，产生的经济和社会效益十分可观。

2. 智能选井多通阀计量工艺

传统的油井产出液的计量普遍采取立式分离器液位计量法（容积法），配套的工艺流程是计量管汇。智能选井多通阀计量工艺将人工切换流程改为利用多通阀自动切换，通过自动选择某口油井的来液并送入分离器的方式，在分离器配套装置上设计自动液位采集系统，利用分离器量油计量原理自动计量单井产液量。该装置在实现自动选井计量的同时，大大降低了员工的劳动强度，保证了油井计量的准确性。

3. 一段高效脱水工艺

两段脱水工艺是油田采出液常用的处理方式，尽管流程复杂，但技术简单，处理效果基本能满足生产需要。随着油田开发的深入，油气生产成本逐渐上升，按照新的发展需要，这种工艺也逐渐暴露出一些弊端，主要是流程长、设备多、放水含油高，从而导致油田污水处理难度大，生产和维护成本较高。

高效油气水三相分离技术通过新型高效三相分离器来实现。依靠油气水之间的互不相容及各相间存在的密度差进行分离，通过优化设备内部结构、流场和聚结材料使油气水达到高效分离的目地。通过高效三相分离器的处理，油水最终指标达到传统游离水脱除器和电脱水器联合应用的最终指标。采用高效三相分离器处理油井采出液，可取代常规处理流程中的游离水脱除器、含水油缓冲罐、脱水泵和电脱水器，使油井采出液处理流程缩短、简化。

4. 单管通球电加热集油工艺

单管通球电加热集油工艺是继双管掺活性水集油工艺之后参照国内各油田单管低温集油研究及环状集油现状而研究出的新式集油流程，该流程适合外围低产液、低气油比的油田。其特点是不掺水、直接加热，省去了复杂的掺水系统。单管电加热集油工艺是开发高寒、高黏、高凝、低产液、低气油比油田和简化工艺的一种经济有效的集输流程。

5. 比例调节泵注入工艺

比例调节泵供高压聚合物母液利用其单缸可调的特点采用一泵对三井、单缸对单井的工艺，与高压水混合稀释成低浓度聚合物目的液再送至注入井。较单泵单井工艺注入泵数量减少 65%，建筑面积大幅降低。节省投资约 8%，较一泵多井工艺节省了流量调节器，简化了自控系统，减少了母液的剪切降解，使黏损小于 10% 左右，比例调节泵混配阀组采用机泵与阀组一体化橇装结构，结构紧凑、体积小、管理集中方便、可活动搬迁、再利用率高。

6.“合一装置”处理工艺

用高效多功能合一装置简化工艺流程。

7. 凝析气田带液计量技术

凝析气田带液计量设备研发已经取得重大进展，现场试验获得成功，并已经取得国家专利。该设备可以代替计量分离器和目前普遍采用的多井轮换计量、分离计量工艺，从而大大简化集输流程，节省工程投资、方便运行管理。

8. 天然气超音速（3S）分离工艺

该装置在牙哈天然气处理厂现场试验取得良好效果。该工艺可以取代膨胀制冷、J–T 阀节流制冷工艺。与膨胀制冷工艺相比，具有流程简单、占地小、免维护的优点；与 J–T 阀节流制冷工艺相比，具有制冷效率高的优点，可以在轻烃回收、烃水露点控制装置上推广应用。

9. 变压吸附天然气脱除 CO_2 工艺（PSA）

随着天然气脱 CO_2 专用吸附剂的研发成功和推广应用，天然气变压吸附脱除 CO_2 工艺得到了推广应用。辽河油田和吉林油田已经用于高含 CO_2 伴生气处理，建议进一步推广应用于高含 CO_2 气田脱除 CO_2。与常规胺法脱碳工艺相比，PSA 工艺具有占地省、流程简单、能耗低、投资和运行费用低等优点。

10. 气田湿气集输工艺

集气站采用湿气输送工艺可节省部分集气支线的管材和安装费用；节约集气站、脱水站的投资；沿途无废水、废气排放，有利于环保；减少因脱水而消耗的压力损失。替代集气站的一体化集成装置研发中，应优先考虑该工艺。

11. 硫回收（CPS）工艺

低温克劳斯工艺（CPS）的硫磺回收控制方式与 CBA/MCRC 工艺类似，其最大的特点是利用灼烧尾气的热量来加热过程气再生催化剂，与传统工艺相比更节能，有更高的硫黄收率。CPS 硫黄回收工艺是酸性气田天然气净化处理的关键配套技术，属于克劳斯延伸类硫黄回收工艺，该工艺根据硫化氢与氧气反应生成单质硫和水的化学反应为可逆、放热反应的机理，在流程上创新性地增加了再生态切换前的预冷工艺，降低催化剂反应温度；创新性地增加了再生前的冷凝去硫工艺，降低单质硫分压值；创新性地回收焚烧炉排放烟气废热用于催化剂再热工艺，确保再生温度稳定，同时对废热进行充分回收利用等。与国际同类硫黄回收工艺相比，具有投资省、硫黄收率高、能耗低、SO 等污染物排放少、适应性强的优点。根据现行环保标准要求，本工艺适用于 10 ~ 200t/d 硫黄回收装置。

12. 分子筛脱水两塔工艺

分子筛脱水装置可以采用 2 个吸附塔或 3 个吸附塔两种方案（分别简称

“两塔方案”“三塔方案”)。而相同工艺不同方案的操作情况与投资数据却完全不同。在两塔方案中，一塔进行脱水操作，另一塔进行吸附剂的再生和冷却，然后切换操作。在三塔或多塔方案中，切换的程序有所不同，通常三塔方案采用一塔吸附、一塔再生、一塔冷吹同时进行。在三塔方案中，加热炉连续工作并且冷吹再生时间长，期间的加热、冷却功率相对较小，灵活性较高。分子筛两塔脱水装置运行时，始终保持一塔处于吸附状态，另一塔处于再生状态。因此，加热炉操作不连续，点火、停炉频繁，不利于装置的长周期正常、平稳运行，且会造成一定的热损失。但两塔方案简单，其吸附时间增长，能耗大大降低。两塔方案较三塔方案减少了1座吸附塔，大大节约了设备采购费用。由于设备数量的减少，操作维护费用也大大降低。同时，由于减少了设备、工艺管线的数量，实际上也相应削减了管线、设备穿孔泄漏的风险，提高了安全可靠性。

13. 短流程污水处理工艺

典型的短流程污水处理工艺如：压力除油＋气浮＋两级过滤工艺。通过泵的提升，污水经过压力除油器和密闭氮气装置，使出水含油及悬浮物均达到20mg/L以下，经除油段处理后的污水，首先通过双滤料过滤器粗滤，含油及悬浮物含量控制在10mg/L以下；然后进入双室精细过滤器，精滤后水质达到A级注水水质标准。

另外，还可通过将两级滤罐合为一级滤罐、一种过滤介质变为多种过滤介质、过滤器和极化器合为一体等措施，大大简化采出水处理流程。

14. 泵到泵输送工艺

泵到泵输送工艺可减少热量及压力损耗，提高地面系统整体效率和自动化水平。在输油和注水系统适合采用泵到泵输送工艺。

15. 高能效加热、换热工艺

在一体化集成装置的研发和应用中，对于具有能量消耗的装置，包括用电和加热功能的装置，应特别重视能效优化。通过采用低能耗设备、高效加热设备、高效换热设备，以及采用高能效加热和换热工艺，比如在条件具备是采用热媒加热，以提高一体化集成装置的能效水平和安全性。

（二）高效及多功能设备

设备的“多功能合一和高效率”是实施一体化集成的关键。应加强高效“合一”设备的研发、筛选和改进力度，使一体化集成装置组成设备规格尺寸更小、重量更轻、功能更多、性能更强。

由于各油气田公司在一体化集成装置的研发和设计过程中，在设备选型时大都针对在本油气田范围内且应用较为成熟的设备，存在没有采用更高效的设备的可能性。因此在工作中，应进一步开拓视野，充分了解其他油气田成熟的高效、多功能设备，在具备条件时可以直接加以应用或进行适应性研发，提高一体化集成装置的水平。

1. 推荐的多功能合一设备及高效设备

通过对现有不同油气田所研发和应用的高效及多功能合一设备进行总结和筛选，提出在今后一体化集成装置的研发中应优先采用的成熟、高效及多功能合一设备，见表 4–2。

表 4–2 现有多功能合一设备及高效设备

类别		名 称	适用说明
油气集输及处理	多功能合一设备	分离、加热、沉降、脱水、缓冲合一设备	产液经处理后产品可为合格油
		计量、分离、加热、缓冲合一设备	单井选井计量，气液分离、加热、缓冲
		分离、沉降、加热、缓冲合一设备	气液分离，油水初步分离，低含水油外输
		分离、缓冲、游离水脱除合一设备	气液分离，游离水沉降、缓冲，含水油外输
		分离、加热、缓冲合一设备	不掺水集输，产液气液分离后加热外输
		分离、干燥合一设备	气液分离及伴生气除油
		加热、缓冲合一设备	对介质进行加热后外输
	高效设备	高效三相分离器	产液经处理后产品可为合格油
		真空加热炉	高效加热炉
		仰角式油水分离装置	高效气液、油水预分离装置
		高效热化学沉降脱水器	产液经处理后产品可为合格油
		双螺杆泵	用于液量大、气液比高的混输增压
		智能收发球装置等	无人操作，实现集油管线全自动收球、发球功能
		多通阀选井装置	实现自动选井功能
		同步回转压缩机	高气液比油气混输

续表

类别		名 称	适用说明
天然气集输及处理	多功能合一设备	加热、节流、分离合一设备	采用加热节流工艺的井场或集气站
		分离、闪蒸、放空分液合一设备	用于非酸性低压气田集气站
		聚结、分离合一分离器	低温分离
		过滤、分离合一设备	过滤分离器
		换热、缓冲、精馏合一设备	乙二醇再生、三甘醇再生
	高效设备	旋流（旋风）分离器	操作压力大于 1.0MPa 时，采用旋风或者旋流分离器，与常规重力分离器相比，可以提高分离效率、减小设备尺寸。过滤分离器、低温分离器、除油器等设备内安装高效分离内件，可以大大提高分离效果，去除 5 ~ 10μm 的微小液滴
		天然气超音速分离器	低温膨胀和气液初步分离
		高效分离器	采用高效分离内件的分离器
		板式整流器	缩短计量直管段
		高效板式换热器	用于硫磺回收、尾气处理装置
		绕管式换热器	用于高压条件，与常规管壳式换热器相比，具有换热效率高、单台处理能力大、设备尺寸小的优点，适用于一体化集成装置高效、小尺寸的要求
		填料塔	
采出水处理	高效设备	压力合一除油器	通过旋流混凝反应、斜板、聚结等功能合一的压力除油设备，具有自动压力排油、排泥的优点
		斜板溶气气浮装置	一种高效除油设备。具有除油悬浮固体效率高，占地面小等特点
		气液多相射流泵	一种高效除油设备。具有除油悬浮固体效率高，占地面小等特点
		高效流砂过滤器	具有耐污染、易恢复、不停机反洗等特点
		改性纤维球过滤器	具有滤速高、处理精度高、反冲洗水量少的特点。一般用于二级过滤
		紫外线杀菌	物理杀菌装置，一般与化学药剂杀菌结合，能大幅度降低药剂费用
		LEMUP 多相催化氧化杀菌	物理杀菌装置，当注水水质菌类指标较严格时需配合化学药剂杀菌，能大幅度降低药剂费用

在其他小型适用设备（阀门、仪表、管道连接器等）的选择上，也应注重采用紧凑、灵活、小型化的设备。同时，一体化集成装置所配套的供电、仪表等生产设置均需要进行全面的优化设计。

2. 典型设备说明

1）高效三相分离器

如 HNS 型高效三相分离器，采用“旋流预脱气、活性水洗涤加速脱水、机械破乳强化脱水”等技术，使设备的运行效果达到了国际同类设备的先进水平，单位体积的处理能力是传统设备的 5 倍以上。

该装置在进液含水率在 85% 以上、加药量为 10mg/L、脱水温度为 45℃的工况下，其出口油中含水率为 0.3%、污水含油 1000mg/L。与同等规模的原油集输处理站相比，该装置可节省工程投资 38%、减少占地 69%、减少建筑面积 76%。

2）板式整流器

在计量技术的设计中，采用板式整流器缩短计量管路。通过应用密集圆孔集合的板式整流器置于孔板流量计上游，可使计量直管段从 30D 缩短到 17D 以内，计量精度满足相应国家计量标准。

3）填料塔替代板式塔

高效规整填料与塔板相比具有气、液分离效率高的优点，可以有效降低塔高。在一体化建设中，采用填料塔可以降低塔类设备尺寸，方便集成、组装和运输。

因此，在具备条件时采用填料塔替代板式塔。如天然气三甘醇脱水装置的核心设备吸收塔分为板式塔和填料塔。其中板式塔技术成熟，通常认为填料塔的直径不宜过大，直径大了其造价将高于板式塔。近年来，随着新型高效开孔填料的开发，填料塔在某些方面显现出较为优越的特性。对应同样规格的板式塔和填料塔，填料塔处理量可以增大一倍，脱水效率比原来增加 50%。可见，采用填料塔无论在空间尺寸、整体重量，还是在费用上都比板式塔节省得多。

4）流砂过滤器

大港油田应用高效流砂过滤器配套涡凹气浮技术，实现了唐家河油田产出污水的就地处理和回注。污水处理后的水质含油≤ 8mg/L、悬浮物含量≤ 5mg/L，能够满足油田地层回注水质指标的要求。高效流砂过滤配套技术与常规污水处理技术相比，具有来水只需一次提升，污水净化与滤料清洗同时进行，无需停机反冲洗的特点。

（三）优化结构设计、提高集成度技术

通过优化结构设计，可以提高集成度、降低制造成本，进一步减少现场工作量。

1. 充分利用空间，双层布置

目前，大多数一体化集成装置均是单层布置，当集成功能较多时，由于涉及的设备、材料均较多，不便于整体拉运，常常采用多个单体橇进行整体预制和拉运，现场组装成一体化集成装置。例如：两个橇组成的一体化集成装置“天然气集气一体化集成装置”、四个橇组成的一体化集成装置“分子筛脱水一体化集成装置”等。对于较复杂的大型站场生产单元，由于涉及的设备、材料均较多，如果仍然采用多个橇体平面拼接布置的形式，必然会导致橇块过多，平面占地相对较大，不利于一体化集成装置工作的开展，失去了集成的作用，不符合一体化集成的理念。

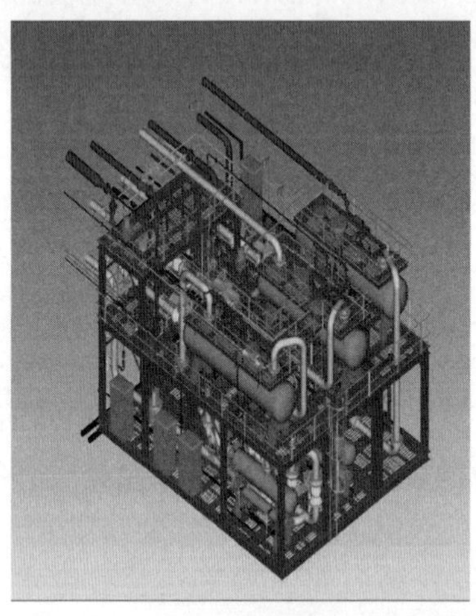

图 4–6　天然气脱硫装置双层布置

在这种情况下，可以借鉴炼油厂或天然气处理厂双层或多层布置的经验，由此在进一步提高装置集成度的同时减少占地。如西南油气田磨溪气田的建设中采用的多套双层布置的一体化集成装置橇，大大增加了装置的集成度，进而加快了施工进度、减少占地。典型的双层布置见图 4–6 ~ 图 4–8。

图 4–7　天然气处理装置双层布置

图 4-8　除氧器和一二级反应器双层布置

2. 橇体的底座及其他支撑部分进行优化设计

为避免结构笨重、费工费料，增加装置无效制造成本。应根据橇体内部设备特点及设备布置，经过分析和计算，优化结构设计方案，保证橇体结构的稳定，方便吊装、运输。

采用 Solidworks、VB.net 和 Solidworks 二次混合开发的软件进行装置结构布置见图 4-9。

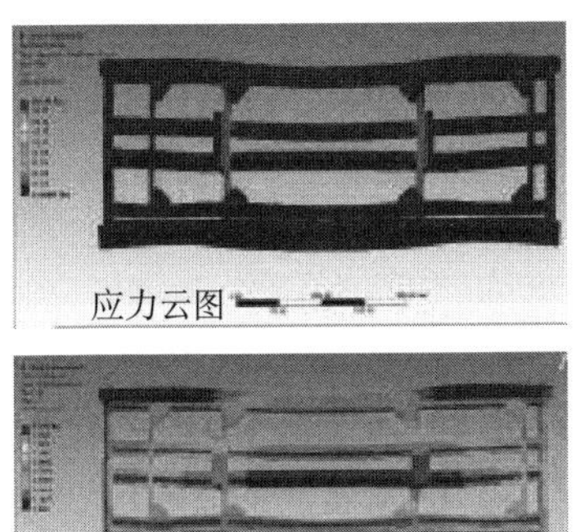

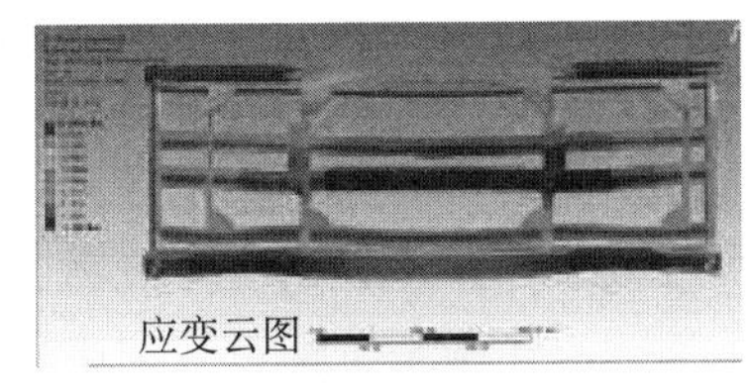

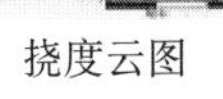

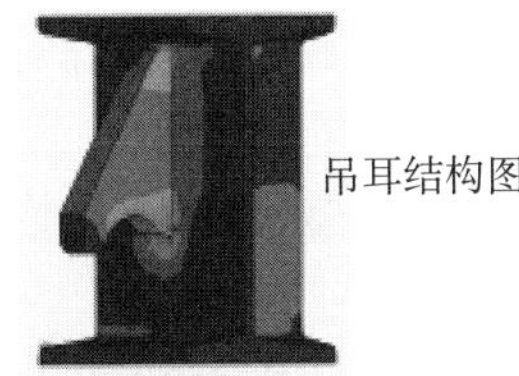

图 4-9　底座及吊耳的优化设计

（1）根据设备和管路系统位置布置橇座承载梁。

（2）通过理论计算法初选梁的型材，采用 30 号工字钢。

（3）应用 ANSYS 软件对橇装底座在吊装时的应力变化、位移变化和扰度变化进行分析，校核底座整体刚度。

（4）校核吊耳位置的设置及其结构。

（5）刚度满足最大载荷要求，确定吊耳最优位置和结构。

对橇座型钢规格、数量和组合结构优化，在其强度和刚度满足载荷需求的同时对橇板的厚度进行优化。

（四）研制高效处理药剂，提高处理效率

化学药剂可以在原有设备及工艺的基础上，促进提升装置的处理效率，提高处理规模。如：

（1）高效破乳剂。

（2）采出水高效处理药剂。

（3）高效脱硫溶剂。

目前在油气田生产运行中，化学药剂的注入管理尚未规范化，随着开发阶段和时间的不同，产出液的性质会发生变化，所以化学药剂的配置和加入也应随着开发生产而变化，不能从一而终，因此应特别加强这方面的工作。

（五）露天化布置

现代装置布置和发展趋势归结为“四个化”即：露天化、流程化、集中化和模块化。其中除大型压缩机布置在半敞开的厂房内，其他设备大多数布置在露天。其优点是节约占地。

在常规油气田站场设计中，经常将所有泵设备、管道和仪表等都设计在封闭厂房内，受室外温度及风沙影响较小，同时配套必要的采暖、通风、自控检测和报警设施。而露天化布置具有如下的好处：

（1）可以节省占地、减少建筑物、节约建设投资。

（2）节约土建施工工程量，加快建设进度。

（3）将具有火灾及爆炸危险的设备露天化，有利于防爆，可降低防火、防爆等级，便于消防。

（4）将有毒物质的设备露天化，可减少厂房的通风要求、节约通风设备及动力消耗。

当然，露天化布置也存在一定的缺点：受气候条件影响大、操作条件较差，因此需要较高的自动控制水平。

根据一体化集成装置的应用要求，为保证安全稳定生产，并能在紧急情况下起停，在设计上要周密考虑露天设施的防冻及防风沙措施。需要重点关注的部位包括：

（1）平时流体不流动或间歇操作的设备、管线，如液体排放线、备用泵

管线、控制阀的旁通、化学药剂注入线等。

（2）仪表设备包括：变送器、就地仪表、气动执行机构等（汽、水、油测量脉冲管和气源管等）。

针对露天化布置，可以采取以下技术措施：

（1）优化设计，采取有效的防风沙措施，减少积液、死油段。

（2）设备材料选型，要求适用于较低温度。

（3）有效的电伴热、蒸汽伴热（有条件时）措施。

（4）采用保温箱（仪表、设备、阀门等）。

三、安全、环保与可操作性技术

在保证工艺和设备技术安全可靠的前提下，将控制装置自身安全性作为首要设计原则。

（一）应用于油、气场所的一体化集成装置危险性分析

油、气属甲类火灾危险品，若处理不当，极易发生事故。油气场所的一体化集成装置的危险性主要包括：

（1）发生泄漏导致严重的生产和环保事故。

（2）油、气与空气混合会形成爆炸性混合物，如果存在火源，极易发生火灾爆炸事故。

（3）对于含硫天然气，泄漏后可能会造成人员窒息等人身伤亡事故。

（4）由于一体化集成装置高度集成化的特点，发生事故时损坏程度深。

由此可见，安全问题至关重要，在设计制造过程中，必须根据相关标准和运行管理经验对其安全性进行全面把关，从而达到较高的安全水平。

（二）全面的安全设计

一体化集成装置的安全设计应主要注重以下几个方面的设计：

（1）安全泄放措施的设置。

合理设置安全泄放设施，安全阀泄放至安全地点，安全阀前宜设截断阀便于安装拆卸。

（2）防雷防静电接地的设置。

油气生产设施应采取防雷接地保护，接地电阻满足规范要求，油气管路上小于 5 个螺栓的法兰采取防静电跨接。

（3）防爆电气的设置。

爆炸危险区域内的电气设备全部采用防爆型。

（4）安全监控保护的设置。

按工艺要求设有压力、温度、液位的高低超限报警。

（5）安全检修。

油气场所进出装置的管道设置盲板，设置装置检修用气体置换接头。

（6）安全操作。

设备的人孔、安全阀等布置在高处时应设置便于人员安全操作的钢梯、平台和护栏；装置有满足安全要求的巡检通道、逃生通道和操作空间。

（7）安全布局。

按照 GB 50183—2004《石油天然气工程设计防火规范》，核查一体化集成装置作为一个整体与周围构筑物以及其他设施是否具有足够的安全距离，是否符合安全要求和足够的操作及维修空间。

（8）装置的事故流程的设置。

核查装置的事故流程的设置。装置设有旁通管路，当设备出现故障无法正常运行时，具有完善的保护措施。

（三）提高装置的可靠性技术

加强装置各阶段的检验和评价，保障设计阶段的本质安全、制造阶段的合格质量、推广阶段的应用效果，见图 4-10。

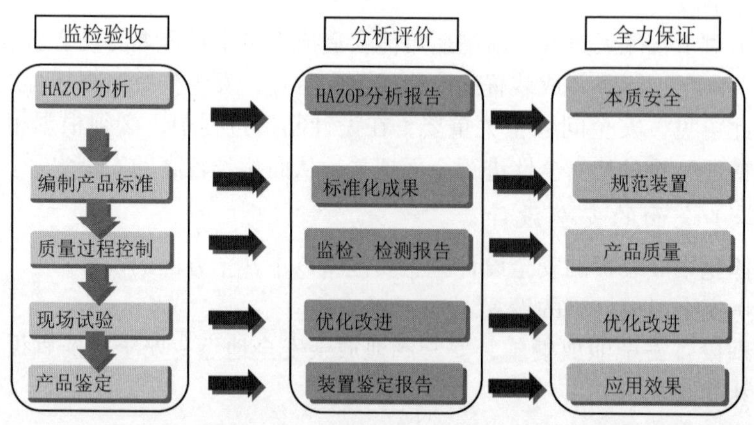

图 4-10　提高装置的可靠性技术

（1）开展 HAZOP 分析研究。

HAZOP 分析可有效提高装置安全可靠性，对功能多、性能复杂的一体化集成装置，特别是包含加热炉、压力容器、机泵等的装置必须进行 HAZOP 分析，并针对存在的安全隐患采取有效保障措施，确保安全、可靠，如图 4-11 所示。

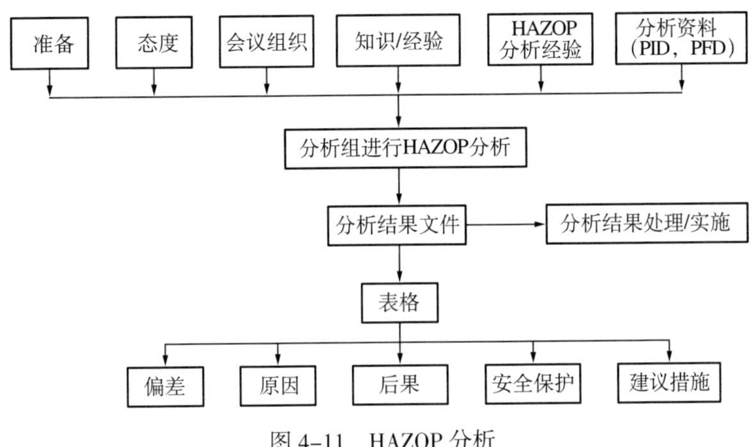

图 4-11　HAZOP 分析

（2）对带有往复压缩机、大功率机泵等的一体化装置必须做好振动疲劳分析，并采取有效保障措施：

①优化设计布置方案。

②通过采用软连接减小振动的传递，或在必要时采用储能器。

③增加支撑（厚胶皮等）、增加裙座厚度等提高对振动的抵抗力。

④进出口管线适当放大。

（3）合理选择与防爆区域等级相适应的电气设备，确保供电系统的安全可靠性。

（4）全方位模拟分析。

对装置进行全方位模拟分析，包括：

①关键设备及重点部件进行有限元应力分析。

②模拟运输过程中各种工况对装置影响。

③天然气及油品泄漏，有风和无风情况下天然气扩散状态，确定安全区域的划分。

④泄压元件重复利用状态模拟。

⑤吊装情况下装置受力状态模拟。

通过对容器与管道连接处、加热过程时、投产及停运过程中急剧加速或减速时的应力应变特性分析，特别是运用专有分析软件对安全阀阀芯动作时的启、闭速度、加速度及位移等重要运动学参数进行仿真模拟分析研究，从而保障整个装置的安全稳定性。

（5）编制产品标准，规范装置的设计、制造和安装。

编制《用户手册》《操作手册》《运行维护管理办法》等，指导操作和维护人员尽快学会并掌握装置运行与操作要求。

（6）设备、材料质量过程控制。

制造过程遵循ISO 9001质量管理体系，压力容器按照《特种设备安全监察条例》的规定，由特种设备检验所检验装置符合《固定式压力容器安全技术监察规程》的规定，同时要求出厂前逐台进行工厂模拟现场工况试验，确保装置质量过程控制。

涉及腐蚀性介质的装置，相应的材料应满足抗腐蚀要求。

（7）开展装置鉴定工作。

一体化集成装置在规模推广前，组织对装置进行测试和鉴定评估，获得权威机构认可并出具鉴定证书。

四、智能化技术

由于大多数一体化集成装置通常应用于无人值守的站场，而且很多种类的一体化集成装置一旦出现问题将对生产造成重大损失，环境可能遭到严重破坏。同时，随着一体化集成装置的集成度、复杂度越来越高，受控对象也日益复杂。这些都对一体化集成装置的可靠性、运行的正常性监控提出了更高的要求。可靠性是衡量一体化集成装置的重要技术指标。

1. 实现数据的可靠采集、传输、接收指令、执行指令

在控制系统的设计中，采用技术先进、性能可靠的控制系统，同时提供可靠的供电和通信。技术措施包括：

（1）采用具有冗余、容错和自诊断技术的控制系统。

（2）支持的通信协议具有通信通道监视和数据补传功能。

（3）关键检测控制回路采用智能仪表，具有自诊断功能，支持远端仪表维护管理系统。

（4）关键检测控制点地址的分配采用分散布置。

（5）所有检测控制回路和供电回路均设置单独的回路保护。

2. 注重事故状态的有效保护

系统分析构成装置各设备所有可能发生的故障模式、故障原因及后果，

采取有效工艺、自控等措施在发生事故状态下进行自动关断、转换流程，完成保护。

第三节　一体化集成装置测试评价方法

一体化集成装置处理的介质通常为易燃、易爆介质，因而对一体化集成装置的可靠性、安全性能等提出了更高的要求。加上一体化集成装置集成了多种功能，因而在一个橇块上同时高度集成了多种设备，这就对一体化集成装置在设计与建造方面提出了更高的要求。为确保本质安全，保证一体化集成装置功能的正常发挥，对一体化集成装置开展测试与评价并进行鉴定是必须的。

另外，随着一体化集成装置的普遍运用，产业化是一体化集成装置的必然归宿。一体化集成装置作为商业产品，对其开展性能测评并进行鉴定是必然的选择。

一、一体化集成装置测评指标与基本流程

（一）一体化集成装置通用测评指标

对一体化装置的整体性能进行测评，必须要抓住质量测评、装置性能测评以及安全与可操作性测评的主线。

一体化集成装置质量测评通常又分为设计质量测评和建造质量测评两个方面。

性能测评的内容通常包括装置运行参数的现场核查、装置功能核查、装置环保性能核查、装置能耗评估以及装置关键性能参数检测等几个方面。

安全与可操作性评价通常分为一体化集成装置本质安全与可操作性评价和现场安全与可操作性评价两部分。

一体化集成装置测评的基本内容如图 4–12 所示。

（二）一体化集成装置测评的基本流程

一体化集成装置测评的基本流程主要分为室内测评、现场测评和提出测评结论、编写测评报告三个步骤。具体的测评流程如图 4–13 所示。

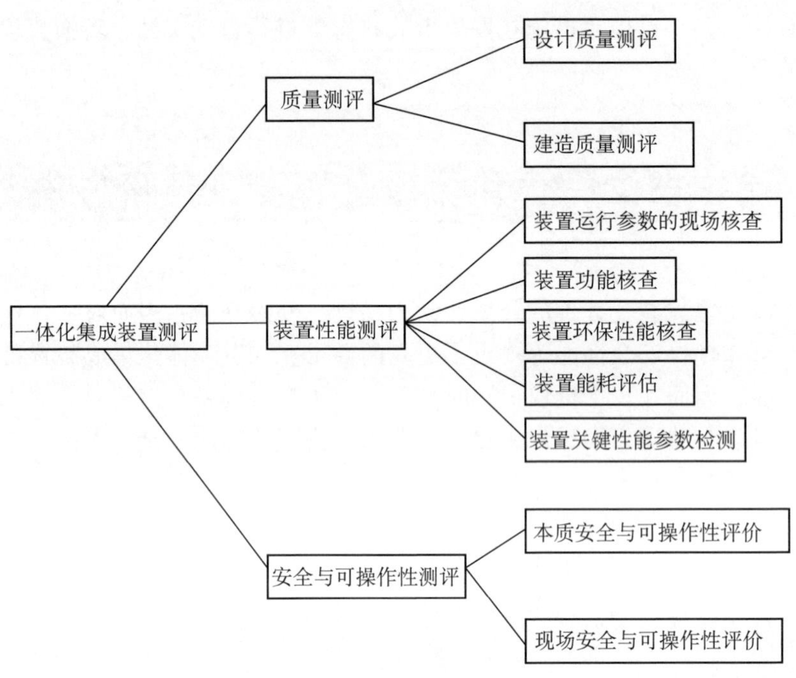

图 4–12　一体化集成装置测评的基本内容

1. 室内测评

收到与一体化集成装置有关的上述技术文件后，根据项目性质，测评组应决定是否开展 HAZOP 分析和 SIL 评估。通常情况下，如果一体化集成装置的工艺流程和自控系统相对简单，即可免做 HAZOP 分析和 SIL 评估。是否开展 HAZOP 分析和 SIL 评估应由测评组讨论决定。

如果一体化集成装置在研发与设计阶段已经开展过 HAZOP 分析和 SIL 评估，则一体化集成装置测评过程可免去 HAZOP 分析和 SIL 评估，但要求装置研发方提供 HAZOP 分析报告和 SIL 评估报告以备查验。

如果一体化集成装置的工艺流程和自控系统较为复杂，并未开展过 HAZOP 分析和 SIL 评估，那么就必须在开展现场测评之前开展室内的 HAZOP 分析和 SIL 评估。

2. 现场测评

现场测评工作是对室内测评工作的补充，也是对室内测评结论的现场验证。测评的主要内容原则上应按测评内容进行，但也可根据装置的具体情况适当的增减。现场测评完成后，应结合室内测评情况形成统一的测评意见。

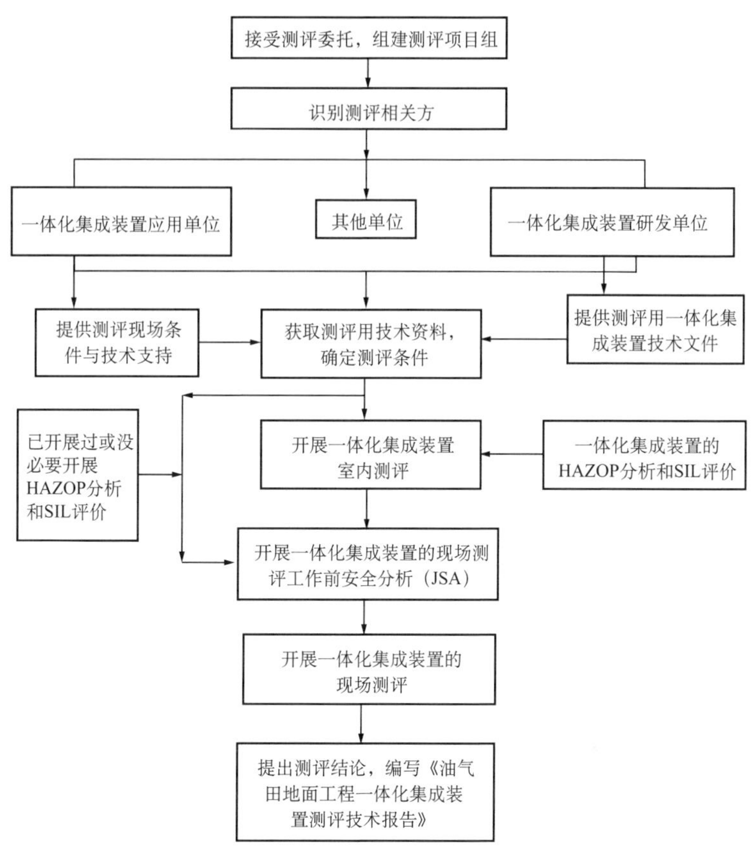

图 4-13　一体化集成装置测评

3. 编写一体化集成装置测评报告

完成了一体化集成装置室内测评和现场测评，测评组必须对所测评的一体化集成装置提出具体的测评意见并形成测评报告。

测评报告中应描述所测评一体化集成装置的基本信息，包括一体化集成装置的基本功能、设计参数等。然后按照测评内容有针对性地提出测评结论。对装置中存在的问题提出解决问题的建议措施。

二、一体化集成装置测评内容、指标与方法

（一）一体化集成装置质量测评

1. 质量测评基本内容

一体化集成装置的质量缺陷通常表现在两个方面，即一体化装置的设计质量和建造质量。因此，对一体化装置的质量测评应重点关注设计质量测评和建造质量测评两个方面。详细的测评内容如图 4–14 所示。

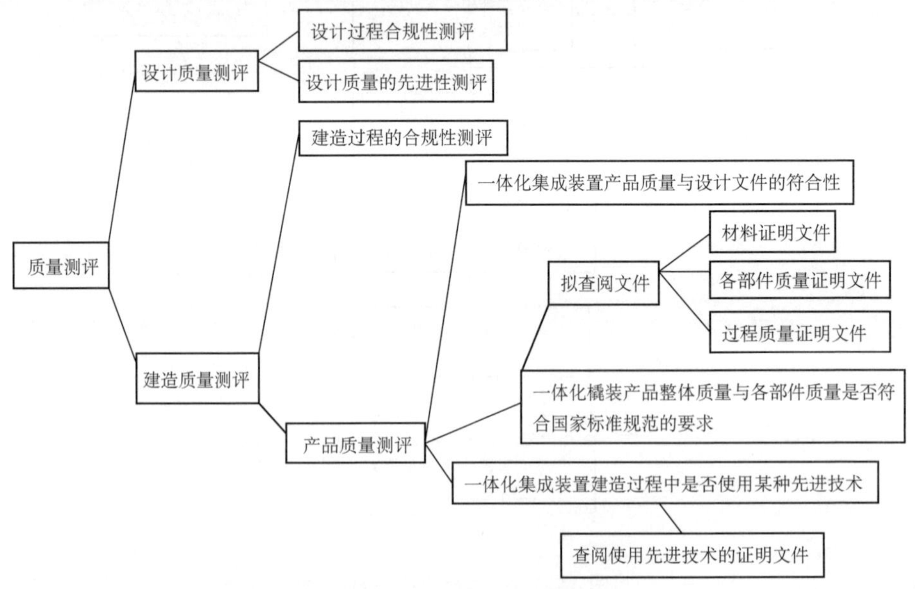

图 4–14　一体化集成装置质量测评的主要内容

设计质量测评主要考虑的因素为设计过程的合规性，即设计过程是否符合国家技术法规、标准规范的要求。设计文件是否达到了相应的设计深度要求，是否正确执行了国家有关标准规范。同时，对于采用了先进技术的装置，还必须对先进技术的可靠性、适应性进行测评。

计量器具配置是否合理、是否配置齐全也是设计质量测评中合规性测评的主要内容。由于对一体化集成装置在气田站场中的定位不明确，导致一部分一体化集成装置计量器具配置不符合规范，尤其是能源计量器具的配置不齐全，因而使得一体化装置的能耗不能单独计量。

装置建造质量测评主要应考虑的内容包括建造过程的合规性测评和产品质量测评两个方面。建造过程的合规性测评主要考察一体化集成装置建造过程是否符合建设程序要求。是否按国家的相关技术法规、标准规范进行装置的建造、检验与验收。相关技术指标的检测是否符合有关技术标准或法规的要求等。

2. 质量测评的指标

一体化集成装置质量测评的内容、方法与指标如表 4–3 所示。

表 4–3　一体化集成装置质量测评的内容、方法与指标

<table>
<tr><th colspan="2">测评的内容</th><th>测评的方法</th><th>拟采用的证据</th><th>评判标准</th></tr>
<tr><td rowspan="4">设计质量测评</td><td rowspan="3">设计过程的合规性测评</td><td>核查设计文件深度要求</td><td>研发或设计方提交的设计文件</td><td>相关标准规范要求</td></tr>
<tr><td>核查设计文件签署</td><td>研发或设计方提交的设计文件</td><td>设计文件编制规程关于设计文件签署的相关规定</td></tr>
<tr><td>核查设计文件标准规范使用情况</td><td>研发或设计方提交的设计文件</td><td>最新的国家、行业等标准规范</td></tr>
<tr><td>设计质量的先进性测评</td><td>测评所采用先进技术的可靠性、安全性</td><td>HAZOP 分析报告，先进技术应用证明</td><td>报告结论</td></tr>
<tr><td rowspan="10">建造质量测评</td><td>建造过程的合规性测评</td><td>查验过程文件</td><td>建造过程关键文件</td><td>国家或行业标准</td></tr>
<tr><td rowspan="9">产品质量测评</td><td>现场核查一体化集成装置的基本组成</td><td>现场核查的相关证据，如照片</td><td>设计文件</td></tr>
<tr><td>现场核查一体化集成装置的基本功能</td><td>现场核查结论，或应用单位提供的运行报告</td><td>设计文件</td></tr>
<tr><td>现场核查一体化集成装置的结构形式</td><td>现场核查的相关证据，如照片</td><td>设计文件</td></tr>
<tr><td rowspan="5">现场核查一体化集成装置的整体质量及各部件质量</td><td>设备材料质量证明文件</td><td>国家或行业标准</td></tr>
<tr><td>主要部件的质量证明文件</td><td>国家、行业质量标准或出厂质量证明文件。</td></tr>
<tr><td>过程质量证明文件：如管道和设备焊接工艺评定和无损检测报告、水压试验报告、热处理报告、硬度试验报告等</td><td>国家或行业标准</td></tr>
<tr><td>设计文件，计量器具现场检查文件或照片</td><td>关于计量器具配置的有关国家或行业标准</td></tr>
<tr><td>计量器具现场安装照片</td><td>关于计量器具安装的有关国家或行业标准</td></tr>
</table>

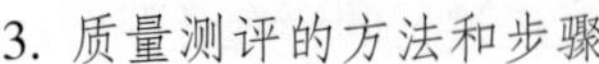

3. 质量测评的方法和步骤

一体化集成装置质量测评的开展应从设计质量测评和建造质量测评两方面开展。

1）设计质量测评

设计质量测评主要包括设计质量的合规性测评和设计质量的先进性测评。

（1）设计过程的合规性测评。

设计过程的合规性测评主要核查设计过程是否符合国家技术法规、标准规范的要求。设计文件是否达到了相应的设计深度要求，是否正确执行了国家有关标准规范。常用的方法是查阅有关研发和设计文件。核查设计深度是否符合要求，核查设计文件是否签署完整，设计文件中的标准规范是否正确使用，是否为设计期间的有效标准。

（2）设计质量的先进性测评。

如果一体化集成装置使用了某种先进技术，则测评过程中应对该先进技术的可靠性和安全性进行核查，核查通常通过 HAZOP 分析和 SIL 评估技术辅助完成。如果所使用的先进技术已经获得权威机构的认可，则研发单位应提供相关有效证明文件，一体化集成装置测评单位应予以认可。

2）建造质量测评

与设计质量测评类似，建造质量测评也分为建造过程的合规性和产品质量测评两个方面。

（1）建造过程的合规性测评。

建造过程的合规性测评主要是对一体化集成装置建造单位的合法性、建造程序的合规性进行测评。通常应核查但不仅限于以下基本内容：

①合法的营业执照，固定并适宜的建造场所。

②与所从事建造产品匹配的组织机构、人员。

③取得与所建造产品匹配的相关资质，如压力容器、压力管道设计、建造许可资质等。

④具有建造该类型一体化集成装置必须的设备设施，如焊机、吊车等。

（2）产品质量测评。

产品质量的优劣主要从三个方面进行测评，一体化集成装置的产品质量与设计文件的符合性；一体化集成装置产品的整体质量和各部件质量是否符合国家标准规范的要求；一体化集成装置建造过程中使用先进技术的情况。

一体化集成装置产品的结构、型式、功能等与设计文件保持高度一致是对一体化集成装置产品质量的基本要求。对其进行测评的依据是一体化集成装置的设计文件。各部件质量符合设计文件和国家标准规范的的要求是保证装置整体合规的前提。对质量进行核查时，查阅的文件（拟采用的证据）通常但不仅限于以下几个方面：

①材料质量证明文件。

②各部件质量证明文件。

③过程质量证明文件。

④焊接工艺评定。

⑤无损检测报告。

⑥热处理报告。

⑦硬度检测报告。

对一体化集成装置建造过程中使用先进技术进行测评时，通常查阅先进技术的证明文件，以便核实先进技术的适应性和可靠性。

3）地面工程一体化集成装置计量器具测评

地面工程一体化集成装置中的计量器具的性能测评是一门综合性的科学，涉及面广、影响因素多，需要结合现场实际条件，考虑多重因素的影响，对计量器具给出全面准确的评价。地面一体化集成装置中的计量器具测评的具体工作包括应测评内容和具体的测评程序。

（1）一体化集成装置计量器具主要评测内容。

①选用流量计类型测评。

一体化集成装置中的流量计类型选择测评主要参照表 4–4 执行。

表 4–4　流量计选型测评性能比较

性能特性	孔板流量计	涡轮流量计	旋转容积式流量计	超声流量计	旋进旋涡流量计	质量流量计
允许误差范围内典型的范围度	3（5）：1（差压单量程）；10：1（差压双量程）	10：1 ~ 50：1	5：1 ~ 150：1	30：1 ~ 100：1	10：1 ~ 15：1	10：1 ~ 30：1
准确度	中等	高	高	高	中等	中等
适合公称通径，mm	50 ~ 1000	25（10）~ 500	25 ~ 200	≥ 80	20 ~ 50	25 ~ 300
压力损失	较大	中等	较大	低	较大	中等

应用举例：某一体化集成脱硫装置出于工艺计量的要求安装了一台DN80mm的旋进旋涡流量计进行天然气进气测量，由于各种原因，该脱硫装置长期在低压力、低流量状态运行，该旋进旋涡流量计也长期在流量计测量低量程外运行造成计量严重不准确。

应对措施包括：应选用量程比更宽的流量计比如罗茨流量计，或者选用口径更小的旋进旋涡流量计。

②工艺安装测评。

工艺安装从两个方面影响流量仪表的计量性能：一方面涡轮、超声等速度式流量计和孔板、喷嘴等差压式流量计都要求被测介质在进入流量计入口处时，达到充分发展或特定的速度分布，尽可能避免速度畸变、旋涡流和脉动流，而影响来流的因素包括管路的走向及布置形式、流量计前后阻流件形式、前后直管段长度及整流器形式、离脉动源的距离等；另一方面科氏力质量流量计等对安装应力、机械震动比较敏感，不当安装所造成的多余应力会影响到流量计振动管的自由振动，影响流量计的频率输出，机械震动也会干扰输出信号的检测，从而影响流量计的示值。

确保工艺安装流量计所需最短的上、下游直管段长度要求，对管道内流体有强干扰的设备、管件在满足工艺要求和整体布置的前提下，应尽量安装在流量计的下游直管段外，避免对其入口速度剖面的干扰，确保计量准确。控制和测量的环境条件应适宜和稳定，以便消除振动。如果天然气气源有回流现象发生，应考虑安装单流阀或类似装置，以避免因天然气回流而引起的测量值误差。不同工艺安装条件对不同流量计的影响是不同的，见表4–5。

表4–5　流量计工艺安装影响测评比较

性能特性	孔板流量计	涡轮流量计	旋转容积式流量计	超声流量计	旋进旋涡流量计	质量流量计
脉动流	有一定的影响	影响较大，流量快速的周期变化会使测量结果过高，影响取决于流量变化的频率和幅度、气体的密度、叶轮的惯性	不受影响	只要脉动流的周期大于流量计的采样周期，就不会受影响	影响较大	不受影响
过载流动	可过载至孔板上的允许压差	可短时间过载	可短时间过载	可过载	可短时间过载	可过载

续表

性能特性	孔板流量计	涡轮流量计	旋转容积式流量计	超声流量计	旋进旋涡流量计	质量流量计
上、下游直管段要求：	依据 GB/T 21446—2008 配置	依据 GB/T 21391—2008 配置	依据 SY/T 6660—2006 配置	依据 GB/T 18604—2014 配置	依据 SY/T 6658—2006 配置	上下游不需直管段
典型上游直管段 典型下游直管段	30D（加流动调整器） 7D	10D 5D	4D 2D	30D（加装流动调整器） 10D	10D 5D	

应用举例：现场测评某一体化橇装集输装置，集输计量采用的是孔板流量计，由于其橇装空间长度的限制，其上游直管段仅 8D，下游直管段仅 4D，其安装条件不符合 GB/T 21446—2008《用标准孔板流量计测量天然气流量》的相关规定，容易造成计量偏差较大。（图 4–15）

图 4–15　孔板流量计前后端直管段空间不足

应对措施：这种场合下不建议使用孔板流量计进行集输计量，建议选择使用对上下游直管段要求不严格的流量计，比如质量流量计或者 U 型小口径气体超声流量计等。

③环境和辅助设施测评。

天然气是一种可压缩气体，在相同流速、不同温度、不同压力下的天然气换算到标准状态的流量是不同的。流量仪表的操作条件或运行条件直接影

响计量性能，因此要考虑环境温、湿度是否在流量计运行允许范围内、夏季计量器具有无遮阴降温设施、冬季计量器具有无保温加热设施等。

为确保计量准确可靠，还要考虑流量计直管段规定长度的上下游有无阻流件、上下游阀门的开闭是否完全、是否有旁通、旁通有无加铅封管理等。不同环境条件对不同流量计的影响是不同的，见表 4–6。

表 4–6　流量计环境影响测评性能比较

性能特性	孔板流量计	涡轮流量计	旋转容积式流量计	超声流量计	旋进旋涡流量计	质量流量计
受环境温度影响	较小	较小	较大	较小	较小	较小
压力和流量突变	压力突变可能会造成节流件或二次仪表的损坏	流量计故障（如叶片损坏）可能会造成影响	突然突变会造成转子损坏	压力突变可能会造成超声换能器损坏	流量计故障（如叶片损坏）可能会造成影响	流量计故障（如流量传感器损坏）可能会造成影响

应用举例：现场测评某一体化橇装集输装置，该计量装置使用的是孔板流量计进行集输计量，将手置于橇装集输装置计量上游直管段上时，明显感觉到轻微的管道震动，根据 GB/T 21446—2008 的相关规定，这样的计量设置是不满足孔板流量计现场使用技术要求的。

应对措施：应该对现场工艺进行改进，去除管道震动影响，保障孔板流量计正常准确运行。

④气质条件测评。

天然气中的固、液杂质会影响流量计的计量性能，在进行贸易交接计量前应尽量除去相关杂质、保证气质品质。以涡轮流量计为例，其特性易受介质物性和流体流动特性的影响，愈是高准确度，其影响愈敏感，例如介质脏污、结垢使叶片及通道发生变化，流量计特性亦随之改变，轴承磨损使特性偏移等。当天然气中含有酸性气体时，在集输过程中由于温度和压力的变化会使水蒸气从天然气中析出液态水，当液态水溶解了酸性气体后，会对设备内壁产生腐蚀，减少其使用寿命，这就使得计量设备及其配套仪器、仪表的材质、性能、维护、保养的要求较高。

不同气质条件对不同流量计的影响是不同的，见表 4–7。

表 4-7　流量计气质条件影响测评性能比较

性能特性	孔板流量计	涡轮流量计	旋转容积式流量计	超声流量计	旋进旋涡流量计	质量流量计
气质要求	中等	较高	高	较低	中等	较高

应用举例：对于应用在井口计量或其他气质比较脏污的计量场合的一体化集成装置上的流量计，建议选用耐脏污的流量计或制定严格的管理维护清洗规则。图 4-16 显示的是一台现场使用的孔板流量计，由于脏污的影响其计量准确度受到很大影响。

图 4-16　现场孔板流量计拆装

应对措施：在这种情况下一般采用制定严格的周期清洗维护规定，定期对使用的流量计和直管段进行拆装清洗，以保持其性能指标的方式。或者采用气体超声流量计或专用湿气流量计等较耐脏污的流量计。

（2）计量器具评测的主要技术程序。

①计量系统现场性能测评。

对计量系统进行性能测评是判断计量准确可靠的重要技术手段，通过对流量计、配套仪表、流量计算机和数据通道、计量用软件系统的测评可以确认该计量系统能否在国家规程规定的范围内正常工作，其工作压力范围、测量范围等能否满足现场贸易计量的要求等。

②流量计性能测评。

外观检查：流量计在投运前要进行外观检查，确认其符合设计要求。

安装方向：确认流量计气流流向标志与实际流程一致。

直管段：确认流量计上下游的直管段长度满足其对应国家标准的最低要

求。

铭牌：检查铭牌，确认工况压力、温度、流量在流量计标识的使用范围内。

检定标志：作为计量器具，流量计必须检定或校准合格后才能使用。使用前需确认其有无检定或校准标识，是否在检定或校准有效期内。

电气安装：检查流量计接线是否正确、密封是否严密、接地是否良好。

③流量计计量综合性能测评方法。

影响流量计准确计量的因素有很多，如果需要对流量计综合性能进行详细测评，则可以在有条件的地方，采用核查流量计的方法来对现场流量计的测量性能进行监测和测评。核查流量计和现场流量计串联安装，可以是永久串联安装或短期串联安装，安装方式应使两台流量计间无相互影响。通过对每个流量计的输出和关键参数进行监测和比较，来确定两台流量计之间的一致性。推荐使用工作原理不同的流量计作为核查流量计。对于无法安装核查流量计但具备自诊断功能的智能流量计的地方，通过对现场流量计量四个环节的检查，对流量计的状态、性能给出具体测评，如图 4–17 所示。

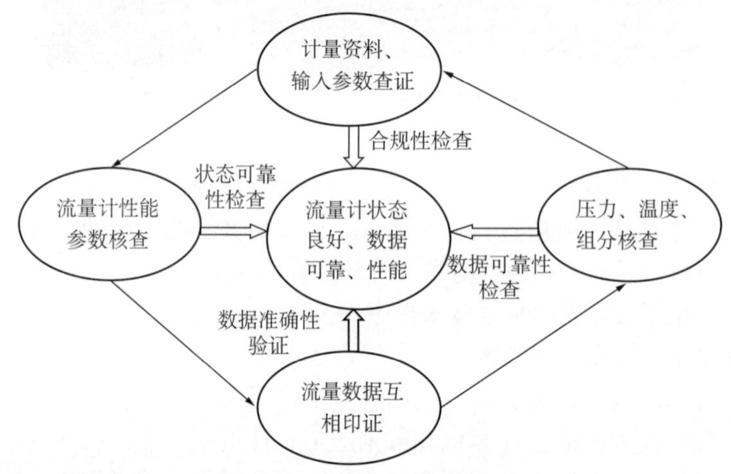

图 4–17　流量计综合性能测评

④配套仪表性能测评一般程序。

首先主要检查测评配套仪表是否在有效检定周期内，合格证标识填写是否规范，有无明显的外观破损和其他损坏，有无铅封或铅印，量程选用范围是否正确，有无抗雷击或屏蔽缺陷，有无明显的示值显示异常，有无定期校验记录，校验满足变送器检定规程及现场准确度要求等。如有必要，则使用标准设备对现场压力、温度变送器和压力、温度通道进行检查，并按检定记录的标准填写相关记录。

⑤流量计算机和数据通道性能测评程序。

在测评前应先检查流量计、流量计算机、压力变送器和温度变送器、天然气组成在线分析系统（如果配备）的所有数据通讯线、电源线是否接好，确保所有接线正确。并采用经过计量技术机构认证的专用计量系统对在用计量系统及通道进行测评。测评的具体内容包括：流量计算机的流量计算误差；瞬时流量、累积时间的误差；日累计流量的误差等。

⑥计量用软件系统性能测评程序。

计量软件系统算法测评应使用经国家相关机构验证合格的中立机构的算法软件对现场计量系统的计量算法进行验算。计量软件系统其他性能也需要进行检查测评，具体功能包括：系统登录安全性、历史数据记录、查询功能历史参数记录、历史事件记录、数据远传功能、报警功能、参数报警功能、保存报警事件等。

（二）一体化集成装置的性能测评

良好的装置性能是保障一体化集成装置满足地面工程建设需要，顺利完成油气处理等任务的关键。而表征一体化集成装置性能的指标通常有：一体化集成装置运行参数的稳定性以及与设计参数的偏离程度；装置各种功能是否能正常运行并满足设计文件的要求；装置的环保性能，即装置的三废排放是否达到国家标准规范的要求；装置的节能水平，即装置能源计量器具是否配置标准规范要求，各种能耗工质或载能工质是否得到有效计量，整体能耗是否处于先进水平；装置关键性能参数，这里所谓的关键性能参数系指表征装置能否达到最终工艺目的的物理或化学性能参数，如脱硫装置净化天然气的硫化氢浓度、脱水装置脱水后干气的露点等。通常这些关键性能参数的测评需要专门的测试仪器和专业测试人员到装置应用现场开展检测。必要时需装置应用方提供专用测试接口。

1. 一体化集成装置性能测评的主要内容

一体化集成装置性能检测内容包括：

装置运行参数的现场核查、装置功能核查、装置环保性能核查、装置能耗核查、装置关键性能参数检测。

2. 一体化集成装置性能测评的主要方法

1）一体化集成装置运行参数核查

装置运行参数的稳定性与准确性是保证装置安全有效运行的重要生产指

标。装置的运行参数主要包括装置操作压力、装置操作稳定性、处理量等。特殊的装置还涉及具体的运行参数，如脱硫剂加注量、三甘醇循环量等。主要根据装置的具体功能，对装置运行参数与设计参数的符合性进行核查。

（1）测评内容。

不同的一体化集成装置因各自实现的工艺目的不同，需要核查的运行参数也略有不同。对于地面工程一体化集成装置而言，需要核查的具有共性的运行参数通常有：装置的设计压力；装置的实际运行压力；装置的设计运行温度；装置的实际运行温度；装置的设计处理能力；装置的实际处理负荷等。

不同的一体化集成装置，都或多或少有一些表征自身特点的运行参数，如天然气集输一体化集成装置的气液比、自用气量等；三甘醇脱水一体化集成装置的三甘醇循环量等。总之，一体化集成装置运行参数的核查需要结合装置的具体情况进行。

（2）测评方法。

采取的方法是对设计运行数据进行全面核实，并现场提取装置实际运行生产数据，同时现场查阅相关仪表读数或中控室的相关数据。对比设计参数与装置实际运行参数，分析运行偏离设计参数的程度及其偏离的原因和对装置下一步运行的影响等。

（3）装置运行参数核查测评指标。

装置运行参数核查主要核查装置实际运行参数是否能达到设计参数要求。如果有偏差，则核查装置实际运行参数偏离设计参数的程度及其偏离的原因。

2）一体化集成装置功能核查

因工艺目的不同，一体化集成装置集成的功能不同。例如，某油田的天然气集气一体化集成装置集成了“进站紧急截断、干管远程放空、气液分离、流程切换、外输计量、自用气供给、闪蒸、放空分液、自动排液、清管”10项功能。因此，不同的一体化集成装置应该核查的功能因装置不同而不同。在开展功能核查的同时，应对工艺流程适应性进行核查。

（1）功能核查的常用方法。

资料审查与现场核查是一体化集成装置功能核查的常用方法。

首先查阅研发和设计单位提供的相关技术文件，了解清楚一体化集成装置研发或设计过程中赋予的各种功能，测评实施这些功能的可行性。即核查工艺流程的适应性，工艺流程的布局合理性、设备与管道选材的合理性、应急工况的适应性等，并提出相关的意见和建议。

功能核查的第二步是现场核查装置各种功能的实际运行情况。在不影响生产的前提下，应对设计文件描述的各种功能逐一进行现场验证。对于由于安全原因不能现场演示的功能，应查阅设计文件和生产运行记录予以确认。

（2）一体化集成装置功能核查合格指标。

一体化集成装置功能核查合格的指标是明确的，即装置应该能全面实现装置研发和设计所赋予的各项功能。

3）一体化集成装置环保性能核查

随着全民环保意识的加强以及国家环境保护立法的实施，环境保护已经成为任何建设项目必须优先考虑的因素。环保性能核查是油气田地面工程一体化集成装置性能核查的重要指标。

（1）环保性能核查的基本内容。

气田地面工程一体化集成装置环保性能核查主要是指对装置“废水、废气、废渣”三废排放以及噪声指数的核查。同时核查采取的减少三废排放的措施。

（2）环保性能核查的合格指标。

大气污染排放按 DB11/501—2007《大气污染物综合排放标准》判别废气排放是否达标；污水排放执行国家 GB 20425—2006《皂素工业水污染物排放标准》中的一级标准。

一体化集成装置噪声达到 GB 12348—2008《工业企业厂界噪声标准》中的 2 类标准，站场周围 100m 内的噪声敏感点不至于因一体化集成装置的运行而受影响。

（3）环保性能核查的基本方法。

环保性能核查的基本方法是现场收集一体化集成装置三废排放的相关数据，与相关标准规范进行对比，判别装置三废排放是否合格。

噪声排放核查应由项目组成员现场用噪声仪进行测定，对照相关标准规范判别噪声等级合格与否。

现场核查一体化集成装置减少三废排放的措施。

4）一体化集成装置能耗核查

油气田地面工程一体化集成装置能耗核查是一体化集成装置性能测评的重要组成部分。因此，在开展一体化集成装置性能测评时，必须开展一体化集成装置的能耗核查。

（1）能耗核查的基本内容。

①核查油气田地面工程一体化集成装置作为独立用能单元各类能源计量器具配置是否满足要求。

②核查装置正常工况下水、电、气等各类能耗物质的实际消耗量，计算装置水、电、气等能耗物质的单耗。

③核查装置事故与检修工况下水、电、气等各类能耗物质的损失。

④核查装置节能“四新技术”应用情况。(四新即新技术、新材料、新工艺、新设备)

(2)能耗核查的常用方法。

一体化集成装置能耗核查与通常意义上的能耗评估相比，核查的基本内容一致，判断能源消耗水平高低所采用的标准规范一致。但一体化集成装置能耗核查更为简便，针对性更强，规避了能耗评估的复杂程序。

(3)能源计量器具配置情况的核查。

通常采取查阅设计文件和现场踏勘的方法进行核查。根据设计文件查阅与现场踏勘的结果对比相关技术标准，判断该一体化集成装置能源计量器具配置是否满足要求。

(4)正常工况能耗核查。

现场收集该一体化集成装置各类能耗物质在一定计量周期内的实际消耗量，计算装置单耗，与设计文件明确的能耗指标或相关标准规范对比，判断该装置能耗水平的高低。

装置事故与检修工况下水、电、气等各类能耗物质的损失以及先进工艺技术应用的核查，通常采取现场取证的核查方法。

5)一体化集成装置关键性能参数检测

油气田地面工程一体化集成装置关键性能参数系指能表征一体化集成装置产品或过程参数能否达标的重要技术参数，其技术指标主要通过装置现场检测或取样后实验室检测来评定。

(1)关键性能参数测评的基本流程。

关键性能参数测评的基本流程如下：

①任务下达后建立装置测试工作组，确定人员和任务。

②分析相关资料，明确装置需要的测评的核心技术指标。

③与被测单位确定检测的现场条件，例如做好现场条件调研和测评工作前安全分析，落实测试场地、取样口、用电、安全等问题。

④提出测评技术方案，主要包括检测项目，标准和判别指标。

⑤方案应征求上级及被测单位意见，特别是属地 HSE 方面的要求。

⑥测评人员应充分做好检测准备工作，仪器设备、药品、工具和备件都应充分考虑并准备，能利用现场单位的实验条件要充分利用。

⑦现场分析测试要细致认真、公平公正。

⑧取样记录和实验记录请双方签字确认，实验数据要做好保密。

⑨按流程完成检测报告和测评报告。

测评工作是一项技术水平较高的分析测试工作，需要分析测试专业人士参与。测试实验室应具有相应的组织机构、管理体系、技术、人员、设备等方面的资质，能够公平公正的完成测评工作，其测试数据具有相应法力效应。

在开展关键性能参数测评之前，应明确测评内容、测评目的以及取样口的要求等。表 4–8 为典型一体化集成装置关键性能参数测评条件。

表 4–8　关键性能参数测评现场条件

编号	典型一体化装置名称	测评目的	测评内容	取样口要求
1	天然气压缩一体化集成装置	原料气过滤分离精度检测，干燥器干燥效果	粉尘粒度与浓度检测，天然气水露点检测	设置取样口 设置专用取样口
2	气田凝析油稳定一体化集成装置	凝析油产品馏程	饱和蒸汽压检测	设置取样口
3	天然气三甘醇脱水一体化集成装置	脱水效果	产品气水露点检测	设置取样口
4	天然气分子筛脱水一体化集成装置	脱水效果	产品气露点检测	设置取样口
5	天然气干法脱硫一体化集成装置	产品气质量 脱硫效果	产品气粉尘浓度和粒径检测，净化气硫化氢含量检测	设置专用取样口 设置取样口

表 4–9 列举了典型油气田地面工程一体化集成装置常见关键参数的测评指标、测评标准与判别指标。

表 4–9　油气田地面工程一体化集成装置测评标准与判别指标

序号	测评内容	指标	测评标准	判别指标
1	集输气水露点	水露点温度，℃	GB/T 17283—2014《天然气水露点的测定冷却镜面凝析湿度计法》	无强制要求，可按设计指标判别
2	产品气水露点	水露点温度，℃	GB/T 17283—2014《天然气水露点的测定冷却镜面凝析湿度计法》	在天然气交接点的压力和温度条件下，天然气的水露点应比最低环境温度低 5℃

续表

序号	测评内容	指标	测评标准	判别指标
3	粉尘粒度	粉尘颗粒直径范围，nm	GB/T 27893—2011《天然气中颗粒物含量的测定称量法》	无强制要求，可按设计指标判别
4	粉尘浓度	单位天然气中粉尘含量，mg/m^3	GB/T 27893—2011《天然气中颗粒物含量的测定称量法》	无强制要求，可按设计指标判别
5	净化气硫化氢含量	单位天然气中硫化氢含量，mg/m^3	GB/T 11060.1—2010《天然气含硫化合物的测定第1部分：用碘量法测定硫化氢含量》	1类 $6mg/m^3$，2类 $20mg/m^3$，3类 $350mg/m^3$
6	凝析油产品馏程	凝析油馏程范围℃	GB 9053—2013《稳定轻烃》	1号90%蒸发温度135℃，终馏点190℃；2号10%蒸发温度35℃ 90%蒸发温度150℃，终馏点190℃
7	饱和蒸汽压	稳定轻烃饱和蒸汽压，kPa	GB 9053—2013《稳定轻烃》	1号74～200kPa；2号夏季<74kPa，冬季<88kPa
8	加臭剂	单位天然气中加臭剂含量，mg/m^3	GB/T 19206—2003《天然气用有机硫化合物加臭剂的要求和测试方法》	当天然气泄漏到空气中，达到爆炸下限的20%时，应能察觉
9	汞含量	单位天然气中汞含量，ug/m^3	GB/T 16781.1—2008《天然气汞含量的测定第1部分：碘化学吸附取样法》	无强制要求，可按设计指标判别（LOD>$0.03ug/m^3$）
10	烃露点	烃露点温度，℃	GB/T 27895—2011《天然气烃露点的测定冷却镜面目测法》	无强制要求，可按设计指标判别
11	含油量	碎屑岩油藏注水水质中油含量，mg/L	SY/T 5329—2012《碎屑岩油藏注水水质指标及分析方法》	
12	悬浮固体含量	碎屑岩油藏注水水质中悬浮固体含量，mg/L	SY/T 5329—2012《碎屑岩油藏注水水质指标及分析方法》	
13	悬浮物颗粒直径中值	碎屑岩油藏注水水质悬浮物颗粒直径中值，μm	SY/T 5329—2012《碎屑岩油藏注水水质指标及分析方法》	

（2）典型关键参数测评测试方法。

①水露点温度测试。

水露点温度测试参考 GB/T 17283—2014《天然气水露点的测定冷却镜面凝析湿度计法》。用于天然气水露点测定的湿度计，是通过检测湿度计冷却镜面上的水蒸气凝析物或检查镜面上凝析物的稳定性来测定水露点。使用这种类型的仪器是通过测定气体相对应的水露点来计算气体中的水含量。用于水露点测定的湿度计通常带有一个镜面（一般为金属镜面），当样品气流经该镜面时，其温度可以人为降低并且可准确测量。镜面温度被冷却至有凝析物产生时，可观察到镜面上开始结露。当低于此温度时，凝析物会随时间延长逐渐增加；高于此温度时，冷凝物则减少直至消失，此时的镜面温度即为通过仪器的被测气体的露点。

②颗粒物含量测定。

颗粒物含量测定按 GB/T 27893—2011《天然气中颗粒物含量的测定称量法》。

③凝析油产品馏程测定。稳定轻烃饱和蒸汽压。

这两项测定应参考 GB 9053—2013《稳定轻烃》进行。具体测试要求详见表 4-10 稳定轻烃技术要求和试验方法。

取样按 SY/T 0543—2009 进行。发货单位按所发产品的储罐或规定交接处取样试验的结果判定质量，如合格则发出产品并签发产品质量合格证及产品标志卡片。收货单位有权抽检发出产品质量，如发现该产品质量达不到本标准规定时，可提出对保留样品进行复检，以保留样品的分析结果作为仲裁依据。样品保留三个月。

表 4-10 稳定轻烃技术要求和试验方法

项目	质量指标		试验方法
	1号	2号	
饱和蒸汽压，kPa	74 ~ 200	夏季[a]<74 冬季[b]<88	GB/T 8017—2012
馏程 10% 蒸发温度，℃ 不低于 90% 蒸发温度，℃ 不高于 终馏点，℃ 不高于 60℃蒸发率（体积分数），%	 …. 135 190 实测	 35 150 190 ….	GB/T 6536—2010
硫含量[c]，% 不大于	0.05	0.10	SH/T 0689—2000

续表

项目		质量指标		试验方法
		1号	2号	
机械杂质及水分		无	无	目测 d
铜片腐蚀 / 级	不大于	1	1	GB/T 5096—1985
赛博特颜色号	不低于	+25	–	GB/T 3555—1992

注：a 夏季从 5 月 1 日至 10 月 31 日；

b 冬季从 11 月 1 日至 4 月 30 日；

c 硫含量允许采用 GB/T 17040—2008 和 SH/T 0253—1992 进行测定，但仲裁试验应采用 SH/T 0689—2000；

d 将试样注入 100mL 的玻璃量筒中观察，应当透明，没有悬浮与沉降的杂质及水分。

产品的主要指标饱和蒸气压、馏程、硫含量、机械杂质及水分经检验如有一项不合格即为产品不合格，铜片腐蚀与颜色两项指标均不合格即为产品不合格。

④硫化氢含量测定。

参考 GB/T 11060.1—2010《天然气含硫化合物的测定第 1 部分：用碘量法测定硫化氢含量》，用过量的乙酸锌溶液吸收气样中的硫化氢，生成硫化锌沉淀。加入过量的碘溶液以氧化生成硫化锌，剩余的碘用硫代硫酸钠标准溶液滴定。

在吸收器中加入 50mL 乙酸锌溶液，振动吸收器，使一部分溶液进入玻璃孔板下部的空间。用洗耳球吹出定量管两端玻璃管中可能存在的硫化氢。用短节胶管将各部分紧密对接，打开定量管活塞，缓缓打开针形阀，以 300 ~ 500mL/min 的流量通氮气 20min 后停止通气。

取下吸收器，用吸量管加入 10（或 20）mL 碘溶液。硫化氢含量低于 5% 时应使用较低浓度的碘溶液。再加入 10mL 盐酸溶液，装上吸收器头，用洗耳球在吸收器入口轻轻地鼓动溶液，使之混合均匀。为防止碘液挥发，不应吹空气鼓泡搅拌。待反应 2 ~ 3min 后，将溶液转移进 250mL 碘量瓶中，用硫代硫酸钠标准溶液滴定，近终点时，加入 1 ~ 2mL 淀粉指示液，继续滴定溶液至蓝色消失。按同样的步骤作空白试验。滴定应在无日光直射的环境中进行。

⑤加臭剂含量测定。

参照 GB/T 19206—2003《天然气用有机硫化合物加臭剂的要求和测试方法》，将一种具有强烈气味的有机化合物或混合物，以很低的浓度加入天然气中，使天然气具有一种特殊的、通常令人不愉快的警示性臭味，以便泄漏的天然气在低于其爆炸下限浓度时即被察觉。

对于鉴定测试和控制测试，生产厂家或供应商为买方提供 0.5L 有代表性的液体加臭剂样品。用气相色谱法测定加臭剂的组成。色谱柱为长 50mm、内径 0.2mm 的甲基硅酮毛细管柱，载气为氢气或氦气，流量为 1.8mL/min、分流比为 1∶30。起始炉温为 35℃，恒温 10min 后，以 70℃ /min 的速度升温至 2500℃，并维持在此温度。硫化合物或非硫化合物（稀释剂或杂质）可用非硫专用型检测器进行测定，如火焰离子化检测器（FID）或热导检测器（TCD）。各种硫化合物的响应因子应用纯组分制备的校准混合物测定。未能定性的杂质浓度应以正己烷的响应因子进行计算。

四氢呋喃的保留时间约为 15min，其他具有相当或更好的组分分离和检测效果的气相色谱方法均可使用。但是在有争议的情况下，应使用上述规范规定的方法。

⑥汞含量测定。

参考 GB/T 16781.1—2008《天然气汞含量的测定第 1 部分：碘化学吸附取样法》，本标准规定了天然气中汞（包括元素汞、二甲基汞和二乙基汞）的测定方法。

规定在大气压下取样，采用高锰酸钾溶液吸收汞，汞离子被还原后用冷原子荧光测汞仪分析。取样 2h，检出下限是 0.3μg/m^3。

气体通过盛有高锰酸钾 - 硫酸溶液的吸收瓶，气体中的汞被氧化成 Hg^{2+}。过剩的高锰酸钾用盐酸经胺溶液还原，而 Hg_2^{2+} 被氯化亚锡溶液还原成元素汞进入氮气流，氮气流进入冷原子荧光测汞仪中的荧光池，低压汞灯发出波长 253.7nm 的激发光束使汞原子被激发产生荧光，光电流经放大后由仪表读数或记录峰值。

⑦烃露点测定。

参考 GB/T 27895—2011《天然气烃露点的测定冷却镜面目测法》，用于水露点测定的湿度计通常带有一个镜面（一般为金属镜面），当样品气流经该镜面时，其温度可以人为降低并且可准确测量。镜面温度被冷却至有凝析物产生时，可观察到镜面上开始结露。当低于此温度时，凝析物会随时间延长逐渐增加；高于此温度时，冷凝物则减少直至消失，此时的镜面温度即为通过仪器的被测气体的露点。

（3）关键性能参数检测报告。

关键性能参数检测报告应由具有资质的检测单位出具，检测报告应包含样品名称、委托单位名称、检测单位名称、技术指标名称、实验方法（标准）、合格指标、实测值等内容。同时应有检测人员签名和检测单位公章。

（三）一体化集成装置安全与可操作性测评

1. 一体化集成装置安全与可操作性测评的基本内容

油气田一体化集成装置处理的介质通常为易燃、易爆介质，而且一体化集成装置的最终发展趋势是形成产品，因而，对一体化集成装置的可靠性、安全性能等提出了更高的要求。因此，加强对一体化集成装置的安全与可操作性评价是十分必要的。

总体来说，一体化集成装置的安全与可操作性评价可区分为装置本质安全与可操作性评价、装置现场安全与可操作性评价两个方面，如图 4–18 所示。本质安全与可操作性评价详细测评内容如图 4–19 所示。

2. 一体化集成装置安全与可操作性测评的基本方法

一体化集成装置安全与可操作性测评通常与装置自动化水平测评以及装置电气系统测评相结合，常用的测评工具有 HAZOP 分析技术和 SIL 分析技术。通常采用室内测评与现场测评相结合的办法。需要分析的资料包括：工艺管道仪控流程图、装置连锁控制因果图、装置总平面布置图、关键设备详图、控制阀明细表、固定式报警仪明细表、变送器明细表等资料。

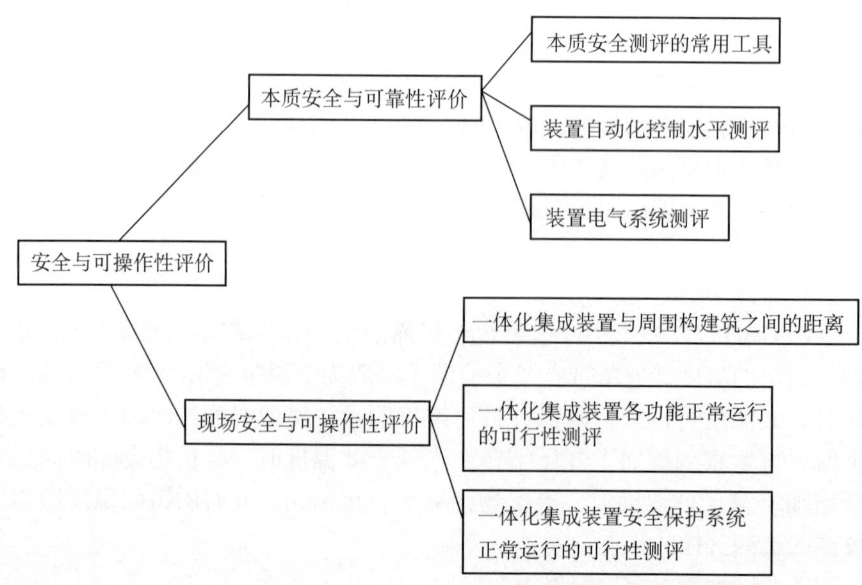

图 4–18　一体化集成装置的安全与可操作性评价的划分

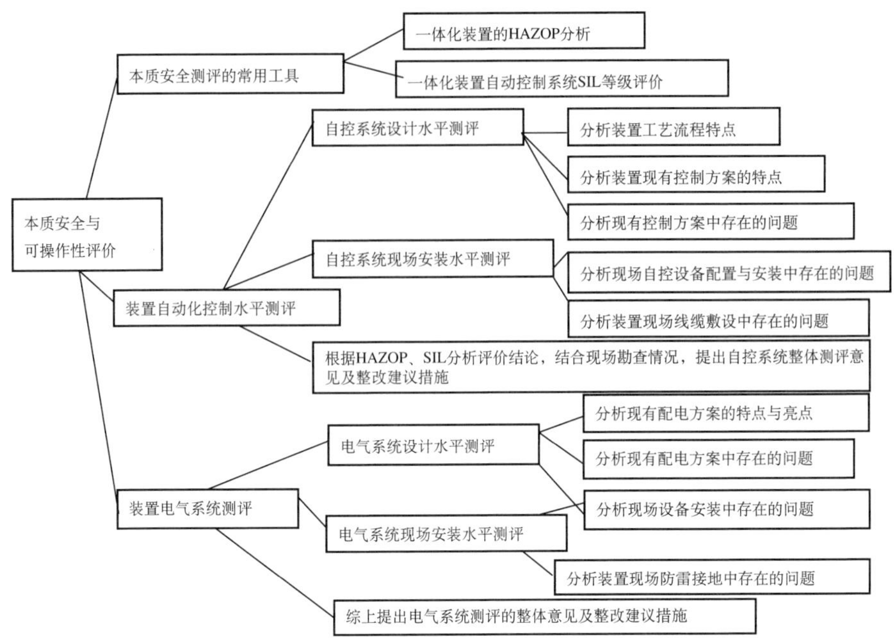

图 4-19　一体化集成装置的本质安全与可操作性评价的划分

1）一体化集成装置自动化水平测评

自动化水平的高低是表征一体化集成装置整体性能的重要指标，也是一体化集成装置安全与可操作性的具体体现。因此，在对一体化集成装置自动化水平进行测评时，应在开展 HAZOP 分析和 SIL 评估的基础上组织有经验专家开展自动化水平的测评工作。

（1）自动化水平测评的常用方法。

根据一体化集成装置设计生产方提供的技术资料分析，并对装置进行实地勘察及与用户的广泛技术交流，对装置的自动化水平提出评测意见。本小结所述自动化水平测评系指对装置进行过 HAZOP 和 SIL 分析的基础上开展的专门针对自动化水平的测评工作。也就是说，在开展自动化水平测评前，应对一体化集成装置开展 HAZOP 和 SIL 分析。开展一体化集成装置自动化水平测评的基本流程如下：

①根据现场勘查情况，总体描述主要设备配置、工艺安全对自控部分的特殊需求、自控建设方案及其主要配置、设备安装及线缆敷设等情况。

②分析装置工艺流程的特点。

③分析现有自控方案的特点。

④分析现有自控方案中存在的问题。

⑤分析现场自控设备配置与安装中存在的问题。

⑥分析装置现场线缆敷设中存在的问题。

⑦对照 HAZOP、SIL 分析报告，重点分析其结论与现场装置的符合情况和装置的整改情况。

⑧针对实际勘察情况，根据装置建设 / 制造单位提供的相关资料，对照相关规范、标准，逐一分析各问题产生的原因，并对各问题提出相应的建议。

（2）自动化水平测评的基本内容。

一体化集成装置自动化水平测评的基本内容如下：

①根据提交的待测评一体化集成装置《技术规格书》，开展测评对象工艺特性研究。主要从以下四个方面进行核查测评：

第一，确定一体化集成装置生产应用环境要求。

第二，确定一体化集成装置生产技术指标要求。

第三，确定一体化集成装置生产安全性能要求。

第四，确定一体化集成装置适用的防爆区域。

②对工艺流程安全联锁、生产控制、计量、数据 / 状态监视的方案设计、功能配置是否合理进行核查，评估是否满足生产应用环境要求。

评估等级划分为：A 级：优；B 级：良；C 级：合格；D 级：不合格。

③对用于一体化集成装置的生产控制、计量、数据 / 状态监视的设备配置及其性能指标是否满足《技术规格书》提出的技术指标进行核查，评估是否满足生产技术指标要求。

评估等级划分为：A 级：优；B 级：良；C 级：合格；D 级：不合格。

④结合待测评对象的《HAZOP 分析报告》《安全完整性等级 SIL 评估报告》，对用于一体化集成装置的安全联锁控制设备是否具有安全产品认证，认证等级是否满足构成对应 SIL 等级（等级划分：SIL1、SIL2、SIL3）的联锁控制方案，是否满足生产安全性能要求。

评估等级划分：C 级：合格；D 级：不合格。

⑤防爆产品配置是否满足生产应用环境要求，根据应用环境的防爆分区（0 区、1 区、2 区），防爆产品配置必须与其相适应。

评估等级划分：C 级：合格；D 级：不合格。

⑥对以上四个方面测评结果进行汇总，如表 4-11 所示，提出安全与自控水平综合测评结果，如有需要可提出方案改进建议。

表 4-11　安全与自动化水平测评结果汇总

序号	测评内容	评估等级	原因简述
1	生产应用环境	A/B/C/D	不适应生产应用环境要求描述
2	生产技术指标	A/B/C/D	不满足生产技术指标要求描述
3	生产安全性能	C/D	不满足生产安全性能要求描述
4	防爆产品配置	C/D	防爆产品配置不符合要求描述
5	综合评测结果	A/B/C/D	生产安全性能、防爆产品配置不合格，结果为不合格
6	方案改进建议		

注：综合评测结果为 A/B 的前提，是生产安全性能、防爆产品配置评估等级必须为 C。

（3）自动化水平测评的基本流程。

通过总结与测评实践，总结归纳了一体化集成装置自动化水平测评的基本流程，如图 4-20 所示。

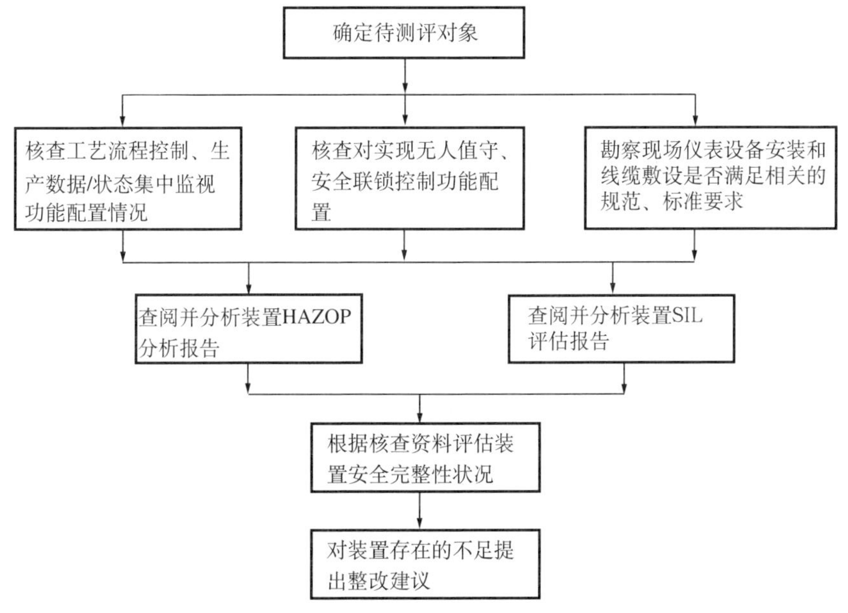

图 4-20　自动化水平测评基本流程

2）一体化集成装置电气系统测评

（1）电气系统测评的基本方法。

油气田地面工程一体化集成装置安全与可操作性测评的另一个重要方面是电气系统测评。通常根据装置设计生产方提供的技术资料分析，并对装置进行实地勘察及与用户的广泛技术交流，对装置的电气系统提出评测意见。具体测评方法如下：

①根据现场勘查情况，总体描述装置主要电器设备、电器设备所需的负荷等级要求、装置外电配电情况、电器设备配电情况、防雷等级及装置防雷接地情况。

②分析现有配电方案的特点和亮点。

③分析现有配电方案中存在的问题。

④分析现场电器设备安装中存在的问题。

⑤分析装置现场防雷接地中存在的问题。

针对实际勘察情况，对照相关规范、标准，逐一分析各问题产生的原因，并对各问题提出相应的建议。

（2）电气系统水平测评的主要内容。

油气田地面工程一体化集成装置电气系统测评的基本内容主要包括：

①根据提交的待测评一体化集成装置《技术规格书》，开展测评对象工艺特性研究。主要从以下三个方面进行配电核查测评：

第一，确定一体化集成装置配电方案是否合理。

第二，确定一体化集成装置配电方案是否节能。

第三，确定一体化集成装置配电产品的适应性。

②对工艺流程用电负荷、用电类型、电气联结进行核查，评估配电方案是否满足生产及安全要求。

评估等级划分为：

C级：合格。

D级：不合格。

③主要对较大用电容量设备的配电方案进行核查。是否采用三相配电或单相负荷的三相均衡配电；是否采用节能产品；是否存在“大马拉小车”或采用变频控制方案。

评估等级划分为：

C级：合格。

D级：不合格。

④防爆产品配置是否满足生产应用环境要求，根据应用环境的防爆分区（0区、1区、2区），防爆产品配置必须与其相适应。

评估等级划分：

C 级：合格

D 级：不合格

⑤对以上三个方面测评结果进行汇总，如表 4–12 所示，提出装置配电方案综合测评结果，如有需要可提出方案改进建议。

表 4–12　配电方案测评结果汇总

序 号	测 评 内 容	评 估 等 级	原 因 简 述
1	配电方案合理	C/D	不适应生产及安全要求描述
2	配电是否节能	C/D	不节能配电方案描述
3	防爆产品配置	C/D	防爆产品配置不符合要求描述
4	综合评测结果	C/D	
5	方案改进建议		

（3）电气系统水平测评的基本流程。

通过总结与测评实践，总结归纳了一体化集成装置电气系统测评的基本流程，如图 4–21 所示。

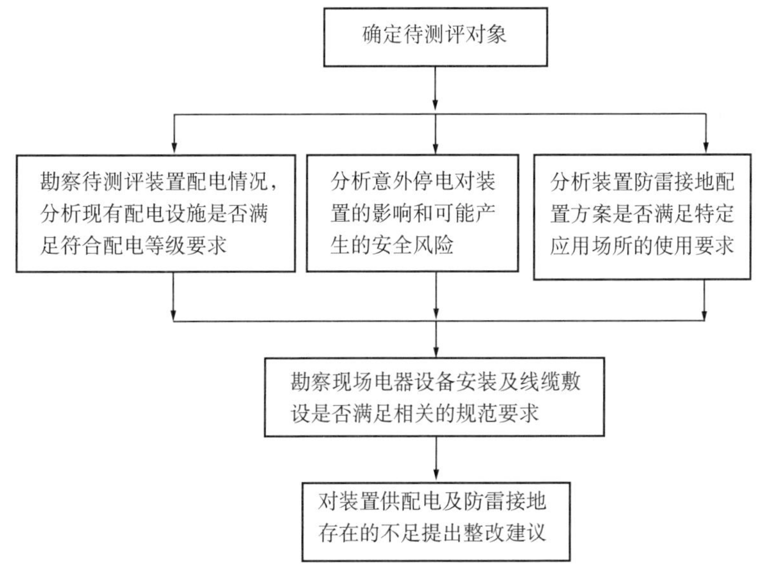

图 4–21　电气系统测评基本流程

3）现场安全与可操作性测评

现场安全与可操作性测评是油气田地面工程一体化集成装置安全与可操作性评价的重要组成部分。

现场安全与可操作性测评通常采取现场核查的方法，由具有相关专业知识的测评人员亲临现场进行核查。

现场核查的主要内容包括以下几个方面：

（1）一体化集成装置作为一个整体与周围建构筑的距离是否满足要求。

（2）一体化集成装置本体内部各构建之间配置是否得当，是否有足够的操作空间并留有逃生通道。

（3）一体化集成装置内外部构件是否存在可能造成人员伤害的锐角。

（4）其他可能影响现场操作与可操作性的缺陷。

第四节　一体化集成装置名录及典型一体化集成装置

一、一体化集成装置名录

为起到示范、引导和推荐作用，促使先进的一体化集成装置得到更大范围的认可和推广应用，促进一体化集成装置研发与推广工作水平的提高，2012 年，中国石油在全面总结 16 个油气田公司一体化集成装置研发与现场实际应用经验的基础上，认真评价了现有的 115 类装置，筛选出技术先进、集成度高、自动化程度高、安全可靠性高、应用范围广、数量多、效果好并经过一个以上生产周期实践检验的 26 类装置，经过测试和鉴定，形成第一批推荐名录，代表了现阶段的最好水平和发展方向，具有广阔的应用前景。2014 年在第一批名录的基础上，结合后续两年一体化集成装置的进展，对一体化集成装置进行了重新评价并新发布了一体化集成装置推荐名录。名录包括 26 种装置，见表 4–13。

表 4-13　一体化集成装置推荐名录（26 种）

1. 替代中型站场的一体化集成装置共 11 种	●计量掺液一体化集成装置（辽河）
（1）替代油田中型站场 6 种	●集油计量一体化集成装置（塔里木）
●油气混输一体化集成装置（长庆）	●天然气压缩一体化集成装置（华北）
●电加热增压一体化集成装置（长庆）	●注水一体化集成装置（长庆）
●油气混输一体化集成装置（大庆）	●采出水生物处理一体化集成装置（新疆）
●油气混输一体化集成装置（大港）	●采出水处理一体化集成装置（华北）
●计量增压一体化集成装置（辽河）	●供水一体化集成装置（长庆）
●生活水供水一体化集成装置（长庆）	3. 替代大中型站场生产单元的一体化集成装置共 8 种
（2）替代气田中型站场 3 种	●聚合物分散一体化集成装置（大庆）
●天然气集气一体化集成装置（长庆）	●气田凝析油稳定一体化集成装置（长庆）
●非酸性天然气集气一体化集成装置（西南）	●天然气三甘醇脱水一体化集成装置（长庆）
●酸性天然气集气一体化集成装置（西南）	●天然气分子筛脱水一体化集成装置（西南）
（3）替代亚配电站场	●天然气干法脱硫一体化集成装置（西南）
●油气站场电控一体化集成装置（长庆）	●天然气三甘醇脱水一体化集成装置（西南）
● 35kV 一体化集成开关站（新疆）	●火炬气回收增压一体化集成装置（吐哈）
2. 替代小型站场的一体化集成装置共 7 种	●乙二醇注入及循环再生一体化集成装置（新疆）

二、典型一体化集成装置

（一）油气混输（分输）一体化集成装置（长庆）

该装置是中国石油首台可以替代油田中型站场的一体化集成装置，可替代接转站、增压站，形成自主知识产权 14 项（含发明专利 6 项），见图 4-22。

（二）油气混输一体化集成装置（大庆）

该装置是首台应用于高寒地区露天化布置替代油气混输接转站的一体化集成装置，见图 4-23。燃料气分离器采用多相管式分离器替代常规分离器，使其在满足功能需求的同时，大大缩小体积，便于在橇座上安装。

图 4-22　油气混输（分输）一体化集成装置

图 4-23　油气混输一体化集成装置

（三）加热增压一体化集成装置（吐哈）

该装置是首台应用于稠油油田替代接转站的一体化集成装置，具有稠油加热、缓冲、增压及井口掺稀油功能，见图 4-24。处理能力达到 840m³/d（掺稀稠油达到 600m³/d，稀油 240m³/d）。

图 4-24　加热增压一体化集成装置

（四）天然气集气一体化集成装置（长庆）

该装置是首台应用于低渗透气田替代常规集气站的一体化集成装置，规模达到 $50\times10^4m^3/d$，见图 4-25。装置采用了具有气液分离、放空分液、采出水闪蒸的合一装置。在满足生产功能的同时一体化设计。为便于运输，装置的集气部分和分离部分分别单独成橇，可在现场再组装在一起。

图 4-25　天然气集气一体化集成装置

（五）非酸性（酸性）天然气集气一体化集成装置（西南）

该装置是首台具有加热、节流和分离功能的替代酸性和非酸性气田单井集气站或多井集气站的一体化集成装置，见图 4-26。装置通过本质安全设计，实现了加热炉和分离器的集成设计。

图 4-26　非酸性（酸性）天然气集气一体化集成装置

（六）天然气压缩一体化集成装置（华北）

该装置适用于低渗透、低压、低产的煤层气气田、油气田的管网建设不完善地区，集成预压缩装置、干燥净化装置、增压装置，见图 4–27。可实现天然气通过压缩机组增压至中压外输或高压外输，可将 0.03 ~ 0.2MPa 的井口产出气直接压缩到 25MPa 的商品天然气，装置为无天然气管网系统地区的零散天然气提供了有效的解决方案。

图 4–27　天然气压缩一体化集成装置

（七）煤层气自动选井计量一体化集成装置（煤层气）

该装置是多通阀选井计量装置在低压气田上的应用，见图 4–28。装置采用了多项便于集成和小型化的技术设备，如接口采用管道连接器代替法兰连接。采用高效旋流分离器用于燃料气干燥分离，采用爆破片进行超压保护。

图 4–28　煤层气自动选井计量一体化集成装置

（八）集油收球阀组一体化集成装置（长庆）

该装置具有定时自动收球和存储系统，实现了自动收球，降低人工劳动强度，是支撑单管通球不加热集输先进工艺的关键设备，见图 4–29。

图 4–29 集油收球阀组一体化集成装置

（九）火炬气回收一体化集成装置（吐哈）

该装置适用于油气田处理站场火炬气的回收和增压，具有增压、冷却、分离及自动控制功能，有效地回收站场火炬放空气，节能减排效果显著，见图 4–30。

图 4–30 火炬气回收一体化集成装置

（十）采出水生物处理一体化集成装置（新疆）

该装置主要应用于中小区块油气田采出水达标外排处理，替代常规中小型采出水处理站。装置将采出水生物处理的缓冲、水解酸化、好氧反应、沉降、污泥回流等功能集成，出水优于国家《污染物综合排放标准》中二级排放标准的要求。见图 4–31。

图 4–31　采出水生物处理一体化集成装置

（十一）生活水供水一体化集成装置（长庆）

该装置适用于油气田小型生活点生活供水，一体化箱式设计、全自动控制，同时制备生活用水、直饮水及生活热水。为偏远地区油气田生活基地提供了方便有效的生活水保障，见图 4–32。

图 4–32　生活水供水一体化集成装置

（十二）注水一体化集成装置（长庆）

该装置应用于油田开采前期超前注水使用和适应边远小区块注水使用，供水、过滤、增压注水一体化集成，代替常规橇装注水站，见图 4–33。

图 4–33　注水一体化集成装置

（十三）油气站场电控一体化集成装置（长庆）

该装置适用于油气田增压点、接转站、脱水站、注水站及集气站等中小型站场，由供配电、自控、通信三个功能单元组成，集供电、配电、控制和通信功能于一体，实现了中小型油气站场供配电、自控、通信三个专业的一体化集成，见图 4–34。

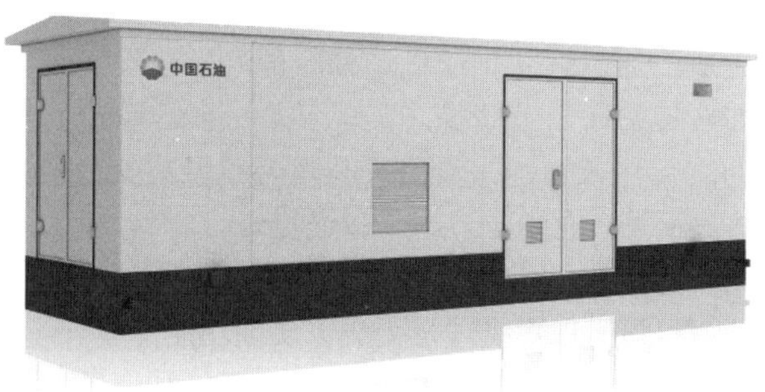

图 4–34　油气站场电控一体化集成装置

第五节　油田大型站场一体化集成装置建设模式

自 2010 年中国石油提出将一体化集成装置作为推进标准化设计的重要工作以来，一体化集成装置已经涵盖了包括油气集输、油气处理、油田注水、采出水处理、电气控制等多个领域，替代油气田中型站场的一体化集成装置得到规模推广，替代小型站场的一体化集成装置得到全面应用，替代大型站场主要生产单元的一体化集成装置也取得了重要突破。

油田大型站场具有规模大、功能多、工艺复杂、多采用单层布置的特点，以联合站为例，具有集油和收发球、来油计量、原油加热、脱水、加压输送、外输计量、加药、原油储存、采出水处理及回注、原油稳定及轻烃回收等功能。相对中小型站场，大型站场工艺设备多、规格大，功能集成困难。

在一体化集成装置替代油气田中小型站场成功经验的基础上，进一步开展大型站场一体化集成装置建设模式的研究并取得成功应用，是一体化集成装置研发和应用向更大领域、更宽范围、更高水平发展的重大突破。

本节以长庆油田开展的联合站一体化集成装置建设模式研究和应用为典型，介绍油田大型站场一体化集成装置和单体模块相结合的建设模式。

一、油田大型站场一体化集成装置建设方法

（一）总体思路

（1）工艺流程优化、简化。主要目的是在满足生产功能的前提下降低建设投资和便于集成。通过近几年超低渗油藏的开发建设实践，工艺流程得到了大大简化，如接转站取消了储罐，实现了泵—泵的输送工艺；优化简化还包括工艺设备的露天化布置，如输油泵的露天布置减少了土建工程量、缩短了建设时间、加快了投产时间、节约了建设投资。

（2）集成化。在优化、简化的基础上，按工艺流程将一些功能相似或尺寸相对较小的设备与阀门和管线进行集成，实现功能集成。

（3）橇装化。根据优化、简化后的工艺流程，结合设备的尺寸大小，综合考虑预制、运输、施工等因素，合理组成橇装单元。在单台货运车不能拉运的条件下，设备橇装采用工厂预制、分体货运、现场拼接的方式来满足需求。

（二）工艺优化

1. 集输系统

集输工艺优化突出体现了弱化储罐、密闭流程的特点，即保留原有主要生产流程，设置两室分离缓冲罐，将站内外输环节由原来的罐—泵的开式流程调整为密闭输送，实现资源利用效益最大化，满足安全环保要求（图4-35）。

2. 采出水处理及回注

长庆油田采出水处理常规工艺主要采用“一级（或二级）沉降、过滤、

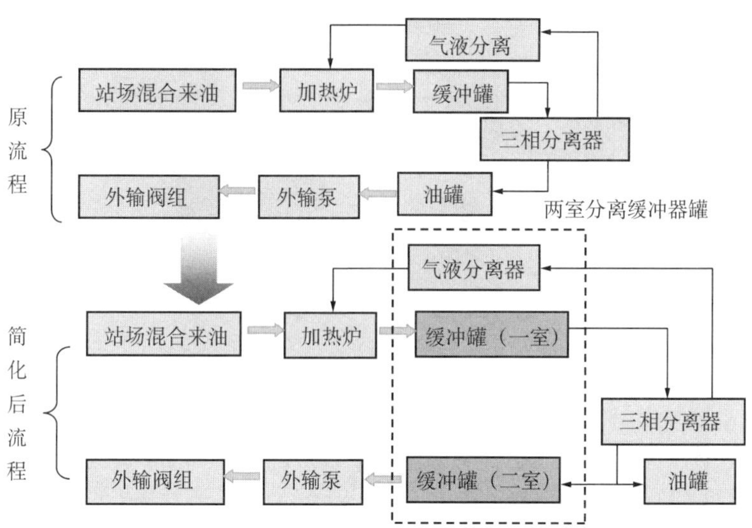

图 4-35　集输系统工艺流程优化

生化、气浮、一体化”五种工艺。近年来地面建设趋向于就地脱水、就近回注的模式，处理规模多为 1000m³/d 以下。

对此新研发“不加药溶气气浮 + 预冷却生化除油 + 浅层砂滤 + 紫外线杀菌”组合式处理工艺，集成度高、安装快捷、管理方便（图 4-36）。

3. 注水及清水处理

研发一体化“自清洗过滤 + 卧式烧结管过滤器”替代现有两级过滤流程，取消了喂水泵、反冲洗水泵、反冲洗罐等设备，缩短了站内工艺流程，节水、节电效果明显（见图 4-37）。

4. 供配电及站控系统

35kV 变电站：将开关场常规设备优化组合成五个功能模块间隔（进线、PT、母联、主变、所变），实现变电站开关场标准化、模块化设计。

站场变配电及站控：将联合站变配电、控制、通信系统设备优化集成，取消了常规联合站的变压器室、配电室、控制室、值班室等建（构）筑物。（图 4-38）

5. 原油稳定及伴生气回收

充分利用联合站的剩余压力，未稳定原油均由三相分离器出口进入原油稳定装置，取消未稳定原油泵。取消压缩机一级出口冷却器、二级出口冷却

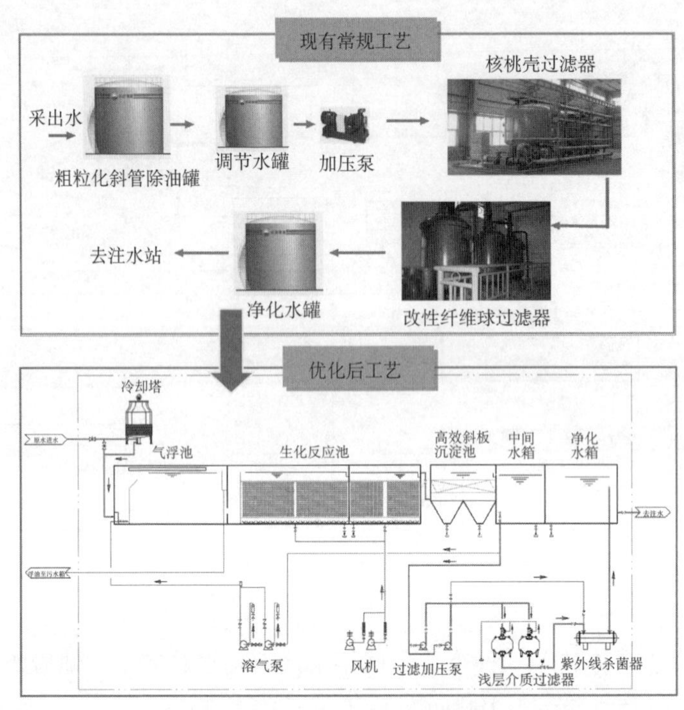

图 4-36　采出水处理工艺流程优化

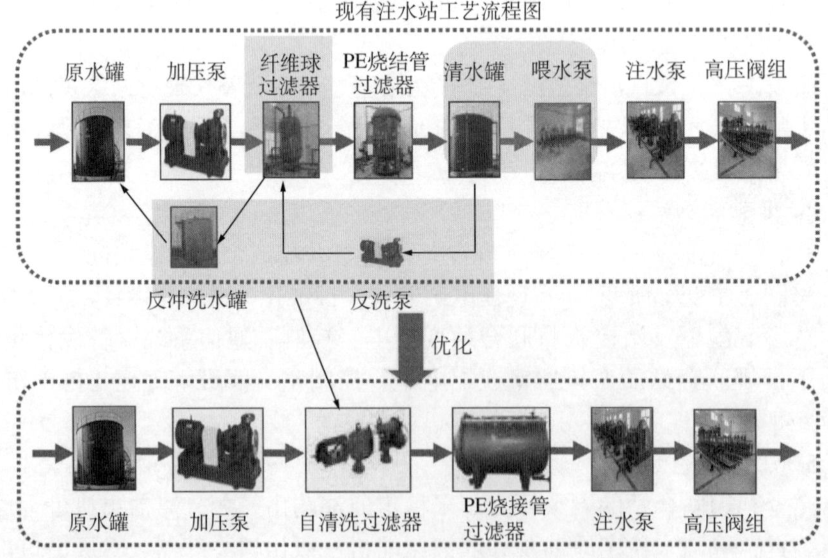

图 4-37　清水处理及注水工艺流程优化

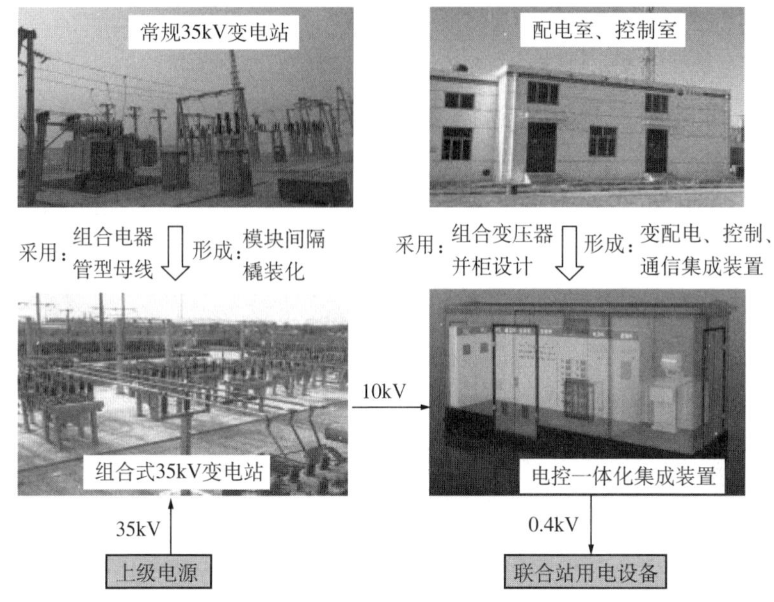

图 4–38　供配电及站控系统优化

器，由原料气压缩机配套。分离器内凝液由干气压送至稳定轻烃储罐，取消凝液泵。地埋污水罐污水采用干气压送至原油稳定塔，取消污水提升泵，保证流程的全密闭（图 4–39）。

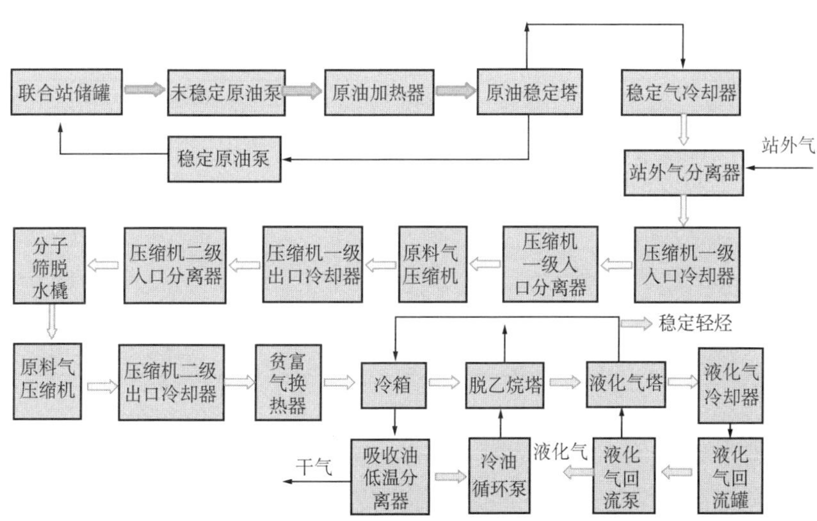

图 4–39　原油稳定及伴生气回收工艺流程优化

（三）橇装化

1. 装置尺寸设计上限

一体化集成装置设计首要满足的即是小型化以满足拉运需求，装置拉运包括高速公路与油区路 2 种类型。

1）高速公路

高速公路拉运主要受到超高和超宽限制，当拉运货品宽度超 2.5m 或高度超 4.5m，需办理超限手续，因此高速公路车型选择为工作面低、车宽大的凹槽车，如图 4–40 所示。凹槽车载荷情况见表 4–14。

图 4–40　高速路拉运车型 – 凹槽车

表 4–14　凹槽车载荷情况

参数	凹槽车
载重，t	30
总长，m	15
工作面长度，m	9
工作面高度，m	0.8
车宽，m	3
转弯半径，m	15

2）油区道路

油区沥青路、砂石路、土路大部分转弯半径在 15m 以上，部分在 8 ~ 12m 之间，最小转弯半径在 6 ~ 8m 之间。油区道路拉运应用转弯半径小的前 4 后 8 车辆，如图 4–41 所示。前 4 后 8 车载荷情况见表 4–15。

图 4–41　油区道路拉运车型 – 前 4 后 8

表 4–15　前 4 后 8 车载荷情况

参数	前 4 后 8
载重，t	17
总长，m	11.6
工作面长度，m	9.6
车宽，m	2.5
工作面高度，m	1.6
转弯半径，m	10

3）装置合理尺寸

结合相关厂家拉运经验，根据调研数据分析确定了设备尺寸合理上限，即道路运输规定的限制：宽度≤ 3.5m，高度≤ 3.4m；保障爬坡、转弯的限制：长度≤ 15m。

2. 组橇原则

结合已有设备尺寸及功能，联合站各系统组橇原则见表 4–16。

表 4–16　联合站各系统组橇原则

类别	主要设施	思路	装置
原油	$1000m^3$ 储罐	大型设备不成橇	尺寸 ϕ 11.5m × 12m
	三相分离器		尺寸 ϕ 12.4m × 3.0m
	两室分离缓冲罐		原油两室缓冲一体化集成装置

续表

类别	主要设施	思路	装置
原油	外输离心泵	中型设备单独成橇	原油外输计量一体化集成装置
	外输流量计		
	十二井式油阀组		集油收球一体化集成装置
	四增式油阀组		
	收球装置		
	来油计量设施	单组设置，适应灵活	原油计量一体化集成装置
	加药装置	体积小，功能单一，考虑与水处理加药设施整合	
	伴生气分液器	辅助设施、功能少	
	污油箱		
采出水	1000m³ 除油罐	大型设备不成橇	尺寸 ϕ11.5m×11.95m
	缓冲水罐		尺寸 ϕ10.8m×2.8m
	污水污泥池	大型地下构筑物不成橇	尺寸 ϕ11.5m×11.95m
	加药装置	与油系统加药组合成橇	油水加药一体化集成装置
	气浮处理单元	小型设备组合成橇	采出水处理一体化集成装置
	微生物处理单元		
	沉淀池		
	过滤单元		
清水	300m³ 水罐	大型设备不成橇	尺寸 ϕ7.7m×8.0m
	注水泵	小型设备组合成橇	清水注水一体化集成装置
	注水汇管		清水配水一体化集成装置
	流量计		
	自清洗过滤器		清水处理一体化集成装置
	PE 烧接管过滤器		
电控	环网柜	集成为组合式变压器	联合站电控一体化装置
	电力变压器		

续表

<table>
<tr><th>类别</th><th>主要设施</th><th>思路</th><th>装置</th></tr>
<tr><td rowspan="5">电控</td><td>变频柜</td><td rowspan="2">并柜设计</td><td rowspan="5">联合站电控一体化装置</td></tr>
<tr><td>低压配电柜</td></tr>
<tr><td>PLC 柜</td><td rowspan="3">柜型统一</td></tr>
<tr><td>通讯柜</td></tr>
<tr><td>UPS 柜</td></tr>
<tr><td rowspan="5">变电站</td><td>变电站开关场设备</td><td>按功能组合成 5 个橇装模块间隔</td><td>组合电器</td></tr>
<tr><td>10kV、35kV 门型架</td><td rowspan="4">大型设备、相对独立不成橇</td><td rowspan="4"></td></tr>
<tr><td>10kV 户外电容器</td></tr>
<tr><td>电力变压器</td></tr>
<tr><td>控制室、配电室</td></tr>
<tr><td rowspan="16">伴生气</td><td>100m³ 储罐</td><td>大型设备不成橇</td><td>尺寸 ϕ5.1m×6m</td></tr>
<tr><td>原料气压缩机</td><td rowspan="2">大型动设备不成橇</td><td>尺寸 ϕ5.0m×3.0m，2 台</td></tr>
<tr><td>抽气压缩机</td><td>尺寸 ϕ3.6m×2.0m，2 台</td></tr>
<tr><td>脱乙烷塔</td><td rowspan="2">塔器超高，不成橇</td><td>尺寸 ϕ0.8m×17m</td></tr>
<tr><td>液化气塔</td><td>尺寸 ϕ0.8/1.0m×17m</td></tr>
<tr><td>原油加热器</td><td rowspan="4">多功能集成</td><td rowspan="4">原油稳定橇</td></tr>
<tr><td>原油稳定塔</td></tr>
<tr><td>稳定气冷却器</td></tr>
<tr><td>原油稳定泵</td></tr>
<tr><td>压缩机一级入口冷却器</td><td rowspan="3">多功能集成</td><td rowspan="3">压缩机辅助橇</td></tr>
<tr><td>压缩机一级入口分离器</td></tr>
<tr><td>压缩机二级入口分离器</td></tr>
<tr><td>贫富气换热器</td><td rowspan="4">多功能集成</td><td rowspan="4">吸收油橇</td></tr>
<tr><td>稳定轻烃冷却器</td></tr>
<tr><td>吸收油低温分离器</td></tr>
<tr><td>冷油循环泵</td></tr>
</table>

续表

类别	主要设施	思路	装置
伴生气	液化气回流罐	多功能集成	液化气回流橇
	液化气冷却器		
	液化气回流泵		
	分子筛脱水橇	专业设备，厂家成橇	
	丙烷制冷橇		
	热水循环橇		
	导热油炉橇		
	干气分离器	体积小，功能单一，分散布置，不成橇	
	站外气分离器		
	装车泵		
	装车鹤臂		
	循环水泵		
	循环水空冷器		
	空气压缩机		

3. 集成化及装置定型

在流程优化和橇装化梳理分析的基础上，对所形成的5大类、17种装置，将功能相似、尺寸相对较小的设备、阀门和管线进行集成，最终实现装置定型。

1）集输系统（5种装置）

（1）集油收球一体化集成装置。

①装置参数。

井场来油数量：12组；增压点数量：4组；外形尺寸：8.0m（长）×1.6m（宽）；装置重量：1.4t。

②装置功能。

井场集油；增压点集油；接收清管球；站内吹扫；井场吹扫。

集油收球一体化装置见图4-42。

（2）原油计量一体化集成装置。

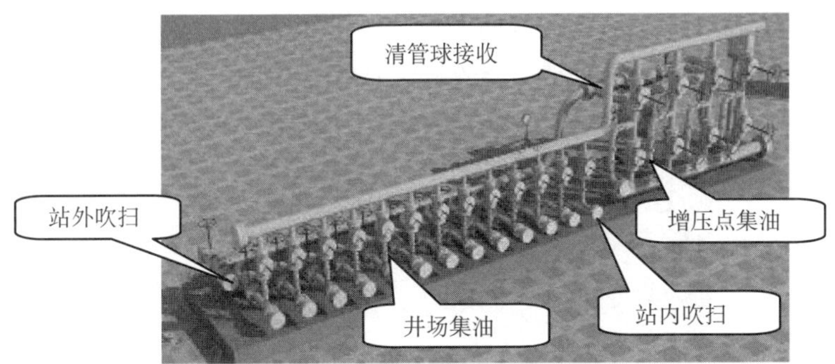

图 4-42　集油收球一体化集成装置

①装置参数。

处理介质：含水原油；主管径规格：PN25，DN100；来油流量：5～25m³/h；流量计规格：PN25，DN50；外形尺寸：6.6m（长）×1.5m（宽）；装置重量：1.2t。

②装置功能。

来油计量；流量计标定；来油温度监测；来油压力监测。

原油计量一体化集成装置见图 4-43。

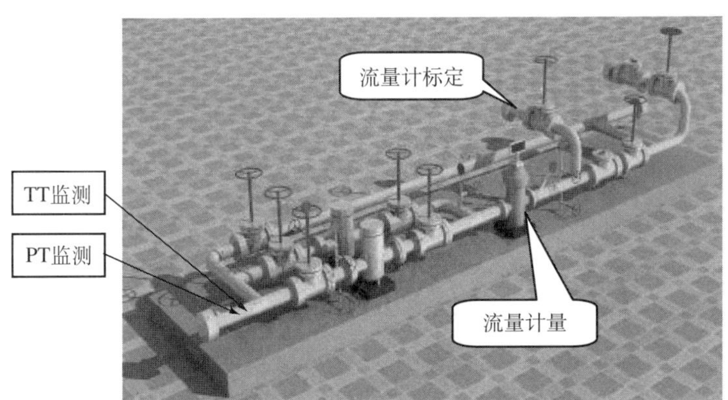

图 4-43　原油计量一体化集成装置

（3）原油两室缓冲一体化集成装置。

①装置参数。

处理介质：含水原油、净化油；一室 / 二室容积：20m³/20m³；外形尺寸：9.8m（长）×2.8m（宽）；缓冲罐容积：40m³；装置重量：13t。

②装置功能。

含水油来液缓冲；净化油外输缓冲；气体分离。

原油两室缓冲一体化集成装置见图 4–44。

图 4–44　原油两室缓冲一体化集成装置

（4）原油加热一体化集成装置。

①装置参数。

处理介质：含水原油、净化油；来油盘管负荷：1000kW；外输盘管负荷：250kW；外形尺寸：7.1m（长）×2.8m（宽）；总负荷：1600kW；来油盘管压力：PN25；外输盘管压力：PN63；装置重量：25t。

②装置功能。

含水油加热；净化油加热；房屋采暖供热；设备保温供热。

原油加热一体化集成装置见图 4–45。

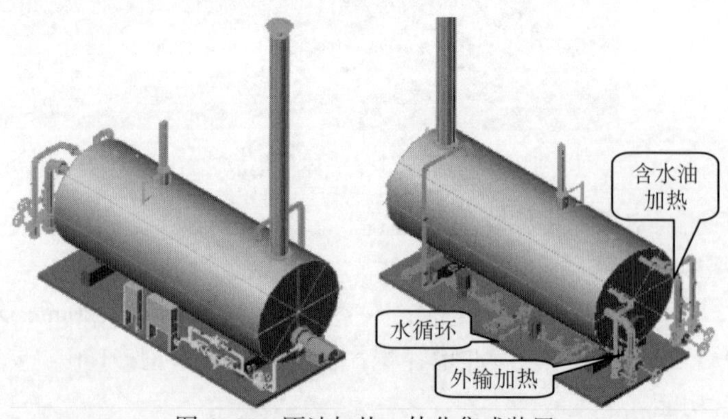

图 4–45　原油加热一体化集成装置

（5）原油外输计量一体化集成装置。

①装置参数。

处理介质：净化油；外输泵流量：46m³/h；外输泵扬程：250m；外输泵功率：75kW；流量计规格：PN40，DN100；含水分析仪规格：PN40，DN125；外形尺寸：11.0m（长）×2.2m（宽）；装置重量：4.5t。

②装置功能。

净化油外输增压；外输计量；含水率分析；站内循环；流量计标定。

原油外输计量一体化集成装置见图 4-46。

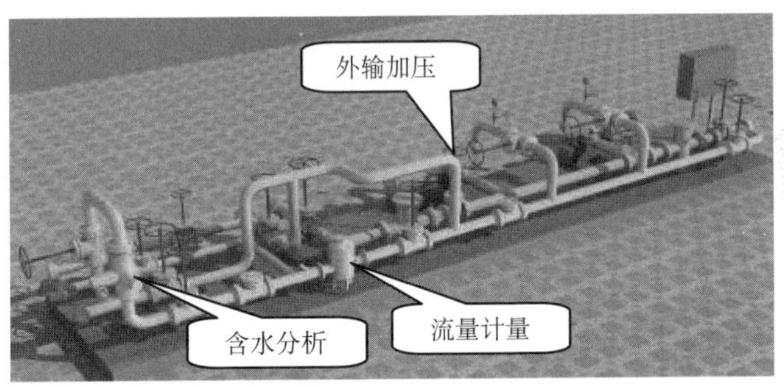

图 4-46　原油外输计量一体化集成装置

2）采出水处理及回注系统（3 种装置）

（1）油水加药一体化集成装置。

将油系统破乳剂、水系统缓蚀阻垢剂、杀菌剂集成到一个橇块上，专业集成、节省空间、方便管理。

①装置参数。

药罐容积：0.5m³；药罐材质：Q235B；药罐数量：3 具；外形尺寸：5.2m（长）×1.6m（宽）；计量泵规格：100L/h；计量泵出口压力：1.0MPa；计量泵数量：3 台；装置重量：1.8t。

②装置功能。

药剂搅拌；药剂计量；溶液升压输出。

油水加药一体化集成装置见图 4-47。

（2）采出水处理一体化集成装置。

分为 3 个橇块（2 个箱式橇块，1 个设备橇块），现场拼接成一个整体。设备橇块设在箱式体橇块中间，利用箱壁传热采暖，结构紧凑、空间利用合理。

图 4–47　油水加药一体化集成装置

①装置参数（单套）。

处理介质：采出水；处理规模：500m³/d；运行压力：＜ 1.0MPa；装置运行重量：50t；外形尺寸：12.5m（长）×6.4m（宽）×2.8m（高）。

②装置功能。

除油；除悬浮物；杀菌；排泥。

采出水处理一体化集成装置拆分如图 4–48 所示。采出水处理一体化集成装置组装图如图 4–49 所示。

（3）采出水回注一体化集成装置。

分为两个橇块，每个橇座将注水泵、立式喂水泵、Y 型过滤器、流量计、多级调节阀、工艺管线和配套阀门等集成橇装。实现了对采出水缓冲集成装置来水喂水、过滤、升压、计量、控制等功能。

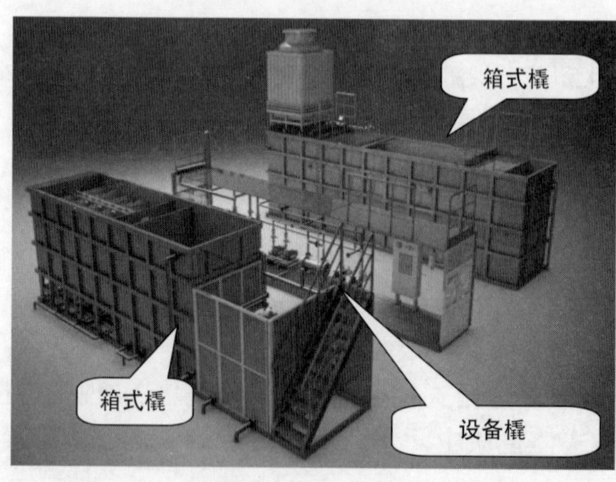

图 4–48　采出水处理一体化集成装置拆分图

图 4-49 采出水处理一体化集成装置组装图

①装置参数。

处理介质：采出水；注水泵流量：25m³/h；注水泵压力：25MPa；处理规模：1000m³/d；喂水泵流量：30 ~ 60m³/h；喂水泵扬程：H=22.5 ~ 18m；外形尺寸：4.95m（长）×2.6m（宽）；装置重量：10t。

②装置功能。

来水喂水；采出水过滤；采出水升压回注；流量计量。

采出水回注一体化集成装置见图 4-50。

图 4-50 采出水回注一体化集成装置

3）注水及清水处理系统（3 种装置）

通过优化清水处理流程，并对注水泵、配水阀组及流量计等设备优化集成，省去了喂水泵、反洗泵及反洗水罐，实现了对清水处理、升压、计量、控制等功能。

（1）清水处理一体化集成装置。

将加压泵、自清洗过滤器、PE 烧结管过滤器、隔膜气压罐、加药机、控制柜等集成橇装。采用两级过滤，具有加压、过滤、计量、加药、在线反洗等功能，净化水直供注水系统。

①装置参数。

处理介质：清水；处理规模：1500m³/d；设计压力：0.6MPa；出水水质：SS ≤ 2mg/L；自清洗过滤器过滤精度：50μm；PE 烧结管过滤器过滤精度：2μm；外形尺寸：10.1m（长）×2.8m（宽）×3.5m（高）；装置重量：20t。

②装置功能。

来水加压；两级过滤；气体稳压；出水计量；在线反洗；计量加药。

清水处理一体化集成装置见图 4–51。

图 4–51　清水处理一体化集成装置

（2）清水注水一体化集成装置。

将注水泵、过滤器、阀门及管线集成到一个橇块上，对注入水升压，满足注水压力要求。

①装置参数。

注入介质：清水；注水泵排量：25m³/h；设计压力：25MPa；设计规模：500m³/d；外形尺寸：6.2m（长）×2.6m（宽）；装置重量：10t；装置数量：3 套。

②装置功能。

来水过滤；来水升压；高压回流。

清水注水一体化集成装置见图 4–52。

图 4–52　清水注水一体化集成装置

（3）清水配水一体化集成装置。

将注水汇管、流量计、阀门及管线等集中设计安装于同一橇座，装置集成度高、节省空间、方便管理。

①装置参数。

注入介质：清水；汇管规格：DN200mm；设计压力：25MPa；外形尺寸：4.6m（长）×2.2m（宽）；装置重量：5t；装置数量：1套。

②装置功能。

流量监测；压力监测；水量调配。

清水配水一体化集成装置见图4–53。

图4–53　清水配水一体化集成装置

4）供配电系统（2种装置）

（1）联合站电控一体化集成装置。

该装置是将传统站场上高压配电室、变压器室、低压配电室、机柜室的设备优化集成。

①装置尺寸。

2×［9.03m（长）×2.8m（宽）×3.15m（高）］。

②装置功能。

站内变、配电；生产数据采集上传；生产过程监视管理。

联合站电控组橇如图4–54所示。联合站电控一体化集成装置见图4–55。

（2）橇装组合式35kV变电站。

将开关场断路器、隔离开关、电流、电压互感器、避雷器、站用变、母线等元件有机的组合在接地的钢结构支架上，形成独立的进线间隔、PT间隔、母联间隔、主变间隔、所变间隔等功能模块，实现开关场模块化、橇装化（见图4–57）。功能特点：功能模块，工厂预制化生产；二次系统集成，运行安全；管型连接母线，简化施工；布置灵活，易于扩展。

以PT间隔为例（见图4–56）。

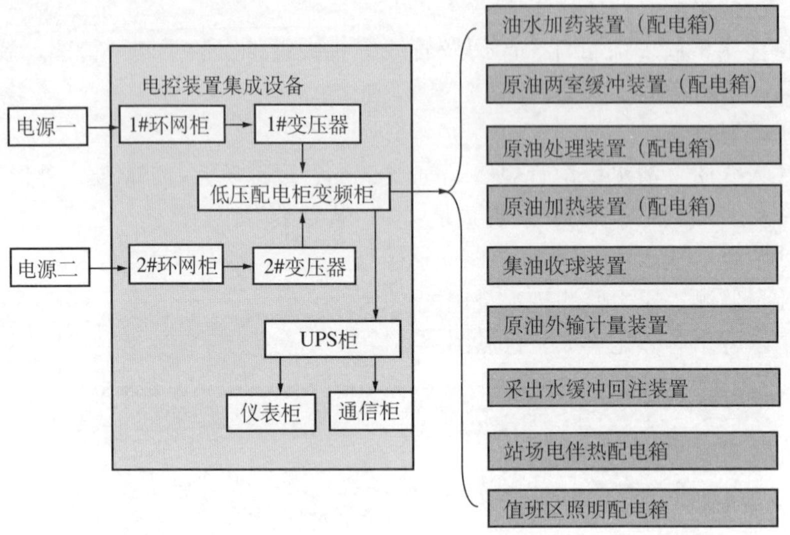

图 4–54 联合站电控组橇

图 4–55 联合站电控一体化集成装置

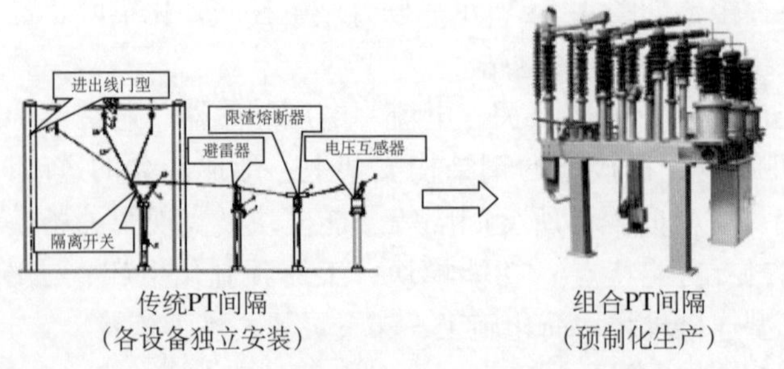

图 4–56 传统 PT 间隔于组合 PT 间隔

图 4–57　橇装组合式 35kV 变电站

5）原油稳定及轻烃回收（4 种装置）

形成了“4+6”的橇装化、模块化设计模式，取消了轻烃回收装置常用的框架区，工艺装置由 4 个模块、6 个橇块构成，如图 4–58 所示。

图 4–58　原油稳定及轻烃回收成橇优化

通过优化工艺流程，取消了未稳定原油泵工艺（2 台）、凝液泵设备（2 台），将一级出口冷却器、二级出口冷却器集成到压缩机上，并且根据工艺流程按功能进行组合，实现功能集成的橇装化设计，不能成橇的则采用模块化设计，形成橇装化为主、模块化为辅的设计理念。

（1）原油稳定一体化集成装置。

橇体集原油加热、原油稳定、稳定气冷却、分离等多功能于一体。对上游来的未稳定原油进行稳定，并将稳定气增压后送至下一单元处理。

处理介质：未稳定原油；处理规模：30×10^4t/a；设备产品：稳定原油、稳定气；原油稳定泵：60m^3/h，H=100m；原油加热器：BES600–1.6–65–4.5/25–2I；稳定气冷却器：AES500–1.6–35–3/19–2I；原油稳定塔：1600mm × 6500mm/800mm × 3600mm；外形尺寸：10.0m（长）× 2.4m（宽）；

装置重量：12t。

原油稳定一体化集成装置如图 4-59 所示。

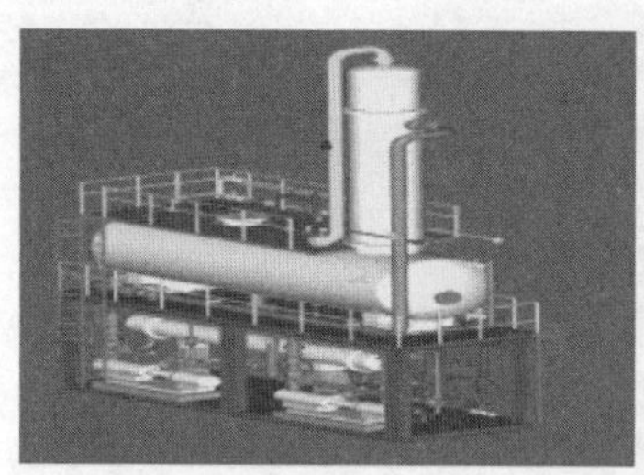

图 4-59　原油稳定一体化集成装置

（2）压缩机辅机一体化集成装置。

设备集成了冷却、分离功能，对压缩机入口前的伴生气进行冷却、分液，保证活塞机的长周期运行。

处理介质：原油稳定气、站外气；处理规模：$3.0\times10^4Nm^3/d$；压缩机一级入口分离器：1200mm×3600mm；压缩机二级入口分离器：1200mm×3000mm；压缩机一级入口冷却器：AES500-2.5-30-3/25-2；外形尺寸：7.6m（长）×2.2m（宽）；装置重量：10t。

压缩机辅机一体化集成装置见图 4-60。

图 4-60　压缩机辅机一体化集成装置

（3）吸收油循环一体化集成装置。

对进脱乙烷塔的原料气进行冷却，并将脱乙烷来的塔顶气进行二次吸收，实现脱乙烷塔的塔顶回流以及稳定轻烃的冷却。

处理介质：增压后原料气；处理规模：$3.0\times10^4Nm^3/d$；贫富气换热器：BCH1.0-106/25；稳定轻烃冷却器：BES500-2.5-35-3/19-4；吸收油低温分离器：1400mm×3800mm；冷油循环泵：HE25-315；结构形式：双层结构；外形尺寸：8.6m（长）×2.2m（宽）；装置重量：12t。

吸收油循环一体化集成装置见图 4-61。

图 4-61　吸收油循环一体化集成装置

（4）液化气回流一体化集成装置。

对液化气塔来的塔顶气进行冷却、缓冲，实现液化气塔的塔顶回流，并将合格液化气产品输送至液化气储罐。

处理介质：增压后原料气；处理规模：$3.0\times10^4Nm^3/d$；贫富气换热器：BCH1.0–106/25；稳定轻烃冷却器：BES500–2.5–35–3/19–4；吸收油低温分离器：1400mm×3800mm；冷油循环泵：HE25–315；结构形式：双层结构；外形尺寸：8.0m（长）×2.2m（宽）；装置重量：12t。

液化气回流一体化集成装置见图 4-62。

图 4-62　液化气回流一体化集成装置

4. 关键技术研究

联合站一体化集成装置要实现工艺先进、功能集成、规模满足、体积小型、智能控制、节省投资、安全可靠等要求，需从以下 8 个方面研究。

1）关键设备选型

联合站集成装置关键设备主要包括：输油泵、注水泵、喂水泵、加热炉、计量泵等，关键设施的选用根据油田建设实际情况，选取先进成熟可靠设备。

（1）加热炉选型。

油田常见加热炉主要类型包括 4 种，见图 4-63。

冷凝式水套加热炉

分体式相变真空炉

热媒加热炉

火筒式加热炉

图 4-63　油田常见加热炉类型

加热炉选型对比见表 4-17。

表 4-17　加热炉选型对比

类型	优点	缺点
冷凝式水套加热炉	1. 采用水作为中间换热介质减少结垢、腐蚀及焦化作用 2. 有效避免油气直接接触引发的爆炸 3. 安全性可靠，应用广，排烟温度低，热效率高	1. 补水量大 2. 冷凝部位易发生腐蚀 3. 烟气流动阻力大
相变加热炉	1. 相变提高换热效率 2. 补水量极少，水质稳定，不需经常排污 3. 氧腐蚀和结垢、过烧的几率大大降低 4. 使用寿命长，安全可靠	1. 分体式相变加热炉体积大 2. 排烟温度高，热损失大
火筒式直接加热炉	1. 结构简单，耗材少、制造容易 2. 使用和维护方便、投资成本低	1. 火筒易腐蚀、结垢 2. 热效率低 3. 存在安全隐患
热媒炉	1. 热效率高，节能 2. 自动化程度高 3. 可靠性强，采用矿物油作热媒导热介质 4. 安全性高 5. 良好的环保品质，导热油炉噪声小，排烟温度低，无粉尘，无污染 6. 适应性强 7. 体积小	1. 投资成本高 2. 系统复杂 3. 管理维护成本高

冷凝式常压水套加热炉具有投资小、效率高、应用范围广的特点，且为油田自主研发制造，设备成熟可靠，因此选为加热装置的关键设备。

（2）泵选型。

泵选型对比见表 4-18。

表 4-18 泵选型对比

<table>
<tr><th>泵类型</th><th>选型结果</th><th>选型原则</th></tr>
<tr><td>输油泵</td><td>多级离心泵</td><td rowspan="4">大中型泵选择油田应用成熟的设备</td></tr>
<tr><td>注水泵</td><td>柱塞泵</td></tr>
<tr><td>计量泵</td><td>隔膜泵</td></tr>
<tr><td>喂水泵</td><td>管道泵</td></tr>
<tr><td>补水泵</td><td>立式离心泵</td><td rowspan="2">小型泵将传统卧式泵变立式泵，结构小型，便于橇装</td></tr>
<tr><td>循环水泵</td><td>立式离心泵</td></tr>
</table>

（3）罐选型。

装置上罐选型结合尺寸需要采用便于橇装集成的卧式外型，缓冲罐选择 $40m^3$ 两室分离缓冲罐，过滤器选择卧式 PE 烧结管过滤器，如图 4-64 所示。

图 4-64 缓冲罐及过滤器选型

2）装置总体布局

一体化集成装置总体布局遵循易于操作、便于维护、安全可靠、整齐美观原则，需根据装置上主要设施的功能、操作程序、重要性、设备形状等因素研究确定装置布局，以下举例说明。

（1）以小型设备配管安装为主（原油外输计量一体化集成装置）。

为便于检修、维护，装置主要设备边部放置；为保障流程顺畅、外部接管便利，主体功能要与辅助功能分开布置，如图 4-65 所示。

（2）以大中型设备功能集成为主（原油加热一体化集成装置）。

循环泵放在冷凝炉炉体下方时橇座尺寸面积最小，整体结构紧凑和美观；循环泵布置在炉体前侧，补水泵布置在炉体后侧，减少管线间的交叉，减少管材用料、降低管阻；两台泵布置在距离中轴线 750mm，满足操作检修要求，控制橇座宽度，如图 4-66 所示。

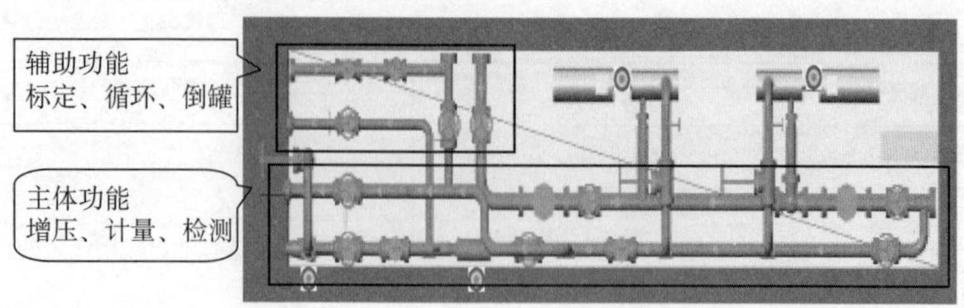

图 4-65　原油外输计量一体化集成装置

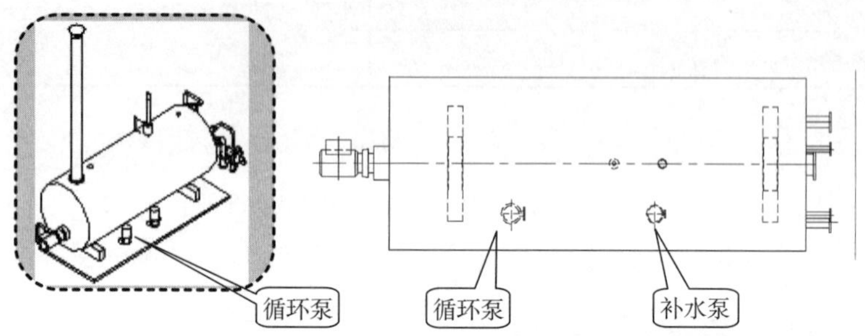

图 4-66　原油加热一体化集成装置

（3）电气仪表通信类（电控一体化集成装置）。

电控一体化装置内含 2 台组合式变压器，14 面配电柜，2 面 PLC 柜，1 面通讯柜，1 面 UPS 柜。联合站电控一体化集成装置采用两段橇体，布局对称，装置内采用“L”型布置，节省空间，强、弱电分区布置，降低信号干扰，低压配电柜预留电回路，具有一定扩展性，如图 4-67 所示。

3）集成装置配管

装置设计采用 SolidWorks、fluent、Pdsoft 等三维设计，不仅是提高设计质量和效率的重要手段，也是支撑模块化施工建设的有力保证，如图 4-68 所示。

整体外观需保证简洁、流程短、层次分明。管线走向顺畅、整齐美观；阀门安装高度合理、方便操作；主设备操作通道、检修位置预留；利用空间位置减小橇座尺寸。

以原油外输计量一体化集成装置三维配管如图 4-69 所示。

原油加热一体化集成装置如图 4-70 所示。

该工艺流程按介质分开，便于连接；将燃气供气装置布置在炉体另一侧，安全、美观，外部接管便利。

分体设计，满足设备运输的要求：冷凝炉烟囱长 6m，顶部膨胀箱高 6m。

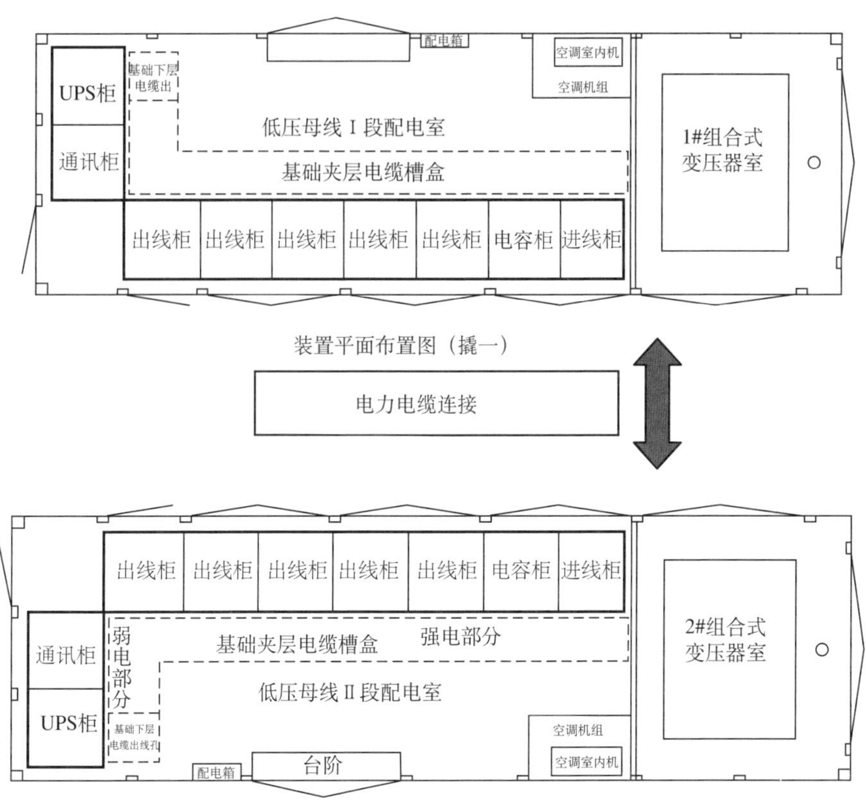

图 4-67　电控一体化集成装置安装图

烟囱底部和膨胀箱底部均为法兰设计，便于拉运。

4）智能控制

结合油田数字化管理要求和油田现场使用条件，装置的智能控制模式以“数据自动采集、设备远程监控”为重点，实现生产流程智能诊断，提高运行管理水平，为工艺简化提供充分支撑，保障了主流程及辅助流程的安全平稳运行。

以原油两室缓冲一体化集成装置为例，其在工艺流程的关键部位均设置了数据监测与上传控制点，筒体液位采用变频控制可连续输油，整体装置可实现运行实时监测、远程控制、事故诊断、自我保护等功能，并且满足了上下游工艺的控制衔接。

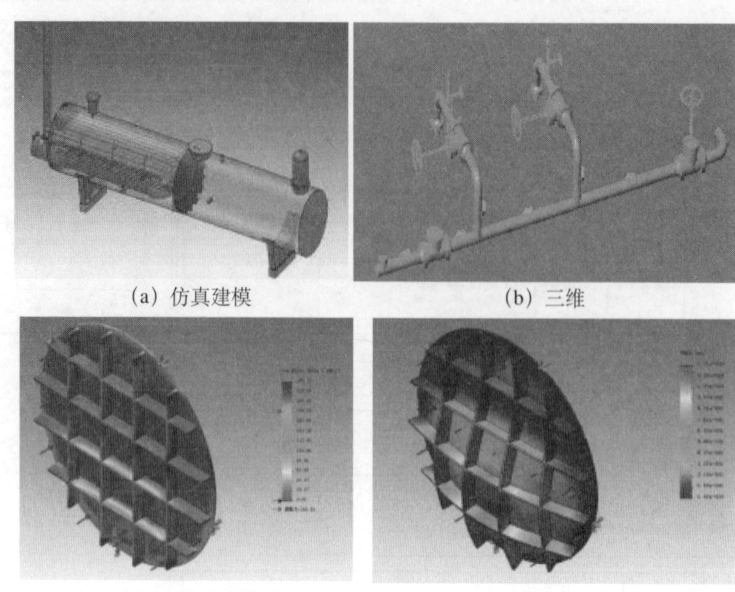

（a）仿真建模　（b）三维

（c）应力分布模拟　（d）应变分布模拟

图 4-68　一体化集成装置三维设计

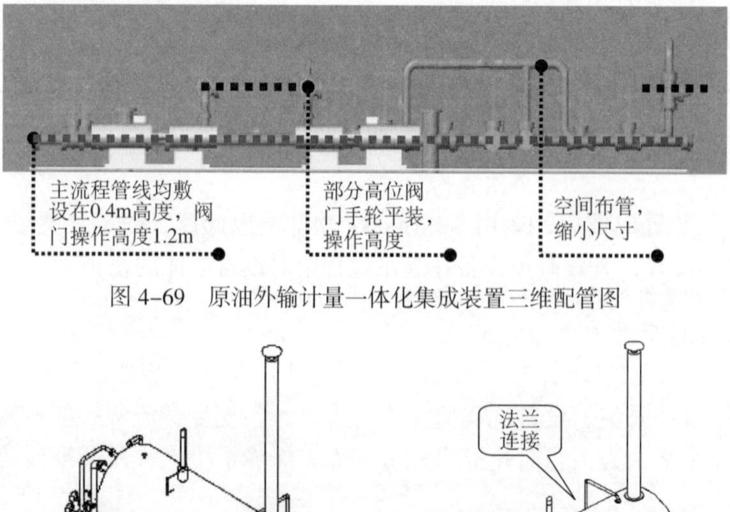

主流程管线均敷设在0.4m高度，阀门操作高度1.2m

部分高位阀门手轮平装，操作高度

空间布管，缩小尺寸

图 4-69　原油外输计量一体化集成装置三维配管图

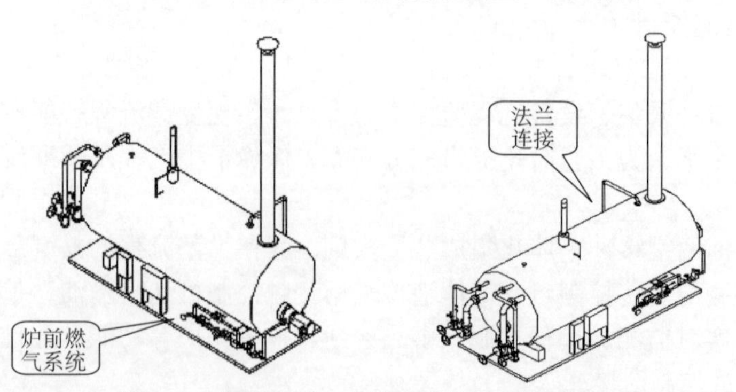

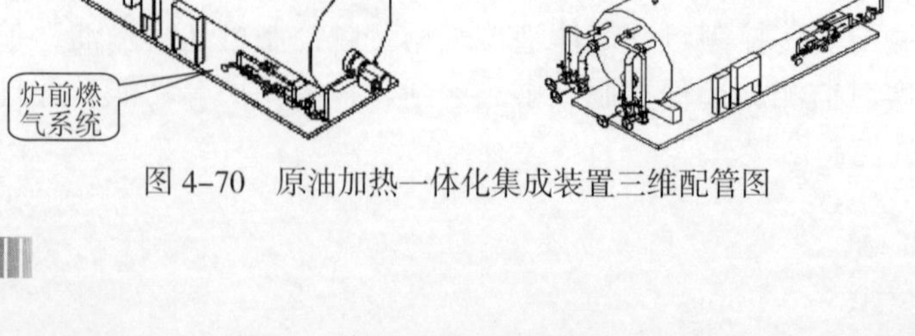

图 4-70　原油加热一体化集成装置三维配管图

以原油加热一体化集成装置为例，其控制系统由数据监测、远程控制、过程控制三大部分组成，其智能控制系统运行灵活、操作简单、安全可靠（图 4–71）。

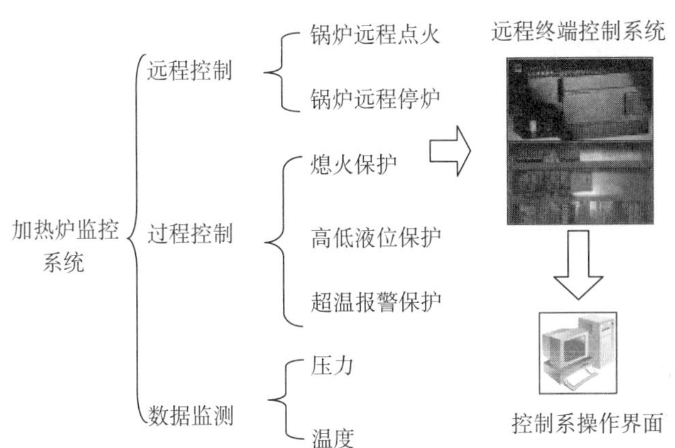

图 4–71　原油加热一体化集成装置智能控制图

5）橇座设计

（1）主梁、次梁根据装置布局、设施重量合理确定。

（2）橇座采用全焊接结构，确保橇座的牢固性。

（3）考虑风沙影响和防滑性能，橇的面板统一铺装花纹钢板。

（4）橇面考虑低点排放的要求，在每 1.5m^2 面积上钻一个 ϕ12mm 的泄水孔处。

（5）装置成橇后，运用 SolidWorks 软件模拟计算，确定装置重心，合理设置吊耳位置，有效避免设备在起吊过程中对设备本体的伤害。

（6）橇座四个角上均预留接地板连接孔。

一体化集成装置橇座设计如图 4–72 所示。

6）防腐保温设计

（1）装置室外放置，油管线均需防腐保温，外输泵泵头缠绕电伴热带，并设置保温壳，确保冬季生产可靠。

（2）管线、阀门采用分块式伴热和组合式保温，便于维修保养。

（3）保温材料选用阻燃型憎水复合硅酸盐，便于施工成型。

（4）采用哑光不锈钢铁皮作为保护层，提高保温结构强度，满足保护层外观美观要求。

一体化集成装置防腐保温设计如图 4–73 所示。

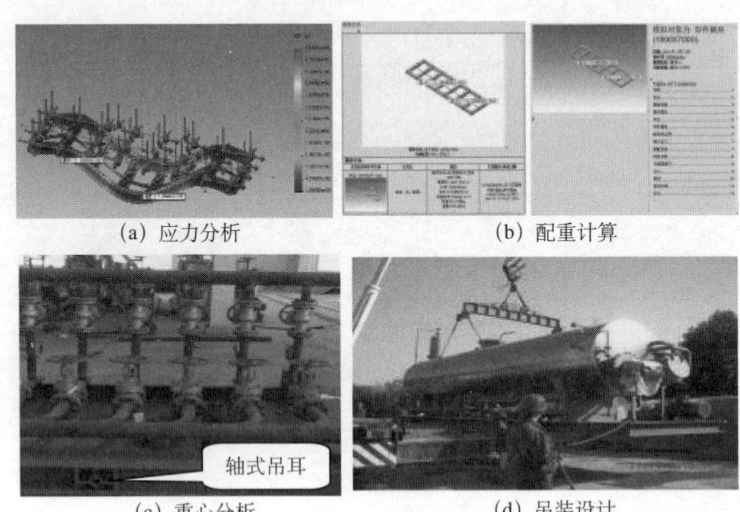

(a) 应力分析　(b) 配重计算　(c) 重心分析　(d) 吊装设计

图 4–72　一体化集成装置橇座设计

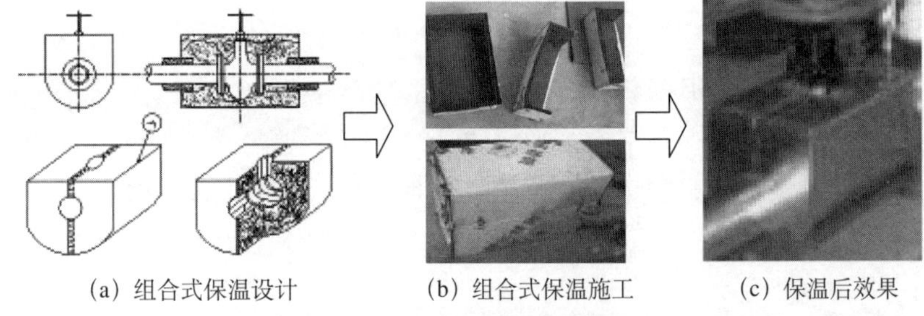

(a) 组合式保温设计　(b) 组合式保温施工　(c) 保温后效果

图 4–73　一体化集成装置防腐保温设计

7）地基设计

一体化集成装置根据集成设备的组成及运行状态分为静力装置和动力装置。

（1）静力装置。

基础：采用无基础设计，如图 4–74 所示。

地基处理方式：原土翻夯。

（2）动力装置。

需通过动力计算，优化结构，确定基础设计，如图 4–75 所示。

以采出水回注一体化装置为例，根据动力装置的震动、扰力等计算，最终采用梁板式基础。

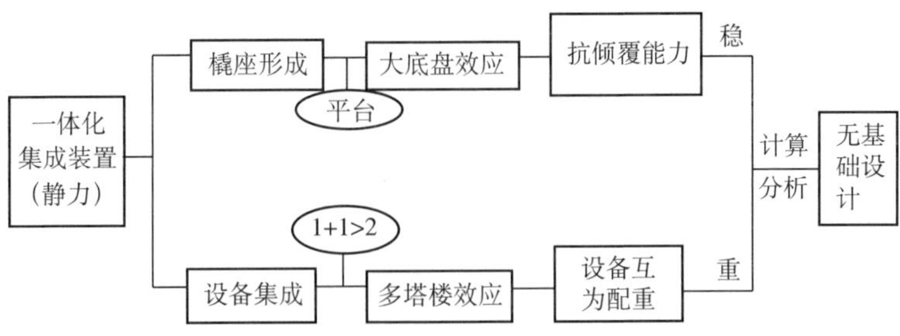

图 4-74 一体化集成装置静力基础设计

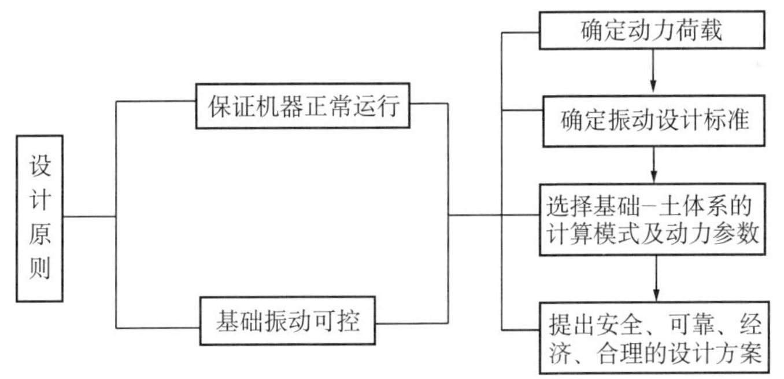

图 4-75 一体化集成装置动力基础设计

8）安全防护

从系统整体出发，对设计中潜在的危险进行预先的识别、评价并完成对应措施，在工艺过程设计上注重工艺流程优化与集成设计优化，确保了装置在露天化布置现场易于检修、维护及生产运行安全，在过程控制设计上注重数字化操控、多流程切换、智能化诊断及仪表设置安全，同时每台装置及整体工艺均采用 HAZOP 分析风险评价，最终通过所形成的操作手册、技术规格书、企业标准，制定了各类应急响应措施，保障了装置在设计、制造、运维等方面的的安全、可靠。

二、长庆油田联合站一体化集成装置建造模式实践

（一）研究成果及应用情况

联合站一体化集成装置研究自 2011 年开始组织、筹备，历时 3 年全面完

成了各项任务，按照“全面推广一批、研发试验一批、技术储备一批”的工作思路，目前所有装置均已完成制造，大部分装置已开展先期试点。联合站各系统一体化集成装置应用情况见表 4–19。

表 4–19 联合站各系统一体化集成装置应用情况

序号	系统	装置种类	下线时间	投产日期	应用情况
1	集输系统	5 种	2014.1	/	拟在 2015 年产建庄三联应用
2	采出回注系统	2 种			
3	电控系统	1 种			
4	采出水处理系统	1 种	2012.08	2014.05	采油五厂－姬十四转
				2014.05	采油五厂－姬二十转
				2014.06	采油五厂－姬十转
5	注水及清水处理系统	3 种	2014.08	2014.12	采油七厂－环十注水站
6	供电系统	1 种	2011.09	2011.12	采油七厂－郝阳 35kV 变电站
7	原油稳定及轻烃回收	4 种	2011.11	2012.05	采油七厂－环一联
			2011.1	2012.03	采油一厂－吴堡联
			2012.09	2013.04	采油十厂－庆十二转
合计		17 种	—	—	—

1. 主体工艺（集输、回注、电控 8 套装置）

2014 年 10 月 13 日，联合站一体化集成装置的最后 8 套装置完成生产下线，可实现原油处理、外输、采出水回注、站控等联合站主体功能，标志着油田大型站场一体化研发完美收官，如图 4–76 所示。

此 8 套装置应用于采油十一厂庄三联合站，与常规联合站相比，一体化集成装置联合站具有功能集成、结构橇装、操作智能、管理数字化、投产快速、维护总成的特点；占地面积可减少 35%，预计建设周期可减少 50%，建设投资可降低 5%。庄三联合站平面效果如图 4–77 所示，庄三联合站效果如表 4–20 所示。

(a) 集油收球一体化集成装置
数量：1台
代替：原总机关、收球装置

(b) 油水加药一体化集成装置
数量：1台
代替：原油与采出水加药设施

(c) 原油外输计量一体化集成装置
数量：1台
代替：外输泵、计量、含水分析单元

(d) 油气两室缓冲一体化集成装置
数量：1台
代替：来油缓冲与外输缓冲单元

(e) 原油计量一体化集成装置
数量：1台
代替：计量、标定单元

(f) 采出水回注一体化集成装置
数量：2台
代替：采出水喂水、注水单元

(g) 联合站电控一体化集成装置
数量：2台
代替：供配电、通信、自控单元

(h) 原油加热一体化集成装置
数量：2台
代替：来油与外输加热及热回水循环单元

图 4-76　庄三联合站一体化集成装置下线图

图 4-77　庄三联合站平面效果

表 4-20　庄三联合站效果

项目	集成前	集成后	对比情况
占地面积，are	45	19	减少 57%
建筑面积，m^2	990	150	减少 85%
模块数量，个	46	21	减少 53%
建设周期，d	85 ~ 95	45	缩短 50%
工程投资，元	0.41×10^8	0.35×10^8	降低 15%

2. 采出水处理系统（1 套装置）

采出水处理一体化集成装置分别在第五采油厂姬十四转（2014 年 5 月 5 日）、姬二十转（2014 年 5 月 23 日）、姬十转（2014 年 6 月 17 日）投产运行，处理水质达标，系统运行平稳。应用现场如图 4-78 所示，水质中机杂分析数据见表 4-21。

姬十四转水样分析结果（2014 年 11 月 12 日水样）如图 4-79 所示。

姬二十转分析结果（2014 年 12 月 1 日水样）如图 4-80 所示。

姬十转处理效果（2014 年 12 月 15 日水样）如图 4-81 所示。

采出水处理一体化集成装置，与同规模的常规采出水处理工艺相比，运行费用低、加药量少、建设周期缩短 50%、处理水质好、自动化程度高、效益明显，在油田地面建设中具有广阔的推广应用前景。工艺对比见表4–22。

（a）姬十转

（b）姬十四转

（c）姬二十转

图 4–78　采出水处理一体化集成装置已应用站场现场图

表 4–21　水质中机杂分析数据

来水 mg/L	气浮池出水 mg/L	二级生化池出水 mg/L	沉淀池出水 mg/L	过滤器出口 mg/L
61.706	8.649	3.671	18.717	5.868
60.31	2.206	1.316	1.79	1.201

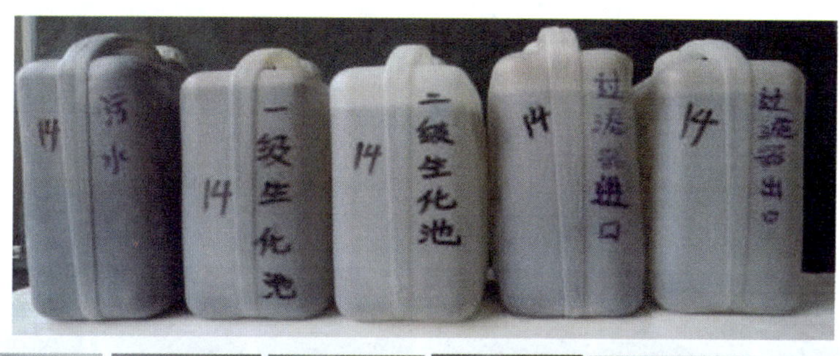

1.污水　2.一级生化池　3.二级生化池　4.过滤器进口　5.过滤器出口　6.自来水

图 4–79　姬十四转水样

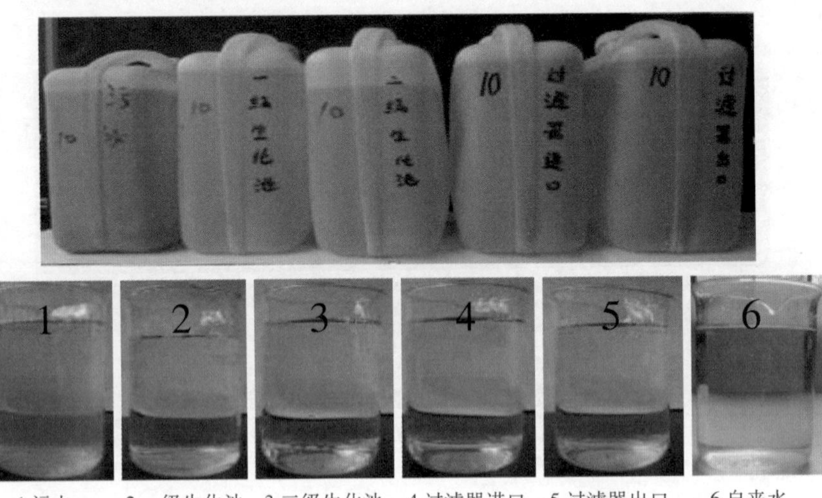

1.污水　2.一级生化池　3.二级生化池　4.过滤器进口　5.过滤器出口　6.自来水

图 4-80　姬二十转水样

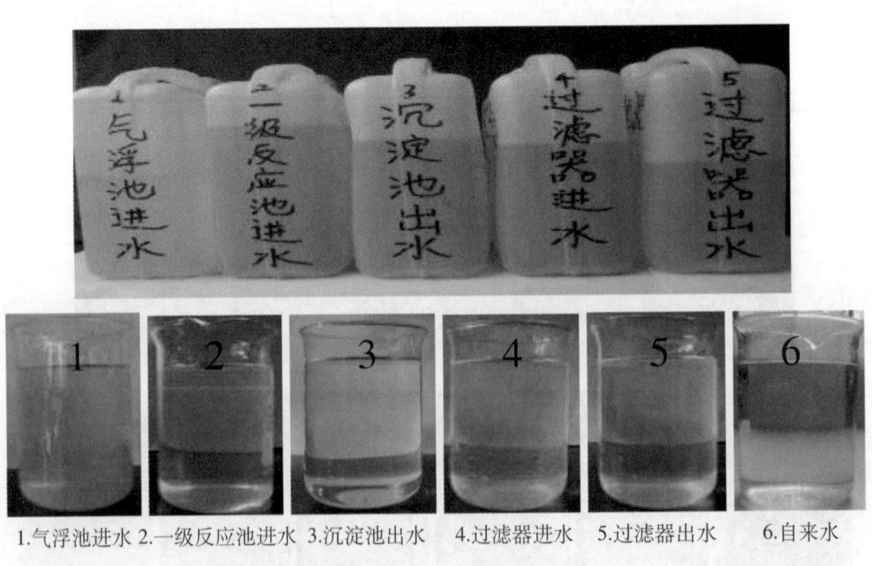

1.气浮池进水 2.一级反应池进水 3.沉淀池出水　4.过滤器进水　5.过滤器出水　6.自来水

图 4-81　姬十转水样

3. 注水及清水处理系统（3 套装置）

一体化集成装置注水站 2014 年在第七采油厂环十注水站试点，由清水处理、注水、配水、电控装置组成，可代替常规 1500m³/d 注水站。其现场如图 4-82 所示，一体化注水站优化如图 4-83 所示。一体化集成装置注水站与常规注水站对比见表 4-23。

表 4-22　采出水处理一体化集成装置与常规处理工艺对比

处理工艺	水处理药剂	占地面积 are	建设周期 d	建设投资，$\times10^4$ 元 规模，m^3/d	运行费用 元 /m^3
二级除油 + 过滤	200ppm	6.3	80	380	3.5
气浮 + 过滤	450ppm	5.8	80	360	3.96
一体化集成装置	不加药剂	4.4	40	300	1.5
对比情况	减少 100%	减少 24% ~ 30%	减少 50%	减少 16% ~ 21%	减少 57% ~ 62%

（a）水处理一体化集成装置

（b）注水一体化集成装置

（c）电控一体化集成装置

（d）配水一体化集成装置

图 4-82　环十注水站一体化集成装置现场图

(a) 1500m³/d标准化注水站平面布置图

(b) 1500m³/d一体化注水站平面布置图

(c) 常规注水站平面图

(d) 一体化注水站应用站场现场图

图 4-83　一体化注水站优化图

表 4-23　一体化集成装置注水站与常规注水站对比

项目	常规建设	橇装建设	对比情况
占地面积，are	3.90	2.40	减少 40%
设计周期，d	14	10	缩短 30%
建设周期，d	50	30	缩短 40%
工程投资，元	780×10^4	750×10^4	减少 4%

4. 供电部分（1 套装置）

长庆油田郝阳 35kV 变电站采用橇装组合式电器（现场如图 4-84 所示），投运以来取得了良好的效果。

(a) 开关场模块化

(b) 橇装化安装

(c) 优化布局

图 4-84　橇装组合式电器应用现场图

橇装组合式电站具有以下几项优点：

（1）节约土地：较传统变电站节约占地 25%。

（2）缩短建设周期：建设周期缩短约 50d，可提前供电。

（3）减少维护人员：只需常规年检，节约维护费 4.5×10^4 元 /a。

（4）保障生产运行：可靠性高，保障供电安全。

橇装组合式电站与常规变电站对比见表 4–24。

表 4–24　橇装组合式电站与常规变电站对比

项　　目	常规变电站	组合式变电站	对比情况
占地面积，are	5.86	4.43	减少 25%
设计周期，d	30	20	缩短 33%
建设周期，d	60	35	缩短 40%
设备基础，基	99	32	减少 68%
维护检修（每年）	8 人 /6d	3 人 /2d	减少 63%
工程投资，元	960×10^4	955×10^4	投资相当

5. 原油稳定及轻烃回收（4 套装置）

原油稳定及轻烃回收橇装化、模块化设计分别在环一联、吴堡联、庆十二转伴生气综合利用工程中应用。现场如图 4–85 所示。

（a）环一联

（b）吴堡联

（c）庆十二

图 4–85　原油稳定及轻烃回收一体化集成装置应用现场

已投产的装置中，伴生气处理量 $3.0 \times 10^4 m^3/d$，液化气、轻油总量在 15 ~ 18t/d（其中轻油量 4 ~ 5t/d）。生产液化气、轻油 5000 ~ 6000t/a（其中轻油量 1300 ~ 1700t/d），实现产值高达 2400×10^4 元。装置区采用模块化、橇装化设计，现场安装设备减少、流程简化，大大减少了现场的安装工作量和装置的占地面积，可节约工程投资约 480×10^4 元。装置节约电耗约 22×10^4kW · h/a，按 0.69 元 /（kW · h）计，装置运行费用可节约 15×10^4 元 /a。原油稳定及轻烃回收橇装化、模块化对比见表 4–25。

表 4-25　原油稳定及轻烃回收橇装化、模块化对比

项目	常规建设	橇装建设	对比情况
装置区占地面积，m^2	2310	1600	减少 30%
设计、施工周期，d	180	120	缩短 30%
工程投资，元	3200×10^4	2720×10^4	减少 15%

（二）联合站一体化集成装置建设效果

联合站一体化集成装置通过充分的技术论证或成功的现场试点，各系统装置已具备成熟应用条件，接下来将对一体化装置的应用情况持续跟踪，对已形成的 5 大类 17 种装置进行整体集成，以实现系统完备、高度集成的联合站橇装一体化建设模式。

1. 模块分解

30×10^4t/a 联合站一体化集成装置模块分解见表 4-26。

表 4-26　30×10^4t/a 联合站一体化集成装置模块分解

系统	序号	名称	数量	代替设施	数量
集输系统（6 套） 规模：30×10^4t/a	1	集油收球一体化集成装置	1 套	井场来油阀组	1 座
				增压点来油阀组	1 座
				收球装置	1 具
	2	原油计量一体化集成装置	1 套	来油计量系统	1 套
	3	油气两室缓冲一体化集成装置	1 套	两室分离缓冲罐	1 具
	4	原油外输计量一体化集成装置	1 套	输油泵	2 台
				外输流量计	1 套
	5	原油加热一体化集成装置	2 套	加热炉	2 台
				补水泵	1 台
				循环水泵	2 台
采出水处理及回注（5 套） 规模：$1000m^3/d$	1	油水加药一体化集成装置	1 套	双罐型加药装置	2 套
	2	采出水处理一体化集成装置	2 套	气浮装置	1 套
				微生物除油装置	1 套
				两级过滤装置	1 套

续表

系统	序号	名称	数量	代替设施	数量
采出水处理及回注（5套）规模：1000m³/d	2	采出水处理一体化集成装置	2套	杀菌装置	1套
				加压泵	2台
				反洗泵	2台
				混凝沉降罐（池）	2具
				调节水罐	2具
	3	采出水回注一体化集成装置	2套	喂水泵	2台
				注水泵	2台
				计量系统	1台
注水及清水处理（5套）规模：1500m³/d	1	清水处理一体化集成装置	1套	纤维球过滤器	1套
				加压泵	2台
				烧结管过滤器	2套
				反洗泵	1台
				喂水泵	1台
				反洗水罐	1具
	2	清水注水一体化集成装置	3套	注水泵	3台
				Y型过滤器	3具
	3	清水配水一体化集成装置	1套	压力表	3个
				配水阀组	1套
				流量计	3台
供配电（2套）电控：2×800kVA 变电：2×6.3MVA	1	联合站电控一体化集成装置	1套	高压环网柜	2台
				配电柜	9台
				变频柜	4台
				UPS柜	1台
				变压器	2台
				通讯机柜	1台
				PLC柜	2台

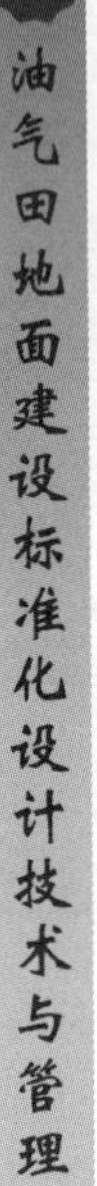

续表

<table>
<tr><th>系统</th><th>序号</th><th>名称</th><th>数量</th><th>代替设施</th><th>数量</th></tr>
<tr><td rowspan="5">供配电（2套）
电控：2×800kVA
变电：2×6.3MVA</td><td rowspan="5">2</td><td rowspan="5">橇装组合式35kV变电站</td><td rowspan="5">1套</td><td>进线间隔</td><td>1台</td></tr>
<tr><td>PT间隔</td><td>1台</td></tr>
<tr><td>母联间隔</td><td>1台</td></tr>
<tr><td>主变间隔</td><td>1台</td></tr>
<tr><td>所变间隔</td><td>1台</td></tr>
<tr><td rowspan="14">原油稳定及轻烃回收（4套）
原油稳定：
30×10^4t/a
轻烃回收：
3.0×10^4m^3/d</td><td rowspan="4">1</td><td rowspan="4">原油稳定一体化集成装置</td><td rowspan="4">1套</td><td>原油稳定塔</td><td>1座</td></tr>
<tr><td>原油加热器</td><td>1座</td></tr>
<tr><td>稳定气冷却器</td><td>1套</td></tr>
<tr><td>原油稳定泵</td><td>2台</td></tr>
<tr><td rowspan="3">2</td><td rowspan="3">压缩机辅助一体化集成装置</td><td rowspan="3">1套</td><td>压缩机一级入口冷却器</td><td>1套</td></tr>
<tr><td>压缩机一级入口分离</td><td>1具</td></tr>
<tr><td>压缩机二级入口分离器</td><td>1具</td></tr>
<tr><td rowspan="4">3</td><td rowspan="4">冷油吸收一体化集成装置</td><td rowspan="4">1套</td><td>贫富气换热器</td><td>1台</td></tr>
<tr><td>吸收油低温分离器</td><td>1具</td></tr>
<tr><td>冷油循环泵</td><td>2台</td></tr>
<tr><td>稳定轻烃冷却器</td><td>1台</td></tr>
<tr><td rowspan="3">4</td><td rowspan="3">液化气回流一体化集成装置</td><td rowspan="3">1套</td><td>液化气冷却器</td><td>1台</td></tr>
<tr><td>液化气缓冲罐</td><td>1具</td></tr>
<tr><td>液化气回流泵</td><td>2台</td></tr>
<tr><td colspan="3">合计</td><td>22套</td><td></td><td>90套</td></tr>
</table>

5类22套一体化集成装置，通过组合应用，可实现联合站的功能需求。

2. 工艺流程

一体化联合站与常规联合站工艺流程对比见图4-86～图4-87。

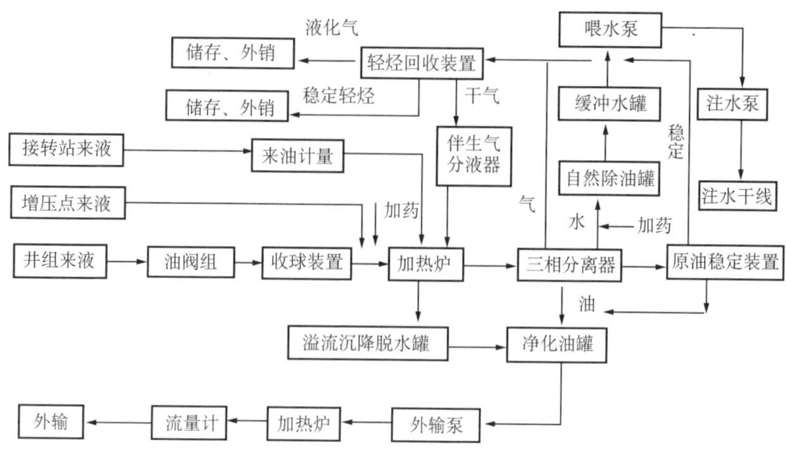

图 4-86 常规联合站工艺流程图

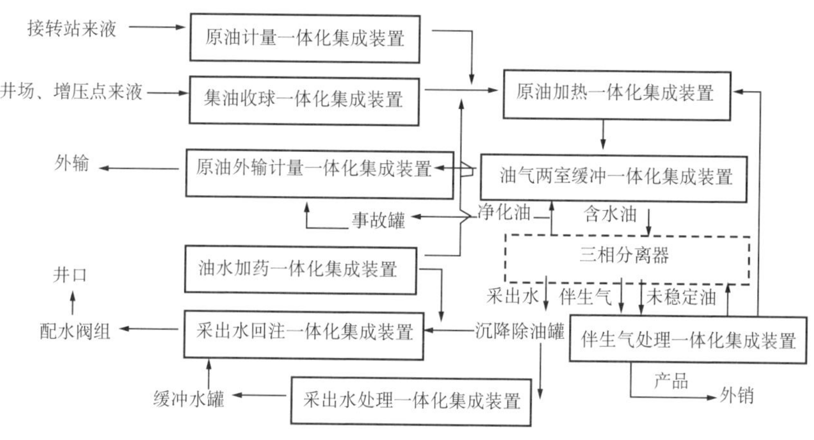

图 4-87 一体化联合站工艺流程图

3. 平面布局

一体化联合站平面见图 4-88，地形效果见图 4-89。

4. 效果

与常规联合站相比，一体化集成装置联合站具有功能集成、结构橇装、操作智能、管理数字化、投产快速、维护总成的特点。一体化联合站与常规设计对比见表 4-27。

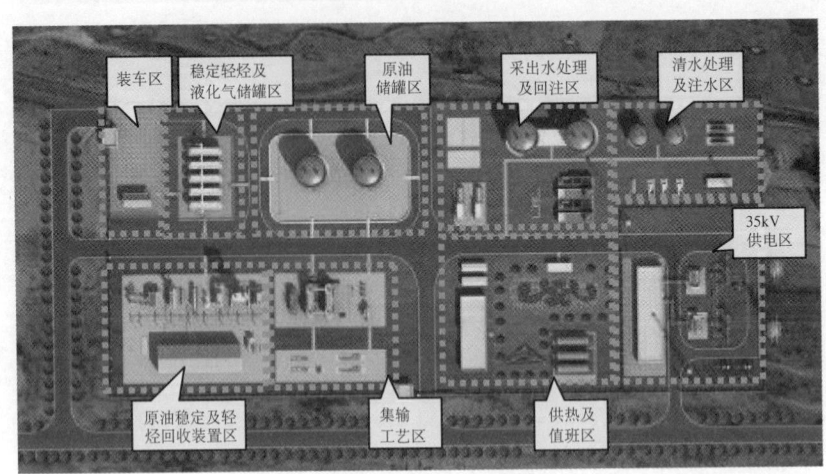

图 4-88　一体化联合站平面图

■ 处理规模：30×10⁴t/a
■ 占地：95m×240m，32are

图 4-89　一体化联合站地形效果图

表 4-27　一体化联合站与常规设计对比

	常规设计	一体化设计	预期效果
占地面积，are	65	32	减少 52%
建筑面积，m^2	990	150	减少 85%
模块数量，个	60	35 个	减少 40%
建设周期	3 个月	1 个月	减少 67%
工程投资，元	0.97×10^8	0.85×10^8	减少 12%

第五章 模块化建设

油气田地面建设标准化设计的内涵中强调“模块化建设是标准化设计的延伸和落脚点”，模块化建设的实质是将大量的现场工作转移到工厂内进行，实现工厂预制化，从而提高工程质量，缩短建造周期。模块化建设是传统工程组织模式的一种创新，也是管理理念的一次革命，模块化建设正在成为转变施工模式的重要手段。

第一节 模块化建设概述

一、传统建设模式

传统的站场建设方式是在站场所在地完成站场所有的建设任务，基本流程为：设计单位完成施工图设计，施工单位先由土建人员进行土建施工；然后移交给安装人员引入钢结构、设备、管道等，期间可能需要吊车、拖车等进行协助；待钢构件、设备、管道等基本引入到位后，再移交给土建人员进行二次作业，如二次浇注、粉刷、二次地面等；当条件具备后，安装人员在某些区域进行电气仪表等精密设备的安装；最后整个系统施工完成后进行调试与运行。这种建造方式建造工期长，人力、建造资源投入量大，需要建设大量的临时施工设施，对周边环境影响较大，在同一时间、同一地点存在大量的交叉作业，安全管理和项目管理难度较大，从经济效益和社会效益上来讲都不是一种优良的建造方式。

二、模块化建设

模块化建设是在标准化设计的原理及方法体系指导下开展工作。依据工艺流程和总平面布置图等，将厂站设施按功能、单元或区域分解为若干模块，从定型图库中选择满足设计要求的定型模块进行定位拼接完成站场设计，并依据设计模块，通过系统分析，在优化、简化和统一化的思想指导下，对设计模块进行拆分，形成便于机械化流水作业的预制管段、结构和容器，预制单位在预制厂按照种类、规格等统一进行流水作业、批量预制和模块装配，然后运输至建设现场进行组装的建设模式。

因此，模块化建设包含三层含义：

（1）采用模块的形式开展工程设计。

（2）利用模块预制工厂开展模块建造，包括固定式预制工厂和移动式预制工厂。

（3）建设现场进行模块组装。

针对油气田中小型站场、油田大型站场和气田大型厂站具有不同特点，形成了三种模块化建设模式：

（1）一体化集成装置建设模式：适用于流程简单，功能和设备种类较少的油气田中小型站场（如转油站、集气站、注水站）。

（2）一体化集成装置＋单体模块结合建设模式：适用于液相介质、功能较多、设备体积大、单层布置的油田大型站场（如联合站）。其中，单体模块是指满足吊装、运输条件的单个模块，模块可由单体设备、钢结构件和其他附属设施构成。

（3）单元装置模块为主、单体模块和一体化集成装置为辅的建造模式：适用于单元工艺复杂、设备种类多、分层布置的气处理大型站厂（如天然气处理厂）。其中，单元装置模块是指根据工艺流程和平面布置在特定的区域内具备集成功能的模块，一般由多种单体设备及相关附属设施组成，具备特定的生产功能，如天然气脱水单元装置、脱硫单元装置、硫磺回收单元装置等。

模块化工程设计部分已经在第三章进行了论述，本章将对模块工厂建造、现场安装进行论述。

第二节　模块工厂建造总体流程

模块工厂建造流程主要环节包括：原材料入厂验收，钢结构、管道和容器预制，模块预组装，测试检验和出厂，包装和运输以及现场安装。

一、原材料入厂验收

主要是参与模块制造的各物资的入厂验收，包括管道、钢材、非标设备、仪器仪表、电气设备等。与传统的现场安装不同，模块化内所有物资的验收都转移到了工厂，由业主代表会同制造厂的质检部门按照检查表分类逐项检查，并要求相关供货方在规定时间内完成整改。入厂验收的质量关系到整个模块化建设工程的进度、费用和质量，尤为重要。

二、预制

预制是模块化建设的基础。

（1）统计分析设施的加工特征、研究各工序的设备配置、引入自动化加工设备、设计先进组配工装和传输装置，按照简洁、高效生产工艺流程形成机械化流水作业线。

（2）通过分析设计模块形成模块分解技术；按照单线图、管段图指导制定预制机械加工工艺。

（3）通过多种防变形措施和质量保证措施，保证预制质量。

（4）管理技术和计算机辅助系统的应用，使得原有的串行工序变为平行作业工序，实现预制过程的信息化管理。

三、组装

模块的组装包括钢结构就位找平、设备安装、管道安装、管阀件安装、接线箱安装、桥架与穿线管安装、仪电设备安装、接线等工作内容。

模块的工厂组装程序：建立尺寸控制相对坐标系，按照位置坐标摆放基

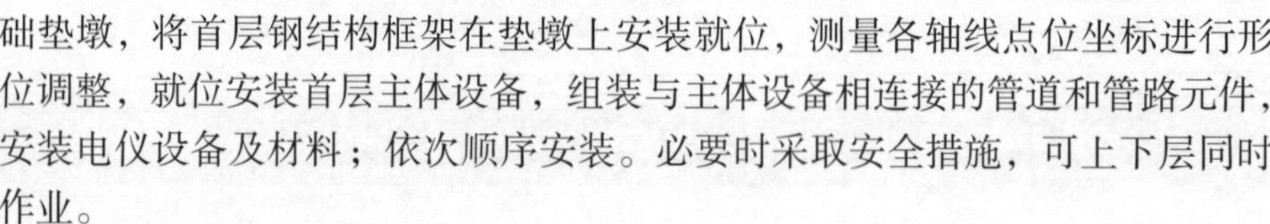

础垫墩，将首层钢结构框架在垫墩上安装就位，测量各轴线点位坐标进行形位调整，就位安装首层主体设备，组装与主体设备相连接的管道和管路元件，安装电仪设备及材料；依次顺序安装。必要时采取安全措施，可上下层同时作业。

四、测试检验和出厂

模块建造完毕后，分专业进行出厂验收测试（FAT），内容包括：工艺及配管检查、结构检查、仪电检查与测试、设备检查、防腐及保温检查等。

模块管路系统的所有焊缝在工厂内进行强度试验。

五、包装、运输

明确运输路径、运输方式、车辆选用以及转运等情况制定运输方案，按照拆分方案对需要拆分的单元模块进行拆分。结合运输方案以及物资类别确

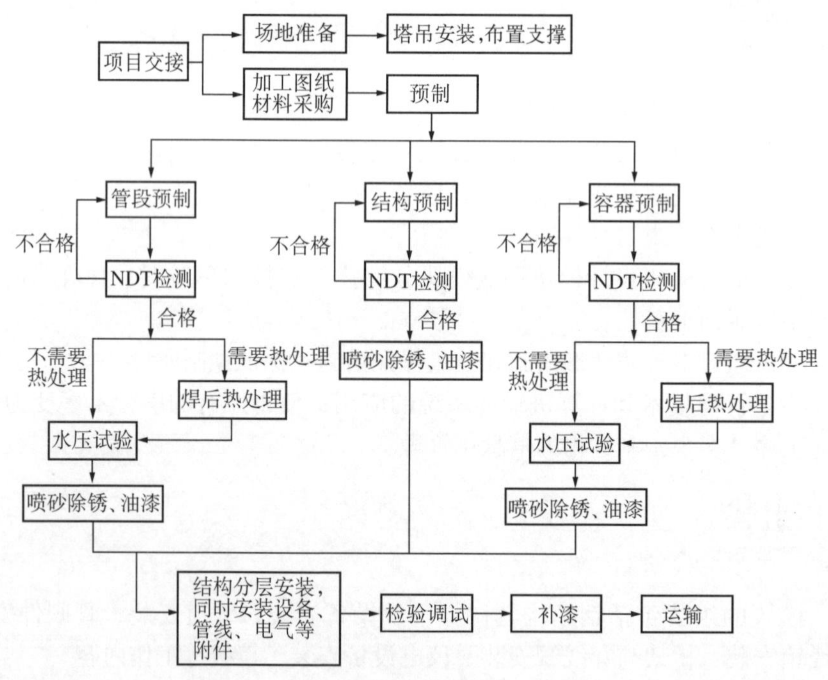

图 5-1　模块工厂化建造总体流程图

定模块的包装方案。

六、模块现场安装

模块现场安装工作包括：单体模块安装，模块间连接钢结构、管道和桥架安装、栏杆和爬梯安装、格栅板敷设、仪表安装、灯具安装、电缆敷设及接线等。

为保证现场安装顺利实施，应编制模块安装手册，内容包括：装置整体情况及安装内容、装箱总单与安装顺序、各专业安装指导要求、吊装要求与专用工具。

模块工厂化建造总体流程见图 5-1。

第三节 模块工厂建造依托条件及工序

一、建造依托条件

（一）设计依托

模块化设计依托于有丰富模块设计经验的三维设计团队，包括工艺、配管、结构、仪电、成套设备包及操作维护等专业工程师的参与，从项目设计策划时就需要考虑模块化理念，制造厂应有能力将设计单位各专业的设计图纸充分消化并无缝转化为工厂制造图，按照拟定的工期计划排产到每个工位并对相应的人员、机具、材料进行安排落实以满足生产需要。

（二）建造依托

大型模块的建造依托条件考虑较多，建造工序相对复杂。首先，模块制造厂应尽量靠近模块使用地，以减少运输成本及运输限制。对于海外使用的模块，应尽量选择靠近沿海港口的模块制造厂，以减少陆运环节造成模块内部的连接松动。

其次，大型模块一般占地面积较大，要求制造厂应有足够大的制造场地，室内为宜且避免天气对建造进度造成影响，行车高度满足模块组装及模块内设备安装，配套的模块建造设备、设施应在模块组装地附近，如喷砂房、管道预制车间等。对于海外使用的模块，且模块建造地和使用地都在沿海港口，当地建造人力成本高或每年现场建造时间有限时，模块宜在室外建造，靠近码头便于模块建造完成后整体吊装上船以及现场整体吊装就位，最大限度减少现场安装工程量。

第三，大型模块的吊装对吊装设备的起吊能力要求较高，特别是需要整体吊装的大型整装模块，对于其整体吊装和搬运，对吊装机具的选择、地面承载能力和模块整体刚度（临时梁、斜撑的设置）要求较高，因此要求模块制造厂应充分考虑这一过程的风险控制，确保整体吊装、搬运的安全性，因此对模块制造厂的技术水平及类似工程经验要求较高。

第四，大型模块建造工序相对复杂，任何一个环节控制不到位都将对项目进度和质量产生影响，甚至可能造成返工，所以对制造厂的项目管控能力及质量管理能力要求较高。其中，重要设备的到货周期是制造厂进度把控的关键点，只有重要设备按期到货，才能按部就班的开展后续建造工序。由于模块化制造地点可能在远离项目建造现场几百公里，甚至几千公里之外，因此，对模块制造的准确度和精度要求均较传统建造模式大大提高。模块在工厂的制造精度应至少保证公差不大于5mm，否则将会很大程度上影响模块的现场复装。

二、建造工序

（一）工艺管道不预制建造工序

工艺管道不预制是指模块制造安装时，待模块底座制造加工完成，设备安装就位并调平后，进行管道的下料组对、焊接安装、管道拆卸、无损检测、热处理、强度试验、喷砂油漆、管道回装等工序。

由于工艺管道不预制建造工序设备材料的采购（一般是管道、管件材料）比设备到货周期短，因此材料到货后存在一定时期的闲置，所有的焊接组对工作集中在模块上进行，不利于多个工作面同时展开。同时，该方式对模块上成品的保护工作要求更高，例如模块上进行管道焊接前，需对橇座及设备表面进行保护隔离，避免焊渣飞溅烧伤油漆。此外，焊接组装完毕后需要将管道单独拆下进行无损检测和强度试验，合格后再喷砂油漆回装，多了一次管道的拆装。工艺管道不预制建造工序唯一的优点就是设备安装后依顺序进行管道的组对焊接，管道尺寸精度控制较为简单、建造方便，不会出现管道焊接因尺寸问题进行返工。

如果项目建造周期比较充裕，模块制造厂预制加工能力相对一般，可采用传统制造相对简单的工艺管道不预制建造方式，模块上设备安装好后进行管道的下料组对、焊接安装、管道拆卸、无损检测、热处理、强度试验、喷砂油漆、管道回装等工序。所有焊接工作在模块上进行时应注意对成品设备及橇座的保护，避免表面油漆损伤等。

（二）工艺管道部分预制建造工序

工艺管道部分预制建造是指：模块制造安装前，根据制造工序策划，对先到货的部分管材、管件按照单管图尺寸和方位进行组对焊接、无损检测、热处理、强度试验、喷砂油漆等完成管道的制造（设备到货前单独进行制造），同时留一部分管材、管件在模块内部进行组对焊接等工序。

工艺管道部分预制可以有效的利用管材、管件到货后而设备未到货的空档期，对部分管线进行制造，单独的对管线进行焊接相对于在模块内部橇座上焊接，其在各自的工位上焊接制造，工作面可以平行展开，有利于增加人员和机具同时开展建造，工艺管道部分预制相对于工艺管道不预制橇上焊接组装的传统制造安装有效缩短了工期，同时又留有部分现场口进行焊接安装调整，有效避免了全预制管线微小的错位造成无法连接的情况。根据管线预制百分比的大小，若预制焊缝占总焊缝数量的70%以上，剩余管道橇上焊接组装后，焊缝的强度试验可以通过双百探伤代替，油漆可以采用现场涂刷的方式避免管线组装完成后的再次拆卸、安装，减少了工程量、节省了工程投资并缩短了建造周期。工艺管道部分预制对模块制造厂的加工制造精度控制要求较高，部分的安装累积误差（主要由压力容器等设备尺寸误差造成）可以通过橇上焊口进行调整。

若项目建造周期比较紧张，模块制造厂预制加工能力相对较高，可采用工艺管道部分预制建造方式，焊缝预制率在70%左右为宜，且管线的每个空间方向至少留一个焊口在模块内管线组装时焊接。现场口可以通过双百无损检测代替强度试验，部分管道的油漆可以在线涂刷，以减少一次管道的涂刷。就目前国内模块工厂的制造水平，推荐此方式进行模块建造。

（三）工艺管道全部预制建造工序

工艺管道全部预制建造工序是指模块制造安装前，根据制造工序策划，对所有的管材、管件按照单管图尺寸和方位进行组对焊接、无损检测、热处理、强度试验、喷砂油漆等完成管道的制造（设备到货前单独进行制造），待设备到货后只进行螺栓连接等安装工作，原则上模块内不进行组对焊接工作。

工艺管道全部预制建造相对于工艺管道部分预制，最大限度利用了设备到货前的时间段，完成了所有管道的组对焊接、无损检测、热处理、强度试验、喷砂油漆等工作，理论上比工艺管道部分预制更节约工期，但对模块制造厂管道加工制造精度控制、管线上设备管口位置、尺寸精度等要求非常高，一般压力容器允许的尺寸误差为5‰，难以满足管道全预制的安装需求，容易造成管道连接口错位等情况，引起割口、焊接返工、无损检测、喷砂油漆，增加了不必要的返工，造成工期的耽误。

工艺管道全部预制建造方式，介于目前国内设备制造精度（比如容器）达不到管线全预制的要求，并且目前模块制造厂也未尝试过管线全预制的方式，因此暂不推荐此建造方式。

三、管线施工质量控制技术

尺寸控制的能力是影响厂站模块化建造管线施工质量的主要因素。由于采用模块化技术，一个系统的管线被分割到不同的模块上，各个模块上的管线须独立进行施工，所以要分别控制各模块上的管线安装尺寸精度，制定模块上管线安装尺寸精度要求，按照进度要求严格控制施工过程。尺寸控制的难点主要是管支架等构件的定位精度控制和施工过程控制。对定位精度控制采取的措施是：

（1）在焊接和组对时，采用合适的焊接工艺和合理的工序来控制建造中的变形。

（2）每个模块上布设坐标基准点，建立精确测量控制网。将图纸上管线、管支架等的坐标换算成基准点坐标的相对坐标，现场采用专门测量仪器进行测量定位。

（3）在施工过程中，须要根据建立的测量控制网，校核管线的位置和安装精度并随时纠正偏差。

四、并行建造与过程控制技术

并行建造是把各个模块的管线施工过程进行并行、集成化处理的系统方法和综合技术。厂站进行模块化后，被划分成多个模块进行并行建造，实行并行建造是模块化建造的重要优势之一。

要顺利地实施和开展并行建造，离不开面向施工对象的设计和计划编制。制造和安装的内容、程序、持续时间、衔接关系与进度总目标、资源优化配置是并行施工的关键。因此，面向制造和安装的设计和计划是并行施工的核心部分，是并行施工工程中最关键的技术。

由于模块化建造中存在着大量的资源约束和不确定性，计划制定需要充分考虑设计可行性、人员、施工资源、原材料的到货进度、流程逻辑性、季节、其他专业施工进度等因素的影响，合理编制施工计划和方案。

模块化建造的并行建造实施步骤：

（1）研究厂站建造要求及模块化方案，理清各专业工作界面。

（2）编制并行建造计划及方案。

（3）成立有效的计划执行控制小组。

（4）开展设计及施工。

（5）跟踪建造进展，发现问题及时采取措施，纠正进度偏离或调整施工计划，包括总体进度计划管理、物资采购进度管理、焊接进度管理、模块预装进度管理。

第四节　模块工厂建造过程管理

一、质量控制

（一）制造厂质量管理体系

模块建设质量首先取决于制造厂自身的质量管理体系。一流的装置制造厂应该具备完善的组织机构和严格的质量管理体系，并且做到“产”和“检”独立运行。

完善的组织机构能够贯穿于装置制造的每一个流程，做到层层把关。

严格的质量管理体系能够约束人的随意性，用制度管理产品建造。用程序化的过程质量监督管理来保证最终产品的合格率。

质检部应独立于项目组开展工作，只对制造厂负责，不对项目负责。独立的质量监管，能有效避免次品、废品的放行，保证模块装置的最终质量。

制造厂质量管理体系文件通常有以下文件：质量手册、文件控制程序、质量记录控制程序、内审程序、不合格品控制程序、纠正措施控制程序、预防措施控制程序、设计控制、采购控制、客供财产控制、产品标识和可追溯性的控制、生产控制、产品监查与测量、监查测量设备控制、检验和试验状态控制、搬运、存储、包括、防护和交付管理等。

制造厂质量管理体系满足 ISO 9001—2008 版要求并取得相应认证。

（二）项目控制质量计划

质量计划是制造厂质量管理体系的重要内容之一，目的是为了确保生产制造满足项目要求，并且能够提供可追溯的相关证明文件，是质量活动控制的重要文件。

项目质量计划的内容包括：项目介绍、质量目标、组织机构和职责、质量程序策划、文件控制、设计控制、采购控制、分包商控制、材料控制、焊材控制、焊接控制、检验和试验控制、放行控制、不符合项目控制等等。

质量目标一般包括：管线焊缝 RT 检查的一次合格率、结构焊缝 UT 检查的一次合格率、模块装置组装的一次合格率以及最终产品合格率。其中最终产品合格率应为 100%。由于工厂制造环境和机具条件较好，在焊工水平评估严格的条件下，无损检测的一次合格率可达 98% 以上。

项目 QA 工程师主要职责：执行 QA/QC 程序和 ITP 并管理质检员；联系委托方 QA/QC 代表，讨论质量问题；控制检验和测试程序；控制检验状态；检验放行控制等。

项目焊接工程师主要职责：负责焊接程序（WPS&PQR）；执行焊接工艺评定测试；产品焊接技术支持；监督和指导焊材的储存、烘干和发放；管理焊工资质；评估焊工水平及表现等。

QC 检验员主要职责：执行、判断或见证所要求的检查和试验；准备检验和试验报告、无损检测申请；统计焊接返修率和焊工表现；报告不符合项、准备不符合项报告、控制不符合项；监查工艺和检验活动；联系委托方质量检验员；阶段检验放行等。

文控人员主要职责：文件控制、更新和下发；负责建立文件管理系统，确保提交的程序正确发放并统一文件格式；准备竣工资料并存档；联系委托方文控人员等。

材料控制一般包括：接收检查、储存与维护、标识与追踪。接收检查一般由 QC 检验员与采购人员共同执行。对电仪材料以及特殊材料，还应组织技术部门相应专业进行联合联合检验。检验结果应登记在相关接收检验记录上。仓库管理员应根据发货清单对材料的尺寸和数量进行登记，做好材料的出入库管理和记录。当材料质量不合格或数量与发货清单不相符时，应出具“产品不合格报告”，并通知供货方限期处理。存储时应根据不同的材料类别进行保护和维护，如电仪材料应进行防雨防潮存储。材料标记应按规定执行，制造过程采用材料追踪号作为识别标记。材料标识在制造过程中被除去或材料被分割，标记应在去除或分割前移植到每一个构件上。移植内容一般包括：材料等级、规格、追踪号等。

焊接开始前，焊接工程师应完成 WPS&PQR 文件，并报业主方批准。PQR 一般包括：焊接工艺评定试验记录表；外观、无损检测试验结果；机械性能测试结果；母材质量证明文件；焊材质量证明文件。焊接工作应根据批准的 WPS 执行，焊接过程应检查焊工资质、WPS 要求的焊材标识号、电流、电压、焊接速度等。

检验与实验计划（Inspection and Test Plan，简称 ITP）是质量控制的重点文件，贯穿模块化装置的整个实施过程，是项目参与各方开展各项监督检验的依据。将在后文详细介绍。

放行控制一般分为三类：合格放行、让步放行和紧急放行。合格放行是制造厂完成所有检验项目，装置符合合同要求，不存在未完项或不合格项的情况下，由制造厂 QA/QC 经理发出的放行通知；让步放行是制造厂未完全按照合同要求完成模块化装置制造，但受船期等因素影响，必须按时发货，在业主方同意未完项或不合格项的解决方案后，由制造厂经理发出的放行通知；紧急放行是制造厂由于合同工作范围变更或其他特殊原因，由制造厂项目经理批准发出的放行通知。三种放行都必须取得业主方的批准。

（三）模块化装置制造 ITP 文件

ITP 文件是橇装制造厂针对压力容器制造、钢结构制造、管道预制、组橇、电仪安装等分项建造内容制定的过程质量控制点。预制过程中会严格按照 ITP 要求进行报验。

从工序上，质量控制点包括：原材料入厂检验、管道焊接、焊缝无损检测、热处理、强度试压、喷砂油漆等检验、组橇预装质量检验、仪电设备功能测试、出厂验收、包装质量等。

ITP 文件中常见的检验点类型包括：

（1）Hold Point（H）/ 停止点。

此施工检验点需要停止施工并提前24h向质量检验工程师报验，检查时需所有相关质量专业工程师到场见证检查并签字确认合格后方可进行下道工序的施工。

（2）Witness Point（W）/ 见证点。

见证点需提前24h向QC报验，然而如果在约定的时间内QC没有到场，则检验由制造方自己进行并且施工可继续进行。

（3）Monitoring Point（M）/ 巡检点。

巡检点是施工过程中的随机检验活动，不需要专门的通知。

（4）Review Point（R）/ 文件审核点。

此检验点需要审核文件是否符合工程要求。

ITP检验点的参与方一般有：制造厂、驻厂监理 / 委托方、PMC/ 业主。根据项目参与单位情况，确定最终的ITP检验点执行。

从工序上看，质量控制点包括：原材料入厂检验、管道焊接、焊缝无损检测、热处理、强度试压、喷砂油漆等检验、组橇预装质量检验、仪电设备功能测试、出厂验收、包装质量等。

模块化装置典型ITP见附录（不包含压力容器制造）。

（四）模块化装置制造质量控制关键点

ITP文件中对各节点的输入条件、检查方式和结果报告进行了说明，其中一些点是模块化装置制造质量控制的关键，主要包括以下几项内容。

1. 原材料入厂检验

各设备材料在安装使用之前，需要对到货的质量与技术要求的相符性进行检查，这是保证项目质量的根本。对有特殊要求的项目，原材料还需要进行入厂检验，比如组分检测、低温冲击实验等。工艺阀门在安装前应该进行强度和严密性试验。入厂检验应严格按照设备材料的技术规格书和数据单的要求，对来料的完整性和质量进行检查，做好相关记录。对发现问题的原材料应及时通知供货商进行处理。

2. 焊接质量检查

焊接是模块化装置最主要的施工工作之一，焊接质量是检验一个项目质量的关键，也是考核一个制造厂水平的关键。焊接质量的检查，应该从焊材的存储、焊工资质、焊接操作、焊缝外观、无损检查结果等各方面进行检查。

3. 模块的组装质量

结构和管道预制完成后，最重要的工作就是模块组装，需要将结构、设备、工艺、仪电等专业的物资全部按图组装成完整的模块装置。组装质量主要体现在管道的横平竖直，控制安装应力避免强性安装。安装与标准规范的相符性、设备操作性、外观情况都是检查的重点。

4. 水压试验

水压强度试验是检查整套装置质量的关键点。只有通过水压强度试验才能保证整套模块化装置系统的质量，保证现场安装完成后能够安全使用。

管线在水压及热处理之前，整理出管线水压清单及热处理清单，将同一系统、同一压力等级及相同温度的管线分类摆放到相应区域。并在水压和热处理之前再次对照管线号进行核对，确保无误。

二、进度控制

（一）进度计划与关键路径

建设工程进度控制是指对工程项目建设各阶段的工作内容、工作程序、持续时间和衔接关系根据进度总目标及资源优化配置的原则编制计划并付诸实施，然后在进度计划的实施过程中经常检查实际进度是否按计划要求进行，对出现的偏差情况进行分析，采取补救措施或调整、修改原计划后再付诸实施，如此循环，直到建设工程竣工验收交付使用。进度控制必须遵循动态控制原理。

建设工程进度控制的最终目的是确保建设项目按预定的时间动用或提前交付使用，建设工程进度控制的总目标是建设工期。模块化装置供应商招标文件中规定有装置的整体建造工期，该工期一般是以满足项目整体要求来确定的。

模块化装置供应商需根据项目整体进度要求制定模块化装置制造的详细进度计划，进度计划中应包含以下几项内容：

（1）进度计划整体应满足模块化装置的交货期要求。

（2）进度计划应足够详细（3 级以上），贯穿项目实现的全过程。

（3）进度计划中应体现出合同界面外的先决条件，比如文件提交时间点、物资到货时间点等。

（4）进度计划应给出项目执行的关键路径和关键节点。所有工作均应确保关键路径上关键节点完成时间的准点率。

项目进度计划中的关键路径是审查的重点。除进度计划编制的完整性和合理性外，关键路径的准确性直接决定模块化装置的建造工期。

气田天然气处理厂模块化装置建造关键路径中常见的几个注意点：

（1）长周期设备的供货时间，如进口设备、炉子设备、机泵设备、仪控阀门等。

（2）主体设备的建造时间，如压力容器。

（3）不可交叉作业时间，如钢结构防火涂料、保温、拆分包装等。

关键路径在调整过程中关键节点是变化的。

（二）物资供货进度

模块化装置制造进度检查，重点在物资采购交付进度、主体设备建造进度、管道焊接进度、钢结构制造进度（需做防火涂料）、管道预装及组橇进度这几个方面。

（三）焊接预制进度管理

焊接预制进度的量化管理是国内绝大部分制造厂的难点。管理水平高的制造厂可以根据焊接“达因”数进行量化，每天监督项目完成“达因”数是否满足项目进度要求。

另一种测算方式是按模块管路系统进行测算。这种测算相对粗放，但也能反应出整套装置的焊接进度。再根据节点时间要求和当前进度，调整焊接人员数量。

（四）模块预装进度管理

模块预装（组橇）是钢结构、设备、阀门、管道、仪电等各类物资的组装过程。预装进度取决于以上各类物资的完成进度。

为了保证系统管理能够在组橇过程中正确安装而不出现偏差或安装应力。往往会将一个系统管道的最后一至二道焊口留到组橇过程来碰口。特别是管径较大的管道。

组橇 / 预安装进度一般按橇装装置各系统进行测算。

（五）进度纠偏

进度控制是一个动态过程，进度计划中的里程碑节点是项目应该保证的时间点，也是项目顺利推进的关键点。实时将项目开展的实际进度与计划进度比较，计算出偏差值，找出影响进度的根源，制定纠偏方案和措施，对关键路径上的进度进行重点监视和推进，并时刻注意项目进度计划的关键路径是否已经发生了变化。

进度纠偏中经常采用的办法是增加人力资源或延长劳动时间。如果问题的根源是机具数量的影响，则应协调制造厂提供更多的机具资源。总之，要通过分析影响进度的原因，有针对性的制定纠偏措施，同时更新进度计划，评估关键路径是否改变。还应特别注意里程碑节点完成时间，比如主体设备到货、机械安装完工、FAT 完成等。

三、安全风险控制

模块化装置的建造组装在制造工厂内完成，安全管理首先应符合制造厂 HSE 管理要求；其次，对于项目 HSE 的相关要求也应遵照执行。实施坚持“安全第一、预防为主”的方针。所以安全管理体系应包含如下各方面：

（一）制造厂的 HSE 管理体系的重要性

制造厂要有自己的 HSE 管理体系，特别是模块化制造厂具有特种作业要求，HSE 的管理都十分严格，这是保证项目安全运行的基础和保障。

（二）入场参观及生产安全培训

所有进入制造厂的新到人员，都必须经过 HSE 培训后方可在制造厂内活动。

HSE 培训内容重点介绍工厂的分布情况、工厂存在的安全风险、进入工厂的 PPE 要求、工厂内活动安全要求、紧急集合地点以及应急联系方式等。

（三）项目 HSE 管理体系文件内容要求

项目 HSE 管理体系文件内容要求应包括：会议室逃生通道说明、会议前 HSE 情况说明、班组每天开工前的 HSE 会议、施工过程 HSE 专员监督、重要作业前的 HSE 检查、HSE 应急措施等。

（四）模块化装置建造组装过程 HSE 关注点

模块化装置建造组装过程 HSE 关注点包括：焊接作业、高空作业、试压作业、吹扫作业、吊装作业等。安全风险遵循风险识别、风险评估、风险控制、风险监视的循环原则。

四、出厂验收

模块化装置的出厂验收主要指 FAT（Factory Acceptance Test），应包含对装置物资进行的标识、拆分、包装，制定拆分安装手册和详细的供货清单的验收。在拆分之前，模块化装置是否达到设计图纸和功能要求，需要进行检查测试，并检查完工文件（竣工资料）的符合性。

模块化装置 FAT 一般先由供应商按合同要求编制 FAT 程序，并报承包方 / 建设方审批，对 FAT 的内容进行确认。正式开展 FAT 前，模块化装置制造厂应先进行预检，对 QC 发现的问题进行整改，并发正式函通知承包方 / 建设方 FAT 时间。承包方按 FAT 程序文件，准备 FAT 所需要的设计文件及资料。按审批通过的 FAT 程序，建设方、承包方、监理方、制造厂共同参与，分专业对模块化装置进行检或测试，并出具 FAT 报告和尾项整改清单。在 FAT 报告的结论中，将有接受 / 拒绝模块化装置的结论交各方进行签署。

对于各专业在 FAT 中应该关注的关键点如下：

（一）工艺及配管专业

模块化装置工艺配管检验的重点在 P&ID 的相符性和设备的可操作性。必须根据最终的 P&ID 从头到尾审查装置流程。设备的可操作性除阀门操作外，还应关注机泵设备的日常维护和检修，同时还应注意工艺布管有特殊要求的管道情况，如蒸汽管道疏水等。

对于动设备的检验还应重点查看备品备件数量和质量情况。

所有设备、阀门应对铭牌进行逐一条款地核实，确保设备、阀门的规格型号符合要求、安装位置正确。

（二）钢结构专业

钢结构检验的重点在地脚螺栓开孔尺寸、涂层测厚和油漆附着力检测。由于模块装置尺寸和重量较大，还应着重关注吊装方案和吊点的合理性。

（三）仪电专业

仪电检验的重点在自控阀门开闭功能及时间测试、电缆（线）绝缘电阻测定、仪表安装检查、接地及等电位检查。

调节阀、节断阀还应进行 5 点开度测试（0、25%、50%、75%、100%），为测试系统电缆接线，可在接线箱处给开关信号进行测试。

仪表检查原则上要求成橇厂在发运之前对所有仪表进行校验，在全量程上打 5 个点（0、25%、50%、75%、100%），必须确保发货前仪表设备质量完好。

电气设备的检查一定要注意设备的防爆等级及标识的正确性，电机设备还应进行点动测试。

电仪测试应关注测试用仪器的合规情况，包括合格证、标定证书等。均应记录到 FAT 报告中。

（四）设备专业

静设备（容器、炉子）检验的重点是铭牌信息、焊缝外观、主要部件测厚、耐火衬里（炉子）检查。

橇装装置出厂验收时检查压力容器相对简单，因为压力容器基本在阶段验收（成橇厂制造）或供货商出厂验收（外部供货）时，已经进行了比较详细的检查。但为保证质量，还是应该重点确认铭牌信息（ASME、U 印）和完工文件情况。

炉子的验收除关注炉子本体外，还要重点查看炉子耐火衬里的状态，原则上要求完成烘炉并提供相应的烘炉报告，查看烘炉质量情况。

（五）放行单

模块化装置 FAT 通过后，按拆分程序对拆分点进行标识，每个单独运输的模块进行包装，形成发货物资清单。发货时，承包方给装置制造厂签署放行单，进入运输环节。交付运输时，应同时交付转运时需要的特殊吊装工具，如平衡梁。物资有特殊要求的，还应出具运输注意事项。

第五节　模块装置包装与运输

模块装置能否完好地运抵安装现场并顺利地指导现场安装工作，拆分包装方案是关键。

模块装置的拆分和包装方案应该在装置设计阶段进行策划。拆分和包装受运输方式、运输路径和吊装能力等因素制约，在设计初期应进行充分调研并规划出初步方案。

（一）拆分、吊装方案

模块装置的拆分主要有两点原因：第一是受运输条件限制，需要将整体装置拆成几个分体装置运输，或者将装置中超出尺寸部分的管线、结构拆下来运输，或者将超重的设备拆下来单独运输。第二是受物资特殊保护需要，将运输过程中容易损坏且包装要求高的仪表、电气等精密设置拆除单度包装运输。

拆分时需要注意以下几点：

（1）根据运输情况，尽量保证装置的完整性，减小拆分工作量，同时也减少了包装工作量和现场恢复安装的工作量，节约费用。

（2）拆分时应对所有拆分点进行编号，贴上相应的标签，便于指导现场回装工作。

（3）拆分点的法兰、接口应进行很好的保护，避免吊装、运输过程的碰损和异物进入。

（4）拆分的单体部件应进行编号，并就近放置于模块装置内。当装置内无法放置时，应单独采放包装箱进行包装发运。

拆分点编号与端部保护如图 5-2 所示。

图 5-2　拆分点编号与端部保护

吊装方案需要根据模块装置本身的结构来确定。在设计初期的模块方案布置时，就需要考虑拆分包装后的吊点设计。吊装方案需要考虑的因素包括：重心位置、重量、专用工具、起吊方案等。

（二）包装方案

包装方案需要根据模块化装置本身特点、运输方式、运输路径来确定。目的是如何安全完好地将橇装 / 模块及其附属物资运抵现场。

模块化装置的运输方式通常有公路运输、铁路运输和水运（海运）三种方式。每种方式对货物的包装要求各有不同：公路运输和铁路运输对尺寸、重量都有严格要求，而且铁路运输对包装的结实程度有要求，因为运输过程中不可能停下来整理包装；水运（海运）由于货物长期位于水面（海面），对需要进行防潮处理的货物包装有特殊要求。

模块化装置运输的货物通常有模块化装置、压力容器单体装置、钢结构件、易损坏的仪电设备、装置备品备件等。

压力容器单体装置一般采用裸装或雨布包裹的方式，如图 5–3 所示。

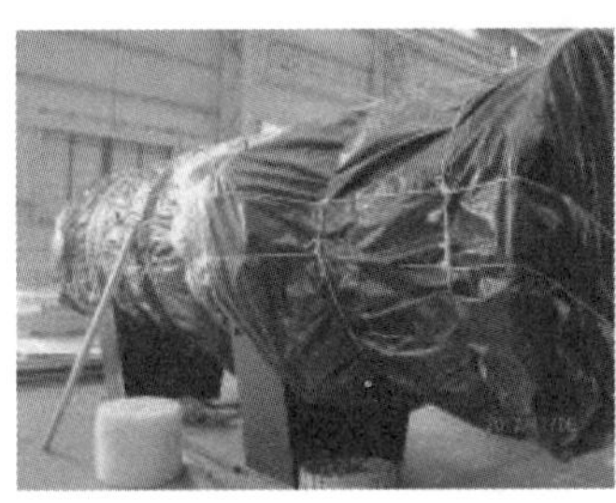

图 5–3　压力容器单体装置包装

钢结构件一般采用托盘或吊篮 + 雨布的方式，如图 5–4 所示。

图 5–4　钢结构包装

易损坏的仪电设备采用木箱 + 雨布的方式。防潮要求严格的还需要对物资采取气泡垫、缠绕薄膜、锡箔纸袋 + 干燥剂作为内包装，如图 5–5 所示。

装置备品备件根据物资类别进行木箱包装。

模块装置的包装有两种：一种是裸装 + 雨布（不能裸装的加托盘），如图 5–6 所示；一种是木箱包装（见图 5–7）。如果运输距离短且不存在转运，可以采取第一种方式。海外项目均要求按木箱包装。

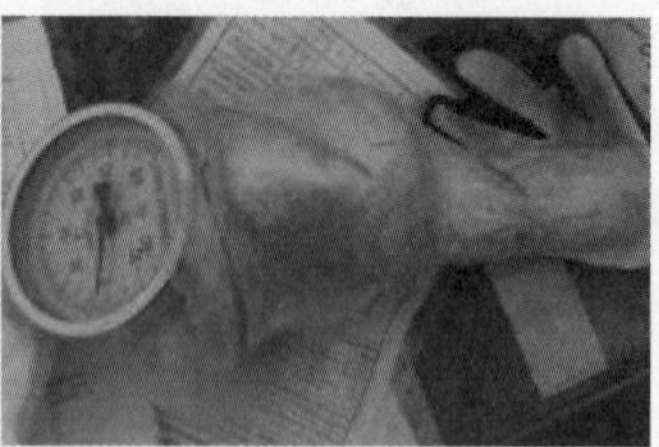

图 5-5　仪表包装

图 5-6　模块包装（裸装）

图 5-7　模块包装（木箱）

包装箱外应该有唛头、吊点、向上、防雨、轻放等标示。包装箱外还应在内部、外部对侧装订上装箱清单。唛头是出口产品包装必须的标识，唛头应该包括的消息有合同号、发货公司名称、收货公司名称、项目名称、最终目的地、箱号、尺寸、重量等。（表 5-1）

表 5-1　装箱清单示例

物资装箱总清单	
项目名称：	项目编号：
发货单位：	制造单位：
合同号：	工作号：（制造厂对所提供产品进行制造时的工作号）

续表

包装号	产品名称	长，cm	宽，cm	高，cm	体积，m^3	净重，kg	毛重，kg	数量	包装方式
包装人员：（制造厂）			质检人员：（制造厂）			批准人员（制造厂项目经理）			
监造人员：					客户代表：				

（三）运输方式

模块化装置的常规运输方式包括：公路、铁路、水运三种方式。三种运输方式比较如表 5–2 所示。

表 5–2　运输方式优缺点比较

运输方式	费用	耗时	尺寸要求	重量要求	重心位置要求
公路	高	少	严格	严格	较松
铁路	中	中	很严格	很严格	很严格
水运	低	长	宽松	宽松	宽松

注：（1）以上费用和耗时比较与运输起止点和运输路径有关。
（2）铁路运输受铁路运输标准的影响，对货物要求很严，谨慎选用。

1. 公路运输

公路运输需要考虑运输路径上对隧道、桥梁、跨公路电缆等对货物尺寸和重量的限制。我国公路分为：高速公路、国道、省道、县道和进厂乡村道路。每种道路、每个省份的限制条件均不一样；国际上也存在每个国家对道路运输限制条件不一样，设计过程中一定要注意这一点。

2. 铁路运输

铁路运输对货物的尺寸、重量和重心位置都有严格的要求。原则上铁路运输仅用于外观规整的货物，如压力容器、管阀件等。对于模块，要求总体宽度不能超过 2.8m，重心离货物边缘位置不超过 1.7m。模块装置的不规整特性很难满足要求。

3. 水路运输

水路运输是最佳的橇装 / 模块运输方式，对货物尺寸、重量都没有严格的限制。唯一要求因为水面湿气较大（特别是海运），需要对货物的包装进行很好的防潮处理。

（四）模块拉运的防变形措施

（1）为防止模块拉运过程中的变形及碰撞，根据模块的形状及运输工具的尺寸制作拉运支架，将模块固定在拉运支架上。支架见图 5–8、图 5–9。

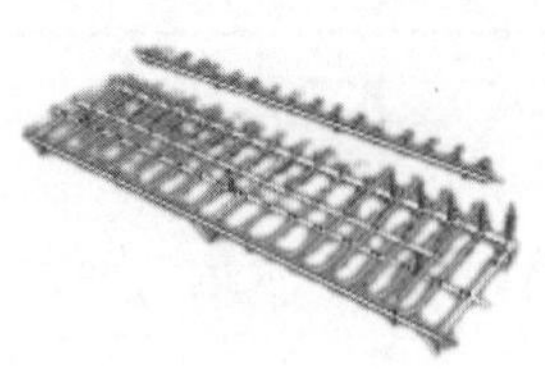

图 5–8　阀组模块拉运支架模型

图 5–9　阀组模块拉运支架

（2）必要时对模块与拉运支架或与运输车辆之间加设软质材料的防护垫，并且绑扎牢靠。

（五）运输过程管理

运输过程管理主要指运输过程跟踪和转运管理。

1. 运输过程跟踪管理

运输过程跟踪管理是指对从货物起运到货物到达指定交货地点的过程跟踪，主要是知晓货物所在位置和货物状态。特别是公路运输，加强监管是为了防止货车司机规避过路费、偏离规定运输线路，出现运输事故而导致货物损坏或拖延交期。过程跟踪的方法如下：

（1）货物起运时，运输公司应提供所有车次联系方式（司机电话），方便查询。

（2）要求运输公司每天发送两次正式的运输报告，告之每个车次的状态。如：所在位置、货物状态、货物包装状态、预计到达交货地点时间等。

2. 运输过程转运管理

运输过程转运管理是指货物在运输过程中由于更换运输方式或转场，需要对货物进行卸装作业而进行的管理。由于模块装置受尺寸、重量、重心等影响，在装卸过程中常用到专用的平衡梁（Spreader bar），保证吊装过程货物的安全。转场过程还存在对货物进行仓储管理，对最终目的地进行再次确认等工作。因此，当货物存在转运工作时，要求分公司人员和运输公司人员必须到达转运现场，对货物的相关作业工作进行监督，同时也可以对前一阶段的运输情况进行检查。

第六节　模块化装置的现场安装

一、编制现场安装手册

模块与散件工程物资存在着不同，一个模块内部运输箱体内可能包含模块本身的东西，同时还可能包含部分的散件物资；而且，由于模块制造厂和项目现场施工单位是不同建造时间段的两个单位，而且物资数量庞大，运送到现场后如果没有一个好的管理体系进行管理，项目将难以执行下去；模块化装置的现场安装手册对项目现场模块的安装起到非常关键的指导作用。所以需要对模块化装置现场安装手册编制要求做好以下工作：

（一）编制人员

（1）安装手册的编制应由橇装化装置制造厂（包装部 / 建造部）完成。

（2）橇装化装置制造厂模块拆分人员必须参与。

（3）模块化装置的三维模型设计组、仪电工程师参与安装手册编制审查。

（二）编制依据

（1）模块化装置的三维模型。

（2）模块化装置的运输要求，包括运输方式、运输尺寸、重量限制。

（3）模块化装置的装箱总单、详细装箱单。

（4）模块化装置在制造厂的拆分方案。

（5）模块化装置仪电桥架与电缆布置图、接线图等。

（三）编制内容

模块的现场安装手册是直接指导现场安装的指南，必须要详尽的告知每一个模块、每一根模块间管道、每一根钢结构、每一根电缆的安装顺序。所以，需要编制的内容必须包含以下各部分。

1. 概述

简述需要安装的模块化装置的功能、装置组成以及本手册的用途。

2. 安装内容

模块化装置的安装一般包括：钢结构安装、设备安装、管线安装、电缆桥架安装、电缆放线、仪表安装、接线等。根据实际需要安装的内容进行描述。

给出整体装置安装信息图，主体装置分成各主体模块的分解图。

3. 装箱总单

安装手册中应给出装箱总单，总单信息包括：包装箱号、产品名称、尺寸、毛重以及包装方式。装箱总单中产品名称应与分解图中各模块 / 橇装的名称一致。

4. 安装顺序

对于复杂模块化装置，特别是多层结构，由于存在安装顺序问题，应在本安装手册中详细描述各模块、设计、管线等的安装顺序，避免出现重复拆装。

模块化装置平面布置涉及的尺寸较大时，由于水平控制安装精度较困难，在现场一般采用二次浇注的基础布置方式。对于此种布置方案，一定要考虑整个模块安装的基准点，以安装的某一个模块为基准模块，其他模块的位置根据安装需要进行微调整。基准模块的选择原则如下：

（1）按方向选择，即以某个方向边缘的第一个模块为基准。

（2）考虑重量因素，即以底层最重的模块为基准，避免此模块吊装上的难度。

（3）考虑模块安装要求，如压缩机等动设备安装要求高，应先进行安装。

5. 钢结构安装

1）安装清单

给出钢结构梁柱、支撑、爬梯、栏杆等的安装清单，清单如表 5–3 所示。

表 5–3　结构安装清单（样板）

序号	安装标识	图纸号	数量	毛重，kg
1	XXXX–01	XXX–XX–XX–XX–01	1	500
2	XXXXX–01	XXX–XX–XX–XX–02	1	200

（1）安装标识应与包装清单中钢结构部件粘贴（挂吊）标识相同。

（2）图纸号应是安装标识钢结构部件所在图纸（总图）编号。

（3）重量应相对准确，用于准备吊机。

2）安装标识

（1）每个单独拆分的钢结构部件都应进行唯一标识，具有唯一标识号。

（2）每个包装标识都应能在安装手册的指识图中找到。

（3）包装标识应在三维模型 / 装置照片上标识清楚。

6. 管线安装

1）安装清单

给出所有需要安装管子的安装清单，清单如表 5-4 所示。

表 5-4　管道安装清单（样板）

序号	安装标识	管线号	图纸号（总图）
1	M1-P01A/M1-P01B	WC-1203-1CS-80-ET/B1	XXX-XX-XX-XX-01
2	M2-P08A/M2-P08B	LS-1225-1CS1-40-INH/B1	XXX-XX-XX-XX-01

（1）安装标识应与包装清单中管线粘贴（挂吊）标识相同。

（2）图纸号应是安装标识管道所在图纸（总图）编号，能看到管道走向的安装位置。

2）安装标识

（1）每个单独拆分的管道都应进行唯一标识，具有唯一标识号。

（2）每个包装标识都应能在安装手册的标识图中找到。

（3）包装标识应在三维模型 / 装置照片上标识清楚。

7. 仪电安装

1）安装清单

给出所有需要安装仪表、接线箱等的安装清单，如表 5-5 所示。

（1）仪电位号应与包装清单中仪表、电气设备的位号相同。

（2）仪表安装对应 P&ID 图纸，电气接线箱安装对应装置总图，能看到接线箱的安装位置。

表 5-5　仪表、接线箱安装清单（样板）

序号	仪电位号	名称	图纸号（P&ID/ 总图）	数量
1	12-TE-102	热电偶	XXX-XX-XX-XX-01	1
2	JB-1203	仪表接线箱	XXX-XX-XX-XX-04	1
3	LH	照明灯	XXX-XX-XX-XX-04	9
4	LCS-1201	马达操作柱	XXX-XX-XX-XX-04	1

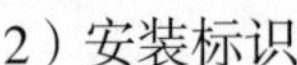

2）安装标识

（1）除灯具安装没有点对点要求外，其他仪表、接线箱都应根据位号安装。

（2）每个仪表、电气设备的安装位置都应能在安装手册的指识图中找到。

（3）应在三维模型 / 装置照片上将安装位置标识清楚。

3）仪电桥架、电缆安装

（1）仪电桥架安装应根据“桥架平面布置图”进行安装。

（2）若模块化装置内存在电机动力电缆，应在安装手册中给出动力电缆桥架安装和电缆敷设路径。

（3）仪表接线安装应根据“接图线”进行接线。

4）其他安装

（1）模块化装置等电位与接地安装，应给出“接地详图”。

（2）模块化装置电伴热安装应给出“电伴热布置图”。

8. 吊装要求

模块化装置内设备存在特殊吊装要求时，应在安装手册主中注明。比如，炉子设备由于内部存在耐火衬里，因此吊装时要求离地 10cm 后停留 5min，确定吊具没有问题后才能继续起吊拔高，下放时要轻放，避免耐火衬里震裂或垮掉。

9. 专用工具

模块化装置在安装过程中需要专用工具的，应在安装手册中注明。包括吊装用的平衡梁以及安装时需要的千斤顶、手拉葫芦、液压扳手等。

10. 编制要求

1）标识编号要求

安装手册中出现的模块或部件标识应具备良好的可读性。在安装手册编制前，应出具整套装置的标识编码规则，原则上编码应尽可能地简单可查。可按“装置代号 – 模块代号 – 部件代号 – 编号”的原则进行编码，并根据模块化装置的复杂程序进行适当简化，当项目只有一套装置时，可取消装置代号。

安装手册中出现的模块或部件标识应具备唯一性。每一个部件都应具有自己唯一的标识编码。在现场安装时，也可以根据部件标识很快查出部件应安装的位置。

2）标识粘贴要求

装置中拆分后的每一个模块或部件（含钢结构、管道、设备、仪电设备材料）都应有自己唯一的标识编码。标识编码应做成“防水纸签”或“钢质吊牌”，在每个拆分点的两侧进行标识。原则上标识工作应在拆分方案完成之后，开始拆分之前完成，并在三维模型或现场照片上标识，记录进入安装手册。

拆分标识也是现场恢复安装的标识。每个标识即代表着本部件，也表示此处有安装工作需要完成。因此标识在部件上的粘贴或捆绑应不易破坏。

3）图表要求

安装手册中所有图表和文字描述应清晰。尽可能采用三维模型图、装置拆分前照片来描述拆分标识，特别是钢结构和管道的安装。现场安装时还可以提供三维模型电子文档给予辅助。仪电接线箱的电缆连接应以图纸为主。

11. 审查要求

安装手册应根据拆分方案编制。安装手册应经过编制、审核、批准三级签署。必要时，邀请现场安装施工单位与承包方一起参加安装手册审查。

二、模块化装置现场安装

（一）安装前准备工作

1. 到货验收

（1）EP 合同需要业主方（监理）组织对到货物资进行验收，并出具验收报告。意味着根据合同将物资交付业主，物资后续的保管、维护等由业主负责。

（2）EPC 合同需要现场施工部（监理）组织对到货物资进行入场验收，并出具验收报告。物资后续的保管、维护由项目施工部或施工单位负责。

（3）往往到货验收工作由监理组织、施工安装单位参与。验收后物资的仓储管理由业主方（项目施工部）+ 施工安装单位共同负责。

（4）所有物资必须验收合格后，方可执行现场安装工作。

2. 制造厂提供文件

（1）模块化装置的完工文件，包括竣工图、设备材质量证书、制造过程文件等。

（2）装置现场安装工作量统计表（含大概的人员、机具要求）。

（3）详细的发货装箱清单（含装箱总单和详细清单）。

（4）装置安装手册（现场恢复安装手册）。

（5）装置拆分视频文件（若有记录）。

3. 施工安装单位提供文件

（1）人员、机具组织计划。

（2）安装物资吊装方案（按项目建设要求编制报批）。

（3）安装进度计划。

4. 施工安装交底

（1）各项目参建单位人员和安装班组长必须参加。

（2）模块化装置制造厂现场安装指导人员进行汇报交流。

（3）安装交底的内容包括装置组成、安装手册如何使用、根据装箱清单如何查找物资、模块化装置安装顺序、安装大概的人员组织和机具要求、安装过程注意事项等。

（二）安装内容

模块化装置现场安装工作内容根据装置的复杂程度有所差别，常规现场安装工作主要包括以下内容：

（1）到货物资卸载、仓储管理，包括落实场地和机具。

（2）压力容器注册报建。

（3）模块化装置的安装。

（4）钢结构安装。

（5）单体设备（容器、大型机泵等）安装。

（6）管道安装。

（7）灯具安装。

（8）仪表标定与安装。

（9）安全阀整定。

（10）仪电桥架安装（主要为模块装置）。

（11）电缆放线及接线，包括电伴热线（主要为模块装置）。

（12）设备内构件、填料的安装。

（13）等电位跨接线、接地线的安装。

（14）钢结构防火油漆、面漆的施工（参考与业主合同界面）。

（15）设备、管道保温（参考与业主合同界面）。

（16）橇装 / 模块系统的严密性（气密性）试压及吹扫。

（17）海外项目涉及特殊设备的合格证转化和使用办理。

（18）其他整改项（正常情况没有）。

（三）安装过程管理

1. 物资出入库管理

（1）建立物资出入库管理规定，原则上当天不安装物资不允许出库。

（2）物资出入库应有相应的审批程序，并进行出入库登记。

2. 安装物资查询

（1）根据安装进度计划，确认后两天的安装物资情况。

（2）根据装箱清单，在仓库内找到后两天要安装的物资。

（3）办理此部分物资的出库审批程序，做好出库吊装、转运准备。

3. 安装指导

（1）施工安装单位做好现场安装的机具和人员准备。

（2）施工安装单位根据安装手册对物资进行安装。

（3）制造厂人员对安装过程进行指导，解决安装中存在的问题。

4. 安装检查

（1）模块化装置三维模型设计人员对安装的模块、钢结构、管道进行检查。

（2）仪电工程师对安装的仪电设施进行检查。

（3）工艺工程师对模块化装置的工艺正确性、安装符合性进行检查。

（4）监理人员应对安装的质量进行检查。

（5）检查过程中，应对需要整改的问题进行记录，出具尾项清单（Punch list）。

（四）试压吹扫

模块化装置机械安装完毕后，由施工安装单位对整体装置进行严密性试压，检查装置整体密封性。由于在制造厂内已经对所有工艺设备和管道进行了强度试压，在现场安装完毕后原则上不需要再做强度试压。

严密性试验完毕后，对管道按系统进行必要的吹扫。特别是运输或仓储时间较长的，管道内部存在锈蚀，需要严格吹扫。吹扫前，工艺工程师应明确哪些设备不能参与吹扫。仪表标定完成安装后，还需要进行系统组态调试。

第七节　磨溪龙王庙组气藏天然气净化厂模块化建设实践

一、磨溪龙王庙组气藏勘探开发基本情况

安岳气田磨溪区块龙王庙组气藏位于四川省遂宁市、资阳市及重庆市潼南县境内，自 2012 年 8 月钻获高产气流以来，气藏勘探取得历史性突破，目前已提交基本探明储量 4403.83×10^8m^3，是我国最大规模的海相整装气藏。整个气藏具有高温、高压特征，采气井口压力为 75.74 ~ 76.50MPa，井口温度 140.24 ~ 144.8℃，原料气中 H_2S 含量 5.47 ~ 11.19g/m^3，CO_2 含量 28.87 ~ 48.83g/m^3。

根据开发方案，龙王庙组气藏整体开发规模为 110×10^8m^3/a，按照“整体部署、分步实施”开发思路，110×10^8m^3/a 产能建设分三个阶段实施。

第一阶段为试采地面工程，气田集输规模为 10×10^8m^3/a，试采净化厂原料气处理规模为 300×10^4m^3/d，已于 2013 年 10 月完工投运。

第二阶段为开发地面工程（一、二期），气田集输规模为 40×10^8m^3/a，净化厂原料气处理规模为 1200×10^4m^3/d，已于 2014 年 8 月底、9 月底前分别完工投运。

第三阶段为开发地面工程（三期），气田集输规模为 60×10^8m^3/a，净化厂原料气处理规模为 1800×10^4m^3/d，同时新建 1200×10^4m^3/d 净化厂工程的 SCOT 尾气处理装置，建设工期 12.5 个月。

除试采净化厂外，开发净化厂（一、二、三期）在同一厂址上建设。

如果按照常规建设模式，建设 110×10^8m^3/a 气田开发地面工程，需要 5 ~ 8a。为合法、合规、加快开发上产，磨溪龙王庙组气藏地面工程建设创新项目管理模式与工程施工组织方式，气藏 110×10^8m^3/a 开发地面工程计划建成时间为 3a，成效显著：一是持续完善项目组织模式，开发地面工程（一、二期）实行“PMT+EPC+ 监理”项目管理模式，确保建设单位、设计、采购、施工、监理等项目管理优势互补，开发地面工程（三期）实行“建管分离”

组织模式，建设项目部采用“直线＋矩阵”方式，实现专业化专职管理，技术与管理兼顾；二是深入推进标准化设计、一体化集成、工厂化预制、模块化组装，创新建站建厂施工组织方式，采气工艺一体化集成，工厂预制率达85%。天然气脱硫、脱水、硫黄回收装置，通过“工厂化预制、一体化集成、橇装化安装”，工厂化预制率达75%，现场安装工期节约30%，焊缝射线检测一次合格率提高2% ~ 4%，占地面积节约5% ~ 10%。

二、磨溪龙王庙组气藏地面工程模块化建站建厂实践

随着标准化设计的持续深入推进，一体化集成、工厂化预制、模块化成橇在节约占地面积、缩短现场施工工期、提高工程质量等方面的优势得到集中体现。

在磨溪龙王庙组气藏采气站场，采气工艺、清管发球、供水、供电以及站控PLC/RTU系统都进行一体化集成、工厂化预制，施工现场工艺安装量控制在80道焊缝以内，从钻完井交井到站场完工投运，建设工期20d。

磨溪龙王庙试采净化厂及开发净化厂工程（一、二期）均通过深入推进标准化设计、工厂化预制，创新了模块化建厂模式，天然气净化厂工程的脱硫、脱水、硫磺回收、尾气处理、酸水汽提等主体工艺装置都实现了模块化、橇装化组装见图5-10，其中$300\times10^4m^3/d$试采净化厂工程10个月建成投运（图5-11），$1200\times10^4m^3/d$开发净化厂工程16个月快速建成投产，创造了四川油气田同类项目建设新纪录。

图5-10　磨溪009-X5井采气一体化橇

图5-11　$300\times10^4m^3/d$试采净化厂

（一）气田采气站场一体化建站实践

在磨溪龙王庙组气藏试采地面工程，采气一体化橇涵盖水套炉加热、节流、分离、计量、清管发球、缓蚀剂加注等八大功能（图5-12）；在开发地面工程中，由于气井井口温度较高，气体节流后不需要加热，故采气站场一

体化橇取消了加热功能，不再设置水套加热炉（图 5–13）。因运输限制，采气站场一体化橇由三个底座拼接而成，一个底座为采气工艺，其他两个分别为清管发球和缓蚀剂加注，最终在工程现场联合拼接而成。

图 5–12　采气一体化橇（带水套加热炉）

图 5–13　采气一体化橇（不带水套加热炉）

在采气规模上，磨溪龙王庙组气藏采气一体化橇分为 $50 \times 10^4 m^3/d$ 和 $100 \times 10^4 m^3/d$ 两种规模，主要设备包括双筒气液分离器、清管发球装置、计量泵、缓蚀剂与防冻剂储罐、高级孔板流量计、电动排液阀。

在自动化控制上，一体化橇主要工艺参数的监视、控制和数据采集由装置所在站场的仪控橇内 RTU 负责完成，工艺橇边界设置接线盒。仪控橇内 RTU 按照预设程序对装置内的工艺参数进行数据采集、控制、报警、计算和存储。

主要针对以下数据的采集和传递：工艺设施的工艺变量、阀门状态、设备液位、设备状态、温度、压力、流量信息 / 计量参数等。

在电气设施上，一体化橇上均设防爆配电箱 1 台，供橇上的动力设备用电；橇体上需 UPS 供电的用电设备，电源引自仪控橇内 UPS 装置。

采气站场一体化橇功能相对简单，设备总重量较轻，工厂化预制、运输、现场吊装均比较容易，特别适合产能建设的快建、快投。

（二）净化厂工程模块化建厂实践

1. 工艺流程介绍

原料天然气经气田内部集输工程初步分离、过滤后进入天然气净化厂内，在工厂内再次过滤、分离，经 MDEA 脱硫、TEG 脱水处理后，达到天然气外输气标准后进入输气管网。

脱硫装置酸气（主要是 H_2S 气体）进入硫黄回收装置，经 Clause 反应后，H_2S 转化成硫黄输送至硫黄成型装置，经冷却、固化成型装袋后对外销售。

硫黄回收装置的尾气（主要含 SO_2 气体）送至尾气处理装置，SO_2 气体催化加氢后转化成 H_2S 气体，再返回硫黄回收装置进行 Clause 反应回收硫黄，经尾气处理装置处理后的尾气已达到大气污染物排放标准，送至尾气焚烧炉焚烧后通过烟囱排入大气。

尾气处理装置急冷塔底排出的酸性水送至酸水汽提装置，汽提出的酸气返回尾气处理装置，经汽提后的汽提水经污水处理装置处理后作循环水系统补充水。

简要工艺流程图见图 5-14。

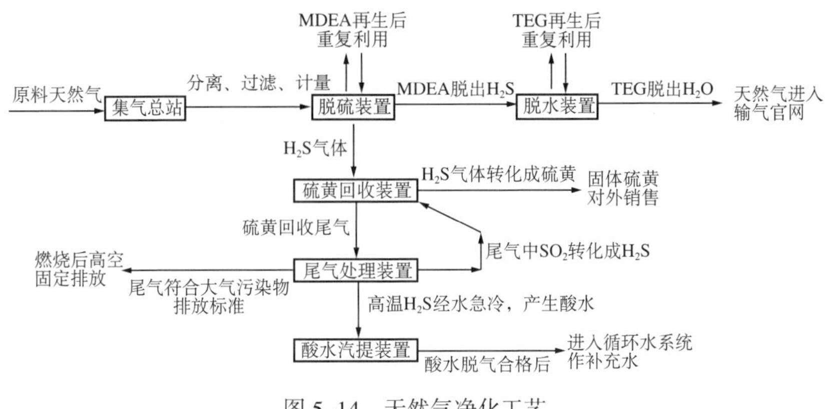

图 5-14　天然气净化工艺

2. 三维设计优化

对于天然气净化厂，因天然气脱硫、脱水、硫黄回收、尾气处理等工艺技术非常成熟，工程设计已不存在技术障碍。相比于常规建厂，模块化建厂的施工图设计难点主要体现在如何充分考虑工艺集成、模块成橇后，在有限的空间内实现工艺、电气、自控仪表的最优化布置；如何在狭小的橇装空间内避免各工艺管道、电缆橇架、仪表槽架、橇装钢结构布置时不发生碰撞，并满足管道、设备、钢结构的应力分析；如何能够充分考虑操作、维护与检修的便利，以及最终如何拆分工艺橇，满足预制、运输、安装需要。尤其需要充分考虑操作、维护与检修的便利。

1）工程总图优化

工程总图布置方式决定模块化建厂从平面展布向空间叠加转变的效果。

在 $300\times10^4m^3/d$ 试采净化厂（图 5-15）以及 $1200\times10^4m^3/d$ 开发净化厂（一、二期）中，单列装置原料气处理规模均为 $300\times10^4m^3/d$，主体装置均采用线性布局，从原料气过滤、脱水、塔设备、脱硫、硫黄回收呈“一字”线性排列，所有装置只布置在系统管架一侧，占地面积较大。

在 $1800\times10^4m^3/d$ 开发净化厂（三期）（图 5-16）中，单列装置原料气处理规模 $600\times10^4m^3/d$，主体装置包括原料气过滤、脱水、塔设备、脱硫、硫黄回收尾气处理单元、酸水汽提单元，工艺流程更长，如果仍采用“一字”排列，装置将占用更大面积。通过总图优化调整，采用以系统管架为线性对称轴，管架两侧同时布置工艺装置，相比较“一字”布置，装置长度降低50%，占地面积减少30%左右。

图 5–15　龙王庙 $300\times10^4m^3/d$ 试采净化厂主体装置

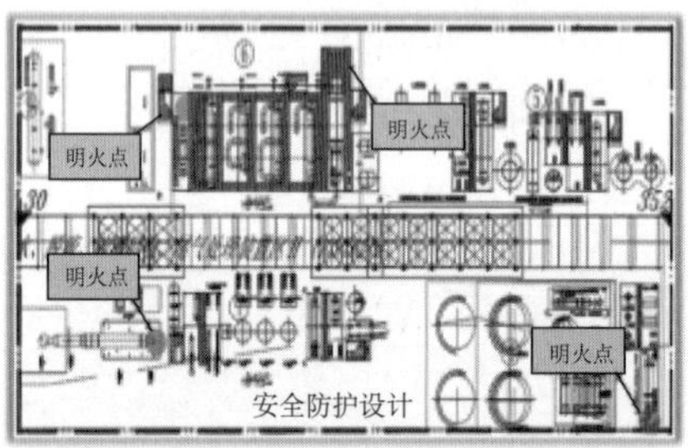

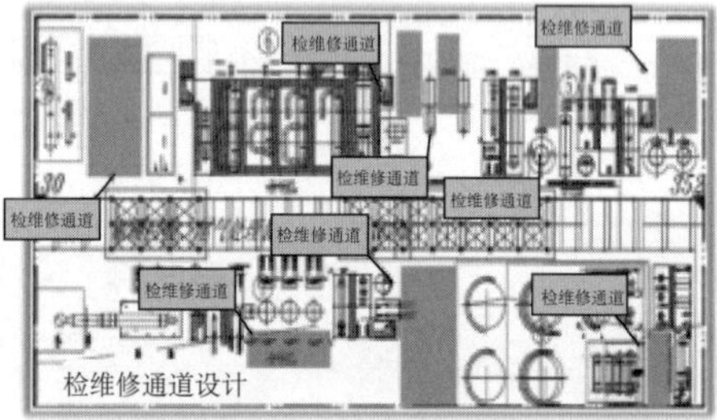

图 5–16　龙王庙 $1800\times10^4m^3/d$ 净化厂主体装置平面布置

2）生产巡检及检维修通道优化

在 $300\times10^4m^3/d$ 试采净化厂中，由于第一次采用一体化成橇、工厂化预制、模块化安装，设计重心是如何工艺优化、模块划分，忽略了橇内设备与阀门的布局优化，造成大量阀门阻挡了检维修与巡检通道，不利于日常操作与安全巡检（图 5–17）。

在 $1200\times10^4m^3/d$ 开发净化厂（一、二期）以及 $1800\times10^4m^3/d$ 开发净化厂（三期），对阀门比较集中的橇设置了夹层，专门放置操作阀门，检维修与巡检通道比较通畅，即使局部位置出现阻挡，也专门设置了跨线桥，每个巡检通道、操作区域的宽度为800mm（图5–18）。

图5–17　试采净化厂工艺管道阻挡巡检通道

图5–18　$1800 \times 10^4 m^3/d$ 净化厂巡检通道

3）模块拆分方案

所有工艺模块设计完成后，需要根据预制、运输、安装需要，对模块进行拆分成若干子模块，各子模块之间的管道再采用法兰连接（部分高压含硫管道采用焊接），钢结构间采用螺栓连接，子模块间设有定位销，便于现场快速复装，形成最终模块拆分方案（图5–19）。

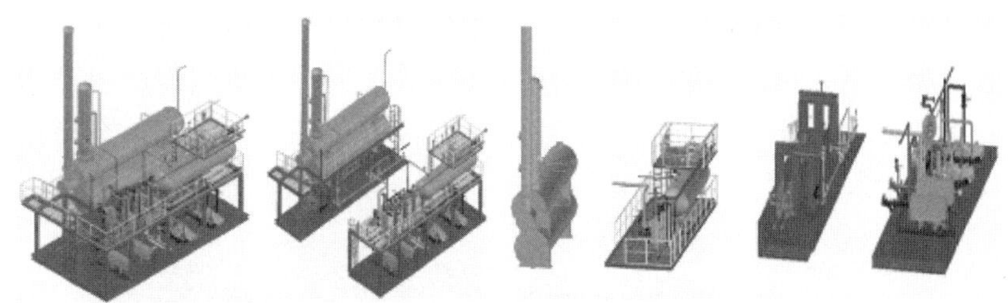

图5–19　天然气脱水橇块拆分示意图

拆分原则是依据高速公路运输要求及二级、三级公路运输现状确定，橇块极限外形尺寸（不包括拖车底盘高度）确定为15000mm（长）×3950mm（宽）×4000mm（高），橇装最大重量控制在55t以下。对于部分超限的橇块，采用中间分段，最后使用高强度螺栓实现等强连接。

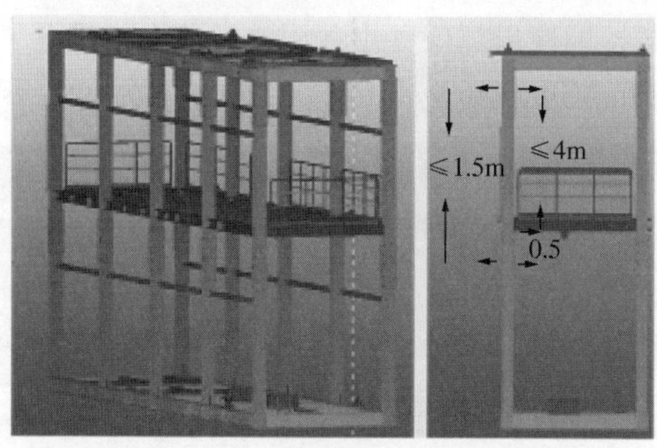

图 5-20　超限橇块钢结构拆分示意图

模块拆分方案确定后，需要在拆分方案基础上确定各橇间工艺上下穿层的管道连接与预留口方式。预留口的总体原则是留直不宜留弯、留下不留上，留小不宜留大，留长不宜留短。基本在上层与下层“原始”法兰处进行拆分，部分无法以此原则拆分的焊口，在分橇最近焊口处加拆分法兰（图 5-21）。

图 5-21　橇块工艺上下穿层管道连接与预留口方式

4）模块现场组装

在制造厂完成所有工艺及钢结构预制后，在工厂对模块进行预组装、整体验收合格以后，拆分发运至施工现场，现场施工队伍依照模块复装指导手册将各模块按“搭积木”的方式依靠螺栓连接重新搭建，实现整个净化厂的模块化装配（图 5-22）。

图 5-22　模块化工厂预制与组装

（三）模块化建厂成效

在磨溪龙王庙组气藏 $300\times10^4m^3/d$ 试采净化厂工程中，主体装置划分成 51 个橇，55 台大型设备全部安装在橇上，在工厂内提前完成预制，工厂化预制率达到 75% 左右，橇装模块在现场组对和周边管道碰口连头焊接时间在 60d 左右，有效缩短现场施工周期 110d，整个项目建设较传统建厂方式节约工程建设周期约 30%，同时，焊缝 X 射线探伤一次性合格率提高 2%，达到 98.5%。

在磨溪龙王庙组气藏 $1800\times10^4m^3/d$ 净化厂工程中，新建主体工艺装置包括 3 套 $600\times10^4m^3/d$ 天然气脱硫装置、3 套 $600\times10^4m^3/d$ 脱水装置、2 套 $900\times10^4m^3/d$ 硫磺回收装置、2 套 $900\times10^4m^3/d$ 尾气处理装置和酸水汽提装置、1 套 $1200\times10^4m^3/d$ 尾气处理装置和酸水汽提装置。每套装置按照过滤、脱硫、脱水、硫磺回收、尾气处理、酸水汽提 6 大功能单元，分为 55 个橇块进行组橇，3 套装置共计 144 个模块橇。根据测算，主体工艺装置区橇内焊口数量占 83%，橇外焊口数量占 17%。其中橇内焊缝数量有 95% 左右可以进行工厂化预制，5% 左右的焊缝因橇装拆分，需要预留焊口。

三、磨溪龙王庙组气藏天然气净化厂模块化建设项目管理

（一）设计管理

1. 统一技术标准

净化厂工程工艺材料类别多、规格型号复杂。同时，由于一体化集成与模块化组橇，每种规格型号采购的数量较少，为减少采购难度，项目部要求所有管材、法兰、管件、阀门统一使用国家标准，统一选材，整合管径、壁厚，优化采购清单，达到设计、采购、施工的标准统一，兼顾维护、检修、更换方便。

2. 三维设计应用

为便于开展工厂化预制、模块化组装，在磨溪龙王庙组气藏 $300\times10^4m^3/d$ 试采净化厂工程中，脱硫、脱水、硫磺回收开始实行三维设计，但由于设计单位经验不足，三维设计全部外委；$1200\times10^4m^3/d$ 开发净化厂、$1800\times10^4m^3/d$ 开发净化厂工程中的脱硫、脱水、硫磺回收、尾气处理等主体装置以及锅炉、循环水、污水处理等公用工程，全部采用国际先进三维设计软件，利用 PDMS 模型库建立模块化工厂 3D 模型，形成标准化图集。再从

应力分析、碰撞检查、模块划分、人机工程等多角度对模块化设计进行优化，确保设计整体质量。同时，三维设计能直观反应多专业协同效果，减少错、漏、碰、缺等现象发生，确保施工图纸与建设现场“面对面、线对线、点对点”无缝衔接。在项目建设过程中，采用三维设计的施工图，错、漏、碰、缺等问题极少，材料准确率能理论上达到100%。

3. 建立设计常态联络机制

每周开展2次设计对接，每次设计对接都明确了不同的设计会议主题，针对不同设计阶段、设计过程中出现的技术问题，及时制定解决方案，采取强有力的改进措施，实现“边设计边优化”。同时，针对重要阶段设计成果，组织专家集中封闭审查，形成了“项目部主导、专家支撑、相关单位参与”的会审制度，提高技术审查质量。累计开展14次设计联络会议，提出优化建议500余条，明确技术方案60余项，工作进度安排100余项，设计联络的相关内容均以会议纪要的形式进行记录，并对设计响应情况进行跟踪，有效地加快了设计进度、保障了设计质量；锅炉、循环水、空氮、消防给水等辅助工程的施工图设计终审以及脱硫、脱水、硫磺回收、尾气处理等主体装置的30%、60%、100%三维模型审查，全部采用集中会审制度，40余名审查专家来自管理部门、生产单位、施工单位、监理单位、设计单位及建设单位等不同层面、不同专业，提出审查意见近1000条，既减少了各管理层审查次数，又提高了审查质量。同时，同一专业尽量固定让同一专家审查到底，确保审查的连续性。

（二）采购管理

1. 强化技术支撑

工程所有采购技术规格书、技术评分表、招标文件均采用“会审制”，邀请相关专家进行会审，项目部内部专业技术人员交叉参与，共同把好采购技术关。对所有设备材料制定了具有针对性的详细技术评分表，非标设备订货图和技术规格书在分公司范围内首次进行100%审查；所有物资均有对应的技术评分表。集中会审提高了采购技术文件的质量，明显减少了采购环节技术澄清的次数，项目采购进度比同类工程总体提前15 ~ 30d左右。同时，对于技术和使用环境、性能要求较高的非通用设备，坚持技术优先、加大技术权重、确保采购质量。

2. 关键设备材料驻厂监造

一体化组橇、模块化建厂，必须保障设备材料质量。受一体化集成与组橇的极限尺寸限制，所有模块内的设备材料必须能够满足全设计寿命，减少后续的维修与更换。在龙王庙组气藏，所有设备都根据设备类别、压力等级、抗硫性能细分 A、B、C 三级驻厂监造，除严格执行集团公司对监造设备的管理要求外，还对非抗硫管阀件、动设备进行了监造，重点、关键设备的监造率达到 100%，确保生产制造过程中的质量受控。特别在原材料环节，要求制造厂家按照要求对设备零部件建立材料明细，原材料（包括耗材）的质证书、炉批号、入厂编号等必须一一对应，且具有可追溯性。

3. 重要设备材料质量复检

将入库质量检验与进场质量检验分离，要求对需进行质量复检的材料、构配件等开展见证取样送检，并委托独立的第三方检测机构进行检验，避免厂家和供货商在自行复检过程中弄虚作假、以次充好。对含硫压力容器等所有受压元件材质（筒体、封头、接管、法兰）100% 进行原子光谱分析和硬度复检，对设备主体焊缝（纵、环焊缝）进行硬度复检的要求。对于工艺管材、管件、阀门等材料，按照相应技术要求，分含硫高压、含硫低压、非含硫进行 100%、20%、5% 原子光谱分析和硬度复检。通过入场原子光谱分析复检，已发现 5 台设备配对法兰 Mn 超标而返回制造厂更换。同时，复检发现近 30 件工艺管件质量不合格。

（三）施工管理

模块化建厂施工管理关键工序如下：

1. 三维模型的二次设计

在开始工厂化预制前，需要对三维施工图设计文件进行二次深化设计，设计内容包括：一是抽料、核料、焊口自动编号；二是设置预制件及管道拆分、组合方式，为工艺管道深度预制作支撑；三是设置工厂化预制优先级，优先有序排产、自动配料。

2. 材料入库信息管理

材料到货后，录入物资管理系统，如果所到材料的规格、型号、材质等信息与系统不匹配，将不能录入系统，避免手动录入造成错误；同时，通过该系统可以查询物资到货数量、需求量、分配量以及库存量。

3. 工厂化预制调控管理

通过设置生产“优先级”，根据材料到货情况自动“配料”，下达工厂化预制调度指令。

4. 作业工序有效衔接

工厂化预制最关键的是材料到货的“匹配”问题。只有每个预制件、模块橇所有的管材、管件、阀门、法兰全部到齐，才能实现工厂的流水线作业。如果某一个材料到货不“匹配”，将影响整个预制单元的焊接、模块安装以及一体化成橇。同时，每天跟踪和收集材料到货、钢结构预制、橇内设备安装、管线预制、无损检测、阀门试压等各类施工工序动态进展，强化协调，保证各环节有序衔接。

5. 施工质量控制

在模块化建厂过程中，除保证设备、材料、焊接质量外，还有一个重要工程质量控制指标——施工精度。只有钢结构、工艺预制、工艺安装等均按规范要求保证施工精度后，最终才能实现模块按设计完全组装到位。保证施工精度的一个重要手段就是大量应用全自动数控设备（图 5–23）。

图 5–23　数控施工机具

第六章　信息化管理

第一节　油气田地面信息化建设背景及现状

油气田自动化即利用自动化手段对油气田的井、间、站、外输系统及油田其他设施进行自动检测和控制，从而实现生产自动化和管理自动化。随着技术的进步，围绕油气田地面自动控制、通信、视频监控、信息应用等技术日趋成熟，各油气田企业按照集团公司战略发展的要求，结合自身实际需要，不断完善地面信息化建设，在数据自动采集、数据传输网络、生产管理、自动化控制、井站配套支持等方面不断提高信息化水平，初步实现了生产操作自动化、生产运行可视化、管理决策系统化。

信息化建设在一些油气田取得了一定成效，但整体还存在着问题和不足。各油气田公司实施范围、程度、投入不同，各地区建设不均衡。采用的技术不统一，应用的产品设备不标准，数据开放性差，不同厂商的水平参差不齐。生产现场网络基础差，计量间和单井点多面广，大多数地处偏僻地区，可依托的公共通信资源稀缺，制约了信息化发展。生产自动化系统与底层的采集系统标准化水平较低，导致系统的互通互换能力差，运维、升级难度与成本较高。传统的油气田地面信息化建设，一般按照工程项目和油气田开发工程的管理特点进行管理，缺乏用标准信息管理手段对地面工程涉及的前期工作、工程实施、投产运行和竣工验收四个阶段实施全生命周期管理，工程建设、生产试运行、工程管理优化、简化的成果、措施、经验不能很好共享和继承。缺少油气区工程建设整体考虑，造成生产现场网络基础薄弱、井站数字化覆盖不平衡、没有统一的数据标准、数据质量控制不能完全保证等问题。

当前国内陆上油气田大部分已进入开发中后期，含水率逐年升高，油气产量逐年下降，新油气田面临低渗透、高压、高含硫、高危、稠油、页岩气等越来越复杂的开发对象，已建地面工程系统庞大，运行维护成本逐年上升，安全环保等要求日趋严格，土地征集、材料价格、人工成本不断攀升。凡此种种，对油气田地面工程及信息化建设提出了严峻的挑战。诸多国外成功案例显示，要实现产业升级，必须转变生产发展方式，实现工业化与信息化深度融合。油气田地面信息化建设通过信息技术与地面工程的融合，提高每个生产操作单元的自动化程度，为优化生产管理流程，实施精细化管理创造了条件，在优化生产作业流程、精简组织机构、提高企业管理水平、减少员工劳动强度、降低操作成本、提高安全生产等方面发挥重要作用，进而实现企业流程再造，变革企业生产发展方式，提高企业经济效益和增强竞争力。

国际石油公司充分认识到油气田地面信息化建设在提高工作效率、降低生产和管理成本上的巨大作用，不断加大相关投入。国内长庆、新疆、塔里木等油田的实践也充分证明信息化建设十分必要，能够有力支撑油田科学快速发展。用信息化技术改变传统产业，实施“有质量、有效益、可持续”的发展战略，将为建设综合性国际能源公司提供强有力的保证。

2011 年油气田地面工程数字化建设规定发布，2014 年油气生产物联网系统建设规范出版发行。随着中国石油推进综合性国际能源公司建设的不断深入，对油气田信息化工作提出了更高要求，也提供了更为有利的发展机遇。今后一个时期，集团公司将继续推进信息技术总体规划的实施，利用信息化手段替代现场手工作业方式，提升远程监控能力，减少对油区生态环境的影响，使生产作业更环保；通过油气田地面信息化建设对工程建设、油气的生产、处理、运输过程进行优化，提高精细化管理水平，实现生产运行高效节能。

第二节　油气田地面信息化建设内容与方法

一、油气田地面信息化建设原则

油气田地面信息化建设将信息技术与自动化技术深度融合，建立覆盖油气地面生产各环节的数据采集与监控系统、数据传输及管理系统，满足作业区、采油采气厂、油气田公司三级用户的油气生产管理、地面建设工程管理等需求，实现数据采集、远程监控、运行分析与辅助决策、设备完整性管理等功能，促进生产方式转变，提升油气管理水平和综合效益，改变传统的业务模式，按流程构建新型劳动组织结构，减少管理层级，实现扁平化和精细化管理。

油气田地面信息化建设的原则是：坚持中国石油信息化“统一规划、统一标准、统一设计、统一投资、统一建设、统一管理”的原则，建设工作以业务需求为导向，综合考虑油气田的现状、效益和发展前景，确定信息化实施的范围、程度和方式，遵循先易后难的原则。建设中遵循保护已有投资、充分利旧的原则，对各油气田已建信息化系统进行适度集成，避免重复建设，同时配合劳动组织的优化及工艺流程的简化，提倡由统一的控制系统进行集中管理，适当减少或合并岗位设置，从而实现管理创新、减少劳动用工、改善劳动条件。油气田地面信息化的建设遵循低成本原则，除因特殊生产工艺及流程要求外，应尽量采用国内主流技术和国产设备。

二、油气田地面信息化建设内容

油气田地面信息化建设围绕地面工程管理和生产过程管理，根据油气田地面信息化建设标准要求，利用物联网技术建设数据采集与监控子系统、数据传输子系统以及油气田地面工程管理信息系统，实现油气田井区、计量间、集输站、联合站、处理厂等生产数据、设备设施状态信息在作业区生产指挥中心及生产控制中心集中管理和控制，支持油气生产过程、地面建设工程管理，优化油气开采和集输、工程管理流程，提高油气田决策的及时性和准确性，降低运行成本。

（一）管理层级与职能

油气田地面信息化建设覆盖油气田作业区、采油厂、油气田公司三级管理层级。油气田宜在作业区设置生产管理中心、采油采气厂设置生产调度中心、油气田公司设置生产指挥中心。

1. 作业区

作业区可作为生产管理中心，负责对整个油气生产流程进行监测，对关键过程进行调度和管理，对生产工艺和工况进行诊断分析，进行应急指挥调度工作，在部分油气田作业区直接监控井及小型站库，实现远程控制。通过油气田地面信息化建设提高作业区对前端（井、小型站库）的监控能力。在生产安全允许的情况下，提倡作业区集中监控模式。提高作业区对井、站库的监测能力，及时掌握井、站库的报警信息，整体掌控作业区生产运行情况。

2. 采油采气厂

采油采气厂可作为生产调度中心，负责对整个流程进行监测，包括对生产工艺和工况进行诊断分析，对生产计划和配产进行综合分析等工作。油气田地面信息化管理系统实现产量对比，产液量、产油量统计，各类报警预警提示和视频显示等功能。通过生产实时监控和智能工况诊断分析，及时发现生产问题，实现精细化管理，减少停工时间，降本增效。

3. 油气田公司

在油气田公司可设立油气田公司生产指挥中心，是对所辖区域的生产设施及环境实施监视和调度指挥的管理中心。油气田公司作为生产指挥中心，负责整体监测并进行应急指挥调度，及时发现地面设施、管网中的问题，进行整体优化和提升。

（二）子系统与功能

油气田地面信息化建设包含三个子系统：数据采集与监控子系统、数据传输子系统、生产管理子系统，系统总体架构见图6–1。

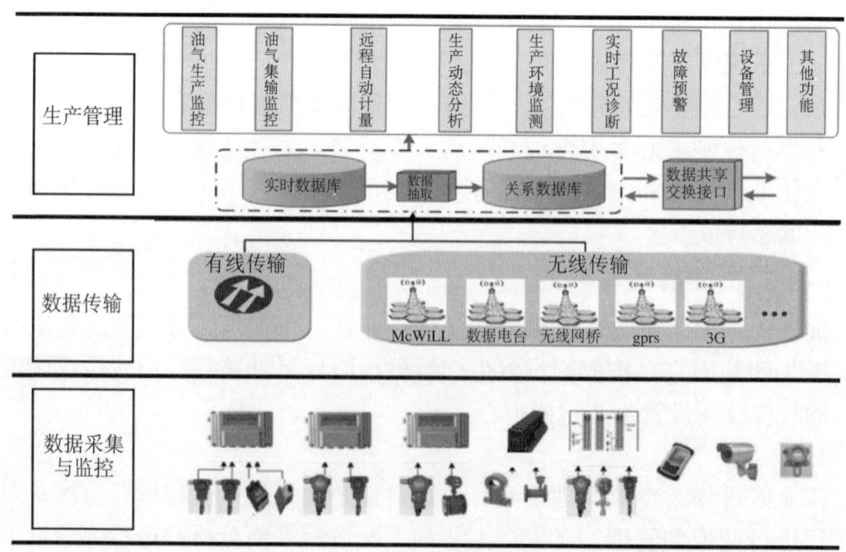

图6–1 系统总体架构

1. 数据采集与监控子系统

采用传感和控制技术构建的油气田地面生产各环节的生产运行参数采集、生产环境的自动监测、生产过程的自动控制和物联网设备状态监测的系统。

2. 数据传输子系统

采用无线和有线相结合的组网方式，为数据采集与监控子系统和生产管理子系统提供安全可靠的网络传输通道。

3. 生产管理子系统

采用数据处理和数据分析技术构建的涵盖生产过程监测、生产分析、预警预测、地面工程管理、物联设备管理、数据管理等功能的管理系统。

三、油气田地面信息化建设功能与要求

油气田地面信息化建设数据采集与监控、数据传输和生产管理子系统功能如下。

（一）数据采集与监控

主要采集油气田各类生产场所、装置的生产运行数据，包括温度、压力、流量、液位、组分、电流、电压、功率、载荷、位移、冲程等。由人工采集数据和自动采集数据两部分组成。人工化验或记录的数据、生产过程的一些管理数据由人工录入系统，井场、站（厂）、管道等数据采集和监控采用SCADA 系统、DCS 或 PLC 自动采集。数据采集与监控子系统采用模块化建设思路，由远程终端装置、站场监控系统、区域生产管理中心三部分组成。

1. 远程终端装置

完成井场、阀室和站场的数据采集、处理和控制，并上传数据至所属站场监控系统，接受其控制指令。

在井口部署自动化传感器和执行器，实现生产数据自动采集，实时监测油气井生产状况，并支持软件量油。合理设计自动化控制能力，如远程启停、紧急关断等，满足现场生产需要，保障现场生产安全。站库主要进行油井产量计量、注入井的驱油物注入管理和计量等工作。通过建设井口数字化系统，实现软件量油、自动倒井计量，尽可能地取消计量站、注水站，简化优化地面工艺，缩短管理层级，降低成本、节省人力。适度保留一部分计量站，一方面可以对软件计量精度较差的井进行计量，一方面可以为软件计量进行校准，同时推进自动化改造。对于需要采用倒井量油的井场，尽可能地用自动

化装置进行改造。

2. 站场监控系统

站场监控系统完成本站及其所管辖井场、站（厂）、管道的数据采集和集中监控，并上传数据至区域生产管理中心。

站（厂）主要进行油气水的分离、计量、处理、加压、回注、外输、储运等工作，部分站（厂）会对所辖的井及井场进行监控。通过梳理站库业务流程，促进站（厂）自动化系统标准化，采集并监测各站（厂）的关键实时参数，实现分级报警响应，进一步将站（厂）对单井的控制功能提升到作业区实现，提高管控效率，减少前端人员。

通过在管网部署自动化设备，实现压力、流量、温度、泄漏检测等参数的自动采集，进而统计输送量、输送效率等数据。根据需要设置视频监控、关键过程连锁控制等。

3. 区域生产管理中心

区域生产管理中心接收站场监控系统的数据，实现对区域所辖井场、站（厂）、管道的生产运行数据存储、集中监视和管理。

数据采集与监控子系统主要实现参数自动采集、环境自动监测、设备状态自动监测、生产过程监测及远程控制等功能。

（1）参数自动采集实现地面工程各环节相关业务的生产数据采集。

（2）环境自动监测实现视频、可燃气体、有毒有害气体浓度等信息的采集和告警。

（3）设备状态自动监测实现设备的标识、位置、工作状态等信息的采集与监视。

（4）生产过程监测提供油井监测、气井监测、供注入井监测，实现站库场、集输管网、供水管网、注水管网涉及的生产对象的工艺流程图实时数据显示和告警。

（5）远程控制实现抽油机井远程启停、电泵井远程控制、气井远程关断、注水自动调节控制、自动倒井计量控制等。

（二）数据传输子系统

油气田地面信息化建设中的传输系统部分所承载的业务数据主要包括实时生产数据、控制命令数据、视频图像数据及语音数据。数据传输子系统的设计、建设要充分考虑油气田已有网络状况，适应当地自然环境和发展需求，实现模块化建设。数据传输子系统要具备自动监测通信连接状态的功能，并具备断点续传能力。

（三）生产管理子系统

生产管理子系统提供地面工程运行管理、地理信息管理、生产过程监测、生产分析与工况诊断、设备管理、视频监测、报表管理、数据管理、辅助分析与决策支持、系统管理、运维管理等功能。生产管理子系统基于云技术开发建设，将各功能封装成功能模块，以实现系统的高效部署、灵活应用与便捷交互。

（1）地面工程运行管理实现油气田地面工程从规划到建设再到运行维护的管理主线，包括四方面内容：前期工作管理、建设过程管理、生产运行及生产辅助管理和综合管理。

①前期工作管理实现前期方案审批计划管理和前期方案管理，内容包括项目建议书（预可行性研究、开发概念设计）、可行性研究和初步设计方案。

②建设过程管理主要包括工程实施、投产试运和竣工验收三个部分。工程实施包括准入管理、工程项目管理等；投产试运包括编制投产方案和组织试运行；竣工验收包括专项验收（环保、卫生、消防、安全、决算、档案）和总体验收。

③生产运行及生产辅助管理包括原油集输与处理、天然气集输与处理、注入、采出水处理、化验、防腐、供排水、供电、道路等设备实施运行管理。

④综合管理主要包括新工艺新技术管理、油气田建设相关管理规定、标准、规章制度、规范管理、标准化设计规定、标准化设计定型图等文档管理。

（2）地理信息管理提供地理信息与相关专业数据，实现地理信息数据的查询分析，提供可视化信息管理，使相关部门具备数据空间协调分析能力。

（3）生产运行过程监测实现油井监测、气井监测、供注入井监测、站库场信息展示、集输管网信息展示、供水管网信息展示、注水管网信息展示功能，实现对涉及的对象基础数据和历史数据查询、实时监测和超限告警、油气水井和站库场视频监测。

（4）生产分析与工况诊断实现产量计量、参数敏感性分析、工况诊断预警功能。

（5）设备管理实现设备信息检索、设备故障管理和设备维护功能。

（6）视频监测实现视频采集与控制、视频展示、视频分析报警功能。

（7）报表管理实现数据报表模板管理，实现对业务数据报表、设备故障报表、系统运行报表的自动生成功能。

（8）数据管理实现采集数据质量管理和数据集成管理功能。

（9）辅助分析与决策支持实现地面工程数据汇总信息展示功能。

（10）系统管理实现告警预警配置管理、用户权限管理、系统日志管理、数据字典管理功能。

（11）运维管理实现运维日志管理、运维任务管理、系统备份管理、系统版本控制功能。

四、油气田地面信息化建设方法

油气田地面信息化建设宜采取“先试点，后推广”的策略，按项目启动、需求分析、详细方案设计、系统配置与测试、数据准备与用户培训、系统上线和验收七个阶段开展实施。

油气田地面信息化建设以业务需求为导向，综合考虑油气田生产的现状、效益和发展前景，确定实施的范围、程度和方式。遵循先易后难的原则，以整装作业区或采油采气厂为建设单元组织实施。新产能建设项目与地面信息化同步进行建设。老油气田结合地面工程改造进行信息化建设，在工艺优化简化的基础上实现降本增效。

以下从系统架构、数据采集与监控子系统、传输子系统、生产管理子系统、数据管理、信息安全六个方面详述油气田地面信息化建设方法。

（一）系统架构

数据采集与监控子系统部署在井场、站场（厂）至作业区层级，对生产现场的数据进行采集并实现监控功能；数据传输子系统部署在井场、站场（厂）、作业区等层级，采用有线及无线方式实现数据通信；生产管理子系统部署在油气田公司及总部，满足各级人员的油气生产监测、分析诊断、预测预警等需求。

数据采集与监控子系统可按两种模式设置，模式一为大型中心站厂集中监控。SCADA系统建在大型中心站厂，在中心站厂对下辖所有井、站、管道进行集中监控，作业区对下辖生产单元实施统一集中监视管理；模式二为作业区对无人值守井、站实施统一监控，SCADA系统建在作业区，无人值守井、站、管道由作业区集中监控；有人值守站厂自设监控系统。作业区对所辖生产单元实施统一监视管理。模式一见图6–2，模式二见图6–3。由于在实际生产中有的油田也通过中型站场对井进行管理，在图中用虚线表示。

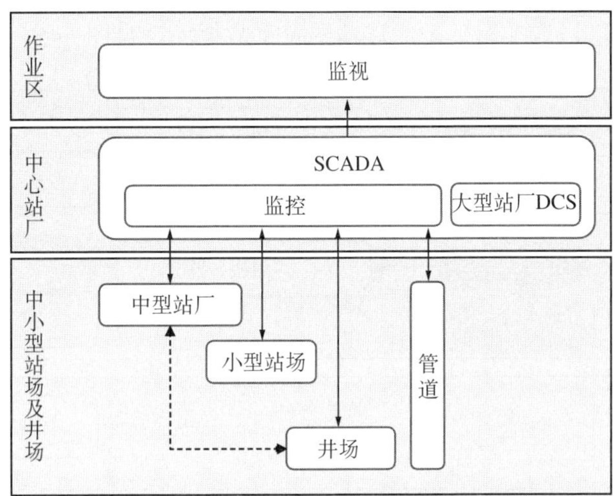

图 6-2 数据采集与监控子系统监控模式一

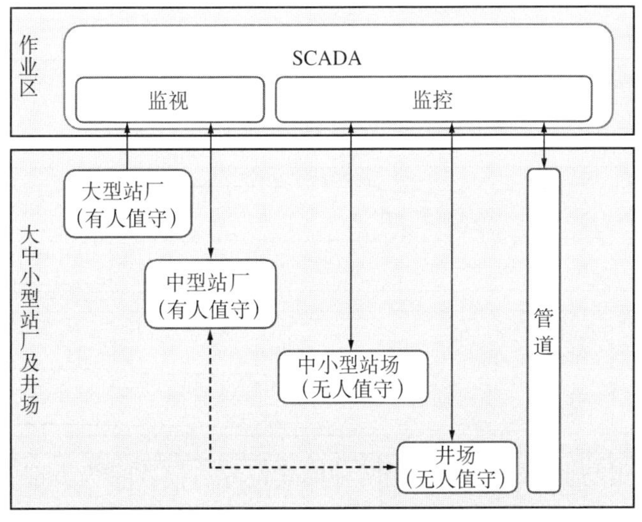

图 6-3 数据采集与监控子系统监控模式二

生产管理子系统部署在办公网，可按照以下两种模式设置，模式一在油气田公司设置系统服务器，供油气田公司、采油采气厂、作业区共同使用，在作业区设置实时数据库和功图关系数据库，见图 6-4。模式二针对因跨省、地域广、环境复杂等原因而与油气田公司不能保持可靠稳定网络通信的采油

采气厂，可在采油采气厂设置生产管理子系统服务器，供采油采气厂、作业区使用，作业区设置实时数据库和功图关系数据库，见图 6–5。

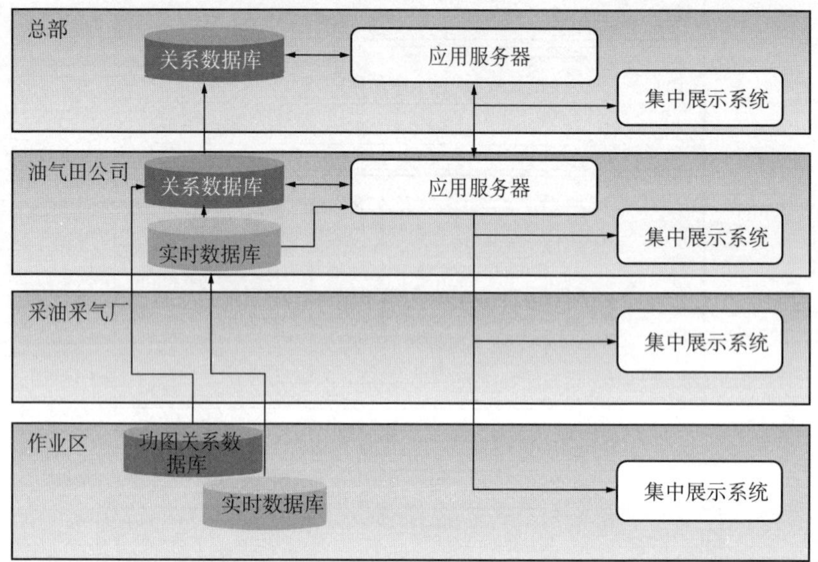

图 6–4　生产管理子系统部署模式一

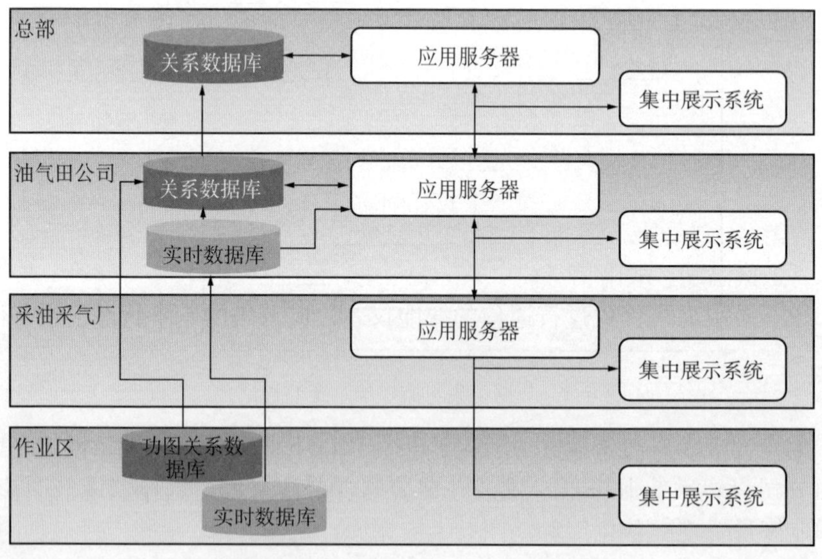

图 6–5　生产管理子系统部署模式二

（二）数据采集与监控子系统

数据采集与监控子系统建设要考虑采集与监控参数、物联网设备关键参数、数据存储及接口、监控系统、组态界面、视频监示等。

设备质量性能应符合国家标准或中国石油企业标准的规定，具有国家或石油行业认可的认证、测试机构出具的检测、试验报告及质量证书。满足生产环境所需的工作温度、防爆等级和防护等级。

对于井场设备选型建议采用无线仪表解决方案。无线设备数据存储及接口要求遵循 A11-GRM 通信协议。有线仪表输出信号采用 4 ~ 20mA、1 ~ 5V、脉冲信号或 RS485 信号。

井场、小型站场采集参数及控制功能选择要满足《油气田地面工程数字化建设规定》的要求。井场、小型站场物联网设备尽量采用 RFID 或二维码进行标识，标识基本内容应包含仪表编号、井名、站名、坐标、井类型、设备类型、生产厂家、量程、精度、电池更换日期、投用日期、安装日期。智能仪表应支持状态信息及故障信息的采集。

现场仪表技术要求如下：

（1）载荷传感器过载能力宜满足 150%F.S。

（2）位移传感器宜采用角位移传感器，角位移测量范围 −45° ~ 45° 。

（3）功图数据采集设备在一个采油周期的采集点数不应少于 200 点。

（4）电量采集模块应具有测量三相四线制、三相五线制等（可选）负载的各相线电流、电压、有功功率、无功功率、功率因数、有功电能、无功电能、线路频率等功能。

（5）稳流配水仪应具有本地、远程参数设置，手动、自动控制切换功能。

（6）仪表应具备存储配置参数和掉电保持功能。

（7）采用有线方式进行通信的智能仪表，应采集的基本状态信息有仪表状态、工作温度、故障信息。

（8）采用无线方式进行通信的智能仪表，应采集的基本状态信息有仪表状态、工作温度、故障信息、通信效率、电池电压、休眠时间，对特殊需求预留了存储空间。

RTU 技术要求如下：

（1）RTU 应具备数字、模拟信号采集与控制功能，远程、就地升级维护功能，数据存储功能，宜具备数据补传、主动上传和设备自检功能。

（2）RTU 通过 RS485、RS232 接口与前端采集设备通信时，应支持标准

MODBUS RTU 协议。当与无线仪表通信时，RTU 应支持 ZigBee 或 WIA 通信技术。在油气田内部应使用同一种无线协议。

（3）RTU 与 SCADA 系统应采用 RS485、RS232 以太网接口通信，支持标准的 MODBUS 协议或统一扩展的 MODBUS 协议，支持 DNP3.0 协议。

（4）RTU 要支持数据加密算法，能够根据中国石油信息安全要求添加加密算法。

（5）RTU 1 min 保存一条数据时，数据存储时间至少 7d。RTU 数据存储应符合《油气生产物联网系统建设规定》的要求。

（6）对于需要与智能仪表通过有线方式进行通信的 RTU，如仪表部分采用 HART 协议进行通信，RTU 宜支持 HART 协议。

通信模式相关要求如下：

（1）井场通信分为单井通信模式和多井集联通信模式。

（2）单井模式的数据流为无线仪表→井口控制器（RTU）→中心控制室。

（3）多井集联通信模式的数据流为无线仪表→井口控制单元（井口路由单元）→多井集联中继器（RTU）→中心控制室。

（4）单井通信模式要求仪表距离井口控制器（RTU）/井口控制单元在 100m 范围内，井口需要视频采集的宜采用单井通信模式；平台井、主从井、丛式井等在一定固定区域内的井宜采用多井集联通信模式，离散井在多井集联中继器（RTU）可视范围 150m 内宜采用多井集联通信模式。

井场数据通信接口要求如下：

（1）井场无线通信的物理层、链路层、网络层通信应采用 ZigBee Pro 或 WIA 通信协议。

（2）数据采集频率应满足生产业务需求，采用有线仪表方案时，前端采集压力、温度等参数可支持 1s 刷新一次数据；采用无线仪表方案时，压力、温度等参数支持 3min 上传一次数据，功图 10min 上传一次数据。

（3）采用有线方式通信的智能仪表宜采用 RS485 接口或 HART 协议进行通信。

（4）有线通信中井口控制单元与多井集联中继器通信要支持以太网通信接口或 RS485/RS232 物理接口方式，支持标准或统一扩展的 MODBUS 协议，支持 DNP3.0 协议。

站库控制系统接口要求如下：

（1）有人值守站库控制系统数据要通过 OPC 接口上传。采用 OPC 协议上传数据时应考虑 OPC 通信对原系统性能的影响，大数据量上传时，需配置专用 OPC 服务器。新建和改扩建站控系统应支持 OPC2.0 协议，同时兼容 OPC1.0 协议。老旧站控系统若不支持 OPC 协议，可在实施中根据支持的接口协议进行接入。

（2）无人值守站库控制系统数据应通过标准或统一扩展的 MODBUS 协议上传。

（3）大型站厂 DCS 数据传输时应使用 OPC 接口上传。

监控系统要求如下：

（1）监控系统所应用的组态软件应包括市场上主流设备 I/O 驱动，组态软件应支持用户开发驱动接口包。

（2）监控系统主要实现油气水井监测功能，主要包括实时监测、远程控制、超限告警、数据趋势分析、历史报表、历史数据查询功能。

（3）监控系统应具备物联网设备状态信息监测功能。

（4）监控系统应实现功图数据采集及展示功能，包括功图数据采集与存储、单幅功图展示、多幅功图叠加、功图数据检索功能。

（5）对于已经建设 SCADA 系统对井场进行监控的作业区及站厂，应在已有 SCADA 基础上扩展并接入新实现自动化的油气水井，不重复建设新的 SCADA 系统。

视频监示系统要求如下：

（1）视频系统应具有与报警控制器联动的接口，报警发生时能切换出相应监视部位摄像机的图像，予以显示和记录。

（2）视频信号传输应保证图像质量和控制信号的准确性，保证响应及时和防止误动作。

（3）视频监测系统应配备稳压和备用电源。

（4）在过高、过低温度、气压、湿度环境下运行的系统设备，应有相应的防护措施。

（5）视频存储应靠近前端部署，应保存至少 30d 的历史视频信息。

（6）视频监测系统图像质量及功能测试要求、视频监测系统设备技术指标要求符合 Q/SY 1722—2014《中国石油油气生产物联网建设规范》的要求。

（三）数据传输子系统

数据传输子系统网络包括以下三部分：

（1）从油气田井场、站场（厂）监控中心至作业区生产管理中心部署生产网，可延伸至采油采气厂或油气田公司层级。

（2）从作业区生产管理中心至采油采气厂级生产指挥中心、油气田公司级生产调度指挥中心部署办公网（局域网）。

（3）从油气田公司级生产调度指挥中心至集团公司部署办公网（广域网）。

办公网网络建设要根据油气田地面信息化项目需求，由网络建设管理单位负责完善。各油气田应根据网络现状及需求确定生产网网络边界的位置。生产网应采用核心层、汇聚层、接入层的层次化架构设计，采用环型拓扑结构组网，在关键主干链路环节设备采取备份冗余模式。

传输系统的功能和方案以各油气田规模、现有通信设施、实际业务需求为依据，选择适合的技术和网络结构。传输系统应具有统一、规范、开放的数据接口，支持标准的通信协议，能够与其他相关系统实现可靠的互联。油气田应结合实际情况选择租用或自建有线链路，租用链路应满足系统的最低数据传输需求，自建链路应满足《油气田地面工程数字化建设规定》要求。无线传输网络建设应遵循国家无线电管理委员会的有关规定，频率应根据油气田当地已使用的频率资源来规划与确定，应充分利用已经申请到的无线频率资源。

有线传输网络技术选型应符合 Q/SY 1335—2015《局域网建设与运行维护规范》中相关规定。受地理环境的制约，在运营商有线链路不可达或不具备自建有线链路条件的接入层网络节点，可采用无线传输方式。无线传输网络应根据各油气田自然环境、业务需求和已有无线网络情况，通过现场勘查和测量进行覆盖、带宽、频率、容量等方面的规划，综合考虑施工难度、建设投资的成本和效果，并结合各类无线传输技术特点，选用适合的无线通信技术进行组网。

有线传输网络性能应满足以下要求：

（1）有线信号传输方式的网络延时应低于 120ms。

（2）当采用基于 Internet 互联网的有线传输方式时，要采用 VPN 专用通道保证数据传输的安全性。

（3）当油气田监控现场存在大功率干扰源时，应采用电转光形式的有线网络传输，以保证信号传输的稳定和保真。

无线传输网络在传输数据时，应根据各油气田井场、站库、管网数量，数据采集频率，单次采集数据量等因素进行估算，确保无线传输网络性能满足实际需求。

视频图像数据传输性能应满足以下要求：

（1）传输图片数据时，其接入速率应满足油气田对于图片分辨率和采集频率的要求。

（2）传输的视频信号和视频显示图像不应低于 CIF 格式。

（3）传输单路 CIF 格式的图像所需要的视频信号网络带宽不应小于 128kbps，传输单路 4CIF 格式的图像所需要的视频信号网络带宽不应小于 512kbps。

（4）捕影现场的网络带宽，不应小于允许并发接入的视频信号路数乘以单路视频信号的带宽。

（5）各油气田可根据已有网络带宽情况，在满足最低视频分辨率的基础上，适当调整并发路数及视频分辨率。

（四）生产管理子系统

系统平台相关要求如下：

（1）平台应采用关系数据库作为数据源。

（2）平台应支持主流的应用服务器和 Web 服务器。

（3）平台应提供对物联网设备信息的展示。

（4）平台应支持根据油气田实际的工作日历，对各层级机构的日数据自动进行汇总。

（5）平台应支持二次开发，支持与其他系统的融合。

（6）平台应支持 Chrome、IE8 以上版本的浏览器。

（7）平台应支持多语言版本。

系统硬件相关要求如下：

（1）硬件设备应根据各部署点的实际情况、数据量以及用户访问量进行设计、部署和升级。

（2）服务器类型包括：前端 Web 服务器、负载均衡器、应用服务器、报表服务器、关系数据库服务器、实时数据库服务器、视频服务器、组态服务器、工况诊断服务器以及服务器相应存储设备等。

（五）数据管理

系统数据模型遵循 EPDM 规范。对于可以复用的 EPDM 数据模型应直接沿用，在直接复用 EPDM 数据模型无法满足需求的情况下，在 EPDM 原有模型的基础上进行扩展或新建。与统建系统数据接口在总部和油气田公司层级实现。

关系数据库设计要求如下：

（1）生产管理子系统中关系库数据模型遵照EPDM模型标准扩展，可以复用的模型直接使用，不对模型做修改；无法复用的模型，进行扩展或新建，但具有相同含义的数据项采用EPDM原有编码。

（2）新建数据表采用两层编码方式进行编码：

①第一层（分类码）：由2～3个字母组成数据表分类代码。由于是新建数据表，第一层统一为PC。

②第一层码与第二层码之间用字符“_”进行连接。

③第二层（表名称码）：由数据表名称关键英文单词组成。根据实际需要，表名称码前端可包含数据表分类代码。数据表名称的英文单词之间应用字符“_”进行连接。

④第二层码应以“_T”结尾。

⑤新建数据表编码总长度不应超过30个字符。

⑥在表创建完成前，应为表添加表的注释。

实时数据交换协议要求如下：

（1）数据采集硬件与软件（包括组态软件与实时数据库）之间通讯协议宜采用标准或统一扩展的MODBUS协议，支持DNP 3.0协议。

（2）不同数据采集软件（包括不同品牌组态软件与实时数据库）之间数据交换协议宜采用标准OPC 2.0协议。

（3）同类、同品牌数据采集软件之间数据交换应采用相应软件本身自带数据同步协议或组件。

（六）信息安全

油气田地面信息化建设中，在集团公司、油气田公司和作业区分布部署的设备机房，应符合Q/SY 1336—2010《数据中心机房建设规范》中的建设规定，各级部署如下：

（1）在集团公司部署的设备机房，宜按照A级数据中心机房要求建设或整改。

（2）在油气田公司部署的设备机房，宜按照B级数据中心机房要求建设或整改。

室外设备安全应满足以下要求：

（1）主要仪器仪表宜加装安全防护箱，箱体材料应选用不易生锈、耐磨损的材料，并具有一定承重能力。

（2）重点井、重点地区、高危地区、社会敏感地区宜安装摄像头，便于实时视频监测，防止设备被盗。

（3）设备宜有备用电力供应。

安全域边界防护应满足以下要求：

（1）隔离网闸：在生产网与办公网之间部署隔离网闸，保证生产网的安全，隔离网闸是生产网与办公网数据交换的唯一通道。

（2）防火墙：在作业区生产网核心交换机前端部署防火墙设备，以保护作业区内部核心生产网络的安全，抵御来自无线传输网络的安全威胁。

（3）入侵检测：宜在生产网作业区核心交换机旁路部署入侵检测设备，并能与防火墙联动，一旦检测到网络攻击行为能通知防火墙进行阻断。

服务器安全应满足以下要求：

（1）要对部署油气田公司的应用服务器和数据库服务器安装服务器安全加固产品，提供如强身份鉴别、安全防护、强制访问控制、安全审计、恶意代码防范等安全防护。

（2）为服务器安装防病毒软件，提供病毒查杀功能。

操作终端安全应满足以下要求：

（1）宜充分利用中国石油已部署的终端安全管理平台，实现对管理终端和用户终端的安全性检查，包括终端安全登录、操作系统进程管理和设备接入认证等。

（2）为操作终端安装防病毒软件，提供病毒、木马和蠕虫查杀功能。

短距离无线传输（传感器到RTU）采用具有传输加密、网络认证及授权和网络封闭等安全措施的短距离传输技术。长距离无线传输（偏远井站RTU到有线接入点）数据安全基于信元和信道两方面进行规范：

（1）信元加密：对于有特定需求的油气田公司的重点特殊区域可部署安装信元加密设备。

（2）信道加密：宜采用具有无线链路加密技术的无线传输方式来保障无线信道传输安全，防止系统重要数据通过无线传输网络外泄。

关系数据库与实时数据库安全应满足以下要求：

（1）为油气田公司的关系数据库部署数据库防护网关，实现对关系数据库强身份认证、数据加密、访问控制等安全防护措施。

（2）使用数字证书作为数据库系统身份认证方式。

（3）强制规定密码复杂度规则、密码有效时限、密码长度、密码尝试次数、密码锁定等。

（4）仅设置一位管理员具备系统权限，其余数据库账号仅授予能够满足使用需求的最小权限。

（5）对实时数据库采集器采取冗余措施，使得单点故障不会中断数据采集，避免脚本故障切换数据丢失，以保证数据完整性。

（6）对实时数据库管理员和用户的登录、操作行为进行审计。

（7）监视数据库系统安全漏洞补丁情况，及时安装安全补丁。

第三节　油气田地面信息化系统运行维护

随着油气田地面信息化系统建设的推进，系统业务日益增多，功能日趋复杂。一方面设备种类和数量增多，管理不断细化，另一方面系统涉及面广，容易引发故障的环节增多。油气田地面信息化系统运行维护工作可确保系统质量，是系统应用的重要环节，加强运维管理具有重要意义。

油气田地面信息化系统的运维管理工作应具备及时性、有效性和计划性，运行维护工作应与油气田现场业务充分结合，与新技术应用充分结合。建立健全运维管理组织，建设专职运维队伍，形成清晰的作业流程及完善的管理层级，实现运维管理方式的优化创新。

一、日常运行维护管理

（一）前端设备管理

设备管理的目标是及时有效发现设备故障、处理设备故障，提高设备完好率和无故障率，确保前端采集工作顺利进行。其主要工作包括：

（1）设备档案管理：负责维护并更新设备档案信息。

（2）设备状态监控：负责监测设备运行状态，当发现设备告警或预警时，派发作业工单，现场当班人员进行现场初步排查。

（3）设备现场维修：根据初步排查结果，派发作业工单，通知专业维护人员进行检修，记录作业过程，将维修结果上报生产管理中心。

（4）设备日常维护：检修人员负责设备的日常管理与维护，如设备清洁、外观检查等；发现隐患问题，应上报生产管理中心。

（5）设备周期校验与保养：定期对仪器仪表进行检定或调校。

（6）设备故障统计分析：按设备类型、设备厂商、故障类型、故障时间等对设备的故障信息进行分析，持续优化设备管理。

（二）传输网络

1. 网络维护

网络维护工作是指无线和有线网络设备的日常维护、网络实时状态监测和故障处理等，其主要工作内容包括：

（1）网络设备日常维护：负责网络设备的日常管理与维护，如设备清洁、外观检查等，及时掌握网络设备运行情况，发现隐患及时上报生产管理中心并处理。

（2）网络资源管理：负责规划、分配及管理生产网内的 IP 地址和无线频率资源。

（3）网络状态监控及修复：负责监测网络运行状态，当发现网络异常时，派发作业工单，通知专业维护人员进行维修工作。

（4）现场维修：专业维护人员根据工单内容，进行现场排查与检修，记录作业过程，将维修结果上报生产管理中心。

2. 网络安全管理

网络安全管理是指制定网络安全审核和检查制度，规范安全审核和检查，定期按照程序开展安全审核和检查，其主要工作内容包括：

（1）网络安全体系管理：编制数据传输系统安全体系规划，制定并优化网络安全管理制度。

（2）日常网络安全管理：建立网络信息安全监管日志制度，开展网络安全分析和网络安全预警，及时修复网络安全漏洞和隐患。

（3）网络安全检查：定期组织网络安全检查，汇总安全检查数据，形成安全检查报告，并上报相关管理部门。

（三）系统和数据

1. 数据管理

数据管理是指对各类基础数据、实时数据进行日常维护。数据管理的目标是保证数据的及时性、准确性、完整性与一致性，其主要工作内容包括：

（1）基础数据管理：负责在系统中新增、删除、更新生产单元（井、间、站、管网）及设备的基础信息，保证各类基础数据与生产实际一致。

（2）数据准确性管理：负责定期对仪器仪表采集上传数据与设备显示数值进行抽检校验，保证采集数据的准确性。

2. 系统维护

系统维护是指对系统的用户信息及相关软、硬件设备进行维护，其主要工作内容包括：

（1）用户管理：负责系统用户的增加和删除，根据用户的职责和岗位分配系统角色，设置系统数据权限与操作权限。

（2）软硬件设备日常运行维护：定期维护与检查服务器、存储设备、备份设备等，保证设备正常运行，定期开展系统调优工作。

（3）数据备份与恢复：定期备份数据和文件，当出现系统故障导致数据丢失时，将备份数据从硬盘或阵列中恢复到相应的应用单元。

（4）版本更新与系统升级：根据系统使用情况及用户意见反馈，不定期系统版本更新和系统升级工作。

二、突发事件管理

突发事件管理包括编制突发事件处理预案、应急演练、处理突发事件和事件总结四个环节：

（1）编制预案：包括编制突发事件处理流程和模拟演练方案，有关部门编制所辖区域的突发事件处理预案并上报审批。

（2）应急演练：依照突发事件处理预案的模拟演练方案，应定期组织应急演练。

（3）处理事件：遇到突发事件，各级人员应遵循预案处理问题。

（4）事件总结：突发事件处理结束后要及时总结并编写突发事件处理总结报告，上报相关部门存档。

三、运维队伍建设与考核

运维队伍建设与培训对信息化系统运维工作顺利开展有重要意义，应建立完善培训机制，加强对各级信息系统运维人员的专业与技能培训，定期组织不同规模、不同内容的运维工作培训，确保运维队伍的专业性与先进性。

运维考核工作主要包括编制系统考核体系与指标、优化考核模型、开展月度、季度、年度考核等，涉及计划执行情况统计、重大事件处理效果分析及应急预案执行情况考核等。

运行维护队伍收集系统运维实际情况，编写周报、月报与事件处理报告，按照考核指标进行自我考核，形成自我考核报告并报相关部门。相关部门定期按照考核指标，对运行维护支持队伍进行综合考评，形成综合评价报告。

第四节　油气生产物联网系统案例

油气生产物联网系统（简称 A11）是中国石油“十二五”信息化建设项目之一，旨在利用物联网技术，建立覆盖全公司油气井区、计量间、集输站、联合站、处理厂规范、统一的数据管理平台，实现生产数据自动采集、远程监控、生产预警，支持油气生产过程管理，进一步提高油气田生产决策的及时性和准确性。提高生产管理水平，降低运行成本和安全风险。

以下从项目的建设范围、建设内容及建设成效三个方面对系统进行介绍。

一、示范工程建设范围

油气生产物联网系统的建设范围涉及中国石油所属的全部 16 家油气田公司，包括 140 个采油厂，上百座作业区（矿），近千余座站库，以及几十万口油气水井，业务范围覆盖油气生产的全过程。油气生产物联网系统先期示范工程在 16 家油气田中选择有代表性的 5 家作为试点，分别是老油田、环境敏感、数字化及信息建设基础好的新疆克拉玛依油田，高危地区、数字化建设基础好的西南油气田，高海拔、低渗透、偏远地区的青海油田，偏远地区、山区地带的吐哈油田，高湿地区、采用新型管理模式的南方福山油田。

二、示范工程建设内容

油气生产物联网系统的建设按照顶层设计、统一标准、规范实施、试点先行、逐步推进的总体思路开展工作。按照顶层设计的理念，结合业务需求，确定油气生产物联网的定位，以及与相关系统之间的交互关系，满足作业区、采油厂、油气田公司和总部生产操作、生产管理和管理决策的不同需要，设计了油气生产物联网系统的业务架构、应用架构、数据架构，形成了一套建设规范，开发构建了一个统一的系统平台，建成了一批示范工程。具体建设内容与成果如下：

（1）编制 Q/SY 1722—2014《油气生产物联网建设规范》，对数据采集与监控、数据传输、生产管理、数据管理、信息安全、建设施工等方面作出了明确规定。达到规范建设、互联互通、统一部署、统一管理的目的。

编制了系统上线验收办法和运行维护文档，上线验收办法包括验收组织、验收内容、验收文档及验收评分标准等，为项目验收工作提供了具体参考依据，有效地指导了 A11 系统验收工作，并在 5 家试点油气田上线验收工作中得到检验和完善。运行维护文档由运行维护规范、运维实施细则与运维操作手册组成，为指导 A11 系统运维工作，保证系统稳定、可靠运行奠定了基础。

（2）采用标准模板开发了数据采集与监控子系统。数据采集与监控子系统包含参数汇总、计量监控、物联设备、报表查询、曲线分析、通讯监控、报警处理、视频监控、交接班等功能模块，实现了油气水井、计量间、阀组间的监控功能。数据采集与监控子系统充分结合生产实际，实现了抽油机井远程起停、稳流配水、自动掺稀、计量间自动倒井、功图报警等特色功能，有效帮助现场提高生产作业效率。已在新疆油田、西南油气田、青海油田、吐哈油田、南方公司等油气田得到成功应用。

（3）结合示范油气田已有网络，实现各种有线、无线传输方式融合。在生产网与办公网之间部署单向隔离网闸，实现网络的有效隔离，保证信息安全。

（4）采用 SOA 及云计算技术，开发了基于云平台的生产管理子系统，完成了生产过程监测、生产分析、报表管理、物联设备管理、视频监视、数据管理、系统管理和个性化首页定制等功能，满足集团公司总部、油气田公司、采油采气厂等各层级生产管理需求，并实现了与 A2、A4 等相关统建系统的交互。

（5）示范油气田通过一年半的建设，完成了 2538 口油气水井与 168 座站库的前端施工，累计安装现场采集与控制设备 8763 台（套）、通信设备 1190 台（套），光纤敷设 49.3km，全部完成了批复的实施工作量，完成了系统平台的部署，数据接入，通过了上线验收。

三、示范工程建设成效

通过 A11 系统建设，示范油气田实现了生产数据自动采集、远程监控、生产预警，提高了生产效率和管理水平。A11 系统的建设是油气田地面信息化建设的重要组成部分，为中国石油实现数字油田和智能油田奠定了坚实的基础，对中国石油加快生产方式转变，实现科学发展，建设综合性国际能源公司具有重要的作用。

A11 系统的应用，推动由传统的手工、粗放式生产向数字化、精细化生产转变。通过信息系统建设，减少前端人员的手工劳动，利用自动化技术简化、优化生产环节，从而提高生产效率、降低生产成本。上下贯通的信息化系统连接前端的监控系统与上层的生产管理系统，实现生产统计分析、告警预警的实时化，优化了管理流程。实现了对资产设备的实时预警、集中管理，达到设备设施等资产的最优配置。提高了人力利用效率，将前端人员转移到远程中控室，使具有较高技能的分析、管理人员能够在集中管理平台上开展工作。通过 A11 系统建设，油气田现场管理由分散管理向集中管控转变，生产方式从劳动密集型向知识密集型转变，实现了增产不增人。

油气生产物联网系统示范工程建设取得了如下成效。

（一）组织结构优化

通过岗位调整与优化，有效减少前端生产人员部署，将前端人员从艰苦的现场环境中转移到中控室，改善了员工工作条件，同时为劳动组织优化打下基础，使得油气田管理水平进一步提高。

通过油气生产物联网系统建设，吐哈油田许多员工脱离了一线的艰苦劳动，通过岗位调整，由人员分散转向人员集中，实现“过程集中管理、运行集中控制、数据集中处理”，工作条件得到改善；鲁克沁采油厂新增油水井430 口，产量增加而人员基本不增，人均管井数从 1.5 口 / 人增至 3.2 口 / 人。

塔里木油田哈得作业区将哈 1 联合站中控室并入哈 4 联合站，变分散监控为集中监控，减少监控和巡检人员，降低安全风险。

青海油田将作业区生产管理中心部署在冷湖管理处，生产管理、技术人员在冷湖基地对现场进行远程集中监控，精简优化一线用工，实现员工从一线艰苦环境后移，改善了员工工作生活环境，提升 HSE 水平。

（二）管理模式升级

油气生产物联网系统的建设促进各示范油气田实现管理模式的创新，实现作业区生产管理中心、采油采气厂生产调度中心、油气田公司生产指挥中心的三级集中管控模式，发挥资源整合优势，管理层级更加明晰。

新疆油田风城作业区通过管理模式优化，把传统的“定岗值守、按时巡检”转变为“集中监测、无人值守、故障巡检”的新型生产模式，在产量快速增长的同时，实现了增产不增人的目标，大大缓解了劳动强度大和用工紧张等矛盾。仅126台注汽锅炉的管理操作人员由预计1500人减少至395人，稠油联合处理站人数由323人精简至182人。

西南油气田安岳气田创新中心站场管理新模式，压缩了管理层级，形成作业区－中心站的集中管控模式，井站无人值守率达90.32%。

（三）生产流程优化

通过实现井口软件量油，一方面减少了计量间、计量站的部署，另一方面提高产液量的监测频度。通过实现自动稳流注水、注配间的改造，减少了前端注水站的部署，提高了注水精度，实现了降本增效。

青海油田通过A11系统集成注水井在线计量及远程控制软件，实现了远程配注量调节、单井防返吐和恒流注水。

吐哈油田鲁克沁作业区把远程自动掺稀与稠油功图软件量油结合，经试验与井口单量误差率小于10%，最小达到1%，探索出了一条稠油计量的新方法。

（四）生产方式变革

通过实现生产过程实时监控、工况分析、预警预测等功能，将现场生产由传统的经验型管理、人工巡检转变为智能管理、电子巡井，提高了工作效率，降低了安全风险，实现了生产方式变革。

南方公司通过电子巡井功能，实现系统自动巡井，提高巡井效率。采用智能视频监控等技术全方位布防井站生产区域，实现了生产与安全环保的紧密结合，减少了原油偷盗，安保能力得到全面提升。

示范工程5个油气田已于2014年底完成了系统上线验收，A11系统在油气生产过程中发挥了重要作用，促进了生产方式从劳动密集型向知识密集型的转变。随着老油田改造和新建产能配套建设，油气生产物联网系统在油气田生产发展中必将发挥其规模化效应。油气生产物联网系统建设是油气田信息化建设发展的必然趋势，必将对油气田的深化改革发挥重要作用，助力中国石油在未来工业4.0时代实现产业升级与转型。

附　　录

模块化装置典型 ITP

<table>
<tr><th rowspan="2">序号</th><th rowspan="2">主要检验工序</th><th rowspan="2">检验内容及要求</th><th rowspan="2">接受标准和相关文件</th><th colspan="3">检验点</th><th rowspan="2">计划检验日期</th><th rowspan="2">证明、检验记录</th><th rowspan="2">备注</th></tr>
<tr><th>制造厂</th><th>监理</th><th>PMC或业主</th></tr>
<tr><td>1</td><td colspan="9">先决条件</td></tr>
<tr><td rowspan="3">1.1</td><td rowspan="3">预检会</td><td rowspan="3">1）采购清单，图纸和文件情况；
2）生产计划；
3）质量要求（检验要求）</td><td rowspan="3">合同</td><td>H</td><td>H</td><td>H</td><td rowspan="3"></td><td rowspan="3">会议纪要</td><td rowspan="3"></td></tr>
<tr><td>Signature</td><td>Signature</td><td>Signature</td></tr>
<tr><td>Date</td><td>Date</td><td>Date</td></tr>
<tr><td rowspan="3">1.2</td><td rowspan="3">QA/AC 文件</td><td rowspan="3">1）工程文件－施工图、施工布置图、施工组织方案；
2）焊接文件：
－焊接工艺及评定记录 WPS&PQR；焊接图；
－焊工资格证书和资格记录；
3）焊后热处理程序（如果有）；
4）无损检测规程（包括操作人员资格证书）
5）检验测量设备校核证书和清单
6）压力试验程序
7）表面处理和油漆规程
8）包装规程
9）竣工资料文件清单及要求
10）报检资料清单（审批）</td><td rowspan="3">其他标准和程序</td><td>R</td><td>R</td><td>R</td><td rowspan="3"></td><td rowspan="3">完工文件</td><td rowspan="3"></td></tr>
<tr><td>Signature</td><td>Signature</td><td>Signature</td></tr>
<tr><td>Date</td><td>Date</td><td>Date</td></tr>
<tr><td>2</td><td colspan="9">钢结构</td></tr>
</table>

续表

序号	主要检验工序	检验内容及要求	接受标准和相关文件	检验点			计划检验日期	证明、检验记录	备注
				制造厂	监理	PMC或业主			
2.1	原材料检验，标记移植 & 外协 外购件检验	1）材料状态 2）质量 3）尺寸，炉批号 4）材料标识 5）材质证书 6）Material handling 材料处理	1）采购规格书 2）采购单	W Signature Date	W Signature Date	M Signature Date		材料证书 原材料 / 加工件物料 控制单	
2.2	焊材检验	1）焊材接收检查 2）焊材识别、传递和储存、回收 3）焊材烘烤 4）发放检查	材料请购单	W Signature Date	W Signature Date	M Signature Date		1）焊剂证书 2）焊条证书 3）烘烤记录 4）发放记录	
2.3	切割，下料	1）标记移植，钢印 2）切割 3）开坡口 4）检查切割质量 5）按要求修边	1）施工图 2）排版图 3）焊接程序	M Signature Date	M+R Signature Date	M Signature Date		材料追踪汇总表	
2.4	装配检查	1）组对 2）正确的焊缝形式 3）点焊和临时支撑件 4）标识焊缝号 5）修补边角 6）杆件号 7）焊接工艺号 8）矫直 9）焊前尺寸 10）焊缝坡口和间隙 11）长度	1）施工图 2）相关 WPS 3）GB 50205–2001	W Signature Date	W Signature Date	M Signature Date		组对报告	

续表

序号	主要检验工序	检验内容及要求	接受标准和相关文件	检验点			计划检验日期	证明、检验记录	备注
				制造厂	监理	PMC或业主			
2.5	焊接控制	1）焊工证 2）批准的 WPS 3）焊材控制 4）焊工号标记 5）焊接设备 6）预热，如需要 7）最大层间温度 8）引弧 / 收弧板 9）焊缝清洁 10）工艺 11）背部清根 12）焊接外形 13）焊接中断处理 14）点焊 15）焊接返修 16）焊接环境 17）焊接检测 / 热输入 18）临时件移除打磨	WPS 焊接工艺	M	M+R	M		现场焊接工艺复印件	
				Signature	Signature	Signature			
				Date	Date	Date			

续表

序号	主要检验工序	检验内容及要求	接受标准和相关文件	检验点			计划检验日期	证明、检验记录	备注
				制造厂	监理	PMC或业主			
2.6	焊缝目视检查	1）焊缝号 / 焊工号 / 焊接日期 2）裂纹 / 咬边 / 气孔 / 电弧擦伤 / 飞溅 3）焊缝加强高 4）根部未融合 5）单面焊根部凹陷 6）焊道数量 7）焊缝宽度 8）伤痕区域 9）焊缝外形 10）焊接接头位置	1）施工图 2）批准的 WPS 3）钢结构施工技术要求	H Signature Date	H Signature Date	M Signature Date		焊接外观检查报告	
2.7	无损检测 NDE	1）无损检测要求参照 NDT 方案 2）吊耳熔透焊缝：100%UT and 100%MT 3）其余熔透焊缝：20%UT and 100%MT 4）所有角焊缝：100%MT 5）所有走道、梯子的支撑和部件只作外观检查	结构施工技术要求	R Signature Date	W Signature Date	M Signature Date		NDE 报告	
2.8	放行检查（打砂前）	1）结构件和吊耳的尺寸、形位公差 2）焊缝表面质量	1）批准的施工 2）结构施工技术要求	H Signature Date	H Signature Date	M Signature Date		尺寸检验报告	

续表

序号	主要检验工序	检验内容及要求	接受标准和相关文件	检验点			计划检验日期	证明、检验记录	备注
				制造厂	监理	PMC或业主			
2.9	表面处理	喷砂后的粗糙度检查 （参照油漆方案）	1）批准的施工图 2）油漆技术规格书	W Signature Date	H Signature Date	M Signature Date		表面处理报告	
2.10	油漆检查	1）油漆外观和厚度检查 2）附着力检查 3）不连续检测	1）油漆规程 2）油漆技术规格书 3）批准的施工图 4）相关要求	W Signature Date	H Signature Date	M Signature Date		1）油漆检验报告 2）放行单	
3	设备安装								
3.1	接收检查	1）设备尺寸 2）铭牌标识检查 3）损坏情况（含油漆厚度） 4）松动和丢失情况 5）设备保存 6）装箱文件（包含设备出厂检验合格证，使用说明书，过程记录文件等）	1）设备数据表 2）到货单 3）采购规格书 4）采购合同	W Signature Date	H Signature Date	W Signature Date		1）制造证书 2）原材料加工件物料控制单 3）客供件检验记录	
3.2	甲采物资入库检验	1）到货外观检查 2）材料证书审核	相关图纸和技规书	W Signature Date	H Signature Date	W/H Signature Date		客供件检验记录	

续表

序号	主要检验工序	检验内容及要求	接受标准和相关文件	检验点			计划检验日期	证明、检验记录	备注
				制造厂	监理	PMC或业主			
3.3	安装标记和尺寸	1）安装和定位 2）机加工和钻孔情况（如果需要） 3）标签 4）固定螺栓位置	供应商安装手册	W Signature Date	W Signature Date	M Signature Date		相关图纸	
3.4	基础支撑	1）适用的基础支撑 2）适用的机加工 3）安装区域残留物的清理（含设备内部残留物） 4）基础支撑的油漆	施工图	M Signature Date	W Signature Date	M Signature Date		N/A	
3.5	机器安装	1）基础状态 2）标高 3）水平 4）方位	1）供应商安装手册 2）相关图纸	W Signature Date	W Signature Date	M Signature Date		相应的设备安装检查记录	
3.6	罐、容器、换热器、泵等安装	1）垂直度 2）水平度 3）直线度	供应商安装手册 相关图纸	W Signature Date	W Signature Date	M Signature Date		相应的设备安装检查记录	
3.7	设备保护、保存	1）保护 2）包装 3）制造商要求	供应商安装手册	M Signature Date	H Signature Date	M Signature Date		N/A	
3.8	设备预调试（工厂验收测试FAT）	1）空载 / 负载 2）预调试	FAT 调试程序	H Signature Date	H Signature Date	H Signature Date		检测报告	

续表

序号	主要检验工序	检验内容及要求	接受标准和相关文件	检验点			计划检验日期	证明、检验记录	备注
				制造厂	监理	PMC或业主			
3.9	设备绝热检查	1）材料检查 2）外观检查 3）质量检查	绝热程序	M Signature Date	H Signature Date	M Signature Date		相关报告	
4	管道制作								
4.1	焊材控制	1）焊材接收检查 2）焊材识别、传递和储存 3）焊材烘烤 4）发放检查	管道焊接技术要求	W Signature Date	W Signature Date	M Signature Date		1）焊材证书 2）烘烤记录 3）发放记录	
4.2	材料接收检查（管子、阀门、螺栓、垫片、法兰和管件）	1）包装破坏 2）材料状态 3）外观检查 4）材料隔离防止污染 5）识别材料尺寸、标记（规格、炉批号、铭牌） 6）圆度 7）材质证书 8）存储卡和存货清单 9）材料存储条件 10）材料传递 11）阀门试压	1）采购合同 2）发货清单 3）管子、阀门、螺栓、垫片、法兰和管件技术规格书 4）管道等级表	W Signature Date	W Signature Date	M Signature Date		原材料/加工件物料材质证书	

续表

序号	主要检验工序	检验内容及要求	接受标准和相关文件	检验点			计划检验日期	证明、检验记录	备注
				制造厂	监理	PMC或业主			
4.3	材料准备	1）材料准备、标记 2）标记移植 3）识别材料追踪标记 4）准备材料追踪报告	单管加工图	M	W	M		焊缝验收记录	
				Signature	Signature	Signature			
				Date	Date	Date			
4.4	组对检查	1）管件标识（管段号） 2）切割和坡口打磨 3）焊口号标识 4）焊接工艺 5）点焊 6）对中 7）间隙 8）预热（如果需要） 9）焊前尺寸 10）工作点旁的相关WPS 11）管件类别	1）排版图 2）施工图 3）管道施工施工要求 4）焊接和无损检测技术要求	W	W	M		焊缝验收记录	
				Signature	Signature	Signature			
				Date	Date	Date			

续表

<table>
<tr><th rowspan="2">序号</th><th rowspan="2">主要检验工序</th><th rowspan="2">检验内容及要求</th><th rowspan="2">接受标准和相关文件</th><th colspan="3">检验点</th><th rowspan="2">计划检验日期</th><th rowspan="2">证明、检验记录</th><th rowspan="2">备注</th></tr>
<tr><th>制造厂</th><th>监理</th><th>PMC或业主</th></tr>
<tr><td rowspan="3">4.5</td><td rowspan="3">焊接控制</td><td rowspan="3">1）焊工证
2）批准的 WPS
3）焊材控制
4）焊工号标记
5）焊接设备
6）预热（如需要）
7）最大层间温度
8）焊接环境
9）焊缝清洁
10）工艺
11）焊接返修
12）焊接外形
13）焊接接头
14）点焊</td><td rowspan="3">1）WPS 焊接工艺
2）焊接和无损检测技术要求</td><td>M</td><td>W</td><td>M</td><td rowspan="3"></td><td rowspan="3">现场焊接工艺复印件</td><td rowspan="3"></td></tr>
<tr><td>Signature</td><td>Signature</td><td>Signature</td></tr>
<tr><td>Date</td><td>Date</td><td>Date</td></tr>
<tr><td>4.6</td><td>焊接外观检查</td><td>1）焊缝号 / 管段号
2）焊工号
3）焊接日期
4）裂纹
5）咬边
6）气孔</td><td>1）批准的施工图
2）批准的 WPS
3）管道相关标准规范
4）焊接和无损检测技术要求
5）管道施工技术要求</td><td>H</td><td>W</td><td>M</td><td></td><td></td><td></td></tr>
</table>

续表

<table>
<tr><th rowspan="2">序号</th><th rowspan="2">主要检验工序</th><th rowspan="2">检验内容及要求</th><th rowspan="2">接受标准和相关文件</th><th colspan="3">检验点</th><th rowspan="2">计划检验日期</th><th rowspan="2">证明、检验记录</th><th rowspan="2">备注</th></tr>
<tr><th>制造厂</th><th>监理</th><th>PMC或业主</th></tr>
<tr><td rowspan="2">4.6</td><td rowspan="2">焊接外观检查</td><td rowspan="2">7）电弧擦伤
8）飞溅
9）焊缝加强高
10）根部未融合
11 单面焊根部凹陷
12 焊缝接头
13）焊缝宽度
14）伤痕区域
15）焊缝外形
16）焊接接头位置
17）硬度检查（如果需要）
18）热处理检查（如果需要）</td><td rowspan="2">1）批准的施工图
2）批准的 WPS
3）管道相关标准规范
4）焊接和无损检测技术要求
5）管道施工技术要求</td><td>Signature</td><td>Signature</td><td>Signature</td><td rowspan="2"></td><td rowspan="2">焊接外观报告</td><td rowspan="2"></td></tr>
<tr><td>Date</td><td>Date</td><td>Date</td></tr>
<tr><td rowspan="3">4.7</td><td rowspan="3">NDE
无损检测</td><td rowspan="3">1）射线检测仅适用于对焊
2）射线检测范围
3）射线检测施行
4）审核底片
5）评估射线底片
6）磁粉或渗透检测适用焊缝表面
7）磁粉或渗透检测施行（适用时）
8）移除缺陷后返修前需做磁粉或渗透</td><td rowspan="3">1）无损检测规程
2）管道相关标准规范
3）焊接和无损检测技术要求</td><td>H</td><td>W+R</td><td>M</td><td rowspan="3"></td><td rowspan="3">无损检测报告</td><td rowspan="3"></td></tr>
<tr><td>Signature</td><td>Signature</td><td>Signature</td></tr>
<tr><td>Date</td><td>Date</td><td>Date</td></tr>
</table>

续表

序号	主要检验工序	检验内容及要求	接受标准和相关文件	检验点			计划检验日期	证明、检验记录	备注
				制造厂	监理	PMC或业主			
4.8	焊接返修	1）批准的返修程序 2）移除缺陷 3）返修程序 4）所有返修不能超过 2 次 5）按照上述 4.6 检查外观 6）按照上述 4.7 无损检测	焊接和无损检测技术要求	H Signature Date	H Signature Date	M Signature Date		1）无损返修报告 2）焊缝验收记录	
4.9	放行检查（冲砂前）	1）一般外观检查 2）冲砂 / 油漆前的所有外观检查 3）部分安装前检查 4）检验标记和任何其他检查	单管图	H Signature Date	H Signature Date	M Signature Date		1）放行条 2）相关质量记录	
4.10	表面处理	喷砂后的粗糙度检查	1）批准的施工图 2）油漆施工技术要求	W Signature Date	H Signature Date	M Signature Date		表面处理报告	
4.11	油漆检查	1）油漆外观和厚度检查 2）附着力检查 3）不连续检测	1）油漆规程 2）油漆施工技术要求 3）批准的施工图 4）相关要求	W Signature Date	H Signature Date	M Signature Date		1）油漆检验报告 2）放行单	

续表

序号	主要检验工序	检验内容及要求	接受标准和相关文件	检验点			计划检验日期	证明、检验记录	备注
				制造厂	监理	PMC或业主			
4.12	管道装配	1）检查管道的尺寸、连接方向等 2）检查法兰、螺栓、垫片的安装 3）检查阀门的安装 4）检查坡口边缘准备 & 组对	1）图纸 2）批准的 WPS 3）管道相关标准规范 4）管道施工技术要求 5）管道安装技术要求	M Signature Date	W Signature Date	M Signature Date		焊缝验收记录	
4.13	管道支撑安装	检查管道有合理的支撑结构	1）图纸 2）管道施工技术要求 3）管道安装技术要求	M Signature Date	W Signature Date	M Signature Date		N/A	
4.14	管线检查（试压前）	1）试压包检查 2）管线尺寸和材料 3）管子工作清理 4）危险流体隔离 5）弯头 6）法兰 / 螺栓 / 垫片 7）阀门开关情况检查 8）高排空，低放空 9）支管连接 10）管支架 11）无损工作清理 12）盲板检查 13）钝化处理	1）批准的施工图 2）管道施工技术要求 3）管道安装技术要求	H Signature Date	H Signature Date	W Signature Date		压力试验检验清单	

续表

序号	主要检验工序	检验内容及要求	接受标准和相关文件	检验点			计划检验日期	证明、检验记录	备注
				制造厂	监理	PMC或业主			
4.15	压力测试 清洗和吹干	1）冲洗液 2）冲洗速度 3）排空，放空 4）测试介质 / 温度 / 压力 / 保压时间 5）临时支撑 6）清洗和吹干检查	1）压力测试规程 2）管道安装技术要求 3）管道清洗	W Signature Date	H Signature Date	W Signature Date		1）压力试验 / 泄露试验报告 2）压力表校验证书 3）清洗吹扫检查记录	
4.16	复位检查	1）放空和吹干 2）清除临时件 3）恢复螺栓垫片 4）清洁和保护 5）内部外观检查 6）检查喷嘴的安装	管道安装技术要求	W Signature Date	H Signature Date	M Signature Date		尾项单	
4.17	管道保温	1）保温材料 2）保温厚度 3）保温壳体 4）保温支架	1）批准的施工图 2）管道设备保温技术要求	M Signature Date	W Signature Date	M Signature Date		1）符合性检查表 2）尾项单	
5	电气仪表								
5.1	材料和电气设备接收 材料和仪表接收	1）产品外观检查（运输中的损伤情况） 2）质保书 3）铭牌和标识检查 4）是否有遗失	1）采购规格书 2）采购合同 3）设备清单	W Signature Date	W Signature Date	M Signature Date		1）原材料加工件物料控制单 2）供应商资料	

续表

序号	主要检验工序	检验内容及要求	接受标准和相关文件	检验点			计划检验日期	证明、检验记录	备注
				制造厂	监理	PMC或业主			
5.2	材料存储	1）材料正确存储 2）设备保护	供应商推荐	M Signature Date	W Signature Date	M Signature Date		N/A	
5.3	电缆桥架的安装和检查	1）梯架和电缆槽的材料明细 2）梯架和电缆槽的定位 3）梯架和电缆槽的支撑焊接 4）梯架和电缆槽的紧固 5）梯架和电缆槽的接地连接	1）仪表安装技术要求 2）图纸 3）供应商安装手册 4）电气相关技术规格书 5）桥架技术规格书	M Signature Date	W Signature Date	M Signature Date		1）电缆支架检查表等 2）相关检查记录	
5.4	电缆敷设	1）电缆是否被完全支撑 2）电缆标签、尺寸、类型 3）电缆芯线标记 4）电缆弯曲半径 5）信号电缆与动力电缆之间间隙 6）安装 7）电缆格兰－证书、紧固和工艺 8）确认有资质的人员安装格兰 9）电缆配件明细表 10）电缆敷设中的损坏 11）电缆在穿甲板时的机械防护 12）电缆捆扎	1）仪表安装技术要求 2）图纸 3）供应商手册 4）电气电缆清单 5）仪表电缆清单 6）电气相关技术规格书 7）桥架技术规格书	M Signature Date	W Signature Date	M Signature Date		1）电缆检查记录 2）相关检查记录	

续表

<table>
<tr><th rowspan="2">序号</th><th rowspan="2">主要检验工序</th><th rowspan="2">检验内容及要求</th><th rowspan="2">接受标准和相关文件</th><th colspan="3">检验点</th><th rowspan="2">计划检验日期</th><th rowspan="2">证明、检验记录</th><th rowspan="2">备注</th></tr>
<tr><th>制造厂</th><th>监理</th><th>PMC或业主</th></tr>
<tr><td>5.5</td><td>电气设备安装检查</td><td>1）危险区域设备证书的获取
2）接地
3）设备安装时的机械损伤
4）设备应易于通达
5）设备的平直度
6）设备固定完好
7）设备安装正确定位
8）开关和电机控制系统（如果适用）
9）断路开关（如果适用）
10）电动机起动器
11）熔断器 / 断路器（如果适用）
12）照明器材和附件
13）充电器（如果适用）
14）不间断电源（如果适用）
15）旋转电机
16）危险区域</td><td>1）仪表安装技术要求
2）供应商手册
3）图纸
4）电气相关技术规格书
5）桥架技术规格书</td><td>W
Signature
Date</td><td>W
Signature
Date</td><td>M
Signature
Date</td><td></td><td>1）电气设备检查表
2）动力与控制电缆检查表
3）照明电路与配件检查表
4）相关检查记录（如果适用）</td><td></td></tr>
<tr><td>5.6</td><td>FAT电器功能性测试</td><td>1）接地电阻测试
2）电缆连续性、电阻和绝缘检查
3）继电器保护
4）旋转电机
5）噪音测试
6）接线盒
7）控制盘柜</td><td>FAT调试程序</td><td>H
Signature
Date</td><td>H
Signature
Date</td><td>H
Signature
Date</td><td></td><td>1）电机试运行记录
2）接线盒检查表
3）相关检查记录</td><td></td></tr>
</table>

续表

序号	主要检验工序	检验内容及要求	接受标准和相关文件	检验点			计划检验日期	证明、检验记录	备注
				制造厂	监理	PMC或业主			
5.7	安装前检查	仪表检查	采购规格书	M Signature Date	W Signature Date	M Signature Date		相关检查记录	
5.8	仪表安装检查	1）检查仪表定位和方向 2）仪表支架 3）检查仪表在安装过程中是否有机械损伤 4）线管连接正确 5）仪表接地 6）电缆在仪表上连接正确 7）证书和级别 8）流向	1）仪表安装技术要求 2）图纸 3）危险区图纸 4）数据表 5）P&ID 流程图 6）接线图	W Signature Date	W Signature Date	M Signature Date		1）相关检查记录 2）电缆检查记录 3）仪表安装检查表 4）相关检查记录	
5.9	仪表管连接	1）仪表管倾斜方向 2）仪表管的连接 3）配件检查 4）管路的清洁度	仪表安装技术要求	M Signature Date	W Signature Date	M Signature Date		相关安装检查记录	
5.10	盘柜安装检查	1）设备定位正确 2）设备周围必须通透无阻碍 3）安装过程中的机械损伤 4）盘柜固定 5）设备接地 6）设备平直 7）电缆格兰安装检查	仪表安装技术要求	W Signature Date	W Signature Date	M Signature Date		相关安装检查记录	

续表

序号	主要检验工序	检验内容及要求	接受标准和相关文件	检验点			计划检验日期	证明、检验记录	备注
				制造厂	监理	PMC或业主			
5.11	FAT仪表功能性测试	1）检查接线 2）电缆连续性、电阻和绝缘检查 3）仪表回路正确 4）输入输出检查 5）单体通电测试	1）仪表安装技术要求 2）FAT调试程序	H Signature Date	H Signature Date	H Signature Date		1）过程检验放行单 2）相关检查记录	
6	包装及成橇								
6.1	铭牌和标识	1）确认铭牌正确 2）确认拆分点标识正确	1）图纸 2）拆分安装程序 3）相关标准	W Signature Date	W Signature Date	R Signature Date		铭牌复印件	
6.2	橇块表面的清洁	污垢、灰尘、水清洗	相关标准	M Signature Date	W Signature Date	M Signature Date		N/A	
6.3	橇块整体检查	1）尺寸检查 2）外部外观检查 3）绝热检查 4）满足质量要求	1）图纸 2）相关标准	H Signature Date	H Signature Date	W Signature Date		检验放行证书	
6.4	构件和部件包装	1）对构件和部件进行包装 2）存储	1）包装规程 2）其他资料。如：会议纪要、备忘录等	W Signature Date	H Signature Date	M Signature Date		N/A	

续表

序号	主要检验工序	检验内容及要求	接受标准和相关文件	检验点			计划检验日期	证明、检验记录	备注
				制造厂	监理	PMC或业主			
6.5	发货	发货通知单，委托方验收报告，装箱单	相关标准	W	H	R		装箱清单	
				Signature	Signature	Signature			
				Date	Date	Date			
7	竣工资料	确认所有文件完全正确	竣工资料相关要求	R	H	R		完工文件	
				Signature	Signature	Signature			
				Date	Date	Date			

参 考 文 献

[1] 汤林，等．天然气集输工程手册．北京：石油工业出版社，2016.

[2] 汤林，等．油气田地面工程关键技术．北京：石油工业出版社，2014.

[3] 马新华，汤林，班兴安，等．天然气地面工程技术与管理．北京：石油工业出版社，2011.

[4] 汤林，等．2008 年油气田水系统技术交流会论文集．石油工业出版社，2009.

[5] 汤林，等．油气田地面建设工程（项目）资料管理．北京：石油工业出版社，2015.

[6] 汤林，等．油气田地面建设工程（项目）资料管理表格填写范例．北京：石油工业出版社，2015.

[7] 王登海，郑欣，薛岗，等．煤层气地面工程技术．北京：石油工业出版社，2014.

[8] 李春田．标准化概论（第六版）．北京：中国人民大学出版社，2014.

[9] 谭跃进，等．系统工程原理．北京：科学出版社，2010.

[10] 汤林．十三五油气田地面工程面临的形势及提质增效发展方向．石油规划设计，2016（4）.

[11] 李庆，李秋忙，云庆．国际大型石油公司地面工程建设先进经验和做法．石油规划设计，2016（4）.

[12] 汤林．标准化设计促进地面建设和管理方式转变．石油规划设计，2016（3）.

[13] 纪红，汤林，班兴安，丁建宇．油气生产物联网—数据采集与监控系统的建设．石油规划设计，2016（3）.

[14] 赵忠德，汤林，等．对油气长输管道改造可研内容和深度的建议．天然气与石油，2016（3）.

[15] 陈朝明，等．安岳气田 $60\times10^{8}m^{3}/a$ 地面工程建设模块化技术．天然气工业，2016（9）.

[16] 陈朝明，等．大型气田地面工程模块化建设模式的优点剖析．天然气与石油，2016（1）.

[17] 张德元，邱斌，刘启聪．油气田地面工程一体化集成装置测评技术．石油规划设计，2015（6）.

[18] 孟鹏，王荣敏，王博，等．使用三维模块化设计提高长庆油田站场设计

效率. 石油和化工设备, 2015(10).
[19] 王博, 高淑梅, 张小龙, 等. 油田大中型站场集成装置标准化设计探索. 石油和化工设备, 2015(9).
[20] 刘子兵, 陈小峰, 薛岗, 等. 长庆气田天然气集输及净化工艺技术. 石油工程建设, 2013(5).
[21] 白晓东, 汤林, 班兴安, 等. 油气田地面工程面临的形势及攻关方向. 油气田地面工程, 2012(10).
[22] 李庆, 李秋忙. 油气田地面工程技术进展及发展方向. 石油规划设计, 2012(6).
[23] 李庆, 李秋忙, 云庆. 油气田一体化集成装置的进展及认识. 油气田地面工程, 2012(10).
[24] 李秋忙, 李庆, 云庆, 等. 油气田地面工程标准化设计历程回顾及成果. 石油规划设计, 2012(3).
[25] 李庆, 孙铁民. 一体化集成装置在油气田地面工程优化中的应用及发展方向. 石油规划设计, 2011(5).
[26] 隋永刚, 汤林. 油田地面工程优化简化的成果及启迪. 石油规划设计, 2011(4).
[27] 李庆, 孙铁民, 李秋忙, 等. 论油气田地面工程标准化设计体系的发展. 石油规划设计, 2010(6).
[28] 刘飞军, 汤林, 等. 油气田地面工程面临的形势及对策探讨. 石油规划设计, 2010(3).
[29] 薛岗, 等. 沁水盆地煤层气田樊庄区块地面集输工艺优化. 天然气工业, 2010(6).
[30] 汤林, 等. 油气田地面工程标准化设计的实践与发展. 石油规划设计, 2009(2).
[31] 李秋忙. 油气田地面工程建设程序及要求. 石油规划设计, 2009(2).